BIBLIOTHÈQUE DU *PROGRÈS AGRICOLE ET VITICOLE*

LES
MALADIES
DE LA VIGNE

PAR

PIERRE VIALA

DOCTEUR ÈS SCIENCES
PROFESSEUR DE VITICULTURE A L'INSTITUT NATIONAL AGRONOMIQUE
DIRECTEUR DU LABORATOIRE DE RECHERCHES VITICOLES
A L'ÉCOLE D'AGRICULTURE DE MONTPELLIER

TROISIÈME ÉDITION
ENTIÈREMENT REFONDUE
AVEC 20 PLANCHES EN CHROMO ET 290 FIGURES DANS LE TEXTE

(Couronnée par l'Institut, prix Desmazières 1892)

MONTPELLIER
CAMILLE COULET, LIBRAIRE-ÉDITEUR
Libraire de l'École nationale d'Agriculture

PARIS
GEORGES MASSON, LIBRAIRE-ÉDITEUR
Boulevard Saint-Germain, 120

1893

TOUS DROITS RÉSERVÉS

4° S
1369

LES
MALADIES DE LA VIGNE

DU MÊME AUTEUR

Pierre Viala. — Monographie du Pourridié des vignes et des arbres fruitiers, par Pierre Viala, docteur ès sciences, professeur de viticulture à l'Institut national agronomique. — Avec 7 planches gravées. — 1891. Montpellier, C. Coulet, éditeur; Paris, G. Masson, éditeur. — Prix, 8 fr.; *franco poste*. . . . . 8 fr. 50

Pierre Viala. — Une Mission viticole en Amérique, par Pierre Viala, professeur de viticulture à l'Ecole nationale d'agriculture de Montpellier. — Avec 8 planches en chromolithographie et une carte géologique des Etats-Unis, suivie d'une étude sur l'adaptation au sol des vignes américaines, par M. B. Chauzit, professeur départemental d'agriculture du Gard. — 1889. Montpellier, C. Coulet, éditeur; Paris, G. Masson, éditeur. — Prix, 15 fr.; *franco poste*. . . . . 16 fr.

Pierre Viala. — Les Hybrides Bouschet. Essai d'une Monographie des vignes à jus rouge, par Pierre Viala, licencié ès sciences naturelles, répétiteur de viticulture à l'Ecole nationale d'agriculture de Montpellier. — Avec 5 planches en chromolithographie. — 1886. Montpellier, C. Coulet, éditeur; Paris, G. Masson, éditeur. — Prix . . . . . 7 fr.

P. Viala et L. Ravaz. — Les Vignes américaines, Adaptation, Culture, Greffage, Pépinières, par P. Viala et L. Ravaz. — Avec 53 figures dans le texte. — 1892. Montpellier, C. Coulet, éditeur; Paris, G. Masson, éditeur. — Prix, 4 fr.; *franco poste*. . 4 fr. 50

P. Viala et L. Ravaz. — Le Black Rot et le Coniothyrium diplodiella, par Pierre Viala, professeur de viticulture à l'Ecole nationale d'agriculture de Montpellier, et L. Ravaz, répétiteur de viticulture à la même Ecole. — Deuxième édition, avec une planche en chromolithographie et 15 figures dans le texte. — 1888. Montpellier, C. Coulet, éditeur; Paris, G. Masson, éditeur. — Prix, 3 fr.; *franco poste*. . . . . 3 fr. 25

P. Viala et L. Ravaz. — La Mélanose, par Pierre Viala et L. Ravaz. — Avec trois planches dont deux en chromo. — 1887, Montpellier, C. Coulet, éditeur; Paris, G. Masson, éditeur. — Prix . . . . 2 fr.

P. Viala et P. Ferrouillat. — Manuel pratique pour le traitement des maladies de la vigne, par P. Viala et P. Ferrouillat, professeurs à l'Ecole nationale d'agriculture de Montpellier. — Avec une planche en chromo et 65 figures dans le texte. — 1888. Montpellier, C. Coulet, éditeur; Paris, G. Masson, éditeur. — Prix. . . . . 2 fr.

P. Viala et G. Foëx. — Ampélographie américaine, Description des principales variétés de vignes américaines cultivées à l'Ecole nationale d'agriculture de Montpellier, par G. Foëx, directeur de l'Ecole nationale d'agriculture de Montpellier et professeur de viticulture, et Pierre Viala, licencié ès sciences naturelles, répétiteur de viticulture. — Avec 80 planches phototypiques. — 1885. Montpellier, C. Coulet, éditeur; Paris, G. Masson, éditeur. — 1 vol. in-folio (épuisé). — Prix. . . . . 75 fr.

BIBLIOTHÈQUE DU *PROGRÈS AGRICOLE ET VITICOLE*

LES
MALADIES
DE LA VIGNE

PAR

PIERRE VIALA
DOCTEUR ÈS SCIENCES
PROFESSEUR DE VITICULTURE A L'INSTITUT NATIONAL AGRONOMIQUE
DIRECTEUR DU LABORATOIRE DE RECHERCHES VITICOLES
A L'ÉCOLE D'AGRICULTURE DE MONTPELLIER

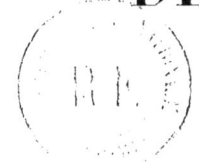

TROISIÈME ÉDITION
ENTIÈREMENT REFONDUE
AVEC 20 PLANCHES EN CHROMO ET 290 FIGURES DANS LE TEXTE

(Couronnée par l'Institut, prix Desmazières 1892)

MONTPELLIER
CAMILLE COULET, LIBRAIRE-ÉDITEUR
Libraire de l'École nationale d'Agriculture

PARIS
GEORGES MASSON, LIBRAIRE-ÉDITEUR
Boulevard Saint-Germain, 120

1893

PRÉFACE

La deuxième édition des Maladies de la vigne était épuisée depuis 1889; j'avais bien apporté quelques modifications au texte français pour les traductions russe et espagnole qui ont été faites en 1888 et 1891, mais les circonstances ne m'avaient pas permis jusqu'à ce jour de publier une nouvelle édition française.

De nombreuses recherches ont été faites sur les parasites de la vigne et leurs traitements depuis 1887, époque à laquelle a paru la deuxième édition. Les maladies de la vigne sont peut-être mieux connues que celles des autres plantes cultivées. Si elles ont provoqué, dans la seconde moitié de ce siècle, des crises économiques qui n'ont d'analogues dans aucune autre culture, elles ont été aussi la cause indirecte de perfectionnements nombreux. La lutte contre le Phylloxéra, contre l'Oïdium et le Mildiou, la reconstitution des vignobles par les vignes américaines ont suscité chez les viticulteurs et les vignerons français une énergie remarquable et un esprit de progrès qui leur ont permis de vaincre les plus grandes difficultés et de maintenir toujours la viticulture française au premier rang.

J'ai cherché, dans cette troisième édition, à donner un exposé aussi complet que possible de toutes les Maladies de la vigne, en faisant la monographie de chacune d'elles. La deuxième édition a été transformée et remaniée dans toutes ses parties; j'y ai été aidé par mes amis MM. Ravaz, Sauvageau et Boyer, auxquels je suis sincèrement reconnaissant de leur collaboration.

M. P. Ferrouillat, à l'amitié duquel je devais, dans la deuxième édition, l'étude des appareils de traitement des Maladies de la vigne, prépare actuellement un traité complet sur les *Instruments viticoles*. Les viticulteurs trouveront dans son prochain livre des données plus complètes que celles qu'il aurait pu développer ici ; aussi ai-je réservé avec intention, dans les monographies des diverses maladies de la vigne, ce qui était relatif aux appareils de traitement.

L'ouvrage actuel est divisé en trois parties : *Parasites végétaux*, *Maladies non parasitaires*, *Parasites animaux*. J'ai conservé, pour l'étude de chaque maladie, la méthode que j'avais suivie dans les deux précédentes éditions. L'examen de la table méthodique des matières permettra de se rendre compte du programme adopté. Les Parasites animaux ont été étudiés avec moins de détails que les autres maladies ; mon but a été surtout de différencier les altérations qu'ils produisent de celles qui sont dues aux Parasites végétaux et aux Maladies non parasitaires ; les questions relatives au Phylloxéra ont été plus spécialement développées dans cette troisième partie.

Je ne saurais terminer sans adresser tous mes remerciements aux éditeurs et aux imprimeurs pour les soins qu'ils ont apportés à l'édition de ce livre.

Paris-Montpellier, le 20 octobre 1892.

Pierre VIALA

LES
MALADIES DE LA VIGNE

PREMIÈRE PARTIE

PARASITES VÉGÉTAUX

Les parasites végétaux qui attaquent les divers organes de la vigne, et qui sont la cause de maladies très graves, appartiennent, presque tous, aux Champignons. Les Bactéries, que l'on rattache actuellement aux Algues, déterminent rarement sur la vigne des affections d'ailleurs mal connues; on n'a jamais signalé d'autres Algues parasites de la vigne. Quant aux Phanérogames, la Cuscute, l'Osyris et l'Orobanche sont les seules plantes de cet ordre que l'on trouve accidentellement sur la vigne.

Les maladies parasitaires, dues à des Champignons, sont loin d'avoir, toutes, la même gravité. L'Oïdium, le Mildiou, le Black Rot, l'Anthracnose et le Pourridié sont les plus communes et les plus nuisibles. L'Oïdium et le Mildiou ont provoqué, en France et en Europe, des crises économiques et culturales dont on ne trouve l'analogue dans aucune autre culture; le Phylloxéra, parmi les parasites animaux, a seul causé des désastres plus grands. Les autres maladies, Rot blanc, Rot amer, Mélanose, Fumagine, etc., n'acquièrent une certaine gravité que dans des circonstances exceptionnelles, mais leur action peut alors avoir de l'importance.

CHAPITRE PREMIER

OÏDIUM

L'*Oïdium* a été longtemps désigné, en France, sous le nom de *Maladie de la vigne*, car on ne connaissait aucune autre affection qui fixât sérieusement l'attention des viticulteurs. Les désastres qu'il a causés, lors de son apparition, ont été très graves et ont jeté un grand trouble dans la situation économique du midi de la France; le mal a été heureusement très vite enrayé par des procédés de traitement parfaits, et c'est le mérite de M. H. Marès de les avoir établis et divulgués. Des études nombreuses ont éclairci presque tous les points de l'histoire de ce parasite ; quelques termes seulement de son évolution sont restés obscurs, mais ils n'ont pour la culture qu'une importance de second ordre.

I. HISTORIQUE

L'Oïdium fut observé pour la première fois par Tucker, en 1845, en Angleterre, dans les *grapperies* (serres à vigne) de Margate, situées près de l'embouchure de la Tamise. L'année suivante, il s'étendit dans les serres des localités voisines et certaines perdirent entièrement leur récolte. Tucker signalait le mal, en 1847, dans le *Gardener's Chronicle* (27 novembre) ; le botaniste J. Berkeley donnait, dans le même journal, des renseignements précis sur la cause de la maladie, il décrivait le parasite qu'il rapportait au genre *Oïdium* et dénommait *Oïdium Tuckeri*, « moisissure particulière du caractère le plus pernicieux ».

Les premières constatations de la maladie en France ont été faites, en 1847, dans les serres de M. J. de Rotschild, à Suresnes. L'année

Les Maladies de la Vigne par P. Viala. Pl. I.

OÏDIUM.

suivante, elle se répandit dans les serres des environs de Paris, de Versailles et de Belgique; on la signalait sur toutes les treilles du nord de la France et sur quelques points isolés des vignobles de cette région. En 1850, les vignes des environs de Paris furent ravagées, et on notait les premières atteintes en Espagne, en Italie, dans la Gironde et dans le vignoble de Lunel.

L'existence du mal était générale, en 1851, dans tous les vignobles français, et dans les vignobles du bassin de la Méditerranée, en Espagne, Italie, Grèce, Syrie, Suisse, Asie-Mineure, Algérie, et en Hongrie. Ses ravages ne furent importants qu'aux environs de Paris et dans le Piémont; il ne se trouvait ailleurs que par places isolées, nombreuses, mais il ne causait de dommages sérieux que dans quelques rares localités.

Il n'en fut pas de même en 1852 et 1853: tout le vignoble français était envahi. La Bourgogne et la Champagne n'en eurent pas à souffrir, mais les désastres furent grands dans les vignobles des Côtes du Rhône, de la Provence, du Languedoc, de la Gironde.

Tous les écrits de cette époque portent la trace de la panique que causait la maladie. Elle redoubla en 1854 et fut générale; M. H. Marès rapporte que les vignobles de Lunel et de Frontignan eurent leur récolte réduite au dixième et au vingtième. La population émigrait. Cependant, comme les vignes n'étaient pas détruites et qu'il restait encore une partie de la récolte, vendue à un très haut prix par suite de la diminution dans la production totale, le mal n'entraîna pas les ruines qu'a occasionnées le phylloxéra.

En 1855, la maladie eut moins de gravité; on estimait la récolte, dans les vignes du bassin de la Méditerranée, à un tiers ou à un quart de la quantité qui était produite normalement (d'après M. Marès). Il en fut de même dans les vignobles du Nord et du Centre, mais non dans la Gironde. L'année 1856 fut mauvaise.

On commençait déjà à traiter la maladie par le soufre, dont le premier emploi remonte à 1853. De 1854 à 1862, son usage se répandit dans tous les vignobles, et on ne vit ravagées par l'Oïdium que les vignes qui ne furent pas traitées. L'extension du mal fut sans doute rapide et ses effets furent désastreux, mais il a été relativement vite enrayé, et son action n'est plus à craindre aujourd'hui par les viticulteurs; ceux-là seuls qui négligent de le traiter ont à le redouter. Le parasite n'a pas disparu; il est tout aussi vivace et produit autant d'effet, lorsque, les conditions favorables à son développement se trouvant réunies, on le laisse se développer.

II. CARACTÈRES EXTÉRIEURS DE L'OÏDIUM

L'Oïdium se manifeste, à première vue (Pl. I), par une efflorescence d'un blanc grisâtre, terne, peu épaisse, jamais grenue ni brillante, formant en général un lacis que l'on retrouve sur toutes les parties vertes de la vigne, rameaux, feuilles, fleurs et fruits, et ayant une odeur de moisi caractéristique. Lorsque l'aoûtement a eu lieu, il se reconnaît par les empreintes continues et non creusées, d'un brun noirâtre, mat et définitif, qu'a laissées le parasite sur ces divers organes.

a. **Sur les rameaux.** — La maladie peut apparaître dès le début de la végétation et envahir les jeunes pousses; c'est le plus souvent sur elles qu'on en voit les premiers signes, leurs tissus tendres et gorgés de matériaux nutritifs sont très favorables au développement de l'Oïdium. Les premières traces débutent presque toujours sur le bourgeon, à son insertion sur le sarment, et progressent ensuite vers le sommet. Elles sont constituées par de légères taches peu étendues, blanches, à peine visibles à l'œil nu, par suite de leur faible épaisseur qui ne tranche pas sur le fond vert du sarment. Ces taches s'agrandissent et s'irradient irrégulièrement dans tous les sens; elles finissent par devenir confluentes et forment, par leur réunion, de grandes plaques qui peuvent couvrir toute une face du sarment, le plus souvent celle qui est exposée au soleil, et même l'enlacer d'un feutrage continu. A cet état, cette poussière, blanc terne, est grasse au toucher, peu adhérente sur son support et exhale une forte odeur de moisi (poisson pourri); elle finit par prendre une teinte grisâtre, qui devient définitivement gris bleuâtre.

Les extrémités des rameaux peuvent, pendant les premières périodes de la végétation, être ainsi blanchies par l'Oïdium; on leur donnait autrefois le nom de *drapeaux*, parce qu'on les distinguait de loin et qu'elles étaient l'enseigne néfaste du développement extrême de la maladie.

Sous la poussière blanc grisâtre, qui se détache facilement, la surface verte des rameaux est tout d'abord criblée de petits points livides, qui se multiplient, s'agrandissent et, en se réunissant, forment sous les taches une empreinte correspondante (Pl. I, c), dont les bords sont irrégulièrement découpés et qui de jaune livide passe au brun de plus en plus foncé. Lorsque le mal est intense, le jeune rameau devient noir et semble carbonisé. Les extrémités, dans ce cas, ne s'accroissent plus et le rameau noirci se flétrit et sèche sur une assez grande longueur. L'aoûtement est en tous cas imparfait et le dessèchement, s'il n'est immédiat, peut se produire au moment des gelées.

Dans ces conditions, les sarments restent courts, les mérithalles n'ont pas leurs dimensions normales. Les bourgeons axillaires se développent en grand nombre et forment sur l'axe principal beaucoup de rameaux secondaires chétifs. Le cep paraît rabougri, il est vert jaunâtre et d'un aspect languissant, mais il n'a jamais la teinte chlorotique qui peut lui être imprimée par d'autres causes. Une vigne, qui a l'Oïdium à l'état d'intensité que nous venons de décrire, s'offre de loin, à la vue, comme enfumée et noirâtre.

Il est rare de voir aujourd'hui un pareil développement du parasite; le plus souvent, on ne trouve sur les jeunes rameaux que des altérations analogues à celles qui sont plus fréquentes sur les rameaux plus âgés. Là, les taches sont isolées et disséminées; elles ne s'étendent en larges plaques et ne deviennent continues, dans les milieux les plus favorables, que sur le sarment herbacé. Elles peuvent être très nombreuses; leurs bords, sinueusement découpés, s'étendent en prolongements irréguliers dans les stries du mérithalle. L'épaisseur de la poussière est relativement faible et d'un gris bleuâtre. La coloration du fond vert des taches passe par toutes les nuances que nous avons indiquées, et, lorsque le bois est aoûté, elle tranche parfois beaucoup.

Ces empreintes ne se manifestent que par une simple teinte et non par des mortifications creusées dans les tissus. Le bois peut s'aoûter parfaitement, mais il sèche parfois à l'hiver; il est toujours mauvais pour la multiplication et il ne devra jamais être employé dans ce but.

Lorsque l'Oïdium, par suite de circonstances spéciales, ne se développe que peu avant l'aoûtement, les traces qu'il laisse sur les rameaux sont peu apparentes et reconnaissables à de fines ponctuations, livides ou noires, agglomérées sur certaines parties (Pl. I, *d*). On ne rencontre jamais le parasite sur le bois aoûté, et à plus forte raison sur le vieux bois, puisqu'il ne peut vivre que sur des surfaces vertes.

b. **Sur les feuilles.** — En pleine végétation, l'Oïdium attaque moins les rameaux que les autres organes de la vigne. Les feuilles peuvent être envahies, avec une très grande intensité, indistinctement sur les deux faces, à tout âge et à toute époque. Lorsqu'elles ont acquis toute leur croissance, l'Oïdium se présente par plaques disséminées (Pl. I, *a*), peu perceptibles sur la face inférieure des feuilles tomenteuses, mais qu'on distingue bien à la face supérieure. La poussière blanche passe vite au gris et peut disparaître sans laisser de trace nettement appréciable. On voit cependant toujours, quand on les examine avec soin, de petits points noirs, fréquents à la face supérieure. La feuille prend une coloration brune plus ou moins accusée. Dans tous les cas, quand on examine les taches à travers le jour, la teinte verte s'y montre moins intense que sur les parties non envahies.

Le pétiole, attaqué par l'Oïdium, offre les mêmes altérations et les mêmes phases dans leur développement que les sarments herbacés. Il ne se flétrit pas, à moins que la feuille ne soit détruite; elle l'est avant lui.

Les tissus des feuilles âgées ne sèchent pas comme ceux des rameaux jeunes, mais le parenchyme devient plus coriace, surtout quand les taches s'irradient en formant de grandes plaques qui se réunissent et enlacent toute la feuille sur les deux faces (Pl. 1, *a*). Toute la page supérieure est alors recouverte d'une poussière qu'on a comparée à celle des routes et qui ne laisse que des ponctuations, ou qui détermine le brunissement de toute la surface. Les feuilles sont coriaces et cassantes.

L'Oïdium, développé avec cette intensité, forme un vrai feutrage blanc grisâtre, abondant sur la face supérieure. Ce lacis est surtout fréquent sur les jeunes feuilles ou sur les feuilles en voie de développement. Celles des extrémités sont entièrement recouvertes par le parasite ; elles se recoquillent, ne croissent plus, et, après s'être flétries, sèchent et tombent. Cette altération extrême n'a guère lieu que sur les jeunes feuilles encore très tendres. Dans tous les cas, les feuilles oïdiées ne fonctionnent pas comme à l'état normal, et il en résulte un affaiblissement pour le cep.

L'Oïdium a été constaté assez souvent sur les *fleurs*. Amici et Hugo Mohl l'ont signalé sur les jeunes fleurs, depuis et aussitôt après leur sortie des bourgeons jusqu'à la fécondation ; il envahit parfois ces derniers d'une poussière blanche très abondante qui en amène le desséchement, la fleur avorte, mais c'est là une exception.

c. **Sur les fruits.** — Les effets de l'Oïdium sont surtout importants sur les grains, qui peuvent être attaqués aussitôt après leur fécondation jusqu'à la véraison achevée, au moment où toute la matière verte a disparu des couches extérieures (Pl. 1, *b*).

Les jeunes grains sont entièrement recouverts par une poussière très abondante, blanche, grasse au toucher, et que l'on pourrait confondre avec celle que produit le Mildiou sur les grains de même développement, si elle n'était toujours moins brillante que celle de ce dernier. Les grains se rident bientôt et, après s'être desséchés sur leurs pédicelles, tombent, salis par la poussière devenue grisâtre et qui laisse des empreintes noires très visibles. L'odeur de moisi qu'émettent les grappes envahies est très accusée.

Sur le squelette de la grappe, les poussières blanches se montrent moins développées que sur les grains et impriment des taches brunes. Il est rare que les pédicelles soient desséchés et tombent.

Le pédoncule devient coriace, mais ne sèche pas. Il est certain, cependant, qu'au moment de la maturité, la migration des matériaux élaborés est bien plus difficile et qu'elle est incomplète sur ces organes altérés.

Les grains ne sont pas toujours tous envahis dans une même grappe. On observe souvent, dans les grappes qui sont déjà à maturité, de petits grains verts, développés après les autres, recouverts seuls d'Oïdium.

Les jeunes grains, entièrement recouverts d'efflorescences, peuvent ne pas sécher et continuer à grossir sans tomber ; ils restent cependant petits et leur pellicule durcie acquiert une grande épaisseur. Ce fait de durcissement des couches extérieures des grains oïdiés est général et constant à toutes les époques. Lorsque les grains sont noués et ont même acquis un certain volume, — toujours avant la véraison —, ils peuvent n'être attaqués que partiellement ; la poussière est relativement abondante sur les portions envahies et, en dessous d'elle, on voit de petits points noirs ou des taches livides qui brunissent mais ne deviennent jamais noires comme sur les jeunes rameaux. La partie correspondante de la peau durcit et s'épaissit sans s'accroître, car les cellules y sont mortifiées. La multiplication des cellules intérieures continue ; le grain s'accroît par conséquent dans toutes les régions, excepté dans celles où la peau est atteinte. Arrive un moment où, par suite de la différence d'accroissement entre les parties internes et la couche externe, celle-ci éclate, le grain se fend suivant les lignes de plus petit accroissement déterminées par la présence actuelle ou ancienne de l'Oïdium. L'éclatement est parfois si profond que les graines sont mises à nu ; ce fait n'est pas exceptionnel (Pl. I, *b*).

Le grain se fend le plus souvent partiellement en deux, d'autres fois en trois ou quatre parties. Les lignes de fente sont toujours irrégulières. Le grain éclaté se dessèche, il est à peu près perdu et durcit en séchant. Si l'éclatement, qui peut se produire jusqu'au moment de la maturité, a lieu après la véraison, le sucre qui était resté dans la pulpe se concentre et, relativement à leur poids, les grains sont plus sucrés et, partant, les vins plus riches en alcool, mais la matière colorante est altérée.

Au lieu de sécher progressivement, le grain pourrit et tombe si le temps est humide et la maturité prochaine. Dans quelques cas, des moisissures se développent dans la pulpe et l'altèrent. Cette altération affecte, sur certains cépages à gros grains, des caractères particuliers qui lui ont fait donner quelquefois le nom de *Pourriture grasse*. Si la crevasse n'est pas très profonde et qu'elle se produise de bonne heure (avant la véraison), il peut y avoir une sorte de soudure ou plutôt une cicatrisation des parties déchirées ; il faut que les cellules aient encore conservé la faculté de se multiplier. Nous avons observé des cas où les graines, mises à nu et desséchées, émergeaient au dehors, enserrées par les couches de cicatrisation.

Lorsqu'il y a une seule tache, ou au plus deux taches isolées, non étendues et manifestant leur action peu profondément, l'éclatement n'a pas lieu. Mais, par suite des différences d'extension des couches, la partie de la pellicule durcie est distendue et la couche dure se fend seule en divers sens, figurant des carrelages irréguliers qui finissent par se détacher lorsque le phénomène se manifeste quelque temps avant la véraison.

Les grains oïdiés peuvent grossir sans qu'il y ait éclatement de la peau, mais la maturation s'accomplit mal ; au lieu de prendre leur teinte brillante, les raisins des variétés noires restent d'un rouge livide. Ils se ramollissent à la véraison, se rident et parfois se dessèchent ; les vins produits par ces fruits sont peu sucrés et mauvais. Le grain est bien rarement atteint après véraison ; il se défend bien alors et arrive à maturité sans encombre. Il peut cependant, dans des conditions exceptionnellement favorables au parasite, éclater à ce moment. Il en résulte alors une perte totale.

d. **Effets de l'Oïdium.** — L'Oïdium puise sa nourriture dans les cellules épidermiques des organes verts de la vigne, qui sont seules directement altérées. Elles commencent par brunir, et leur contenu, d'après Hugo Mohl, se ramasse irrégulièrement en pelote. Ce brunissement s'étend bientôt à la membrane dont la cellulose perd ses qualités d'élasticité et ses propriétés optiques et chimiques caractéristiques. Sous l'influence persistante de l'Oïdium, les cellules voisines se colorent de la même façon, et les altérations s'étendent en formant les taches ou les plaques brunes que nous venons de décrire.

On n'a observé que rarement la mortification directe des cellules de l'écorce immédiatement inférieures à la couche épidermique. L'action indirecte sur les autres tissus n'est cependant pas douteuse. Il doit y avoir appel des matériaux vers la surface et appauvrissement subséquent des tissus inférieurs ; ainsi s'expliquerait le dessèchement des rameaux avant l'aoûtement. En outre, par suite de la mortification des couches extérieures et de la destruction de la chlorophylle, le fonctionnement normal des surfaces de respiration et de transpiration est entravé, ce qui produit des accidents secondaires.

L'élaboration des principes nutritifs ne s'effectuant pas, les matériaux de réserve ne s'accumulent pas dans les tissus parenchymateux de la plante. Aussi, les vignes attaquées par l'Oïdium sont-elles affaiblies au début de la végétation suivante, et, si les effets du parasite se continuent pendant plusieurs années successives, le dépérissement s'accentue ; il est cependant très lent et il est rare que la mort du cep en soit la conséquence.

Le parenchyme des feuilles adultes brunit très difficilement, par suite de l'épaisseur de l'épiderme et surtout de la couche cuticulaire qui se détache même parfois aux places altérées, sans qu'il reste aucune trace de l'action du parasite.

La mortification des cellules épidermiques et l'extension des taches sont faciles à constater sur les rameaux jeunes. D'après Bouchardat, les cellules sous-épidermiques pourraient être brunies et les couches génératrices seraient toujours moins développées que dans les cas normaux ; la moelle serait moins dense et n'aurait pas son développement habituel. Cet auteur a observé des mortifications de tissus dans le tronc ou dans les bras, lorsque le mal était intense. On a signalé aussi l'altération des racines sous l'influence toujours indirecte, du parasite.

Les phénomènes d'altération sont plus rapides sur les raisins que sur les organes précédents. L'éclatement des jeunes grains est dû à ce que les cellules épidermiques, dans lesquelles le noyau es très apparent, ne se multiplient pas dans les régions attaquées. L'éclatement du grain, après véraison, a lieu pour une cause différente : lorsque le grain vère, la matière verte disparaît, ainsi que le noyau des cellules épidermiques qui ne se multiplient plus, et de fines gouttelettes de matière colorante se déposent dans leur intérieur ; mais leur cellulose élastique conserve la propriété de se distendre, et les cellules grandissent, en effet, sous l'effet de la pression des couches internes. L'extension ne se produisant pas sur les cellules altérées par l'Oïdium, celles-ci se fendent.

La maladie atteint en somme sa plus grande gravité sur les fruits ; la récolte peut être absolument compromise ou ne donner que de petites quantités de vins de mauvais goût et inférieurs, tout au plus bons pour la chaudière. Les vignes attaquées par l'Oïdium, à moins qu'elles ne soient très âgées, ne succombent pas ; quand on les recèpe, elles redeviennent vigoureuses, si la maladie ne reparaît pas. L'affaiblissement, déterminé par le parasite pendant plusieurs années, amène une grande diminution dans la fructification, beaucoup de fleurs ne nouent pas leurs fruits. Par suite du défaut d'aoûtement, les vignes sont plus sujettes aux intempéries et surtout aux froids de l'hiver.

On conçoit les craintes et les inquiétudes qu'avait inspirées cette maladie et les pertes qu'elle a pu faire éprouver, quand on ne connaissait aucun moyen d'arrêter ses progrès.

e. **Influence du cépage.** — Certaines variétés de vignes souffrent des attaques de l'Oïdium jusqu'au point de devenir infertiles et de succomber ; d'autres ne portent jamais que des traces du parasite, qui est sans action sur elles. Dès 1850, on se préoccupa de sélectionner les cépages résistants à l'Oïdium. Il paraît acquis aujourd'hui que c'est à l'importation des variétés américaines, réfractaires à ce parasite, qu'est due l'introduction du phylloxéra en Europe.

Bouchardat a fait, en 1852 (1), des observations sur la résistance relative des divers cépages dans les collections du Luxembourg,

---

(1) *Soc. cent. agric.* 1852. p. 646-729.

qui comprenaient alors 2050 variétés. Quoique prises dans un milieu unique, les déductions que l'on peut tirer de ce travail complet ne sont pas sans valeur. MM. Marès, Pellicot, Cazalis-Allut, etc. ont suivi, dans les vignobles méridionaux, les effets de l'Oïdium sur les divers cépages. On peut, d'après les données fournies par ces auteurs, établir l'échelle comparative suivante :

Cépages très attaqués par l'Oïdium : *Muscats, Chasselas, Frankental, Malvoisies, Teinturier, Folle-blanche, Clairettes, Piquepouls, Gamays, Cabernet-Sauvignon, Castets, Brun-fourca, Syrah, Roussane, Riesling, Carignane, Pascal noir, Sicilien* ou *Pansé précoce, Ugni blanc, Tibouren, Terrets, Œillade, Cinsaut, Persan, Chatus, Alvarelhão, Nebbiolo, Albana, Trebbiano, Balsamina,* etc.

Cépages peu atteints : *Aramon, Sauvignon, Marsanne, Dolcetto, Colombaud, Alicante* ou *Grenache, Espar, Morrastel, Petit-Bouschet, Bourboulinque, Pinots, Merlot, Alicante-Bouschet, Viognier, Vernaccia,* etc.

Cépages très peu attaqués : *Cots, Melon, Calitor, Verdese, Duriff, Catawba, Isabelle, York-Madeira* (1), et le plus grand nombre des cépages américains : *V. Riparia, V. Rupestris, V. Æstivalis,* etc.

III. CONDITIONS DE DÉVELOPPEMENT DE L'OÏDIUM

Le développement de l'Oïdium, dont les phases et les conditions sont si utiles à connaître pour combattre le parasite, a été étudié d'une façon remarquable par M. H. Marès (2) ; il en a déduit les principes du soufrage qui forment aujourd'hui la base de toutes les opérations du traitement de cette maladie. C'est, en grande partie, un résumé des points essentiels de cette étude que nous allons essayer de faire.

---

(1) Ces trois dernières variétés existaient au Luxembourg en 1853.
(2) *Bull. Soc. agric. de l'Hérault*, 1856, pp. 203-218 et 304-310.

a. **Influence de la chaleur.** — L'Oïdium, nous l'avons dit, peut envahir la vigne dès le début de la végétation. On a observé que pendant cette première période, du bourgeonnement à la floraison, le développement est lent mais progressif. La température est alors assez basse, elle se maintient en effet, fin avril et mai, entre 12° et 14° C. en moyenne ; on a noté à cette époque des minima de 4° et 5° C., ce qui indique que les semences du parasite peuvent subir cette température.

On n'a pas de faits précis, reposant sur des expériences directes, qui fixent sur le degré de chaleur minimum nécessaire à la germination, ni sur les plus basses températures auxquelles les semences peuvent être soumises. Les observations que nous venons de rapporter semblent prouver que la végétation du champignon peut avoir lieu à partir de 12°, et toujours à une température supérieure à 4° ou 5° C.

Lorsque la température moyenne arrive à 20° C., et que les maxima sont compris entre 25° et 30° C., ce qui a lieu en juin, le champignon se développe avec une grande intensité. C'est à cette époque, — de la floraison à la véraison—, que la maladie exerce ses plus grands ravages ; les conditions favorables au parasite se trouvent réunies et les organes de la vigne, verts et herbacés, constituent un milieu de développement très approprié. La température optimum serait donc comprise entre 25° et 30° C. ; nous avons, à ces températures, obtenu de nombreuses germinations de spores d'Oïdium sur des raisins maintenus sous cloche, à l'humidité.

De la véraison à la maturité, par suite de la lignification des rameaux et de la disparition de la chlorophylle, l'Oïdium se développe peu, quoique les autres conditions existent. Il persiste encore sur les feuilles, mais ne cause que des dommages insignifiants ; on le retrouve même sur les feuilles rougies des hybrides Bouschet. La température lui est cependant très favorable durant toute cette période. Les maxima dépassent 30° et vont à 35°, parfois à 38° et au delà. M. H. Marès s'est assuré qu'à 35° C., l'Oïdium restait stationnaire ; il continue encore à se développer, mais lentement, jusqu'à 40° C.; il est détruit à 45°. Par des expériences variées, M. H. Marès a déterminé l'action des températures successives et expliqué ainsi certains faits curieux.

On avait observé, en maintes circonstances, que les sarments qui traînaient sur le sol ou en étaient rapprochés, que les feuilles et les fruits soumis à son rayonnement direct, ne portaient jamais traces d'Oïdium, ou que s'il existait sur les rameaux jeunes, encore dressés, il en disparaissait dès que la vigueur les forçait à ramper par terre. Le même phénomène s'observait sur les vignes récemment provignées, qui étaient toujours exemptes du parasite. Ces cas spéciaux s'expliquent par l'influence qu'a sur le champignon la température qui est très élevée sur le sol et sur les objets qui en sont très rapprochés. M. H. Marès a, en effet, observé directement sur le sol des températures maxima, de juillet à septembre, de 50° et 55°, et sur le feuillage de 39° et 45° C.

La température optimum, pour le développement de l'Oïdium, paraît donc comprise entre 25° et 35°, le maximum à 40° et le minimum entre 5° et 10°.

b. **Influence de l'humidité**. — Les premières constatations de l'Oïdium en Angleterre, en France, en Belgique, en Allemagne, ont été faites dans les serres chaudes ; dans ces milieux se trouvent constamment réunies les conditions de chaleur et d'humidité favorables à son développement. La chaleur est la condition prépondérante ; l'humidité, quoique influente, est moins nécessaire. Ainsi, sur les coteaux secs qui s'échauffent rapidement et beaucoup, dans les sols peu profonds, rouges, rocailleux et sablonneux, où la vigne entre, par suite de la température élevée, très vite en végétation, l'Oïdium fait beaucoup plus de ravages que dans les plaines fraîches et froides. On a observé que sur les bords des fleuves, le littoral de la mer, sous l'influence des brouillards, des pluies fines, dans les plaines fraîches, la maladie est aggravée seulement lorsque la température est assez élevée. Les fortes pluies, en lavant les organes de la vigne, entravent l'extension du parasite.

L'humidité n'agit pas en tant qu'eau précipitée en gouttelettes plus ou moins fines, comme pour le Mildiou, mais en élevant l'état hygrométrique de l'atmosphère ambiante. On n'a pas d'observations précises ni d'expériences directes qui permettent de fixer les limites d'humidité ou de sécheresse que peuvent supporter les organes de l'Oïdium, tout en conservant leur vitalité ; il est néanmoins certain que, dans un milieu absolument sec, les semences ne germent pas. On a supposé qu'alors, fait qui demanderait à être prouvé, les spores se fixent sur les corps qui les supportent et y adhèrent, pour germer ensuite au retour des conditions favorables.

Les engrais n'aggravent nullement la maladie, comme on l'avait tout d'abord prétendu ; ils ne peuvent que permettre à la vigne de se défendre, quand elle est fortement attaquée. Les bonnes cultures, qui, comme les engrais, augmentent la vigueur des ceps, les aident à mieux supporter les effets de l'Oïdium. Il est constant aussi que les vignes enherbées et mal cultivées ont toujours beaucoup plus souffert du parasite que celles qui étaient bien tenues ; elles finissent par arriver à un degré de dépérissement tel qu'on ne peut plus les relever, si, lorsqu'elles sont attaquées chaque année par l'Oïdium, on les maintient dans le même état.

Les treilles, conduites contre des abris qui facilitent leur échauffement, sont plus envahies que les souches basses. Sous des abris, tels que arbres, etc., les ceps se trouvent dans une atmosphère plus tempérée et plus humide qui favorise le développement du parasite, contrairement à ce qui a lieu pour le Mildiou.

IV. ÉTUDE BOTANIQUE DE L'OÏDIUM

Il n'est aujourd'hui douteux pour personne que la maladie de la vigne, dont nous venons de donner les caractères extérieurs, est due au champignon que l'on trouve sur les organes atteints. La preuve la plus certaine est fournie, comme dans toutes les questions de parasitisme, par les cas nombreux d'inoculations artificielles ou naturelles du parasite sur des plantes saines et vigoureuses, inoculations que l'on peut reproduire facilement. Ces preuves ont été primitivement données par Berkeley et Hugo Mohl; elles ont été rendues indiscutables par une commission italienne qui avait réuni à cet effet des documents et des expériences nombreuses (1).

Telle n'a pas été tout d'abord l'opinion d'un grand nombre de viticulteurs et même de cryptogamistes de beaucoup de talent. Amici et Leveillé considéraient l'apparition du champignon sur la vigne comme le résultat d'une prédisposition morbide de cette dernière, à la suite de certains faits mal observés lors du premier développement du parasite. Mais quelle pouvait en être la cause déterminante ? « J'avoue, disait Amici, que la cause de la prédisposition reste aussi obscure dans mon esprit que la cause de la maladie ». Certains viticulteurs l'ont attribuée à un concours de conditions météorologiques exceptionnelles, d'autres à un affaiblissement progressif de la vigne, résultant de l'épuisement du sol.

Une hypothèse, bien différente de la précédente, qui eut quelque crédit et fut l'origine d'un procédé de traitement qui fit alors beaucoup de bruit, considérait le développement du champignon comme lié à l'excès de vigueur de la vigne. La vigne était pléthorique et cette pléthore pouvait être due surtout à l'excès de fumure ; c'était l'opinion de Guérin-Méneville. Robineau-Desvoidy (2) soutint l'idée, émise d'abord par Desmoulins et Chaufton, qui donnait comme cause de la maladie les piqûres d'un acarien. Toutes ces hypothèses ne furent prises en considération que pendant les cinq ou six premières années de l'invasion.

A. — ERYSIPHE TUCKERI

Le champignon parasite, cause de l'Oïdium, l'*Erysiphe Tuckeri*, a son système végétatif ou *mycélium* qui rampe à la surface de tous les organes verts, sans jamais pénétrer dans l'intérieur des

---

(1) *Rapporto della commissione nominata dall I. R. Istituto Veneto... per lo studio della malattia dell' Uva.* — Visani et Dr Zanardini (Juin 1853).

(2) Comptes rendus, 1852. La mite de la vigne à laquelle on attribuait la maladie de la vigne était un acarien: *Acarus caldiorum* (Linn.): Acarus rubicundo hyalinus, abdomine utrinque macula fusca.

tissus ; il puise sa nourriture dans les couches superficielles au moyen de *suçoirs* et produit, par fragmentation de certains filaments dressés, des spores ou *conidies* qui le multiplient durant toute la période de végétation de la vigne.

a. **Mycélium** (1). — Le mycélium de l'Oïdium, contrairement à celui du Mildiou, est toujours extérieur ; il rampe à la surface des organes. Il est constitué par des tubes fins, déliés, à diamètre assez constant ($0^{mm},0045$), à pourtour lisse, jamais variqueux ; leur membrane est peu épaisse, diaphane ; leur contenu protoplasmique est rempli de fines granulations, assez abondantes aux environs des suçoirs et des conidiophores (Fig. 1, 2, 3). Il ne possède que rarement de petites vacuoles, qui commencent à se former dans les parties des filaments mycéliens épuisés. La membrane de ceux-ci s'affaisse ; ils sont aplatis, au lieu d'être cylindriques, ils deviennent en même temps plus flexueux qu'ils ne sont à l'état de vie active. Le mycélium est pourvu de cloisons assez distancées, certaines branches paraissent ne pas en avoir ; sur les filaments émis par les conidies en germination, qui sont plus transparents et plus rigides, on les aperçoit nettement (Fig. 5).

Fig. 1. — Fragment de mycélium, avec deux suçoirs. — Gross. 400/1

Le mycélium ne reste pas simple, il est rameux. Les ramifications partent parfois au nombre de deux à cinq du même point ; elles s'entre-croisent et paraissent même se souder à leurs points de contact. Le mycélium puise sa nourriture dans les cellules épi-

---

(1) On obtient facilement des préparations des corps reproducteurs et du mycélium de l'Oïdium par le procédé indiqué plus loin pour le *Mildiou*. Pour bien distinguer tous les organes du champignon en place sur l'organe attaqué, on détache un fin fragment d'épiderme (raisin surtout) et on le traite par une solution alcoolique de violet de méthyle ou d'érythrosine ; on l'examine dans la glycérine à 50 %. Les suçoirs se distinguent le plus facilement, d'après H. Mohl, sur les jeunes taches des rameaux, des pétales ou du raisin, mais non sur les feuilles. Il est facile de suivre le développement du mycélium en culture cellulaire ; on l'étudie mieux sur les rameaux et les feuilles, où il est moins masqué par les filaments fructifères que sur les raisins.

dermiques au moyen de *suçoirs* (1), que l'on a considérés comme des crampons; ils n'ont pas un rôle de fixation (Fig. 1, 2 c, 3 h). Ils sont distancés sur le mycélium et assez difficiles à voir, quoiqu'ils soient assez gros. Ils s'engagent entre les cellules épidermiques. On peut, en culture cellulaire, suivre leur première origine qui se manifeste par une légère proéminence régulière. A leur complet développement, ils présentent une excroissance irrégulière et peu profondément lobée, dont la hauteur et la longueur sont à peu près égales au tiers ou au quart du diamètre du tube mycélien; incolores au début, ils sont bientôt remplis de granulations abondantes et prennent une teinte sombre. C'est à la suite de leur action sur les cellules épidermiques que se produisent les petits points noirs dont nous parlions plus haut.

Fig. 2. — Filament conidifère de l'*Erysiphe Tuckeri*, fixé sur le mycélium *d*; la conidie *a* possède des vacuoles, elle est sur le point de se détacher; le pied du filament, rétréci à son insertion, n'est pas séparé du mycélium; *c*: suçoir. — Gross. 400/1

b. **Conidiophores.** — Les filaments fructifères prennent naissance sur le mycélium; ils sont surtout abondants sur les grains de raisin, auxquels ils donnent un aspect blanchâtre (Fig. 2 *a* et 3 *c, d, e, f, g*). Ils peuvent être nombreux sur une même branche mycélienne et leurs bases se touchent. Ils sont toujours simples; dressés le plus souvent, ils sont parfois obliques, rarement couchés, et un peu flexueux à leur insertion sur le mycélium; leur hauteur est de $0^{mm},10$ à $0^{mm},84$. Ils débutent par une légère proéminence cylindrique (Fig. 3 *b*) qui grandit peu à peu (Fig. 3 *c, d, e, f*); ils ne deviennent flexueux que lorsqu'ils sont au tiers de leur hauteur.

La membrane lisse et incolore de ces conidiophores est nettement visible; leur contenu est très granuleux; ils communiquent

---

(1) Les suçoirs ont été décrits, la première fois, par M. Zanardini, qui les désignait sous le nom de *fulcra*, usité pour des ornements de certains corps reproducteurs de champignons; il croyait que les crampons pénétraient, au moyen d'espèces de radicelles, dans les cellules épidermiques. (Voir Hugo Mohl, *Soc. nat. agric.*, 1853, p. 466).

directement avec le mycélium; il ne se forme de cloison de séparation au point d'attache qu'au moment où ils ont produit toutes les fructifications. Certains de ces filaments s'allongent beaucoup, d'autres n'atteignent que la hauteur d'une spore.

Des cloisons se forment dans l'intérieur du filament conidifère avant qu'il ait acquis ses dimensions définitives. La première cloison se produit à une certaine distance du sommet et se reconnaît tout d'abord par une ligne plus claire, à peine visible, de chaque côté de laquelle les granulations sont plus nombreuses; cette

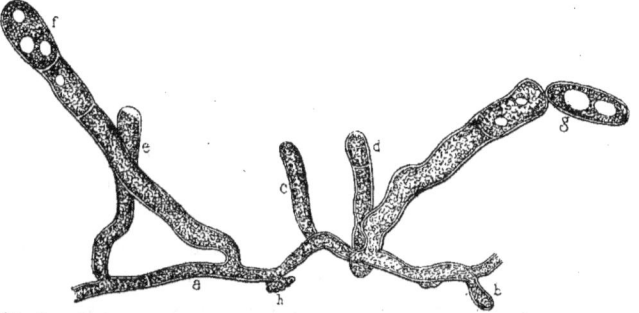

Fig. 3. — Préparation recueillie sur des grains de raisin, montrant tous les organes de l'*E. Tuckeri*. — *a :* mycélium. — *b :* un filament fructifère commençant à pousser. — *c :* filament dans lequel on ne voit encore aucune cloison. — *d, e :* états plus avancés, les cloisons sont formées. — *f :* conidiophore entièrement développé. — *g :* la conidie, presque entièrement détachée, n'est adhérente que par un point. — *h :* suçoir. — Gross. 400/1.

ligne s'accentue. Il se forme successivement d'autres cloisons, jusqu'à cinq et six suivant la hauteur du stipe; il existe, en général et au plus, trois ou quatre cloisons sur un stipe. Chaque fragment de filament fructifère, ainsi délimité, est une *conidie* ou spore (Fig. 4) presque entièrement formée.

Bien avant que les cloisons inférieures se soient dessinées, le fragment supérieur se détache en spore parfaite (Fig. 2 *a* et 3 *f*, *g*), dans l'intérieur de laquelle ont apparu des vacuoles (Fig. 4 *b*). La première cloison, qui était droite et même légèrement convexe, devient concave vers le haut, lorsque, la conidie ayant grossi, une ligne sombre a démarqué la trace de sa séparation. Par suite de la convexité qu'elle prend, la cloison se divise en deux sur les bords, le fragment supérieur ne restant adhérent que par le centre et bientôt par un seul point (Fig. 3 g), après quoi la conidie devient libre. Ce mécanisme est simple et facile à suivre. En s'arrondissant aux deux bouts, ce fragment prend sa forme définitive. Toutes les conidies se détachent ainsi, il s'en forme de deux à six. En somme, tout le filament fructifère peut se fragmenter en corps reproducteurs. Il n'y a ici de supports d'aucune sorte, si ce n'est le mycélium. La différence morphologique entre les filaments conidifères et les filaments mycéliens est insignifiante; on voit souvent l'extrémité d'un filament mycélien se cloisonner en spores. Ces spores sont de vrais morceaux, des boutures de mycélium qui reproduisent la plante ; il n'y a pas une bien grande différenciation. Le mycélium ne peut reproduire la plante par bouturage que s'il est limité par deux cloisons, auquel cas c'est une spore.

Conidies. — Les conidies (Fig. 4) sont de forme allongée, cylindro-ovoïdes, deux fois plus longues que larges (diamètre $0^{mm},016$).

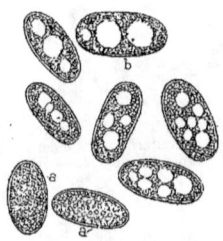

Fig. 4. — Conidies à différents états. — *a, a :* spores dans lesquelles les vacuoles n'ont pas encore apparu. — *b :* conidies sur le point de germer, à grosses vacuoles très apparentes. — Gross. 400/1.

Quelques rares conidies sont plus ramassées et légèrement renflées au centre, surtout celles qui sont produites sur les rameaux ; les spores venues sur les fruits sont en général plus grosses et plus allongées que les autres ; ces différences sont d'ailleurs peu accusées. Leur membrane est nettement visible, incolore ; leur contenu est peu granuleux, possédant de grosses vacuoles (Fig. 4 *b*), au nombre de une à trois, qu'on distingue bien, avec leur pourtour ombré, au moment de la germination (Fig. 5).

Par suite de leur extrême légèreté, les spores d'été sont facilement enlevées par les vents et vont infester des vignobles éloignés. Elles résistent bien plus à la sécheresse que les spores du *Mildiou* et peuvent attendre assez longtemps, pour se développer, que se trouve réuni l'ensemble des conditions qui leur sont nécessaires. Une fois mouillés, tous les organes de l'Oïdium, les spores surtout, adhèreraient fortement, sans se détruire, aux corps qui les supportent.

Germination des conidies. — Les conditions favorables à la germination des conidies, telles que température, action de l'air, milieu hygrométrique, n'ont pas été établies directement, mais elles peuvent, ainsi que nous l'avons vu, se déduire d'un ensemble d'observations comparatives indirectes, bien suffisantes pour les déductions pratiques que l'on a à en tirer.

La germination des conidies de l'Oïdium est facile à suivre ; le moyen le plus simple consiste à mettre des raisins oïdiés sous cloche humide, entre 25° et 30° C.; on voit bientôt des spores aux divers stades de la germination. En ensemençant directement dans des cultures cellulaires, mises en chambre humide, on suit plus longtemps le développement.

Les spores émettent directement un tube mycélien qui se forme indifféremment sur tous les points de la surface (Fig. 5). Il apparaît, au début, comme une légère excroissance de la membrane, qui s'allonge de plus en plus. Le protoplasme de la spore s'y ramasse assez

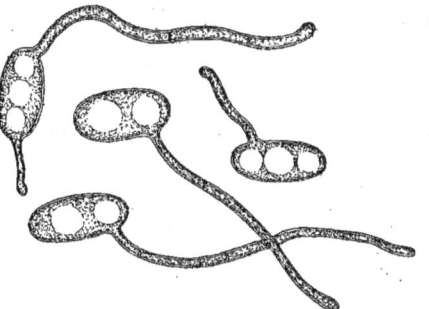

Fig. 5. — Conidies en germination. — Gross. 500/1.

promptement et les vacuoles s'étendent. Le jeune filament mycélien est grêle et délié, avec son extrémité très réfringente, légèrement renflée et un peu déjetée, comme sous l'influence d'une pression interne. Des cloisons assez distancées se forment bientôt à son intérieur, qui est rempli de fines granulations ; il peut se ramifier. Une même spore émet parfois deux filaments simultanément ou à de courts intervalles de temps. Il arrive que, dans des milieux très favorables au parasite, la spore terminale germe avant d'être séparée du stipe. Ces filaments mycéliens se développent en rampant sur les organes verts ; ils émettent des crampons qui puisent les éléments nutritifs dans les cellules épidermiques, et ils se reproduisent par les conidiophores qui se forment sur eux de très bonne heure et très vite.

c. **Pycnides, leur signification.** — Nous avons trouvé assez souvent, sur les grains de raisins fortement oïdiés et un peu avant la véraison, des productions spéciales, poussées sur les filaments fructifères, que Tulasne a dit être des *pycnides*, par analogie de structure avec les corps reproducteurs d'hiver d'autres champignons dont l'organisation est analogue à celle de l'Oïdium de la vigne. Ces corps, dans ce dernier cas, peuvent subir toute la rigueur de la mauvaise saison et reproduire les parasites l'année suivante. Il a été démontré que ces prétendues pycnides n'ont aucune relation avec l'Oïdium de la vigne et ne sont que le résultat d'un parasitisme.

Leur forme et leurs dimensions ne sont pas absolument fixes (Fig. 6). Elles se produisent à l'extrémité ou sur le parcours des stipes conidiophores. Ce sont des conceptacles en général ovoïdes, relativement gros et un peu allongés (Fig. 6, c, d), d'un brun plus ou moins foncé. Leur surface est carrelée et paraît constituée par de petites cellules accolées. Ils sont le plus souvent rétrécis à leur insertion, et leur support, plus ou moins allongé, est formé par le conidiophore. Ils peuvent être placés à son sommet et leur pied porter plusieurs cloisons de séparation de conidies (Fig. 6, b, d), ou être sessiles sur le mycélium (Fig. 6, e). Ils sont souvent surmontés, dans ce dernier cas, d'une ou plusieurs conidies flétries et desséchées qui paraissent insérées sur leur tête (Fig. 7, a g) ; elles se détachent plus tard et laissent parfois des fragments adhérents (Fig. 6, c b).

Ces corps sont de vrais conceptacles auxquels leur enveloppe épaisse imprime l'aspect indiqué. Dans leur intérieur prennent naissance une quantité considérable de spores ovoïdes, très petites un peu allongées, qui sortent en foule (Fig. 6, a a, d b et Fig. 7 a s). Les figures c et d représentent les formes les plus communes de ces fruits, mais on en trouve de bien différents : certains atteignent à peine la dimension d'une conidie (b) et en conservent la forme ; d'autres sont entièrement déformés (e), quoique leur enveloppe et leur contenu soient normalement constitués ; enfin, au lieu d'être bien délimités et séparés de leur support, ils paraissent, dans quelques cas (A, B, E), se prolonger vers leur base et on suit l'enveloppe épaisse et carrelée qui disparaît insensiblement assez bas sur

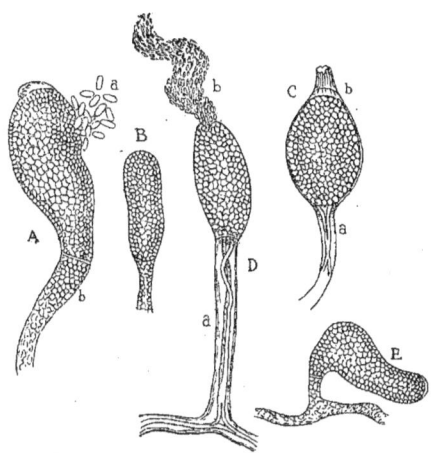

Fig. 6. — Fruits du *Cicinnobolus Cesatii*, parasite sur les filaments fructifères de l'*E. Tuckeri*. — Gross. 600/1 pour A, B, C, E.

le filament fructifère porteur. L'inconstance de forme de ces corps peut faire déjà supposer qu'ils n'ont rien qui permette d'établir des caractères morphologiques constants et fixes.

Amici a, le premier, découvert ces productions en Toscane ; à peu près en même temps, Tulasne les signalait en France (1), et le baron Cesati en Lombardie. Ehrenberg crut voir dans ces fruits un type de champignon se rattachant à des formes différentes de celles de l'Oïdium et proposa de lui donner le nom de *Cicinnobolus florentinus*. Tulasne les considérait, au contraire, comme de vraies pycnides de l'Oïdium, qu'il rapportait par suite au genre *Erysiphe* et nommait *Erysiphe Tuckeri*, le rapprochant d'une espèce avec laquelle il avait des analogies par ces divers organes : l'*Erysiphe communis* (Fr.), que Béranger avait déjà considérée comme identique.

---

(1) Comptes rendus, octobre 1852.

On crut, jusqu'aux travaux de M. de Bary (1), que ces organes étaient réellement des pycnides, et c'est d'ailleurs encore l'avis de certains botanistes. M. de Bary a démontré, par des recherches d'une extrême délicatesse, que ce n'étaient que les fruits d'un champignon vivant en parasite sur l'Oïdium. En effet, quand on observe avec soin les conidiophores qui les portent, on voit ramper dans leur intérieur un mycélium mince et délicat qui se rattache à leur base et forme dans les conidies ses organes reproducteurs. On doit donc considérer ces prétendus fruits comme un accident. M. de Bary a donné à ce parasite le nom, qui lui est resté, de *Cicinnobolus Cesatii*, en l'honneur de Cesati, qui a été un des premiers à le décrire ; il se développerait sur plusieurs espèces d'Erysiphe. Comme Ehrenberg (2), Mohl (1854) l'avait déjà rapporté au genre Cicinnobolus, et en avait fait une espèce : *C. Oïdii Tuckeri*.

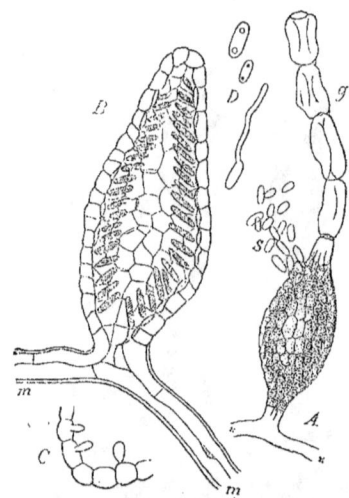

Fig. 7. — Organisation du fruit du *Cicinnobolus Cesatii*. — A s : spores du parasite sortant du conceptacle ; g : spores desséchées de l'*E. Tuckeri*. Gross. 380/1 (d'après Tulasne). — B : coupe du conceptacle du *C. Cesatii*, montrant son organisation ; m m, mycélium rampant dans le mycélium de l'*E. Tuckeri*. — C : fragment du conceptacle montrant l'insertion des spores du *C. Cesatii*. — D : trois de ces spores dont une en germination. Gross. 600/1 pour B et C et 300/1 pour D (d'après de Bary).

La synonymie du *C. Cesatii* est la suivante :

Cicinnobolus Cesatii de Bary ! (Morphologie und Biologie der Pilze..., p.71). — Cicinnobolus florentinus Ehrenberg ! — Cicinnobolus Oïdii Tuckeri Mohl ! — Byssocystis textilis Riess ! — Ampelomyces quisqualis Cesati ! — Leucostoma infestans Castagne ! — Endogonium vitis Crocq !

---

(1) *Beiträge zur Morphologie und Physiologie der Pilze*, 1870.
(2) *Botanische Zeitung*.

B. — UNCINULA SPIRALIS

L'*Uncinula spiralis,* ou Oïdium américain, est fréquent, aux Etats-Unis, dans tous les vignobles, même en Californie, et, dans les forêts, sur les espèces sauvages. Nous l'avons trouvé abondant dans le sud-ouest du Missouri sur les feuilles des Cordifolias sauvages, en Californie sur le V. Californica, et sur quelques feuilles du V. Rupestris dans les ravins desséchés du Missouri. Ses ravages sont surtout importants dans la Nouvelle-Angleterre, le New-Jersey, le Maryland, le district de Colombie, les parties humides du Texas et du Missouri, le Nord de la Californie. Les Américains le désignent sous le nom d'Oïdium ou sous celui de Mildew. M. Riley (1), pour établir une distinction nette, a proposé de donner à l'Oïdium le nom commun de *Powdery Mildew* (Mildiou poussiéreux), et celui de *Downy Mildew* (Mildiou duveteux) au P. viticola; ces noms ont été adoptés par M. F.-L. Scribner et commencent à se répandre aux Etats-Unis.

a. **Caractères extérieurs**. — L'Oïdium américain a été décrit, pour la première fois, par Berkeley, en 1857, et dénommé *Uncinula spiralis* (Berkeley et Cooke). Il commence à apparaître au début du printemps et se développe activement en été. Pendant toute cette période, les caractères qu'il présente sur les feuilles, les rameaux et les fruits qu'il attaque, sont identiques à ceux de l'Oïdium européen produit par l'*Erysiphe Tuckeri*. Toutes les surfaces vertes sont envahies par une poussière d'un blanc grisâtre et terne, plus ou moins dense suivant l'intensité de la maladie, grasse, douce au toucher et peu adhérente. Les taches primitives sont d'abord isolées, deviennent ensuite confluentes et forment de larges plaques qui peuvent recouvrir tout l'organe sur toutes ses faces : feuilles, rameaux ou fruits.

Sous la poussière blanchâtre, on observe, imprimés sur les tissus,

---

(1) *Proc. am. Pom. Soc., session of 1885*, p. 49.

de nombreux petits points d'un brun livide, très rapprochés, qu[i]
constituent des taches correspondantes non creusées, de sorte qu[e]
l'organe fortement attaqué paraît noirci, comme c'est le cas pou[r]
l'*E. Tuckeri*. Au point de vue des altérations que détermine l'*Unc[i]-
nula spiralis*, il y a identité complète avec celles dues à ce derni[er]
champignon ; les rameaux se rabougrissent, les feuilles noircies s[e]
recroquevillent et sèchent, si elles sont fortement attaquées quan[d]
elles sont jeunes ; les grains présentent les mêmes phénomènes d[e]
dessèchement, d'éclatement, etc.

La seule différence réside dans les caractères nouveaux qui s[e]
manifestent en automne et surtout en octobre. Les efflorescence[s]
sont alors réduites ou plus diluées, elles sont plus poussiéreuses [et]
leur teinte est plus terne. De nombreuses pustules, très petites
bien délimitées, toujours isolées, les ont en grande partie remplacées (Pl. I, *e, e*). Elles sont d'un brun plus ou moins foncé, comm[e]
reliées entre elles par des fils et peu adhérentes sur les surface[s]
glabres, ou emprisonnées dans les poils de la face inférieure de[s]
feuilles tomenteuses ; elles sont proéminentes et dessinent des série[s]
de points très serrés, irrégulièrement irradiés, qui criblent l'organ[e]
de la vigne sur toutes ses faces et tranchent nettement par leu[r]
teinte foncée sur le fond blanc verdâtre des tissus attaqués. Ce[s]
pustules sont une des formes de reproduction caractéristique d[e]
l'*Uncinula spiralis*, celle à *périthèces* ou *fruits ascosporés*, qui n'[a]
jamais été observée en Europe pour l'*E. Tuckeri*.

b. **Conidiophores**. — Les efflorescences blanches de l'*U. spiralis* sont constituées par le mycélium et les filaments conidifère[s]
de ce champignon. Comme celui de l'*E. Tuckeri*, le mycélium d[e]
l'*U. spiralis* est extérieur aux tissus, il rampe à leur surface, e[t]
puise sa nourriture par des suçoirs analogues. Il est formé de tube[s]
fins, déliés, un peu flexueux, ramifiés, à cloisons assez distancées,
hyalins et granuleux à l'intérieur.

Les filaments conidifères prennent naissance sur le mycélium,
comme ceux de l'*E. Tuckeri* (Fig. 8). Ils sont simples, dressés,
flexueux à leur insertion, parfois nombreux sur une même branche mycélienne. Les tubes primitifs, en s'accroissant, se cloisonnen[t]

en conidies, au nombre de 4 à 8, qui se séparent de la même façon que celles de l'*E. Tuckeri*. Comme celles de cette dernière espèce, ces conidies sont cylindro-ovoïdes, allongées, à membrane nettement apparente et assez épaisse, incolores, à contenu granuleux et possédant souvent de grosses vacuoles. Leur germination a lieu par émission directe, sur un point quelconque, d'un tube mycélien. Leurs dimensions sont identiques à celles de l'*E. Tuckeri*. Nous avons trouvé le *Cicin-*

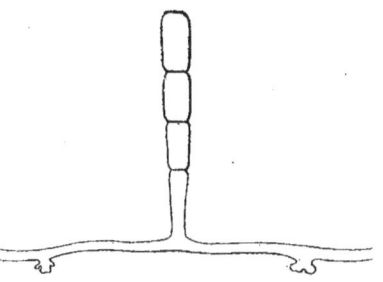

Fig. 8. — Conidiophores de l'*Uncinula spiralis*. Gross. 600/1 (d'après M. W. G. Farlow).

nobolus Cesatii parasite sur les filaments conidifères de l'Oïdium d'Amérique, comme sur ceux de l'*E. Tuckeri* d'Europe.

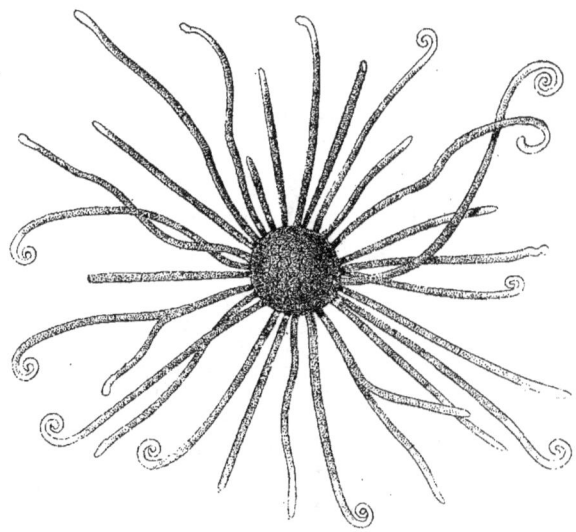

Fig. 9. — Périthèce de l'*Uncinula spiralis*. — Gross. 550/1 (d'après M. W. G. Farlow).

c. **Périthèces**. — Les pustules proéminentes, qui se forment en si grand nombre à la fin de l'automne, sont des *périthèces* ou *fruits à asques*. A l'état jeune, ils sont petits, d'un jaune citron sphériques; leur contenu, incolore et granuleux, n'est pas différencié. Ils ne sont entièrement mûrs qu'à la fin de l'automne et ont alors leurs caractères définitifs.

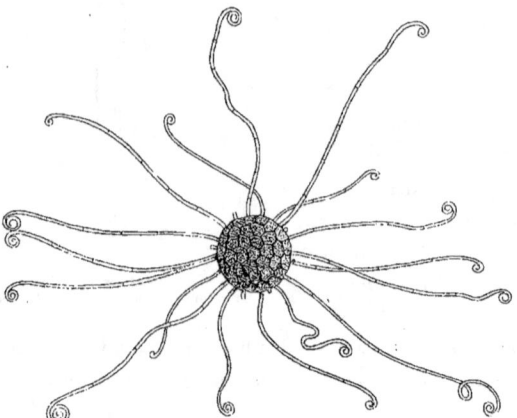

Fig. 10. — Périthèce de l'*Uncinula spiralis*. — Gross. 100/1
(d'après Worthington G. Smith).

Ce sont de gros conceptacles, d'un brun noirâtre, un peu déprimés; leur base est reliée à de nombreux filaments mycéliens qui viennent s'y réunir (Fig. 9, 10, 11, 12). Leur enveloppe, continue, très épaisse, est constituée par une série de cellules à contour plus foncé, bien délimitées, polygonales, un peu bombées sur leur cen-

Fig. 11. — Coupe transversale d'un périthèce de l'*Uncinula spiralis*.
Gross. : 100/1 (d'après W. G. Smith).

tre, ce qui donne à l'ensemble un aspect verruqueux. Vers la base du conceptacle et sur tout son pourtour, s'insèrent au centre des cellules une série de poils, ou *fulcres*, qui caractérisent les genres de la famille à laquelle appartient l'*U. spiralis*. Ces poils sont au nombre de 20 à 30; ils sont étalés, peu aplatis ou cylindriques, presque toujours simples, peu flexueux ou rigides, 4 ou 5 fois plus longs que le diamètre du périthèce (Fig. 9, 10, 11). Ils sont durs et cassants. Élargis à leur insertion, ils vont en diminuant sensiblement de diamètre jusqu'à leur extrémité. Ils sont d'un brun foncé vers leur base, coloration qui s'atténue à l'extrémité qui est entièrement hyaline. Leur membrane est très épaisse, ils sont pourvus de nombreuses cloisons très apparentes et sont vides. L'extrémité incolore est enroulée en spire à un ou deux tours serrés et très cloisonnés (Fig. 9, 10). Quelques poils restent rudimentaires et sont droits à leur sommet, comme ils le sont toujours à l'état jeune. Ces poils ne sont souvent que de simples ornements de l'enveloppe ; dans le cas de l'Uncinula, ils peuvent servir à fixer les périthèces sur les surfaces où ceux-ci prennent naissance.

Les périthèces passent l'hiver ; au printemps, lorsqu'ils sont soumis à l'humidité, ils éclatent et émettent au dehors leur contenu. Ce contenu est formé par des sortes d'outres ou *asques*, au nombre

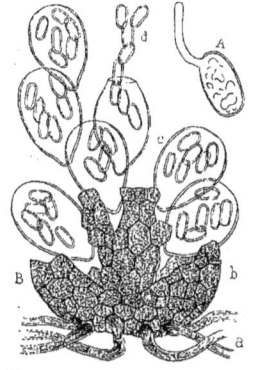

Fig. 12. — Périthèce ouvert, montrant les asques de l'*Uncinula spiralis*. — Gross. 250/1 pour B, 500/1 pour A (d'après W. G. Smith).

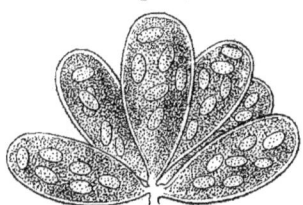

Fig. 13. — Asques isolées de l'*Uncinula spiralis*. — Gross. 600/1 (d'après M. W. G. Farlow).

de 4 à 8, le plus souvent 6 (Fig. 12 et 13). Elles sont pyriformes ou ovoïdes-pyriformes, insérées vers la base du conceptacle, incolores, à membrane hyaline très épaisse. Chaque asque renferme de 4 à 8 spores, ou *sporidies*, en général 4 ou 6.

Ces sporidies sont plongées dans l'asque au sein d'une matière grumeuse et situées irrégulièrement ; elles sont incolores, à membrane relativement épaisse, elliptiques allongées (Fig. 13), remplies d'un protoplasme granuleux avec de gros points réfringents. Elles sortent de l'asque par éclatement de celle-ci (Fig. 12) et germent en émettant un tube mycélien (Fig. 12 A). Les asques sont entremêlées avec de nombreuses gouttelettes réfringentes et plus ou moins jaunâtres.

Ce sont les périthèces, et les poils recourbés à leur extrémité qui les ornent à leur surface, qui font classer ce champignon dans le genre *Uncinula*. Les périthèces permettent à l'*U. spiralis* de passer la mauvaise saison et le reproduisent au retour des conditions favorables. On a observé que les sporidies ou spores de ces périthèces avaient encore conservé, au bout de deux ans, leur faculté germinative.

d. **Origine de l'Oïdium en Europe.** — L'étude que nous venons de faire du mycélium et des filaments conidifères de l'*U. spiralis* ne nous a montré aucune différence, ou du moins des différences sans importance, avec les mêmes organes de l'*E. Tuckeri*. Les caractères extérieurs, les conditions de développement sont identiques pour ces deux champignons. On pouvait donc se demander si l'*E. Tuckeri* qui a surgi, en Europe, à un moment bien déterminé, et dont on n'a retrouvé trace dans aucune autre région, n'était pas identique à l'*Uncinala spiralis* d'Amérique. Seule, dans cette hypothèse, la forme à périthèces de l'*U. spiralis* ne se serait pas reproduite à la suite de l'importation du champignon en Europe, soit que les conditions du milieu n'aient pas été favorables à sa formation, soit pour d'autres raisons inconnues.

MM. Berkeley, Plowright, Cooke (1), Worthington Smith (2) n'admettent pas cette opinion; MM. de Bary et W. G. Farlow (3) la croient probable. M. de Bary émet cette hypothèse dans un beau travail sur l'*Æcidium abietinum*. Dans la comparaison philosophique qu'il fait entre les Urédinées ou Æcidiomycètes et les Asco-

---

(1) Dr M. C. Cooke. — *On fungoid diseases of the vine*. (1888, Journal of the royal horticultural Society.)

(2) Worthington G. Smith. — *Vine Mildew, Oïdium Tuckeri*. (Gardener's Chronicle. Mai 1886, pp. 623 et 660.)

(3) M. de Bary. — Beitrage zur Morphologie der Pilze (III, p. 51). — *Id.* — Sur l'Æcidium abietinum (Ann. sc. nat., VIe série, tom. IX, 1878, p. 253). — *Id.* — Vergleichende Morphologie und Biologie der Pilze, Mycetozoen und Bacterien, 1874, p. 244. — W. G. Farlow. — Notes on some Common Diseases caused by Fungi. (Bulletin of the Bussey Institution. Vol. II, p. 106.)

mycètes, il considère le fruit Æcidium comme homologue du fruit ascospore et pense que la formation des conidies, dans l'évolution d'une espèce, peut devenir très abondante et les fruits Ascospore et Æcidium tendre pour ainsi dire à disparaître, la forme à conidies prédominant et devenant même presque exclusive. Il cite comme exemples le *Puccinia graminis* dont l'Uredo et les téleutospores, qui sont seuls connus, représenteraient la forme à conidies, et le *Penicillium glaucum*, Ascomycète sans périthèces. Les fruits à spores, dit-il dans ces considérations, ne seraient pas «généralement nécessaires à *la conservation de l'espèce,* ainsi que nous l'apprend la formation prédominante des conidies. Il existe encore un exemple à mentionner ici ; je veux parler d'abord de l'*Erysiphe Tuckeri* sur la vigne européenne. Ce champignon est un *Erysiphe* qui forme des conidies, le fait est indubitable; mais il est non moins certain qu'il tire son origine d'un autre Erysiphe portant des fruits à spores. Il est même probable que ce dernier continue à exister quelque part. A ce point de vue, il conviendrait d'examiner l'*Uncinula spiralis* de l'Amérique. Quoi qu'il en soit, l'*E. Tuckeri* est apparu, il y a 27 ans, sur la vigne cultivée en Europe, pour ainsi dire sous les yeux de l'observateur et comme une forme de champignon *exclusivement* munie de conidies, qui la propagent et la conservent. Or la fructification à spores a été tout simplement éliminée dans son évolution».

L'hypothèse qu'a formulée de Bary nous paraît une réalité. Quand on parcourt les vignobles américains attaqués par l'Oïdium, il est absolument impossible d'établir la moindre différence avec l'Oïdium européen; les caractères microscopiques des filaments conidifères, des conidies et du mycélium sont identiques. Nous croyons donc que l'Oïdium américain n'est autre que l'Oïdium européen, que l'*E. Tuckeri* est la forme conidifère de l'*U. spiralis* et que par suite l'Oïdium a été importé d'Amérique en Europe.

Il reste à savoir pour quelle raison les périthèces n'ont jamais été observés en Europe. On peut admettre l'hypothèse de de Bary relative à la disparition des formes ascosporées, ou croire encore que le milieu climatérique n'a pas été favorable, en Europe, à leur production. Les périthèces sont relativement rares en Amérique ; ils ne se produisent jamais qu'à la fin de l'automne lorsque surviennent les grands froids, et cela seulement dans les régions du Nord ; ils sont surtout fréquents dans la Nouvelle-Angleterre. Dans le Missouri, le Texas, la Californie, on ne les observe presque jamais ; ils sont rares dans la Virginie. Il semblerait donc que les froids rigoureux, arrivant brusquement, soient nécessaires à leur formation. Je n'ai jamais observé de périthèces dans les vignobles californiens; je recevais, en novembre, à Washington, de l'Oïdium du nord de la Californie, au moment où les froids étaient déjà rigoureux dans le district de Colombie; les échantillons avaient été envoyés par la ligne du chemin de fer qui passe, à travers les Montagnes Rocheuses, par le Wyoming et le Nebraska où l'on notait à cette époque des températures de — 28° C. Les échantillons portaient de jeunes périthèces d'*U. spiralis*.

Cette opinion sur l'origine américaine de l'Oïdium européen, que nous croyons la seule rationnelle, n'est pas admise par M. Worthington G. Smith (1), qui se range à l'idée, primitivement acceptée par plusieurs botanistes, d'après laquelle l'*Erysiphe communis* qui vit sur plusieurs plantes, et entre autres sur le Liseron (*Convolvulus arvensis* L...), ne serait que la forme parfaite (à périthèces) de l'*E. Tuckeri*. Cette opinion est sans valeur ; la comparaison des formes conidifères des deux espèces le prouve tout d'abord; en outre, toutes les tentatives que l'on a faites pour inoculer l'*E. communis* sur la vigne, et inversement l'*E. Tuckeri* sur les plantes qui portent cette dernière espèce, n'ont jamais abouti. On peut, d'ailleurs, se convaincre du fait tous les jours. On voit très souvent des Liserons, criblés des efflorescences de l'*E. communis*, ramper à travers les rameaux de vignes parfaitement indemnes, et le cas contraire se produit non moins fréquemment.

M. Worthington G. Smith rapporte cependant que Berkeley a vu une fois l'*E. communis* sur les feuilles de vignes dans les serres d'Angleterre. Ce n'est là qu'une curieuse exception. L'*Oïdium balsamii* Montagne a été aussi constaté sur la vigne, à Turin, par Bal-

---

(1) Worthington G. Smith.— *Vine Mildew, Oïdium Tuckeri*. (Gardener's Chronicle, 1886.)

samo. On l'a trouvé, sur l'Alicante et le Gros Colmar, à Chiswick, en Angleterre ; il se développait sur le pédoncule de ces deux cépages en produisant des renflements (gouty swelling). Berkeley a encore cité un cas de développement de l'*Oïdium chrysanthemi* Roth. sur la vigne.

Toutes les recherches que l'on a faites dans les auteurs anciens n'ont pas fourni la moindre preuve de l'existence ancienne de la maladie en Europe. Du Puits (1) a prétendu avoir observé la maladie de la vigne en 1834, mais ses observations ne reposent sur aucun fait précis. Le texte que l'on a rapporté de l'*Alimurgia* de G. Targioni-Tozzetti (2), publié en 1766, est sans précision.

M. Savastano, dans un travail récent (3), admet que l'Oïdium était connu des auteurs anciens; il rapporte cette maladie à celle qu'a signalée Théophraste sous le nom de κραμβος (C. V : X, 1), qui n'est, très certainement, que l'Anthracnose. Les textes de Pline (XVII, 24, m), de Columelle (Arb. VIII, 3), de Vindanione (Géoponiques. V. 34) que cite M. Savastano sont trop vagues pour qu'ils puissent permettre aucune comparaison sérieuse. Il en est de même pour les textes arabes (Sagrit *in* Ibn-Al-Awam I, 550,557), dans lesquels M. Savastano retrouve l'indication d'une maladie (*Ahridh*) qu'il considère comme étant sûrement l'Oïdium.

MM. Portes et Ruyssen (4) rapportent que l'on a trouvé «dans les archives de Puerto Santa-Maria de Cadix des documents remontant à un siècle et demi environ, où il est question d'une maladie dite *Polvillo* ou *Cenigo*, c'est-à-dire poudre ou cendre, dont la description rappelle assez bien l'Oïdium. A Villareal (Portugal), on a trouvé aussi des contrats remontant à peu près à la même époque, où la survenance de la *Cinteza* était prévue comme clause résolutoire». L'on admettra sans peine que ce sont là des indications

---

(1) *Ann. de la Soc. agr. de Lyon*, 1839 (cité dans Bouchardat).
(2) *In* Rendu, loc. cit., p. 80-82.
(3) Dott. Luigi Savastano. — *La Patologia vegetale dei Greci, Latini ed Arabi.* (Portici, 1890-1891, p 18-20).
(4) Portes et Ruyssen. — *Traité de la Vigne*, tom. III, p. 330 (d'après le *Bull. de la Soc cent. agr. Hérault*, 1861).

P. VIALA, *Les Maladies de la vigne*, 3me édition.

sans valeur comme preuve de l'existence ancienne de l'Oïdium en Europe. Les désignations de *Roratio*, chez les Romains, et de *Farinedda*, en Sicile, rapportées par M. F. Mina Palumbo (1), sont du même ordre.

e. **Perpétuation de l'Oïdium en Europe.** — L'Oïdium, sous sa forme européenne, n'a qu'un seul moyen de reproduction, celui par conidies. Les organes de reproduction, les périthèces, qui permettent généralement aux champignons du même groupe de passer la mauvaise saison, ne se forment que dans les régions très froides de l'Amérique, dans des conditions de milieu très particulières; ils n'existent pas ou ne se produisent pas en Europe. On a donc à se demander comment l'Oïdium se perpétue d'une année à l'autre (Europe, Californie...), puisque les organes de reproduction qui conservent pendant l'hiver les plantes du même groupe lui font défaut.

Il faut donc conclure que l'Oïdium se perpétue d'une année à l'autre, dans nos vignobles, soit par le mycélium, soit par les conidies. Quand on suit attentivement les premières apparitions de l'Oïdium, on constate que les taches débutent toujours à la base des rameaux; on peut même voir certains bourgeons, à peine éclatés, recouverts de la poussière du parasite, et si on écarte les premières feuilles, on trouve de l'Oïdium jusqu'à leur base, dans l'intérieur du bourgeon. Cette observation prouve que les conidies du parasite ont hiberné entre les écailles qui les protégeaient suffisamment contre les mauvaises conditions atmosphériques de l'hiver.

Plusieurs observateurs, M. de Bary entre autres, ont constaté que les spores peuvent, à la fin de l'automne, se fixer sur les rameaux aoûtés, par suite d'une modification cellulosique de leur membrane, modification qui d'ailleurs n'a pas été suivie avec soin. Lorsqu'elles tombent dans les angles des rameaux ou entre les écailles des bourgeons, elles peuvent y subir cette modification et hiberner. Il n'est pas inadmissible, en outre, que ces conidies germent aussitôt ou peu après, et que le mycélium qu'elles émettent s'insinue dans les

---

(1) F. Mina Palumbo. — *Marciume delle uve.* (*Agricultura italiana*, 1887, fasc. 153-154).

fissures des écorces ou dans l'intérieur même des bourgeons pour y rester à l'état latent jusqu'au printemps suivant.

Nous avons observé souvent, dans les angles des ramifications des sarments ou sur les feuilles des bourgeons, en automne (novembre et jusqu'à fin décembre), des conidies qui paraissaient saines. Enfin, nous avons trouvé, à la même époque, du mycélium à nombreuses cloisons délimitant des fragments dont le protoplasme était plus condensé et plus sombre qu'à l'état normal. Ces fragments peuvent s'isoler et germer comme les conidies; ce sont de vraies conidies; on observe d'ailleurs, pendant l'été, des fragmentations analogues du mycélium. Le mycélium, cloisonné à l'automne, peut, comme les conidies, être susceptible de conserver le parasite pendant la mauvaise saison.

f. **Synonymie et classification.** — La synonymie de l'Oïdium de la vigne est la suivante, en admettant l'identité de l'*U. spiralis* et de l'*E. Tuckeri* :

Uncinula spiralis Berkeley et Cooke ! (Berkeley. Introduction to the cryptogamic Botany, Grevillea. Vol. IV, p. 159).

Uncinula americana Howe ! (Erysiphei of U. S. in Journal of Botany, 1872).

Uncinula subfusca Berkeley et Curtiss ! (sur Ampelopsis quinquefolia, Grevillea. Vol. IV, p. 160).

Erysiphe necatrix Schweinitz ! (herbier de Schweinitz, Philadelphie).

Uncinula Wallrothii Léveillé ! (sur Ampelopsis, herbier Curtiss, Cambridge).

Uncinula ampelopsidis Peck ! (Trans. Albany Inst., VII, p. 216).

Erysiphe Tuckeri Tulasne ! (Selecta fungorum carpologia).

Oïdium Tuckeri Berkeley ! (Gardener's Chronicle, 1847 et 1848).

Alphitomorpha Tuckeri Amici ! (Sulla malattia dell'uva, 1852).

Sporidesmium Tuckeri Savi !

Oïdium Targionianum Giovanni !

Le parasite, cause de l'Oïdium, rapporté à l'*Erysiphe Tuckeri* et à l'*Uncinula spiralis*, appartient à la famille des Erysiphées, du groupe des Périsporiacées, ordre des **Ascomycètes**.

V. TRAITEMENTS

« Je n'entreprendrai pas, disait M. Rendu dans un rapport, en 1853 (1), d'aborder la liste formidable de tous les moyens recommandés pour combattre la maladie de la vigne; elle formerait un véritable catalogue... Que de médications inventées, prônées, exaltées ! Il n'en devait pas être autrement. Lorsqu'une maladie présente les faits les plus opposés, déjoue toutes les combinaisons..... lorsque sa cause échappe, l'empirisme alors intervient : il cherche la lumière dans les hasards d'un fait imprévu ; de là le déluge de recettes dont on se voit inondé.... Par malheur, la bonne foi et la bonne volonté ne sont pas toujours exemptes d'exagération, et très souvent l'infaillible succès, prématurément annoncé, n'aboutit qu'à un résultat négatif. L'histoire de la maladie de la vigne fournit, à chaque instant, la preuve de cette triste vérité ». N'en est-il pas de même chaque fois qu'une nouvelle maladie surgit? Le Mildiou et le Phylloxéra en sont encore des exemples.

Sans qu'il soit nécessaire d'indiquer tous les moyens qui ont été essayés pour combattre l'Oïdium, il est curieux et intéressant, au point de vue historique, d'examiner succinctement les principales tentatives qui ont été faites. On verra que beaucoup des anciens procédés ont été donnés comme nouveaux pour combattre d'autres maladies. Les travaux de MM. Duchartre, Rendu, Bouchardat et Marès donneront à ce sujet des renseignements plus détaillés.

On peut classer les procédés expérimentés en deux séries : ceux que l'on appliquait en considérant la souche comme malade ou comme pléthorique, et les moyens qui avaient pour but de combattre la vraie cause, le champignon parasite.

Pour corriger l'excès de vigueur ou rendre la vie à la souche affaiblie, on a fait : fumures variées et exagérées, tailles tardives, tailles tardives et répétées, tailles précoces, tailles en vert énergiques, pincements, recépage, greffage, provignage, enterrage, buttage,

---

(1) *De la maladie de la Vigne*, loc. cit., p. 95.

incisions annulaires et scarifications sur les sarments. L'incision sur les souches est un des procédés qui fit le plus de bruit en France et en Italie : on pratiquait sur le tronc une forte entaille avec une serpe qui entamait toute la largeur du pied et pénétrait jusqu'à quelques centimètres de profondeur !

Parmi les procédés qui avaient pour but de détruire le parasite, il en était de préventifs : flambage de la souche, écorçage, ébouillantage, lavage au goudron de gaz, au lait de chaux, au *sulfate de fer ou de cuivre concentrés*, plâtre délayé, dissolution de potasse, sulfure de sodium concentré, acide arsénieux.

Les moyens curatifs directs, mis en action pendant la végétation, ont été très nombreux. On a essayé des matières dissoutes et des matières pulvérulentes ; un certain nombre avaient donné de bons résultats. Les matières dissoutes avaient obligé à des procédés d'application d'une trop grande difficulté ou entraîné à des dépenses exagérées. Quant aux matières pulvérulentes, elles furent expérimentées peut-être en moins grand nombre, car le soufre vint bientôt se substituer à toutes ces substances. En voici l'énumération :

Matières dissoutes : Eau pure, sulfate de fer et de cuivre dilués, sulfure de calcium, eaux alcalines, eaux savonneuses, eau de goudron diluée, huiles lourdes diluées, lait de chaux, hydrosulfate de chaux, mélange d'hydrosulfate de chaux et de nitrate de potasse, foie de soufre, résidus de la fabrication des soudes, acide sulfurique, huile de cade, chlorure de sodium.

Matières pulvérulentes : Cendres diverses, chaux, soufre et chaux combinés ou mélangés, soufre et plâtre, plâtre, *soufre*.

A. — SOUFRE

a. **Historique.** — De tous les nombreux procédés essayés contre l'Oïdium, l'emploi du *soufre* est seul devenu une opération ordinaire de la pratique, que tout le monde a suivie et suit avec succès. Elle est tellement dans les habitudes que, dans le Midi, les viticulteurs emploient le soufre même lorsque l'Oïdium n'apparaît pas.

C'est aux traitements, réitérés chaque année, qu'est due l'absence, presque complète actuellement, de la maladie dans les vignobles. Le soufre a, en outre, des effets excellents sur la végétation de la vigne, qui n'ont pas peu contribué à l'extension de son emploi (1).

Le soufre avait été d'abord employé, en Angleterre, dès la première apparition du mal, en 1846, par Kyle, jardinier à Leyton. Tucker avait expérimenté des mélanges de soufre et de chaux, et Berkeley, dans son premier article sur l'Oïdium, rapporte ces essais. En 1848, on appliquait déjà le soufre dans beaucoup de *grapperies*.

C'est en 1850 seulement que l'attention fut attirée sur les résultats obtenus en Angleterre. Des expériences furent faites à Versailles par M. Hardy, sous la direction de M. Duchartre, qui avait été chargé de ces études par Dumas, ministre de l'agriculture. Dans ces essais, on lançait sur les ceps la fleur de soufre diluée dans l'eau, ou bien les grappes étaient mouillées et saupoudrées ensuite. L'action de la fleur de soufre parut certaine. M. Gonthier, horticulteur à Montrouge, imagina un soufflet pour répandre les poussières de soufre sur la vigne préalablement humectée et fit des tentatives décisives sur de grandes surfaces.

Bergmann obtenait, en même temps, dans les serres chaudes de Ferrières, des effets remarquables sur l'Oïdium, en répandant la fleur de soufre sur les tuyaux des thermosiphons, qui atteignaient une température de 40° à 50° C. Mais ces applications, faites dans des conditions spéciales ou trop onéreuses, ne pouvaient être suivies en grand dans la pratique.

---

(1) On avait espéré un moment que les procédés de traitement contre le Mildiou seraient efficaces contre l'Oïdium et que l'on renoncerait, par suite, à l'emploi du soufre. Des expériences comparatives, faites en grand nombre, ont démontré que la bouillie bordelaise, l'eau céleste, le verdet, les solutions simples de sulfate de cuivre, etc., n'avaient aucune action contre l'Oïdium. Peut-être, dans quelques cas, sera-t-il bon de mélanger le soufre avec des poussières de sulfate de cuivre pour combattre à la fois l'Oïdium et le Mildiou et diminuer en conséquence, les frais d'application. Nous croyons cependant que ces cas sont restreints et que le soufre, employé seul, à cause de son efficacité indiscutable contre l'Oïdium, et de ses effets sur la végétation de la vigne, comme par le passé, doit être employé sans modifications dans les procédés, surtout dans les vignobles méridionaux. Nous reviendrons sur ces mélanges et leur emploi en traitant du Mildiou.

En 1852-1853, Rose Charmeux essaya, pour la première fois, de répandre la fleur de soufre à sec avec le soufflet Gonthier, et, dans un rapport, M. Rendu constatait les résultats de ces expériences qui avaient permis de sauver les plantations de Chasselas de Thomery. Des soufrages à sec avaient été faits avec succès, dans la Gironde, par MM. Duchatel, Galos, Pescatore, Skawinski, Desèze. En 1853, deux éminents viticulteurs, MM. de La Vergne et H. Marès, divulguaient les notions du soufrage des vignes, qui le faisaient largement entrer dans la pratique dès 1857. C'est à M. H. Marès que sont dus les travaux les plus complets ; il a étudié l'action du soufre sur l'Oïdium dans ses rapports avec le développement du parasite et a pu tracer les règles du soufrage. Ce sont les recherches qu'il a publiées dans un beau mémoire sur *La maladie de la vigne* (1856) et dans de nombreux mémoires ultérieurs (1856-1869) qui nous guideront surtout dans l'étude que nous allons faire.

b. **Action du soufre sur l'Oïdium.** — Les poussières de soufre, seules ou mélangées, paraissent, d'après M. H. Marès, agir par contact sur le champignon qu'ils désorganisent. Il faut pour cela que la température atteigne au moins 25° C. ; or, comme la température optimum pour la végétation du parasite est de 30°

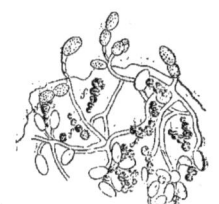

Fig. 14. — Fragment de la pellicule d'un grain de raisin, envahi par l'Oïdium, sur lequel a été disséminée de la fleur de soufre:
f, f, f, grains de fleur de soufre (d'après M. H. Marès).

Fig. 15. — Fragment d'une pellicule de grain de raisin envahi par l'Oïdium et soufré depuis huit jours. — *f, f, f,* grains de fleurs de soufre. — *s, s, s,* spores contractées et déformées. — *m,* fragments de mycélium rompus et déformés (d'après M. H. Marès).

environ, elle est suffisante pour que le soufre produise ses effets quand l'Oïdium trouve les milieux favorables à son développement. On voit le mycélium et les filaments fructifères perdre leur turgescence et leur aspect nacré, commencer à se rider, puis se flétrir ; les spores tombent et se déforment (Fig. 14 et 15).

La désorganisation de tout ce qui est au contact des grains de soufre a lieu successivement, et plus ou moins rapidement suivant que la température est plus ou moins élevée. Ainsi, d'après M. H. Marès, à une température variant, dans la journée, entre 32° et 35° C. et s'abaissant la nuit à 20°, la désorganisation du champignon commence vingt-quatre heures après environ, elle est complète au bout de quatre ou cinq jours ; si la température ne dépasse pas 25°, l'altération n'a lieu que sept jours après. Lorsque la température atteint des maxima très élevés, la destruction se produit rapidement ; elle est complète au bout de deux jours avec un maxima de 42° sur les feuilles de vigne, quand le thermomètre marque 32° à l'ombre et 51° sur le sol. M. H. Marès a observé qu'en juillet la température était sur le sol, à 9 h. du matin, de 38°, et de 44° à 4 h. du soir ; elle atteignait dans l'intervalle 51° et 55°. Sur les surfaces vertes de la vigne elle variait, dans le même temps et suivant la hauteur au-dessus du sol, de 27° à 42°, et allait même à 51° sur certaines parties rapprochées de terre. La quantité de chaleur est donc suffisante sur les organes de la vigne pour permettre au soufre d'agir durant la période pendant laquelle le parasite peut les attaquer.

La transformation du soufre est très intense sur le sol, car ce dernier s'échauffe beaucoup. Tous ces faits expliquent la forte odeur de soufre que l'on perçoit en été dans une vigne récemment traitée. En Algérie, où la température atteint sur le sol des maxima très élevés, cette transformation est rapide et énergique ; les vapeurs de soufre enveloppent le cep jusqu'à une hauteur suffisante pour que l'on se soit parfois décidé à faire le troisième soufrage en projetant le soufre sur le sol, afin d'éviter de griller les fruits.

Les vignes malades commencent, dix jours après le traitement, à reprendre leur teinte verte ; de nouvelles feuilles se forment et le sarment s'allonge, sans émettre de nombreuses ramifications secondaires. Mais, même après une action énergique du soufre, on retrouve, sur les parties qui étaient fortement envahies, des fragments de mycélium et des spores qui ont conservé leur vitalité lorsqu'ils sont un peu éloignés de tout grain de soufre, et il est impossible, malgré la diffusion la plus parfaite, qu'il n'y ait pas toujours quelque point épargné. Lorsque tout le soufre a disparu, si les conditions de température et d'humidité sont favorables, la plante est à nouveau envahie. L'invasion peut d'ailleurs encore se produire par le transport des semences des vignobles voisins. M. H. Marès a observé et établi que le nouveau développement avait lieu vingt ou vingt-cinq jours après le traitement; si l'on ne vient l'enrayer, ses effets peuvent être funestes.

Notons ces deux faits importants : que le soufre, agissant surtout par contact sur l'Oïdium, le détruit, mais laisse toujours subsister des spores et des fragments de mycélium qui opèrent la réinvasion vingt ou vingt-cinq jours après le traitement; que la température nécessaire à l'action du soufre sur l'Oïdium et celle qui est la plus favorable au développement de ce dernier sont comprises entre 25° et 35° C.

Quelle est la cause intime de l'action du soufre sur l'Oïdium ? M. H. Marès croit, qu'outre l'action de contact proprement dite, le soufre, répandu sur le sol ou sur les feuilles, se vaporise et agit par les molécules infinies qui résultent de sa vaporisation. Il cite à l'appui de cette thèse les essais que fit Bergmann en répandant sur les thermosiphons du soufre qui, en se vaporisant, arrêta la maladie. Lorsqu'on pénètre dans un vignoble récemment soufré, on perçoit, comme nous le disions plus haut, une forte odeur de soufre, qui persiste même assez longtemps si la pluie ou les rosées ne viennent pas rabattre les vapeurs. Mais les températures que nous avons rapportées sont-elles suffisantes pour amener une vaporisation aussi intense du soufre ? La température d'ébullition du soufre est bien de 440° C., mais on sait que beaucoup de corps peuvent émettre des vapeurs en plus ou moins grande quantité aux températures normales, sans passer par l'ébullition; le soufre est dans ce cas.

M. H. Marès a fait d'ailleurs des expériences directes qui paraissent assez concluantes. Il a pris des plaques d'argent décapées, qu'il a mises au-dessus de bocaux dont le fond était rempli de soufre, purgé de toute trace d'acide sulfureux, d'acide sulfurique et surtout d'hydrogène sulfuré; le tout, convenablement agencé, était exposé à des températures variables. Il a vu les plaques d'argent brunir par la formation d'un sulfure d'argent, à la suite, d'après lui, de l'action du soufre en vapeur sur l'argent; elles noircissaient fortement au bout de cinq jours, quand la température était de 55° au soleil et de 16° la nuit ; à 28°, les plaques d'argent n'ont pris qu'une légère teinte brune ; elles ont noirci davantage à 44°, mais moins vite que dans la première expérience ; entre 18° et 20°, le brunissement s'est à peine produit et n'a commencé qu'au bout de dix à quinze jours. Il existe une relation directe entre ces expériences et les observations que nous avons rapportées quant à la chaleur nécessaire pour que le soufre agisse et quant au temps que met cette action à se manifester suivant les maxima atteints.

D'autres observateurs croient cependant pouvoir conclure, d'après de nombreuses expériences, que l'action du soufre sur l'Oïdium est due à sa transformation, sous l'influence de la chaleur et de l'oxygène, en un oxyde fort analogue à l'acide sulfureux ou peut-être identique à ce dernier. MM. A. Basarow, Moritz et E. Mach (1) ont fait des recherches sur ce point ; ce sont celles de ce dernier auteur que nous allons rapporter. Il pensait tout d'abord que le soufre agissait en se vaporisant, comme l'admet M. H. Marès, et c'est à la suite d'expériences critiques faites dans ce sens qu'il s'est rangé à l'opinion que soutenait M. Moritz.

Dans ces expériences, on a recueilli de l'air, dans des vignes soufrées, au moyen d'un aspirateur qui le faisait circuler dans un ballon contenant une dissolution d'iode dans un acide. L'air passait d'abord dans un tube qui, par une disposition spéciale aurait arrêté toute particule de soufre ou les vapeurs de soufre s'il y en avait eu ; les gaz seuls circulaient. Ils étaient transformés dans l'iode acide que l'on traitait ensuite par le chlorure de baryum. On a obtenu ainsi du sulfate de baryte en rapport de quantités avec les poussières de soufre projetées sur les vignes. Plus la température était élevée aux divers moments de la journée et plus grandes étaient les quantités de sulfate de baryte dosées. Il s'était donc formé un oxyde de soufre, que l'iode acide avait transformé en acide sulfurique et que l'on pesait ensuite sous

---

(1) E. Mach. — *Zur Frage über die Art und Weise, in welcher der zur Bekämpfung des Oïdiums angewendete Schwefel wirkt* (Weinlaube 1884 et : Tiroler Landwirthschaftliche Blätter, 14 mai 1884 et 1879).

forme de sulfate de baryte. La nature des oxydes de soufre est fort difficile à déterminer, de sorte qu'on ne sait exactement s'il s'était formé de l'acide sulfureux.

Par d'autres expériences directes de laboratoire, M. Mach est arrivé aux mêmes résultats. Du soufre était disposé dans des tubes à des températures diverses, identiques à celles observées dans les vignobles, mais constantes pendant toute la durée de l'expérimentation; un courant d'air passait dans les tubes et circulait, avec les mêmes précautions indiquées précédemment, dans le ballon d'iode acide. On a encore constaté dans ce cas que la quantité d'oxyde formé croissait avec l'élévation de la température.

Pour s'expliquer l'odeur de soufre que l'on perçoit dans les vignes soufrées et qui est surtout bien différente de celle de l'acide sulfureux concentré, M. Mach a mis dans un ballon de l'acide sulfureux avec de l'air au même titre que l'indiquaient les dosages d'air faits dans les vignes soufrées; à cet état de grande dilution, l'impression produite sur l'odorat par ce mélange est comparable à celle que l'on ressent dans les vignes soufrées.

Ces expériences paraissent donc prouver que le soufre agit surtout, en s'oxydant, par les gaz produits; néanmoins l'action de contact des poussières de soufre sur les organes de l'Oïdium et les recherches de M. H. Marès sont certaines. Nous admettrons donc, avec M. E. Mach d'ailleurs, que le soufre agit sur l'Oïdium surtout par sa transformation en oxyde, mais aussi par contact et par la formation directe de vapeurs. Quelle que soit cette action, elle est en tous cas indiscutable.

c. **Action du soufre sur la végétation de la vigne.** — « De toutes les innovations apportées à la culture de la vigne, l'emploi méthodique et périodique du soufre en poudre, soit pour combattre les invasions parasites de l'Oïdium, soit pour agir sur la fructification et la végétation des ceps, est la plus considérable qu'on ait encore imaginée et fait accepter par la pratique. Son influence sur la production des vignobles est décisive.... Les avantages de l'emploi du soufre sont tels que son usage dans les vignobles persistera indépendamment de l'Oïdium. » Ces prévisions de

M. H. Marès se sont réalisées ; on souffre aujourd'hui même les vignes qui ne sont pas malades.

Le soufre a sur la végétation des vignes une action très efficace ; il leur donne plus de vigueur et une vigueur plus soutenue, elles acquièrent une teinte plus verte. Les feuilles persistent, en outre, plus longtemps sur les vignes traitées. Il est évident que les vignes oïdiées et sauvées par le soufre donnent un bois plus sain, mieux août, et une production plus grande que celles qui ne sont pas traitées.

La maturité est plus égale et plus avancée, c'est ce qu'ont mis hors de doute les données comparatives qu'a recueillies M. Marès pour la période de 1838 à 1864 ; à la suite du soufrage des vignes, la maturité a été avancée, de 1854 à 1864, en moyenne de 10 jours ; avantage précieux à tous les points de vue. De 1834 à 1854, les vendanges avaient lieu du 20 au 25 septembre, et dans l'autre dizaine elles ont été faites du 1er au 15 du même mois.

Voici les époques du commencement des vendanges, notées par par M. H. Marès, durant cette période :

1838.	le 1er octobre.		1851.	le 19 septembre.
1839.	le 25 septembre.		1852.	le 21 —
1840.	le 19 —		1853.	le 19 —
1841.	le 20 —		1854 *soufré*.	le 8 —
1842.	le 16 —		1855.	le 15 —
1843.	le 25 —		1856.	le 15 —
1844.	le 19 —		1857.	le 14 —
1845.	le 22 —		1858.	le 6 —
1846.	le 17 —		1859.	le 1er —
1847.	le 13 —		1860.	le 12 —
1848.	le 21 —		1861.	le 12 —
1849.	le 14 —		1862.	le 3 —
1850.	le 18 —		1863.	le 13 août.

On a signalé une action spéciale du soufre sur la matière colorante du raisin, d'où résulterait pour le vin plus de couleur et une couleur plus vive ; cette influence directe sur le grain paraît difficile à expliquer. On sait que l'acide sulfurique clarifie les vins et leur donne plus de brillant, mais non une teinte plus accusée. Tous les viticulteurs ont cependant observé que la teinte des variétés à fruits rouges ou noirs était plus foncée, et pour certains raisins de table, comme le Cinsaut, on donne un très léger soufrage au moment de la maturité pour accentuer leur coloration. Quelle qu'en soit la cause, ce fait est établi.

Lorsqu'on soufre très tardivement, le soufre qui reste sur les raisins que l'on vendange communique au vin un goût et une odeur désagréables qui persistent longtemps s'il en reste de trop grandes quantités, et la couleur, plus vive, diminue un peu d'intensité. Il ne faut pas s'en effrayer outre mesure, car, après un ou deux soutirages faits quand la lie est déposée, on arrive le plus souvent à s'en débarrasser. Mieux vaut cependant se soustraire à cet inconvénient et donner le dernier soufrage au moins un mois avant la vendange; les raisins se défendent facilement de l'Oïdium après la véraison. Si on se propose d'augmenter la coloration des raisins ou de hâter leur maturité, on doit répandre peu de soufre et se servir des instruments qui le diffusent le mieux.

L'action du soufre la plus importante sur la végétation de la vigne, et la mieux établie, est celle qu'il exerce sur la floraison. Il facilite à un haut degré la fécondation. On a partout remarqué que la coulure est bien moins grande sur les vignes soufrées; certaines variétés, telles que les Terrets, dont les fruits avortent souvent, les nouent bien mieux quand on les soufre. Aussi ne doit-on pas hésiter à employer le soufre quand la floraison s'opère dans de mauvaises conditions. Cette influence sur la floraison est à noter, elle nous guidera dans les époques à choisir pour soufrer la vigne.

On s'est demandé bien souvent, sans résoudre la question, quelle pouvait être la cause de cette action manifeste du soufre sur la végétation de la vigne et surtout sur la fécondation. Agit-il comme excitant? On peut l'admettre sans que cela explique grand'chose. Cette action est-elle de même ordre que celle que produisent certains sulfates et qui pourrait être due à la présence de l'acide sulfurique dilué? Celui-ci, absorbé peut-être par les cellules, déterminerait la précipitation de certains sels et, par suite de l'équilibre osmotique rompu, contribuerait à un plus grand appel de substances dans les organes verts ?

Lorsqu'on répand le soufre sur les grains de raisin avant la véraison, et que le soufrage coïncide avec des temps très secs et de forte chaleur (lorsque les vents soufflent, dans le Midi, du Nord ou du Nord-Ouest), on risque de les altérer, de les *échauder* ; l'échaudage est moins à craindre avec un état hygrométrique élevé ou avec des courants d'air venant de la mer. Plus est forte la quantité de soufre accumulée sur la même surface, plus son action dans ce cas est pernicieuse. L'altération se produit au milieu de la journée, lorsque le soleil darde des rayons verticaux et que la température atteint 35° et 38° à l'ombre. On voit les grains de raisin, le plus généralement par places limitées, rarement sur toute leur surface, prendre une teinte légèrement brune. La peau se fonce et se durcit en s'épaississant sur les places atteintes ; par exception, le grain jeune peut sécher et tomber. Sur les points altérés il y a arrêt partiel de développement ; cependant le grain ne se fend pas. Lorsque le grillage est intense, — le fruit continuant à grossir rapidement —, la partie de la peau atteinte et durcie se fendille et forme des carrelages par suite de la pression des tissus sous-jacents et de la distension des tissus environnants ; il arrive souvent qu'à la véraison il ne reste plus trace de l'épiderme altéré. Il n'y a donc pas à s'inquiéter outre mesure de l'échaudage par le soufre. Il sera toujours prudent de ne jamais pratiquer les soufrages par des jours de forte chaleur, d'autant plus qu'à ce moment l'Oïdium ne se développe pas activement.

Le soufre qui tombe sur le sol n'est pas perdu pour la vigne, ainsi que semble l'établir un ensemble d'observations concordantes ; il paraît agir comme engrais et comme amendement du même genre que le sulfate de chaux, mais plus énergique peut-être. Le soufre, à la suite de fortes chaleurs, ne tarde pas à former des efflorescences blanches à la surface du sol, surtout dans les terres calcaires. M. H. Marès (1) a trouvé ces efflorescences for-

---

(1) Marès. — Des transformations que subit le soufre en poudre quand il est répandu sur le sol.— *Académie des sciences*, novembre 1869.

mées de sulfate de chaux. On connaît le rôle attribué, d'après les expériences de M. Dehérain, au sulfate de chaux, pour les plantes à racines profondes ; il agit sur les sels potassiques qu'il transforme en sulfate de potasse ; celui-ci se diffuse plus profondément dans le sol et est mis ainsi à la portée des jeunes racines, qui l'absorbent après sa transformation en carbonate de potasse. En outre, l'acide sulfurique agit comme engrais par apport du soufre, surtout dans les terres calcaires qui manquent généralement de cet élément utile à la végétation. Quoique la quantité de soufre accumulée chaque année sur le sol soit relativement faible, elle est suffisante, au bout d'une certaine période, pour expliquer l'effet utile que les observations des viticulteurs ont mis en lumière.

Connaissant les conditions nécessaires au développement du parasite, celles dans lesquelles le soufre agit efficacement contre lui, ainsi que l'utilité que peut avoir ce dernier pour la végétation de la vigne, il faut combiner les opérations du soufrage pour en obtenir les meilleurs effets.

B.— SOUFRAGE DE LA VIGNE

a. **Epoques du soufrage.** — On ne peut pas agir préventivement contre l'Oïdium par le soufre ; il semble donc qu'on ne doive commencer à soufrer que lorsqu'on aperçoit les premières traces du parasite. Mais, à ce moment, les organes de fructification sont très bien développés et bien plus nombreux qu'on ne le pense ; en outre, le soufre appliqué sur les jeunes bourgeons active leur végétation. Comme la dépense qu'entraîne le *premier soufrage* est très faible, on ne doit pas hésiter à le donner de bonne heure, *même lorsqu'on ne voit pas trace d'Oïdium*. Nous sommes d'avis qu'il doit être pratiqué lorsque les jeunes rameaux ont une dizaine de centimètres de long.

L'époque variera avec les climats et avec les expositions ; elle sera plus avancée dans le Midi et dans les terrains de coteaux que dans le Nord et dans les plaines. Le développement de l'Oïdium est lent à cette époque et la chaleur qui lui est nécessaire est aussi suffisante pour permettre au soufre d'agir. Outre l'effet que l'on obtiendra pour les invasions ultérieures de l'Oïdium, on agira sur d'autres parasites et surtout sur les jeunes larves qui causent l'Erineum et qui sont alors très sensibles. Dans le Nord, où la température ne pousse pas l'Oïdium à se développer aussi vite, ce premier soufrage sera négligé. On devra surtout le pratiquer, dans le Midi et en Algérie, sur les coteaux, sur les bords de la mer et pour les variétés qui sont envahies de bonne heure : Carignane, Piquepoul....

Un *deuxième soufrage* doit toujours être donné au moment de la floraison. Nous avons dit l'effet utile qu'avait le soufre sur les fleurs. A ce moment, la température a atteint le degré le plus favorable au développement de l'Oïdium et à l'action du soufre, et il faut éviter que les germes du champignon se déposent sur les ovaires des fleurs qui viennent d'être fécondées. Pour toutes ces raisons, *ce soufrage est le plus important*. Dans les vignobles bien tenus, il n'est jamais négligé ; c'est le premier traitement que l'on donne dans les vignobles du Nord, où les conditions atmosphériques sont alors seulement favorables au parasite.

Depuis le premier soufrage jusqu'à la floraison, époque de la deuxième opération, il s'est écoulé plus que le temps nécessaire à la réapparition de l'Oïdium. Si la vigne était envahie fortement, il ne faudrait pas hésiter à pratiquer un soufrage intermédiaire. Dans les vignobles régulièrement traités chaque année, il est bien rare qu'on soit forcé de recourir à cette opération supplémentaire ; si l'on voit les taches blanches apparaître et progresser rapidement sur les fleurs ou les rameaux, il faut y procéder sans hésitation.

Ces deux opérations peuvent suffire quand on les pratique chaque année ; mais il est bien rare qu'il ne faille pas avoir recours à un *troisième soufrage*. Nous savons que lorsque la véraison a lieu sans que la vigne soit envahie par l'Oïdium, les raisins arrivent à maturité sans encombre ; c'est dans la période comprise entre la floraison et la maturité que l'Oïdium se développe avec la plus grande intensité, quand il trouve chaleur et humidité suffisantes. Du deuxième traitement à la véraison, il s'écoule plus que le temps nécessaire à la réorganisation et à la végétation du parasite ; aussi se voit-on obligé, pour s'en débarrasser dans les milieux et pendant les années qui lui sont favorables, de donner deux soufrages, répétés à quinze jours d'intervalle. Un troisième soufrage, donné cinq ou six jours avant la véraison, suffira le plus souvent ; un soufrage supplémentaire devient cependant plus nécessaire avant la véraison qu'avant la floraison.

En règle générale, soufrer : 1° quand les jeunes rameaux ont une dizaine de centimètres de long ; 2° toujours et partout au moment de la floraison ; 3° donner un troisième traitement quelques jours avant la véraison ; 4° intercaler entre ces opérations des soufrages supplémentaires, aussi nombreux qu'il sera nécessaire. Il arrive en effet, par exception, que pour la Carignane, dans des milieux très humides et par de fortes chaleurs, on donne jusqu'à trois soufrages après la floraison.

On ne peut établir d'une façon absolue les époques du soufrage des vignes, puisqu'elles varient suivant les années, les climats et les expositions ; les termes que nous avons indiqués nous paraissent suffisamment précis. L'époque variera encore avec la nature des cépages, selon qu'ils sont plus précoces ou plus vite attaqués ; à ce point de vue, comme à bien d'autres, on comprend l'importance grande qu'il y a à séparer et à localiser les diverses variétés dans les plantations.

Il n'est pas indispensable de pratiquer autant de traitements pour les porte-greffes non greffés ou les jeunes plantiers de producteurs directs, ainsi que pour les greffes à leur première année ; on peut ne faire qu'une deuxième opération en juillet. On doit toujours traiter deux fois, car l'action du soufre sur les jeunes vignes est remarquable par le surcroît de vigueur qu'il leur communique. Lorsque les greffes ont poussé tardivement et que l'Oïdium se développe en septembre, il faut soufrer à ce moment, pour faciliter leur aoûtement.

On relèvera par la culture et de bonnes fumures la vigueur d'une vigne affaiblie par l'Oïdium. Les labours ne devront jamais être donnés que quelques jours après le soufrage, pour que le soufre répandu sur le sol puisse agir.

P. Viala, *Les Maladies de la Vigne*, 3ᵐᵉ édition.

b. **Moment du soufrage.** — En règle générale, on peut soufrer à n'importe quel moment de la journée. Il faut cependant que la température atteigne au moins 25° de maxima et qu'il ne pleuve pas, car l'eau entraînerait le soufre qui serait sans effet. On doit, dans ce dernier cas, recommencer l'opération. Si la pluie n'est pas survenue aussitôt après le soufrage, on pourra renouveler l'opération en diminuant un peu les doses.

Le soufre agit sur des feuilles mouillées par la rosée comme sur des feuilles sèches ; il vaut cependant mieux ce dernier milieu, car les agglomérations localisées des poussières sont moins fréquentes; nous verrons que l'inverse a lieu dans le cas du traitement du Mildew par les poussières cupriques. Quand le vent est violent, le soufre est entraîné dans certaines parties pendant que d'autres restent intactes ; on ne soufrera dans ces conditions que si le vent est constant et l'opération trop urgente.

On évitera de répandre le soufre lorsque les fortes chaleurs risqueraient de produire le grillage des raisins, et on se gardera de rentrer dans les vignes et d'y faire la moindre opération culturale, un ou deux jours après, si le même temps continue, pour ne pas déterminer le grillage direct ou indirect par le soufre.

c. **Choix et qualités des soufres.** — Les soufres, quelle que soit leur nature ou leur origine, agissent également sur l'Oïdium. On doit rechercher avant tout un état de division le plus grand possible, car, outre qu'on emploiera une quantité moindre de matière, quand celle-ci sera bien pulvérisée, les grains très petits offriront des surfaces de contact plus nombreuses, et c'est là une condition essentielle pour combattre le parasite. Le soufre sublimé, le soufre trituré, le soufre amorphe ont, s'ils sont également divisés, le même effet.

Le soufre amorphe, insoluble dans le sulfure de carbone, n'existe qu'accidentellement dans les deux autres soufres, dont il représente un état physique différent. Il se trouve dans les proportions de 18 à 30 % dans les soufres sublimés et de 2 à 5 % dans les soufres triturés. Le soufre trituré et la fleur de soufre ou soufre sublimé, sobles dans le sulfure de carbone, ne doivent donner aucun résidu quand on les brûle. Ils ne se laissent pas mouiller par l'eau et dans la pratique courante on se sert parfois de cette propriété pour apprécier rapidement leur pureté. On plonge une petite quantité des deux soufres dans l'eau et on la retire ; si elle est en partie mouillée, c'est un indice qu'il y a des matières étrangères. On soumet alors du soufre à la calcination pour recueillir le résidu qui donnera la proportion des impuretés. Des matières étrangères ne doivent jamais exister dans les fleurs de soufre ; il y en a toujours une certaine quantité dans les soufres triturés, mais d'autant plus faible qu'ils ont été mieux raffinés avant leur trituration.

Les fleurs de soufre sont obtenues par distillation du soufre natif ou du soufre en canon dans de grandes chambres, contre les parois desquelles elles se déposent en très fines poussières. Vues au microscope (Fig. 16), elles se présentent sous forme de fins globules sphériques, hérissés d'aspérités sur toute leur surface (Fig. 17) (1).

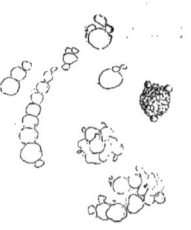

Fig. 16. — Soufre sublimé, vu au microscope (d'après M. H. Marès).

Pendant la distillation du soufre, il y a toujours combustion d'une certaine quantité, qui produit de l'acide sulfureux et plus tard, par transformation de ce dernier, de l'acide sulfurique ; ce corps s'y trouverait, d'après M. H. Marès, dans la proportion de quinze à trente dix-millièmes du poids du soufre. L'acide sulfurique, qui peut être considéré comme un avantage quand on a en vue d'agir en même temps sur d'autres maladies plus difficiles à combattre, présente des inconvénients, car il occasionne des ophtalmies, et lorsqu'on renferme ces soufres dans des sacs en toile, il finit par les ronger et les percer.

Il se produit, au moment du dépôt des globules de soufre dans la chambre, des agglomérations de ces globules qui se soudent et

---

(1) Pour examiner les soufres au microscope, il ne faut pas les mettre dans l'eau qui ne les mouillerait pas et maintiendrait de l'air interposé. Il est nécessaire de les humecter d'abord par l'alcool ou l'éther ; le meilleur réactif est un mélange, à parties égales, d'alcool absolu et de glycérine.

constituent ce que l'on nomme des *sablons* (Fig. 18), d'autant plus nombreux que la précipitation des globules a été faite dans des chambres plus chaudes; ils sont l'indice d'une qualité inférieure. Le soufre sublimé offre encore l'inconvénient de s'agglomérer en mottes qui, lorsqu'elles sont plus tard comprimées, ne se pulvérisent pas bien. Le soufre sublimé est doux et onctueux au toucher, il glisse facilement sous les doigts et craque sous la pression; il a une teinte jaune paille, plus intense que le soufre trituré; sa seule supériorité sur ce dernier est d'être à un plus grand état de finesse.

Fig. 17. — Grain de fleur de soufre (d'après M. H. Marès).

Fig. 18. — Sablon, (d'après M. H. Marès).

On arrive à obtenir aujourd'hui, après plusieurs triturations et blutages du soufre natif ou du soufre en canon, des soufres triturés, dont l'état de finesse, sans jamais atteindre celui du sublimé, est très grand. Comme le soufre trituré est meilleur marché, qu'il ne renferme pas d'acide sulfurique, ou du moins n'en contient que des traces insignifiantes et qu'il ne s'agglomère pas comme le sublimé, on l'emploie beaucoup pour le soufrage des vignes. Au microscope (Fig. 19), il apparaît constitué par de petits cristaux ou des fragments de cristaux plats et irrégulièrement déchirés, qui permettent aux poussières d'adhérer sur les organes de la vigne, comme les globules du sublimé avec leurs aspérités. Le soufre trituré ne glisse pas aussi facilement sous les doigts que le soufre sublimé et craque davantage sous la pression; il a une teinte plus claire, et d'autant plus blanche qu'il est passé plus de fois sous la meule. On ne doit pas s'étonner de cet aspect qui peut paraître un indice de falsification; d'ailleurs on rend souvent la coloration plus jaune par une fraude qui consiste à mélanger de l'ocre jaune. On la reconnaît à la calcination, ou en plongeant le soufre dans l'eau.

Fig. 19. — Soufre trituré vu au microscope (d'après M. H. Marès).

La grande qualité d'un soufre, outre sa pureté, est de présenter une extrême finesse de ses particules. On peut apprécier la finesse au poids, car plus le poids pour un même volume sera faible, plus la division sera grande. Ce procédé d'appréciation est imparfait, à cause des falsifications que l'on peut faire. Le mieux est de s'assurer d'abord, par le sulfure de carbone et la calcination, si le soufre est pur, et d'examiner ensuite son état de division au moyen de l'éprouvette Chancel. C'est un tube à essai de 25 centimètres, divisé en 100 parties. On pèse 5 grammes de soufre, on le verse peu à peu dans le tube en ajoutant, en deux ou trois fois, de l'éther ordinaire qui le mouillera bien et pénètrera entre tous ses interstices. Après avoir bouché le tube avec le pouce, on agite fortement le tout, quand le tube est presque plein d'éther, de façon à bien opérer le mouillage; on laisse reposer pour que le tassement se produise. Il faut plus longtemps pour les soufres triturés que pour les soufres sublimés. En lisant ensuite le nombre de divisions qu'occupe le soufre dans le tube, on a une idée de la finesse relative de diverses poudres. Les bonnes fleurs du commerce occuperaient 50 à 70 divisions du tube Chancel ; celles de qualité supérieure 75 à 90; les triturés les plus fins 60 à 70, et les ordinaires 43. On peut donc avoir des soufres triturés et blutés dont l'état de finesse, sans être aussi grand que celui des fleurs, est suffisant, et comme ils sont moins chers et présentent quelques avantages secondaires, on ne doit pas hésiter à les employer de préférence.

Les doses de soufre à employer seraient relativement faibles, si on pouvait répartir les poussières de façon à ce que chaque grain agisse sur l'Oïdium ; il est donc nécessaire de les diffuser le plus possible. Dans ce but, on a essayé de mélanger avec le soufre des poussières inretes ou actives; après bien des tentatives, on s'est arrêté, dans le Médoc, aux mélanges de soufre et de fines poussières de charbon, et dans le Midi, au seul mélange de soufre et de plâtre, qu'a proposé le premier M. Kopczinski, de Tours. M. Pelouze avait signalé, en 1855, les mines de plâtre du département de Vaucluse, qui renfermaient 20 % de soufre libre. Ce soufre d'Apt, qui contient en effet naturellement 80 % de plâtre, est aujourd'hui beaucoup employé dans certains vignobles : on double les doses du soufre ordinaire, et on a environ une dépense quatre fois moindre. L'effet, ainsi que l'avait d'ailleurs déjà signalé M. H. Marès, est à peu près identique à celui du soufre, moindre cependant. On ne doit employer le soufre d'Apt que pour les derniers soufrages, lorsque les quantités à projeter sont élevées, et mettre une dose double de celle des soufres ordinaires. Le premier soufrage et le soufrage fait à la floraison doivent toujours être donnés avec le soufre pur. Avec les mélanges de soufre et de plâtre, on a moins à redouter le grillage qui se produit surtout au moment des dernières opérations, et on a aussi moins à craindre de communiquer au vin le goût de soufre, quand on est forcé par les circonstances de soufrer peu avant la vendange. Nous parlerons plus loin des mélanges de soufre et de sulfate de cuivre.

d. **Quantités de soufre à employer**. — La quantité de soufre à mettre à chaque soufrage dépend du développement du parasite, de la perfection des instruments employés et de l'habileté des ouvriers. Pour le soufre trituré : au premier soufrage, elle est en moyenne de 15 kil. par hectare ; 50 kil. au moment de la floraison, et 60 à 70 kil. à l'opération qui précède la véraison. Pour les fleurs de soufre, ces doses sont un peu plus faibles : 15 kil., 30 kil., 40 kil. Pour le soufre d'Apt, la quantité est double de celle employée pour le soufre trituré : 100 kil. environ pour le troisième soufrage. Pour les soufrages supplémentaires on mettra des doses intermédiaires.

BIBLIOGRAPHIE

Amici. — Sulla malattia dell' uva (1852).
Barral. — Guérison de la maladie de la vigne. Instructions sur le soufrage. (Rapport à la Société d'encouragement pour l'industrie nationale, 1857.)
Bary (De). — Vergleichende Morphologie und Biologie der Pilze, Mycetozoen und Bacterien, 1884.
Berkeley (J.). — Sur une nouvelle espèce d'Oïdium, O. Tuckeri, parasite de la vigne. (Gardener's Chronicle, 1847 et 1848.)
— Notes botaniques sur le blanc de la vigne et du houblon. (Traduction de Montagne in Soc. cent. agric., 1856, p. 351.)
— Grevillea, (vol. IV, p. 159-160.)
Bouchardat. — Traité de la maladie de la vigne. (Paris, Vᵉ Bouchard-Huzard, 1853.)
Cooke (M.-C.). — On fungoid diseases of the vine. (Journal of the royal horticultural Society, 1888.)
Duchartre. — Rapport sur les moyens de combattre le champignon, etc. (Ann. agronom., t. I, pp. 1-173.)
Esprit (Fabre) et Dunal. — Observations sur les maladies régnantes de la vigne. (Soc. cent. agric. Hérault, 1853.)
Farlow (W.-G.). — Notes on some common Diseases caused by Fungi. (Bulletin of the Bussey Association, vol. II, p. 106.)
Frank (D.). — Die Krankheiten der Pflanzen (1880, p. 564).
Gasparini. — Memoria sulla malattia dell' uva (1851).
Gennadius. — Sur le soufrage de la vigne en Grèce. (Comptes rendus, Académie des Sciences, février 1883.)
Guérin-Méneville. — Observations sur la maladie de la vigne. (Comptes rendus de l'Académie des Sciences, 1850, 1851, 1852.)
Howe. — Erysiphei of United States. (Journal of Botany, 1872.)
Lavergne (De). — Instruction pour servir au soufrage des vignes (1862, etc.).
Leclerc (L.). — Les vignes malades. Rapport sur un voyage d'études. (Paris, Hachette, 1853.)
Léveillé. — Recherches sur la maladie des vignes. (Revue horticole, 1851.)
Londet. — Maladie de la vigne connue sous le nom d'Oïdium Tuckeri (1852).
Mach (E.). — Zür Trage über die Art und Weise, in welcher der zur Bekämpfung des Oïdiums angewendete Schwefel wirkt. (Weinlaübe, 1884.)
Marès (Henri). — Mémoire sur la maladie de la vigne. (Soc. agr. Hérault, 1856.)
— Manuel pour le soufrage des vignes malades. Emploi du soufre, ses effets, 1857.
— Notes sur diverses questions concernant le soufrage des vignes, 1858.
— Note sur la végétation de la vigne en 1859 ; maladie de la vigne.
— Le soufrage économique de la vigne, 1862.
— Des transformations que subit le soufre quand il est répandu sur le sol, 1869.
— Les Vignes du midi de la France. (Livre de la Ferme, 1884.)
Mohl (Hugo). — Sur la maladie du raisin (traduit par Montagne in Bull. Soc. cent. agr., 1852, p. 244, et 1853, p. 455.)
Montagne. — Note sur une affection pathologique de la vigne et du raisin, due au parasitisme d'une mucédinée du genre Oïdium. (Bullet. Soc. cent. agr., 1850, p. 699.)

PARASITES VÉGÉTAUX

Moritz. — Ueber die Wirkungsweise des Schwefels. (Landwirthschaftl.-Versuchstationen, XXV, 1880.)

Naudin. — Maladie de la vigne, Oïdium Tuckeri, ses ravages en Angleterre, son remède. (Revue horticole, 1851.)

Pollacci. — Principali malattie della vite e dei mezzi per combatterle. (Milan, p. 11.)

Rendu (Victor). — De la maladie de la vigne dans le midi de la France et le nord de l'Italie. (Paris, Imprimerie nationale, 1853.)

Riley. — Proceed. Americ. Pom. Soc. (Session of 1885, p. 49.)

Savastano (Luigi). — La Patologia vegetale dei Greci, Latini ed Arabi. (Portici, 1890-1891, pp. 18-20.)

Scribner (F.-L.). — Fungus diseases of the grape and other plants, and their treatment. (Little Silver, 1890.)

Smith (W.-G.). — Vine Mildew, Oïdium Tuckeri. (Gardener's Chronicle, mai 1886, pp. 623 et 660.)

Sorauer. — Pflanzenkrankheiten (1886, vol. II, p. 318).

Targioni-Tozzetti (A.). — Opinione e resultati degli studi sulla malattia dell' uva (1852).

Thümen. — Die Pilze des Weinstockes (1878, pp. 1 et 11).

Tisserand (Eug.). — Maladie de la vigne. (Paris, Savy, 1853.)

Tulasne. — Les Pycnides du raisin. (Comptes rendus, Académie des Sciences, octobre 1853.)

— Nouvelles observations sur les Erysiphe. (Ann. Scienc. naturelles, 1856, p. 299.)

— Selecta fungorum carpologia (1871, t. I, p. 215).

Viala (Pierre). — Une Mission viticole en Amérique (1889, pp. 277 à 285).

Viala (Pierre) et **Ravaz** (L.). — Recherches expérimentales sur les maladies de la vigne. (Comptes rendus, Académie des Sciences, 1888.)

Visani e **Zanardini** (Dr). — Rapporto della Commissione nominata dall I. R. Veneto per lo studio della malattia dell' uva (juin 1853).

Winter. — Rabenhort's Kryptogamen Flora. Pilze (1884, t. II, p. 34).

Zanardini (G.). — Nuove osservazione a proposte sulla ricomparsa malattia dell' uva (1852).

CHAPITRE II

MILDIOU

Le Mildiou a été observé, pour la première fois en France, en 1878, par J.-E. Planchon; mais cette maladie avait été signalée depuis fort longtemps en Amérique. Le champignon, qui en est la cause, avait été recueilli, aux États-Unis, avant 1834, par Schweinitz, qui le rapporta au *Botrytis cana* (Lk.). Berkeley et Curtiss en firent une espèce, le *Botrytis viticola*, en 1855, d'après les échantillons qui avaient été récoltés, en 1848, par Curtiss. M. de Bary décrivit le champignon en 1863, et le classa dans le genre *Peronospora*, sous le nom de *Peronospora viticola* (1), et par suite dans la famille des *Péronosporées*. Une étude morphologique détaillée des divers genres de cette famille de champignons a amené M. Schrœter (2) à subdiviser le genre Peronospora, et à créer un genre nouveau, le genre *Plasmopara*. MM. Berlese et de Toni (3) ont rapporté, avec raison, le champignon du Mildiou à ce dernier genre ; c'est donc sous le nom de **Plasmopara viticola** que le parasite, cause du Mildiou, doit être scientifiquement désigné.

La maladie est connue, en Amérique, sous le nom de *Mildew* (moisissure), ou *Grape vine Mildew* (moisissure des vignes). Cette appellation est surtout usitée pour les altérations des feuilles; elle est d'ailleurs appliquée aux effets de l'Oïdium sur les mêmes organes. C'est pour cela que M. Riley, et après lui M. F.-L. Scribner, ont proposé, afin d'éviter toute confusion, de donner à l'Oïdium le nom de *Powdery Mildew* (Mildiou poussiéreux) (4) et au *Plasmo-*

---

(1) De Bary.— Ann. Sciences naturelles. Série 4, tom. XX, 1863, p. 125.
(2) Schrœter.— Kryptogamen Flora von Schlesien Pilze, p. 236.
(3) Berlese et de Toni.— *in* Sylloge Fungorum de Saccardo. Vol. VII, 1888, p. 239.
(4) Riley.— Proc. am. Pom. Soc., sess. of. 1885, p. 40 ; — et F. L Scribner.— Fungus diseases of the grape and other plants. 1890.

para viticola celui de *Downy Mildew* (Mildiou duveteux). La maladie, quand elle se manifeste sur les grappes, est désignée différemment aux Etats-Unis; elle est surtout connue sous le nom de *Grey Rot* ou *Rot gris*, parfois *Greely Rot* ou *Rot grisâtre*, quand elle attaque les jeunes grains verts qu'elle détruit en leur donnant une teinte grise; le *Brown Rot* ou *Rot brun*, nommé encore *Soft Rot* ou *Rot juteux*, *Rot mou*, imprime aux grains, attaqués peu avant la véraison, une teinte chocolat et des caractères particuliers qui ont fait considérer pendant longtemps cette affection comme de nature différente de celle des feuilles.

Le nom de *Mildiou*, traduction française de la prononciation du mot anglais *Mildew*, est la seule appellation employée actuellement, en France, dans le langage courant. Le nom de *Faux Oïdium*, proposé tout d'abord par J.-E. Planchon, et celui de *Rouille des feuilles* ont été peu usités. En Autriche et en Allemagne, on désigne la maladie surtout sous le nom de *Falsche Mehlthau*, ou de *Falsche Reben-Mehlthau* et de *Mehlthauschimmel*; le mot *Mehlthau* est exclusivement appliqué à l'Oïdium. En Espagne, la maladie est nommée, comme en France, *Mildiù*. En Italie, le Mildiou est à peu près uniquement dénommé *Peronospora*, du nom botanique *Peronospora viticola*, que le parasite a eu jusqu'à ces derniers temps. Cette dernière expression de *Peronospora* avait été proposée par M. Max. Cornu pour désigner la maladie en France; elle est complètement abandonnée aujourd'hui; elle aurait, d'ailleurs, moins de valeur actuellement que celle de Mildiou, puisque le parasite a été ordonné dans le nouveau genre *Plasmopara*.

I. HISTORIQUE

a. **Le Mildiou en Amérique.** — Le Mildiou est connu en Amérique, d'une façon positive, depuis 1834; l'attention a été portée sur cette maladie au moment de la création des grands vignobles du Nord des Etats-Unis. Les Américains se sont sérieusement occupés, à plusieurs époques, de trouver un remède à son extension. Les rapports du département de l'Agriculture de Washington s'en occupent depuis 1865.

Le Mildiou est fréquent et intense dans les régions humides et chaudes, dans les États des bords de l'Atlantique, des grands lacs, du golfe du Mexique, dans ceux qu'arrosent les grands fleuves; on a noté par exemple dans la Pensylvanie, l'État de New-York, l'Ohio, l'Illinois, des pertes annuelles, supérieures aux 75 % de la récolte, sous l'action du parasite. Il est rare dans la Californie; on ne l'a pas indiqué dans les parties arides du Texas, ni dans l'Orégon, le Nouveau-Mexique, le Colorado, l'Arizona et le Nevada.

J'ai observé le Mildiou, dans les forêts, sur toutes les espèces sauvages, sur V. Labrusca, V. Æstivalis, V. Riparia, V. Rupestris, V. Cordifolia. Sur le V. Rupestris, il ne produit que de petites taches à fond noirâtre, toujours très limitées dans leur étendue; il n'attaque que les jeunes feuilles du V. Cordifolia; les feuilles adultes du V. Riparia ont parfois, dans les bois touffus et humides, de grandes plaques de Mildiou sur le parenchyme; j'ai constaté plusieurs fois le parasite sur l'Ampelopsis quinquefolia. Les cépages français ou européens sont plus attaqués par le Mildiou, aux États-Unis, que les variétés indigènes; dans la Virginie et le Tennessee par exemple, où l'on avait essayé les cépages français greffés, on a dû renoncer à leur culture, car le Mildiou déprimait leur végétation jusqu'à la mort, en détruisant chaque année la plus grande partie des feuilles. Les variétés du V. Labrusca ont leurs feuilles plus résistantes; c'est une des causes principales du maintien de leur culture aux États-Unis.

b. **Le Mildiou en Europe.** — C'est en septembre 1878 que J.-E. Planchon reconnaissait le Mildiou sur des feuilles de Jacquez qu'il recevait de Coutras, du Lot-et-Garonne, de Saintes et du Rhône; c'est la première fois qu'on constatait sa présence en Europe. M. von Thümen rapporte bien, d'après M. B. Frank, qu'il aurait été trouvé en Hongrie, à Werschetz, en 1877, mais il indique le fait comme non prouvé. Déjà en 1873, 1877, 1878, M. Max. Cornu avait signalé le danger qu'il y aurait à voir introduire le Mildiou par l'importation des plants américains.

Dès 1879, le Mildiou se propageait en France avec une très grande rapidité. On le constate, cette année, dans les vignobles de l'Isère (à Chambéry), de la Gironde, de la Savoie (à Yenne), de l'Hérault, du Rhône, du Doubs, du Jura (à Lons-le-Saulnier), de la Dordogne, de la Charente-Inférieure, de Saône-et-Loire (à Mancey), du Poitou. En Italie, M. R. Pirotta le reconnaît dans la province de Pavie (à Voghera), M. Cerletti à Farra di Soglio ; il est indiqué à Monferrato.

En 1880, le Mildiou suit sa marche progressive ; on le signale dans le Lot-et-Garonne, le Gard, l'Indre-et-Loire, les Basses-Pyrénées, les Pyrénées-Orientales, la Saône, l'Ain, l'Alsace, le Beaujolais ; il envahit le vignoble algérien. J.-E. Planchon le trouve en Espagne (Barcelona) ; M. Pulliat, en Suisse, en Allemagne (sur les bords du Rhin) ; M. Woss, en Autriche (dans le Tyrol et le Vallelagarina) ; M. Macagno, à Riesi, à Catane, à Palerme ; d'autres observateurs le citent en Lombardie, en Vénétie, en Toscane.

La Grèce, la Hongrie, le Portugal, la Roumanie, la Turquie d'Europe, la Russie méridionale, voyaient apparaître le Mildiou en 1881 ; de même les départements français de la Seine (aux environs de Paris), du Tarn ; — en 1882, la Haute-Savoie (à Frongy et à Seyssel), l'Ardèche ; — en 1883, certaines parties de la Vendée, de la Savoie (Saint-Jean-de-Maurienne), le Loiret, le Mâconnais ; — en 1884, le Puy-du-Dôme, la Haute-Savoie (à Veyrier) ; — en 1886, la Mayenne et le Charolais, etc., etc.

Actuellement, l'existence du Mildiou est générale dans tous les vignobles français et européens ; mais les diverses régions viticoles n'ont pas été également éprouvées les mêmes années. Les dégâts n'ont été appréciables, dans aucune contrée, en 1879. Ils ont été insignifiants : en 1880, dans la plus grande partie des vignobles français et en Algérie ; — en 1881, en France ; — en 1882, dans le midi de la France et l'Algérie, l'Indre-et-Loire, l'Isère ; — en 1883, en Algérie, dans le Tarn, l'Indre-et-Loire, la Vendée ; — en 1884, à peu près généralement dans toute la France ; — en 1885, dans le Puy-de-Dôme, la Vendée, l'Ardèche, la Haute-Savoie, en Algérie ; — en 1886 et en 1889, dans le midi de la France et en Algérie.

Mais les dommages occasionnés par le Mildiou ont été très graves, à d'autres périodes, dans les mêmes régions. Ces variations sont dues aux conditions spéciales qu'exige le parasite pour se développer, ainsi que nous le verrons plus loin. Les effets du Mildiou ont eu de l'importance, en 1880, surtout dans la Gironde et les vignobles d'Aiguemortes (Gard), où les Cinsauts, plantés dans les sables sur les bords de la mer, les Carignanes et les OEillades furent fortement atteints. En 1881, le mal fut assez désastreux dans quelques parties du vignoble algérien pour que certains viticulteurs, sous l'impression de craintes pessimistes, aient cru un moment que cette maladie rendrait la culture de la vigne impossible dans la colonie. Il en résulta une dépréciation notable de la valeur de la propriété; mais le développement du parasite fut arrêté par les vents chauds du Sud (siroco) et les pertes furent inférieures à ce qu'on les avait supputées. — Les vignobles du Lyonnais, de la Gironde, du Tarn, sont fortement attaqués en 1882; en 1883, ceux de l'Ardèche, de la Haute-Savoie, du Midi de la France, et surtout ceux des parties basses de la Camargue, subissent de graves dommages, qui se sont même traduits parfois, dans cette dernière contrée, par la mort des ceps à la suite de l'action des gelées d'hiver. — Le Roussillon, la Drôme, le Puy-de-Dôme, le Tarn, la Vendée, le Mâconnais, en 1884, et en 1885, tout le Languedoc, le Roussillon, la Charente-Inférieure, l'Indre-et-Loire, le Tarn, l'Isère, le Loiret, le Mâconnais, l'Italie (Toscane et Vénétie surtout)… éprouvent des pertes très importantes dans la quantité et la qualité des produits ; dans l'Hérault, par exemple, on croyait que l'on serait obligé de renoncer à la culture de certaines variétés (Jacquez, Carignane, etc.) L'année 1886 a été désastreuse pour les départements de la Gironde, du Rhône, de Saône-et-Loire, du Puy-de-Dôme, de la Haute-Savoie, de la Charente-Inférieure, de l'Indre-et-Loire, de l'Isère, de la Dordogne, de l'Ardèche, et pour l'Italie (Toscane, Vénétie, Lombardie…). En 1888 et en 1891, les pertes ont été considérables dans le midi de la France, là où les traitements ont été mal effectués et là où ils n'ont pas été pratiqués.

c. **Origine du Mildiou.** — Le fait, qui vient d'être établi, de la constatation successive du Mildiou dans les diverses régions viticoles de l'Europe et en Afrique, depuis 1879, est indiscutable; il est aussi certain que la maladie était connue depuis très longtemps en Amérique. Malgré toutes les recherches que l'on a faites, on n'a retrouvé dans aucun auteur agricole ancien ou moderne la description ni la citation d'une maladie ayant quelque analogie avec le Mildiou (1). Depuis que le Plasmopara s'est montré en Europe, il a été chaque année signalé dans un grand nombre de vignobles, et on peut se demander comment il n'aurait pas été constaté avant 1878, s'il avait existé, par les nombreux chercheurs qui, par crainte d'invasion du phylloxéra, s'attachaient à reconnaître les moindres altérations des organes de la vigne. Il est donc certain que le Mildiou est d'origine américaine; c'est l'opinion de tous les cryptogamistes qui ont étudié la question, de MM. de Bary, Cornu, Prillieux, Pirotta, Santo-Garovaglio, Farlow, etc.

Cette opinion n'est pas partagée par des viticulteurs de grand mérite. M. Pulliat (2) affirme que le Mildiou est identique par ses effets, les milieux dans lesquels il apparaît et les conditions d'humidité et de chaleur nécessaires à son développement, au *Mélin*, connu depuis très longtemps des viticulteurs du Lyonnais. Il cite, à l'appui de sa thèse, le témoignage d'anciens vignerons qui reconnaîtraient dans le Mildiou la même maladie que le Mélin. Mme Ponsot croit aussi que le Mildiou n'a pas été importé en France et qu'il existait dans le Bordelais, bien avant 1878, sous le nom de *Brouillardage* ou *Maladie blanche*, commun sur le Merlot. Enfin

---

(1) Les textes qui ont été rapportés par M. Frechou et par M. Malègue, et auxquels ils attribuent d'ailleurs peu d'importance, sont trop vagues pour qu'ils méritent même d'être cités. Nous ne discuterons pas non plus les cas non précisés de chute des feuilles, de feuilles grillées, de pourriture des fruits, etc., résultats généraux de causes qu'on ne détermine pas, et qui ont été donnés par divers viticulteurs comme preuve *certaine* de l'existence ancienne du Mildiou en Europe.

Inutile aussi de signaler les textes par trop anciens du prophète Amos, de Théophraste, des anciens Sémites, de l'écrivain arabe Kutsami, de Jambuscad, d'Ibn-el-Facel, des Nabathéens, etc., car, le traducteur aidant, on fait dire à ces textes tout ce que l'on désire.

(2) *Vigne américaine*, 1881, p. 25-29.

M. Reich voit dans le Mildiou une maladie fort anciennement constatée en Allemagne et en Suisse, le *Mehlthau* (rosée de farine), qu'il avait observée lui-même depuis 25 ans. La signification de Mehlthau serait la même que celle de Mildew, et M. Pulliat exprime l'opinion que « les colons allemands, qui ont été les grands propagateurs de vignes aux États-Unis », pourraient bien avoir « donné à cette maladie, qui leur était familière, le nom de Mehlthau, sous lequel ils la connaissaient », et ce mot aurait été traduit en son équivalent anglais de Mildew. Nous avons dit qu'en Allemagne et en Autriche le nom de Mehlthau était surtout appliqué à l'Oïdium.

Si le Mildiou existait depuis très longtemps en France, son développement aurait eu une irrégularité inexplicable, et il n'aurait jamais causé que des dommages sans importance, puisqu'on n'en trouve pas trace dans les écrits; en outre, il ne se serait pas développé depuis bien des années d'une façon préjudiciable, ce qui est inadmissible. L'examen rigoureux des faits amène à conclure, avec le plus grand nombre, que le Mildiou a été importé récemment des État-Unis.

Dans la certitude absolue d'une introduction récente, on peut se demander comment le Mildiou a pu être introduit en Europe. J.-E. Planchon et plusieurs viticulteurs ont pensé que les semences ou spores d'été, qui poussent sur l'extrémité des rameaux fructifères situés à l'extérieur sur la face inférieure des feuilles, ont pu être transportées directement par les vents d'ouest; leur extrême petitesse rend la chose possible, si on considère surtout qu'on aurait trouvé sur le continent européen des grains de pollen provenant de l'Amérique et, ainsi que le rapporte J.-E. Planchon, des poussières des volcans de la Guadeloupe. Ce transport n'est pas possible, car l'observation et l'expérience directes ont prouvé que les spores d'été ne conservent pas longtemps leur vitalité. Il faut donc admettre que l'importation n'a pu avoir lieu que par les corps reproducteurs qui sont renfermés dans le parenchyme des feuilles et qui peuvent résister longtemps à toutes les variations de milieu extérieur. Le champignon s'est ensuite propagé en Europe, soit par ce dernier moyen, soit par le transport des spores d'été à des distances relativement faibles. Cette thèse, la seule qui nous paraisse admissible, a été tout d'abord émise par M. de Bary et par M. Max. Cornu.

II. CARACTÈRES EXTÉRIEURS DU MILDIOU

Le Mildiou se développe sur tous les organes verts de la vigne : les rameaux herbacés, les fruits et les feuilles ; on ne le voit jamais sur le bois aoûté, et il n'existe que dans des cas spéciaux sur les raisins à véraison ou à maturité. Le système végétatif du champignon est situé dans l'intérieur des tissus, où il rampe entre les cellules dans lesquelles il puise les éléments nutritifs ; il détermine, par suite, des altérations qui se manifestent à l'extérieur sous des apparences diverses et assez caractéristiques. L'aspect extérieur de ces altérations n'est cependant pas un moyen absolu pour distinguer le Mildiou d'autres altérations dues à des parasites ou à des maladies mal définies, telles celles qui constituent ce que l'on nomme la *Brûlure*, le *Grillage* ; mais avec les caractères que présentent les fructifications du champignon, aucune confusion n'est possible.

L'appareil fructifère du *Plasmopara viticola* sort par les stomates et forme (Pl. II et III), à la surface des parties envahies, de petites touffes d'un blanc de lait, isolées ou confluentes et plus ou moins condensées, qui ressemblent, quand le parasite est à son complet développement, à des concrétions salines, ou mieux à du sucre que l'on aurait répandu en poudre fine. Si les fructifications sont peu condensées, elles ont une apparence moins blanche ; vues à la loupe, elles paraissent dressées. A l'arrière-saison, et surtout au moment de la chute des feuilles, elles prennent une teinte moins brillante et deviennent d'un blanc grisâtre. Elles sont moins hautes et moins touffues sur les raisins et les rameaux que sur les feuilles, et se distinguent toujours facilement à l'œil nu, par leur aspect et leur teinte, des poils qui existent sur la face inférieure des feuilles des cépages tomenteux ; elles sont parfois emprisonnées en petit nombre dans des poils abondants, et on peut alors avoir des doutes que dissipe bien vite l'examen microscopique qui, dans aucun cas ne peut prêter à confusion.

Les Maladies de la Vigne par P. Viala. Pl. II.

MILDIOU ET ROT GRIS.

a. **Sur les feuilles.** — Les fructifications du Mildiou n'apparaissent sur les feuilles qu'à la face inférieure, dans la généralité des cas, et seulement sur le parenchyme. Nous les avons observées, par exception, sur la face supérieure, longeant les nervures sur tout leur parcours, ainsi que sur le pétiole. Dans une circonstance particulière, nous avons rencontré les taches blanches sur le bord des nervures et sous-nervures et sur le parenchyme de la face supérieure : toute la page inférieure des feuilles, envahie par l'*Erineum*, formait une énorme galle qui n'avait que des points fort limités où les cellules n'étaient pas développées en poils ; dans ces parties, le Mildiou se traduisait par les fructifications du parasite ; mais elles étaient surtout abondantes à la face supérieure. Les fructifications ne trouvant pas d'issue à la face inférieure, par suite du développement en poils des cellules stomatiques, étaient sorties par les stomates, moins nombreux, de la face supérieure où les tissus étaient plus riches et l'appareil végétatif du champignon plus développé. Une feuille de *Cornucopia* a présenté des fructifications de Mildiou sur des galles de phylloxéra, à la page inférieure. Ce n'est que par exception que les taches blanches apparaissent à la face supérieure des feuilles ; mais là se manifestent des caractères spéciaux qui résultent de l'action destructive du champignon sur les tissus.

Au début de l'attaque du Mildiou, avant que celui-ci ait formé ses fructifications, la face supérieure présente par points isolés et peu étendus *une teinte plus jaune* (Pl. II, *a*) qui, en s'accusant, tranche de plus en plus sur le vert foncé du parenchyme. Ces taches sont peu apparentes au début, mais se distinguent très nettement lorsque se montrent en regard les touffes blanches des fructifications. Lorsqu'on hésite sur leur nature, il est facile de la déterminer rapidement en maintenant les feuilles dans une atmosphère tiède et humide ; si elles sont dues réellement au Mildiou, on voit bientôt se former les poussières blanches à la face inférieure. Cette vérification peut être utile dans quelques circonstances.

La coloration tourne rapidement au brun clair, puis au brun livide, et les taches prennent définitivement une couleur feuille

P. VIALA, *Les Maladies de la Vigne*, 3ᵐᵉ édition.

morte (Pl. II *a* et Pl. III *a, a*). Elles ne sont jamais bullées ; elles peuvent rester circulaires et limitées, existant en plus ou moins grand nombre et ayant de 0,5 centimètre à 3 et 4 centimètres de diamètre. C'est quand ces taches sont isolées qu'on pourrait les confondre avec la brûlure, si on n'avait les touffes de filaments comme point de repère ; si elles sont nombreuses sur la même feuille, elles sont l'effet du Mildiou, et on peut le reconnaître à distance aux marbrures de la face supérieure.

Quand le parasite continue son action destructive, les taches, limitées d'abord entre les nervures, s'agrandissent de plus en plus et deviennent confluentes. Toute la feuille brunit ; les tissus restent encore mous, si l'humidité est abondante ; la face inférieure est recouverte d'une couche continue de fructifications blanches. La feuille sèche souvent avant que le mal ne soit parvenu à cet état extrême, et tombe en se désarticulant. La désarticulation, ou plutôt la séparation par mortification des tissus, a lieu soit à l'insertion du limbe sur le pétiole, ou à celle du pétiole sur la tige ; nous avons constaté les deux cas sur les mêmes cépages ; le premier est le plus fréquent et se produit surtout lorsque la maladie progresse rapidement. La plupart des feuilles d'un même pied peuvent tomber en laissant leurs pétioles adhérents. Les raisins, exposés à l'action directe du soleil, sont alors facilement grillés dans les pays chauds. Le parasite peut continuer, par des temps humides, à émettre ses fructifications sur les feuilles tombées sur le sol.

Les hybrides Bouschet, et les variétés dont les feuilles tournent au rouge-vineux à l'automne, conservent cette teinte, dans une gamme plus accusée, sur les parties envahies par le Mildiou.

Lorsque les conditions favorables au développement du Mildiou sont mauvaises, les taches se limitent, et, s'il s'en forme de nouvelles, ce n'est que par places plus restreintes. Ce fait se produit par des temps secs persistants, ou à l'arrière-saison, quand le parasite a moins de facilité pour vivre dans des cellules à membrane plus résistante et à contenu moins riche en matières nutritives. La partie du parenchyme altéré sèche parfois et se détache, laissant un trou bordé par une auréole brune ; cet effet est assez comparable à celui que détermine l'Anthracnose sur les feuilles, surtout les trous sont nombreux et à petit diamètre; mais, avec l'humidité ou les rosées, les fructifications blanches reparaissent et la tache s'agrandit autour du trou primitif.

Les petites taches brunes, à tissu altéré persistant, sont nombreuses à l'automne et impriment un aspect caractéristique à la feuille. Celle-ci présente des plaques à teinte brune, variables d'intensité, de 1/2 à 1 centimètre au plus de diamètre, très rapprochées et tranchant sur le fond vert ou plus souvent jaunâtre du parenchyme; ces variations de teinte ont fait comparer cette forme aux *points de tapisserie* (Pl. III, *b*). A cet état, les fructifications peu condensées sont d'un blanc grisâtre; nous verrons qu'elles diffèrent un peu, comme organisation, des fructifications normales.

M. Max. Cornu a observé que sur des feuilles qui présentaient, à ce moment, des plaques limitées, jaunes, brunes et vertes, c'était en regard des parties vertes que se trouvaient les filaments fructifères du Mildiou; il a donné de ce fait une explication assez rationnelle (1). Les cellules des feuilles jeunes sont toutes gorgées de principes nutritifs, qu'elles utilisent directement ou laissent échapper en partie vers les divers organes de la plante; le champignon prend ces matériaux et en dépouille les cellules qui jaunissent et s'altèrent. A l'automne, la migration des principes nutritifs se fait, par l'intermédiaire des nervures, vers les divers tissus parenchymateux et le tissu grillagé de la plante, où ils vont se mettre en réserve; à ce moment, ainsi que l'exprime M. Max. Cornu, il y a combat entre le mycélium qui puise et les nervures qui appellent de partout. Le mycélium du champignon force les cellules attaquées à prendre par osmose des matériaux nutritifs dans les cellules voisines et, finalement, dans les nervures où le courant se produit. Or, ces matériaux profitent directement en partie aux cellules qui avoisinent le parasite, et la chlorophylle peut s'y régénérer et continuer même son action réductrice.

Il est des cas où les altérations brunes des feuilles mildiousées peuvent ne pas présenter en regard, à la face inférieure, les efflorescences blanchâtres. Ce cas spécial et assez rare se produit par

---

(1) Max. Cornu, *loc. cit.*, p. 53-57.

des temps secs ; la partie végétative du champignon croît dans l'intérieur des tissus sans émettre d'organes reproducteurs au dehors. Les taches brunes, foncées, se dessinent, en traînées peu larges, au pourtour des nervures principales et s'irradient en suivant les nervures secondaires (Pl. II, c). Nous les avons constatées sur l'Alicante et l'Alicante-Bouschet, et quelquefois, mais bien rarement, sur *V. Riparia*, *V. Rupestris*...., où elles affectaient une forme comparable aux altérations que détermine la *Mélanose*, qui est due à une cause bien différente. Elles ont formé, seulement au début, quelques fructifications de Mildiou, puis sont devenues d'un brun fauve et définitivement d'un noir foncé, dures et irrégulièrement polygonales, s'étendant au plus sur 0,5 centim. de largeur.

b. **Sur les rameaux.** — On n'observe les efflorescences blanches du Mildiou que sur le sommet des jeunes rameaux herbacés, très tendres, jamais sur ceux qui commencent à se lignifier, encore moins sur les sarments aoûtés. Il en résulte, dans ce cas, des traces d'un brun livide et déprimées, mais non des lésions creusées et dilacérées. Nous n'avons constaté que quelques cas de rameaux herbacés qui étaient desséchés à leur sommet par le Mildiou.

La teinte des rameaux ainsi attaqués est assez comparable, au début, à celle du *Rot gris* des fruits, que nous allons étudier. Nous avons suivi, avec M. L. Ravaz, un cas spécial d'attaque des rameaux, qui n'avait pas été signalé (1). Une coloration gris livide débute au niveau des nœuds et s'étend de part et d'autre sur une surface plus ou moins grande. Les tissus, ainsi altérés sur tout le pourtour du rameau, s'affaissent et se foncent en gris noirâtre (Pl. III, *d*). Ils se creusent même parfois de lésions irrégulières, peu profondes et bien différentes des chancres déchiquetés de l'Anthracnose. Ils ont alors une consistance molle et spongieuse, mais ils finissent par sécher. Le moindre choc suffit pour désarticuler, au niveau des nœuds, les sarments ainsi attaqués. Nous avons observé ces altérations sur les extrémités des rameaux herbacés d'une vigne de Jacquez qui a perdu les quatre cinquièmes de

---

(1) Pierre Viala et L. Ravaz.— Le Black-Rot, *loc. cit.*, pp. 39 et 40.

la récolte sous l'effet du Mildiou. Elles étaient bien dues au parasite qui est la cause de cette maladie. On pouvait se rendre facilement compte qu'elles débutaient dans la région où le pétiole, détaché sous l'action du Mildiou, avait laissé une cicatrice qui portait des fructifications blanches. Ces fructifications se sont développées abondamment sur toute la surface des parties altérées, quand on a mis les rameaux dans un milieu humide, et les tissus étaient envahis auparavant par le mycélium du *Plasmopara viticola*.

M. E. Dupont (1) a observé, d'après nos indications, en 1888, des altérations d'une autre nature sur des rameaux de Carignane et de Sabalkanskoï. «Le sarment, encore herbacé, peut être attaqué en un point quelconque du mérithalle, et souvent les points d'attaque sont assez rapprochés, nombreux et placés irrégulièrement tout autour du rameau. Au début, on voit un petit point noirâtre, gros tout au plus comme la tête d'une épingle, surélevé sur son pourtour et légèrement déprimé au centre. Il grandit, en s'allongeant surtout dans le sens du mérithalle, et, au bout d'un certain temps, la partie lésée forme une bande grisâtre plus ou moins allongée, pouvant s'étendre d'un nœud à un autre, limitée par les cannelures de l'écorce et parsemée de petits points de couleur plus foncée, légèrement surélevés. Ces bandes ont en général de 2 à 5 millimètres de largeur. Si ces taches, occasionnées par la maladie, sont peu abondantes et ne couvrent qu'une partie de la surface du rameau, l'altération s'en tient souvent à cette phase. Le sarment se lignifie alors plus vite que s'il eût végété dans des conditions normales. Il se forme un tissu cicatriciel qui sépare les couches sousjacentes de la partie altérée qui se fendille et sèche.

»Mais, lorsque le Mildiou attaque des rameaux très jeunes, tendres, tout le mérithalle peut être envahi par l'altération qu'il produit. Dans ces conditions, le sarment se rabougrit, les feuilles tombent; l'extrémité du rameau sèche et des bourgeons anticipés se développent. Ces nouvelles pousses sont elles-mêmes atteintes; l'altération grisâtre les gagne en entier et elles se dessèchent bientôt,

---

(1) E. Dupont.— Le Mildiou des sarments (Ann. Ecole nat. Ag. Montpellier, tom. IV, 1888-1889, pag. 344).

ainsi que le sarment qui les portait. La maladie, poussée à ce degré extrême, peut amener dans l'année la mort des jeunes vignes, et les souches plus âgées subissent, de ce chef, un affaiblissement considérable. » Les altérations de cette nature ont été fréquentes, en 1891, sur les vignes non traitées.

c. **Sur les fruits.** — Le Mildiou ne se montre pas fréquemment sur les fleurs ; on l'y a constaté cependant à plusieurs reprises, mais la coulure est une des conséquences indirectes de l'attaque des autres organes par le champignon. La grappe verte peut être blanchie par les fructifications du champignon, à cet état tout se dessèche et tombe ; mais le mal est plus souvent limité. Le pédoncule présente les efflorescences et les altérations successives comme les jeunes rameaux ; il peut avoir ses tissus entièrement mortifiés et tous les fruits sèchent. Le même phénomène a lieu parfois, sans qu'il apparaisse d'ailleurs au dehors la moindre fructification. Nous avons trouvé des pédoncules qui présentaient des rainures brunes, à bords irréguliers, mais non dilacérées, situées par places et amenant une torsion de cet organe (Pl. III, c). Ces altérations avaient beaucoup de ressemblance avec celles de l'Anthracnose ; mais les pédoncules, mis en culture, ont montré les fructifications du champignon, qui n'existaient précédemment sur aucune partie de la grappe. Dans un même raisin, il peut y avoir des portions desséchées par suite du développement du mycélium à l'intérieur des tissus, sans qu'il y ait production de corps reproducteurs à l'extérieur. Les pertes de récolte dans ce cas peuvent être importantes.

Rot gris. — Le Mildiou attaque les grains de raisin depuis la floraison jusqu'après la véraison ; il détermine des altérations qui sont connues, depuis longtemps en Amérique, sous des noms divers suivant l'état de développement auquel les grains sont envahis. Les Américains donnent le nom de *Grey Rot* ou *Rot gris*, parfois, mais rarement, dans le nord des Etats-Unis, celui de *Greely Rot* ou *Rot grisâtre*, au Mildiou des grains jeunes. Le Rot gris a été rapporté par Engelmann et Trelease au *Plasmopara viticola*;

il a été observé, pour la première fois en France, par M. Millardet et par M. Prillieux, en 1882.

Lorsque le Mildiou attaque les grains à un état de développement relativement avancé, peu avant la véraison, les caractères des altérations sont particuliers. Les Américains ont donné, à cette forme de Mildiou des grains, le nom de *Brown Rot* ou *Rot brun*, ou encore celui de *Soft Rot* ou *Rot juteux*, *Rot mou* ; ce dernier nom est surtout usité, en Amérique, pour les grains détruits après véraison.

Engelmann a signalé le *Brown Rot*, pour la première fois, en 1861, et l'a rapporté au *P. viticola* en 1883 ; G. Hussmann l'avait signalé en 1866 ; je l'ai observé, pour la première fois en France, en 1884. M. Cuboni l'a étudié, en Italie, en 1887, et MM. J.-D. Catta et Ch. Langlois, en 1888, en Algérie.

Le *Rot gris* a produit de grands ravages, en France et en Italie, en 1884, 1885, 1886 et 1891 ; certaines vignes ont perdu, sous son action et parfois dans l'espace de 48 heures seulement, les deux tiers ou les quatre cinquièmes de la récolte.

Les grains détruits par le *Rot gris* portent quelquefois, extérieurement au niveau des pédicelles, les fructifications blanches du Mildiou (Pl. II, *b*), que l'on observe aussi, à l'intérieur des fruits, entre la pulpe et les pépins ; mais le parasite ne développe souvent que son mycélium dans la chair où il prend des caractères spéciaux. D'autres fois, l'altération n'atteint pas le grain et se limite au pédicelle, les fruits se dessèchent alors en se ridant et s'égrènent au moindre choc. Les grains atteints directement du Rot gris présentent d'abord, le plus souvent au niveau du pédicelle, une décoloration terne qui s'étend en devenant grisâtre et envahit peu à peu toute la baie, qui se ride et prend définitivement une teinte grise, plus ou moins foncée et terne (Pl. II, *b*). Les grains sèchent ensuite et se détachent facilement de la grappe, avec des variations de teinte suivant les cépages : certains sont d'un gris roussâtre, d'autres d'un gris rosé ; les variétés à fruits très colorés sont d'un rouge-vineux terne. La pulpe est colorée en brun, à l'intérieur, avant la dessiccation complète des fruits.

Rot brun. — Le *Rot brun* ou *Brown Rot* (Pl. III, c) a été observé, en France, surtout en 1884, 1885, 1886 et 1888. Tandis que le Rot gris est fréquent surtout depuis la floraison jusqu'à la véraison, le Rot brun est commun sur les fruits déjà gros avant véraison ou peu après cette période. Il n'y a, en somme, aucune différence essentielle entre ces deux cas d'altération des grains par le Mildiou. Les variations de teinte sont dues aux époques différentes auxquelles les grains sont attaqués ou tiennent à la nature des cépages. Le mycélium du *Pl. viticola* conserve les mêmes caractères dans la pulpe; celle-ci est brunie par zones d'altération à l'intérieur, comme c'est le cas pour le Rot gris. Il produit, en Amérique, des dégâts importants sur les variétés du V. Labrusca, surtout dans l'Ohio et les îles du lac Erié.

Il est curieux que cette forme de Mildiou soit fréquente dans le Nord, sur les bords des grands lacs, et peu commune sur les bords de l'Atlantique. « Sur les bords de l'Atlantique, nous écrivait M. F. L. Scribner, le Black Rot est plus néfaste que le Brown Rot qui n'a qu'une importance très secondaire. Dans les Etats du Nord et du Nord-Ouest, le Black Rot existe, mais il est moins désastreux que le Brown Rot; à une latitude plus au Sud, l'inverse se produit, le Brown Rot passe au second plan, tandis que le Black Rot prend un développement réellement désastreux pour les vignobles. Ces différences peuvent tenir au climat, le Black Rot exige probablement une plus forte quantité annuelle de chaleur que le Brown Rot pour se développer avec une grande activité. » Le quart ou le cinquième de la récolte est parfois détruit, en Amérique, par cette forme de Mildiou. Elle m'a paru, aux Etats-Unis, plutôt fréquente dans les sols secs et bien drainés que dans les terrains humides, sur les coteaux bien exposés aux rayons du soleil que dans les plaines basses; je ne veux cependant pas généraliser cette observation.

Lorsque le Mildiou attaque les grains peu avant la véraison, dans les milieux frais et humides, ils deviennent juteux, la peau est surélevée et tendue, brune ; c'est la forme *Soft Rot* ou *Rot juteux* qui continue à altérer les grains jusqu'après la véraison ; la pulpe brunie est rendue quelquefois entièrement déliquescente.

MILDIOU ET ROT BRUN.

Le Brown Rot se manifeste par une zone décolorée livide au pourtour du pédicelle ou sur un point quelconque du grain qui devient d'un rouge brun ou d'un gris livide suivant les cépages. La pulpe est déjà brune intérieurement. La tache s'étend et envahit toute la baie; la peau se ride et les rides partent du pédicelle où le grain est contracté; le grain prend définitivement (Pl. III, c) une teinte chocolat plus ou moins foncée suivant les cépages et l'époque à laquelle l'altération se produit; il se détache facilement de la grappe. Tous les grains d'une même grappe peuvent être rapidement détruits; d'autres fois quelques baies sont altérées, on en trouve à tous les stades d'altération. Le Brown Rot ressemble beaucoup, à certains moments, au Black Rot; mais, dans le cas de cette dernière maladie, il se développe toujours des pustules à la surface des grains; l'examen microscopique ne donne jamais lieu à confusion. Il arrive que le Black Rot et le Brown Rot attaquent en même temps le même grain, ce qui a fait penser à quelques botanistes américains, qui n'avaient étudié le Black Rot que sur des grains attaqués par le Mildiou, que le Black Rot était dû à un champignon saprophyte et non parasite.

d. **Effets du Mildiou.** — Les grains de raisin peuvent donc être desséchés et tomber sous l'influence directe du Mildiou; la récolte est alors perdue en totalité ou en partie. Elle l'est aussi lorsque les ceps sont dépouillés de leurs feuilles de bonne heure, ou seulement quelque temps avant la maturité, car le soleil grille et dessèche les fruits. Leur grossissement et leur maturité se produisent en tous cas incomplètement; ils restent acides, car ils ne reçoivent pas des feuilles altérées les matériaux qui migreraient vers eux pour former les divers éléments qu'ils renferment à l'état normal, le sucre surtout. On a des vendanges, non seulement réduites, mais ne donnant que de petits vins acides, peu colorés, très peu alcooliques et par suite d'une valeur commerciale presque nulle.

Tout bouquet et toute qualité disparaissent dans les vins de grande qualité, et quand bien même la quantité ne serait pas diminuée, la perte pour les contrées qui les produisent est considérable. Les effets du Mildiou sont d'autant plus redoutables qu'il n'apparaît parfois, sur les feuilles, que peu de temps avant la maturité et qu'il exerce ses ravages en quelques jours. Lorsqu'il ne se développe qu'au moment où les fruits sont mûrs ou après la vendange, les dommages qu'il cause sont peu importants, car il ne détermine qu'une chute un peu anticipée des feuilles.

Les cépages très sensibles au Mildiou périssent au bout de cinq ou six années d'attaques successives. Les feuilles altérées ne fonctionnent pas, les sarments s'aoûtent mal, puis sèchent, la plante se rabougrit. Les racines deviennent molles, spongieuses et juteuses, noirâtres; elles subissent ce que l'on nomme parfois la *Pourriture humide*.

Lorsque le Mildiou est très intense une année, l'année suivante la plante est tellement affaiblie que les feuilles et les grappes sèchent, comme si elles étaient folletées, sans que le parasite soit développé; ces vignes sont d'ailleurs beaucoup plus sensibles au folletage. Dans quelques cas, les raisins, sous l'influence des mêmes causes antérieures, sont millerandés ou n'arrivent pas à maturité et restent rougeâtres. Les troncs des vignes affaiblies par le Mildiou, sous l'effet d'une grande sécheresse ou des froids de l'hiver, se fendent; la tige présente à l'intérieur des zones noires et brunes. Les sarments mal aoûtés sont desséchés souvent par les gelées d'hiver; ils ne doivent, en tous cas, jamais être employés pour la multiplication.

Le Mildiou est donc une maladie d'une gravité exceptionnelle [1], plus redoutable, à tous les points de vue, que ne l'a été l'Oïdium, avant que l'on connût les moyens de le combattre.

---

(1) Les indications qui suivent, et que nous reproduisons de notre deuxième édition de 1887, donneront une idée de la gravité du Mildiou :

En 1885, beaucoup de plantations de Jacquez de l'Hérault ont eu leur récolte réduite au tiers et au cinquième. Dans beaucoup de vignobles, il y a eu un affaiblissement très notable dans le degré alcoolique des vins. Au lieu de donner 9° et 10° d'alcool, les vins des régions les plus atteintes ne contenaient que 4° et 5°, et ceux que l'on avait conservés ont tourné aux premières chaleurs. En 1885 et 1886, les mêmes faits ont été notés dans la plupart des vignobles italiens. Les vignes du Médoc, des Graves et des Palus de la Gironde, qui n'ont pas été traitées en 1886, ont donné des récoltes insignifiantes et des vins sans qualité; c'était un véritable désastre.

M. Girard-Col nous écrivait que, d'après une enquête sérieuse à laquelle il s'est livré dans *e*. **Influence du cépage.** — Le Mildiou a été observé sur toutes les variétés de vignes sauvages ou cultivées du genre *Vitis* et aussi sur des espèces de *Cissus* et d'*Ampelopsis*. Mais tous les cépages ne sont pas également atteints par le Mildiou pas plus que par les autres champignons. Il est impossible, actuellement, de donner une explication scientifique, par conséquent précise, des différences de résistance qu'offrent les vignes aux attaques du *Plasmopara viticola*. Les faits de précocité dans le développement, de constitution plus ou moins coriace du parenchyme, etc., peuvent parfois être invoqués, mais sont sans valeur, car ils sont infirmés par des observations contraires. Les variations dans la résistance s'accusent aussi bien les années de grande invasion que celles pendant lesquelles le mal est peu intense, contrairement à ce que l'on a pu assurer, seulement la gradation frappe moins lorsque la maladie est très accusée. On conçoit aussi qu'il se produise des différences dans la résistance pour une même variété ; dans ce cas, ces variations de résistance dépendent surtout des époques auxquelles les feuilles ou les fruits sont envahis par le champignon ; telle variété, qui sera presque indemne si le Mildiou l'attaque à la fin de la végétation, ne résistera que fort peu, une autre année, si l'invasion

---

le département du Puy-de-Dôme, les pertes résultant du Mildiou peuvent être évaluées, pour 1884, à une diminution de 300,000 hectolitres ; à 40 fr. l'hecto, cela ferait 12 millions de francs ; et à une moins-value de un quart sur 600,000 hectolitres, soit 6 millions, donc en tout, pour une seule année, une perte de 18 millions pour ce seul département, qui produit un million d'hectolitres par an. M. Girard-Col compte encore qu'en 1886 la perte due au Mildiou a été, pour le Puy-de-Dôme, de 8 millions de francs.— M. Tord nous dit que pour la Charente-Inférieure, en 1882, les pertes produites ont été de la moitié de la récolte totale et de un tiers ou un quart en 1886, suivant les milieux.— M. Dugué estime que dans le département d'Indre-et-Loire, qui compte environ 65,000 hectares de vignes, le Mildiou a coûté 4 millions de francs en 1884, 12 millions de francs en 1885 et 25 millions en 1886.— D'après M. Dupuy-Montbrun, en 1882, 1884 et 1885, les pertes peuvent être évaluées, pour certaines vignes du département du Tarn, à 80 % de la récolte totale.— D'après M. Gaillard, la récolte a été presque entièrement perdue en 1886 dans la Dordogne ; — les 4/5 des produits ont été anéantis dans l'Ardèche, en 1883, et les 2/3 pour certaines variétés en 1886, d'après M. Rougier.— La Haute-Savoie perd, d'après M. Perrier de La Bathie, 50,000 hectolitres en 1883, et une valeur à peu près correspondante par la diminution de qualité, en 1885.— Dans le Beaujolais, en 1885 et en 1886, la quantité a été réduite environ du quart, d'après M. Battanchon.

se produit de bonne heure, surtout lorsque les feuilles sont en pleine croissance.

Aucun cépage n'est évidemment indemne d'une façon absolue. On peut classer les cépages, quant à leur résistance ou à leur sensibilité au Mildiou, dans l'ordre comparatif suivant :

Cépages très attaqués par le Mildiou : *Grenache, Carignane, Terrets, Terret-Bouschet, Aramon-Teinturier-Bouschet, Morrastel-Bouschet à gros grains, Malbec, Servanin, Hibou, Mancin;* — *Chasselas, Muscats, Espar (Balzac, Mourvèdre), Morrastel, Cinsaut, Œillade, Aspiran, Piquepouls, Verdot, Jurançon, Corbeau, Rousanne, Marsanne, Pineau;* — *Frankenthal, Saint-Sauveur, Pulsard;* — *Bobal, Schiradzouly, Kawoori, Sabalkanskoï, Farrana, Liada, Beni Carlo, Nerieddo Capuccio, Canajolo, Colorino, Dolcetto, Pignolo, Barbarossa;* — *Jacquez, V. Californica, Eumelan, Black Defiance, Canada, Othello, Triumph, Brandt,* etc.

Cépages peu atteints : *Cabernet-Sauvignon, Cabernet, Sauvignon, Sémillon, Sirah, Trousseau, Folle blanche, Duras, Teinturier du Cher, Aspiran-Bouschet, Petit Bouschet ;* — *Aramon, Alicantes-Bouschet, Gamay, Grand noir de la Calmette, Clairette, Merlot, Muscadet, Muscadelle, Marsupet, Mondeuse, Enfariné, Folle noire, Grollot, Chatus, Meslier ;* — *Ascolano, Latino rosso, Lagarese, Trebbiano;* — *V. Arizonica, Black July, Cunningham, Herbemont, Hermann, Neosho,* etc.

Cépages très peu attaqués : *Castets* ou *Nicouleau, Pignon* ou *Pardotte, Fer, Grapput, Tripet* ou *Courbinotte, Ugni blanc, Clairette, Duriff, Etraire de l'Adhui, Verdesse, Pellourein ;* — *V. Riparia, V. Berlandieri, V. Rupestris, V. Monticola, V. Cordifolia, V. Cinerea, V. Rotundifolia, Solonis, Clinton, Taylor, Vialla, Black Pearl, Cynthiana,* etc.

III. CONDITIONS DE DÉVELOPPEMENT DU MILDIOU

Le Mildiou, par suite des conditions d'humidité et de chaleur qui sont nécessaires à son développement et qu'il doit trouver combinées, peut apparaître à des époques assez irrégulières. D'après Engelmann, il commence à se montrer, dans le Missouri, dès les premiers jours de juin, sous l'influence des temps lourds et humides, et tard en été dans les États de l'Est.

La première année de l'invasion en France, en 1879, on ne l'a constaté qu'assez tard ; mais, depuis lors, le parasite s'est montré dès le mois de mai, jamais avant, depuis 1879 jusqu'à 1892 ; ce fait est à bien noter, car il nous guidera pour fixer les époques de traitement. Les quelques renseignements suivants, pour une période de six années, fourniront, d'ailleurs, des indications suffisantes sur les époques d'invasion.

La première apparition du Mildiou a été constatée :

En mai. — *En 1881* : en Algérie (à Bouffarick, du 15 au 20) ; en Italie (à Plaisance, fin du mois) ; —*en 1882* : dans la Gironde et le Lot-et-Garonne (à Libourne et à Nérac, du 10 au 20) ; — *en 1884* : dans l'Hérault (à l'École d'agriculture de Montpellier, le 31) ; dans les Pyrénées-Orientales (fin du mois) ; dans la Dordogne (fin du mois) ; —*en 1885* : dans la Haute-Savoie et la Dordogne (fin du mois) ; dans l'Indre-et Loire (15 mai) ; — *en 1886* : dans l'Hérault (fin du mois) ; en Algérie (fin du mois) ; dans l'Indre-et-Loire (le 15), etc...

En juin. — *En 1881* : dans le Gard (à Aigues-Mortes, le 15) ; dans la Gironde (à Blaye, du 1er au 15, et, à Bordeaux, du 6 au 8) ; dans le Lot-et-Garonne (à Nérac, du 6 au 8) ; en Italie (à Venise, du 1er au 15) ; — *en 1883* : dans l'Hérault (à l'École d'agriculture de Montpellier, le 25) ; — *en 1884* : en Italie (à Alexandrie, le 5) ; dans l'Hérault (à Béziers, le 15) ; dans l'Indre-et-Loire (du 1er au 15) ; dans la Gironde (du 15 au 20) ; — *en*

1885 : dans la Gironde (le 10) ; dans l'Hérault (du 6 au 8) ; dans le Rhône (le 7) ; dans les Bouches-du-Rhône et les Pyrénées-Orientales (fin du mois) ; — *en 1886* : dans la Gironde (du 1er au 10) ; dans la Savoie (le 15) ; en Italie (à Conegliano, fin du mois) ; dans l'Ardèche (le 5), etc...

En juillet. — *En 1880* : dans la Gironde (le 25) ; — *en 1883* : dans l'Isère et dans la Savoie (fin du mois) ; — *en 1884* : dans la Charente-Inférieure (fin du mois) ; dans l'Ardèche (le 15) ; dans l'Indre-et-Loire (du 1er au 15) ; dans l'Isère (fin du mois) ; — *en 1885* : dans la Charente-Inférieure (10 juillet) ; dans l'Isère (fin du mois) ; dans la Savoie (le 18) ; — *en 1886* : dans le Rhône (du 1er au 15) ; dans l'Indre-et-Loire (du 1er au 15) ; dans l'Isère (du 1er au 15) ; dans la Charente-Inférieure (le 15), etc...

En août. — *En 1881* : dans le Lot-et-Garonne (à Nérac, le 1er) ; *en 1882* : dans l'Isère (du 1er au 15) ; — *en 1883* : dans la Vendée (le 25) ; — *en 1884, 1885 et 1886* : dans le Puy-de-Dôme (du 6 au 17), etc., etc...

Enfin, on le trouve toujours, dans tous les vignobles, en septembre ou octobre.

On avait observé, depuis longtemps en Amérique, que le Mildiou se développe dans les milieux bas et humides, à la suite de brouillards, de rosées abondantes et d'une température élevée. Les vignobles des régions des deux grands fleuves de l'Amérique du Nord, le Missouri et le Mississippi, sont les plus ravagés par le parasite ; il en est de même au Nord des États-Unis, aux environs des grands lacs.

Ces observations ont été confirmées en France. C'est sur le bord des étangs, sur le littoral, sur le bord des fleuves ou des rivières, dans les parties basses et les plaines humides que le Mildiou s'est surtout étendu. Sa présence est peut-être plus rare sur les coteaux ou dans les vallées balayées par les vents secs, mais non sur les collines situées sur les bords de la mer. On a noté de même que le Mildiou ne se développe que par des temps de rosées abondantes, de brouillards ou après des pluies, et lorsque la température atteint au moins de 20° à 25° C. On s'explique ainsi certaines irrégularités dans les apparitions de la maladie, puisqu'il faut une chaleur élevée et une humidité abondante, conditions qu'on ne trouve pas toujours réunies, surtout dans les régions méridionales où l'humidité fait le plus souvent défaut en été. C'est sur les bords de la mer, à Aigues-Mortes, dans les parties basses des plaines du Vidourle, de l'Hérault, de la Gironde, de la Dordogne, de la Saône et du Rhône, dans les parties fraîches de la plaine de la Mitidja, etc., où le parasite trouve en été l'humidité nécessaire, qu'il s'est surtout propagé.

Un fait, parmi beaucoup d'autres de même genre, observé en Algérie, prouve bien que l'humidité doit être grande, en même temps que la température élevée. Certaines nuits, le thermomètre descend à 14°, et la rosée est alors très abondante ; la chaleur est ensuite très forte pendant le jour, et le parasite ne se développe pas, quoique ses germes existent, ou il ne s'étend pas, si les conditions avaient été auparavant plus favorables. La chaleur n'est pas assez forte pendant la nuit, et l'humidité (eau précipitée) fait défaut dans le jour. On se rend compte ainsi des apparitions et disparitions successives de la maladie, puisque ces deux éléments, chaleur et humidité, indispensables à son développement, doivent se trouver combinés. On a vu jusqu'à six invasions se produire dans le courant d'une même végétation, dans certains vignobles ; dans d'autres, il y a eu quinze invasions dans la même année.

Si on consulte les observations météorologiques aux époques de développement, on voit très bien s'établir la concordance de ces phénomènes. Nous n'en prendrons qu'un exemple, à l'Ecole d'agriculture de Montpellier. Le Mildiou apparaissait, en 1881, le 21 septembre, après trois jours de pluie : les 14, 20 et 23 ; la température maxima était en moyenne de 22°,77 durant tout le mois.

En 1882, le mois de septembre fut le plus pluvieux de toute l'année (91^{mm},5 d'eau), et la température moyenne maxima était de 22°,04 ; la pluie est tombée pendant 14 jours (les 4, 5, 9, 10, 11, 12, 13, 15, 20, 21, 22, 23, 26, 28) ; le ciel fut brumeux et nuageux pendant 17 jours. Le Mildiou se montrait le 20 septembre et continuait à se développer assez fortement sur certaines variétés.

En 1883, il pleut fin mai et en juin : les 8, 9, 13, 25, 26, 27, 28, 29 ; le ciel est en outre brumeux pendant 8 jours, et la température maxima, du 15 au 25, varie entre 24° et 33° C. On constate le Mildiou le 25 juin, et il se développe activement pendant la fin du mois et surtout du 15 au 25 juillet. La pluie tombe, en juillet, les 13, 19, 20, 30, et le temps est brumeux pendant la première quinzaine. Les 15, 16, 17 août, le vent du Nord souffle avec violence (12^m à 45^m de vitesse par seconde) et arrête le mal, qui reprend en septembre, après un orage du 31 août (57^{mm} d'eau).

Voici les observations que nous trouvons dans nos notes en 1885 : Le dimanche 5 juin, les feuilles du Jacquez ne présentent rien d'anormal. Le lundi, on commence à apercevoir une grande quantité de marbrures jaunes à la face supérieure. Le mardi soir, la teinte jaune est très accusée, on n'observe pas encore d'efflorescences blanches à la face inférieure. Le mercredi matin, à la première heure, toute la page inférieure est recouverte de fructifications abondantes et condensées. Ainsi, en moins de 48 heures, le Mildiou avait envahi fortement ces vignes ; la rapidité de son développement peut donc être très grande. La température maxima avait été de 29°, les 5, 6, 7 et 8 juin, le temps était brumeux et le vent à la pluie (sud-est). Les pluies et les rosées étaient fréquentes du 9 au 30 août, et le Mildiou se développait avec une très grande intensité (les Jacquez ont perdu, en 1885, les deux tiers de leur récolte et ont donné un vin relativement peu alcoolique).

Mais le temps que le Mildiou met à parcourir ses phases de développement est plus long dans certaines circonstances. M. Millardet [1] a observé « qu'au milieu de septembre, par une température qui a varié entre 18° et 30° C., la période d'incubation a atteint sept jours entiers pour le Chasselas. Au commencement d'octobre, sous l'influence d'une température qui a oscillé entre 14° et 24° C., elle a duré 8 jours ; et au milieu du même mois, par une température qui a varié entre 12°,5 et 24° C., sa longueur minimum a été de 8 jours et sa longueur maximum de 10 à 11 ».

Les vents secs arrêtent brusquement le Mildiou dans son déve-

---

[1] *Journal d'agriculture pratique*, 1886, 4 novembre, pag. 665.

loppement; leurs effets ont été observés bien souvent. C'est sous l'influence du siroco que le parasite, qui semblait devoir exercer de grands ravages en Algérie, en 1881, disparut rapidement. C'est le mistral qui a arrêté le développement du Mildiou dans l'Hérault, en 1883, et, dans tout le Midi, en 1886, alors que dans d'autres régions, moins favorisées à ce point de vue, les dégâts étaient considérables, surtout pendant cette dernière année. A l'Ecole d'agriculture de Montpellier, le Mildiou qui a été constaté, en 1886, le 30 mai, pour la première fois, ne reparaissait ensuite que fin octobre; durant les mois de juin, de juillet et d'août, le mistral a soufflé presque constamment; la pluie totale, en quatre fois seulement, n'a été que de 39^{mm}, et on n'a pas observé de rosées.

En rapportant des expériences faites en Amérique, de 1863 à 1870 (1), sur le traitement du *Mildew*, M. Saunders concluait que des abris mis au-dessus des vignes empêchaient le développement du parasite. Certaines branches d'un même cep avaient été couvertes, d'autres laissées à l'air libre, le Mildiou avait seulement envahi ces dernières. M. Robert Neal, d'Hamilton, démontrait aussi, en 1880, qu'un abri quelconque capable de préserver la vigne de la rosée et du soleil ardent empêche le développement du parasite. Les Américains avaient même proposé divers systèmes de couverture pour garantir les vignes du *Mildew*.

Cette influence des abris a été signalée en France sur beaucoup de points, depuis 1882. On a remarqué que le Mildiou était, dans un même vignoble, moins abondant ou n'existait pas sous les arbres à feuillage épais, tandis que les pieds de vignes voisins, non protégés, en étaient recouverts. Des souches en espalier ou en contre-espalier, abritées accidentellement, ou à dessein dans un autre but, étaient également indemnes. On a même vu des rameaux, dont les extrémités dépassaient l'abri, porter de nombreuses fructifications du champignon, tandis que les parties abritées du sarment en étaient dépourvues.

Ces abris n'empêchent nullement l'arrivée des semences du parasite, mais ils s'opposent à la production de la rosée sur les feuilles,

---

(1) *Fréchou* in *Les Vignes américaines dans le Sud-Ouest*, par Lespiault, pp. 67 et 74.

P. VIALA, *Les Maladies de la Vigne*, 3ᵐᵉ édition. 9

en empêchant le rayonnement nocturne. Or, ce qui est nécessaire au développement du Mildiou, ce n'est pas un état hygrométrique élevé, mais l'humidité *en eau précipitée*, comme celle qui résulte de la rosée ; c'est un fait affirmé par de nombreuses observations dans ces deux dernières années. Nous verrons que ces influences inverses de l'humidité, en eau précipitée, et de la sécheresse, prouvées par l'observation, sont démontrées par les faits d'expériences directes que nous fournira l'étude botanique du parasite.

IV. ÉTUDE BOTANIQUE DU MILDIOU

Le *Plasmopara viticola* (Berlese et de Toni) est la cause directe du Mildiou. Il suffisait, pour le prouver, de prendre les semences du parasite, de les inoculer sur des vignes saines et, en s'assurant que l'ensemencement était fait à l'abri de tout germe étranger, de voir s'il produisait l'infection ; le parasite devait en outre se reproduire dans toutes ses formes sur les organes inoculés artificiellement. Ces expériences ont été maintes fois répétées avec succès, dans des circonstances fort diverses. La cause de la maladie n'est donc pas à discuter, il suffit de la signaler.

Le *Plasmopara viticola* est un champignon (Fig. 20) dont l'appareil végétatif ou nourricier *(mycélium, a)* vit dans les tissus de la plante, où il rampe entre les cellules, dans lesquelles il puise par des suçoirs *(c)* les matériaux qui lui sont nécessaires ; il émet au dehors des *conidiophores (s, t, p)*, qui portent à leur sommet des corps reproducteurs. Ces semences, *conidies, spores d'été (e)*, reproduisent et propagent le parasite pendant toute la période de végétation de la vigne. A l'arrière-saison, il se forme dans l'intérieur des tissus, à la suite d'un acte de fécondation *(b)*, de nouveaux organes de reproduction : *oospores, spores d'hiver, œufs (d)*, qui, par suite de leur organisation qui leur permet de résister à toutes les intempéries de l'hiver, perpétueront surtout le parasite à la végétation suivante.

a. **Conidiophores.** — Les efflorescences blanchâtres que l'on trouve, à la période de plein développement du champignon, à la

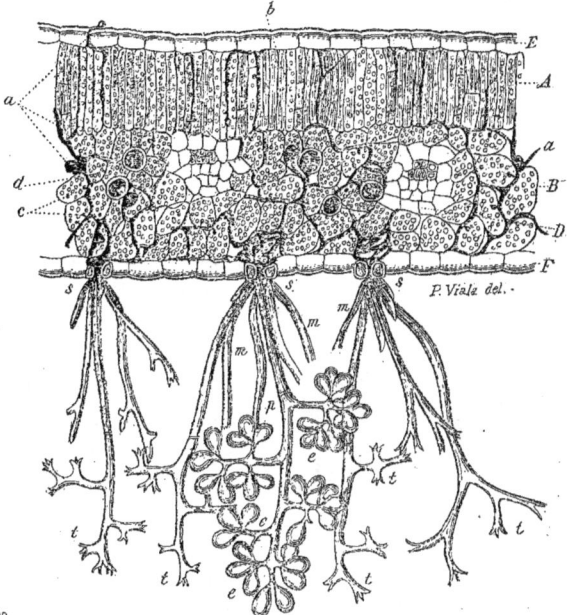

Fig. 20. — *Coupe théorique d'une feuille de vigne envahie par le* Mildiou. — A. Face supérieure de la feuille, tissu en palissade. — B. Face inférieure : tissu lacuneux. — D. Nervure. — E. Épiderme de la face supérieure. — F. Épiderme de la face inférieure. — *a.* Partie végétative du champignon ou mycélium, rampant entre les cellules. — *c.* Suçoirs du mycélium. — *b.* Anthéridie et oogone s'unissant. — *d.* Spore d'hiver ou œuf. — *s, s, s.* Stomates par où sortent les bouquets de conidiophores. — *p.* Un conidiophore avec les spores d'été ou conidies *e, e, e,* fixées à l'extrémité des ramifications. — *m; m.* Base de conidiophores dont la partie supérieure n'est pas représentée. — *t, t.* Conidiophores avec stérigmates qui portaient les conidies. — *t* (à droite). Un conidiophore avec ramification spéciale.

face inférieure de feuilles mildiousées, sont dues aux filaments fructifères (1) que le mycélium forme en grand nombre à l'extérieur

---

(1) Pour examiner et conserver les filaments fructifères, on détache, avec un scalpel ou mieux avec un rasoir, sur une feuille glabre et tangentiellement à sa surface, un fragment très petit de fructifications blanchâtres; on les dépose sur une lamelle, on les imbibe légèrement d'alcool absolu, qui ne les déforme pas et fait disparaître l'air interposé, gênant pour l'observation. On met ensuite une goutte de chlorure de calcium à 50 % ou mieux une goutte d'un liquide à 50 % et à parties égales de chlorure de calcium et de glycérine. Pour un examen rapide, on plonge seulement les fructifications dans l'eau, après les avoir imbibées d'un peu d'alcool ordinaire.

(Fig. 20, *m, m, p, t, t*, et Fig. 21). On les nomme : *conidiophores, filaments fructifères, filaments conidiophores, stipes conidiophores, réceptacles conidiophores*, etc... Ils sortent toujours par les ouvertures naturelles de la feuille ou stomates (Fig. 20, *s, s, s*), et en plus ou moins grand nombre. Rarement isolés, ils sont le plus souvent au nombre de 4 à 5; on en trouve jusqu'à 8 et 9 sortant par un même stomate. Ils sont dressés; leur hauteur moyenne est de $0^{mm},5$; exceptionnellement, ils émergent à peine de la feuille ou atteignent jusqu'à $0^{mm},8$. Comme les stomates sont serrés à la face inférieure de la feuille, on conçoit qu'ils forment à l'extérieur une touffe blanche condensée.

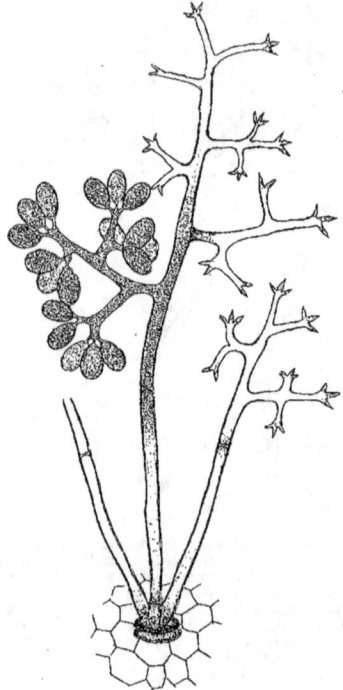

Fig. 21.— Conidiophores sortant par un stomate.

Ces filaments sont incolores, d'un calibre et d'un diamètre à peu près constants jusqu'à leur extrémité ; ils se ramifient en général à partir des deux tiers de la hauteur et sont peu renflés à leur insertion dans la feuille. La membrane est nettement visible, quand ils sont adultes.

A l'état jeune, lorsqu'ils commencent à émerger de la feuille, ils ne sont pas renflés à leur insertion et sont remplis de matières granuleuses ; c'est du protoplasme très riche en éléments nutritifs et surtout en matières grasses, qu'indiquent des points plus réfringents. A ce moment, on distingue à peine la membrane, qui s'accuse à la base quand le filament grandit. On voit bientôt se former sur la partie latérale, un peu au-dessous du sommet, une petite proéminence, origine d'une ramification qui ira elle-même en croissant et qui est gorgée de protoplasme granuleux, surtout à son sommet. Il se forme ainsi successivement plusieurs branches primaires alternant sur la branche principale qui s'allonge progressivement.

Le filament, arrivé au terme de son développement, porte en général quatre ou cinq, parfois six et sept branches primaires, d'autres fois deux ou trois seulement. Les branches inférieures sont plus longues et subdivisées elles-mêmes en deux ou trois, exceptionnellement quatre branches secondaires plus courtes; ces dernières sont un peu obliques sur les ramifications primaires, insérées à angle droit sur l'axe, et sont situées dans des plans divers.

Le sommet du stipe conidiophore est terminé par de petites aspérités, vraies ramifications ultimes que l'on nomme *stérigmates* (Fig. 20, *t, t, t* et Fig. 21), et sur lesquels sont portées les semences. Les branches primaires supérieures restent courtes, ne sont pas ramifiées, et portent des stérigmates à leur sommet; ces stérigmates existent toujours sur les dernières ramifications de toutes les branches.

Le protoplasme se concentre de plus en plus vers le sommet des dernières ramifications, où il servira à la formation des corps reproducteurs, et abandonne l'axe principal. Il se forme alors, en dessous de la première branche, une cloison qui isole toutes les ramifications (Fig. 20, *p*, et Fig. 21); de semblables cloisons peuvent se former à la naissance des branches secondaires. Nous avons observé un cas exceptionnel, bien certain, où, sur la partie simple du stipe, en dessous des ramifications, il existait six cloisons superposées.

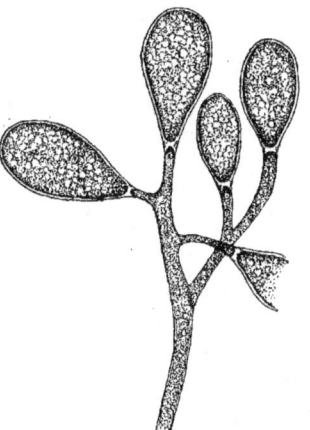

Fig. 22. — Filament conidifère à ramifications principales prenant naissance au même niveau; les stérigmates, grêles et allongés, portent des conidies volumineuses, à protoplasme très granuleux. — Gross. 500/1.

Les ramifications primaires, au lieu d'être dichotomiques sur l'axe, naissent parfois à peu près au même niveau et sont d'égale longueur, se distribuant à droite et à gauche et formant un petit arbre en parasol (Fig. 22) ; ce cas se produit à la fin de la saison (points de tapisserie).

Les filaments fructifères ont des longueurs inégales ; certains restent courts et ne portent pas de spores, mais ont deux ou trois ramifications flexueuses, légèrement renflées au sommet. Ils peuvent être dépourvus de ramifications et rester rudimentaires, émergeant même parfois à peine de la feuille ; ils sont à la base des filaments normaux (Fig. 20) ou sortent en bouquet du stomate, en restant à divers degrés de développement.

Fig. 23. — Un groupe de spores sortant par un stomate. — Gross.: 500/1

Certains de ces filaments courts se divisent en deux à leur sommet et portent sur chaque branche courte ou allongée (automne) une spore ; parfois, mais rarement, une spore surmonte un filament rudimentaire (Fig. 23). Enfin les spores peuvent sortir directement, en nombre variable, du stomate, dans lequel il arrive qu'elles sont engagées sur une partie de leur longueur, formant ainsi un vrai buisson isolé ou situé à la base des conidiophores normaux (Fig. 23). Ces derniers cas s'observent, l'automne, sur les *points de tapisserie*, ou quand l'humidité fait défaut.

Les filaments fructifères se développent très rapidement et en général dans l'espace d'une nuit. Le mycélium peut ne pas en former pendant quelque temps, lorsque les conditions sont défavorables, et recommencer à en donner lorsque ces conditions deviennent meilleures, après un temps de repos relativement grand.

b. **Conidies ou Spores d'été**. — Les extrémités des dernières ramifications, fort courtes au moment où le filament est près d'atteindre sa croissance définitive, se renflent toutes en même temps, et peu à peu deviennent rondes, ressemblant à des têtes d'épingle sur le sommet des petites branches (Fig. 24) ; elles prennent, en grossissant, une forme de plus en plus allongée. Ces renflements, complètement développés, sont encore en communication, par leur insertion, avec la branche qui les porte et dont ils sont une dépendance. Il se forme bientôt à leur base une cloison de séparation, et on a ainsi une semence constituée en forme de petite poire (Fig. 24 et 26); on nomme ces fragments détachés du stipe: *conidies, spores d'été, stylospores*, et *sporange* ou *zoosporange*, par suite de leur mode spécial de germination.

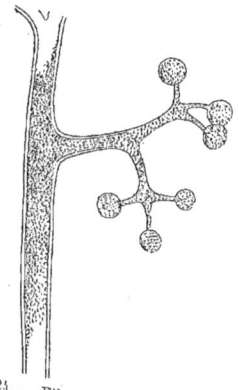

Fig. 24. — Filament fructifère, dont une ramification représentée porte des spores en formation. — Gross. 700/1.

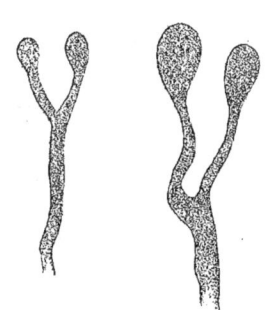

Fig. 25. — Jeunes macroconidies en formation — Gross. 500/1.

Les conidies sont portées comme des fruits sur les rameaux du petit arbre; leur nombre est immense sur une feuille (1). Celles

---

(1) Il peut en effet y avoir en moyenne 40 conidies par stipe, ce qui fait, à 5 stipes par stomate, 200. On compte sur un centimètre carré de feuille d'Aramon, par exemple, 2,100 stomates, et si nous prenons comme surface moyenne d'une feuille seulement 113 centimètres carrés, cela nous donne 237,000 stomates; en supposant que le mycélium émette des filaments conidifères par le *centième* des stomates, on aurait pour une feuille 474,000 conidies. La surface totale occupée par les feuilles, calculée pour divers pieds du même cépage, a varié de $0^{mq},4990$ à $2^{mq},2542$; si la *millième partie* de cette surface était envahie par le Mildiou, on arriverait aux chiffres formidables de 2,000,000 à 10,000,000 de conidies par pied envahi. Chacun de ces corps reproducteurs peut être l'origine de l'invasion d'un vignoble. Les moyens de multiplication du *Plasmopara viticola* sont donc considérables, quoique beaucoup de ses spores n'arrivent pas à germer. Il en est ainsi pour tous les êtres inférieurs qui n'ont comme supériorité dans la lutte pour l'existence que celle que leur donnent leurs moyens de reproduction.

qui sont formées durant tout l'été ont la forme ovale ou en poire caractéristique (Fig. 26). Elles sont lisses et incolores et possèdent à leur intérieur un protoplasme granuleux, avec quelques points réfringents plus ou moins nombreux. Elles sont insérées, le plus souvent par la partie la plus effilée, rarement par la plus élargie ; on ne trouve jamais sur le même conidiophore qu'un seul mode d'insertion ; le mode d'insertion par l'extrémité amincie est général et on distingue, au point d'attache, une légère saillie, trace de l'insertion.

Fig. 26 — Spores ou conidies. Gross. 560/1

La membrane de ces spores est très nettement visible ; elle présente assez souvent un très faible épaississement interne, opposé au point d'attache, épaississement qui s'accentue graduellement et n'est pas une papille. Au sommet de certaines spores, plutôt ovales que piriformes, se dessine à l'extérieur une légère proéminence, qui s'accuse quelquefois, mais qui ne constitue jamais une vraie papille, la membrane a la même épaisseur en cet endroit que sur tout le pourtour de la conidie.

Les dimensions des conidies sont, d'après M. Prillieux : $0^{mm},01$ de large et $0^{mm},015$ de long ; d'après M. Cornu : $0^{mm},0122$ à $0^{mm},016$; d'après M. Millardet : $0^{mm},017$ à $0^{mm},05$ de long et $0^{mm},012$ à $0^{mm},015$ d'épaisseur ; les dimensions moyennes que nous avons observées sont de $0^{mm},01$ de large et $0^{mm},016$ de long ; les minima : $0^{mm},01$ en tous sens ; les maxima : en longueur $0^{mm},045$ et en largeur $0^{mm},020$. Les dimensions relatives, d'où résulte la forme générale, varient dans des limites restreintes ; ainsi certaines spores sont nettement ovales, d'autres renflées au centre, ou plus grosses à leur point d'insertion et à sommet un peu effilé.

Il est une forme de spores bien différente que l'on retrouve, à la fin de la saison, sur les feuilles d'automne et le plus fréquemment sur *les points de tapisserie*. Ces conidies (Fig. 22), ou *macroconidies*, sont relativement volumineuses et acquièrent des dimensions deux et trois fois plus grandes que celles des spores ordinaires. Elles sont très nettement piriformes-allongées, un peu renflées vers le tiers supérieur et amincies vers leur base, où se reconnaît très bien le point d'insertion. Elles ont un protoplasme dense et très granuleux; leur membrane n'est pas aussi distincte en coupe optique que celle des conidies normales; elles ont parfois leur sommet obtus et rétréci, simulant une papille non cellulosique, car elle est pleine de protoplasme. Ces conidies sont insérées sur des ramifications, à peu près d'égale longueur, qui se forment au sommet d'un conidiophore gros, un peu flexueux et plus court que les stipes normaux; à l'œil nu, l'ensemble a une teinte plus terne. Un filament porte un petit nombre de conidies: 4 à 6; il est plein de protoplasme granuleux et n'a point de cloison sur l'axe, chaque spore se sépare d'elle-même; les stérigmates qui les portent peuvent atteindre jusqu'à un tiers de leur longueur. De pareilles formes sortent en bouquets, composés seulement de spores sessiles, et au milieu desquels une d'elles peut être portée sur un stérigmate simple et grêle, qui a deux ou trois fois la longueur de la conidie volumineuse (Fig. 23).

Dissémination des conidies. — La désarticulation des conidies chez les Péronosporées a été suivie avec soin par M. L. Mangin (1). «Elle a lieu par un mécanisme uniforme (Fig. 27). La cloison qui sépare les conidies des basides ou des stérigmates est toujours formée, dès l'origine, par la callose pure à l'exclusion de la cellulose qui ne se développe que tardivement, lorsque la conidie est individualisée. La callose, qui ordinairement est très résistante à l'action des divers agents chimiques et dont l'insolubilité est aussi grande, parfois même plus grande que celle de la cellulose, est susceptible d'éprouver des modifications chimiques qui lui communiquent la propriété de se dissoudre dans l'eau ou dans les solutions alcalines caustiques. Cette modification a toujours lieu à la base des conidies dans la cloison séparatrice, de telle sorte que l'apport d'une petite quantité d'eau amenée par la pluie ou par la

---

(1) L. Mangin.— Sur la désarticulation des conidies chez les Péronosporées (Bull. soc. bot. de France. Tom. XXXVIII, 1891).— La fig. 27 et son explication nous ont été communiquées par M. L. Mangin; la désarticulation du *Pl. viticola* est identique à celle du *Pl. epilobii*.

condensation de l'humidité de l'air détermine rapidement la dissolution de la callose ainsi modifiée et la mise en liberté des conidies. C'est un exemple très net de la liquéfaction de la membrane, non précédée d'un gonflement ou d'une gélification préalable, comme le laissaient soupçonner MM. Zalewski, de Bary et Cornu... »

L'explication de la figure 27 donne le mécanisme de la désarticulation.

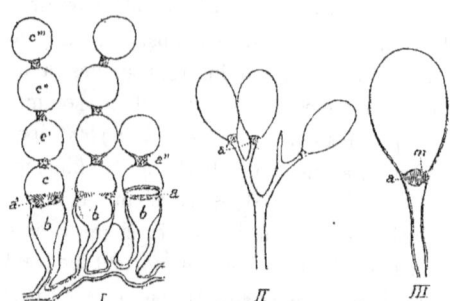

Fig. 27. — «*Désarticulation des conidies*. — I. Basides et conidies du *Cystopus candidus*. — *b, b*. Basides. — *c, c', c'', c'''*: Conidies disposées en chaîne sur chaque baside. — *a*. Début de la cloison de callose qui sépare la baside d'une conidie en formation. — *a'*. État plus avancé, la cloison n'est pas encore formée. — *a''*. Lien de callose qui unit les conidies entre elles. Gross. 400/1. — II. Conidies du *Plasmopara epilobii*, montrant les bouchons calleux *a* qui séparent chaque conidie du stérigmate. Gross. 200/1. — III. État précédent plus grossi, montrant que la membrane *m* est interrompue au niveau du bouchon calleux ; cette membrane se complète à la base de la conidie et quand celle-ci sera mûre, la liquéfaction du bouchon calleux détachera la conidie. Gross. 400/1. — *L. Mangin* del».

Au moindre choc, les conidies s'échappent en fine poussière qu'entraîne le vent; leur extrême ténuité permet leur transport à d'assez grandes distances dans un temps limité.

M. A. Millardet (1) a disposé des expériences pour connaître le mode de transport des conidies et la manière dont elles opèrent l'infection dans leur dissémination.

«A cet effet, dit-il, deux plaques de verre enduites d'une mince couche d'huile furent placées, le 19 juillet, à 4 heures du soir, à 1 mètre de hauteur dans une vigne fortement atteinte par le Mildiou. L'une était placée horizontalement, l'autre verticalement, l'une des faces tournée à l'Ouest, c'est-à-dire perpendiculairement au vent actuellement régnant. Il faisait un vent léger. Après vingt-six heures, c'est-à-dire le 20 à 6 heures du soir, les plaques furent relevées, puis examinées avec soin au microscope. Sur la face Est de la plaque verticale, je comptai 1,050 spores par décimètre carré;

---

(1) *Journal d'agriculture pratique*, 1886, 4 novembre, page 664.

sur l'autre, tournée du côté du vent, 6,000 spores pour la même surface. Quant à la plaque horizontale, après avoir examiné longtemps sa face inférieure, je renonçai à y découvrir une seule spore; tandis que la face supérieure m'en offrit le nombre vraiment prodigieux de 32,000 par décimètre carré.

»Les conidies du Mildiou sont donc transportées par le vent et probablement élevées à une certaine hauteur... Dans les moments de calme, elles retombent comme une pluie sur la face supérieure des feuilles... L'infection de bas en haut est vraisemblablement rare. Il me paraît qu'elle n'a lieu qu'à petite distance, de feuille à feuille sur la même plante, ou, sur la même feuille, d'un point à un autre point voisin. Tandis que les transports à grande distance ont lieu sous l'action des mouvements généraux de l'atmosphère, les autres se produiraient au moindre ébranlement des feuilles et seraient opérés par ces faibles courants d'air chaud ou froid que l'on peut constater à toute heure dans le vignoble... »

Si les conidies tombent sur une goutte d'eau, elles germent aussitôt; mais si elles sont soumises à l'action d'un milieu sec quelconque, elles se rident et ne germent plus, ou elles éclatent et perdent leur protoplasme (Fig. 28). Nous avons disposé plusieurs expériences, pour juger des effets de la dessiccation, et nous avons toujours vu en peu de temps, dans divers milieux secs et à diverses températures, les spores se contracter et se rider, ou éclater en se vidant; tandis que des spores maintenues à des températures basses pour empêcher la germination, mais dans des milieux humides, se sont conservées pendant les huit et dix jours qu'ont duré les expériences. On conçoit que l'invasion par les conidies n'ait pu se produire d'Amérique en France, et que celles-ci ne puissent perpétuer la maladie d'une année à l'autre; on s'explique ainsi l'action des vents secs sur l'arrêt du Mildiou.

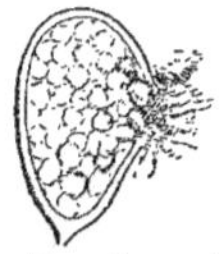

Fig. 28. — Spore éclatant et diffusant son protoplasme.

Germination des conidies. — On avait déjà constaté (MM. Farlow, Prillieux, Millardet, Halsted) que la germination des conidies du *Plasmopara viticola* avait lieu par zoospores. Nous avons vu aussi, dans la majorité des cas, la conidie s'organiser en sporange et former de cinq à huit *zoospores*, dans l'espace d'une demi-heure ou d'une heure, à une température de 28° à 30° (Fig. 29, a, b et Fig. 30). Ces zoospores ont, en sortant du zoosporange, une forme irrégulière et sont pourvues de deux cils peu longs, fixés à un point

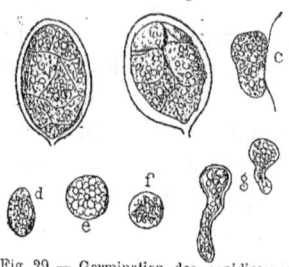

Fig 29. — Germination des conidies par zoospores. — Gross. pour a, b : 800/1.

clair et qui sont surtout visibles au moment où ces petits corps protoplasmiques sans membrane vont se fixer ; ce qui a lieu, à cette température, un quart d'heure après (Fig. 29, c et Fig. 30). Les zoospores arrêtent alors leur course, prennent une forme elliptique, puis ronde, tournent quelques instants sur elles-mêmes et deviennent immobiles. Après s'être arrondies (Fig. 29, d, e, f), leur contour devient transparent et elles s'allongent peu à peu en un tube sur lequel une membrane s'accuse (Fig. 29, g).

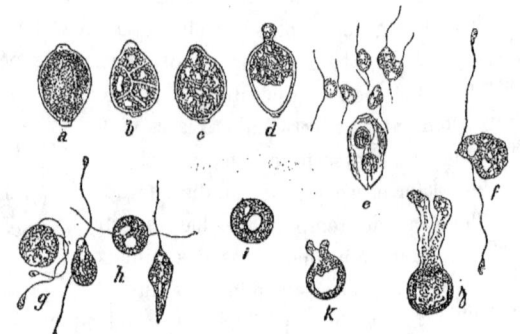

Fig. 30. — Phases successives de la germination des conidies par zoospores (d'après M. A. Millardet).

A une température moyenne de 17°, avec des minima de 10° et 11°, la germination a lieu seulement au bout de deux ou trois jours.

Plusieurs cultures ayant été maintenues à une température variant entre 2° et 5°, pendant quatre jours, la germination n'a pas eu lieu, mais les conidies sont restées très vivaces et n'ont subi aucune altération ; ramenées progressivement à 25°, elles ont commencé à germer deux jours après. D'autres cultures ont été ensemencées sur de la glace fondante et la température maintenue à 1° pendant une heure, puis portée lentement à 23°; au bout de trois jours, à cette température constante, les conidies intactes ont commencé à germer, mais en moins grand nombre que dans les expériences précédentes. Ces abaissements de température n'ont donc eu aucune action sur la vitalité des spores. Dans tous les cas où nous avons essayé la germination à l'abri de l'air, nous n'observions que rarement les premiers phénomènes de la germination.

Dans le cas des cultures faites dans l'eau à des températures inférieures à 20°, il se produit un nouveau mode de germination, qu'on n'avait pas encore signalé pour le *Pl. viticola* et qui, en raison de son assez grande rareté, serait peut-être un cas anormal. Tout le protoplasme sort de la conidie dans l'espace d'une demi-heure environ; une fois sorti, il s'allonge, son pourtour devient plus clair, une membrane se fixe (Fig. 31).

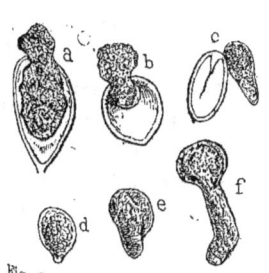
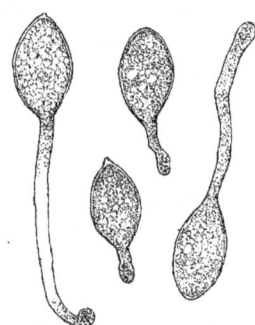

Fig. 31. — Germination des conidies par émission du protoplasme. — Gross. pour *a*: 750/1; pour *b, c, d, e, f*: 500/1.

Fig. 32. — Germination des conidies par tubes mycéliens. — Gross.: 500/1.

Un troisième cas, aussi net que le précédent, mais plus rare encore et que nous avons vu seulement sur les feuilles dont les filaments fructifères commençaient à prendre une teinte blanc terne par suite de la dessiccation, c'est celui de la germination ordinaire et directe en tube (Fig. 32) (1). M. de Bary a décrit ces trois modes

---

(1) M. Fréchou (*Comptes rendus*, février 1885, p. 396) a observé que souvent, dans la germination des conidies par zoospores, certaines spores (des plus volumineuses) n'expul-

de germination pour d'autres Péronosporées, et spécialement pour le Peronospora de la pomme de terre. Il semblerait que pour le *Plasmopara viticola*, les deux derniers modes, rares d'ailleurs, soient plus spéciaux à certaines conidies, qui se développent dans des milieux où l'humidité fait défaut. La germination la plus commune en zoospores se produit toujours sur des gouttelettes d'eau ; l'état hygrométrique de l'air serait-il très élevé, qu'elle n'aurait pas lieu. Nous n'avons du moins jamais pu obtenir la germination normale que sur des gouttes d'eau, en culture cellulaire ou par d'autres procédés.

La zoospore, en germant, perce probablement l'épiderme de la face supérieure, comme cela a lieu pour les autres Péronosporées, et le mycélium, qui en résulte, s'insinue dans les tissus de l'organe attaqué, mais on n'a pas suivi nettement ce procédé pour le *Pl. viticola*.

c. **Mycélium.** — Le mycélium (1) du *Plasmopara viticola* (Fig. 33 et 34) rampe entre les cellules sans jamais les traverser ; il se moule sur leurs parois et affecte des formes variées, en rapport avec les lacunes plus ou moins grandes qu'il traverse. Il est rarement continu ; il présente de nombreuses ramifications de longueurs différentes qui partent sous des angles divers et qui sont renflées, étranglées, à contour lisse et parfois à contour frangé, même lacinié. Elles peuvent avoir, dans le tissu lacuneux de la feuille (Fig. 20 B, *a*), des renflements successifs qui, en coupe optique, chevau-

---

saient pas entièrement leur protoplasme : les corpuscules qui restent dans leur intérieur finissent par émettre un tube de germination, «de sorte qu'il semble au premier abord que la conidie germe directement, mais il suffit d'une observation attentive du phénomène pour réduire les faits à leur juste valeur.» Nous avons suivi le même phénomène sur les conidies ordinaires et sur les plus petites spores que l'on trouve sur les jeunes semis de vignes. Quant aux cas de la germination directe en tube, et de la germination par émission de tout le protoplasme, sans fragmentation, se produisant par exception dans des conditions spéciales, ils ne peuvent donner lieu à aucune confusion.

(1) Le mycélium est difficile à observer, surtout avec les suçoirs adhérents. Pour l'examiner rapidement, on détache des fragments de feuille avec efflorescences (d'un cépage glabre autant que possible : Alicante, par exemple) ; on les plonge un instant dans l'acide acétique cristallisable, puis dans une solution de potasse concentrée, où on les chauffe lentement jusqu'à ébullition ; on arrête à ce moment. On lave dans l'alcool, on dilacère les tissus avec soin et on les examine dans la glycérine acétique à 50 %.

chent les uns sur les autres et donnent à l'ensemble, par suite de leur transparence, un aspect nacré. Les dilatations atteignent leurs plus grandes dimensions dans les méats intercellulaires; les fila-

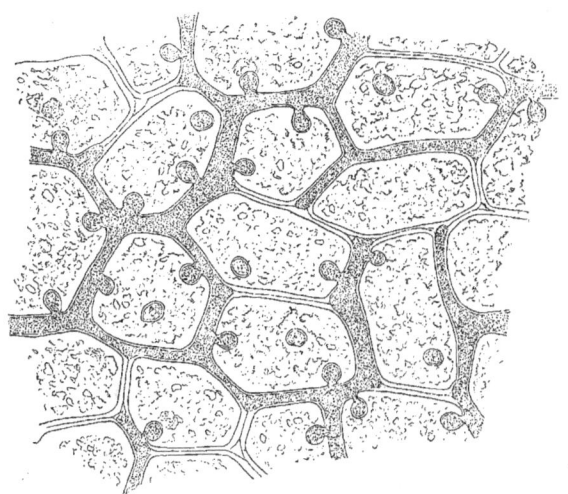

Fig. 33. — Mycélium du *Plasmopara viticola* (d'après M. J. Cuboni).

ments mycéliens y sont toujours variqueux, irrégulièrement renflés et portent des ramifications complexes ou des rudiments de ramifications, dont l'agglomération forme des arborescences curieuses.

C'est surtout dans la pulpe des grains que le mycélium offre des cas de profondes et fines découpures qui le font ressembler aux barbes d'une plume (Fig. 35 et 36); c'est aussi dans la pulpe que l'aspect coralloïde est très accusé (Fig. 38); on y rencontre des masses coralloïdes relativement grosses se détachant des filaments mycéliens variqueux peu développés. Dans le tissu en palissade de la feuille, le mycélium est plus lisse. Comme celui des champignons de la même famille, il ne présente pas de cloisons, il est continu sur toute sa longueur. Une fois les fructifications d'été émises à travers les stomates, et à la fin de la saison, il se vide et paraît alors incolore : il était plein d'un protoplasme granuleux avec grosses gouttelettes, sphériques et réfringentes.

Sur le mycélium, se forment de petits renflements qui percent les parois cellulaires et pénètrent dans l'intérieur des cellules, où ils se dilatent ; ils sont rétrécis à leur insertion sur le filament, à travers la paroi. Ce sont de petites vésicules sphériques (Fig. 33, 34 et 37 *a, a,*) qui, sur les filaments détachés, se présentent avec un double contour. Ces *suçoirs* puisent dans les cellules les matières nutritives qu'elles renferment ; sous leur action on voit leur contenu brunir et celles-ci s'altérer, en donnant à l'extérieur les aspects variés que nous avons décrits.

La paroi mycélienne du *Plasmopara viticola* est plus résistante que les tissus qu'il envahit, et que les suçoirs traversent d'ailleurs. L'expérience suivante prouve bien ce fait : nous avons maintenu des feuilles mildiousées immergées dans l'eau pendant quinze jours,

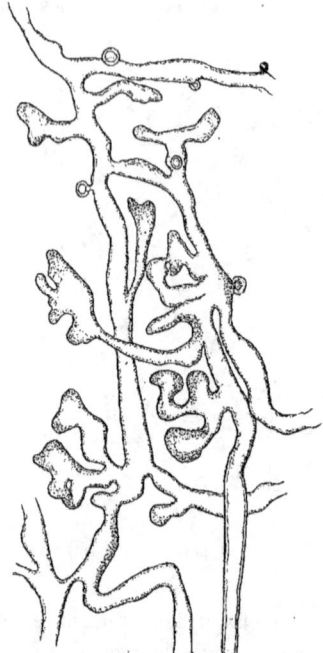

Fig. 34.— Mycélium observé dans une feuille mildiousée.

à une température constante de 30° C. Un jour après, le *Bacillus amylobacter*, ferment de la putréfaction, commençait à se développer et se multipliait rapidement. A la fin de l'expérience, la feuille était réduite en bouillie et les cellules dissociées ; le mycélium et les stipes conidiophores étaient intacts ; c'est même là un bon procédé pour obtenir de belles préparations du mycélium. D'après M. L. Mangin, le mycélium du *Pl. viticola* est constitué par la cellulose et la callose, toutes deux réfractaires à l'action du *Bacillus amylobacter*, tandis que, dans les tissus de la vigne, la dissolution, par cette bactérie, des composés pectiques qui unissent les cellules, provoque la dissociation des tissus. Il est donc à peu près certain que des agents assez énergiques pour détruire la feuille pourraient n'avoir aucune action sur le mycélium du parasite.

M. Fréchou (1) a observé que le mycélium du *Plasmopara viticola* peut être pérenne, comme celui de certaines Urédinées, c'est-

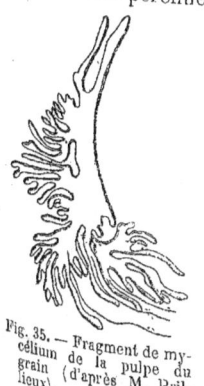

Fig. 35. — Fragment de mycélium de la pulpe du grain (d'après M. Prillieux).

Fig. 36. — Mycélium coralloïde (d'après M. Cavara).

à-dire se conserver, dans des conditions spéciales, durant la mauvaise saison, pour perpétuer le parasite au printemps suivant. « Lorsqu'on cueille, avant leur chute, des feuilles malades, dit M. Fréchou, et qu'on les conserve soigneusement à l'abri d'une trop grande humidité, on constate, après un délai de cinq à six mois, sur le pourtour des taches causées par le champignon, la production de filaments conidiophores et de nombreux bouquets de macroconidies... Ainsi donc, un fragment de feuille de vigne, séché et préservé par une circonstance fortuite de la pourriture en hiver, peut devenir, dès que les conditions extérieures se montrent favorables, un véritable foyer d'infection. » Mais ce mode de transmission du *Pl. viticola* n'est qu'une

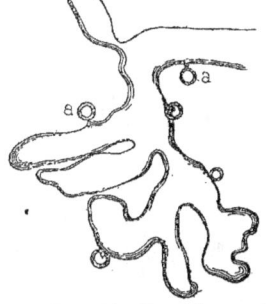

Fig. 37. — Mycélium très grossi pour montrer les suçoirs *a*, *a*, observé dans une feuille putréfiée par le *Bacillus amylobacter*.

(1) *Comptes rendus* (Académie des Sciences, février 1885, p. 897).

P. VIALA. *Les Maladies de la Vigne*, 3ᵐᵉ édition.

exception; car il est bien rare que l'humidité ne soit pas suffisante en automne, en hiver ou au printemps, pour déterminer la pourriture des feuilles après leur chute sur le sol. M. Prillieux, en rapportant les observations de M. Fréchou, faisait remarquer que dans les vignobles submergés, où l'excès d'eau détermine toujours la pourriture des feuilles, le Mildiou apparaissait toujours plus tard.

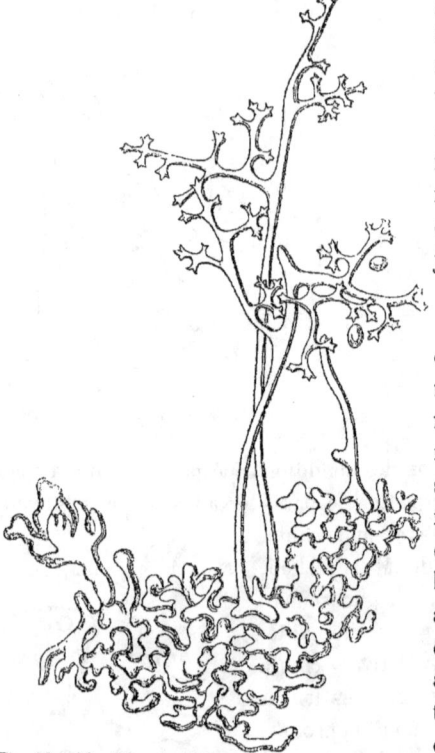

Fig. 38.— Mycélium coralloïde et arbres conidifères du *Plasmopara viticola*, observés entre la pulpe et les pépins de grains de raisin atteints du *Grey Rot* (d'après M. Prillieux).

Les grains de raisin qui possédaient les caractères du *Brown Rot* nous ont démontré un mycélium variqueux, sans cloisons et à ramifications, comme celui des feuilles; en outre, les pédicelles portaient, au début, de petites efflorescences et nous avons observé des fructifications entre la pulpe et la graine; il est donc certain que le *Rot brun* est dû au *Pl. viticola*.

M. Prillieux a vu un mycélium abondant dans les grains de raisin dont les altérations ressemblaient à celles du *Rot gris*, et qui ne présentaient pas de fructifications à la surface. Sur ce mycélium coralloïde existait, entre le pépin ou l'endocarpe ou sur le pépin seulement, un duvet blanc, constitué par des troncs conidifères absolument identiques à ceux que l'on trouve à l'extérieur des organes envahis par le Mildiou (Fig. 38). On verrait facilement en certains points, d'après M. Prillieux, les cellules de l'endocarpe ou de la surface du placenta laisser par leur dissociation, due à la gélification de la partie moyenne de la paroi, des places vidés par où passent ces fructifications.

d. Œufs ou Spores d'hiver.

— Le *Plasmopara viticola* ne peut, ainsi que nous l'avons dit, se perpétuer d'une année à l'autre, au moyen des conidies, et sa conservation par le mycélium n'a lieu que dans des circonstances exceptionnelles. A la fin de la saison et parfois en été, il se forme, dans l'intérieur des tissus, à la suite d'un acte de fécondation, de nouveaux organes reproducteurs : *spores d'hiver, oospores* (spore-œuf), ou plus simplement *œufs*. Nous avons pu suivre la fécondation, en juin, dans des feuilles mildiousées, maintenues à l'humidité sous cloche depuis huit jours, mais certains termes nous ont échappé.

Sur le mycélium, à l'extrémité d'une ramification ou sur son parcours, se forment des renflements à peu près sphériques qui deviennent relativement gros ; ils sont en communication directe avec le tube mycélien, dont ils ne sont qu'une dilatation ; le protoplasme s'accumule dans leur intérieur et il devient très granuleux. Chaque renflement s'isole bientôt du tube qui le porte par une cloison ; il en résulte un corps sphérique, origine de l'organe femelle et que l'on nomme pour cela *oogone* (Fig. 39). Le protoplasme qui tapissait les parois se contracte bientôt et se réduit en une sphère, *oosphère*, isolée ainsi dans l'oogone. C'est cette masse protoplasmique condensée qui va devenir l'œuf.

A côté, et le plus souvent sur la même branche mycélienne, se forme un corps plus petit, de forme un peu irrégulière, en général arqué, gorgé aussi de protoplasme granuleux, et qui se sépare, par une cloison, du tube qui le porte : c'est l'organe mâle ou *anthéridie*.

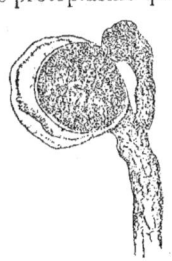

Fig. 39. — Fécondation du *Plasmopara viticola*, observée dans une feuille mildiousée. — Gross. : 650/1.

L'anthéridie, sans se détacher, vient s'accoler peu à peu contre l'oogone et, par un mécanisme spécial, son protoplasme va se fusionner avec celui de l'oosphère, sans qu'il en résulte une augmentation de volume. On n'a pu encore observer s'il y avait résorption simple des membranes en contact, ou si l'anthéridie poussait un tube vers l'oosphère, à travers les parois de l'oogone, comme chez d'autres Péronosporées. A la suite de cet acte d'union, le protoplasme de l'oosphère, qui n'a changé ni de forme ni de masse, s'entoure d'une membrane qui se manifeste d'abord par une ligne plus claire et s'épaissit peu à peu : il en résulte une spore d'hiver ou œuf (Fig. 40, 41 et 42).

Nous avons observé des phénomènes semblables sur des filaments extérieurs courts, simples et rampants, irrégulièrement variqueux, avec membrane apparente et renflements à l'insertion, comme dans les stipes conidiophores ; ils ne portaient pas de conidies ou n'avaient que des conidies rudimentaires. Sur ces filaments, à protoplasme granuleux, nous avons vu se produire de gros renflements sphériques qui se sont isolés par une cloison ; le protoplasme s'est ensuite contracté à l'intérieur, comme l'oosphère dans l'oogone. Nous nous sommes assuré que ces renflements ne sont pas dus à des champignons parasites du *Pl. viticola*, tels que les Chitridinées, qui vivent sur les Saprolégniées, champignons voisins comme organisation des Péronosporées, et qui ont été étudiés avec beaucoup de soin par M. Cornu (1). Ce n'est que sur des filaments conidiophores offrant des caractères de dessiccation ou de mauvaise végétation, et cela dans bien des localités diverses, que nous avons rencontré ces productions : nous pensons que ce sont des oogones s'organisant en œufs. Nous avons vu d'ailleurs des filaments mycéliens s'étendre à l'extérieur des feuilles, surtout lorsque les fructifications apparaissent à la face supérieure, et nous avons observé plusieurs fois, à la surface des feuilles, des œufs libres et à divers états, sembla-

---

(1) Max. Cornu.— *Monographie des Saprolégniées*, 1872 (Thèse, p. 112-189).— Lorsqu'on élève des feuilles mildiousées sous cloche, on voit parfois les fructifications du *Pl. viticola* très abondantes, présenter, dans l'intérieur des stipes conidiophores, des filaments mycéliens de champignons parasites, qui les déforment ; nous n'avons pas observé leurs fructifications et nous n'avons pu par suite les déterminer.

bles dans tous leurs stades de développement à ceux du parenchyme. Ce sont là de rares exceptions, intéressantes seulement pour l'histoire du parasite.

Les *œufs*, ou spores d'hiver, sont presque toujours renfermés dans l'oogone que l'on retrouve adhérente contre leur paroi et ayant parfois des prolongements filiformes (Fig. 40, A, B, C, et Fig. 41.) La membrane de l'œuf est lisse, épaisse et double (exospore et endospore); elle lui permet de résister à tous les milieux. Ces spores sont d'un brun clair, à protoplasme granuleux, présentant quelques points réfringents;

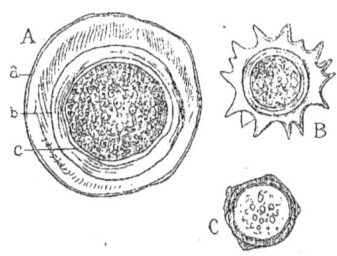

Fig. 40. — Œufs ou oospores du *Plasmopara viticola*. — A : trouvé dans les excréments d'un mouton nourri exclusivement avec des feuilles de vigne. (Gross.: environ 1000/1); *a*, oogone ; *b*, membrane externe ; *c*. membrane interne. — B : oospore (d'après M. Prillieux) contenue dans une oogone présentant des prolongements filiformes. — C : oospore (d'après M. Cornu). Gross.: 250/1.

leur diamètre est de $0^{mm},025$ à $0^{mm},030$. Elles ne se forment dans les feuilles (Fig. 42) qu'à la fin de la saison, en septembre et en octobre. En maintenant des feuilles dans des milieux humides, nous avons pu, ainsi que M. Fréchou, en obtenir en juin. Elles sont plus fréquentes dans le tissu en palissade, sous les taches blanches des filaments conidifères.

Quand les feuilles sèchent et tombent, elles se réduisent en fragments et disséminent les œufs; ceux-ci peuvent passer un ou plusieurs hivers sans que les plus mauvaises conditions de température, de sécheresse ou d'humidité excessives, que l'on a sous nos climats, détruisent leur faculté germinative; ce fait est d'ailleurs constant pour les oospores des autres Péronosporées.

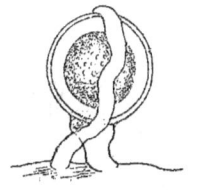

Fig. 41 — Œuf du *Pl. viticola* (d'après M. G. Farlow).

L'expérience suivante semble prouver l'extrême résistance des spores d'hiver : un mouton a été soumis au jeûne pendant trente-six heures (octobre) ; il a été nourri ensuite, deux jours durant, avec des feuilles mildiousées, et le deuxième jour on a recueilli ses excréments. Les crottins, une fois secs, ont été délayés dans l'eau et examinés au microscope ; on a retrouvé des œufs parfaitement conservés, avec leur protoplasme granuleux et l'oogone intacte ; quelques-uns seulement paraissaient avoir leur membrane externe ou exospore légèrement gonflée. Quoiqu'on n'ait pas vu se produire la germination de ces oospores, il est permis de croire qu'elles avaient conservé leur faculté germinative.

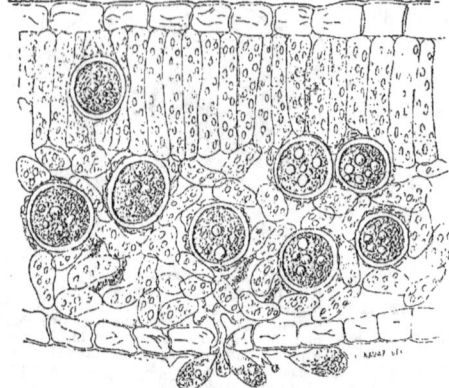

Fig. 42. — Coupe d'une feuille de vigne montrant les œufs dans l'intérieur des tissus (L. Ravaz del.).

Les œufs se produisent plus fréquemment en France dans les régions fraîches ; ce fait est surtout réel en Amérique. Nous avons trouvé beaucoup plus d'œufs dans les feuilles mildiousées des vignes de la Nouvelle Angleterre, que nous examinions à l'automne, que dans celles du Texas, de la Caroline du Nord, de la Virginie ; les oospores étaient à l'état d'exception dans les feuilles de ces dernières régions et il fallait parfois de minutieuses recherches pour les découvrir.

Fig. 43. — Germination par zoospores d'un œuf du *Pl. viticola* (d'après M. Ch. Richon).

Germination des œufs. — La germination des œufs du *Pl. viticola* n'a été encore suivie qu'imparfaitement. En général, ceux des Péronosporées germent en produisant directement de courts stipes qui portent des conidies à leur sommet ; d'autres, au contraire, donnent, comme les conidies, des zoospores en grand nombre, par fragmentation de leur protoplasme.

M. Max. Cornu avait émis l'hypothèse que les œufs germent par conidies. On ne s'expliquerait pas autrement, d'après lui, comment l'infection, s'ils formaient des zoospores, pourrait avoir lieu du sol, où se trouvent les fragments de feuilles, sur les feuilles du cépage, plus élevées, qui, lorsqu'elles sont infestées, en mai ou en juin par exemple, ne traînent pas à terre pour y cueillir les zoospores se mouvant dans des gouttelettes d'eau ; mais le vent peut y transporter facilement les conidies.

M. de Bary avait démontré que les œufs de la rouille blanche des Crucifères (*Cystopus candidus*) produisaient des zoospores qui ne pouvaient infester que les cotylédons de ces plantes. M. Millardet (1) avait pensé que la germination des spores d'hiver du *Pl. viticola* avait lieu aussi par zoospores. Se basant sur les expériences de M. de Bary, il a semé des graines de vigne avec des feuilles mildiousées dans six vases ; sur deux d'entre eux, les jeunes plants ont eu leurs cotylédons recouverts de Mildiou, sur les quatre autres et les deux vases témoins, ils en ont été exempts. La germination se serait faite en terre au contact des cotylédons, qui, une fois envahis, produiraient les premières conidies que les vents transporteraient sur les feuilles ; mais il se peut aussi que la germination ait eu lieu directement par conidies, qui ont d'abord envahi les cotylédons. M. Millardet n'a pas fait d'observation directe ; il a trouvé que dans une vigne fumée avec du marc de raisin, sur vingt graines germées, l'une d'elles avait ses cotylédons envahis par le *Pl. viticola*. Il a, en outre, fait traîner des sarments de Chasselas par terre et les a mis en contact avec d'anciennes feuilles mildiousées : l'infection n'a pas eu lieu.

Nous avons fortement fumé, à l'Ecole d'agriculture de Montpellier, une vigne avec des feuilles qui avaient été envahies par le Mildiou et avaient été récoltées en novembre ; nous avons semé ensuite beaucoup de graines. Nous avons trouvé les premières traces du *Pl. viticola* sur les semis, le 31 mai ; mais nous l'observions en même temps dans une autre vigne parfaitement isolée, où avaient

Fig. 44. — Début de la germination des œufs du *Pl. viticola* (d'après M. Prillieux).

---

(1) *Journal d'Agriculture pratique*, 6 juillet 1882.

été également enfouies des feuilles mildiousées, mais qui ne renfermait aucun semis; en 1881-1882, le Mildiou a apparu d'abord sur les semis de vignes. Ces expériences n'amènent à aucune conclusion suffisamment précise et ont besoin d'être confirmées par des observations directes sur la germination des œufs.

M. Prillieux a observé des œufs qui ont germé en donnant directement naissance à des filaments conidifères, et voici comment il rapporte son observation dans une note à la Société botanique de France (1) : « J'ai annoncé à la Société, dans une précédente séance, que j'ai pu voir de très bonne heure, dès le 26 mars, les commencements de la germination des oospores du Mildiou sur des feuilles de vignes provenant de Nérac. Il résultait déjà de cette première observation que ces corps reproducteurs ne produisent pas directement de zoosporidies, comme l'avait admis M. Millardet. Depuis, j'ai pu observer un état beaucoup plus avancé et m'assurer que le tube de germination, sorti de l'oospore, peut se ramifier et se changer en arbre conidifère (Fig. 44 et 45)... »

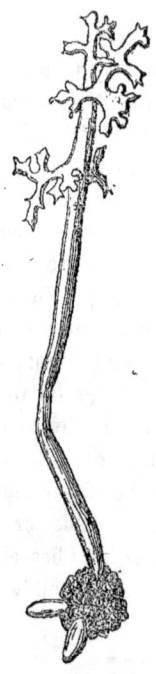

Fig 45. — Œuf germé du *Pl. viticola* (d'après M. Prillieux).

M. Fréchou (2) dit que : « Lorsqu'on plonge les spores d'hiver dans l'eau, cinq ou six jours après leur immersion, on en trouve quelques-unes dont l'oospore est vide, et l'on voit nager dans le liquide de nombreuses zoosporidies; mais c'est là une exception : le plus souvent les spores séjournent plus d'un mois dans l'eau avant d'offrir les premiers symptômes d'une germination qui, dans ces dernières conditions, s'effectue par un tube volumineux et très allongé. Dans les recherches sans nombre que j'ai faites sur ces spores, je n'ai jamais pu obtenir des conidies, ce qui permet de supposer que, pour atteindre ce résultat, l'intervention de la plante nourricière est indispensable. »

---

(1) *Bull. Soc. bot.* 1883, p. 228.
(2) *Comptes rendus*, février 1885, p. 397.

M. Ch. Richon a observé et dessiné (Fig. 43) la germination directe des œufs par zoospores. M. Farlow a constaté aussi la germination des œufs par zoospores. C'est le seul mode de germination que j'ai suivi moi-même en Amérique. J'ai mis en germination dans l'eau, le 22 juin, des œufs nombreux provenant de grains de raisin détruits l'année précédente par le Mildiou. Ces œufs étaient encore attenants au mycélium et avaient leur oosphère remplie d'un protoplasme condensé. Le protoplasme est devenu plus grumeux et il s'est bientôt produit des lignes plus sombres séparant des zoospores qui sont sorties au nombre de 10 à 18 de chaque œuf; ces zoospores étaient pourvues de deux cils très longs et se mouvaient très rapidement dans l'eau; elles étaient plus petites que celles des conidies.

e. **Chlamydospores.** — Nous avons observé des corps spéciaux qui n'ont pas encore été signalés pour d'autres Péronosporées. Ils se produisent dans les milieux secs, sur des filaments conidifères qui ternissent par suite de la dessiccation (Fig. 46). Sur un stipe parfaitement organisé, ramifié au sommet, les conidies se forment très lentement ou restent atrophiées, la cloison de séparation en dessous des branches fait défaut ou n'apparaît que fort tard, et il reste dans l'axe du stipe un protoplasme abondant et peu granuleux. Avant que la cloison se dessine, la membrane du filament se renfle en dessous et peu à peu se distend, tout en conservant son épaisseur normale. Dans cette poche, qui s'agrandit, le protoplasme vient se condenser (Fig. 46, *a*, *b*); on peut suivre le cheminement des granulations qui abandonnent le tube et affluent dans ce renflement. Quand il a atteint sa dimension définitive et constante, on voit, suivant la paroi normale du filament, une ligne plus claire s'accuser, d'abord en regard de la partie centrale du renflement, et s'étendre de chaque côté où elle rejoint la membrane du tube; c'est une cloison qui s'est formée et isole ainsi le renflement. Il

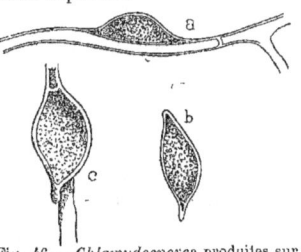

Fig. 46. — *Chlamydospores* produites sur les conidiophores du *Pl. viticola.* — Gross. 400/1.

reste encore à ce moment, dans le stipe, contre la cloison, une traînée de protoplasme peu granuleux.

Cette nouvelle production est piriforme, renflée au centre, légèrement amincie aux deux extrémités ; le protoplasme y est finement granuleux, avec quelques points plus réfringents. Quand elle a atteint ses dimensions définitives, elle se détache et on distingue sa membrane épaisse (Fig. 46, *b*). Nous n'avons pu suivre ce que devenaient ensuite ces corps, qui sont d'ailleurs assez rares ; ils ne sont certainement pas l'effet d'un parasitisme. Nous croyons qu'ils sont analogues à ceux que l'on rencontre chez les Mucorinées, famille de champignons ayant beaucoup de rapports avec les Péronosporées, et qui se produisent lorsque le mycélium vit dans des milieux défavorables ; le protoplasme se localise alors en certains points qui se limitent par une membrane et se détachent. Ce serait peut-être, comme chez les Mucorinées, des *chlamydospores* se formant, dans le cas du *Pl. viticola*, sur le conidiophore. Nous ne l'affirmons pas cependant, car il faudrait pour cela avoir suivi ce que deviennent ultérieurement ces productions.

f. **Perpétuation du Mildiou.** — D'après ce que nous avons dit plus haut, la perpétuation du Mildiou d'une année à l'autre ne peut avoir lieu que par les œufs ou spores d'hiver, ou par le mycélium pérenne.

Ce mycélium, d'après les observations de M. Fréchou, pourrait persister à l'état latent dans les feuilles et se maintenir, dans les milieux secs, pour produire au printemps des macroconidies. Mais, ainsi que nous l'avons dit, les conditions nécessaires à ce maintien à l'état latent, dans des feuilles tombées sur le sol, est très rare, car ces feuilles sont presque toujours putréfiées sous l'influence des pluies d'automne ou d'hiver.

M. Cuboni pense que le mycélium peut se développer dans les bourgeons de vignes et s'y maintenir à l'état latent jusqu'au printemps suivant. A ce moment, avec le retour des conditions favorables, il se développerait dans les jeunes rameaux et envahirait les nouvelles feuilles dans lesquelles il formerait des conidiophores, cause de la nouvelle invasion. M. Cuboni a bien vu le *Pl. viticola* former des macroconidies sous les écailles des bourgeons à la fin de l'été, mais il n'a pas suivi le développement du Mildiou, au premier printemps, sur les jeunes rameaux. Il déduit la possibilité de ce développement d'après ce qui a lieu pour certaines *Urédinées* et les *Exoascus*. Le fait annoncé par M. Cuboni n'a pas été encore vérifié par d'autres observateurs. La persistance du mycélium à l'état de vie latente, pendant l'hiver, dans les bourgeons, est possible, mais elle ne nous paraît pas être absolument constante.

Nous croyons que c'est surtout par les œufs ou spores d'hiver que le Mildiou se perpétue d'une année à l'autre. La germination des œufs par arbres conidifères expliquerait facilement les premières invasions du printemps ; car, les œufs germant par terre et produisant des conidies, celles-ci seraient facilement disséminées par le vent sur les jeunes feuilles des vignes. Mais M. Prillieux a seul affirmé ce mode de germination. Tous les autres observateurs ont vu la germination des œufs par zoospores. Or, les œufs renfermés dans les fragments de feuilles répandues sur le sol produisent des zoospores qui vivent un court espace de temps dans l'eau et qui ne peuvent être transportées sur les feuilles des ceps par le vent. Nous avons dit comment M. Millardet expliquait la première invasion des feuilles par la germination préalable des zoospores sur les cotylédons des jeunes semis accidentels ; sur ces cotylédons envahis se produiraient des conidiophores dont les conidies seraient ensuite disséminées sur les jeunes feuilles. Il suffirait d'une seule graine germant dans un vignoble, ou dans une région, pour que la dissémination du Mildiou pût avoir lieu si les zoospores venaient à envahir les cotylédons.

Une observation, isolée il est vrai, de M. Baillon (1), permettrait de concevoir autrement les premières invasions. M. Baillon admet, d'après les résultats de quelques expériences qui manquent cependant d'une rigueur absolue, que dans les fissures des écorces ou sur les écorces, des fragments ou des poussières de feuilles renfermant des œufs de *Pl. viticola* peuvent rester adhérents. Ces œufs,

---

(1) Société linnéenne de Paris 1889.

au moment du développement des jeunes pousses, germeraient par zoospores et envahiraient celles-ci.

g. **Synonymie et Classification.** — D'après ce que nous avons dit plus haut, la synonymie du Mildiou est la suivante :

Plasmopara viticola Berlese et de Toni ! (*in* Saccardo. Sylloge fungorum. Vol. VII, 1888, p. 239).

Peronospora viticola de Bary ! (Ann. scienc. nat. Série 4, t. XX, 1863, p. 125).

Botrytis viticola Berkeley et Curtiss ! (Grevillea, 1855).

Botrytis cana Lk ! (Schweinitz. Herbier Schweinitz, 1834).

Le *Plasmopara viticola* appartient à la famille des Péronosporées et au groupe des champignons à œufs, résultant d'une fécondation par des organes différenciés qu'on nomme **Oomycètes**.

Les noms vulgaires, qui ont été ou sont usités pour cette maladie, sont les suivants :

Mildiou, — *Mildew, Grape vine Mildew, Downy Mildew, Grey Rot, Greely Rot, Brown Rot, Soft Rot,* — *Faux Oïdium, Rouille des feuilles, Rot gris, Rot grisâtre, Rot brun, Rot mou, Rot juteux,* — *Falsche Mehlthau, Falsche Reben-Mehlthau, Mehlthauschimmel,* — *Mildiú,* — *Peronospora.*

V. TRAITEMENTS

A. — INTRODUCTION

Le mycélium du champignon, cause du Mildiou, vit dans l'intérieur des tissus, où il est *impossible* de le détruire sans détruire l'organe de la vigne qu'il a envahi. La résistance du mycélium aux agents toxiques est grande relativement à celle des tissus de la vigne, puisqu'il peut les pénétrer. Les expériences, que nous avons rapportées plus haut sur l'action du *Bacillus amylobacter*, le démontrent, car les tissus ont pu être putréfiés, alors que le champignon n'était pas encore attaqué. On comprend donc que les essais, faits dans le but de détruire le mycélium, n'aient amené à aucun résultat.

L'origine des invasions annuelles du Mildiou est due aux spores d'hiver, et probablement, dans quelques rares cas, à la persistance, à l'état de vie latente, du mycélium dans les feuilles mortes ou dans les bourgeons. On a pensé que la destruction des organes de la vigne qui les renferment pourraient anéantir les germes du mal. Dans ce but, les feuilles ont été brûlées et ramassées, après leur chute, ou bien on les a fait pâturer par les moutons. Cette pratique n'a qu'une portée de bien faible valeur. Sans doute les chances de réinvasion sont ainsi diminuées, mais on ne les annihile pas. Quelques oospores suffisent pour infester une vigne, et malgré tout le soin apporté au ramassage, qui nécessiterait de grands frais si on voulait le faire avec soin, on laisserait forcément sur le sol une quantité de fragments de feuilles bien suffisante pour opérer la réinvasion. Il faudrait, en outre, que tous les propriétaires d'une même région fissent l'opération en même temps. Si l'on pouvait espérer quelques chances de succès relatif dans un vignoble isolé, il n'y en aurait aucune dans une contrée viticole. Il suffit qu'au printemps un seul cep soit envahi pour que le mal se propage immédiatement à distance sous l'action des moindres vents, qui transportent les conidies ou charrient même, à l'automne, les feuilles des vignobles voisins.

Le procédé qui consiste à faire pâturer les feuilles de vignes n'est pas plus pratique. Il est même bon de ne pas mettre dans les vignes les fumiers des moutons qui ont consommé les feuilles mildiousées, parce que les œufs se retrouvent dans les crottins sous un état qui, ainsi que nous l'avons vu, rend très probable leur germination.

Les badigeonnages des souches, en automne, aux acides dilués ou au moyen de solutions concentrées à 50 % de sulfate de fer ou de sulfate de cuivre, qui ont donné des résultats réels contre l'Anthracnose, ont été conseillés contre le Mildiou. Ils n'ont évidemment rien produit, car les fragments de feuilles qui contiennent les œufs sont répandus sur le sol, où on ne peut songer à les atteindre ; ceux qui restent sur la souche et que l'on humecterait par les solutions sont peu nombreux, et il n'est pas certain qu'on les détruirait.

Toute idée de destruction directe du mycélium ou des œufs dans les feuilles est donc une utopie.

Reste la lutte par la destruction des organes extérieurs du champignon, conidiophores et conidies ou résultat de leur germination, zoospores. On n'arrive à aucun résultat pratique, lorsque l'on veut attaquer le Mildiou en plein développement par des *moyens curatifs*, en cherchant à détruire les conidiophores et même, dans une certaine mesure, les conidies.

Quelques viticulteurs ont proposé, pour arrêter la propagation du mal, de ramasser avec soin les feuilles atteintes au début de la première invasion. Pour cela, il faudrait parcourir le vignoble et cueillir toutes les feuilles sur lesquelles on apercevrait les moindres taches résultant du Mildiou. Ce procédé aurait quelque effet, si l'on procédait à l'opération lorsque le Mildiou ne se traduit que par une simple décoloration des tissus à la face supérieure, et en même temps dans une même région. Or, il est difficile de reconnaître si les teintes jaunes résultent du Mildiou, lorsque les efflorescences ne se montrent pas en regard à la face inférieure, et, si elles existent, il est trop tard, car les germes sont répandus et on les dissémine en cueillant les feuilles blanchies par la maladie. En outre, que de feuilles attaquées n'oublierait-on pas, même en revenant à la cueillette à plusieurs reprises, et quels frais cela n'entraînerait-il pas ? Ce procédé n'a pas plus de valeur que ceux que nous venons d'examiner.

Lorsqu'on applique certaines substances contre le Mildiou en plein développement, on obtient la destruction des efflorescences blanches. On voit les arbuscules fructifères prendre une teinte terne; les tissus de la tache brunissent et se dessèchent. Si les conditions ne restent pas favorables au développement du parasite, le succès paraît assuré. Des observations superficielles de ce genre avaient fait naître des espérances. Mais si les conditions continuent à être favorables ou si elles le redeviennent, le pourtour de la tache se recouvre, au bout de douze ou vingt-quatre heures, d'une auréole blanche qui s'agrandit très vite. Il faudrait pour avoir raison de la maladie, dans ces conditions, revenir à bien des reprises à des traitements réitérés et exécutés très rapidement, ce qui serait impossible dans des vignobles de quelque étendue et entraînerait à des dépenses exagérées. On n'a donc aucune chance de lutte dans cette voie.

Le nombre des substances employées comme traitements directs est considérable ; nous ne parlerons que des essais sur lesquels l'attention a été plus spécialement attirée. Les dissolutions de soude (soude caustique ou soude du commerce), déjà expérimentées contre l'Oïdium, ont été proposées, en Italie, par M. Gazotti, contre le Mildiou. Des expériences que nous avons faites à l'Ecole d'agriculture de Montpellier (1), en 1883, ont démontré que les effets de la soude étaient insignifiants ; le parasite n'est détruit que lorsqu'elle est à un degré de concentration tel que les feuilles sont altérées. La germination des conidies n'était entravée que dans des solutions relativement concentrées. Il en a été de même avec le tannin, l'acide acétique, le sulfate de fer.... L'acide chromique et ses composés très dilués (2°/₀₀), le borate de soude (expérimenté par M. E. Prillieux), les émulsions d'acide phénique dans l'eau de savon (1 acide phénique pour 100 eau de savon, essayées par M. G. Foëx), déterminent la destruction des filaments extérieurs, mais, ainsi que nous le disions, il en apparaît bientôt de nouveaux autour des taches primitives. Leur emploi n'est pas pratique. La poudre formée d'un mélange de soufre trituré d'Apt et de sulfate de fer des pyrites n'a donné que des effets inférieurs à ceux de ces dernières matières, de même le mélange de 1 de sulfate de fer pour 5 de plâtre proposé par Mᵐᵉ Ponsot.

Parmi les autres matières (2), qui n'ont donné que des résultats insignifiants et sans aucune valeur pratique, nous citerons : les mélanges pulvérulents de soufre et de chaux, les résidus de la fabrication des soudes (sulfure de charrée, proposé par M. Duponchel), l'hyposulfite de soude, l'hyposulfite et le chlorure de chaux, le sulfure de calcium, les cendres de bois en poudre, seules ou

---
(1) *Les maladies de la Vigne*, 1ʳᵉ édition, p. 53.
(2) Voir : BRIOSI.— *Esperienze per combattere la Peronospora della vite*. Milano, 1886.

mélangées, les solutions de divers aluns, le sulfate de zinc, la potasse du commerce, le sel marin, seul ou mélangé, en poudre ou en solution, les solutions de savon, etc.

M. Vidal (1) avait proposé l'acide sulfureux résultant de la combustion, sous les feuilles, du soufre ou de mèches soufrées. M. Gaillot (2) avait imaginé de tremper des bûchettes dans le soufre et de les brûler ensuite sous les ceps. Certains dispositifs ont même été essayés pour lancer l'acide sulfureux dans le feuillage. L'action produite a été de même nature que celle obtenue par le borate de soude, l'acide phénique..., par conséquent très secondaire. Quand on faisait l'opération avec l'humidité ou la rosée, l'acide sulfureux se transformait en acide sulfurique et brûlait les tissus des feuilles.

M. le Dr Despetits (3) observa que des vignes traitées par le sulfure de carbone étaient moins mildiousées que des vignes situées dans les mêmes conditions et non traitées, et pensa que le sulfure de carbone, mis au pied des souches, avait une influence directe sur le Mildiou. Les applications de sulfure auraient, d'après ce viticulteur, donné une plus grande vigueur aux vignes et rendu le parenchyme des feuilles plus ferme, plus coriace, et partant plus résistant à l'action du champignon. D'autres viticulteurs ont signalé de semblables faits, mais ils n'ont été aucunement confirmés par des observations concordantes; il y a eu probablement là une simple coïncidence.

Ce serait peut-être ici le lieu de discuter certaines opinions, qui se sont produites, non seulement pour le Mildiou, mais pour toutes les cryptogames, sur l'absorption par les racines, voire même par les feuilles, de substances toxiques capables d'entraver le développement des parasites par leur présence dans les tissus. Il suffit de signaler ces hypothèses, qui ne peuvent soutenir un examen sérieux.

Nous avons dit plus haut que le mycélium des feuilles mildiousées, tombées sur le sol, était détruit sous l'action de l'humidité.

---

(1) *Comptes rendus de l'Académie des Sciences*, 1885.
(2) Texier. *Journal de Beaune*, août 1885.
(3) *Journal de l'Agriculture*, avril 1885.

On a observé que les fortes pluies arrêtent la propagation du Mildiou, parce que la température peut être abaissée, mais surtout parce que les efflorescences blanches sont lavées et les spores entraînées sur le sol, où elles peuvent sans doute former des zoospores, mais celles-ci doivent périr bientôt. M. V. Malègue (1) a rapporté, en 1885 et tout récemment, d'assez nombreuses observations qu'il a faites sur l'influence qu'a l'irrigation de vignes sur le développement du Mildiou ; ces faits ont été contrôlés par quelques viticulteurs, mais infirmés aussi par des dires contraires ; ils sont à signaler. D'après M. V. Malègue, des vignes envahies par le Mildiou, arrosées avant l'arrêt de végétation, qui a lieu en été (en général fin juin ou commencement de juillet), ont moins souffert que d'autres parcelles non arrosées ou arrosées plus tardivement. La maladie semblait s'arrêter après cette opération. M. V. Malègue donne une explication qui lui paraît « avoir quelque vraisemblance » : L'arrosage, au moment où le sol est desséché, provoque une fonction constante des radicelles ; l'eau nécessaire à la transpiration des feuilles, cause indirecte mais principale de la nutrition de la plante, ne faisant pas défaut, il ne se produit pas d'arrêt dans la végétation. En effet, de deux vignes *non mildiousées*, l'une arrosée le 15 juillet, avant l'arrêt de végétation, a eu sa végétation, sa maturité et son aoûtement avancés, les moûts marquaient 11° Baumé ; l'autre, arrosée trop tard, le 4 août, a donné des moûts titrant 9° Baumé, avec des différences correspondantes dans la vigueur et les époques de maturité.

Des constatations faites sur les vignes mildiousées, irriguées au moment opportun, M. Malègue déduit qu'« une corrélation existe entre l'état plus ou moins prospère du chevelu et la prédisposition de la plante à recevoir la cryptogame ». Il y a, en effet, une simple corrélation, mais d'un autre ordre, comme l'indiquent les observations que nous venons de rapporter pour des vignes non mildiousées : puisque les vignes arrosées en temps opportun sont plus vigoureuses, elles souffrent moins des attaques du Mildiou que des vignes également atteintes et souffrant de l'arrêt de végétation.

---

(1) V. Malègue. *Notes sur le Mildew.* (*Journal de l'agriculture*, juin 1885).
P. Viala. *Les Maladies de la Vigne*, 3me édition.

Les observations sur l'influence des irrigations *données en temps opportun* ne vont nullement à l'encontre de ce que nous avons dit sur les conditions nécessaires au développement du *Pl. viticola*. Si, à certains moments, on déterminait par les arrosages un état hygrométrique suffisamment élevé pour que l'eau se précipitât en rosée sur les feuilles et les fruits, les irrigations auraient, dans ce cas, une influence néfaste. Mais ce phénomène ne se produit pas quand on donne les irrigations, ainsi que le conseille M. Malègue, avec des temps de sécheresse. Nous ne considérons donc pas ces irrigations, faites dans ces conditions, comme un vrai procédé de traitement, mais seulement comme un adjuvant qui permet aux vignes, par le surcroît de nutrition qu'elles provoquent, de mieux supporter l'action du parasite.

Il est donc impossible de combattre le Mildiou par la destruction des fructifications extérieures aussi bien que par la destruction du mycélium et des spores d'hiver. La lutte paraissait irréalisable en Europe, comme elle l'avait été en Amérique, où un grand nombre de procédés avaient été essayés dans les mêmes buts. Les Américains avaient observé depuis longtemps, comme on l'a constaté bien des fois en Europe, que le Mildiou ne se développait pas sur les vignes sous abris ; inutile de dire que la culture sous abris, proposée par quelques viticulteurs aux États-Unis, n'a aucun sens pratique. C'est dans le même but qu'en France l'on a imaginé de semer du seigle ou de dresser des gerbes au milieu des rangs de vignes.

Les abris ne s'opposent pas à l'arrivée des semences du parasite, mais ils empêchent la précipitation des vapeurs d'eau de l'atmosphère sous forme de rosée indispensable à la germination des conidies. Nous avons vu que, sauf des exceptions bien rares et par conséquent peu importantes, les conidies ont absolument besoin de gouttelettes d'eau pour produire leurs zoospores, cause de l'invasion. S'il n'y a pas production de gouttelettes, l'envahissement n'a pas lieu. Les zoospores, formées uniquement de protoplasme, sont d'une extrême sensibilité ; les moindres parcelles d'agents toxiques dissoutes dans les gouttelettes d'eau, où elles passent leur courte existence, s'opposent à leur développement, et partant à l'invasion des organes de la vigne sur lesquels les conidies ont été transportées. C'est par la destruction des zoospores, ou par l'obstacle qu'ils mettent à leur formation, que les procédés de traitement que nous allons étudier ont une efficacité réelle contre le Mildiou.

M. Millardet a mis en évidence ce fait capital pour la pratique des traitements; c'est là un mérite que personne ne saurait lui contester et que nous tenons à affirmer. Nous citons textuellement ce qu'il a écrit sur ce point (1) : « Si l'on emploie des solutions étendues de chaux, de sulfate de cuivre ou de fer, on constate que les conidies et les zoospores qu'elles engendrent sont, à l'égard de ces solutions, d'une sensibilité vraiment prodigieuse. Si la solution est un peu trop concentrée pour le développement des conidies, celles-ci n'émettent pas de zoospores et meurent sans éprouver de changements notables. Si la liqueur est un peu moins concentrée, quelques zoospores se forment, mais, au contact du liquide, au lieu de se mouvoir rapidement, elles se traînent lentement, s'arrêtent bientôt sans germer et ne tardent pas à périr. Si, suivant une autre marche, on sème des conidies dans un volume connu d'eau distillée auquel on ajoute, une fois les zoospores en mouvement, des doses croissantes d'une solution titrée de chaux, de sulfate de fer ou de cuivre, il arrive un moment où les zoospores s'arrêtent et sont tuées définitivement. L'expérience m'a appris que la limite de concentration de ces diverses solutions, c'est-à-dire la concentration qui est incompatible avec le développement complet des germes reproducteurs, est : pour la chaux en solution, de $\frac{1}{10,000}$; pour le sulfate de fer, une solution de $\frac{1}{100,000}$ de fer ; pour le sulfate de cuivre, une solution de $\frac{2 \text{ à } 3}{10,000,000}$ de cuivre.

» C'est dire que les sels de fer, bien qu'ils soient très actifs, le sont près de cent fois moins que ceux de cuivre, et que la chaux l'est dix fois moins que le fer. — On voit encore qu'il sera difficile de trouver des succédanés aux sels de cuivre à cause de l'énergie prodigieuse de leur action sur les germes reproducteurs du *Mildiou*. »

---

(1) A. MILLARDET.— *Traitement du Mildiou et du Rot.* (Bordeaux, 1886; page 28).

C'est donc par leur action directe sur les conidies lors de leur germination dans des gouttelettes d'eau que les substances toxiques ont de l'effet. Les résultats partiels que l'on a obtenus avec certaines des substances que nous avons déjà énumérées et aussi avec le sulfocarbonate de potassium (1), le sulfure de potassium (2), le foie de soufre (3) (mélange de pentasulfure de potassium et d'hyposulfite de potasse), sont dus à ce qu'elles avaient été employées suffisamment à temps pour agir sur les conidies en germination. Toutes ces matières sont sans valeur pratique, car elles sont loin d'avoir la propriété toxique d'autres corps et surtout des sels de cuivre, qui assurent une victoire complète contre le Mildiou.

a. **Soufres acides.** — De nombreuses tentatives ont été faites pour combattre le Mildiou par le soufre ordinaire. On avait espéré que par des soufrages répétés, faits au début de la maladie, on pourrait l'entraver dans sa marche. Nous avons vu beaucoup d'essais de ce genre; des vignobles ont été traités jusqu'à douze fois, dans le courant de l'année, avec du soufre trituré, sans que l'on ait pu observer une action réelle de ce corps contre le parasite. On a essayé, en Algérie, de répandre le soufre en juillet et en août, à la surface du sol, où il se vaporisait pendant les fortes chaleurs; quelques effets insignifiants ont été constatés. Les vapeurs du soufre se traduisent cependant par une odeur perceptible jusqu'à hauteur d'homme et atteignent les taches de Mildiou.

M. H. Marès, à la suite de quelques essais, avait conseillé l'emploi des fleurs de soufre acides. L'année même, en 1885, d'assez nombreux traitements aux soufres acides furent faits dans le Midi et répétés, en 1886, dans divers vignobles français. Les vignes ainsi traitées se sont montrées plus vertes et ont conservé leurs feuilles pendant plus longtemps, mais elles ont subi de graves dommages du Mildiou. Comparativement aux autres procédés, les fleurs de soufre acides sont d'une infériorité très marquée.

---

(1) CAVAZZA.— *Vite americane...*, 1885.
(2) P. HUGOUNENQ.— *Messager agricole*, 1886.
(3) AMAURY DE MONTLAUR.— *Bulletin de la Soc. ag. Hérault*, 1886.

Ce système avait été fortement défendu en Italie, surtout par M. Briosi. M. Briosi n'avait fait des essais que sur les vignes déjà mildiousées ; les résultats lui avaient paru très marqués, relativement même aux applications de sels de cuivre, faites dans les mêmes conditions. Il pensait qu'à cause de leur action sur les spores du parasite, les soufrages faits de très bonne heure avec les fleurs de soufre acides donneraient des succès encore plus parfaits. Il croyait «que 5 ou 6 soufrages, en été et au commencement de l'automne, en plus de ceux actuellement donnés contre l'Oïdium, seraient plus que suffisants, dans la plupart des cas, pour défendre les vignes du Mildiou».

Nous avons cru devoir rapporter ces essais, à cause de l'importance qu'on leur a attribuée en Italie. Les traitements aux fleurs de soufre acides contre le Mildiou sont sans aucune valeur, comparativement aux sels de cuivre.

b. **Lait de chaux.** — De nombreux essais de traitement par des poudres formées de mélanges de soufre et de chaux, ou de chaux seule, n'ont rien donné contre le Mildiou. Lorsque l'Oïdium fit son apparition, on chercha à le combattre non seulement par des poudres de ce genre, mais aussi par de la chaux délayée dans l'eau, soit en hiver comme moyen préventif, soit pendant le cours de la végétation, sans obtenir la disparition du champignon. L'emploi du lait de chaux a été repris pour combattre le Mildiou.

Garovaglio avait noté, dans un rapport, en 1881, les bons effets de la chaux « soit en poudre, soit dissoute dans l'eau (lait de chaux) » (1), contre le Mildiou. Ces observations étaient passées inaperçues. M. Cerletti annonçait le 30 août 1885, dans la *Rivista di viticoltura*, que « le Mildiou était vaincu par le lait de chaux » ; c'est à la suite de cette publication que l'attention fut attirée sur ce procédé de traitement. M. Cerletti citait les quelques essais faits tout d'abord par M. Rho, à l'École agro-horticole d'Udine, et ceux de l'École de viticulture de Conegliano, mais il insistait surtout sur les résultats obtenus par les frères Giralomo et Antonio

---

(1) Briosi, *loc. cit.*, p. 178.

Bellussi, à Tezze (environs de Conegliano, Vénétie). Ce sont ces traitements qui ont fait si grand bruit en Italie et qui ont été la base des nombreuses applications de lait de chaux pratiquées, en 1886, dans toutes les régions italiennes.

Les frères Bellussi avaient commencé les traitements au mois de mai; ils les avaient répétés six fois, à quinze jours d'intervalle, lorsque les pluies lavaient la croûte calcaire déposée sur les feuilles; les solutions de lait de chaux employées titraient 2 et 3 %. « L'effet obtenu est prodigieux, disait M. Dehérain ; tandis que les vignes simplement soufrées sont dépouillées, qu'aux longs sarments absolument privés de toutes les feuilles pendent des grappes de raisins portant encore un grand nombre de grains verts, les vignes traitées par la chaux sont touffues, bien couvertes, montrent une végétation luxuriante, dont l'effet est d'autant plus singulier que les feuilles couvertes de chaux sont absolument blanches; les raisins sont abondants, parfaitement mûrs. Au point de vue pratique, cette expérience est absolument concluante. »

Ces affirmations ne sont pas discutables, et elles ont été confirmées, en 1886 (1), par de nombreuses applications dans diverses régions de l'Italie. Le lait de chaux a donc une certaine efficacité contre le Mildiou.

Dans les traitements au lait de chaux, on cherchait à recouvrir le plus complètement possible, d'une couche uniforme et épaisse, les organes verts de la vigne. On a pu se demander si les surfaces vertes, entièrement blanchies, fonctionneraient comme d'ordinaire. M. Cuboni a montré que, sous la croûte de carbonate de chaux, la lumière agissait d'une façon normale sur la chlorophylle : ainsi, dans les mêmes conditions de température et d'état hygrométrique, les feuilles chaulées avaient un coefficient de transpiration de 7 gr. par centimètre carré et par heure, et les feuilles non chaulées, un coefficient de 7 gr. 25, différence insignifiante. M. Cuboni, en suivant le même principe que celui appliqué dans ses recherches sur la formation de l'amidon dans les feuilles de vignes, a constaté

---

(1) Voir surtout les articles de MM. CERLETTI ET CUBONI, in *Rivista di viticoltura*.

qu'il n'y avait pas d'écart entre les feuilles blanchies et les feuilles non chaulées.

Le lait de chaux agit surtout, par la croûte qu'il forme, comme moyen mécanique, en s'opposant à la pénétration des feuilles lors de la germination des conidies. L'alcalinité que la chaux donne aux gouttelettes de rosée, quand les zoospores sont émises, est un obstacle à leur germination ; mais la chaux est bien moins énergique, à ce point de vue, que les sels de cuivre. La couche de carbonate de chaux, formée peu après le dépôt d'hydrate de chaux, empêche la formation de nouveaux conidiophores, mais ne détruit pas la partie végétative du champignon renfermée dans les tissus ; le mycélium doit même continuer à s'y développer. En effet, M. Briosi a pris des rameaux de vignes chaulées provenant de Tezze ; il a enlevé la croûte calcaire, les a mis dans un milieu humide, et il a vu bientôt d'abondantes fructifications pousser sur les taches primitives.

En Italie, on n'a obtenu de réels succès, en 1886, que dans les provinces du Nord, avec 14 ou 16 traitements. En Toscane (province de Pise surtout), où les attaques du Mildiou ont été très fortes et les pluies fréquentes, le lait de chaux, appliqué 10 ou 12 fois, n'a parfois donné que des effets insignifiants. Le lait de chaux n'amène à des résultats qu'avec des invasions bénignes de Mildiou.

Partout, en Italie, en Autriche et en France, les traitements au lait de chaux n'ont soutenu aucune comparaison avec ceux faits aux sels de cuivre. Aussi ce procédé a-t-il été abandonné complètement, même en Italie.

B. — SELS DE CUIVRE

1° HISTORIQUE

M. Van Tieghem communiquait à l'Académie des Sciences, le 29 septembre 1884, un mémoire de M. A. Perrey sur l'influence qu'avaient eue des échalas, trempés récemment dans le sulfate de cuivre, contre le Mildiou.

Dans une note, lue dans la séance du 3 novembre 1884, M. Prosper de Laffite rapporte des observations du même genre, publiées antérieurement à la note de M. A. Perrey, dans le *Journal de Beaune*, par M. Ricaud et M. Paulin le 20 septembre, par M. Montoy le 23 septembre, par M. Magnien le 25 et par M. Louis Bidault le 27 septembre, dans le *Journal de l'Agriculture*; il cherche à donner une explication de l'influence des échalas sulfatés.

Le 14 novembre 1884, M. Paul Estève signalait, dans le *Progrès agricole et viticole*, les effets d'une poudre de son invention, *la sulfatine*, dans laquelle se trouvait du sulfate de cuivre pulvérisé.

La note de M. A. Perrey avait attiré l'attention publique sur les effets du sulfate de cuivre, effets que beaucoup d'autres observateurs avaient constatés. Cette influence fut encore confirmée, en 1884, par divers articles parus dans les journaux : *Progrès agricole et viticole, Vigne américaine...*, etc.

Le ministre de l'agriculture, par une ciculaire adressée aux professeurs départementaux le 14 octobre 1884, leur rappelait le fait des échalas sulfatés, en leur ordonnant de les porter à la connaissance des viticulteurs de leur département, et leur indiquait des expériences à entreprendre pour la campagne suivante.

En 1885, le 1er avril, M. A. Millardet entretenait la Société d'agriculture de la Gironde des effets obtenus contre le Mildiou au moyen d'un mélange de chaux et de sulfate de cuivre. Ces faits étaient très concluants ; les expériences de M. Millardet avaient été entreprises en collaboration avec M. David, régisseur du château Beaucaillou, appartenant à M. Johnston. Des essais du même genre étaient faits en même temps par M. D. Jouet, et publiés dans le *Progrès agricole et viticole* du 27 septembre et du 11 octobre 1885. A la suite de ces communications, M. Chartry de la Fosse a rappelé qu'il avait indiqué, le 3 décembre 1884, à la Société d'agriculture de la Gironde, les bons effets de ce mélange de chaux et de sulfate de cuivre. Un grand nombre de viticulteurs du Médoc avaient d'ailleurs constaté ces résultats, mais rien n'avait été *publié* antérieurement à ce que nous citons.

«Depuis un temps immémorial, nous écrivait M. Th. Skawinski (1), on a l'habitude, en Médoc, de badigeonner les bordures de vignes, le long des routes, avec un mélange de chaux et de sulfate de cuivre pour effrayer les passants qui seraient tentés de prendre les raisins. Dès la première invasion du Mildiou (1881), on s'est aperçu que ces vignes, ainsi traitées, conservaient leurs feuilles jusqu'aux gelées. L'observation facile de ce fait indiqua bien vite aux viticulteurs médocains que le sulfate de cuivre était un remède contre le Mildiou...».

Mais en fouillant les souvenirs, on peut retrouver des documents un peu plus anciens, *non publiés avant 1884*, sur l'action du sulfate de cuivre contre le Mildiou. Ainsi, M. Millardet rapporte, en 1885, qu'il avait déjà observé en 1882 les effets du mélange de chaux et de sulfate de cuivre sur les règes des bords des vignes, et qu'il en avait déduit à ce moment que le cuivre en était la cause. Il aurait conçu alors «le traitement actuel du Mildiou», et dans une lettre, adressée à M. David à cette époque et que celui-ci confirme, il lui indiquait les expériences à poursuivre les années suivantes. Ainsi que cela résulte d'une note que nous avons publiée (2), M. Skawinski père, dès 1882, «faisait préparer, pour combattre le Mildiou en même temps que l'Oïdium, des soufres additionnés de 10 % de sulfate de cuivre, et depuis lors il n'a cessé de traiter avec ce mélange les vignes de Château Giscours». L'emploi de cette poudre était signalée par ses fils, viticulteurs distingués, à M. Jules Leenhardt, en 1883.

Si cependant on voulait remonter encore plus loin, on verrait que l'action des sels de cuivre très dilués et du sulfate de cuivre en particulier, non sur le Mildiou qui n'était pas connu, mais sur d'autres champignons, n'a pas été observée et signalée de ces derniers temps. On retrouverait, dans les traitements faits contre l'Oïdium, l'emploi du sulfate de cuivre en solutions plus ou moins étendues. Bénédict Prévost, en 1807, dans un travail remarquable de méthode scientifique pour cette époque, avait rapporté des observations très rigoureuses sur l'influence néfaste qu'ont les solutions

---

(1-2) *Progrès agricole*, décembre 1886.

très diluées de sulfate de cuivre sur la germination des spores de carie (1).

Tels sont les faits relatifs à l'histoire de l'emploi des sels de cuivre, rapportés non dans leur ordre chronologique précis, mais cités, avec intention, au fur et à mesure de leur publication. Nous ne croyons pas que l'on puisse attribuer à un seul l'honneur exclusif d'avoir découvert le remède ; beaucoup, en somme, ont constaté des faits dus au hasard.

Mais, de la constatation de ces faits à leur explication et surtout aux déductions à en tirer pour l'application rationnelle d'un traitement, il y a loin, et c'est M. Millardet, ainsi que nous l'avons dit et ainsi que nous le verrons par la suite, qui a expliqué cette action et qui a tracé la voie à suivre pour une lutte efficace contre le Mildiou.

Efficacité des sels de cuivre. — Personne ne conteste aujourd'hui que les sels de cuivre, appliqués à temps, *préventivement*, sont d'une efficacité absolue contre le Mildiou. Les témoignages sont très nombreux ; nous n'en rapporterons que quelques-uns, puisés dans les premiers documents publiés sur cette question.

Dans sa note à l'Académie des sciences, M. A. Perrey disait qu' « au milieu d'un territoire complètement ravagé par le Mildiou,

---

(1) BENEDICT-PRÉVOST. — *Mémoire sur la cause immédiate de la carie ou charbon des blés* (Montauban, 1807), passage signalé par M. E. Prillieux à M. Lacaze-Duthiers, et communiqué à l'Académie des Sciences le 15 décembre 1885 : « Ayant lavé de la carie, d'abord avec de l'eau de puits à plusieurs reprises, puis avec de l'eau qui avait distillé dans un grand alambic de cuivre, et l'ayant laissée quelque temps dans un gobelet de verre avec de cette eau, je mis, dans un verre de montre à demi plein d'eau distillée très pure, quelques gouttes de l'eau du gobelet contenant plusieurs centaines de germes ou semences de carie qui, à mon grand étonnement, ne germèrent pas ou germèrent fort mal, tandis que d'autres, dans de semblables circonstances, au cuivre près, germèrent comme à l'ordinaire.... Ainsi le sulfate réel nécessaire pour donner à l'eau la faculté d'empêcher la carie d'y germer par une température basse ne va pas à *un quatre cent millième* de son poids, et *un douze cent millième* en retarde la germination ... Lorsqu'on dissout du sulfate de cuivre dans l'eau commune..., il se forme un précipité blanc bleuâtre ou verdâtre qui demeure très longtemps suspendu dans la liqueur et qui doit être un mélange de sulfate de chaux et de carbonate de cuivre. Le sulfate de cuivre est donc décomposé, et cela dans une proportion d'autant plus grande que sa quantité est plus petite eu égard à celle de l'eau.... Le précipité et la dissolution dans laquelle il est suspendu agissent ensemble ou séparément sur toute la carie que cette dernière est capable de mouiller complètement. »

les parcelles pourvues au printemps d'échalas récemment trempés au sulfate de cuivre se distinguaient au premier coup d'œil par la couleur verte et l'état de santé de leurs feuilles » ; 400 souches qui avaient reçu des échalas dont le trempage n'avait pas été renouvelé depuis plusieurs années n'avaient pas gardé chacune plus de deux ou trois feuilles, mortes d'ailleurs ; 1,600 ceps, dressés au printemps sur des échalas de tremble qui avaient subi un trempage de quatre jours dans une solution saturée de sulfate de cuivre, possédaient sans exception la totalité de leurs feuilles.

Les solutions au sulfate de cuivre ont produit encore plus d'effet. « Tous les ceps qui avaient été traités au mois de juillet, écrit M. Müntz, ont conservé leurs feuilles, ils formaient des oasis de verdure au milieu des plantations entièrement dépouillées ; le raisin qu'ils portaient a mûri, tandis que celui des vignes non traitées a été arrêté dans son développement et sa maturation », et en effet le moût des vignes non traitées marquait en sucre 9,40 % et 9,68 d'acide ; celui des vignes traitées : 15,30 de sucre et 5,20 d'acide.

M. Millardet, en faisant part de ses premières recherches à l'Académie des Sciences, affirmait ainsi l'action du mélange de chaux et de sulfate de cuivre ou bouillie bordelaise : « Les vignes traitées ont une végétation normale. Les feuilles sont saines et d'un beau vert ; les raisins sont noirs et parfaitement mûrs. Au contraire, les vignes non traitées présentent l'aspect le plus misérable, la plupart des feuilles sont tombées ; le peu qui reste est à moitié sec ; les raisins encore rouges ne pourront servir à faire autre chose que de la piquette. Le contraste est saisissant ».

Les analyses suivantes de MM. Millardet et Gayon, faites sur les moûts de ceps non traités et traités de divers cépages, affirment ces différences :

1° *Malbec*

	Ceps traités	Ceps non traités	Différence
Rendement en moût......	66,9 %	65,3 %	1,6 %
Densité du moût........	1080	1043	37
Sucre par litre.........	177 gr. 0	91 gr. 8	85 gr. 2
Acidité par litre (rapportée à l'acide sulfurique)....	5 gr. 1	7 gr. 7	—2 gr. 6

2° Cabernet-Sauvignon

Rendement en moût.....	71,3 %	70,4 %	1,1 %
Densité du moût........	1075	1053	22
Sucre par litre.........	178 gr. 6	116 gr. 2	62 gr. 4
Acidité par litre (rapportée à l'acide sulfurique)....	4 gr. 6	6 gr. 3	—1 gr. 7

3° Cabernet-Franc

Rendement en moût.....	71,8 %	70,5 %	1,3 %
Densité du moût........	1084	1050	34
Sucre par litre.........	188 gr. 6	103 gr. 0	85 gr. 6
Acidité par litre (rapportée à l'acide sulfurique)....	5 gr. 6	7 gr. 2	—1 gr. 6

4° Petit-Verdot

Rendement en moût.....	70,8 %	68,4 %	2,4 %
Densité en moût......,..	1080	1037	43
Sucre par litre.........	175 gr. 0	39 gr. 4	135 gr. 6
Acidité par litre (rapportée à l'acide sulfurique)...,	7 gr. 9	9 gr. 3	—1 gr. 4

« Il sera bon de mentionner encore, ajoutent MM. Millardet et Gayon, la différence considérable de coloration que présentent les raisins et les moûts des ceps traités et ceux des ceps non traités. Tandis que pour les premiers la couleur est normale, pour les seconds elle reste bien au-dessous de la limite inférieure habituelle. Nous ferons remarquer, en terminant, combien est grande la différence de richesse en alcool des vins provenant des ceps traités, d'une part, et des vins provenant des ceps non traités, d'autre part. En effet, des quantités de sucre inscrites au tableau précédent, on peut induire que les vins de la première classe contiendront de 8 à 10 % d'alcool, suivant les variétés ; tandis que pour les vins de la seconde classe, la teneur en alcool variera entre 2 à 6 % seulement. »

A la suite d'une mission entreprise pour constater les effets des traitements aux sels de cuivre dans le Médoc, M. Prillieux concluait ainsi, dans un rapport au Ministre de l'agriculture : « Aux dégâts produits par le Peronospora on ne connaissait pas jusqu'ici de remède, et les dommages causés par ce parasite dans le Midi et dans le Sud-Ouest ont été si grands que l'on regardait l'avenir avec terreur. — Si je n'ai pas été victime d'une illusion pendant toute l'excursion que je viens de faire dans le Médoc, on a maintenant pour se protéger du Mildew un remède aussi efficace qu'est le soufre pour combattre l'Oïdium ». Les feuilles des pieds traités, dit-il dans un autre passage de son rapport, « continuaient de végéter, restaient vertes jusqu'au moment de la vendange et assuraient la complète maturation des raisins, tandis que les pieds non traités étaient grillés et dépourvus de feuilles ».

Cette action des sels de cuivre que l'on affirmait si évidente, en 1885, a été confirmée depuis d'une façon encore plus éclatante, dans tous les vignobles français. On ne discute plus aujourd'hui l'action des sels de cuivre contre le Mildiou. Les traitements cupriques sont devenus une opération normale de la pratique dans les vignobles d'Europe et même dans ceux des États-Unis.

2° PROCÉDÉS DE TRAITEMENT

a. **Principes des traitements aux sels de cuivre.** — Nous avons déjà dit que la lutte contre le Mildiou par la destruction du mycélium ou des conidiophores était impossible, et que les sels de cuivre n'avaient été aussi efficaces qu'en s'opposant uniquement à la germination des conidies et surtout au développement des zoospores, par leur dissolution, à très faible dose ($\frac{2 \text{ à } 3}{10{,}000{,}000}$ de cuivre), dans les gouttelettes de rosée où s'accomplit ce phénomène. Ce fait, mis en lumière par M. Millardet, est d'une importance capitale.

Les sels de cuivre doivent par conséquent se trouver sur les feuilles et se dissoudre dans les gouttelettes d'eau avant le moment où les conidies y sont déposées et vont germer. Les traitements seront donc **préventifs.**

Les sels de cuivre n'ont donné que des résultats bien inférieurs lorsque le parasite était déjà introduit dans les tissus. Lorsque le mal est très accentué, on n'arrive à rien. Si l'on traite lorsqu'il n'y a encore que quelques taches dans un vignoble, on a des chances assez grandes de succès, car on peut arrêter la formation de nouvelles taches, les sels de cuivre s'opposant à la germination des conidies des lésions primitives. Mais, avec des conditions favorables au développement du champignon, le mycélium de celles-ci continue à s'accroître dans les tissus et à produire de nouveaux conidiophores, d'où la nécessité de traitements plus répétés.

Si les sels de cuivre ont donné parfois des mécomptes, cela tient à ce que les applications ont été faites trop tardivement ou à ce qu'elles n'ont pas été renouvelées assez souvent. Comme la période d'incubation du mal peut, dans quelques circonstances, être relativement longue, on a cru parfois avoir appliqué le remède préventivement, et lorsque se sont montrées les efflorescences blanches, on en a déduit qu'il n'avait pas d'action ; si l'application du remède avait été faite, par exemple, quatre ou cinq jours avant l'apparition des taches, et que l'incubation ait duré une huitaine de jours, il n'y a rien d'étonnant à ce fait. Cela démontre encore que le dépôt des sels de cuivre sur les organes de la vigne doit avoir lieu antérieurement à la première date d'apparition de la maladie dans une région.

M. Millardet a démontré, par une expérience concluante, que l'envahissement des feuilles par le Mildiou se produisait à peu près exclusivement par la face supérieure ; c'est donc sur cette face que les sels de cuivre devront surtout être déposés.

Il suffit de doses excessivement faibles de cuivre dans chaque gouttelette de rosée ; mais, théoriquement, il serait nécessaire que chacune de ces gouttelettes puisse trouver des sels de cuivre à dissoudre à l'endroit où elle se forme. Les substances toxiques devront donc être en grand nombre et diluées le plus possible sur les surfaces vertes.

Il faut que les substances se trouvent sur les feuilles sous une forme soluble, ou qu'elles le deviennent sous l'influence des agents atmosphériques, chaque parcelle de la matière étant un réservoir de cuivre où les gouttelettes de rosée puiseront, chaque fois qu'elles se formeront et que les conidies viendront y germer. Or, nous avons dit qu'on avait constaté jusqu'à quinze invasions différentes, bien définies, pendant le cours d'une végétation.

Il est donc nécessaire encore que ces substances restent le plus possible adhérentes sur les feuilles, afin qu'elles ne soient pas entraînées par les pluies, les vents secs persistants, etc. Mais fourniraient-elles suffisamment du cuivre à chaque production de rosée, qu'une seule application ne serait pas efficace. En effet, il pousse, après la première opération, de nouvelles feuilles sur lesquelles du cuivre doit être déposé; il s'ensuit qu'il est indispensable de répéter les traitements. L'étude des divers procédés nous indiquera comment ils répondent à ces conditions essentielles de : 1° solubilité successive du composé cuprique ; 2° faible proportion de cette substance; 3° facilité de la diluer en la répandant; 4° adhérence et persistance sur les organes de la vigne; 5° et enfin bon marché.

Cette étude nous guidera encore pour le nombre des traitements; mais nous pouvons dès maintenant fixer, pour tous les procédés, l'époque du premier traitement. Comme la période d'incubation du Mildiou peut durer huit et dix jours, et que le cuivre doit se trouver sur les organes de la vigne au moment de la première arrivée des germes, il faut que le traitement ait lieu environ une quinzaine de jours avant la première date constatée de l'apparition du Mildiou dans une région déterminée. Or, si on se reporte aux tableaux que nous avons donnés à ce sujet, on voit que dans tous les vignobles français, à peu près sans exception, ainsi que dans ceux d'Algérie, d'Italie..., on a, certaines années, observé le Mildiou dans la deuxième quinzaine de mai, par exception le 10 mai ; *c'est donc au 10 mai que le premier traitement devra être fait*. Dans la Bourgogne, le Beaujolais, la Champagne et les vignobles du Nord, on pourra le retarder jusqu'au 1ᵉʳ juin. Ainsi que l'ont démontré d'assez nombreuses observations, les applications peuvent être faites au moment de la floraison, car les sels de cuivre, aux doses où on les applique, ne sont d'aucune nocuité à ce moment.

b. **Sulfate de cuivre**. — Le sulfate de cuivre forme la base de la plupart des substances employées pour combattre le Mildiou. On le trouve dans le commerce, à l'état pur, en gros cristaux, d'un beau bleu, qui sont des prismes obliques à base parallélogramme ; exposés à l'air, ils s'effleurissent, en se couvrant d'une poussière blanche, mais ce n'est pas un signe d'impureté. On les désigne sous le nom de *vitriol bleu, couperose bleue, vitriol de Vénus*. Ils renferment cinq équivalents d'eau et sont acides ; quand on les chauffe à 200° C., ils perdent ces cinq équivalents d'eau, deviennent anhydres, sont facilement pulvérisables et forment une poussière blanche très fine ; à 100° C., ils perdent seulement quatre équivalents d'eau et peuvent aussi se pulvériser. C'est par ce procédé que l'on obtient et que l'on prépare les sulfates de cuivre qui rentrent dans la composition des poudres.

Le sulfate de cuivre employé pour les traitements du Mildiou doit être pur, car son action est bien plus énergique que celle du sulfate de fer ou des sulfates de zinc, auxquels il se trouve parfois naturellement mélangé ; ainsi dans le *vitriol de Salzbourg*, sulfate double de cuivre et de zinc, d'un bleu verdâtre, en cristaux volumineux, qui sont des prismes quadrangulaires à base oblique ; le *vitriol d'Almonde*, sulfate double de cuivre et de fer ; le *vitriol mixte de Chypre*, sulfate double de cuivre et de zinc ; de même que dans les sulfates qui proviennent du grillage des pyrites cuivreuses et qui renferment toujours une certaine quantité de sulfate de fer.

Par un examen rapide, on peut s'assurer de la pureté du sulfate de cuivre ; il suffit de verser dans une solution de la matière une petite quantité de lait de chaux : si le sulfate de cuivre est pur, la solution devient d'un beau bleu ; si elle contient du sulfate de fer, elle passe au bleu rouillé, et au blanc sale s'il y a mélange de sulfate de zinc.

c. **Echalas et liens sulfatés.** — Les échalas autour desquels on avait constaté, sur les vignes qu'ils soutenaient, l'arrêt du Mildiou, en 1884, avaient été sulfatés l'année même et plongés pendant quatre jours dans une solution saturée de sulfate de cuivre. Les expériences, répétées depuis cette époque, ont donné des résultats incomplets. D'après de nombreuses observations, les échalas récemment sulfatés ne produisent d'action que sur un rayon au plus de $0^m,25$ à $0^m,30$. On avait calculé par suite que, pour arriver sûrement à une immunité à peu près complète, il faudrait mettre 80,000 échalas par hectare. Quelles dépenses cette opération ne nécessiterait-elle pas !

Il a été remarqué que les échalas en bois dur donnent de moins bons résultats que ceux faits avec des bois tendres, comme le tremble, le pin... Le sulfatage doit être fait par immersion et le plus tard possible avant la mise en place. Il est admis aujourd'hui que les solutions de sulfate de cuivre doivent titrer de 10 à 15 %. La partie des échalas sulfatés, mise en terre, ne peut évidemment avoir aucun effet sur le Mildiou ; l'échalas agit comme un réservoir de sulfate de cuivre que les gouttelettes de rosée viennent dissoudre et qu'elles diluent ensuite en tombant sur les feuilles dans l'eau précipitée sur celles-ci ; cette faible dissolution suffit pour arrêter la germination des conidies. On s'explique par suite que les échalas ne puissent avoir de l'influence sur le Mildiou qu'à faible distance.

Actuellement, l'emploi des échalas et des liens sulfatés n'est plus considéré comme un procédé normal de traitement, car les autres moyens lui sont bien supérieurs. Leur seul avantage serait d'éviter le dépôt direct des sels de cuivre sur les fruits, ce qui pourrait être à considérer en partie pour la culture des raisins de table, mais cela ne constitue pas, comme nous le verrons, un réel inconvénient avec les autres procédés. Dans des régions où la vigne n'est ni accolée ni soutenue par des échalas, on n'a aucunement à songer à ces systèmes ; mais dans les vignobles où les systèmes de taille obligent à conduire la vigne sur des soutiens, il est pratique de sulfater les échalas, quand on les remplace, et de se servir de liens trempés dans le sulfate de cuivre. Il ne serait pas inutile aussi, croyons-nous, dans les régions où chaque année on enlève les échalas avant la taille pour les remplacer au printemps, de tremper chaque fois les échalas dans des solutions de sulfate de cuivre, car cette opération n'entraînerait pas à de trop fortes dépenses. Les échalas et les liens sulfatés ne sont, en somme, que des suppléments de traitement.

P. VIALA. *Les Maladies de la Vigne*, 3me édition.

d. **Solutions simples de sulfate de cuivre.** — On entreprit en Bourgogne, en 1885, de nombreuses expériences de traitement du Mildiou avec des solutions simples de sulfate de cuivre. MM. Müntz, A. Perrey, Ricaud, Magnien.... obtenaient des résultats supérieurs à ceux produits par les échalas et les liens sulfatés. Les premières solutions employées étaient faites à 10 et 15 % de sulfate de cuivre pour 100 d'eau. En 1886, on a brûlé, à ces doses, les jeunes feuilles; celles-ci prenaient, après leur dépôt, une teinte rousse, qui disparaissait parfois, mais les tissus avaient été altérés. Les solutions à 3 % ont causé de semblables accidents. L'avis, à peu près général, était qu'on ne devrait pas dépasser les doses de 1 %.

Lorsque les solutions ont été aspergées ou pulvérisées sur les feuilles, le sulfate de cuivre s'y trouve déposé, après évaporation du liquide; il est ensuite facilement repris par les gouttelettes de rosée, où arrivent les conidies qui ne peuvent y germer. Les solutions simples de sulfate de cuivre permettent de n'employer que peu de substance; les frais se réduisent au transport de l'eau et à la main-d'œuvre; à cause de la limpidité du liquide, les opérations sont faciles. Mais tous ces avantages précieux sont communs aux autres procédés. Le sulfate de cuivre, en solution simple, n'adhère que fort mal sur les feuilles; il est facilement lavé et entraîné par les pluies, ou par les vents à la suite de la sécheresse et de l'accroissement des feuilles. Pour obtenir un effet parfait, il faudrait revenir souvent aux traitements. Comme les autres matières possèdent tous les avantages spéciaux aux sels de cuivre et qu'elles sont bien plus adhérentes, on n'a pas hésité à les substituer partout aux solutions simples de sulfate de cuivre.

e. **Bouillie bordelaise.** — La *Bouillie bordelaise* est le procédé de traitement le plus usité aujourd'hui pour combattre le Mildiou et la plupart des Péronosporées qui attaquent les plantes cultivées, contre lesquelles elle a une efficacité aussi grande que contre le *Pl. viticola*. On a cherché, par des modifications diverses, à améliorer la bouillie bordelaise, ou plutôt à corriger certains défauts de détail, peu importants, de ce procédé de traitement. L'efficacité de la bouillie bordelaise a été rarement inférieure à celle des *bouillies bordelaises modifiées* que nous examinerons. D'après les expériences de MM. Millardet et Gayon, qui ont étudié chaque année, avec le plus grand soin, l'action des divers composés cupriques sur le Mildiou, l'effet réel de la bouillie bordelaise a toujours été égal, sinon supérieur, à celui des autres procédés (1). Il est probable qu'elle restera le procédé le plus généralement usité pour combattre le Mildiou; il est cependant incontestable, ainsi que nous le verrons, que d'autres procédés présentent, au point de vue pratique de l'emploi, quelques avantages secondaires.

La bouillie bordelaise est obtenue en versant un lait de chaux dans une solution de sulfate de cuivre. Il se produit une décomposition qui transforme le cuivre en *hydrate d'oxyde de cuivre*, qui agit sur la germination des conidies, quand on a déposé la bouillie sur les organes verts de la vigne. Mais, dit M. Millardet, « l'hydrate d'oxyde de cuivre est généralement regardé comme insoluble. C'est sous la forme de granulations amorphes qu'on l'observe au microscope, lesquelles sont d'abord englobées par la chaux et le sulfate de chaux, et plus tard protégées par une croûte solide et peu soluble de carbonate calcaire. Or, il résulte des recherches de M. Gayon que cet oxyde est dissous lentement mais intégralement par l'eau tenant en solution du carbonate d'ammoniaque à la température de 15° C.; que l'eau chargée en acide carbonique peut en dissoudre 40 milligrammes par litre, à la même température et à la pression extérieure ; enfin, que l'eau pure elle-même dissout des traces de ce même oxyde à la température de 15° C. Les gouttelettes du mélange cupro-calcique disséminées sur les feuilles fonctionnent donc comme de véritables réservoirs d'oxyde de cuivre, lesquels, pendant des semaines et des mois, conservent ce dernier, sous la protection de leur croûte calcaire, et fournissent à l'eau de rosée ou de pluie, plus ou moins chargée de carbonate d'ammoniaque et d'acide carbonique, la minime quantité de cuivre

---

(1) Millardet et Gayon. — Sur l'efficacité de diverses bouillies. (*Journal d'agr. pratique*, 18 février 1892).

nécessaire pour enrayer le développement des conidies que le vent dépose à la surface des feuilles (1). La chaux me semble jouer un triple rôle dans le mélange. Au moment de l'aspersion, elle agit comme un mordant énergique qui fixe la goutte préservatrice sur les feuilles et détermine son adhérence intime. Pendant quelques jours, elle est capable de tuer les conidies et les zoospores par sa causticité. Enfin, lorsqu'elle est transformée en carbonate, elle sert à la préservation de la provision d'oxyde de cuivre. » Ce sont ces qualités d'adhérence et de solubilité successives qui ont fait que les résultats obtenus avec la bouillie bordelaise ont été si concluants.

Formules et préparation de la bouillie bordelaise. — La formule primitivement employée pour la préparation de la bouillie bordelaise était la suivante :

Sulfate de cuivre . . . .   8 kilog.
Chaux vive 15   —
Eau . . . . 130 litres.

Ce qui caractérisait cette première formule, c'était la dose élevée de sulfate de cuivre et surtout la grande proportion de chaux par rapport au sulfate de cuivre. De nombreuses expériences ont démontré qu'il y avait intérêt et avantage à diminuer les doses de chaux par rapport à celles du sulfate de cuivre et à réduire beaucoup aussi les proportions de ce dernier. Nous considérons, avec M. Millardet, — et la pratique de ces dernières années l'a démontré d'une façon indiscutable, — que la meilleure formule, celle qui a donné les résultats les plus parfaits et qui doit être définitivement adoptée, est la suivante :

Sulfate de cuivre . . . .   2 kilog.
Chaux vive   1   —
Eau totale . . . . 100 litres.

---

(1) En outre, ainsi que l'ont démontré des recherches plus récentes de M. Millardet et de divers auteurs, recherches que nous avons vérifiées, tous les procédés cupriques qui renferment le cuivre à un état plus ou moins soluble ont la propriété de fixer en partie le cuivre soluble dans la cuticule de la feuille. Ce cuivre peut ensuite s'opposer à la pénétration des tubes mycéliens que les zoospores auraient pu former en germant accidentellement à la surface des feuilles.

L'on obtient cependant des résultats assez parfaits pour le premier traitement, ou lors des années de faible invasion, avec des doses plus faibles de sulfate de cuivre (1 kilog., 0 k. 750 ou même 0 k. 500 de sulfate de cuivre et 0 k. 500 ou 0 k. 375 ou 0 k. 250 de chaux vive), mais nous sommes d'avis que les quantités de sulfate de cuivre ne doivent jamais être inférieures à 2 kilog.

Pour faire le mélange, on dissout, d'une part, le sulfate de cuivre dans 95 litres d'eau ; on fait éteindre, d'autre part, la chaux en pierres, dans 5 litres d'eau. Ce lait de chaux, assez épais, est rendu bien homogène par malaxation. On le verse peu à peu dans la solution de sulfate de cuivre et on a le soin de remuer le mélange pendant l'opération et quelque temps après. Il se forme une vraie bouillie, d'une belle couleur bleue. Lorsqu'on la laisse au repos, il se produit un dépôt abondant. Chaque fois que l'on vient puiser, on brasse le mélange de façon à le rendre bien homogène. Les solutions et le mélange sont faits dans des récipients que le sulfate de cuivre acide ne puisse attaquer ; le plus simple est de se servir de vieilles comportes, ou de barriques ; on puise avec des instruments en bois, en grès ou en cuivre. Le sulfate de cuivre se dissout assez vite ; si on voulait activer sa dissolution, on chaufferait une certaine quantité d'eau (2 litres environ pour les 2 kilog. de sulfate de cuivre) (1), dans laquelle on mettrait les cristaux, ensuite le complément d'eau froide et le lait de chaux, quand la solution serait refroidie. On doit verser le lait de chaux dans la solution de sulfate de cuivre et ne pas faire l'inverse, car, d'après M. Gayon, sous l'influence de la chaleur produite par l'extinction de la chaux, le précipité d'hydrate d'oxyde de cuivre bleu se transformerait en oxyde noir insoluble non seulement dans l'eau ordinaire, mais aussi dans l'eau de pluie ou de rosée ; il est donc inefficace pour détruire le Mildiou.

---

(1) On peut obtenir la dissolution du sulfate de cuivre par un procédé simple et très usité : on met le sulfate de cuivre dans un sac à tissu peu serré ou mieux dans un panier en osier, que l'on plonge à moitié dans une comporte pleine d'eau ; l'eau qui vient baigner le sulfate de cuivre le dissout très rapidement et facilement jusqu'à une concentration de 25 à 30 %.

Les chaux grasses sont préférables aux chaux maigres et surtout aux chaux hydrauliques qui ne doivent pas être employées. La dose de 1 kilog. de chaux que nous avons indiquée est relative à la chaux vive, à l'état pur. On peut cependant employer de la chaux éteinte, à l'état pâteux ; mais, dans ce cas, les doses de chaux sont différentes. D'après M. Millardet, il faut employer, par rapport à la chaux vive, deux fois plus de chaux délitée et cinq fois plus de chaux éteinte à l'état pâteux.

Le procédé le plus pratique consiste à faire déliter la chaux, à la tamiser avec soin pour enlever les impuretés, et à employer 2 kilog. de cette chaux tamisée.

Emploi de la Bouillie bordelaise. — L'application de la bouillie bordelaise doit se faire par un beau temps calme ; le vent gênerait la pulvérisation par les instruments qui doivent maintenir, dans leur récipient, le mélange bien homogène. On doit chercher à distribuer la bouillie le plus finement possible sur la face supérieure des feuilles. Les taches de bouillie sèchent sur les feuilles environ une heure après leur dépôt, mais elles ne sont bien adhérentes qu'au bout d'un ou de deux jours de beau temps. Il est certain que, lorsque surviennent de fortes pluies successives, les taches de bouillie sont lavées et entraînées en grande partie, sinon totalement. L'application est faite dans de meilleures conditions, lorsqu'il ne pleut pas.

Les quantités de bouillie bordelaise et des autres composés liquides employés par hectare sont de 200 à 600 litres. On peut compter, en moyenne, sur 200 litres pour les premiers traitements et sur 400 à 500 litres pour les autres traitements. Il est évident que ces quantités varient suivant le développement en surface des organes verts, qui dépend de la nature du cépage et de l'époque de végétation. Certains viticulteurs ont appliqué jusqu'à 800 et 1,000 litres pour les derniers traitements.

Epoque et nombre des traitements. — Le *premier traitement préventif* doit toujours être pratiqué, quand bien même les conditions météorologiques seraient défavorables au développement du Mildiou. Il doit être terminé aux époques que nous avons indiquées (10 mai ou 1ᵉʳ juin) ; il est inutile de le faire plus tôt et d'avoir recours à des applications données au moment du débourrement ou à des badigeonnages, par des bouillies concentrées, faits avant le débourrement.

La bouillie bordelaise ne reste pas constamment adhérente sur les feuilles ; son adhérence est même moins grande que celle d'autres composés cupriques. On a cependant observé que les taches de bouillie bordelaise avaient persisté jusqu'à 1 mois et 2 mois. Comme le premier traitement est donné au plus tard dans la deuxième quinzaine de mai ou au commencement de juin, les feuilles nouvellement formées ne sont pas protégées. Les taches de bouillie, sur les feuilles qui ont été traitées, sont enlevées par les fortes pluies, par les vents à la suite de leur dessiccation et sous l'influence de la distension des tissus qui résulte du développement du parenchyme et qui fait éclater les taches de bouillie les plus adhérentes. Il est donc nécessaire de répéter les traitements.

Le *deuxième traitement* a une très grande importance, car il coïncide avec l'époque, — ou il la précède, — à laquelle le Mildiou peut être le plus désastreux. Ce deuxième traitement doit être pratiqué avec le plus grand soin et la bouillie employée abondamment. Quant à l'époque, il est difficile de la fixer d'une façon absolue ; d'après les nombreux essais comparatifs que nous avons suivis pendant ces dernières années, nous conseillons de donner ce deuxième traitement préventif au moment où les fruits sont noués, peu de temps par conséquent après la floraison. Ce deuxième traitement a donc lieu trois semaines, ou un mois au plus tard, après le premier traitement, et quelques jours par suite après le soufrage qui coïncide avec la floraison.

Outre ces deux traitements, il est nécessaire de procéder à une troisième application dans les années ordinaires ; ce *troisième traitement* doit toujours être pratiqué. Lors des années de grande invasion, il sera parfois bon d'avoir recours, outre ces trois traitements normaux, à un ou deux *traitements supplémentaires* à la bouillie bordelaise ; mais, — et les expériences de ces dernières années l'ont bien démontré, — si les trois traitements sont faits aux époques voulues et bien exécutés, il seront toujours suffisants pour lutter sûrement contre les invasions du Mildiou, en les combinant surtout avec un ou deux *traitements complémentaires aux poudres*.

Le *troisième traitement* à la bouillie est pratiqué, suivant les années, un mois et demi environ après le troisième traitement; par exemple du 15 au 20 juillet dans le Midi, et du 10 au 20 août dans le Nord ou le Centre. Les traitements supplémentaires auront lieu entre le premier traitement normal et le deuxième, ou après le troisième; il faut que le dernier traitement ait toujours lieu au moins 20 jours avant la vendange. Quelques viticulteurs ont affirmé, dans ces dernières années, que les trois traitements normaux devraient être faits, dans le Midi surtout, à 15 jours d'intervalle les uns des autres et à partir du 15 mai; ils ont soutenu que ces traitements rapprochés mettaient les vignobles complètement à l'abri de toute invasion du Mildiou. C'est là une erreur démontrée par les faits; ce système ne doit pas être suivi, car il ne met pas à l'abri des invasions tardives qui sont parfois désastreuses.

Les *traitements complémentaires aux poudres*, sur lesquels nous reviendrons en étudiant ces dernières, ont été pratiqués, sur nos indications, depuis 3 ans dans divers vignobles du midi de la France. M. Millardet a insisté tout récemment sur leur importance. Lorsque la végétation est très développée, il est fort difficile d'atteindre les raisins par les bouillies; par les poudres cupriques, on les saupoudre au contraire facilement quand on introduit les tuyaux projecteurs des appareils sous le feuillage épais qui les recouvre et qui maintient en même temps, surtout aux premières heures de la journée, une atmosphère assez saturée pour faciliter la fixation des poudres. Les résultats obtenus par divers viticulteurs, et ceux que nous avons obtenus nous-même en complétant les trois traitements à la bouillie par un ou deux traitements aux poudres, ont été absolument concluants pendant les années de plus grande invasion dans le midi de la France ou dans les régions du Sud-Ouest. Les trois traitements normaux aux liquides cupriques, complétés par un ou deux traitements aux poudres cupriques, sont partout et toujours suffisants pour protéger les vignobles d'une façon complète, mais, — et nous ne saurions trop y insister, — il faut considérer les traitements aux poudres comme des compléments des traitements à la bouillie qu'ils ne doivent jamais remplacer.

Le plus souvent, un seul traitement complémentaire aux poudres sera suffisant; ce traitement doit être donné exactement à l'époque à laquelle on pratiquerait le troisième soufrage contre l'Oïdium, c'est-à-dire quelques jours avant la véraison et, par conséquent, 12 à 15 jours après le troisième traitement à la bouillie. Pendant les années où le Mildiou est intense, un deuxième traitement complémentaire aux poudres, — le premier dans ce cas, — sera utile entre le premier et le deuxième traitement à la bouillie. Quand on ne pratique qu'un seul traitement complémentaire, avant la véraison, on doit le donner aux soufres sulfatés si l'on a à craindre l'Oïdium; on combat ainsi à la fois l'Oïdium et le Mildiou des grains (Brown rot). Si l'on n'a pas à craindre l'Oïdium, on peut employer des poudres cupriques sans soufre (sulfostéatite, poudre Skawinski, etc.); quand on donne deux traitements complémentaires, le premier doit être pratiqué avec des poudres cupriques non soufrées.

Ce que nous venons de dire pour la bouillie bordelaise sur les époques et le nombre de traitements, et sur les traitements complémentaires aux poudres, s'applique exactement aux autres procédés liquides.

Les traitements à la bouillie bordelaise, comme tous les traitements aux sels de cuivre, agissent surtout préventivement, ainsi que nous l'avons vu, par leur application sur les feuilles ou les fruits avant l'arrivée des germes du parasite. Il semble donc que tout essai de lutte directe, en plein développement de la maladie, est condamné *à priori*. Par les traitements faits en pleine invasion, on n'arrive qu'à des résultats très inégaux et toujours très inférieurs. S'il n'y a encore que peu de Mildiou dans un vignoble, on peut empêcher la formation de nouvelles taches et avoir même un succès assez complet; aussi doit-on traiter énergiquement les vignes en partie envahies en renouvelant le traitement deux ou trois fois, à 10 ou 15 jours d'intervalle. Lorsque le Mildiou est très intense dans un vignoble que l'on n'a pas protégé, on doit avoir recours encore à des traitements répétés qui empêcheront le mal de s'étendre, mais ne sauveront aucunement la récolte. Nous insistons encore sur ce point essentiel que les traitements aux sels de cuivre ne produisent une réelle efficacité qu'autant qu'ils sont pratiqués préventivement.

Dans les pépinières de greffes-boutures, qui sont, comme tous les jeunes plants de vignes, très sensibles au Mildiou, il faut avoir recours, surtout si elles sont arrosées, à des traitements énergiques à la bouillie, répétés toutes les trois semaines environ. Enfin, pour les jeunes plantiers de greffes d'un an, il est bon de donner un traitement supplémentaire aux poudres cupriques après l'époque de la vendange pour empêcher une chute anticipée des feuilles sous l'action du Mildiou qui nuirait à l'aoûtement du bois.

f. **Bouillies diverses.** — La bouillie bordelaise ordinaire, à 2 kilog. de sulfate de cuivre, est, au point de vue de son action sur le Mildiou, aussi efficace que tous les divers composés cupriques qui ont été proposés ; mais, ainsi que nous le disions, certains de ces derniers peuvent avoir quelques avantages secondaires. On peut donc avoir intérêt à les employer de préférence ; nous insistons cependant encore sur la certitude que l'on a de combattre victorieusement le Mildiou par les traitements à la bouillie bordelaise ordinaire, donnés préventivement.

Nous ne parlerons que des bouillies diverses qui peuvent être préparées directement à la propriété ; certaines bouillies (bouillies Pons, bouillies au sporivore Lavergne, etc.), à poudres simples ou à composition réservée par leurs auteurs, ont une valeur réelle, mais elles sont généralement moins économiques que les bouillies que chacun peut faire et, en tout cas, leur efficacité n'est pas supérieure.

La bouillie bordelaise présenterait quelques inconvénients pratiques qui ne sont pas aussi importants que ce qu'on le dit parfois. Lorsque les doses de chaux sont trop faibles par rapport au sulfate de cuivre, ce dernier n'est pas entièrement réduit et reste dissous dans le liquide ; quand la bouillie est appliquée sur les feuilles, l'eau s'évapore et le sulfate de cuivre non réduit se concentre et peut être alors une cause de brûlures légères à cause de son acidité.

Cet inconvénient n'est pas réel; avec des chaux grasses, employées à raison de 2 kilog. de chaux délitée et tamisée, tout le cuivre est réduit. D'ailleurs, s'il n'était pas entièrement transformé en oxyde, il serait facile de s'en apercevoir à la teinte légèrement bleuâtre du liquide qui surnage au-dessus du précipité ; une addition de chaux décomposerait la faible quantité de sulfate qui n'aurait pas été primitivement transformée. Nous ne connaissons pas de cas de brûlure produit sous l'action de bouillies bordelaises préparées ainsi que nous l'avons indiqué.

On a considéré aussi que l'hydrate d'oxyde de cuivre de la bouillie bordelaise était trop lentement soluble et que c'était là un inconvénient au moment des grandes invasions du Mildiou ; cet inconvénient n'est pas réel, puisque l'on combat sûrement le Mildiou par la bouillie bordelaise même lorsqu'il est le plus intense.

Mais la bouillie bordelaise présente quelque infériorité, par rapport à d'autres procédés, quant à sa puissance d'adhérence sur les feuilles. Son état pâteux oblige encore à une malaxation constante dans les pulvérisateurs qui s'engorgent cependant bien rarement. L'on avait observé, dans ces dernières années, que, sous l'action de fortes pluies, les taches de bouillies bordelaises étaient d'autant moins persistantes que la proportion relative de chaux était plus grande ; on avait noté, en outre, que l'addition de matières sucrées augmentait l'adhérence et la persistance des taches et que certains procédés, tels que bouillies sodiques, verdet... donnaient des taches plus adhérentes. M. Aimé Girard (1), dans des expériences concluantes, a étudié avec soin la puissance d'adhérence des divers composés cupriques. Il a traité des pommes de terre et, lorsque les taches des divers composés cupriques essayés ont été bien adhérentes, il a, par un dispositif ingénieux, soumis les feuilles traitées à des pluies artificielles d'intensités différentes. Le cuivre déposé préalablement sur les feuilles avait été dosé ; on le dosait après l'expérience. Les pertes pour 100 du cuivre primitivement déposé sur les feuilles de

---

(1) Aimé Girard. — Recherches sur l'adhérence aux feuilles des plantes et notamment de la pomme de terre des composés cupriques destinés à combattre leurs maladies (Comptes rendus de l'Acad. des sciences, février 1892).

pommes de terre par les divers traitements ont été les suivantes, sous l'action de diverses pluies :

	Pluie d'orage de 22 minutes	Pluie forte de 6 heures	Pluie douce de 24 heures
Bouillie cupro-calcaire *ordinaire* (2 kil. chaux pour 2 kil. sulfate de cuivre). . . .	50,9	31,5	13,2
— — *faible en chaux* (1 kil. chaux pour 2 kil. sulfate de cuivre) .	35,3	35,2	16,5
— — *alumineuse* (2 kil. sulfate de cuivre, 3 kil. chaux, 1 kil. sulfate d'alumine).	32,7	24,5	15,9
Bouillie cupro-sodique (2 kil. sulfate de cuivre, 3 kil. cristaux de soude)	19,7	15,9	7,7
Bouillie cupro-calcaire sucrée (2 kil. mélasse et bouillie à 2 kil. sulfate de cuivre et 2 kil. chaux délitée). . .	11,2	nulle	nulle
Bouillie au verdet (verdet, 1 kil. 600).	17,2	17,3	10,2

« Des chiffres qui précèdent, dit M. Aimé Girard, il résulte..... que, parmi ces compositions, celle qui fléchit le plus est la bouillie cupro-calcaire, dite bouillie bordelaise, que la proportion de chaux en augmente un peu la solidité; ..... que la bouillie cupro-sodique, d'une part, la bouillie au verdet, d'une autre, ont une faculté d'adhérence presque double de celle que possèdent les bouillies précédentes, que, par dessus toutes les autres, la bouillie cupro-calcaire sucrée de M. Michel Perret résiste à l'action des pluies avec une force inattendue» (1).

Bouillie sucrée. — M. Michel Perret a imaginé d'ajouter à la bouillie bordelaise ordinaire de la mélasse, dont le prix est peu élevé, pour donner plus d'adhérence et plus de solubilité au composé cuprique. Le sucre se combine au cuivre et forme un *saccharate de cuivre* soluble. La formule de bouillie sucrée la meilleure est la suivante :

Sulfate de cuivre (dissous dans 10 litres d'eau). . . . . 2 kilog.
Chaux délitée et tamisée (délayée dans 10 litres d'eau) 2 —
Mélasse (délayée dans 10 litres d'eau). . . . . 2 litres.
Eau. . . . . 70 —

Le lait de chaux est versé dans le sulfate de cuivre dissous, et la

---

(1) Il est curieux, en effet, que le saccharate de cuivre qui, d'après M. Michel Perret, est plus soluble que l'hydrate d'oxyde de cuivre de la bouillie ordinaire, n'ait été aucunement dissous par une pluie forte de 6 heures ou par une pluie douce de 24 heures.

mélasse délayée est ajoutée au mélange, en brassant fortement ; on complète ensuite la bouillie par l'addition des 70 litres d'eau. Le liquide qui surnage au-dessus du dépôt est légèrement bleu verdâtre, ce qui tient au saccharate de cuivre qui y est dissous. La mélasse donne non seulement plus d'adhérence, mais elle réduit le sulfate de cuivre qui n'aurait pas été transformé par la chaux, ce qui empêche tout accident, peu probable ainsi que nous le disions, de brûlure. Au lieu de la chaux délitée, on peut employer, comme dans la bouillie bourguignonne, des cristaux de soude, à raison de 3 kilog. de cristaux de soude dans la formule précédente. La *Bouillie sucrée* est un des meilleurs procédés de traitement liquide contre le Mildiou.

Bouillie bourguignonne et *Bouillie berrichonne*. — M. Masson et M. G. Patrigeon ont proposé de substituer à la chaux de la bouillie bordelaise les carbonates de soude ou de potasse du commerce, les premiers surtout. En versant les cristaux de carbonate de soude, préalablement dissous, dans une solution de sulfate de cuivre, il se forme du sulfate de soude, de l'*hydrocarbonate de cuivre* qui est un composé de cuivre colloïdal très adhérent aux feuilles. Dans les expériences de M. Aimé Girard, la bouillie cupro-sodique, ou bouillie bourguignonne, ou bouillie à l'hydrocarbonate de cuivre, s'est montrée une des plus adhérentes, fait que l'on avait constaté dans les vignobles. La bouillie bourguignonne peut renfermer du sulfate de cuivre à l'état libre si la quantité de cristaux de soude n'est pas suffisante, comme la bouillie bordelaise à dose trop faible de chaux.

La bouillie bourguignonne n'encrasse pas et n'obstrue pas autant les appareils que la bouillie bordelaise, mais elle ne s'est pas montrée supérieure, dans ses effets, à cette dernière. L'addition de mélasse, d'après M. Michel Perret, augmente son adhérence. La meilleure formule de bouillie cupro-sodique est la suivante :

Sulfate de cuivre (dissous dans 10 litres d'eau)...... 2 kilog.
Cristaux de carbonate de soude (dissous dans 10 litres d'eau)................................. 3 —
Eau..................................... 80 litres.

On fait dissoudre d'abord le sulfate de cuivre dans de l'eau chaude si possible, et on verse dans cette solution les cristaux de soude dissous ; on complète la liqueur en ajoutant l'eau.

g. **Eau céleste.** — M. Audoynaud, professeur à l'Ecole nationale d'agriculture de Montpellier, a proposé l'eau céleste, pour la première fois, en 1886.

« Quand on verse, dit M. Audoynaud, de l'ammoniaque sur du sulfate de cuivre, il se forme du sulfate d'ammoniaque et de l'oxyde de cuivre hydraté ; si l'ammoniaque est en léger excès, ce précipité d'oxyde se redissout et on a une belle liqueur bleue, c'est l'eau céleste des pharmaciens. Si quelques gouttes de ce liquide sont étalées sur du papier, l'ammoniaque en excès disparaît très vite et il reste l'oxyde de cuivre hydraté. La feuille de papier peut être lavée à grande eau, l'oxyde reste adhérent ; après dessiccation, une goutte de prussiate jaune permet d'en constater la présence. On pourrait croire que sur une surface moins poreuse que le papier l'adhérence ne peut exister. Il n'en est rien ; la plupart des oxydes hydratés qu'on obtient par précipitation par l'ammoniaque sont sous un de ces états moléculaires qu'on désigne sous le nom de colloïdes ; ils collent, ils adhèrent aux surfaces les plus unies. »

Le sulfate d'ammoniaque qui se forme offre quelques inconvénient qui sont la cause principale de l'abandon successif de ce procédé de traitement qui est cependant un des plus efficaces contre le Mildiou et qui, à cause de la pureté du liquide, n'offre jamais l'inconvénient d'engorger les appareils. Les taches d'eau céleste, qui sont très adhérentes quelques heures après leur dépôt sur les feuilles, présentent aussi, au point de vue de la surveillance de l'exécution du travail, l'inconvénient de ne pas être très visibles. Lorsque les taches se dessèchent, le sulfate d'ammoniaque libre se concentre et il est la cause de brûlures, qui, avec les doses auxquelles l'on est obligé de préparer l'eau céleste pour obtenir, en toutes circonstances, un résultat parfait et constant contre le Mildiou, sont fréquentes, surtout lors des premiers traitements. L'eau céleste peut cependant être employée sans aucune crainte de brûlure, surtout au troisième traitement. Son adhérence est aussi grande et aussi persistante que celle des meilleurs composés cupriques. La meilleure formule est la suivante :

Sulfate de cuivre (dissous dans 10 litres d'eau) . 1 kilogr.
Ammoniaque du commerce (à 22° Baumé) . . . 1 litre 500
Eau . . . . 90 litres

L'ammoniaque est versée dans la solution froide de sulfate de cuivre. La liqueur doit être préparée un ou deux jours à l'avance et laissée à l'air libre pour que l'excès d'ammoniaque s'évapore. L'eau céleste présente donc des inconvénients de brûlure et n'est pas supérieure comme action aux bouillies que nous avons étudiées; son effet est cependant aussi grand.

h. **Ammoniure de cuivre.** — M. Bellot des Minières proposa, en 1885, le *réactif de Schweizer*, ou *ammoniure de cuivre*, en solution diluée dans l'eau. On l'obtient en versant à l'air de l'ammoniaque sur la tournure de cuivre ou de l'ammoniaque sur l'oxyde de cuivre (oxyde cuprammonique). Il se forme une liqueur d'un beau bleu et divers composés, parmi lesquels surtout de l'azotite et de l'azotate de cuivre. Déposée sur les feuilles, cette liqueur laisse un dépôt aussi adhérent que celui de l'eau céleste et d'aspect comparable, mais de nature différente. Les solutions employées par M. Bellot des Minières varient comme titre de 1 à 3 % de la liqueur par 100 litres d'eau. Les résultats obtenus à Haut-Bailly sont très remarquables. Le procédé de traitement à l'ammoniure de cuivre est certainement efficace ; mais les prix de revient sont bien supérieurs à ceux de tous les autres procédés qu'il ne peut aucunement remplacer et auxquels il n'est pas supérieur. La préparation de l'ammoniure est délicate et la liqueur obtenue est rarement de composition constante.

i. **Verdet gris.** — M. Bencker a proposé, en 1886, l'emploi du *Verdet gris* en solution simple dans l'eau pour combattre le Mildiou. Nous avons, un des premiers, indiqué, en 1887, les bons effets du Verdet. Les nombreuses expériences comparatives de ces dernières années ont démontré nettement et d'une façon indiscutable que les solutions de Verdet gris constituaient un des procédés les plus parfaits de traitement contre le Mildiou. Les observations de beaucoup de viticulteurs avaient indiqué les qualités remarquables d'adhérence du Verdet gris, qualités qui ont été démontrées scientifiquement par M. A. Girard. La préparation du procédé au Verdet est excessivement simple, puisqu'il suffit de le faire dissoudre dans l'eau. On n'a jamais à craindre de brûlure avec le verdet. Comme la solution est claire et sans précipité réel, les instruments ne sont jamais engorgés et il n'est pas besoin qu'ils soient pourvus de malaxeurs dans leurs récipients. A la condition que les prix du Verdet gris se maintiennent toujours bas, nous considérons que les solutions de Verdet constituent un des procédés les plus parfaits de traitement contre le Mildiou.

Les doses de *Verdet gris* à employer sont de 2 kilogr. pour 100 litres d'eau. Il faut laisser macérer les 2 kilogr. de Verdet gris pendant deux ou trois jours dans 10 litres d'eau, que l'on étendra ensuite en ajoutant 90 litres d'eau, au moment de l'emploi, et en agitant le liquide.

Le *Verdet gris* (1) est un acétate bibasique de cuivre ; il diffère de l'acétate neutre ou *Verdet cristallisé*, dont l'action sur le Mildiou est inférieure, d'après M. Bencker. Le Verdet gris n'est pas cristallisé, comme l'acétate neutre ; il est amorphe, d'une couleur bleu grisâtre ; on le trouve dans le commerce sous forme de grains agglomérés en boules ou en pains. Quand on le met dans une petite quantité d'eau, il se gonfle et forme une pâte visqueuse, qui, étendue faiblement d'eau, devient colloïdale. En solution étendue et «quand on laisse au Verdet gris le temps de se bien gonfler, on voit la matière se diviser en deux parties : l'une qui est soluble et colore la dissolution en bleu (acétate de cuivre) ; l'autre qui est à peu près insoluble (oxyde de cuivre) et qui reste solide en flocons légers, nageant au sein de la dissolution et se déposant à la longue, mais la plus légère agitation suffit pour la remettre en suspension» (2).

j. **Poudres cupriques.** — Il est certain que si les poudres

---

(1-2) Voir, pour les détails et la préparation industrielle du verdet gris : G. Bencker. Traitement du Mildew (Montpellier 1890).

à base de sulfate de cuivre donnaient partout les mêmes résultats contre le Mildiou que les procédés liquides, on devrait les employer de préférence, car elles auraient des avantages incontestables. Le soufre rentrant dans leur composition, elles permettraient de combattre en même temps l'Oïdium, sans augmentation des frais d'application. Comme la quantité de sulfate de cuivre peut être réduite, on déposerait peu de cuivre sur les vignes : 100 ou 150 kilog. de poudres suffisent pour traiter un hectare 3 ou 4 fois, ce qui ferait au plus 10 ou 15 kilog. de sulfate de cuivre, et il est bien plus facile de les répandre que les liquides. Les poudres occasionneraient encore moins de frais que les liquides, car les quantités d'eau à transporter sont toujours assez élevées.

Nous avons, à plusieurs reprises, insisté sur ce point essentiel que le cuivre doit se trouver adhérent sur les feuilles, de façon à ce que les gouttelettes de rosée puissent le dissoudre chaque fois qu'elles se forment. Les poudres, même les plus parfaites, ne restent que fort peu de temps sur le feuillage ; au bout de quelques jours, dans les climats secs, elles disparaissent. Si les feuilles étaient mouillées au moment où on les épand, elles pourraient être fixées après évaporation de la rosée. On objectera peut-être que puisqu'il faut de l'eau pour la germination des spores du Mildiou, cette eau agira en même temps pour fixer les poudres. Mais le dépôt de celles-ci doit être antérieur à l'arrivée des germes qui pourrait coïncider avec la première rosée, surtout dans les contrées méridionales. Les poudres, appliquées à la fois contre le Mildiou et contre l'Oïdium, auraient moins d'action sur celui-ci par un temps de rosée que par un temps sec. C'est au fait de l'adhérence inégale des poudres que sont dus les effets irréguliers et les échecs nombreux obtenus non seulement dans les régions méridionales, mais aussi dans le centre de la France et même en Bourgogne. Elles ont cependant donné des résultats dans certains milieux.

En somme, ainsi que nous l'avons déjà dit, les poudres cupriques ne doivent pas former la base des traitements, mais en être seulement un complément secondaire pour atteindre les fruits lorsque le feuillage est très épais. On doit les appliquer concurremment avec les procédés liquides, en une ou deux fois, suivant les années,

P. Viala. *Les Maladies de la Vigne*, 3ᵐᵉ édition.

avant et après le troisième traitement normal aux procédés liquides. L'épandage des poudres doit être fait aux premières heures de la journée, avant le lever du soleil, par un temps calme et autant que possible par une atmosphère humide, pour qu'elles adhèrent bien aux organes de la vigne sur lesquels on les dépose.

Les poudres cupriques qui ont donné les meilleurs résultats sont surtout la *sulfosléatite* (1) de M. de Chefdebien, et les *poudres Skawinski*; les *soufres sulfatés* à 10 °/₀ de sulfate de cuivre produisent aussi de bons effets.

k. Les sels de cuivre, la vinification et l'hygiène.

Il était à prévoir que les sels de cuivre n'auraient, à cause de leur faible proportion, aucune mauvaise influence sur la marche de la fermentation, ni sur la qualité spécifique des vins. Des objections et des craintes, basées surtout sur la réputation qu'ont eue les sels de cuivre, jusqu'à ces dernières années, comme agents toxiques d'une nocuité extrême, ont été émises au début de leur emploi. Plusieurs observateurs, parmi lesquels MM. Millardet et Gayon, ont recherché la proportion de cuivre qui pouvait exister dans les vins de vignes traitées.

Il reste bien peu de cuivre, au moment des vendanges, sur les organes des vignes traitées dans le courant de la végétation. Les analyses suivantes, de MM. Millardet et Gayon, faites dans la première quinzaine d'octobre sur des vignes traitées à la bouillie bordelaise, en donnent la preuve:

1° *Feuilles non desséchées*

Nom des cépages	Poids total	Poids des cendres	Cuivre contenu dans les cendres	Cuivre par kilogramme de feuilles
Cabernet franc	640 gr.	17 gr. 02	12 milligr. 3	19 milligr. 6
— Sauvignon	290	13 96	20 — 2	69 — 5
Malbec	680	20 82	65 — 0	95 — 9
Petit-Verdot	630	18 20	15 — 7	24 —

(1) Voir: Millardet et Gayon, Nouvelles observations sur l'efficacité de diverses bouillies dans le traitement du Mildiou: Sulfosléatite (*Journal d'agr. pratique*, 18 février 1892).

2° *Sarments et souche*

Nom des cépages	Poids total	Poids des cendres	Cuivre contenu dans les cendres	Cuivre par kilogramme de feuilles
Cabernet-Sauvignon	1677 gr.	35 gr. 52	16 milligr. 8	10 milligr. 0

3° *Rafles (grappes)*

Cabernet franc	1835 gr.	34 gr. 52	27 milligr. 6	15 milligr. 0
— Sauvignon	102	2 53	1 — 9	18 — 6

4° *Moûts*

Nom des cépages	Volume du moût	Cuivre par litre
Cabernet franc	723 centim. c.	1 milligr. 4
— Sauvignon	802 —	1 — 2
Malbec	777 —	1 — 0
Petit-Verdot	652 —	2 — 2

M. Ravizza a trouvé de même des quantités très minimes de cuivre :

Feuilles

Quantité de cuivre par kil. de feuilles

1° Échantillon récolté le 5 septembre, qui avait été traité par du sulfate de cuivre en poudre, à raison de 5 %, dans une substance inerte. . . . . . 0 gr. 03925

2° Échantillon récolté le 12 septembre, les feuilles avaient été traitées le 21 mai avec une solution ammoniacale de sulfate de cuivre à 2 %. . . . 0   01897

3° Échantillon dont les feuilles avaient été traitées avec une solution ammoniacale de sulfate de cuivre à 16 %. 0   81400

4° Échantillon traité deux fois par la bouillie bordelaise. 0   07125

5° Échantillon traité quatre fois avec la bouillie bordelaise. 0   46931

Grappes (traitées par des poudres)

Quantité de cuivre par kil. de grappes

Grappes de Barbera. . . . . 0 gr. 00775
— de Cellerina. 0   00750

Dans des recherches, poursuivies avec MM. Rabault et Zaccharewicz, nous avons trouvé sur des feuilles de Jacquez, cueillies fin octobre :

1° Feuilles traitées à l'eau céleste les 15 mai, 1er juin, 20 juin :
Sulfate de cuivre par kil. de feuilles. . . . . 0 gr. 006
ou 120 gr. par hectare, à raison de 20,000 kil. de feuilles à l'hectare ;

2° Feuilles traitées à la bouillie bordelaise les 15 mai, 1er juin, 20 juin :
Sulfate de cuivre par kil. de feuilles. . . . . 0 gr. 0107
soit par hectare : 215 gr. 210.

Si on compare ces faibles proportions à celles qui ont été déposées lors des traitements, on voit que la plus grande partie des sels de cuivre a été entraînée.

Les quantités de cuivre existant sur les grappes et renfermées dans les moûts sont très faibles; aussi, rien d'étonnant qu'elles soient insignifiantes dans les vins, après fermentation, non seulement dans les premiers vins, mais même dans les piquettes et les seconds vins. Il suffit, pour s'en convaincre, de consulter les chiffres suivants parmi beaucoup d'autres de même nature :

ANALYSES DE MM. MILLARDET ET GAYON

Cépages	Traitements	Nature du produit analysé	Proportion de cuivre en milligr. pour 1 litre ou pour 1 kilo.
Chasselas.	Bouillie bordelaise, traitements très répétés.	Vin . . . . Piquette non aigre. . . . . Piquette aigre . . . . . . Marcs (par kil.).	moins de 0,01 — 0,01 — 0,0 — 4,81
Sémillon blanc.	Bouillie bordelaise, 1 seul traitement .	Vin . . . . Piquette. . . . . Marcs (par kil.).	— 0,1 — 0,01 — 5,0
Enrageat blanc.	Bouillie bordelaise, 1 seul traitement .	Vin. . . . . Piquette. . . . . Marcs (par kil.).	— 0,01 — 0,10 — 8,0
Cépages blancs divers.	Bouillie bordelaise, 1 traitement, pas de soufrage. . . .	Vin de goutte encore trouble. . . . . Piquette. . .	— 1,0 — 0,05
Cépages rouges variés.	Bouillie bordelaise, 2 traitements. . .	Vin . . . . Piquette.	— 0,01 — 0,01
Cépages rouges variés.	Bouillie bordelaise, plusieurs traitem^{ts}.	Vin. . . . . Vin de sucre . . . . Marcs (par kil.).	— 0,3 — 0,3 — 5,4
Cépages rouges variés.	?	Vin fin. . . . . Vin de presse . . . . . . Vin de presse filtré . . . . Lie du même vin.	— 0,01 — 0,1 — 1,7 — 1,6
Cépages rouges variés.	1 traitement à la bouillie, 1 traitement à l'eau céleste	Premier vin . . . . Vin de sucre.	— 0,1 — 0,01
Cépages rouges.	?	Piquette.	— 0,1

ANALYSES DE M. RAVIZZA

Vin N° 1, cuivre par litre	aucune trace
Vin N° 2, — —	—
Vin N° 3, — —	—
Vin N° 4, — —	0 gr. 00091
Vin de Barbera filtré, cuivre par litre	0 gr. 00038
Vin de Cellerina filtré, — —	0 gr. 00042
Vin de Cellerina clarifié, — —	aucune trace

Analyses de MM. Crolas et Raulin

Traitement	Nature du produit analysé	Cuivre en milligr. par kilog. ou par litre
1 kil. de sulfate de cuivre dans 400 litres d'eau.	Vin	0,23
	Piquette	0
	Marc	11
	Lie	49
Eau céleste (1 kil. sulfate de cuivre et 1 kil. ammoniaque dans 400 litres d'eau)	Vin	0,25
	Piquette	0,14
	Marc	12,8
	Lie	81
Bouillie bordelaise (6 kil. sulfate de cuivre et 15 kil. de chaux dans 100 litres d'eau)	Vin	0
	Piquette	0,1
	Marc	10,4
	Lie	92
Sulfate de cuivre en solution	Vin	0,2
	Piquette	0
	Marc	5,8
	Lie	71
Bouillie bordelaise	Vin	0,36
	Piquette	0
	Marc	8,6
	Lie	130

Beaucoup d'autres analyses ont été faites par M. Müntz, M. Carles, par l'École d'agriculture de Montpellier, etc., etc., et on a toujours trouvé moins de un demi-milligramme de cuivre par litre dans les vins non clarifiés.

Lorsque les lies sont déposées et que les soutirages ont eu lieu, l'analyse ne révèle que des traces de cuivre, les quantités infinitésimales qui restaient sont entraînées avec les lies.

Les quantités minimes de cuivre qui pourraient, dans quelques cas, se trouver dans les vins, ne peuvent avoir aucune influence nuisible au point de vue hygiénique : l'action directe sur l'organisme, ou l'action *intoxicante* par faibles doses répétées, ne sont aucunement à craindre. En outre on est bien revenu aujourd'hui des idées anciennes sur la nocuité des sels de cuivre.

Les sels de cuivre, qui se trouvent sur les grappes au moment de la mise en cuve, étant éliminés pendant la fermentation, doivent se retrouver dans les marcs. On a vu, en effet, par le tableau des analyses de MM. Millardet et Gayon, et de MM. Crolas et Raulin, que les lies et les marcs des vignes traitées à la bouillie bordelaise contenaient une certaine proportion de cuivre. M. Ravizza a trouvé 0 gr. 00582 de cuivre dans le marc de Barbera qui correspond à 1 litre de vin, et 0 gr. 00621 dans du marc de Cellerina.

On s'est demandé s'il n'y aurait pas inconvénient à nourrir les moutons avec ces marcs, comme cela se pratique si souvent, surtout dans le midi de la France. On savait déjà que les marcs qui ont servi à la fabrication des verdets, et qui renferment d'assez notables proportions de cuivre, n'avaient jamais causé aucun accident. M. Ravizza (1) et M. Macagno (2) avaient analysé des marcs distillés dans des récipients en cuivre; ils renfermaient par kilog. 0 gr. 890 et 0 gr. 297; ces marcs avaient été donnés à des moutons, sans qu'on constatât aucun effet fâcheux.

Les vignes traitées, aux divers procédés, par les sels de cuivre, ont été pâturées par les moutons en divers vignobles, sans qu'aucun effet fâcheux ait été signalé. Nous avons entrepris d'ailleurs sur cette question, avec MM. Rabault et Zacharewicz, des expériences concluantes. Des moutons ont été nourris, exclusivement à plusieurs reprises et dans certains essais pendant trois semaines, soit avec du foin imprégné d'une solution de sulfate de cuivre à 1 % et 3 %, soit avec des feuilles fraîchement aspergées de bouillie bordelaise; ils ont supporté ces fortes doses de cuivre sans périr. A l'analyse on n'a retrouvé aucune trace de cuivre dans les muscles; il avait été éliminé par les excréments; il s'en trouvait aussi une certaine proportion dans le foie. Or, les doses de cuivre qui sont sur les feuilles normalement traitées sont relativement faibles, ainsi que nous l'avons vu; on peut donc les faire pâturer sans crainte et sans inconvénient par le bétail.

---

(1) *Rivista di viticoltura e enologia italiana*, 31 octobre 1882, N° 20.
(2) *Studi sulla utilizzazionne dei residui della vinificazione.*

BIBLIOGRAPHIE

1° BIOLOGIE

Baillon. — Société linnéenne de Paris (1889).
Bary (De). — Développement de quelques champignons parasites. (Ann. Sc. nat., série 4, t. XX, 1863.)
Berkeley. — Notices of north american fungi. (Grevillea, 1875, p. 109.)
Berlese et de Toni. — (*In* Saccardo; Sylloge fungorum, vol. VII, 1888, p. 239.)
Buchanan (B.). — *In* The culture of the grape and wine making. (Cincinnati, 1865.)
Bush and Son and Meissner. — *In* Illustrated descriptive catalogue of american grape vines. (Saint-Louis, Missouri, 1885.)
Catta et Langlois. — Travaux de laboratoire. (Alger, 1889.)
Cavara (F.). — *In* Intorno al dessicamento dei grappoli della vite. (Milano, 1888.)
Cornu (Max.). — Le Peronospora des vignes. (Paris, 1885.)
Cuboni (G.). — La Peronospora dei grappoli. (Varese, 1887.)
Cuboni. — Le mycélium du Peronospora dans les bourgeons de la vigne. (1891, traduit par Picaud.)
Engelmann. — Journal of proceed. Trans. of the Acad. of Sc. (St-Louis, Missouri, 1861.)
— The Mildew and the Black-Rot. (Bushberg Catalogue, 1885.)
Farlow (W.-G.). — On the american grape-vine Mildew. (Bull. of the Bussey Institution, 1876.)
Frank (D' B.). — Die Krankheiten der Pflanzen. (1881, t. II, p. 407.)
Fréchou. — *In* Comptes rendus, Académie des Sciences. (1885, p. 396.)
Fuller (A.). — *In* The grape culturist. (New-York, 1867.)
Gennadius. — Sur les dégâts causés en Grèce par l'Anthracnose et le Peronospora viticola. (Comptes rendus, Académie des Sciences, 18 juillet 1881.)
Goethe (R.). — Der falsche Mehlthau der Reben. (*In* Weinbau 1880, N° 11.)
Husmann (G.). — *In* The cultivation of the native grape. (New-York, 1886.)
Lespiault (Maurice). — *In* Les vignes américaines dans le sud-ouest de la France, 1881.
Magnus (P.). — Die neue Krankheit des Weinstockes, der falsche Mehlthau oder Mildew der amerikaner. (1883, Berlin.)
Mangin (L.). — Sur la désarticulation des conidies chez les Péronosporées. (Bull. Soc. botanique de France, t. XXXVIII, 1891.)
Millardet. — Mildiou et Rot. (Zeitschrift für Wein Obst und Gartenbau für Elsasz-Lothringen, mars 1882.)
— Divers *in* Journal d'agriculture pratique, 1884-1890.
Morgenthaler (J.). — Der falsche Mehlthau, sein Wesen und seine Bekämpfung. (Zürich, 1892.)
Pichi (P.). — Sulla infezione peronosporica delle foglie della vite. (Conegliano, 1890.)
Pirotta. — I funghi parassiti dei vitigni. (Milano, 1877.)
— *In* Comptes rendus, Académie des Sciences, octobre 1879.
— Sulla comparsa del Mildew o falso oïdio degli americani nei vigneti italiani. (Boll. dell' agricoltura, 1879.)
Planchon (J.-E.). — Le Mildew ou faux Oïdium américain dans les vignobles de France. (Comptes rendus, Académie des Sciences, 1879, p. 600.)
— Articles divers *in* Vigne américaine, 1879-1883.

Prillieux (E.). — Le Peronospora de la vigne, Mildew des Américains, dans le Vendômois et la Touraine. (Ann. Inst. nat. ag., Paris, 1881.)
— Le Mildiou, maladie de la vigne produite par le Peronospora viticola. (Ann. Inst. ag., Paris, 1882.).
— Sur la germination des oospores du Peronospora de la vigne. (Bulletin de la Société botanique de France, 1882, p. 228.)
— Etude sur les dommages causés aux vignes par le Peronospora viticola, en France, pendant l'année 1882. (Ann. Inst. nat. agron., 1883.)

Rathay (Emerich). — Die Peronospora-Krankheit der Weinrebe und ihre Bekämpfung. (Klosterneuburg, 1887.)

Rivière (Ch.). — Peronospora en Algérie. (Messager agricole, 1881.)

Roig y Torres. — El Mildiu, fases de la enfermedad, tratamiento. (Barcelona, 1883.)

Roumeguère. — La question du Peronospora de la vigne. (Revue mycologique, 1882.)

Santo-Garovaglio. — La Peronospora viticola ed il laboratorio crittogamico di Pavia (1880).

Schroeter. — Kryptogamen-Flora von Schlesien. Pilze. (Breslau, 1886, p. 236.)

Sorauer. — Mehlthauschimmel (falsche Mehlthau) des Weinstockes. (In Pflanzenkrankheiten, t. II, p. 158, 1886.)

Strong (J.). — In Culture of the grape. (Boston, 1867.)

Targioni-Tozzetti (A.). — Malattie delle viti. (1883-1885.)

Treelease. — The grape Rot. (Saint-Louis, 1885.)

Von Thümen. — Die Pilze des Weinstockes. (1878, p. 166.)
— Ueber den Mehlthau der Weinreben. (Klosterneuburg, 1881.)
— Die Einwanderung und Verbreitung der Peronospora viticola in OEsterreich. (Klosterneuburg, 1885.)
— Die Peronospora viticola (de By), ihre Naturgeschichte und ihre Bekämpfung. (Klosterneuburg, 1887.)

Viala (P.). — Etude botanique sur le Peronospora viticola. (Vigne américaine, 1883.)
— Note sur l'Anthracnose, le Mildiou et le Pourridié. (Messager agricole, 1883.)
— Oïdium, Mildiou, Erineum. (Progrès agricole, 1884.)
— Une Mission viticole en Amérique. (Montpellier, 1889, pp. 261-269.)

Viala (P.) et Foëx (G.). — Le Mildiou ou Peronospora de la vigne. (Montpellier, 1884.)

Viala (P.) et Ravaz (L.). — In Le Black-Rot, mémoire sur une nouvelle maladie de la vigne. (Montpellier, 2ᵉ édition, 1887.)

2° TRAITEMENTS

Audoynaud (A.). — Le Mildiou et les composés cupriques. (Progrès agricole des 28 mars, 18 avril, 30 mai 1886 et 1887-1890.)

Bellot des Minières. — Ammoniure de cuivre et parasites de la vigne.
— Divers in Progrès agricole et Chronique vinicole, 1885 et 1886.

Bencker (G.). — Traitement du Mildiou. (Montpellier, 1890.)

Bidault. — In Journal de l'Agriculture du 27 septembre 1884.

Bouchard (A.). — Divers in Vigne américaine (1885 et 1886).

Briosi (G.). — Esperienze per combatterre la peronospora della vite. (Milano, 1888.)

Caruso (G.). — Esperienze per combattere la peronospora della viti. (Firenze, 1890.)

Cavazza (D.). — La lotta contro la Peronospora. (Alba, 1888.)

Cerletti. — La Peronospora debellata dall' idrato di calce. (Revista di viticoltura ed enologia italiana, 1885.)

Champin (A.). — Une tournée viticole dans le Médoc et un remède contre le Peronospora. (Progrès agricole, octobre et novembre 1886.)

Chatry de la Fosse. — *In* Annales de la Société d'agriculture de la Gironde (3 décembre 1884).

Chauzit (B.) — Résultats obtenus dans le département du Gard, en 1886, pour la destruction du Peronospora viticola. (Progrès agricole, 14 novembre 1886.)

— Traitements du Mildiou. (Divers *in* Le Viticulteur, 1889-1892.)

Comboni. — L'idrato di calce ne suoi rapporti colla pratica della vinificazione e colla chimica del vino. (Rivista di viticoltura, 1886.)

Comes (O.) e Depérais (C.). — Primo resultato ottenuto dall' uso del Cloruro di alluminio e proposta di nuovi rimedii contro la Peronospora della vite. (1889, Portici.)

Corsi (A.) — La difesa contro la Peronospora viticola. (Sesto Florentino, 1886.)

Couderc (G.). — Notice sur le traitement du Mildiou et des rots de la vigne. (Aubenas, 1889.)

Crolas et Raulin. — Traitement de la Vigne par les sels de cuivre contre le Mildiou. (Comptes rendus de l'Académie des Sciences, 29 novembre 1886.)

Cuboni (G.). — Gli effetti dell' idrato di calce nella uva delle viti contro la Peronospora (1885.)

Déherain. — Sur les traitements du Mildiou par la chaux. (Annales agronomiques, 1885.)

Estève (P.). — La sulfatine contre le Mildiou. (Progrès agricole, 14 décembre 1884.)

Fitz-James (Mme de). — Action de la chaux sur les vignes atteintes du Mildiou. (Comptes rendus de l'Académie des Sciences, 23 novembre 1885.)

Girard (Aimé). — Recherches sur l'adhérence aux feuilles des plantes et notamment de la pomme de terre des composés cupriques destinés à combattre leurs maladies. (Comptes rendus de l'Académie des Sciences, février 1892.)

Hugues (Carlo). — La Peronospora viticola. Rimedi ed apparecchi. (Parenzo, 1886.)

— Prove comparative di remedi contro la Peronospora viticola. (Parenzo, 1887.)

Jouet (D.). — Traitement du Mildiou. (Divers *in* Progrès agricole, 1885 et 1886, et Ann Inst. nat. agron., t. IX, 1884, 1886)

Laffite (Prosper de). — *In* Comptes rendus de l'Académie des Sciences, 3 novembre 1884.

— Action du sulfate de cuivre sur le Mildiou. (Journal d'agriculture pratique, 1er octobre 1885.)

Mach (E.). — Bericht über die Ergebnisse der im Jahre 1886 ausgeführten Versuche zur Bekämpfung der Peronospora (1887, S. Michele).

Magnien (L.). — Rapports sur les moyens de combattre le Mildew (1885, 1886).

Malègue (V.). — Notes sur le Mildew. (Journal de l'agriculture, juin 1885.)

Marès (H.). — Sur diverses maladies cryptogamiques régnantes de la vigne. (Comptes rendus de l'Académie des Sciences, février 1885, p. 424.)

Margottet (J.). — Notice sur le Mildiou. (Bulletin du Comité d'études et de vigilance contre le Phylloxera, Dijon, 1888.)

Masson (G.). — Un nouveau procédé bourguignon contre le Mildew. (Vigne américaine, 1887.)

— Le Mildew et ses traitements. (Beaune, Devin, 1887.)

— Traitements mixtes au sulfure et à l'hydrocarbonate de cuivre. (Journal de l'agriculture, 1889.)

— Sur la décomposition des bouillies bourguignonnes et autres liqueurs cupriques (1890).

Millardet (A.). — *In* Annales de la Société d'agriculture de la Gironde (1er avril 1885).

— Traitement du Mildiou et du Rot. (Journal d'agriculture pratique, 8 octobre 1885.)

— Sur l'histoire du traitement du Mildiou par le sulfate de cuivre. (Journal d'agriculture pratique, 3 décembre 1885.)

Millardet (A). — Traitement du Mildiou et du Rot par le mélange de chaux et de sulfate de cuivre. (Bordeaux, Féret, 1886.)
— Observations nouvelles sur le développement et le traitement du Mildiou. (Journal d'agriculture pratique, 4 novembre 1886.)
— Nouvelles recherches sur le développement et le traitement du Mildiou et de l'Anthracnose (1887).

Millardet et Gayon — Effets du Mildiou sur la vigne. Influence d'un traitement efficace. (Journal d'agriculture pratique, 29 octobre 1885.)
— De l'action qu'exerce le mélange de chaux et de sulfate de cuivre sur le Mildew. (Journal d'agriculture pratique, 12 novembre 1885.)
— Recherche du cuivre sur les vignes traitées par le mélange de chaux et de sulfate de cuivre et dans la récolte. (Journal d'agriculture pratique, 19 novembre 1885.)
— L'hydrogène sulfuré dans le vin et le cuivre dans les piquettes. (Journal d'agriculture pratique, 1886. N° 42.)
— Le cuivre dans les seconds vins et les piquettes. (Journal d'agriculture pratique, 1886, N° 43.)
— Recherches nouvelles sur l'action que les préparations cuivreuses exercent sur le Peronospora de la vigne. (Journal d'agriculture pratique, 3 février 1887.)
— Considérations raisonnées sur les divers procédés de traitement contre le Mildiou par les composés cuivreux. (Journal d'agriculture pratique, 19 mai 1887. p. 703.)
— Les nouvelles formules de la bouillie bordelaise (1888).
— Nouvelles observations sur l'efficacité de diverses bouillies dans le traitement du Mildiou : Sulfostéatite. (Journal d'agriculture pratique, 18 février 1892.)

Nabias (Dr B.). — Peronospora de la vigne et sulfostéatite cuprique. (Bordeaux, 1887.)
Mirret y Terrada (Juan). — La lucha contra el Mildew. (Tarragona, 1887.)
Müntz. — Traitement du Mildiou par le sulfate de cuivre. (Comptes rendus de l'Académie des Sciences, 2 novembre 1885.)
Patrigeon. — Traitement du Mildiou. (Journal d'agriculture pratique, novembre 1886.)
Patrigeon (Dr G.). — Trois procédés de traitement contre le Mildiou. (Journal d'agriculture pratique, 1888.)
Perret (Michel). — Divers in Vigne américaine et Journal d'agriculture pratique (1885-1891).
Perrey (A.). — Destruction du Mildew par le sulfate de cuivre. (Comptes rendus de l'Académie des Sciences, 29 septembre 1884.)
— Sur la destruction du Mildew par le sulfate de cuivre. (Comptes rendus de l'Académie des Sciences, 5 octobre 1885.)
Petit (E.). — De l'influence des sulfatages sur la maturité et la pourriture dans le pays de Sauternes. (Vigne américaine, 1891.)
Pichi (P.). — Sopra l'azione dei sali di rame nel mosto di uva sul Saccharomyces ellipsoïdeus. (Conegliano, 1891.)
Pollacci (E.). — Peronospora ed idrato di calce (1886).
Prillieux. — Rapport au Ministre de l'agriculture sur le traitement du Mildiou dans le Médoc (22 octobre 1885).
Quantin (H.). — Sur la réduction du sulfate de cuivre pendant la fermentation du vin. (Comptes rendus de l'Académie des Sciences, 8 novembre 1886.)
Ravizza (P.). — Il solfato di rame nell' enotecnia. (Giornale vinicolo italiano, 1886.)
Ricaud (J.). — Divers in Vigne américaine (1885-1886).
Ricaud, Paulin, Montoy. — In Journal de Beaune des 20 et 23 septembre 1884.
Rocco (G.). — La lotta contro la Peronospora viticola. (Salerno, 1891.)
Rommier. — Sur la diminution de la puissance fermentescible de la levure ellipsoïdale du vin en présence des sels de cuivre. (Comptes rendus de l'Académie des Sciences, mars 1890.)

Sandri. — Relazione sull' uso dei zolfi acidi per combattere la Peronospora. (Brescia, 1886.)

Savastano (L.). — Rapporti di resistenza dei vitigni della provincia di Napoli alla Peronospora. (Portici, 1891.)

Skawinski (Th.). — Les maladies de la vigne, traitements. (Progrès agricole, décembre 1886.)

Vandoni (G.). — Una buona difesa contro la Peronospora. (Pavia, 1890.)

Verguette-Lamothe. — Un remède contre le Mildiou. (Comité d'agriculture de Beaune, 31 octobre 1885.)

Vermorel (V.). — Résumé pratique des traitements du Mildiou, 1889.

Viala (P.) et Ferrouillat (P.). — Traitement du Mildiou. (Montpellier, 1887.)

— Manuel pratique pour le traitement des maladies de la vigne. (Montpellier, 1888.)

CHAPITRE III

BLACK ROT

Le Black Rot est considéré aux Etats-Unis comme la maladie la plus grave qui attaque les vignes. Il n'a été observé en France qu'en 1885 par M. L. Ravaz (1) et par moi. Le Black Rot est originaire d'Amérique et son invasion en Europe est due à l'importation des vignes américaines à la suite de la crise phylloxérique.

Les premiers documents que l'on possède sur les effets du Black Rot en Amérique ne remontent guère qu'à 1848, époque à laquelle B. Batheam et Nicolas Longworth signalèrent ses ravages dans l'Ohio et le nord des Etats-Unis. La maladie a été décrite ensuite par R. Buchanan (2), par Andrew's Fuller (3) et surtout par Dr G. Engelmann (4). Le champignon cause du Black Rot a été recueilli pour la première fois par Curtiss, en 1850, et dénommé *Phoma unicola* par Berkeley et Curtiss (5). Nous avions, avec M. L. Ravaz, à la suite de l'étude botanique détaillée du parasite, classé le champignon du Black Rot à sa place naturelle, dans le genre *Læstadia*, sous le nom de *Læstadia Bidwellii*. Or le nom de Læstadia avait été appliqué aux champignons, en 1869 seulement, par Auerswald; Kunth l'avait déjà donné, ainsi que nous l'a fait observer M. F. L. Scribner, à des Composées de l'Amérique méridionale, et cela en 1832. Par priorité, le nom de Læstadia de Kunth doit être réservé

---

(1) L'étude que nous faisons du Black Rot est la reproduction, dans la plupart de leurs parties, de divers mémoires que nous avons publiés, avec M. L. Ravaz, sur cette question, depuis l'époque à laquelle nous avons constaté et décrit pour la première fois cette maladie en France. La collaboration constante de M. L. Ravaz et mes études en Amérique m'ont permis d'écrire la monographie du Black Rot.

(2) R. Buchanan.— The Culture of the Grape and Wine-Making. 1850.

(3) Andrew's Fuller. — The Grape Culturist 1867, p. 206.

(4) Dr G. Engelmann. — *In* Journal of Proceed of the Ac. of Sciences. St-Louis, septembre 1861, p. 265.

(5) Berkeley.— Grevillea, t. II, pag. 82, 1850.

BLACK ROT.

aux Composées et nous avons compris les champignons du genre Laesiadia d'Auerswald sous la désignation générique de *Guignardia*. Le nom botanique définitif du champignon du Black Rot est donc **Guignardia Bidwellii** (1).

Les Américains désignent presque toujours cette maladie sous le nom de *Black Rot*, nom qui a été définitivement adopté en Europe. Dans quelques cas, le Black Rot (Pourriture noire) est connu, aux Etats-Unis, sous le nom de *Dry Rot* (Pourriture sèche) ; enfin, c'est surtout au Black Rot, mais parfois aussi au Mildiou, que s'applique celui de *Common Rot*.

I. HISTORIQUE

a. **Le Black Rot en Amérique**. — Le Black Rot existe, aux Etats-Unis, sur toutes les vignes sauvages ou cultivées, situées à l'Est des Montagnes Rocheuses. Cette maladie n'a pas encore fait invasion en Californie, c'est un des rares Etats qui soit exempt de ce terrible fléau. La Californie forme un pays bien isolé des Etats de l'Est et à climatologie bien différente. La chaîne et les ramifications des Montagnes Rocheuses constituent une barrière importante du Nord au Sud, qui est augmentée, d'une part, par les sierras qui suivent une direction à peu près parallèle, et, d'autre part, surtout par un large cordon presque continu de terres arides et brûlantes formé, du Sud au Nord, par les déserts du Colorado, du Mojave et du Nevada ; le transport des champignons par des vents desséchants est impossible à travers ces immenses surfaces. La Californie a, en outre, un climat relativement sec, surtout dans les vignobles du Sud, et comme les importations de boutures des cépages de l'Est n'ont lieu que depuis quelques années, on s'explique que les maladies originaires des bords de l'Atlantique n'aient

---

(1) Voir pour les détails : P. Viala et L. Ravaz. — Sur la dénomination botanique du Black Rot (Bulletin de la Société mycologique, 10 avril 1892).

pas encore fait invasion en Californie. Il est certain cependant que l'invasion du Black Rot se produira tôt ou tard, comme celle du Mildiou, dans les vignobles du Nord, où certaines régions sont dans des conditions climatériques favorables au développement des champignons parasites.

L'existence du Black Rot n'a pas été constatée dans le Nouveau-Mexique et l'Arizona, où les pluies sont peu fréquentes en été, pas plus que dans le Colorado et l'Utah, Etats où les vignes sauvages sont peu abondantes. Mais le Black Rot est partout ailleurs, jusque dans le Canada, dans les provinces de Québec, Ontario, Manitoba. Il est surtout fréquent et abondant dans les Etats qui bordent l'Atlantique, les grands lacs et le golfe du Mexique où l'humidité est abondante en été et la température élevée ; il en est de même sur le bord des grands fleuves, principalement dans les Etats du Missouri et de l'Ohio.

Sa nocuité s'atténue quand l'humidité diminue, car la chaleur est toujours suffisante, dans tous les Etats, aux époques où il se développe le plus activement ; ainsi, dans le Texas, il n'exerce de ravages importants que dans le Nord, sur les bords du Red River et du Brazos et du Colorado Rivers dans le Centre. A l'ouest du Texas, où la sécheresse est grande, on ne l'observe plus ; il en est ainsi, par exemple, à El Paso, qui forme sa limite au sud-ouest.

Le Black Rot n'existe pas seulement sur les vignes cultivées, mais sur les diverses espèces sauvages, en pleines forêts, très éloignées de tout vignoble cultivé. Je ne connais aucune espèce qui dans l'Est et dans le Centre, en soit exempte à l'état sauvage. Je l'ai observé sur les bords du Niagara, sur les feuilles de *V. Riparia*, d'*Ampelopsis quinquefolia* ; de même dans les forêts du Maryland, du New-Jersey, où le *V. Labrusca* sauvage a ses feuilles couvertes des taches du parasite et ses fruits détruits. Dans le Territoire des Indiens, en pleines forêts vierges, les feuilles des jeunes pousses du *V. Cordifolia* sont souvent tapissées de petites taches avec pustules ; j'en ai observé, mais de très rares, sur quelques feuilles du *V. Monticola*, dans les parties arides où vit cette espèce dans le Texas. Le *Mustang*, le *V. Lincecumii* portent quelques pustules sur leurs feuilles, sur les bords de la Rivière

Rouge; le *V. Rupestris*, qui croît dans les ravins desséchés, est la seule espèce qui n'ait pas d'altérations produites par le Black Rot sur les feuilles.

Le Black Rot est la maladie de la vigne la plus grave et la plus importante aux États-Unis. Il n'est aucune autre maladie qui amène en quelques jours d'aussi grandes pertes, et les viticulteurs américains considèrent avec raison le Black Rot comme le pire de tous les fléaux.

Ils ont, après de nombreuses tentatives, abandonné la culture des vignes européennes, même dans les sols sableux où elles auraient résisté au phylloxéra, en partie à cause du froid dans les régions septentrionales, mais surtout à cause du Black Rot, et ils ont continué à multiplier les variétés du V. Labrusca, malgré leur valeur inférieure. Les nombreuses créations de cépages qu'ils ont tentées, et qu'ils continuent encore, ont eu pour objet principal la découverte d'une vigne indemne du Black Rot. Ils ont dû renoncer aux croisements de leurs variétés indigènes avec nos cépages français, car ils n'ont jamais donné lieu qu'à des déceptions; toutes les vignes qui ont du Vinifera perdent régulièrement leur récolte si les conditions climatériques sont partiellement favorables au parasite. Les Américains n'ont recours aujourd'hui, pour leurs hybridations, qu'aux espèces qu'ils supposent très résistantes au Black Rot, telles que le V. Lincecumii, le V. Rupestris,…

Dans les Carolines, la Géorgie, l'Alabama, le Mississippi, la Louisiane, on cultive les variétés du V. Rotundifolia, surtout les Scuppernong, Flowers, Tender Pulp, Thomas, etc., parce qu'il est impossible d'avoir du fruit même avec les variétés les plus résistantes du V. Labrusca; c'est la seule raison au maintien, dans ces régions chaudes et humides, de variétés qui donnent des vins sans aucune valeur.

Dans le New-Jersey à Vineland, dans le Maryland à Seabrook, dans la Virginie à Charlottesville, dans le Missouri aux environs de Saint-Louis et à Neosho, dans le nord du Texas à Dallas…; la plupart des vignes avaient perdu, en 1887, lors de mon voyage aux États-Unis, les 80, 90 et 95 % de la récolte lorsque les fruits n'avaient pas encore véré. Dans une partie chaude et humide du

Maryland, les grains étaient, en juin, gros au plus comme des petits pois et les deux tiers étaient déjà anéantis. Les viticulteurs américains m'ont assuré partout que, pendant les années très favorables au développement de la maladie, pas un seul fruit n'était épargné.

Il est quelques insuccès historiques de la culture de la vigne aux Etats-Unis qu'il est intéressant de noter. Je suis convaincu que les échecs de Lakanal, obtenus par la culture des vignes européennes dans l'Ohio, le Kentucky, l'Alabama, ou ceux des colonies suisses de la Nouvelle-Vevey, dans l'Ohio, sont dus aussi bien au Black Rot qu'aux froids rigoureux de l'hiver et au phylloxéra.

A l'époque où Longworth entreprit de grandes cultures de vignes aux environs de Cincinnati (Ohio), on venait de créer le Catawba et l'on espérait beaucoup que cette variété serait résistante au Black Rot. De très grandes surfaces furent plantées. Le Black Rot a ruiné progressivement tous ces vignobles. De nouvelles plantations furent créées, dans ces régions, quand on connut l'Ives Seedling ; mais l'immunité relative de ce cépage, que l'on avait constatée certaines années, ne se maintint pas et il y eut de nouveau arrêt dans la création des vignobles. Des faits du même genre pourraient être rapportés pour certaines régions de l'Illinois, de la Virginie, du New-Jersey, du Maryland...; dans ces trois derniers Etats, les viticulteurs découragés avaient renoncé à la culture de la vigne là où l'humidité était fréquente pendant l'été. On ne conservait des raisins pour la table, les années de grande invasion, que si l'on avait la précaution de les recouvrir avec des sacs en papier.

Lors de la création des hybrides de Roger (Labrusca × Vinifera), une compagnie importante, au capital d'un million de francs, s'était organisée dans le Missouri pour l'exploitation de la vigne. De très grandes surfaces avaient été achetées à bas prix et distribuées entre des vignerons qui devaient vendre leurs produits à la compagnie. Les hybrides de Roger avaient donné deux belles récoltes, et l'espoir de grands bénéfices à réaliser avait donné confiance dans le succès de l'entreprise. Mais bientôt le Black Rot anéantit tous les produits et amena la ruine des vignerons et de la compagnie.

À Denison, dans le nord du Texas, les colons italiens ont tenté la culture des cépages de leur pays ; ils ont dû bientôt les arracher et les remplacer par des Concords. Il en a été de même à Dallas, où Cantagrel avait installé une colonie française de fourriéristes qui essaya la culture des vignes françaises et l'abandonna pour les mêmes causes. Nous avons publié ailleurs (1) les résultats d'une enquête américaine sur le Black Rot qui prouvent la gravité qu'a cette maladie aux Etats-Unis.

b. **Le Black Rot en France.** — C'est le 11 août 1885 que nous reconnaissions, avec M. L. Ravaz, le Black Rot sur des grappes que nous apportait M. Henri Ricard, régisseur du domaine de Val-Marie, situé aux environs de Ganges (Hérault), où cette maladie venait de faire son apparition. Les premières constatations du mal avaient eu lieu vers le 15 juillet de cette année, et, à partir de ce moment, son développement fut très rapide et prit de jour en jour, jusqu'à la vendange, des proportions plus grandes. Certaines parcelles du domaine de Val-Marie ont perdu, en 1885, jusqu'aux trois cinquièmes de leur récolte et n'ont donné qu'un vin d'un goût amer et désagréable.

En 1886, le temps fut très sec et le Black Rot fut moins intense. Avec M. Prillieux et M. L. Ravaz nous trouvions le Black Rot, au nord de Ganges, dans le département du Gard, sur les bords de l'Hérault et d'un de ses affluents, l'Arre. La maladie était surtout très abondante au nord de Ganges, dans une des parties les plus rétrécies de la vallée de l'Hérault (la Cadière) ; il est même probable qu'elle y était plus ancienne qu'à Val-Marie. Depuis 1886, le Black Rot a eu une intensité très faible à Val-Marie ; il n'existait même qu'à l'état d'exception en 1890 et 1891. Nous verrons, à propos de traitements, que cet arrêt successif dans le développement annuel de la maladie est dû aux traitements cupriques.

Il semblait que le Black Rot fût limité, en 1886, dans les vignobles submergés, à sols frais, fertiles et chauds, de la vallée supérieure de l'Hérault. Mais, dès 1887, M. Prillieux, M. L. Ravaz,

---
(1) P. Viala. — Une Mission viticole en Amérique (1889, pag. 255-258).

P. Viala. *Les Maladies de la Vigne*, 3me édition.

M. Fréchou et plusieurs autres viticulteurs le signalaient dans divers départements ; c'est surtout en 1887 qu'il prenait une grande intensité et causait le plus de ravages, principalement dans le Lot, l'Aveyron et le Lot-et-Garonne. Le Black Rot existe actuellement à peu près dans tous les départements viticoles du Sud-Est et du Sud-Ouest ; il n'a été intense que dans ceux de cette dernière région, où les pertes ont été parfois considérables (Lot-et-Garonne, Gironde, Landes, Gers). On a constaté la présence du mal : dans l'Hérault (à Cournonterral, Lunel-Viel...), dans le Gard (vallée supérieure de l'Hérault), dans le Lot (à Lavalade et aux environs de Figeac, sur les bords du Lot, du Célé et leurs affluents), dans le Lot-et-Garonne (Aiguillon, Agen, Nérac, Sérignan...), dans le Tarn, le Tarn-et-Garonne (aux Dunes...), l'Aveyron (Aubin, Marcillac, Millau...), le Cantal (Monsalvy et Maurs), la Corrèze (Brive-la-Gaillarde), le Gers (Aire-sur-Adour, Caussens, Fromagères...), la Haute-Garonne (environs de Toulouse), le Rhône (près de Lyon à Villeurbane), les Landes, etc.

La dissémination du Black Rot est donc très grande actuellement ; mais il est à noter que cette maladie n'a causé de grandes pertes de récoltes que dans quelques vignobles qui n'avaient pas été ou qui avaient été mal traités aux sels de cuivre contre le Mildiou. Les traitements cupriques ont enrayé la marche et le développement du Black Rot. Si l'invasion, en France, de cette grave maladie avait eu lieu à l'époque où les traitements cupriques, faits dans le but de combattre le Mildiou, n'étaient pas connus, elle aurait causé certainement, dans les milieux chauds et humides, des désastres très grands. Heureusement que les traitements qui sont efficaces contre le Mildiou, l'ont été en même temps contre le Black Rot.

II. CARACTÈRES EXTÉRIEURS DU BLACK ROT

Le *Black Rot* se développe surtout sur les grains de raisin ; il se montre aussi sur les jeunes sarments, le pédoncule, la rafle, le pétiole, les nervures et le parenchyme des feuilles, mais dans aucun cas sur les sarments aoûtés. Les caractères qu'il présente sur les organes qu'il attaque sont absolument spéciaux (Pl. IV); il suffit de les avoir observés une seule fois pour ne pas les confondre avec ceux des autres parasites de la vigne.

a. **Sur les grains.** — La première action du Black Rot sur les grains de raisin (Pl. IV *a*) ne se manifeste généralement que quelque temps avant la véraison. Elle se révèle tout d'abord par une petite tache circulaire, décolorée, mesurant à peine quelques millimètres de diamètre. Cette tache grandit et prend brusquement une teinte rouge livide, plus foncée au centre et diffusée sur les bords. A ce moment, elle est assez comparable à l'effet d'une meurtrissure. On la voit progresser très rapidement en surface et en profondeur, et au bout de vingt-quatre ou quarante-huit heures toute la baie est altérée (Pl. IV *a*). Le grain présente alors une coloration rouge-brun livide. Sa surface est lisse encore et non déformée, mais la pulpe est un peu molle, spongieuse et moins juteuse qu'à l'état normal. A cet état, on peut vaguement le comparer aux grains grillés ou échaudés. Bientôt après, il commence à se rider en prenant une teinte plus foncée vers le point où l'altération a débuté ; puis, il se flétrit peu à peu et successivement. Au bout de trois ou quatre jours, parfois au bout de quarante-huit heures seulement, il est complètement desséché, et d'un noir très foncé, avec reflets bleuâtres. La peau et la pulpe, ridées et amincies, sont appliquées contre les pépins, sans présenter à leur surface ni excoriation, ni lésion.

Comme les baies ont été attaquées lorsque les pépins étaient déjà arrivés à leur état de maturité physiologique et au moment où les téguments séminaux commençaient à se lignifier, les graines ont conservé leurs dimensions et leurs caractères normaux. On n'observe à leur surface rien de particulier; toutefois, l'albumen est dans quelques cas entièrement desséché et très réduit; le plus souvent, il paraît normalement constitué.

Lorsque le grain, d'un rouge-brun livide, passe à une teinte plus foncée et commence à se rider, on voit apparaître, à sa surface, de petites pustules noires (Pl. IV a). Ces ponctuations peu surélevées, plus petites que la tête d'une épingle, mais visibles à l'œil nu, se multiplient très rapidement. Lorsqu'elles ont envahi tout le grain, elles y sont très nombreuses, toujours rapprochées, parfois tangentes, ne laissant aucune place dégarnie. La peau, rugueuse, a alors un aspect tout particulier; elle est comme chagrinée.

Ces phénomènes d'altération se produisent dans l'espace de trois ou quatre jours. Les grains ne tombent pas aussitôt; ils restent adhérents à la grappe pendant quelque temps encore; puis ils se détachent, soit avec la grappe entière, soit avec un fragment plus ou moins considérable, parfois même ils n'entraînent dans leur chute que le pédicelle auquel ils sont attachés.

Le Black Rot ne se montre jamais simultanément sur toutes les grappes d'une souche; plus rarement encore il attaque en même temps tous les grains d'une même grappe. Généralement, il apparaît isolément sur un ou plusieurs grains, et envahit ensuite les autres d'une façon assez irrégulière. On trouve ainsi, sur la même grappe, des grains à divers états d'altération. Certains sont entièrement noirs et desséchés, tandis que d'autres, situés tout à côté, sont partiellement d'un rouge-brun livide. Aussi, une grappe entière n'est-elle jamais détruite qu'au bout d'un temps relativement assez long. Il arrive même que quelques-unes d'entre elles ont le quart, le tiers ou la moitié de leurs grains qui parviennent à maturité, mais seulement lorsque la maladie s'est montrée à une époque tardive. Le mal se propage moins vite, en effet, à partir de la véraison, quoique le parasite continue à se développer jusqu'à la récolte.

L'altération du grain peut gagner le pédicelle, puis le pédoncule, mais il est rare que ces derniers organes soient seuls attaqués. Dans ce cas, la grappe entière ou seulement une partie se dessèche.

Les grains de raisin sont envahis de meilleure heure en Amérique qu'en France. Les variétés les plus hâtives, quand il fait chaud et que les rosées sont fréquentes, ont leurs fruits atteints dès qu'ils sont gros au plus comme des petits pois ; pareille observation n'a pas été faite en France. Les variétés à maturité tardive, comme les Æstivalis, ne sont le plus souvent attaquées sur les fruits que peu avant la véraison. Les petits grains sont moins rapidement détruits que les grains plus gros ; il faut environ 10 ou 15 jours pour qu'ils soient complètement altérés.

Il y a généralement deux périodes dans l'envahissement des grains par le Black Rot aux États-Unis. La première période est bénigne, elle coïncide avec la floraison des Æstivalis et avec l'époque où les grains du V. Labrusca et de ses hybrides viennent de nouer ; à ce moment, le tiers au plus de la récolte est anéanti. Puis a lieu une période d'arrêt vers le commencement de juillet. En juillet et au commencement d'août surtout, le Black Rot se développe avec une grande intensité sur les fruits avant la véraison et peut tout détruire en quelques jours.

Dès que la véraison commence, le mal, ainsi que cela se produit en France, progresse lentement et les grains non atteints ne sont pas envahis. Mais les baies qui possédaient le parasite continuent à s'altérer dans les régions chaudes et humides des États-Unis, jusqu'à complète maturité, et présentent des caractères un peu particuliers. Les grains ne flétrissent pas et ne sèchent pas, comme cela a lieu d'ordinaire ; ils deviennent juteux, fondants, même pour les Labruscas. La peau tendue est d'un noir d'encre, plus foncée que celle des grains altérés avant la véraison. Ces fruits pourrissent sans se rider et la peau est parsemée d'une quantité innombrable de petites pustules tangentes.

b. **Sur les rameaux**. — Le développement du Black Rot est assez rare sur l'extrémité des jeunes rameaux ; il n'est guère plus fréquent sur les pétioles et les nervures des feuilles. Sur ces organes, ainsi que sur le pédoncule et les pédicelles, l'altération se manifeste d'abord par une tache plus ou moins étendue, peu déprimée, plus longue que large, et de couleur noire livide. Elle gagne peu à peu l'intérieur des tissus, qui se creusent légèrement, et à la surface de la partie altérée apparaissent, par séries radiales ou concentriques, mais moins serrées que sur les baies, les pustules caractéristiques de la maladie (Pl. IV d). Les sarments assez gros, mais non aoûtés, présentent aussi parfois des lésions généralement peu étendues, d'un noir livide, creusées ou fendillées et toujours pourvues de pustules; elles sont situées le plus souvent au niveau des nœuds, mais existent aussi isolées sur le milieu du mérithalle (Pl. IV d).

Il est exceptionnel que tout le pourtour du rameau ou du pétiole soit altéré. Ce cas se présente cependant quelquefois, et alors la feuille ou l'extrémité de la jeune pousse se dessèchent et tombent.

c. **Sur les feuilles.** — Le Black Rot se développe plus fréquemment sur le limbe des feuilles, sans y occasionner toutefois des dommages comparables à ceux du Mildiou. Il se montre surtout sur les jeunes feuilles, exceptionnellement sur les feuilles adultes, sous forme de taches (Pl. IV b, b, c) qui naissent simultanément. Toujours limitées et n'atteignant jamais les dimensions des plaques étendues du Mildiou, ces taches sont généralement plus grandes que celles de l'Anthracnose.

Leur forme est le plus souvent vaguement circulaire, parfois un peu allongée. La plupart ont de 2 à 3 millimètres de diamètre (Pl. IV b, b), d'autres mesurent 1/2 à 1 centim., d'autres encore ont jusqu'à 2 centim. de longueur; enfin quelques-unes peuvent s'étendre en nappes de dimensions plus considérables (2 cent. de largeur sur 3 à 4 cent. de longueur) sur l'extrémité des lobes (Pl. IV c); ces dernières proviennent toujours de la réunion de plaques plus petites. Elles sont disséminées sur toute la feuille, parfois très nombreuses, mais sans jamais occuper plus du tiers de la surface du limbe.

Elles prennent brusquement, dès leur apparition, une teinte feuille morte, uniforme sur les deux faces. On n'observe pas, en effet, les nuances successives, variant du jaune au brun, que possèdent les taches provoquées par le Mildiou. Les tissus sont rapidement détruits et desséchés ; ce n'est que par exception qu'ils se détachent en laissant un trou. A cet état, elles ont la plus grande analogie avec l'altération que l'on appelle vulgairement *Coup de soleil* ou *Sun Scald* (Pl. XVI). Aucune auréole brune ne les limite comme dans l'Anthracnose ; aucune poussière blanchâtre, comme celle des fructifications du Mildiou, ne se montre à la face inférieure de la feuille. Mais bientôt apparaissent, indifféremment à la face inférieure ou à la face supérieure, ces pustules noires que nous avons signalées plus haut (Pl. IV b, b, c). Leur nombre est toujours très restreint sur les petites taches, quatre ou cinq au plus. Elles naissent plus nombreuses sur les taches plus grandes, et sont toujours disposées concentriquement d'une façon assez régulière.

Les feuilles paraissent être plus souvent et plus fortement attaquées aux États-Unis qu'en France. Celles des variétés du *V. Labrusca* sont parfois entièrement tapissées de petites taches avec de nombreuses pustules disposées, surtout à la face supérieure, suivant des séries concentriques ou étoilées. Les taches deviennent rarement confluentes ; elles recouvrent, dans ce cas, le parenchyme sur 4 ou 5 centimètres de longueur et sur autant de largeur.

Sur les feuilles des variétés du *V. Rotundifolia*, les taches ont toujours environ 1 centimètre de diamètre et forment plutôt des carrelages que des cercles irréguliers; par leur teinte continue et roussie, elles tranchent beaucoup sur le fond vert et luisant du parenchyme sain, et elles sont un peu déprimées. En outre, les pustules y sont moins nombreuses que sur les feuilles du *V. Labrusca*, irrégulièrement distribuées et plus fréquentes à la face inférieure. Ce sont ces différences de détail qui, ainsi que nous le verrons, avaient fait admettre une différence d'espèce du parasite.

Le Black Rot attaque plutôt les jeunes feuilles encore tendres, surtout celles de l'extrémité des rameaux ; certaines sont exceptionnellement détruites. Dès que le parenchyme devient consistant, les taches, encore nombreuses, sont bien limitées et les feuilles ne paraissent pas en souffrir.

C'est toujours par les feuilles que commence l'invasion du Black Rot, c'est là un fait important que nous avons signalé pour la première fois (1). Il est constant dans tous les vignobles de France et des États-Unis, quand l'année est humide. Les années de grande sécheresse, on observe exceptionnellement la maladie sur les fruits sans la voir sur les feuilles.

Les feuilles peuvent être envahies au début de la végétation ; elles le sont généralement un mois ou trois semaines avant que le Black Rot ne se montre sur les raisins, et lorsqu'il y apparaît, il est déjà très abondant sur les feuilles du même cep. Les taches apparaissent d'abord sur les feuilles les plus rapprochées du sol. Les feuilles des rameaux qui traînent à terre en ont le plus grand nombre, puis les jeunes feuilles des rameaux les plus élevés sont attaquées à leur tour, et les raisins en dernier lieu.

d. **Effets du Black Rot**. — Les effets du Black Rot sont insignifiants, ainsi que nous venons de le voir, sur les rameaux aussi bien que sur les feuilles ; mais ils sont désastreux sur les fruits. Les faits que nous avons rapportés dans l'historique indiquent combien cette maladie est redoutable en Amérique ; elle l'est d'autant plus qu'elle ne se manifeste le plus souvent que peu de temps avant la maturité des fruits. Comme les fruits seuls sont détruits et que les feuilles ne subissent que de légères atteintes, il n'en résulte aucun affaiblissement, les années suivantes, sur les ceps précédemment attaqués, comme dans le cas du Mildiou.

En France, les dégâts causés par le Black Rot ont été très grands ; ainsi, en 1885, à Val-Marie, la parcelle du vignoble, dans lequel le mal a débuté et où il a causé le plus de dégâts, a perdu, en moins d'un mois, les trois cinquièmes des produits. A la Cadière (Hérault), la récolte a été nulle en 1885, 1886 et 1889 ; à Aiguillon (Lot-et-Garonne), à Lavalade (Lot), la perte de récolte a été presque totale en 1888, de même à Cazères-sur-Adour (Landes) en 1891.

e. **Influence du cépage**. — De même que pour toutes les maladies de la vigne, il y a, entre les divers cépages, des diffé-

---

(1) P. Viala. — Lettres d'Amérique, *in Progrès agricole et viticole*, 1887.

rences au point de vue de la sensibilité de leurs fruits au Black Rot.
Il est impossible, actuellement, de classer les cépages américains
ou français par ordre de résistance au Black Rot ; les observations
ne sont pas encore assez nombreuses et assez variées. D'une façon
générale, les vignes européennes sont plus sujettes à l'action du
Black; il semble aussi, ainsi que nous l'avions noté dans nos premières observations avec M. L. Ravaz, que les cépages à grains
gros et juteux soient le plus sujets au Black Rot. En Amérique,
plus les variétés sont tardives en maturité, moins le Black Rot a
d'action sur leurs fruits.

On trouve le Black Rot sur les *V. Labrusca*, *V. Riparia*, *V. Cordifolia*, *V. Æstivalis*, *Ampelopsis quinquefolia*, *A. bipinnata*, *V. Arizonica*, *V. Californica*, *Novo-Mexicana*, *V. Rotundifolia*. Les jeunes feuilles de *V. Arizonica* et de *Californica* sont, dans quelques circonstances, criblées de taches du Black Rot ; mais c'est surtout le *V. Labrusca* qui a, à l'état sauvage, ses feuilles et ses fruits détruits par la maladie. Les *V. Rupestris*, *V. Berlandieri*, *V. Cinerea*, *V. Lincecumii*, *V. Monticola*, *V. Candicans* ont rarement quelques lésions sur les feuilles, jamais sur les fruits.

Parmi les variétés cultivées aux États-Unis, les *Othello*, *Triumph*, *Brandt*, *Canada*, *Black Defiance*, *Secretary* ne peuvent être utilisés à cause du Black Rot. Les *Prentiss*, *Bacchus*, *Pocklington*, *Peabody* perdent, certaines années, toute leur récolte, de même que les hybrides de Roger, de Rickett, et les *Niagara*, *Catawba*...

Lorsque les saisons ne sont pas très favorables au développement de la maladie, on voit, comme en France, se produire, entre les variétés, des différences quant à la résistance de leurs fruits à l'action du Black Rot. Les *Elvira*, *Concord*, *Ives Seedling* sont moins sensibles que les variétés précédentes ; moins aussi les *Neosho*, *Iron Clad*, *Elvira N° 100*, *Perkins*, *Missouri Riesling* ; l'*Iron Clad*, que l'on disait très résistant, est loin d'être d'une immunité absolue. Le *Cynthiana* ou *Norton's Virginia* est, de toutes les variétés américaines, la moins sujette au Black Rot ; c'est grâce à elle que la culture de la vigne est économiquement possible dans certaines parties de la Virginie, du sud du Missouri et du nord du Texas. Elle perd cependant beaucoup de fruits les années de grande humidité. L'*Herbemont* est aussi résistant que le *Cynthiana*; ces deux variétés sont les plus répandues dans le sud des États-Unis à cause de cette propriété. La résistance du *Jacquez* est moins grande; on a abandonné sa culture dans le sud du Missouri et aux environs de Dallas, de New-Braunfels, en grande partie à cause des effets du Black Rot. Les formes dérivées du V. *Rotundifolia*: *Scuppernong*, *Thomas*…, sont les seuls cépages dont les fruits ne soient jamais détruits par le Black Rot aux États-Unis.

Parmi les cépages méridionaux, les seuls sur lesquels des observations aient été faites, l'*Aramon*, l'*Aspiran* et la *Carignane* sont les plus attaqués; viennent ensuite les *Cinsaut*, *Morrastel*, *Alicante-Bouschet*, *Petit-Bouschet*, *Portugais bleu*; le *Chasselas* et la *Clairette* sont relativement résistants.

III. CONDITIONS DE DÉVELOPPEMENT DU BLACK ROT

Une température et un état hygrométrique élevés sont nécessaires pour le développement du Black Rot. Après le *Rot amer* (Bitter Rot), le Black Rot est la maladie de la vigne qui exige au plus haut degré ces deux conditions climatériques, chaleur et humidité, pour son développement. Il semble même, quoique le fait ne soit pas encore démontré expérimentalement, qu'un état hygrométrique n'est pas suffisant et que le champignon exige l'eau précipitée, tout au moins pour sa dissémination.

Cette dissémination est lente et progressive, comparativement surtout à celle du Mildiou. Le Black Rot n'envahit pas brusquement un vignoble tout entier. On peut déterminer facilement les points d'attaque primitifs dans un même vignoble et les voir s'étendre ensuite avec rapidité, mais par zones successives et concentriques.

Tous les milieux où le Black Rot exerce les plus grands ravages aux Etats-Unis sont très chauds et humides en été; c'est le cas surtout pour le New-Jersey, le Maryland, les Carolines. Si les dégâts causés par cette maladie y sont si nombreux et si importants, la cause en est due à ce que, dans la plupart des Etats situés à l'Est des Montagnes Rocheuses, et surtout dans les Etats des bords de l'Atlantique, les mois de juin, juillet et août sont humides et très chauds. Nous avons déjà dit que vers le Sud-Ouest du Texas, en Californie, Arizona...., où les étés sont secs quoique chauds, le Black Rot n'existe plus. Lorsque la sécheresse persiste dans les Etats du Centre et du Nord, il produit peu de dégâts. L'année 1887, pendant laquelle les pluies ont été peu fréquentes en été dans certaines régions des Etats-Unis, nous a permis de le vérifier dans ces régions.

Dans le Nord de l'Etat de New-York, il existe d'assez grands vignobles étagés sur les coteaux qui encadrent le lac Keuka. Par suite de la configuration, de l'exposition et de l'altitude, les rosées et les brouillards sont rares en été; aussi, le Black Rot n'y occasionne-t-il que peu de dégâts : les pertes s'élèvent au plus à 10 %.

Dans les îles du lac Erié, les pertes atteignent, les années humides, les 75 et 80 % de la récolte ; en 1887, il fallait chercher pour trouver quelques grains altérés par le Black Rot ; à Sandusky, sur les bords du lac Erié, où le Black Rot détruit souvent les 80 % des fruits, il n'y a eu, en 1887, que les 4 ou 5 % de perte ; on a noté, dans toutes ces régions, l'absence de brouillards et de rosées pendant cette année.

On constate, dans le Centre et dans le Sud, les mêmes différences d'intensité de la maladie, en rapport avec l'humidité de l'atmosphère et surtout avec l'existence ou l'absence de brouillards et de rosées. Dans le Tennessee, la culture de la vigne n'est réellement rémunératrice que sur les plateaux. Ainsi, sur les plateaux du Cumberland est établie une colonie suisse qui cultive la vigne avec succès ; sur les collines moins élevées du comté d'Ashland, l'Ives Seedling donne assez de récoltes, quoique le Black Rot y soit plus fréquent; mais sur les rives du Cumberland, où les brouillards sont très denses le matin et où la température est élevée, la production des vignes est presque toujours nulle.

A Belton, Lampasas, Austin, dans le Texas, où la sécheresse est la règle générale, il n'y a que des traces de Black Rot; cependant plus au Sud, à New-Braunfels, sur les bords du Guadalupe, la culture du Jacquez est presque impossible à cause des rosées qui favorisent la maladie.

Dans le Sud-Ouest du Missouri (Neosho), M. H. Jæger [1] a fait, en 1887, des observations météorologiques qui prouvent la grande influence qu'ont l'humidité et la chaleur dans ces régions où le Black Rot exerce de grands ravages. De juillet à octobre, M. H. Jæger a noté presque tous les jours de très fortes rosées et souvent des brouillards; pendant ces quatre mois, il a plu pendant 27 jours et la température moyenne a varié de 22° à 35° C.

En France, toutes les régions où le Black Rot s'est développé avec intensité sont des milieux chauds et humides en été. C'est dans les vallées profondes et encaissées de l'Hérault, du Lot, du Célé, de la Garonne, qu'il a produit le plus de dégâts. Ainsi, en 1885, les effets du Black Rot, dans le vignoble de Val-Marie, n'ont été bien apparents qu'à partir du 15 juillet, après une pluie de 18^{mm} survenue vers la même date. Le 27, le 28, le 29 et le 30 juillet ont lieu d'abondantes rosées; un orage survient du 1er au 2 août. Pendant toute cette période, la température est très élevée; les maxima atteignent 35°, 36°, 37°; les minima varient entre 18° et 20°. Aussi, la maladie se développe très activement et prend, en quelques jours, une extension considérable. Puis elle ralentit un peu sa marche. Cet arrêt coïncide avec une diminution de l'état hygrométrique de l'atmosphère. En effet, du 13 au 27, le temps est sec. Les maxima ne s'élèvent guère au-dessus de 30°, et les minima ne dépassent pas 15°. Mais le 28, le 29 et le 30 ont lieu des pluies orageuses considérables, au total: 171^{mm}. Un nouvel orage éclate le 3 septembre, un épais brouillard apparaît le 5 septembre, et le ciel est couvert pendant plusieurs jours; la température oscille entre 15° et 30°; et la maladie reprend son intensité jusqu'au moment de la maturité, où ses effets sont insignifiants.

En 1886, la première apparition du Black Rot était constatée le

---

[1] P. Viala. — Une Mission viticole en Amérique, pp. 231 à 235.

5 juillet. Du 14 au 18 juillet, à la suite de rosées et de chaleurs lourdes, les grains étaient fortement envahis, mais succédait alors un temps sec qui persistait durant tout l'été, et le Black Rot ne se développait que d'une façon tout à fait bénigne. En outre, les arrosages, que l'on donnait chaque année à trois reprises différentes dans le vignoble de Val-Marie si fortement attaqué en 1885, furent supprimés en 1886. Certaines parties seulement furent arrosées pour juger de l'influence de l'humidité, et là le Black Rot fut très intense.

Les observations de température et d'humidité qui ont été faites par M. E. Marre, en 1890, dans une des régions de l'Aveyron les plus ravagées par le Black Rot, affirment encore cette influence prédominante de l'humidité et de la chaleur combinées. Ainsi, dans les mois d'août et de juillet, sur 61 jours, M. E. Marre a noté 47 jours de pluie, avec les températures moyennes variant de 20° à 30°.

Les traitements contre le Black Rot n'ont, ainsi que nous le verrons, une efficacité réelle qu'autant qu'ils sont appliqués préventivement. Les premières dates d'apparition sont donc, à ce point de vue, très utiles à connaître. Nous avons déjà dit que le Black Rot se montrait d'abord sur les feuilles et que de là il passait sur les fruits. En Amérique, on a souvent constaté la première apparition sur les feuilles dans les premiers jours de mai. En France, le Black Rot, qui paraissait ne se développer qu'assez tardivement pendant les premières années de l'invasion, s'est montré ensuite à des époques plus hâtives, parfois vers le 10 et le 15 mai, sur les feuilles. A Val-Marie et à la Cadière (Hérault), on le constatait sur les fruits, en :

1885. . . . . le 15 juillet ;
1886. . . . . le 5 —
1887. . . . . le 7 —
1888. . . . . le 5 —
1889. . . . . le 7 juin.

A Lavalade, dans le Lot, on notait son apparition sur les feuilles, en :

    1887. . . . . du 27 au 28 mai ;
    1888. . . . . du 6 au 8 juin ;
    1889. . . . . du 20 au 28 juin.

A Aubin, dans l'Aveyron, les premières taches étaient observées, en :

1890, sur les feuilles, le 16 mai, et le 16 juillet sur les fruits ;
1889, le 7 juin sur les feuilles, et le 20 juin sur les jeunes grappes.

M. G. Lavergne a vu, à Aiguillon (Lot-et-Garonne), l'apparition du Black Rot aux époques suivantes :

	Sur les feuilles	Sur les fruits
1888	8 juin	14 juillet.
1889	27 mai	8 —
1890	30 mai	?

Le Black Rot apparaît, en somme, plus tardivement que le Mildiou surtout sur les fruits, mais il peut se montrer sur les feuilles dans la première quinzaine de mai. Son développement n'est cependant intense qu'en juin et surtout en juillet.

IV. ÉTUDE BOTANIQUE DU BLACK ROT

La biologie du champignon cause du Black Rot est aujourd'hui à peu près complète. Le *Guignardia Bidwellii* est très polymorphe ; les nombreuses formes de reproduction qu'il possède se développent, avec des caractères particuliers, dans des circonstances assez diverses, ce qui a donné lieu parfois à de nombreuses confusions.

Le *mycélium* du *G. Bidwellii* vit dans l'intérieur des tissus qu'il altère, et les altérations qui résultent de son action se manifestent sur les feuilles et sur les fruits, par les caractères extérieurs que nous avons décrits. Ce mycélium, dans certains milieux de cultures, se segmente en *chlamydospores*. Il forme, pendant la période végétative de la vigne, sur les feuilles (formes *Phyllosticta*) aussi bien que sur les fruits (formes *Phoma*), deux sortes d'organes de reproduction, les *pycnides* et les *spermogonies*, dont les *stylospores* et les *spermaties* jouent le rôle le plus important pour la dissémination et la perpétuation de la maladie. A la fin de l'automne, il se produit, sur certains grains altérés par le Black Rot, des condensations du mycélium, des *sclérotes*, qui passent la mauvaise saison et donnent naissance, au printemps suivant, ou à des *coniodophores* ou à des *périthèces* ; ces derniers sont plus fréquents et peuvent résulter de pycnides préexistantes.

Le *G. Bidwellii* est bien la cause du Black Rot. L'observation seule des faits ne permettait aucun doute à ce sujet. L'expérimentation a confirmé cette cause et démontré que le champignon jouait bien le rôle de parasite et déterminait exclusivement les altérations observées.

Avec M. L. Ravaz, nous avons, de 1886 à 1889, fait diverses expériences concluantes sur le parasitisme et la relation des diverses formes de reproductions du *G. Bidwellii*. Nous avons, en 1886, inoculé les spores ou stylospores des pycnides sur une grappe isolée, dans des conditions telles qu'aucun germe étranger ne vienne les contaminer. Les stylospores ont été déposées sur une partie des grains de la grappe, et ces grains, au bout d'un certain temps, ont présenté les altérations du Black Rot et les spermogonies et pycnides du parasite, tandis que les grains voisins non ensemencés sont restés intacts. Cette expérience démontre la cause du Black Rot et prouve aussi que spermogonies et pycnides appartiennent au *G. Bidwellii*.

Dans une autre expérience, en 1888, nous avons pris les ascospores ou sporidies des périthèces, nous les avons inoculées sur des feuilles et nous avons reproduit sur ces organes les altérations que l'on considérait comme dues à des espèces déterminées *(Phyllosticta)* et différentes.

a. **Mycélium.** — Les filaments qui composent le mycélium (Fig. 47) se montrent en très grand nombre dès le début de l'altération. Ils sont incolores, hyalins, plus ou moins variqueux et remplis de fines granulations. Des cloisons, tantôt très rapprochées, tantôt assez distantes les unes des autres, les divisent toujours. Leur diamètre est variable: les plus gros mesurent 0^{mm},004, les plus petits 0^{mm},001. Quoique de dimensions aussi différentes, tous ces filaments appartiennent bien au mycélium. On peut voir, en effet, de simples ramifications, peu varifiqueuses, s'insérer sur des tubes plus gros (Fig. 47).

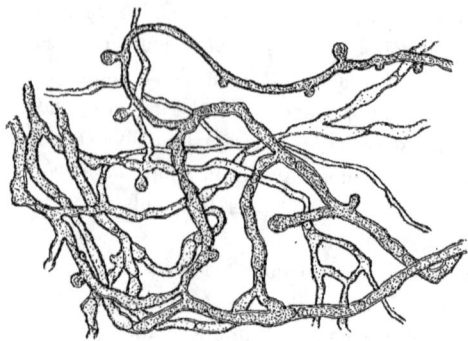

Fig. 47. — Mycélium du *Guignardia Bidwellii* pris dans la pulpe du grain. — Gross. 500/1.

D'autres fois, c'est un gros filament qui s'effile peu à peu au point d'avoir vers son extrémité un diamètre 2 ou 3 fois plus petit.

Les ramifications apparaissent tout d'abord sous forme de petits bourgeons rétrécis à leur point d'insertion (Fig. 47) et qui pourraient faire croire à des suçoirs, mais les états successifs de développement que nous avons observés ne laissent aucun doute sur leur nature. Elles grandissent très rapidement, s'entrelacent, et parfois communiquent entre elles par de courtes anastomoses.

Tous les tissus encore sains sont bientôt envahis, et si l'on suit la marche de l'altération dans un grain de raisin, on voit les filaments mycéliens cheminer entre les cellules vivantes ou les pénétrer pour y puiser les matières nutritives. Sous leur action, les cellules perdent leur turgescence ; leur contenu brunit, les grains d'amidon qu'elles renferment encore, semblent corrodés, et la membrane paraît présenter, sous l'action des réactifs, un commencement de gélification. Elles s'aplatissent peu à peu, et la pulpe desséchée ne forme plus qu'une mince couche d'un tissu dans lequel la partie végétative du champignon occupe une large place.

Au pourtour des corps reproducteurs et lorsqu'il subit l'action de l'air pendant un certain temps, le mycélium commence à brunir et finit par prendre une teinte brune assez accusée.

Chlamydospores. — Si l'on cultive le mycélium du Black Rot (1) dans de l'eau distillée, additionnée de quelques gouttes de jus d'un grain de raisin non encore véré mais près de la véraison, il se produit des phénomènes particuliers et qui sont certainement fréquents, dans les mêmes conditions de milieu, pour beaucoup de champignons; nous en signalerons d'autres cas.

Le mycélium du *G. Bidwellii* se développe activement, même au sein du liquide. Le mycélium immergé, à caractères identiques au mycélium normal du parasite, se cloisonne beaucoup et brunit. Sur une même branche mycélienne, on observe des parties non colorées et d'autres de plus en plus foncées. Les cloisons et les membranes des divers fragments du mycélium segmenté s'accusent de plus en plus et les cloisons finissent par se détacher et par isoler dans l'intérieur du liquide, à l'abri de l'air, de vraies spores brunes, ovoïdes, à membrane épaisse, à contenu peu granuleux, de forme identique aux stylospores du Black Rot, mais plus grosses. Nous les considérons comme des *chlamydospores*; elles paraissent susceptibles de germination, mais nous n'avons pu en suivre l'évolution ultérieure. Ce phénomène de fragmentation du mycélium ne doit pas se produire dans la nature, à cause des conditions spéciales de milieu qu'il paraît exiger; il est seulement intéressant au point de vue de l'étude biologique du *G. Bidwellii*.

b. **Pycnides et Spermogonies**. — Dès que les grains de raisin sont en partie détruits par le développement du mycélium, celui-ci pelotonne ses filaments et produit, pendant la période de végétation de la vigne, les petits nodules noirs que nous avons signalés à l'extérieur des grains de raisin altérés par le Black Rot. Ces nodules présentent une coloration noire très intense, ils sont plus ou moins sphériques (Fig. 48, 49, 50).

Une enveloppe noire, assez épaisse, quadrillée à la surface, les limite et présente, au sommet de la protubérance extérieure, une ouverture ou ostiole circulaire, dont la transparence tranche nette-

---

(1) P. Viala. — Une Mission viticole en Amérique, p. 245-246.

P. Viala. *Les Maladies de la Vigne*, 3ᵐᵉ édition.

ment avec la coloration noire des tissus environnants. C'est par cette ouverture que seront émis au dehors les corps reproducteurs. La

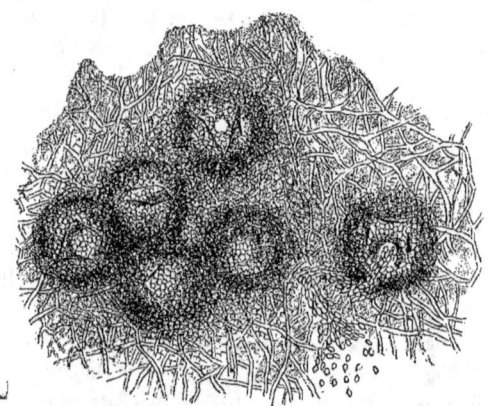

Fig. 48. — Fragment de la pellicule d'un grain atteint du *Black Rot*, vu par la partie supérieure et montrant les *pycnides* et les *spermogonies* du *Guignardia Bidwellii*. — Gross. 100/1.

dissémination ne se produit donc pas, comme cela a lieu quelquefois, par déchirure de l'enveloppe.

Dans quelques cas, les conceptacles restent plongés dans l'intérieur des tissus du grain sans se montrer au dehors; ils forment alors des plaques continues, composées de 2, 3, 4, 5 et 6 de ces

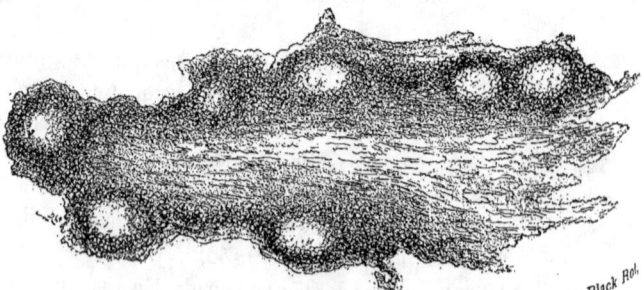

Fig. 49. — Fragment de la coupe d'un grain de raisin desséché et ridé par le Black Rot, avec nombreux conceptacles.

organes, accolés généralement les uns aux autres; la membrane qui leur est commune est épaisse et de teinte plus claire. Mais le plus souvent ils émergent du tiers de leur hauteur à la surface du grain, et constituent les petites pustules que nous avons mentionnées précédemment (Fig. 48 et 50).

Dans la feuille, ils occupent presque toute l'épaisseur du limbe. La cuticule les entoure sur toute la partie qui est en saillie. Sous l'effet de la pression qu'ils exercent contre elle en s'accroissant, elle se soulève et se fend bientôt en boutonnière ou en étoile à trois branches, et précisément en face de l'ostiole qui doit livrer passage aux corps reproducteurs (Fig. 48).

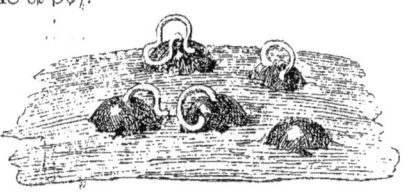

Fig. 50. — Portion d'un grain de raisin avec les stylospores qui sortent des conceptacles.

Ces conceptacles sont de deux sortes. Les plus gros, qui mesurent de $0^{mm},105$ à $0^{mm},140$, sont des *pycnides*; les plus petits, dont les dimensions varient entre $0^{mm},064$ et $0^{mm},066$, sont des *spermogonies*. Ils sont entremêlés, isolés, ou réunis en séries de 8 à 10, parfois tangents et délimités seulement par une membrane commune plus ou moins épaisse. Mais rien, sauf ces quelques différences de dimensions, qui sont loin de pouvoir les caractériser, ne permet de les distinguer au premier abord. Un examen microscopique est nécessaire pour caractériser leur nature morphologique.

Pycnides et Stylospores. — Quand les pycnides ont atteint leur entier développement, leur enveloppe noire se montre formée de plusieurs assises de cellules régulières, petites et à membrane assez épaisse (Fig. 48 et 51 a). A l'intérieur et tapissant toute la cavité, on aperçoit distinctement une zone plus claire. C'est de cette zone transparente, finement granuleuse et formée d'un tissu très délicat, que se détachent les *basides* (Fig. 51 b). Ce sont de très petites branches, simples, courtes, irrégulièrement coniques, sur lesquelles naissent les *stylospores*.

Pour suivre le développement des pycnides, il suffit de mettre, dans une atmosphère humide et à une température de 25° à 35° C., des grains brunis par le Black Rot, mais sur lesquels ne s'est produit encore aucun conceptacle.

Les pycnides se développent, en ces conditions, dans un espace de temps variant de 3 à 5 jours. Les filaments mycéliens s'entrelacent d'abord en certains points, sous la peau du grain, et forment une masse incolore qui grossit rapidement. Vers le centre de cette sphère rudimentaire, les branches mycéliennes deviennent plus étroites, filiformes et parallèles, elles partent de filaments cloisonnés à ce moment et d'autant plus gros qu'ils sont plus extérieurs. Les cloisons s'épaississent et sont surtout accusées dans les couches externes qui brunissent de plus en plus et constituent définitivement la membrane de la pycnide. En dedans de cette enveloppe, les filaments mycéliens, très serrés et incolores, se soudent, et on ne distingue bientôt plus leurs cloisons et leur séparation.

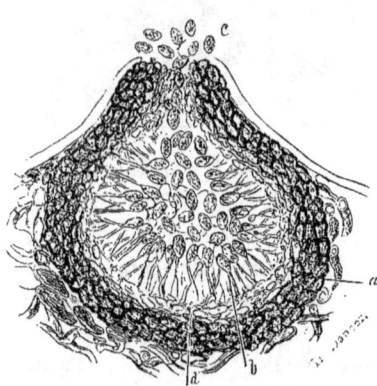

Fig. 51. — Pycnide du *G. Bidwellii*

De ce tissu délicat, formé par pression et soudure du mycélium, partent les fils rayonnants, origine des basides. Pendant le développement de la pycnide, les basides tangentes se renflent à leur sommet en une petite ampoule qui se délimite vaguement de son support. Quand elle a atteint la moitié de sa grosseur normale, il se produit un rétrécissement sur le support et une cloison à ce niveau. Les spores acquièrent leurs dimensions et leur forme normale, et sont comprimées dans le centre du conceptacle ; quelques basides forment deux stylospores par dichotomie de leur extrémité. Au sommet de la pycnide, les filaments mycéliens des couches externes sont moins serrés ; le conceptacle grossissant, ils s'écartent en ce point où se forme l'ostiole par distension successive des tissus et non par résorption ; l'ostiole est plus ouvert vers l'extérieur que vers la cavité centrale.

Les stylospores (Fig. 51 et 52 c) sont ovoïdes-globuleuses, incolores, transparentes, à protoplasme granuleux. Elles renferment, en outre, généralement deux points plus réfringents situés aux extrémités ; parfois elles n'en contiennent qu'un seul ; il peut même arriver que les plus petites en soient totalement dépourvues. Leur diamètre longitudinal varie entre $0^{mm},0045$ et $0^{mm},0093$; il est en moyenne de $0^{mm},008$; le diamètre transversal en moyenne de $0^{mm},0045$.

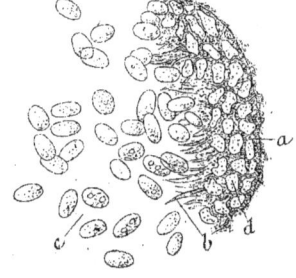

Fig. 52. — Stylospores (c) et fragment de l'enveloppe d'une pycnide (a, b, d). Gross. 700/1.

Les stylospores et les spermaties sont généralement renfermées dans des conceptacles différents. Une seule fois, j'ai observé, dans un même conceptacle, des stylospores et des spermaties portées par des basides entremêlées. Ce fait, très rare pour le Black Rot, se produit pour d'autres espèces de champignons du même groupe.

Les stylospores germent à une température comprise entre 20° et 25°. Au bout de trois ou quatre heures, elles émettent directement, en un point situé à l'une de leurs extrémités, un tube germinatif (Fig. 53). Ce filament est transparent, à extrémité droite et à protoplasme presque homogène. Il s'allonge très vite et se divise de loin en loin par des cloisons peu apparentes (Fig. 53). Puis, au bout d'un certain temps, il se ramifie, en donnant naissance à des filaments secondaires, qui apparaissent tout d'abord sous forme de petits bourgeons étranglés à leur point d'insertion. La ramification continue, et on a alors un plexus semblable en tous points au mycélium que nous avons étudié dans le grain de raisin.

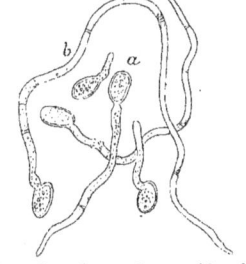

Fig. 53. — Spores des pycnides du *Guignardia Bidwellii* en germination. Gross. 700/1.

Mais la germination ne se produit facilement, et surtout l'invasion des grains de raisin n'a lieu que lorsque les stylospores ont subi un certain temps l'action de l'air. Elles brunissent alors et émettent un tube mycélien incolore ; ce tube devient lui-même légèrement coloré et se fonce lorsqu'il est exposé à l'air.

Les stylospores sortent par l'ouverture du sommet de la pycnide sous forme de fil blanc continu et entortillé (Fig. 50). Quand le milieu est chaud et humide, la plupart des pycnides émettent ce fil blanc et les grains en sont parsemés. Il est facile de provoquer cette sortie expérimentalement, soit sur les grains de raisin de l'année précédente, soit sur ceux de l'année. Il suffit de les maintenir dans une atmosphère humide, à 30° C. On voit, au bout d'un ou de deux jours au plus, sortir les stylospores agglomérées. Si l'on recueille ce cordon et qu'on le mette dans l'eau, les spores se séparent et se disséminent dans le liquide, entremêlées à un très grand nombre de gouttelettes devenues réfringentes et qui proviennent des matières qui les réunissaient.

Le petit fil peut se conserver pendant plusieurs semaines sans se désagréger. Il est nécessaire que des gouttelettes d'eau dissolvent la matière agglutinante pour disséminer les spores et par suite le mal. L'eau précipitée n'est pas absolument nécessaire à la germination ; mais, dans la plupart des cas, elle est utile à leur dissémination. C'est un phénomène du même ordre que celui que nous avons indiqué pour les conidies de l'Anthracnose. On s'explique ainsi que sous des abris, même partiels, le Black Rot ne progresse que lentement.

Lorsque les stylospores sont sorties agglomérées et que le temps persiste sec pendant plusieurs jours, le fil des stylospores finit par se détacher du sommet de la pycnide et par se réduire : trois ou quatre stylospores sont emportées par le vent en un grain de poussière très ténu et propagent la maladie. C'est ainsi que se fait le passage du parasite des feuilles aux grains. Si l'on recueille ces fragments de cordons réduits en poussière et qu'on les mette dans l'eau, les matières agglutinantes se détachent et surnagent dans le liquide en gouttelettes sphériques ; les stylospores peuvent alors entrer en germination. Mais, dans ce dernier cas, les matières huileuses se séparent plus lentement et les stylospores mettent un peu plus de temps à germer. Les stylospores qui proviennent de pycnides préservées, ainsi que nous le verrons, pendant l'hiver dans les grains tombés à la surface du sol, germent aussi plus lentement que celles qui appartiennent à des pycnides récemment formées.

Si l'on sépare avec soin le fil des stylospores et si on le met dans un endroit très sec, il se désagrège. En ajoutant quelques gouttes d'eau, les matières huileuses se séparent à 25° C, et les stylospores germent dans cette eau. Mais si l'on enlève l'eau et que l'on sèche bien le milieu, les spores, sans germer, ne s'altèrent pas et conservent leur vitalité pendant très longtemps. Nous avons pu, après une période d'un mois et demi, faire germer des spores qui avaient été traitées de cette façon, en remettant de l'eau et en maintenant une température de 30° à 35° C. Cette expérience prouve combien est grande la vitalité des stylospores et le rôle important qu'elles jouent pour propager et conserver la maladie.

En maintenant le cordon des stylospores dans une atmosphère humide, mais non dans l'eau même, et à 30° ou 35° C, au bout de cinq ou six jours, et sans que l'eau touche le fil, celui-ci se gonfle, sans se désagréger, et les stylospores germent peu à peu à la surface du cordon ; ce qui prouve bien que l'eau précipitée n'est pas indispensable à leur évolution. Je n'ai jamais vu, dans ce cas, les spores brunir avant ou pendant leur germination. Lorsqu'elles sont séparées, elles se colorent parfois, surtout si elles sont à la surface du liquide et au contact de l'air. Leur germination s'obtient plus facilement dans ces dernières conditions ; lorsqu'elles sont immergées dans l'eau, elle avorte souvent.

Spermogonies et Spermaties. — Les *spermogonies* présentent la même structure que les pycnides (Fig. 54 et 55). Elles sont formées, à l'extérieur, d'une enveloppe noire, composée de plusieurs assises de cellules (Fig. 54 et 55 *a*) ; à l'intérieur se montre encore une zone plus claire (Fig. 54 et 55 *b*) d'où partent des fils qui sont d'une finesse extrême et qui rayonnent vers le centre. Ce sont des basides. Toute la paroi interne de la cavité est ainsi tapissée par ces filaments (Fig. 54 et 55 *c*). De petites spores, appelées *spermaties*, naissent à leur sommet, et, lorsque le conceptacle est arrivé au terme de son développement, elles sortent en grand nombre par l'ostiole (Fig. 54 et 55 *f*). Elles sont incolores, même vues en masse, transparentes, en forme de bâtonnet, droites, très ténues, régulières dans leur diamètre et obtuses à chaque extrémité (Fig. 54 et 55 d). Leur longueur est de 0^mm,0055, leur diamètre ne dépasse pas 0^mm,0007 ; aussi ne les distingue-t-on nettement qu'à un grossissement de 1000 diamètres

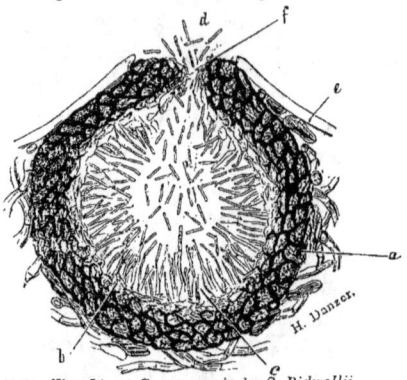

Fig. 54. — Spermogonie du *G. Bidwellii*.

Les spermogonies sont surtout très abondantes aux premières époques de développement du Black Rot. C'est cette forme de conceptacles que nous avons surtout obtenue, après inoculation des stylospores sur les grains de raisin, dans nos expériences qui ont été arrêtées au moment où les grains altérés, couverts de pustules, allaient se rider. Ces expériences confirment ce fait d'antériorité du développement des spermogonies.

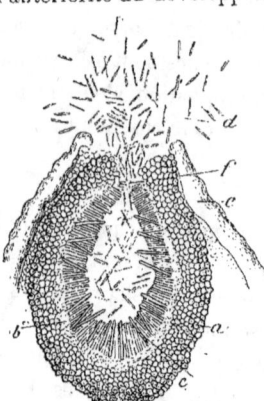

Fig. 55. — *Spermogonies et spermaties*
Gross. 550/1.

Plus tard, en hiver surtout, on trouve les spermogonies moins nombreuses que les pycnides ; on en rencontre cependant à toutes les époques. Sur les grains tombés à terre, il est rare qu'elles soient normalemennt constituées. Leur contenu, qui permet cependant de les reconnaître encore, paraît altéré et n'a pas une disposition radiale nettement accusée.

Nous avons essayé, sans succès, de faire germer les spermaties dans l'eau; nous n'avons pas été plus heureux en employant du moût de raisin, mais ces essais n'ont pas été assez nombreux pour qu'on puisse en tirer une conclusion quelconque. Au reste, la germination des spermaties des Ascomycètes est toujours très difficile à produire. C'est même devant l'impossibilité presque constante d'obtenir des résultats d'essais de cette nature que Tulasne leur avait attribué un rôle comme organes mâles, d'où leur nom de *spermaties*. M. Cornu a démontré que les spermaties étaient de vraies spores asexuées, dont la germination se produit dans des milieux spéciaux pour chaque espèce et toujours au contact de l'air. Elles offrent même dans leur développement des caractères particulièrement remarquables, dont on trouvera les détails dans son mémoire. Il pense que « chez les Ascomycètes, les spermaties ne sont pas des organes mâles, mais très probablement les agents de dissémination des espèces à grande distance» (1).

Le rôle des spermaties serait donc de disséminer le parasite pendant les premières périodes du développement du Black Rot, à cause de leur résistance probable à la sécheresse.

c. **Sclérotes.** — Dans des expériences sur le développement du Black Rot, nous avons mis en terre des grains couverts de fructifications et maintenus à des degrés différents de température et d'humidité. Certains ont développé des *sclérotes*. Ceux-ci sont formés directement par le mycélium ; dans quelques cas ils prennent naissance dans l'intérieur des pycnides, déjà vides de leurs stylospores, par accroissement des basides qui ne sont en somme que des ramifications ultimes du mycélium.

Ces sclérotes ont des dimensions variables, certains atteignent 0^{mm},5. Ils sont très consistants, recouverts d'une enveloppe noire, plus largement quadrillée que celle des pycnides et des spermogonies, moins épaisse et moins différenciée. Leur intérieur, d'un blanc hyalin, a la constitution générale de tous les pseudoparenchymes des sclérotes, mais les diverses parties des tubes mycéliens soudés sont assez riches en granulations protoplasmiques (Fig. 56).

Les sclérotes se sont développés en terre au bout de deux mois environ. Nous avons trouvé les mêmes formations, à l'état naturel, en France aussi bien qu'en Amérique, sur les fruits détruits par le

---

(1) Cornu. — *Reproduction des Ascomycètes*, in Ann. des Sciences nat., 6me série, 1876, t. 3, page 53.

186 PARASITES VÉGÉTAUX

Black Rot l'année précédente. On les observe à partir de l'automne sur les grains qui sont sur le sol ou qui sont encore attenants aux grappes oubliées sur les souches.

d. **Conidiophores.** — Les sclérotes obtenus en culture, aussi bien que ceux trouvés dans les vignobles de France ou d'Amérique, ont développé directement des filaments conidifères (Fig. 56), lorsqu'ils ont été maintenus dans le sol entre 15° et 20° C.

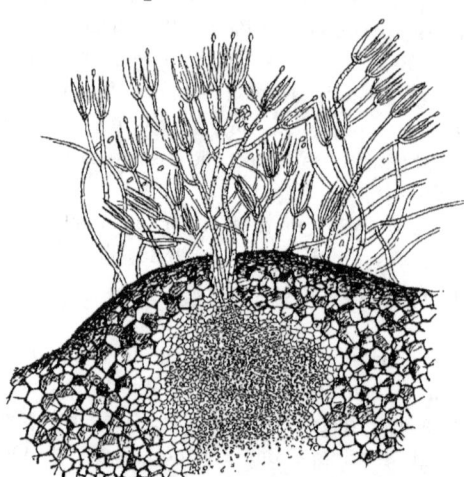

Fig. 56. — *Sclérotes et conidiophores.* — Fragment de sclérote, dont l'enveloppe n'est pas représentée au centre, pour montrer la relation des conidiophores avec le tissu interne (Mazade *del.*)

Ces conidiophores sont serrés, très nombreux, droits et cylindriques dans toute leur longueur ($0^{mm},130$ à $0^{mm},180$); leur membrane est bien visible et leur contenu légèrement granuleux : ils sont munis d'une ou de plusieurs cloisons (1 à 3). Ils se subdivisent généralement en deux branches, rarement en quatre, qui partent du même point et qui sont dressées et faiblement renflées à leur insertion; une cloison les sépare du pied. Ces branches ont une longueur égale et se divisent à leur tour en quatre ramifications secondaires, dont elles sont séparées encore par une cloison et qui sont légèrement renflées et arquées à leur insertion. Ces ramifications ultimes, de longueur égale comme les ramifications primaires, produisent les spores sur leur sommet effilé.

Fig. 57. — Conidies. (Mazade *del.*)

Les spores (Fig. 57), longues en moyenne de $0^{mm},0055$ et larges de $0^{mm},002$ à $0,^{mm}003$, sont ovoïdes, un peu renflées sur une face, insérées par l'extrémité la plus rétrécie, transparentes, à peine granuleuses.

e. **Périthèces.** — Les périthèces, ou formes parfaites de reproduction du Black Rot, sont en plein développement, aux Etats-Unis comme en France, au mois de mai et au commencement du mois de juin. Je n'ai pu en retrouver à partir du mois de juillet, et ils ne se forment pas à la fin de l'automne ni en hiver ; c'est ce que nous avons constaté souvent en France, avec M. L. Ravaz. M. E. C. Bidwell, qui avait observé, le premier, les périthèces en 1880, a vérifié cette observation pendant les années suivantes. Dans diverses expériences qu'il a tentées, il n'a jamais obtenu la forme ascospore qu'en mai au plus tôt, et les asques avaient toujours disparu en juillet. Les grains qu'il recueillait en avril dans les vignobles ne portaient jamais de périthèces, et ceux-ci ne se formaient que lorsqu'il les mettait en culture à l'humidité et à une température assez élevée. Les périthèces ont donc une durée très courte et ne se forment qu'en mai et juin pour disparaître bientôt ; leur évolution est en même temps très rapide.

Dans les vignobles des Etats-Unis, on abandonne sur les ceps les nombreux grains de raisin détruits par le Black Rot. Ils s'égrènent avant ou après la vendange et tapissent le sol tout autour du pied des souches ; ils sont rarement enfouis par les labours que l'on donne tardivement. C'est sur ces grains que naissent les périthèces. On peut reconnaître leurs pustules à l'œil nu ; elles sont plus proéminentes, plus noires que celles des spermogonies et des pycnides, et elles ont un aspect plus poussiéreux. Enfoncées dans le grain, elles émergent ensuite en s'accroissant et déchirent la cuticule desséchée du fruit ; le mycélium foncé qui les entoure est très cloisonné.

La constitution générale des périthèces (Fig. 58) ressemble à celle des autres conceptacles ; ce sont des poches avec enveloppe épaisse, à cellules un peu plus grandes que celles des pycnides et plus noires. Ils sont percés au sommet d'une ouverture circulaire assez grande, avec bord légèrement proéminent. Ces périthèces sont formés aux dépens des tissus de pycnides préexistantes, mais ils proviennent aussi du mycélium contenu dans l'intérieur du grain, ou même de rudiments de pycnides arrêtés dans leur développement à la fin de la végétation.

Les asques ne prennent naissance que dans le fond du périthèce, sur un stroma épais, formé par un mycélium fin, incolore et brillant (Fig. 58). Elles sont aussi longues que le périthèce est haut (72 à

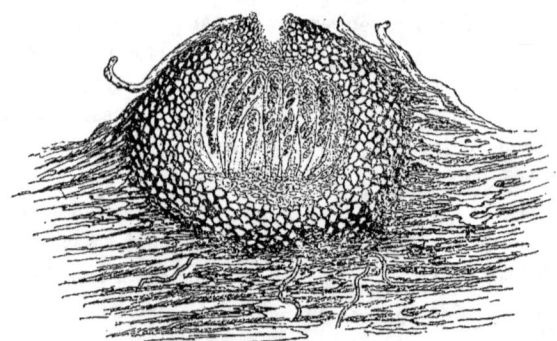

Fig. 58. — Périthèce (Mazade *del.*)

84 µ de longueur sur 9 à 10 µ de largeur au plus grand diamètre). Parallèles entre elles, elles convergent vers l'ostiole du périthèce, celles du pourtour se moulant sur les parois du conceptacle et étant par suite arquées (Fig. 58); elles sont entremêlées, dans la cavité, à un assez grand nombre de gouttelettes réfringentes, mais il n'existe jamais de paraphyses. Leur nombre varie de 40 à 120 par périthèce, il est en moyenne de 80. Ces asques sont cylindro-coniques, renflées à leur sommet et très amincies à leur insertion. Elles sont remplies d'un protoplasme finement granuleux et homogène, au sein duquel se différencient les ascospores ou sporidies. Leur membrane, très réfringente, est mince.

Lorsque l'on met une asque dans l'eau, on voit, au bout d'un certain temps, cette membrane se gonfler sur son pourtour. Il se dessine autour de l'asque une pénombre, continue et bien limitée, qui a sept à huit fois l'épaisseur primitive de la membrane ; une légère ligne réfringente reste intérieurement autour de l'asque et forme une petite pointe herniaire à son sommet obtus, dans la partie externe de la membrane. Cette membrane a subi un commencement de gélification comparable à celle qui se produit pour les membranes de certains champignons et des algues ; mais elle n'est pas mucilagineuse à cet état; elle est, par suite, hygroscopique. A ce moment, les sporidies sont entièrement développées et renfermées encore dans l'intérieur de l'asque. Cette modification tardive de la membrane, en présence de l'eau, nous expliquera le phénomène de sortie des ascospores.

Les sporidies, généralement au nombre de huit par asque, sont incolores, sub-ovoïdes et un peu déprimées sur le pourtour, à membrane mince et gorgées de protoplasme finement granuleux, sans points réfringents. Elles ont une longueur variant de 12 à 14 μ et un diamètre de 6 à 7 μ.

Lorsqu'une gouttelette de rosée pénètre par la large ouverture du périthèce, — et l'on peut produire le phénomène artificiellement, — les parois, les asques et les matières réfringentes intérieures se dilatent ; l'enveloppe du périthèce se déchire souvent au niveau de l'ostiole par où sortent les asques entièrement ou en partie. Celles-ci émettent au dehors, en les projetant, ainsi que l'avait observé tout d'abord M. Bidwell, les sporidies qu'elles contiennent. Plusieurs expériences nous ont permis de suivre le mécanisme de cette projection.

Fig. 59. — Ascospores ou sporidies des périthèces (Mazade *del.*).

L'asque a la partie externe de sa membrane partiellement gélifiée; les sporidies sont, à ce moment, comprimées dans son intérieur vers le point herniaire qui a la plus faible résistance ; cette asque est en même temps un peu arquée au sommet. La membrane externe absorbe de l'eau et se dilate par suite en comprimant intérieurement le contenu ; le point herniaire se rompt, et, sous la pression, les sporidies sont lancées l'une après l'autre. L'asque se redresse pendant ce phénomène et favorise encore la sortie des ascospores. Dans nos expériences, la projection des sporidies avait lieu 7 à 10 heures après que le grain avait été humecté. On peut provoquer cette sortie d'une façon simple. Il suffit de prendre un tube à essai, d'y mettre de l'eau distillée et un fragment de liège sur lequel repose le grain que l'on mouille d'une goutte d'eau. L'ouverture rodée du tube est recouverte d'une lamelle de microscope pour recueillir les sporidies. En ajoutant ou en enlevant de l'eau, on rapproche ou on distance de la lamelle le grain garni de périthèces. Il est possible de juger ainsi de la force de projection. Il faut maintenir une température de 20° à 30° C. La hauteur de projection ne dépasse pas 4 centimètres ; à 2 centimètres et moins, on obtient le plus grand nombre de sporidies.

Celles-ci germent dans l'espace de quelques heures et émettent directement un tube mycélien mince, légèrement renflé et recourbé à son extrémité, qui se cloisonne rapidement. Les mêmes phénomènes doivent se produire dans la nature, lorsqu'une goutte de rosée et de pluie tombe sur les grains parsemés de périthèces, et lorsque la température est, en mai, de 20 à 30°C.

Les périthèces sont souvent accolés à des pycnides, leur membrane de séparation est commune. Il n'y a pas de différence morphologique entre les branches mycéliennes qui aboutissent aux périthèces ou aux pycnides dans le même grain de raisin ; en outre, ces périthèces se forment parfois dans d'anciennes pycnides. On pouvait en déduire que les périthèces appartenaient bien au champignon du Black Rot. Il restait à le démontrer expérimentalement, c'est ce que nous avons fait avec M. L. Ravaz (1).

Les sporidies des asques ont été inoculées sur des feuilles saines attenant à la souche et ont reproduit les taches du Black Rot avec pustules caractéristiques. Cette expérience nous a permis de déterminer en même temps quelle était la période d'incubation du mal au début de son invasion ; elle est de 8 à 12 jours.

Il est rare que toutes les asques soient normalement développées ; beaucoup d'entre elles sont souvent imparfaitement formées. Certaines, distordues, sont remplies d'une matière grumeuse ou de gouttelettes réfringentes. D'autres n'ont que des rudiments de spo-

---

(1) P. Viala et L. Ravaz. — *Note sur le Black Rot* (*Progrès agricole et viticole*, 1888, pag. 492). — Id. *Recherches expérimentales sur les maladies de la Vigne* (*Comptes rendus*, 18 juin 1888, pag. 1711).

res ou moins de 8 spores, parfois 2 normales; j'en ai observé avec une seule sporidie grosse et à protoplasme bien granuleux. Lorsque les asques ont émis leurs sporodies, leur membrane se gélifie entièrement, se résorbe et elles disparaissent rapidement. La constitution grumeuse du protoplasme des sporidies, celle de leur membrane et la rapidité de leur germination prouvent qu'elles sont peu résistantes aux agents extérieurs, et qu'une fois hors de l'asque, elles doivent être bientôt détruites si elles ne germent pas.

f. **Perpétuation du Black Rot.** — Le *Guignardia Bidwellii* peut se perpétuer d'une année à l'autre par divers de ses organes de reproduction. Les spermaties des spermogonies, par la résistance qu'elles opposent à l'action des agents extérieurs, sembleraient avoir quelque utilité pour la perpétuation du Black Rot. Mais nous croyons que l'absence ou le nombre très restreint, à la fin de la végétation, des conceptacles qui les renferment, ne permet pas de leur attribuer un rôle bien considérable.

Les pycnides ont le plus d'importance, soit directement parce qu'elles restent à l'état latent pendant tout l'hiver avec leurs stylospores intactes, soit indirectement parce qu'elles s'organisent, au printemps, en périthèces. Les sclérotes simples ou pycnidiens ont aussi une utilité pour maintenir le Black Rot d'une année à l'autre et le reproduire, à la végétation suivante, en donnant naissance à des conidiophores ou à des périthèces. Dans le cas des sclérotes simples ou des pycnides sclérotiques, le mycélium reste à l'état latent pendant la mauvaise saison. Le *G. Bidwellii* est donc admirablement organisé pour résister à toutes les intempéries.

g. **Synonymie et Classification.** — La synonymie botanique du Black Rot est très complexe; cela résulte du fait que l'on a donné des noms divers aux formes de reproduction du champignon que l'on considérait comme des espèces différentes, et aussi à ce que l'on a considéré comme des maladies différentes l'action d'un même parasite sur plusieurs espèces de vignes. Si la connaissance des divers synonymes d'une même espèce est toujours nécessaire au point de vue purement scientifique, il n'était pas moins important de savoir si les nombreuses espèces décrites, dans le cas du Black Rot, sur les fruits ou les feuilles des diverses vignes d'Amérique, étaient bien différentes et si nous avions à redouter encore pour nos vignobles l'importation de nouveaux parasites. C'est à cause de ce fait que nous croyons devoir examiner avec détail la synonymie botanique du Black Rot.

Les plus anciens échantillons du Black Rot, recueillis en 1850, ont été dénommés *Phoma uvicola* par Berkeley et Curtiss. M. F. Von Thümen avait cru devoir faire, à tort, une variété du Black Rot des grains du V. Labrusca, sous le nom de *Phoma uvicola* var. *Labruscæ*.

Le *Sphæropsis uvarum* de Berkeley et Curtiss a été récolté en septembre 1853, dans la Caroline du Sud, à Society Hill, et ce nom a été changé par Saccardo en celui de *Phoma uvarum*; c'est le Black Rot sur les grains du V. Rotundifolia, espèce sur laquelle on l'observe très rarement.

Le *Næmaspora ampelicida* d'Engelmann a été créé pour les spermogonies du Black Rot; les inoculations et les cultures que nous avons faites, en collaboration avec M. L. Ravaz, ont prouvé que c'était une des formes de reproduction de la maladie.

Les périthèces du *Phoma uvicola* ont été observés d'abord, dans le New-Jersey, par M. Bidwell. M. Ellis en a donné une courte diagnose sous le nom de *Sphæria Bidwellii*; Saccardo a ensuite rapporté cette espèce au genre Physalospora, sous le nom de *Physalospora Bidwellii*. Or, le genre Physalospora est essentiellement caractérisé par l'existence de paraphyses associées aux asques. Le champignon du Black Rot n'a point de paraphyses dans les périthèces; ce n'est donc pas un Physalospora. Il se rapproche du genre *Phomatospora*, qui, lui aussi, est dépourvu de paraphyses, mais il diffère par la forme de ses sporidies et par l'absence, dans ces dernières, de deux points réfringents situés aux pôles. Nous avions par suite, avec M. L. Ravaz, rapporté le champignon du Black Rot au genre *Læstadia*, sous le nom de *Læstadia Bidwellii*. Nous avons dit que le nom de Læstadia avait été créé, en 1832, pour des Composées du Mexique et employé seulement en 1869, par Auerswald, pour les champignons. A cause de ce fait de priorité pour le nom de

Kunth, nous avons donné, aux espèces de champignons comprises dans le genre Læstadia d'Auerswald, la dénomination générique de *Guignardia*, et le nom du champignon du Black Rot doit être définitivement : *Guignardia Bidwellii*.

Les dénominations scientifiques ont été encore plus nombreuses et la confusion plus grande pour le Black Rot des feuilles. On a cru, à cause des caractères différents d'aspect, à plusieurs espèces sans relation aucune avec le Black Rot des fruits. Cette confusion a été malheureuse au point de vue cultural, car le Black Rot apparaissant sur les feuilles bien avant d'envahir les raisins, les viticulteurs ne se préoccupaient nullement de la forme des feuilles dans les tentatives de traitement qui ont été faites en Amérique ; ils pensaient que c'était une maladie autre que celle des grains et sans importance.

Cette erreur a été maintenue par la plupart des botanistes des États-Unis. Nous croyons devoir rappeler que c'est M. Ravaz et moi qui avons démontré l'identité de la forme du Black Rot des feuilles avec celle des fruits. M. Von Thümen avait dénommé *Phyllosticta viticola* le Black Rot des feuilles du V. Rotundifolia, et *Phyllosticta Labruscæ* celui des feuilles du V. Labrusca ; il avait encore fait l'*Ascochyta Ellisii* pour le Black Rot des feuilles d'autres vignes. L'étude des échantillons frais, en Amérique, nous a démontré l'identité de ces formes entre elles et avec le Phoma des fruits, identité que nous avions établie, avec M. Ravaz, d'après des échantillons d'herbier (1). M. Prillieux, en rappelant nos recherches, avait pensé, à tort, que le *Ph. viticola* est seul identique au Black Rot, le *Ph. Labruscæ* étant pour lui une autre espèce.

Le *Phoma ustulatum* de Berkeley et Curtiss, espèce créée pour des pustules observées en octobre 1854 sur les feuilles du V. Æstivalis, est encore le Black Rot. Ce nom a dû être établi par des botanistes à cause des deux points réfringents des stylospores de la forme Phoma, qui font parfois défaut dans quelques spores.

MM. Ellis et Martin ont fait le *Phyllosticta ampelopsidis* pour le

---

(1) P. Viala et L. Ravaz. — *Note sur le Black Rot* (*Progrès agricole* du 10 juin 1888, tirage à part), et le *Black Rot*, 2ᵉ édition, 1888.

P. Viala. *Les Maladies de la Vigne*, 3ᵐᵉ édition.

Black Rot observé sur les feuilles d'*Ampelopsis quinquefolia* dans le New-Jersey et la Pennsylvanie; ils émettent l'idée que cette espèce pourrait être une forme du *Phyllosticta Labruscæ*. Le *Phoma ampelopsidis* qu'indique Saccardo sur des rameaux d'Ampelopsis est peut-être identique, quoique les dimensions plus grandes des spores puissent en faire douter; ce n'est que le *Sphæropsis ampelopsidis* d'Ellis et C.

Berkeley et Curtiss ont été les premiers à donner le nom de *Phyllosticta viticola* au Black Rot des feuilles de Scuppernong, mais ils n'ont jamais publié cette espèce; M. Von Thümen pouvait donc l'ignorer. Ces auteurs ont appliqué encore cette appellation à des échantillons de V. Æstivalis, V. Riparia, Ampelopsis... Curtiss publia plus tard cette espèce sous le nom de *Septoria viticola* et Cooke l'a changé en celui de *Sacidium viticolum*. Curtiss l'avait recueillie, en 1853, dans l'Alabama sur un V. Riparia, E. Howe en 1869 sur la même espèce, et Ravenel sur un Ampelopsis.

Toutes ces prétendues espèces ne sont que le champignon du Black Rot, dont la synonymie est par suite la suivante :

I. **Guignardia Bidwellii** P. Viala et L. Ravaz ! (Société mycologique, avril 1892).
   Læstadia Bidwellii P. Viala et L. Ravaz ! *(Progrès agricole, 10 juin 1888. Note sur le Black Rot, pag. 492).*
   Physalospora Bidwellii Saccardo ! (Sylloge fungorum. Pyrénomycètes, vol. 1, 1882, pag. 441).
   Sphœria Bidwellii Ellis ! (North American fungi, N° 26 et Bull. Torrey Bot. Club August. 1880, p. 90).
   Sphœria uvæ-sarmenti Cooke ! (Grevillea. XIII, p. 109).
   Physalospora uvæ-sarmenti Berlese et Voglino ! (Sylloge Fungorum. Additamenta, vol. I-IV, 1886, pag. 64).

II. Phoma uvicola Berkeley et Curtiss ! (Grevillea, vol. II, 1850, pag. 82).
   Phoma uvicola varietas Labruscæ Von Thümen ! (Die Pilze des Weinstockes, 1878, pag. 16).
   Sphœropsis uvarum Berkeley et Curtiss ! (North American fungi, N° 417. Grevillea, vol. II, 1850).

Phoma uvarum Saccardo! (Sylloge fungorum, 1884, vol. III, pag. 149).

Næmaspora ampelicida Engelmann! (Journal of proceeding. Trans. of the Acad. of Scienc. Saint-Louis, 1861).

!!!. Phyllosticta Labruscæ Von Thümen! (Die Pilze des Weinstockes, 1878, pag. 189).

Phyllosticta viticola Berkeley et Curtiss! (inédit *in* herbier Curtiss, à Cambridge, États-Unis).

Phyllosticta viticola Von Thümen! (Die Pilze des Weinstockes, 1878, pag. 188).

Ascochyta Ellisii Von Thümen! (Die Pilze des Weinstockes, 1878, pag. 190. — Viala et Ravaz : *Progrès agricole*, 1888, tirage à part).

Sphœria viticola Curtiss! (*in* herbier Curtiss, à Cambridge, États-Unis).

Sacidium viticolum Cooke! (Fungi americani de Ravenel, N° 26, et Grevillea, vol. VI, pag. 136).

Phoma ustulatum Berkeley et Curtiss! (*in* herbier Curtiss, à Cambridge, et Notices of North American fungi, N° 384. Grevillea, tom. II, pag. 82).

Phyllosticta ampelopsidis Ellis et Martin! (North American fungi d'Ellis, N° 1169).

Sphœropsis ampelopsidis C. et Ellis! (Grevillea, tab. 99, fig. 8).

Phoma ampelopsidis Saccardo! (Sylloge fungorum, vol. III, 1884, pag. 79).

Le *Guignardia Bidwellii* appartient à la famille des Sphœriacées — Hyalosporées (Saccardo), au sous-ordre des Pyrénomycètes et à l'ordre des **Ascomycètes**.

V. TRAITEMENTS

Les Américains ont, de tout temps, essayé de combattre le Black Rot; le nombre des procédés qu'ils ont expérimentés est considérable. Les modifications de toute sorte qu'ils ont apportées, dans ce but, aux systèmes de taille et de plantation, de même que le pincement, les paillis... ne pouvaient produire aucun effet. Les poudres, soufre, plâtres, cendres, chaux, poussières de charbon.... les dissolutions de chaux, d'acide phénique à faible dose, de sels de soude... ont été employés sans résultats. Il est vrai que les traitements étaient faits lorsque le mal était déjà sur les feuilles et même sur les fruits.

On a observé dans plusieurs États, surtout dans le Tennessee, le Maryland, le New-Jersey, que le Black Rot n'existait pas ou n'était pas intense sur les vignes palissées contre des murs qui étaient couronnés de toits ou d'abris partiels. Il est même des régions où les viticulteurs ont essayé, pour se préserver du Black Rot aussi bien que du Mildiou, de cultiver la vigne en contre-espalier, sous abris. Dans les serres des environs de Boston, dans celles de Washington, les vignes, même les variétés européennes, sont exemptes de Black Rot, quoique les vignobles voisins, en plein air, soient ravagés. Les abris ont sur le *Guignardia Bidwellii* la même influence indirecte que sur le *Plasmopara viticola*; ils s'opposent au rayonnement et par suite à la production de rosée sur les organes de la vigne. L'eau en gouttelettes est indispensable à la germination des spores du Mildiou, elle est nécessaire à celle des germes du Black Rot et surtout à leur dissémination.

On nous a rapporté plusieurs fois, en Amérique, une observation faite aux environs des grandes villes industrielles, où, à cause de la consommation considérable des houilles américaines, il se produit des fumées épaisses et par suite un dépôt abondant de poussières de charbon. Ainsi, à Saint-Louis, les fumées sont régulièrement rabattues vers le Nord par les vents du Mississippi. Le Black Rot est rare et ne produit que peu de ravages dans les vignobles qui sont situés dans cette région, aux portes de la ville; les pertes s'élèvent jusqu'à 90 o/o dans les vignes plantées au Sud de la cité. Les poussières de charbon, déposées sur les vignes, peuvent s'opposer à la pénétration des germes du parasite, les entraîner sur le sol, ou bien elles agissent d'une autre façon. Leur influence est certaine, mais n'offre qu'un intérêt de curiosité

Les viticulteurs américains ont obtenu de réels résultats par d'autres procédés qui ne seraient cependant pas plus pratiques que les précédents pour nos grands vignobles. Dans le Michigan, on supprime successivement tous les grains de raisin qui présentent les premiers signes du Black Rot; on parvient ainsi à enrayer le mal partiellement. Dans le Tennessee, les Carolines..., on rogne les rameaux dès le mois de juin; les feuilles de la base sont enlevées pour faciliter la circulation de l'air et éviter une trop grande humidité autour des fruits. Dès que l'on aperçoit des taches de Black Rot sur les feuilles, on cueille celles-ci avec soin et l'on répète cette opération onéreuse aussi souvent que cela est nécessaire. Les pertes sont diminuées dans une très grande proportion par ce moyen que l'on considère, dans ces régions, comme un des plus efficaces pour les vignobles de quelque étendue.

Dans tous les États des bords de l'Atlantique, Maryland, New-Jersey, Virginie, district de Colombie..., et dans le Missouri, le Tennessee, le nord du Texas..., on renferme les grappes dans des sacs en papier commun pour les préserver du Black Rot. L'opération est pratiquée par des enfants qui, une fois la grappe introduite, froissent le sac à son ouverture et fixent les plis par une épingle au niveau du pédoncule. Les sacs reviennent, à Washington, à 4 fr. 50 le mille et à 3 fr. 50 dans d'autres régions; à ce prix il faut ajouter la main-d'œuvre et la valeur des épingles. Les raisins sont enfermés lorsque les grains sont gros au plus comme des petits pois; il faut que le parasite n'ait pas commencé à les envahir. Les fruits mûrissent parfaitement dans ces sacs et y acquièrent leur couleur normale. Ceux qui sont protégés sont entièrement exempts de Black Rot, quoique les feuilles de la même souche soient criblées de taches, tandis que les raisins non recouverts par le papier sont souvent, sans exception, détruits par la maladie. Les sacs en papier avaient été d'abord employés pour sauvegarder les récoltes des oiseaux ; lorsque l'on eut observé qu'ils protégeaient le raisin contre le Black Rot, leur usage s'étendit très rapidement. Ils ne sont évidemment pas usités pour les grands vignobles à vin, mais on s'en sert, sur une très grande échelle, dans les vignobles où l'on produit des raisins de table, et ce sont les plus nombreux à l'Est et au Nord-Est des États-Unis. Tous ces procédés n'ont évidemment aucune portée pratique.

Il est impossible de songer à détruire, par des moyens directs, les conceptacles qui sont protégés par des membranes très épaisses et le mycélium qui vit dans les tissus. Il faut empêcher le premier développement des germes du parasite sur les organes de la vigne et agir par conséquent pour le Black Rot comme l'on agit pour le Mildiou. La germination des stylospores, des sporidies, et probablement aussi des spermaties, ne peut se produire, comme celle des conidies du Mildiou, dans des solutions très étendues de sels de cuivre. Quoique l'eau de rosée, de pluie ou des brouillards serve à la germination des semences du Black Rot d'une autre façon que pour les conidies du Mildiou, elle ne leur est pas moins utile, car elles n'évoluent pas sur une surface sèche. Si cette eau peut dissoudre, quand elle est précipitée, des sels de cuivre préalablement déposés sur les feuilles, les germes du parasite ne pourront pas développer leur mycélium, et c'est ce qui a lieu en effet.

Nous avons insisté sur ce fait que le Black Rot attaque d'abord les feuilles et que ce n'est que plus tard, sauf de rares exceptions, que le mal se communique aux fruits. Or, la première apparition du Black Rot sur les feuilles peut se produire dès la deuxième quinzaine du mois de mai ; il faut donc que le premier traitement aux sels de cuivre soit terminé au 15 mai, d'autant plus que la période d'incubation du mal peut être de huit à douze jours.

La première indication de l'action des sels de cuivre contre le Black Rot a été donnée, en 1887, par M. T.-V. Munson. Nous avons vu cette première expérience, peu concluante d'ailleurs, à Denison. Avec M. F.-L. Scribner (1), nous avions constaté, cette même année, des faits certains de l'efficacité des sels de cuivre contre le Black Rot, dans le New-Jersey, le Missouri et la Virginie. Mais c'est en 1888 que la certitude des traitements cupriques contre le Black Rot a été nettement acquise, surtout par les expériences de M. Prillieux et de M. Lavergne, à Aiguillon (Lot-et-Garonne), et par celles de MM. Scribner, colonel Pearson et Galloway, en Amérique. Des traitements comparatifs faits de 1889 à 1891, par M. Prillieux, en France, et par le Département de l'Agriculture, aux États-Unis, ont affirmé l'efficacité des sels de cuivre contre le Black Rot. Dans les expériences que nous avons faites de 1888 à 1891, avec MM. L. Ravaz et G. Foëx, dans les vignobles du Lot et de l'Aveyron, nous avons obtenu des résultats absolument concluants; de même MM. Fréchou et de l'Ecluse, dans le Lot-et-Garonne, en 1889 et 1890.

Les sels de cuivre sont, en effet, aussi efficaces contre le Black Rot que contre le Mildiou ; c'est même exclusivement à cette efficacité qu'est dû l'arrêt d'extension du Black Rot en France. Si les vignes n'eussent pas été traitées par les composés cupriques contre le Mildiou, le Black Rot se serait étendu progressivement dans les vignobles français et aurait occasionné, dans beaucoup de régions, des ravages autrement importants que ceux que l'on a eu à enregistrer.

Au début des expériences comparatives faites par les sels de cuivre contre le Black Rot, on avait conclu que les doses de cuivre devaient être de beaucoup augmentées, par rapport à celles employées pour combattre le Mildiou. Il n'en est heureusement rien. Les mêmes doses sont suffisantes pour les deux maladies, si les traitements sont faits préventivement. Dans les expériences comparatives, avec des doses diverses, que nous avons faites, en 1888, 1889, 1890, 1891, à Lavalade (Lot) et à Aubin (Aveyron), nous avons obtenu des résultats aussi concluants avec des bouillies à 2 kilogr. de sulfate de cuivre qu'avec des bouillies à 3, 4, 6 et 8

---

(1) P. Viala.— Lettres d'Amérique. (*Progrès agricole*, 1887).

kilogr.; nous sommes donc d'avis qu'il ne faut pas augmenter les doses de bouillie pour combattre le Black Rot. Les bouillies les plus adhérentes (Bouillie bordelaise, Bouillie sucrée, Bouillie bourguignonne......) sont les plus parfaites. Nous n'avons pas à revenir sur leur préparation et sur leur emploi qui sont les mêmes dans le cas du Black Rot que dans celui du Mildiou.

Quant à l'époque et au nombre des traitements, ils sont à peu près identiques, de sorte que lorsqu'on traite avec soin et préventivement un vignoble contre le Mildiou, on le traite en même temps contre le Black Rot. Le Black Rot n'occasionne donc pas, heureusement, de nouveaux travaux et de nouvelles dépenses dans les vignobles qu'il a envahis ou qu'il pourrait envahir.

Il est, — nous y insistons —, aussi nécessaire pour le Black Rot que pour le Mildiou de faire les traitements préventivement, avant que toute tache se soit montrée, non seulement sur les fruits, mais surtout sur les feuilles. Nous avons dit que la première apparition du Black Rot pouvait se produire dans la deuxième quinzaine de mai et que la période d'incubation de la maladie était de huit à douze jours. Il faut donc que le premier traitement contre le Black Rot soit fait à la même époque que celui donné pour le Mildiou ; donc aucune modification nouvelle à apporter. Il n'y a encore aucun changement à faire pour les deuxième et troisième traitements aux bouillies. Il est à observer cependant que ces derniers traitements doivent être faits avec le plus grand soin et que l'on doit répandre les bouillies en grande abondance sur tous les organes et particulièrement sur les fruits. Mais il est de toute nécessité de compléter ces trois traitements normaux par un quatrième traitement à la bouillie quand on a à craindre le Black Rot, ce quatrième traitement étant donné une quinzaine de jours après le troisième.

On peut enfin, dans quelques circonstances spéciales, être obligé d'avoir recours à un cinquième traitement à la bouillie, mais ce sera exceptionnel. Quatre traitements ont été suffisants, en 1889 et 1890, dans les expériences que nous avons faites dans le Lot et dans l'Aveyron.

Il est fort probable que la découverte d'un procédé de traitement absolument efficace contre le Black Rot amènera, aux Etats-Unis, des changements importants dans les systèmes de culture et dans le choix des cépages. Les cépages greffés sur porte-greffes résistants pourront être cultivés dans les régions du Sud et du Centre des États-Unis, où le Black Rot rendait leur culture impossible.

BIBLIOGRAPHIE

Berkeley et Curtiss. — Grevillea (vol. II, p. 82, 1873).
Buchanan (Robert). — The culture of the grape and wine making. (Cincinnati, 1865.)
Bush and **Son** and **Meissner**. — Bushberg Catalogue. (St-Louis, 1883.)
Chester (F.-D.). — Diseases of the Vine. (Delaware, 1890.)
Ecluse (de l'). — Divers sur : Le traitement du Black Rot (1888-1891), *in* Bulletin du Comité central d'études et de vigilance contre le Phylloxéra. (Département du Lot-et-Garonne).
Ellis. — North american fungi N° 26.
— *In* Bull. Torrey. Bot. Cl. (1880, août, vol. VII, p. 90).
Engelmann. — *In* Journal of proceed. Trans. of the Acad. of Sc. (St-Louis, 1881).
— The Mildew and the Black Rot (*in* Bushberg Catalogue, 1883).
Fréchou (E.). — Le Black Rot, sa nature et son traitement. (Agen, 1889).
Fuller (Andrew's) — The grape culturist. (New-York, 1867.)
Galloway (B.-T.). — Divers *in* Bulletin du Département de l'Agriculture de Washington, 1889-1892.
Husmann (G.). — The cultivation of the native grape. (New-York, 1886.)
Martelli (U.). — Il Black Rot sulle viti presso Firenze. (Nuovo Giorn. Bot. Ital., vol XXIII 1891).
Mina-Palumbo (F). — Contribuzioni allo studio della nuova malattia della vite conosciuta col nome di Black Rot (Agricoltura italiana, 1886.)
Pastre (J). — Black Rot et Coniothyrium diplodiella. (Béziers, 1887.)
Pirotta. — Funghi parassiti dei vitigni. (Milano, 1877.)
Poitou (E.) — Le Black Rot de Nérac et le Coniothyrium diplodiella. (Bordeaux, 1887.)
Prillieux (J.). — Quelques mots sur le Rot des vignes américaines et l'Anthracnose des vignes françaises. (Bull. Soc. bot. de France, 1880.)
— Le Black Rot en France. (Rapport à M. le Ministre de l'Agriculture. Journal officiel, 1885.)
— Le Black Rot. (Comptes rendus de l'Académie des Sciences, juillet 1887.)
— Traitement du Black Rot (Rapport au Ministre de l'Agriculture. Journal officiel du 28 juillet 1888).
Rathay (E.). — Rapports sur l'étude du Black Rot en France. (Vienne, 1892?.)
Saccardo. — Sylloge fungorum (vol. III, 1884).
Scribner (F.-L). — Black Rot. Physalospora Bidwellii. (Proc. Soc. Ag. Sc., 1886.)
— Botanical characters of the Black Rot. Physalospora Bidwellii. (Botanical Gazette, vol. XI, 1886).
— Divers *in* Bulletin du Département de l'Agriculture de Washington, 1886 à 1889.
Strong (J.). — Culture of the grape. (Boston, 1867.)
Thümen (F. Von). — Die Pilze des Weinstockes. (Wien. 1878.)
Trelease. — The grape Rot. (St-Louis, 1885.)
Viala (P.). — Lettres d'Amérique. (Progrès agricole et viticole, 1887).
— Le traitement du Black Rot en Amérique. (Progrès agricole et viticole, 1888.)
— Une Mission viticole en Amérique. (1 vol., 1889.)
— Expériences sur le traitement du Black-Rot. (Divers *in* Comptes rendus de la Commission supérieure du Phylloxéra, 1889-1892).

Viala (P.) et **Ferrouillat** (P.) — Manuel pratique pour le traitement des maladies de la vigne (1888).

Viala (P.) et **Ravaz** (L.). — Le Black Rot américain dans les vignobles français. (Comptes rendus Académie des Sciences, 1885).

— Nouvelles observations sur le Black Rot. (Progrès agricole et viticole et Vigne américaine, 1885.)

— Nouvelles espèces de Phoma se développant sur les fruits de la vigne. (Bulletin de la Société botanique de France, 1886.).

— Note sur le Black Rot. (Progrès agricole et viticole, 1888.)

— Le Black Rot et le Coniothyrium diplodiella. (1 vol., 2ᵉ édition, 1888.)

— Recherches expérimentales sur les maladies de la vigne. (Comptes rendus de l'Académie des Sciences, 1888.)

CHAPITRE IV

ANTHRACNOSE

L'Anthracnose est une des maladies les plus anciennes que l'on connaisse sur la vigne en Europe. Elle n'a pas le caractère d'extension foudroyante que présentent le Mildiou, l'Oïdium et même le Black Rot, mais elle cause parfois de graves dégâts et détermine, dans des milieux spéciaux, un affaiblissement tel des ceps que ceux-ci peuvent succomber au bout de trois ou quatre années d'attaques successives.

Fabre et Dunal ont donné à cette maladie le nom d'*Anthracnose*, qu'ils faisaient dériver des deux mots grecs ανθραξ (charbon) et νοσς (maladie). Ces auteurs ont substitué, pour la vigne, le mot d'Anthracnose à celui de charbon, qui a la même signification, afin d'éviter toute confusion avec la maladie des céréales connue depuis longtemps en France sous ce dernier nom. Ils ont décrit, sous la dénomination d'Anthracnose, plusieurs altérations reconnues aujourd'hui comme différentes de cause et d'effet. L'*Anthracnose maculée*, ainsi nommée par Fabre et Dunal, ou *Charbon* des anciens auteurs, est la plus importante maladie de celles que l'on a confondues sous le même nom. C'est d'elle surtout que nous nous occuperons dans cette monographie. L'*Anthracnose ponctuée* de Fabre et Dunal et l'*Anthracnose déformante* de J.-E. Planchon, fort mal connues encore dans leur cause, diffèrent essentiellement de l'Anthracnose maculée, quoiqu'elles se présentent parfois sous des aspects assez analogues ; elles sont d'une nocuité bien moindre que l'Anthracnose maculée.

L'Anthracnose, existant dans les vignobles du monde entier, porte divers noms vulgaires, dont voici les principaux :

Anthracnose : *Anthracose* (de Bary et Millardet), *Charbon, Carbounat, Picoutat* (Languedoc), *Peyreyade* (Bordelais, d'après

M. Millardet), *Rouille noire* (Isère), *Vigne à feuilles d'ortie* (Vendômois, d'après M. Prillieux), *Tacon* (d'après M. Prillieux et herbier Dunal), *Cabuchage* (d'après M. Pulliat), *Carie, Maladie noire.* — *Schwindpokenkrankheit, Pocken des Weinstockes, Brenner, Schwarzer Brenner, Schwarzer Fresser, Pech der Reben, Fleck.* — *Antracnosi, Vajolo, Vaiulo, Picchiola, Morbiglione, Bolla, Stachetta, Carbone, Marino nero, Ferro, Petecchia, Senobecca, Manna antica, Querciola, Varola, Zella.* — *Bird's eye Rot, Small pox, Speck*... etc...

1. HISTORIQUE

L'Anthracnose est une maladie qui paraît avoir toujours existé dans les vignobles de l'Europe. Si l'attention a été plus spécialement attirée sur elle dans ces dernières années, ce n'est pas que ses ravages n'eussent été très graves à certains moments. Les nombreux documents que l'on possède en font foi, et l'on ne peut admettre l'hypothèse d'après laquelle on aurait, en important des vignes américaines, introduit des organes de reproduction que le champignon ne possédait pas jusque-là dans nos régions, organes qui auraient déterminé une aggravation dans l'intensité du mal.

Sans recourir aux écrits des auteurs anciens, tels que ceux de Théophraste et de Pline (1), dont les documents peuvent paraître

---

(1) H. Marès. — In *Livre de la Ferme* (1884, pag. 242), où il est rapporté, d'après le Dr Montagne, une traduction d'un passage de Théophraste (*De causis plant...*) ainsi conçu : «Tels sont les accidents et les maladies auxquels sont sujets les arbres ; ceux des fruits, et en particulier du Raisin, consistent dans le grésillement (appelé en grec χραμβος), affection assez semblable à la rouille ; cela a lieu par des temps humides, lorsque, à la suite d'une rosée abondante, le soleil darde avec force ses rayons. Il se produit le même effet sur les pampres.» On peut, ainsi que le fait remarquer M. Marès, reconnaître là « les circonstances dans lesquelles se produit le charbon de la vigne et sa désignation.»

Dans un travail de M. Portes, sur l'Anthracnose, où la partie historique est longuement développée, se trouve cité un passage de Pline, qui paraît se rapporter au charbon de la douteux, on trouve à des époques reculées des preuves certaines de l'ancienneté de la maladie et des descriptions parfaites des altérations qu'elle produit. De 1835 à 1840 (1), les treilles des environs de Berlin et surtout les espaliers des terrasses du château royal de Sans-Souci, à Postdam, étaient ravagés par ce mal, que Fintelmann, en le signalant dans la *Gazette universelle d'Horticulture de Berlin*, nommait *Schwindpokenkrankheit*; il l'identifiait au *vajolo* ou *picchiola* des Italiens (2), et en donnait une description sommaire mais exacte.

En 1841, Meyen, en étudiant avec soin la maladie qui préoccupait alors l'opinion, pensa qu'elle était due à un parasite, et il fournit sur ses effets un travail détaillé. L'attention, occupée plus tard par l'Oïdium, ne fut ramenée sur l'Anthracnose que par les travaux de Fabre et Dunal, parus en 1853. Ils firent des caractères extérieurs l'étude la plus complète qui eût paru jusqu'alors et signalèrent de très graves dégâts qu'ils avaient observés, en 1848, dans divers vignobles (3). Si l'on suit les descriptions qu'ils ont données, on voit qu'elles sont semblables aux lésions que l'on peut étudier

---

vigne (Pline, *Hist. nat.*, liv. XVII et XVIII. Traduction de Littré). — « La sidération dépend tout entière du ciel ; par conséquent il faut ranger dans cette classe la grêle, la bruine et les dommages causés par la gelée blanche. La bruine tombant sur les pousses tendres, que la chaleur du printemps invite et qui se hasardent à partir, brûle les jeunes bourgeons pleins de lait, c'est ce que dans la fleur on appelle *charbon* (carbo, carbunculus).... Cet intervalle de temps est capital pour la vigne ; la constellation que nous avons nommée Canicule décide du sort des raisins. On dit alors que la vigne charbonne, brûlée par la maladie comme par un charbon. On ne peut comparer à ce fléau ni les grêles, ni les orages, ni les accidents, qui ne produisent jamais les chertés ; ces coups frappent des champs isolés, tandis que le charbon frappe des pays entiers. »

Voici une autre preuve du même genre sur l'ancienneté de l'Anthracnose, rapportée par M. Prillieux (Bull. Soc. Bot. France, *loc. cit.*, pag. 318) : « Un vieux vigneron m'a fait connaître un remède qu'il emploie, non sans succès, à ce qu'il assure, pour combattre l'Anthracnose, et qu'il tient par tradition de famille d'un vigneron des moines de la Trinité de Vendôme. L'emploi du remède remonte donc à une époque antérieure à la Révolution française. Il n'y a donc pas de témérité à dire que la maladie était répandue aux environs de Vendôme il y a cent ans, et il me paraît bien certain qu'à cette époque il n'y avait pas un seul pied de vigne américaine dans le pays. »

(1) Prillieux, pag. 2 ; et Portes, pag. 9, *loc. cit.*
(2) Bianconcini. *Vig. am.*, 1879, pag. 133, d'après Garovaglio.
(3) Dans l'herbier de Dunal, de la Faculté des Sciences de Montpellier, nous avons trouvé une grappe de raisins criblés des lésions de l'Anthracnose maculée ; l'étiquette porte l'inscription suivante : *Sphæria-Tacon des Orléanais, Jardin de Lalandelle, près Coffinet (Haute-Garonne), octobre 1889.*

actuellement ; ils ont attribué la maladie à un parasite. On trouvait avant cette époque, dans les écrits parus sur l'Oïdium, diverses notes relatives au charbon, que certains auteurs ne considéraient que comme un effet de l'Anthracnose, ou qu'ils confondaient avec elle. Enfin M. H. Marès, dans la première édition du *Livre de la Ferme*, parue en 1865, donna des renseignements assez détaillés sur le charbon, qu'il avait étudié depuis 1848. Les influences atmosphériques lui semblaient devoir être la cause du charbon, qu'il distinguait de l'Anthracnose ; celle-ci n'en aurait été qu'un effet, mais dû à un parasite.

L'Anthracnose était donc connue et définie dans ses caractères avant 1874, époque à laquelle l'attention a été de nouveau fixée sur elle. Il n'est pas discutable qu'elle soit indigène et non importée récemment. Elle a fait d'aussi grands ravages en 1839 et 1848 que dans la période de 1874 à 1878, et on ne s'explique pas la raison pour laquelle on a cru devoir considérer ces dégâts comme plus importants et en attribuer la cause à une aggravation de la maladie, déterminée par l'importation récente de nouveaux organes reproducteurs du champignon.

Par suite de son ancienneté, et malgré son développement relativement lent, l'Anthracnose est répandue à peu près partout. Elle existe dans tous les vignobles de France ; elle est moins fréquente et moins funeste en général dans la Champagne, la Bourgogne et les vignobles du Nord, que dans ceux du Languedoc, du Roussillon et surtout de la Gironde. On l'a constatée en Suisse (cantons de Vaud, Zurich, Genève...), en Allemagne (provinces rhénanes), en Italie (Ligurie, Lombardie, Toscane....), Portugal, Espagne, Grèce, Turquie ; sur la côte méditerranéenne de l'Afrique : Algérie, Tunisie..., en Australie et en Amérique, où elle est d'une gravité bien plus grande qu'en Europe (1).

---

(1) P. Viala. — Une Mission viticole en Amérique (1889, pag. 285-287).

II. CARACTÈRES EXTÉRIEURS DE L'ANTHRACNOSE MACULÉE

L'*Anthracnose maculée* attaque tous les organes annuels de la vigne, à toutes les périodes de leur végétation. Les formes qu'affectent les lésions qu'elle détermine sur les rameaux, les fleurs et les fruits, sont très caractérisées par le creusement des tissus. Ses effets sont parfois si désastreux que, rongés par les chancres qu'elle détermine, les rameaux tombent et la souche finit par périr. L'Anthracnose maculée se développe surtout sur les sarments, mais aussi sur les feuilles, les fleurs et les fruits ; ses lésions ont des caractères différents sur ces divers organes.

a. **Sur les rameaux.** — Les rameaux de l'année sont seuls atteints par l'Anthracnose maculée, depuis leur premier développement jusqu'à leur complet aoûtement. A ce moment, les lésions cessent de s'étendre ; elles peuvent continuer pendant un certain temps, fort court d'ailleurs, à se creuser.

L'Anthracnose apparaît sur les jeunes rameaux verts sous forme de petits points isolés, à teinte d'un brun clair livide, à peu près semblable à celle que produit une légère meurtrissure ; mais les tissus ne sont pas affaissés comme dans cette dernière, c'est une simple coloration. A peine visible au début, le point noir grandit très rapidement, lorsque une assez grande humidité coïncide avec une température élevée ; il se fonce et devient noir. La tache s'allonge suivant la longueur du mérithalle, dans la direction des stries et peut occuper tout l'entre-nœud ; elle s'étend en même temps irrégulièrement sur ses bords et affecte, par suite, des formes variables et non définies. Elle se limite souvent et n'occupe que des régions restreintes ; elle est encore noire. La teinte devient bientôt gris roussâtre au centre, et cette coloration envahit toute la tache,

ANTHRACNOSE MACULÉE.

qui est toujours bordée d'une auréole brun livide vers l'intérieur et d'un brun foncé à l'extérieur (Fig. 60 et Pl. V, c).

L'écorce a toute sa surface déchirée en fines lanières, à peine visibles à l'œil nu, qui lui donnent un aspect cotonneux et rugueux en même temps (Fig. 61). C'est surtout aux mois de mai ou de juin que les taches présentent cet aspect, qui persiste assez longtemps. Il semble que le sarment est recouvert sur une certaine épaisseur d'une couche furfuracée roussâtre Dans ces conditions, on rencontre en grand nombre les corps reproducteurs qui perpétuent le parasite durant toute la période végétative de la vigne.

Si les milieux sont défavorables au parasite, la lésion peut s'arrêter à ses débuts, et les points ou les taches noires ont beaucoup d'analogie avec ceux de l'Anthracnose ponctuée. A la deuxième période, les ressemblances d'aspect sont aussi très grandes avec l'Anthracnose déformante, quand l'arrêt dans le développement se produit à ce moment. La meurtrissure peut même présenter un caractère particulier et inverse de celui qui se manifestera plus tard ; le centre paraît se boursoufler et l'ensemble de la tache surplombe un peu la surface normale du mérithalle.

Fig. 60. — Rameau attaqué par l'Anthracnose maculée, au début de l'altération.

La tache roussâtre et à pourtour toujours noir se fonce et devient livide, et on peut facilement remarquer qu'elle est, dans son ensemble, un peu déprimée ; son centre se désorganise et se creuse peu à peu. La lésion s'étend et devient plus profonde. Le creusement peut commencer en plusieurs points à la fois ; les creux isolés finissent par se rejoindre et former une même dépression. L'agrandissement et le creusement des lésions continuent jusqu'à l'aoûtement ; elles acquièrent alors leur forme définitive et caractéristique (Fig. 62 et Pl. V, c).

Les lésions de l'Anthracnose maculée se présentent, à leur complet développement, sous forme de chancres rongeants, creusés au

P. VIALA. *Les Maladies de la Vigne*, 3me édition.

centre ; les creux atteignent parfois la moitié de l'épaisseur du sarment (Pl. V. c, Fig. 62 et 63). Elles occupent dans certains cas toute la longueur du mérithalle et s'étendent sur une grande partie de sa largeur. Leurs bords sont déchirés ou rarement presque lisses et surélevés, et constitués par des séries de bourrelets irréguliers, visibles à la loupe. Les parois du creux sont déchiquetées, et on aperçoit les fibres rongées, tendues à travers et tapissant le plafond de la plaie, qui n'est jamais lisse comme dans les altérations occasionnées par la grêle. Les lèvres du chancre peuvent proéminer au-dessus du creux noirâtre et ne laisser qu'une petite ouverture en boutonnière, toujours entourée d'une auréole noire, ou bien ce chancre est largement ouvert avec les bords déjetés et proéminents sur les côtés, les fibres et les vaisseaux du bois dilacérés tapissant irrégulièrement tout l'intérieur. Ces dernières lésions ont parfois jusqu'à 4 centim. de long sur 1 centim. de large et 1/2 centim. de profondeur, plus de la moitié de l'épaisseur du sarment.

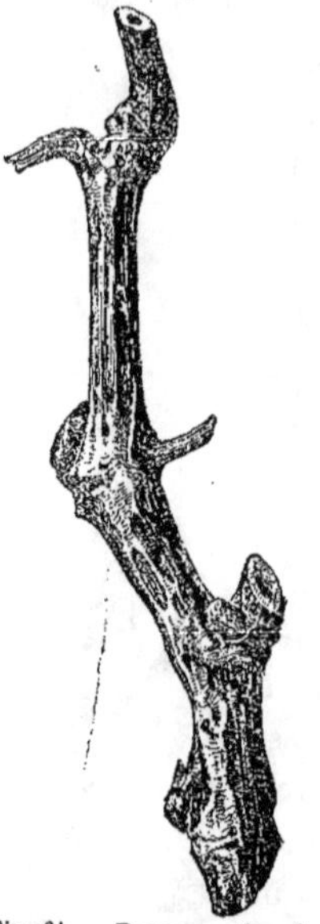

Fig. 61. — Rameau attaqué par l'Anthracnose maculée, avant le creusement des taches, au moment où les corps reproducteurs du champignon sont abondants.

Les lésions sont bien rarement uniques sur le même mérithalle. Sans atteindre de grandes dimensions (5 millim. sur 4 millim. par exemple), elles se creusent et se groupent irrégulièrement, plus fréquentes aux environs des nœuds. C'est dans cette région et vers l'insertion des rameaux sur le vieux bois qu'elles commencent à se former (Pl. V, c, et Fig. 62). Depuis la tache noire non déprimée jusqu'au chancre creux, on rencontre comme forme, aspect et dimensions, tous les intermédiaires. Lorsque les lésions sont nombreuses, elles se réunissent par leurs bords et se confondent en une lésion unique qui ronge le sarment sur toutes ses faces et sur toute sa longueur. Les mérithalles sont alors tout déchiquetés, lézardés dans divers sens. Il ne reste plus qu'un squelette déformé, tapissé par des lanières informes, d'un noir livide.

A cet état, les sarments, tout noirs, paraissent de loin comme brûlés; ils sont courts, grêles, irrégulièrement sinueux et tordus, ratatinés, avec les nœuds rapprochés et rongés. Sans que la maladie atteigne cette gravité extrême, les rameaux noirs et rabougris ont leurs mérithalles raccourcis et sont sinueux; les ramifications secondaires sont très nombreuses et, attaquées à leur tour, elles donnent des ramifications tertiaires peu développées. La souche a un aspect buissonnant; au moindre coup de vent, les sarments cassent et tombent.

La vigne a une végétation languissante. Les feuilles ont une teinte plus claire et plus terne et sont plus petites qu'à l'état normal; elles finissent par sécher On conçoit les troubles considérables qui doivent en résulter pour les fonctions de la plante; les raisins grossissent peu et peuvent se dessécher sans qu'ils soient directement atteints par le parasite. La migration des principes nutritifs ne se produit qu'imparfaitement, par suite de l'altération des canaux conducteurs des rameaux et du mauvais fonctionnement des surfaces vertes; aussi, les grains sont-ils pauvres en sucre. L'aoûtement est incomplet et les gelées ont beaucoup d'action sur les rameaux et même sur la souche dans les vignobles du Centre et du Nord. Enfin, l'altération, sous l'action indirecte du parasite, peut atteindre le bras et même le tronc, et on aperçoit alors sur des sections transversales des zones noirâtres plus ou moins étendues. Il est rare que l'altération gagne jusqu'au collet, et ce n'est que lorsque le mal sévit avec une grande intensité, pendant deux ou trois années successives, que l'altération est assez profonde pour amener la mort du cep; des souches qui paraissent mortes repoussent souvent du pied, quand on les recèpe.

L'effet de l'Anthracnose se traduit l'année suivante, quoique

Fig. 62. — Chancres de l'Anthracnose maculée.

le mal ne reparaisse pas, par l'état de langueur des premières pousses ; mais la vigne reprend vite sa vigueur, surtout lorsqu'on a le soin de l'exciter par des fumures abondantes et azotées.

Fig. 63. — Rameau rongé par les chancres de l'Anthracnose maculée.

M. Prillieux (1) a décrit un fait curieux que présentaient des ceps atteints par l'Anthracnose les années précédentes, et qui avaient été amputés énergiquement : « Ils ne portaient plus que quelques pousses chétives sur lesquelles on voyait encore des taches d'Anthracnose et dont tout le feuillage était des plus étranges. Les feuilles très réduites de taille, d'un vert pâle, n'avaient pas la moindre ressemblance avec les feuilles de vigne normale ; très profondément dentées ou incisées, à dents en scie très aiguës, acuminées ; elles variaient beaucoup de forme entre elles ; les plus petites étaient souvent cunéiformes ; le plus grand nombre à peu près orbiculaires ; celles qui étaient terminées en pointe présentaient certainement parfois une singulière ressemblance avec des feuilles d'ortie. » M. Prillieux s'explique ainsi le nom de *vignes à feuilles d'ortie*, donné, dans le Vendômois, aux ceps atteints d'Anthracnose. On sait que des déformations et des découpures profondes se produisent fréquemment sur les feuilles des vignes recépées.

b. **Sur les feuilles**. — L'Anthracnose maculée est moins fréquente sur les feuilles que sur les rameaux ; la détérioration des tissus verts et, par suite, l'arrêt partiel ou l'irrégularité de leur fonctionnement sont une cause d'affaiblissement du cep, s'ajoutant à celui qui résulte des rameaux.

Le pétiole présente les mêmes altérations que les rameaux ; les taches rongeantes, plus ou moins étendues et creusées, le déforment et le tordent, les feuilles prennent des positions variables et sont parfois entièrement retournées.

---

(1) Bull. Soc. Bot. Fr., *loc. cit.*, pag. 311.

Sur les nervures, souvent atteintes, les lésions allongées sont légèrement creusées et noires sur leur pourtour ; elles déterminent des arrêts de développement localisés ; le parenchyme, qui s'accroît, se gaufre, se tourmente irrégulièrement et la feuille est parfois fortement boursouflée. Si les lésions sont plus nombreuses d'un côté et situées vers les extrémités des lobes, elle devient inéquilatérale, déchiquetée ou à denture irrégulière.

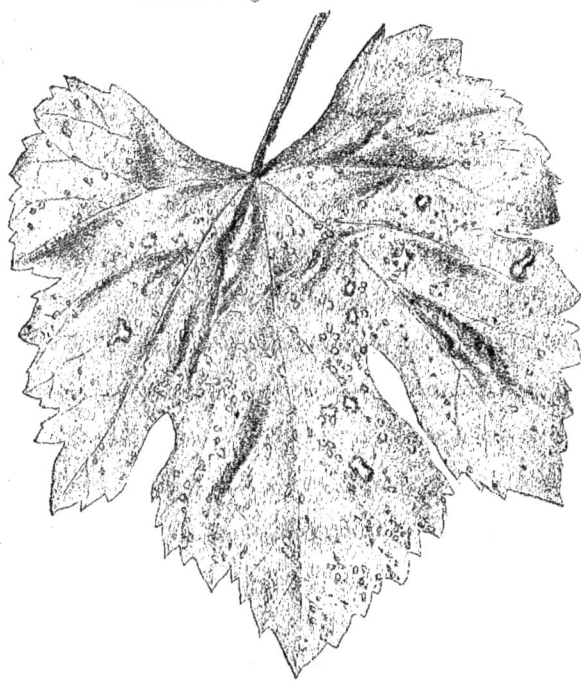

Fig. 64. — Feuille attaquée par l'Anthracnose maculée.

Il se forme sur le parenchyme de petites taches circulaires, noires, très apparentes sur le fond vert (Pl. V, *a, a*); elles grandissent et sont parfois très nombreuses et très rapprochées, sans être jamais très étendues ; elles prennent au centre une teinte feuille morte et, par le dessèchement et la séparation de cette portion, se criblent de petits trous (Pl. V, *a, a,* et Fig. 64) *entourés d'une auréole noire* ; ces trous ont de 1 à 2 millim., rarement 4 à 5 millim. Si ces lésions sont isolées sur le parenchyme, il devient coriace et se brise facilement quand on le froisse, mais la feuille ne se boursoufle pas. Les feuilles jeunes et tendres peuvent être tellement altérées par des lésions nombreuses qu'elles se flétrissent, sèchent et se détachent ; elles se séparent rarement par lambeaux.

Fig. 65. — Rameau attaqué par l'Anthracnose maculée au moment de la floraison (d'après M. H. Marès).

Les jeunes grappes de *fleurs* sont parfois entièrement brûlées par le charbon et sèchent (Fig. 65) ; il y a perte totale de récolte. L'altération des fleurs a plus fréquemment lieu sur les pétales seulement ; les taches circulaires, noires et non creusées, arrêtent le développement de certaines parties et les forcent à s'ouvrir en croix, soit prématurément, soit au moment de la floraison. Dans le premier cas, la fécondation n'a pas lieu, car les anthères sèchent ; elle est irrégulière et accidentelle dans le second ; la coulure de la Carignane est due souvent à l'Anthracnose. L'ovaire peut être altéré depuis le premier développement de l'ovule jusqu'à la maturité de la graine.

c. **Sur les fruits.** — Les chancres se forment sur les vrilles, les pédoncules, la rafle et les pédicelles, comme sur les pétioles et les jeunes rameaux, en rongeant plus ou moins les tissus et en les déformant.

Lorsque les lésions sont profondes sur le pédoncule, la grappe entière sèche et les grains se détachent ; il en est de même lorsque les pédicelles sont fortement altérés. Si cet état extrême ne survient pas, les baies restent petites et sont peu sucrées.

Les taches d'Anthracnose se montrent, sur les grains (Pl. V, *b*), sous forme de points noirs, qui s'étendent en restant circulaires, quand ils sont isolés ; leur accroissement résulte du développement du parasite et de la distension des tissus qui prolifèrent rapidement. Elles peuvent avoir de 1 à 3 millim. de diamètre ; leur centre devient bientôt blanc grisâtre et se creuse ; elles sont entourées d'une auréole noire très apparente. Les lésions peuvent être assez profondes pour que les graines soient mises à nu, les bords de la plaie sont alors irréguliers. Une seule tache existe parfois isolée sur un grain vert, qui en possède le plus souvent plusieurs. Tout d'abord rapprochées, les taches sont ensuite éloignées par le grossissement du grain, mais elles se réunissent plus tard par leurs bords et se confondent ; la lésion résultante est irrégulière et creusée.

Le grain rongé n'a plus de forme ; il peut être complètement détruit d'un côté, et, si la maladie s'arrête, l'autre fragment seul grossit ; entièrement altéré, il se dessèche et tombe ou est impropre à la vinification. Quand l'Anthracnose progresse lentement ou attaque le grain à la véraison, comme l'épiderme est peu extensible et que les relations d'accroissement des diverses régions sont détruites, celui-ci éclate et sèche en totalité ou en partie. Les pertes sont encore grandes dans ce dernier cas. C'est le développement un peu exceptionnel de l'Anthracnose sur les grains que quelques auteurs ont considéré comme le résultat de l'importation récente de nouveaux corps reproducteurs du champignon.

d. **Effets de l'Anthracnose maculée**. — Les dommages causés par l'Anthracnose maculée peuvent, ainsi que nous l'avons vu, devenir très graves dans certains milieux. Nous avons cité les treilles du château de Sans-Souci qui furent ravagées de 1835 à 1840. Fabre et Dunal ont rapporté que des vignobles plantés en Clairette avaient dû être arrachés à la suite des effets répétés de l'Anthracnose (1840-1850). Récemment, certaines vignes submergées, plantées en Clairette, ont disparu pour la même cause. En 1877, dans l'Aude et dans plusieurs autres points du Languedoc, les ravages de l'Anthracnose ont acquis une grande importance. Sur les bords de la mer, dans les vignobles d'Aigues-Mortes notamment, on a dû renoncer à la culture de certaines variétés que le charbon détruisait, principalement la Carignane et l'Alicante. Dans la Gironde et sous les climats humides, le Jacquez a dû être abandonné comme producteur direct. La culture de l'Alicante-Bouschet a été impossible, à cause de l'Anthracnose, dans les vignobles du centre et du sud-ouest de la France. Les ravages exercés par cette maladie peuvent donc atteindre une certaine intensité, mais ils sont bien moins à redouter que ceux déterminés par le Mildiou et l'Oïdium ; il faut cependant compter avec elle dans les milieux et les années favorables à son développement.

e. **Influence du cépage.** — Parmi les variétés de vignes les plus résistantes à l'action de l'Anthracnose maculée, nous citerons : *Pinots, Petit-Bouschet, Espar, Chasselas, Teinturier, Mourvèdre, Syrah, Chatus, Duriff, Sauvignon, Massoutet, Pignon, Herbemont, Cynthiana, Burgunder, Traminer,* etc.

Parmi celles qui souffrent le plus de ses effets : *Carignane, Alicante-Bouschet, Clairette, Grenache, Cinsaut, Œillade, Muscats, Calitor, Cabernets, Merlot, Cot* ou *Malbec, Jacquez, Alvey, Portugais bleu, Trollinger bleu, Ortlieber, Sylvaner, Seindentraube, Li-Riesling, Madeleine angevine, Gutedel, Chaouch, Crujidero, Lignan, Insolea, Muscat d'Alexandrie, Salamanna, Rosaki, Aspiran, Terret-Bourret, Dolcetto, Malvasia di Broglio, Negrettino, Solonis,* etc.

III. CONDITIONS DE DÉVELOPPEMENT DE L'ANTHRACNOSE MACULÉE

a. **Influence de l'humidité.** — La chaleur et l'humidité sont nécessaires au développement de l'Anthracnose maculée ; l'influence de l'humidité est prépondérante. Dans les plaines et les bas-fonds, dans les sols riches et frais, dans ceux où l'eau reste stagnante, sur les bords des cours d'eau par exemple, l'on observe le plus fréquemment le charbon. C'est dans ces milieux qu'il exerce ses plus grands ravages, dans ceux surtout où les vignes acquièrent une grande végétation herbacée. Les années où les pluies sont fréquentes, les rosées abondantes, les brouillards intenses, il se développe beaucoup. Les vignes basses, où l'air circule difficilement et où l'humidité se maintient longtemps, sont plus sujettes à cette maladie. On a observé que, dans les mêmes conditions, les vignes échalassées ou conduites en taille élevée y étaient moins sujettes. On l'a vue diminuer d'intensité dans les sols compactes et humides que l'on avait drainés. A ce point de vue, l'égouttement complet et rapide des vignes submergées, à sous-sol imperméable, est indispensable, d'autant plus que, par leur situation dans les parties basses et humides, elles sont plus à même d'être attaquées.

La nécessité d'un milieu humide s'explique par les conditions qu'exigent les semences du champignon pour germer; comme pour le Mildiou, c'est l'eau précipitée sous forme de pluie fine, de rosée ou de brouillard qui agit, et non un état hygrométrique élevé. En outre, pour l'Anthracnose, l'eau en gouttelettes facilite non seulement la germination des semences, mais aussi leur dissémination. Elle les entraîne en tombant sur les rameaux sains.

Ce fait de la dissémination forcée des semences par les gouttes d'eau rend compte en partie de la progression relativement lente de la maladie; elle ne se développe pas, en effet, brusquement et rapidement comme le Mildiou et l'Oïdium, mais se propage peu à peu et met parfois plusieurs années pour infester des régions limitées.

b. **Influence de la chaleur.** — L'influence de la chaleur paraît moins grande que celle de l'humidité, ainsi que le prouvent diverses observations; des données positives d'expérience directe manquent cependant à cet égard. On sait que l'Anthracnose maculée peut se manifester dès la première apparition des bourgeons, lorsque la température moyenne est assez basse; mais elle n'est intense que lors de la floraison, fin mai et juin, et c'est à ce moment que dans les années humides elle fait de rapides progrès. Si l'humidité persiste, elle continue à se développer avec les fortes chaleurs de juillet, août et septembre, et même jusqu'à l'aoûtement complet du bois. Quand, avec ces fortes chaleurs, l'humidité fait défaut ou est peu abondante, son extension est entravée, ce qui arrive souvent dans le Midi en août et septembre ; mais son développement reprend avec le retour des temps humides.

IV. ÉTUDE BOTANIQUE DE L'ANTHRACNOSE MACULÉE

Meyen, en 1841, avait attribué comme cause à l'Anthracnose un parasite (1), et avait signalé les organes de reproduction qu'il forme en été. Pour la première fois en 1874, M. de Bary donna les preuves que les spores étaient bien la cause de l'Anthracnose maculée et en décrivit exactement le mode de formation ; il put, en cueillant les semences en été sur les chancres avec un pinceau mouillé et en les reportant sur des organes parfaitement sains, reproduire les altérations. M. R. Gœthe, en 1878, répéta les expériences de M. de Bary : après avoir pris les spores dans des gouttes d'eau, il les inocula sur des rameaux sains, détachés du pied et maintenus dans un milieu humide, et vit se produire toutes les phases des lésions. Il montra aussi que le champignon possède des organes de reproduction d'hiver, signalés, mais avec doute, par M. de Bary, et en ensemençant leurs spores, qui donnèrent naissance à des chancres, affirma qu'ils appartenaient bien au champignon cause de l'Anthracnose maculée ; son observation n'a pas été vérifiée.

Il n'est donc plus discutable que l'Anthracnose maculée soit due à un champignon parasite et que l'humidité, la chaleur ou le refroidissement, auxquels on avait attribué une influence exclusive, ne sont nullement l'origine du mal.

M. H. Marès (2) croyait que le charbon de la vigne était produit

---

(1) Pflanzen-Pathologie, 1841.
(2) Livre de la Ferme, loc cit., pag. 219 et 262.

surtout « à la suite de *temps humides prolongés*, lorsque le temps chaud et lourd est au brouillard, après d'abondantes rosées, et quand, à travers le ciel ainsi chargé, dardent des coups de soleil ardent ». Son effet était de déterminer la coulure des vignes et l'altération des organes. Sur les pousses ainsi charbonnées par l'humidité prolongée, à laquelle succédaient de fortes chaleurs en mai ou en juin, se développait un parasite qui déterminait une deuxième phase dans la maladie, considérée par lui comme l'Anthracnose de Fabre et Dunal, nom qu'il réservait « aux conséquences ultérieures du charbon ».

En 1877, M. F. Garcin (1), dans une Note à l'Académie des Sciences, donnait de l'Anthracnose l'explication suivante : « Sur le grain jeune, à épiderme tendre, non encore recouvert de sa couche séreuse protectrice contre l'humidité, la goutte d'eau que la rosée a déposée a dû mouiller la surface. Alors, par un phénomène d'endosmose, cette eau a pénétré les cellules épidermiques en les gonflant jusqu'à éclatement ; cette action destructive, produite sur l'épiderme, a laissé après évaporation une cicatrice, comme en aurait produit une action contondante semblable à celle du choc des grêlons ». Cette explication assez curieuse, et basée sur une observation superficielle de quelques faits, a eu le seul mérite de remettre l'Anthracnose maculée à l'étude, et c'est peu après que quelques travaux importants ont été publiés.

M. Portes (2) cite d'autres causes données à l'Anthracnose maculée ; ainsi par Fintelmann, Trevisan, Cesati, Amici, qui l'attribuaient « à une dyscrasie (!) particulière de la lymphe ». Fasoli y voyait une altération de la sécrétion des glandes propres à l'épiderme. Robineau-Desvoids rapportait « le mal à la piqûre d'un Acarus qui provoquerait un dépôt d'humeur, laquelle, se corrompant, amènerait bientôt la gangrène des tissus et par suite leur dessèchement ». Pour Becari, à la suite de cette piqûre, un champignon se développerait et déterminerait alors les altérations subséquentes et définitives.

---

(1) Loc. cit., pag. 129.
(2) Loc. cit., pag. 30 et 31.

Le champignon parasite, seule cause de l'Anthracnose maculée, est loin d'être connu dans son évolution. Le *mycélium* du champignon vit dans l'intérieur des tissus et détermine des déformations et des altérations très spéciales. De mai à septembre, il émet à l'extérieur, en déchirant la cuticule, des *spores* ou *conidies* qui propagent le parasite, et il produirait en automne, d'après R. Gœthe, dans des conditions spéciales non encore bien déterminées, des corps reproducteurs (*conceptacles*, *pycnides*) qui résistent aux intempéries et perpétuent le parasite à travers la période de repos de la vigne. Il est fort probable que ce mycélium peut se condenser en formant des masses pseudoparenchymateuses ou sclérotes, qui sont capables de le reproduire. Cette supposition expliquerait la nature de certaines productions, mais elle n'a été vérifiée ni par l'observation, ni par l'expérimentation.

a. **Appareil fructifère. Conidies.** — Les fructifications d'été du champignon se retrouvent très abondantes, de mai à septembre, sur les taches roussâtres à surface cotonneuse de l'Anthracnose maculée, où les spores forment parfois des agglomérations considérables. Avec de forts grossissements, on peut, sur des coupes transversales fines, se rendre compte de la disposition de l'appareil fructifère, qu'il est difficile de voir.

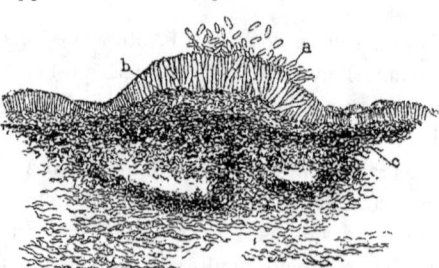

Fig. 66. — Coupe d'un rameau atteint par l'Anthracnose maculée, montrant l'appareil conidifère du *Sphaceloma ampelinum*. Gross. 450/1.

Le mycélium forme, immédiatement au-dessous de la cuticule, des cellules allongées, parallèles entre elles, courtes et étroites, plus longues que larges et légèrement brunes, comprimées les unes contre les autres, et formant ainsi un véritable tissu feutré (Fig. 66 *b*). Il se relie en bas avec une lame d'un autre tissu plus condensé, à cellules irrégulières, petites, non parallèles, sorte de pseudoparenchyme dont la consition anatomique est difficile à éclaircir et qui lui donne naissance (Fig. 66 c). Cette seconde zone, qui supporte les cellules fructifères, plus claire vers l'extérieur, est mêlée en bas aux cellules superficielles de l'écorce et s'engage même jusqu'au bois, dans les plaies profondes, en s'insinuant entre les couches inférieures de l'écorce et du liber, où le tissu mycélien est moins abondant. On distingue alors, logées dans cette masse, les cellules de l'écorce déformées, brunes, bourrées de dépôts noirâtres. Des dilatations et des développements irréguliers déterminent souvent des lacunes plus ou moins étendues, au milieu de la zone brun foncé ou en dessous.

Les cellules superficielles parallèles forment les spores ; par suite du développement du tissu inférieur, elles sont repoussées et, crevant la cuticule, apparaissent au dehors. La cuticule peut n'être percée que par places isolées ; elles forment alors des touffes qui dessinent à la surface de la coupe des creux et des reliefs. La cuticule, déchirée, forme dans ce cas, autour de ces touffes, une sorte de cône duquel semblent sortir les spores accumulées en grand nombre, disposition qui pourrait faire croire à un conceptacle.

Lorsque les cellules fructifères émergent sur une certaine longueur, la cuticule, irrégulièrement dilacérée, dessine à leur base des rides irrégulières et étroites, qui ont été prises par M. R. Gœthe pour un mycélium ; on constate facilement leur nature à de forts grossissements. C'est en examinant les fructifications émergeant par places isolées et ayant des rides à leurs bases que M. Gœthe croyait, ainsi que le fait observer M. Prillieux, qu'elles étaient formées par des pelotes dues à un mycélium irrégulier, au sommet duquel les spores prenaient naissance. Les cellules fructifères se dégagent souvent sur toute la longueur de la tache, dont les creux sont remplis par les conidies très abondantes, produites par les cellules innombrables qui forment la lame fructifère. Celles-ci, par suite de leur grand nombre, s'étalent en pinceau sur les aspérités, et, comprimées, elles s'entre-croisent dans les creux, ce qui pourrait faire croire qu'elles résultent toujours d'une subdivision à leur base d'une cellule initiale ; deux ou trois cellules conidifères partent cependant parfois du même

222 PARASITES VÉGÉTAUX

point. Elles sont simples en général, certaines ont une ou deux cloisons et donnent peut-être naissance à une ou deux spores (1).

Conidies. — Les conidies naissent au sommet des cellules fructifères, dont elles se séparent par scission, comme les spores de l'Oïdium; leur sommet s'arrondit, elles se rétrécissent et se séparent à leur insertion. Les cellules qui les portent sont un peu plus rétrécies au sommet et paraissent coniques, mais peu après les différences ne sont pas appréciables. Certaines sont même arrondies légèrement, surtout celles qui sont cloisonnées, ce qui pourrait faire supposer qu'elles sont susceptibles de produire une autre conidie, fait que nous n'avons pas constaté.

Les spores (Fig. 67) sont ovoïdes-cylindriques, un peu allongées, régulières sur leur pourtour, marquées à leurs deux extrémités d'un point plus réfringent que le contenu incolore et transparent; certaines sont marquées d'un seul point; d'autres, plus petites, n'en possèdent pas.

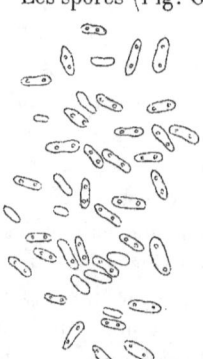

Fig. 67.— Spores du *Sphaceloma ampelinum.* — Gross. 1000/1.

Ces dernières sont plus courtes, moitié moins grosses que quelques conidies relativement grandes. Leurs dimensions varient en effet de $0^{mm},003$ à $0^{mm},006$, ce qui a donné lieu à certaines confusions, car on s'est appuyé sur ces différences dans la grosseur des éléments, variant un peu suivant les milieux, pour séparer des formes d'un même champignon.

Ces germes sont donc d'une extrême petitesse; il est cependant

---

(1) M. Prillieux (Bull. Soc. Bot. Fr., 1879, p. 313) a signalé au sujet des cellules conidifères, qu'il identifie à des basides portées sur un hyménium, un fait assez curieux : sous l'influence d'une humidité persistante, on voit parfois «sur des taches des filaments blancs, dressés, simples ou parfois ramifiés, formés, soit d'une cellule allongée, soit d'une série de cellules en file, et qui souvent portent à leur sommet une spore qui se détache comme celles que portent les basides piriformes et qui ressemble beaucoup à celles-ci». Cette observation, que nous avons vérifiée à plusieurs reprises, prouverait que, selon les conditions extérieures, des modifications diverses se produisent sur ces cellules.

facile de suivre leur germination en culture cellulaire (Fig. 68), à une température de 25° C ; elle commence au bout de deux ou trois heures.

Une extrémité de la spore s'allonge en tube, qui peut aussi se détacher sur un de ses côtés, en suivant une direction unique ou s'étendant dans deux sens aussitôt après sa sortie, ce qui est rare. Le tube est sinueux et comme variqueux ; il présente bientôt des ramifications et des cloisons assez rapprochées. Les spores ne germent jamais qu'à la surface des liquides où on les ensemence, ce qui prouve bien que l'accès de l'air est nécessaire. Une autre observation, déjà faite par M. Prillieux et qu'il est facile de vérifier, confirme le même fait : dans une goutte d'eau sur laquelle on a déposé une lamelle à recouvrir, la germination ne se fait qu'au pourtour, d'où les filaments germes s'irradient vers l'extérieur. Il est difficile de suivre longtemps en culture le tube mycélien.

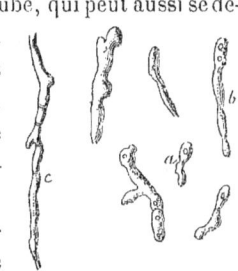

Fig. 68 — Germination des spores du *Sphaceloma ampelinum*. Gross. 1000/1

Quand on plonge une coupe dans l'eau, on voit les conidies se détacher de leur support et se répandre dans le liquide. Entraînées de même de la surface des sarments malades par les gouttelettes, elles vont envahir les organes sains, où celles-ci sont arrêtées par les aspérités des rameaux dues aux poils, stries, stomates, etc.; elles pénètrent directement à travers l'épiderme. M. R. Gœthe croit que le filament germinatif s'étend à la surface, jusqu'à ce qu'il trouve une ouverture pour pénétrer dans l'intérieur ; mais M. L. Mangin l'a vu perforer la cuticule et ramper dans l'épaisseur de la membrane externe des cellules épidermiques.

D'après M. de Bary, l'enveloppe extérieure des spores se dissoudrait dans l'eau, ce qui provoquerait leur dissémination et amènerait leur germination. Au contraire, dans un milieu sec, elle durcirait comme de la gomme et, par suite, sur des surfaces sèches, les spores se fixeraient. L'eau serait donc indispensable à leur dissémination ; les gouttes de rosée ou de pluie, entraînées par des mouvements déterminés sur les rameaux, ou transportées par les insectes, propageraient seules la maladie ; mais il n'est pas prouvé que les vents ne puissent enlever les spores réunies en masses épaisses sur les taches roussâtres. Dans la première supposition, il faudrait éviter, ainsi que le fait remarquer M. R. Gœthe, de pénétrer dans les vignes anthracnosées avec la rosée. En outre, cette simple observation prouve aussi que les spores peuvent se conserver sans périr au moins un certain temps, attendant le retour des conditions favorables à leur germination. Le fait qu'elles ne sont transportées que par des gouttelettes expliquerait que les taches débutent le plus souvent aux environs des nœuds, où elles sont retenues plus facilement.

M. de Bary, qui a fort bien décrit les fructifications extérieures de l'Anthracnose maculée, dans un court travail, en 1873, leur donna provisoirement le nom de *Sphaceloma ampelinum*. M. Passerini, en 1876, crut devoir distinguer dans l'Anthracnose ponctuée (va-jolo) un champignon différent, qu'il nomma *Ramularia ampelophaga*, et dont le caractère différentiel, outre l'aspect extérieur des lésions, serait d'avoir des spores un peu plus grosses que celles du Sphaceloma. M. Saccardo, en 1877, dénomma le champignon du vajolo : *Glæosporium ampelophagum*, qu'il identifia avec le *Ramularia ampelophaga*, mais qu'il distingua du *Sphaceloma* par les mêmes différences de grosseur des spores. M. Von Thümen (1878 et 1880) a aussi attribué, à tort, comme cause à l'Anthracnose ponctuée (Die Pocken des Weinstockes), le *Glæosporium ampelophagum* (Sacc.), différant, par les mêmes caractères que nous venons de citer, du champignon du Brenner ou Anthracnose maculée. Or, la différence de grosseur des spores n'est pas un caractère suffisant, car elle varie sur une même tache d'Anthracnose maculée dans les mêmes limites que celles citées par ces auteurs, qui ont pris pour les organes de reproduction de l'Anthracnose ponctuée ceux de l'Anthracnose maculée, ainsi que nous l'avons vérifié sur des échantillons authentiques (1). C'est donc le nom de *Sphaceloma*

---

(1) *Glæosporium fructigenum*.— M. F.-L. Scribner et Mss. E.-A. Southworth (Journal of mycology, 1891, p. 164-174) ont signalé un *Glæosporium* spécial aux fruits mûrs des États-Unis et que l'on trouve aussi sur les pommes mûres ; c'est le *Glæosporium fructigenum* Berkeley (Gardener's Chronicle, 1856, p. 245) dont la synonymie serait : *Septoria rufo-ma-*

ampelinum, primitivement donné par M. de Bary, qui doit s'appliquer au champignon de l'Anthracnose, à moins que les caractères des autres organes, encore inconnus, qui distinguent les champignons du groupe auquel il semble se rattacher, ne le fassent rapporter à des genres déjà décrits.

M. Prillieux a signalé dans les blessures de l'Anthracnose des productions spéciales dont il n'a pu exactement déterminer la nature et qui sont semblables comme aspect à des «bactéries sphériques», que l'on pourrait, d'après lui, considérer comme des *Micrococcus* (1), ou qui seraient peut-être «des spermaties du champignon de l'Anthracnose». Nous avons presque toujours rencontré ces corpuscules, excessivement petits, — on ne les distingue bien qu'à un grossissement de 1,500 diamètres, — sur les taches où on trouve abondamment les fructifications d'été. Ils sont, à la surface, en nombre immense, mêlés aux spores, ou dans les lacunes inférieures à l'appareil fructifère. Ce sont des corps globuleux, — nous n'en avons vu aucun d'allongé, — réfringents, apparaissant comme des points brillants et doués peut-être d'une certaine mobilité. La figure 69 permet de juger de leurs dimensions, comparativement à une conidie de *Sphaceloma*. L'hypothèse de M. Prillieux, qui

Fig. 69. — *Micrococcus* observé dans les taches d'Anthracnose maculée, en comparaison avec une spore (*a*) de *Sphaceloma ampelinum*.

---

culans Berkeley (Gardener's Chronicle, 1854, p. 676), *Ascochyta rufo-maculans* Berkeley (British Fungology, 1860, p. 320), *Glæosporium læticolor* Berkeley (Gardener's Chronicle, 1859, p. 604), *Glæosporium versicolor* Berkeley et Curtiss (Grevillea, vol. III, p. 13). Ce champignon produirait parfois, d'après Mlle E. A. Southworth, des ravages assez importants au moment de la vendange, dans les parties humides et chaudes des États-Unis ; il n'est cependant pas très commun. Il rend le grain très juteux et le fait éclater. La peau des variétés blanches, très amincie, est parsemée de petites pustules poussiéreuses, d'un brun noirâtre, qui sont les fructifications du *G. fructigenum*. L'appareil fructifère est assez semblable à celui du *Sphaceloma ampelinum*, mais les basides sont plus allongées. Les spores simples, ou doubles et triples au moment de leur germination, sont incolores, elles sont cylindriques allongées et ressemblent assez à celles du *Greeneria fuliginea* ; elles s'en distinguent par leur couleur et leur forme.

M. C. Cooke a signalé (Another vine disease *in* Gardener's Chronicle. 3e sér., vol. 9, N° 212, 1891, p. 82) un *Glæosporium* spécial à l'Australie (Brisbane, Queensland) qu'il a nommé *Glæosporium pestiferum* C. et M.

(1) Soc. Bot. Fr., 1879, pag. 316, et 1880, pag. 37.

P. VIALA. *Les Maladies de la Vigne*, 3me édition. 18

nous paraît la plus admissible, est celle qui les considère comme des organismes étrangers qui facilitent la destruction des tissus déjà attaqués par le *Sphaceloma*.

b. **Fruits d'hiver. Pycnides.** — Par suite de la propriété qu'ont les spores d'été de sécher leur membrane et de se fixer, il se peut qu'elles se conservent assez longtemps, peut-être même d'une année à l'autre. Cette hypothèse n'a pas été prouvée par l'observation ; elle paraît cependant fort probable.

M. R. Gœthe a seul observé, en novembre et décembre, dans les petites bossclures du pourtour des chancres, logées sous la surface ou la dépassant un peu, des sortes de *pycnides*. Ce sont, d'après ses dessins et son texte, de petites loges rondes ou légèrement ovales, constituées par une membrane épaisse et noire, dans l'intérieur desquelles ont pris naissance et se trouvent en grand nombre des spores ou *stylospores*. Leur forme serait celle des semences que l'on retrouve, en été, sur les plaies ; elles possèdent aussi deux points réfringents ; elles ont sur ses dessins la même grosseur, mais le grossissement et les dimensions réelles ne sont pas exprimés. Ces spores pourraient passer l'hiver et ne seraient susceptibles de germer qu'au printemps suivant. M. R. Gœthe, en recueillant les stylospores à cette époque, a reproduit, par leur ensemencement, les lésions de l'Anthracnose, ce qui semblerait bien prouver que ces corps reproducteurs appartiennent au parasite qui les détermine. Il a observé que les pycnides mûres s'ouvrent dans l'eau et que les stylospores s'en échappent en grand nombre.

M. Prillieux a trouvé, après l'hiver et avant la reprise de la végétation, noyées dans les lacunes de l'écorce de rameaux anthracnosés, des spores qu'il croit appartenir aux pycnides du *S. ampelinum*, par suite de leur ressemblance avec celles figurées par M. R. Gœthe ; mais il n'a pas vu le conceptacle ; ce n'est donc qu'une hypothèse. Les comparaisons qu'il établit laissent à penser que ces spores ont les dimensions et la forme des conidies d'été. Nous ne connaissons pas d'autres observations sur ces productions.

M. Max. Cornu a seul signalé sur des grains de raisins, atteints d'Anthracnose maculée et provenant des vignobles narbonnais, une forme de conceptacles bien différents de ceux décrits par M. R. Gœthe. «Ce sont de très petits conceptacles, véritables pycnides, donnant naissance à un nombre énorme de petites spores sortant à l'extérieur sous forme de *fils très fins et entortillés;* vues en nombre immense, *ces spores sont rosées.* Sous cette forme, le parasite semblerait rentrer dans les genres *Phyllosticta* ou *Depazea,* ou bien pourrait être décrit sous le nom de *Phoma.»*

M. Cornu n'a vu qu'une seule fois ces conceptacles sur des raisins anthracnosés, mis en culture dans le laboratoire; il ne les a jamais observés dans la nature. Il considérait que ces pycnides étaient identiques à celles du *Black Rot* et que cette maladie n'était que l'Anthracnose. L'étude que nous avons faite des deux maladies prouve combien cette opinion est peu fondée; il est inutile, croyons-nous, de la discuter (1).

c. **Mycélium, son action sur les tissus de la vigne.** —

Le mycélium vit dans l'intérieur des tissus qu'il désorganise en les brunissant. Il est très délicat, et on ne le distingue que dans les éléments qui ne sont pas encore altérés, surtout au delà de l'écorce dans les cellules des rayons médullaires, parfois dans les vaisseaux, collé contre leurs parois. On le voit cependant, sur des lésions à leur premier développement, dans les assises inférieures de l'écorce ou dans le tissu conjonctif du liber. Il se présente sous forme de filaments très minces, incolores, avec quelques petits points réfringents; on n'en aperçoit jamais que des fragments qui traversent la cavité des cellules, ou, ce qui est le plus fréquent, sont intimement appliqués contre les parois; il sillonne rarement les membranes. Il a, dans les grains, un diamètre un peu plus grand, relativement aux dimensions qu'il acquiert dans la tige, et il se présente parfois sur une plus grande longueur.

M. L. Mangin a étudié avec soin, tout récemment (2), les modifications qu'imprime le mycélium du *Sphaceloma ampelinum* aux

---

(1) Cette question est examinée, avec détails, dans le mémoire sur le Black Rot que nous avons publié avec M. L. Ravaz (2me édition, 1888).
(2) L. Mangin. Observations sur l'Anthracnose maculée (comptes rendus, mars 1892).

organes de la vigne qu'il attaque. Nous reproduisons la note qu'il a bien voulu rédiger pour nous sur ce sujet.

«Lorsque l'on examine la coupe transversale d'un rameau d'un an ou d'un pétiole, pratiquée au milieu d'une tache produite par l'Anthracnose maculée, on voit que la cuticule de l'épiderme est rompue sur une étendue plus ou moins grande et, à travers les déchirures limitées par les bords relevés ou repliés de la cuticule, on aperçoit un faux parenchyme constitué par un enchevêtrement de filaments mycéliens ; c'est sur ce faux parenchyme que se dressent les filaments destinés à former les conidies. Au-dessous et sur une profondeur plus ou moins grande, s'étend une tache brune ou noire, envahie par le parasite. L'accumulation des matières brunes dans les tissus envahis gêne beaucoup l'observation et explique pourquoi la nature des altérations est encore si mal connue. Je me bornerai à insister sur les altérations des membranes et à expliquer la dissociation des tissus.

»Les filaments mycéliens s'insinuent entre les cellules et digèrent peu à peu les composés pectiques (pectose et pectates) qui forment les membranes et qui les unissent entre elles, sans altérer la cellulose. La dissolution des composés pectiques a lieu par places et laisse des îlots de membrane non altérés qui forment, dans les parties où l'altération est peu avancée, des files plus ou moins régulières disposées en séries radiales. Quand l'altération est plus avancée, ces îlots disparaissent à leur tour et les tissus, réduits aux membranes cellulosiques, ayant perdu leur turgescence, s'aplatissent et produisent la dépression qui caractérise les taches d'Anthracnose au début (1).

»Dans la figure 70, A représente la partie saine avec le collenchyme bien développé c ; B représente la partie envahie par le parasite qui a commencé à fructifier à travers les déchirures de l'épiderme. Dans cette région, les composés pectiques ont disparu

---

(1) « Pour observer ces altérations, on place les coupes dans une solution d'eau de javelle qui dissout rapidement les matières brunes, et on les traite, après lavage et neutralisation par l'acide acétique à 2 p. 100, par un mélange de bleu naphtylène R (bleu de Moldola) et de vert acide. Ce mélange colore les composés pectiques en violet, et les masses protoplasmiques, la cuticule, le liège, la lignine en vert ; mais il ne colore pas la cellulose. »

tant dans les places marquées par des traits ou des taches noires, et les cellules, réduites à la membrane cellulosique, sont déformées et aplaties.

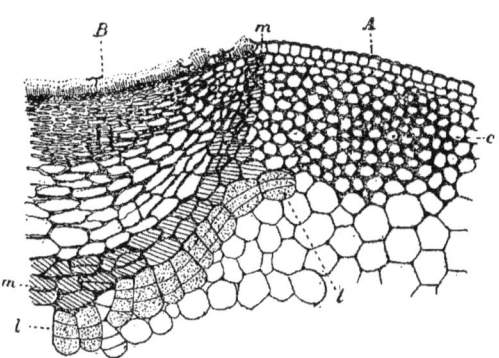

Fig. 70. — Coupe transversale de tige d'un an montrant les débuts de l'Anthracnose maculée. — Gross.: 80/1. (L. Mangin *del.*)

» L'irritation produite par la présence des filaments mycéliens est transmise au delà de la région qu'ils occupent et elle détermine la transformation en suber d'une ou de plusieurs assises *m* qui constituent une lame isolant la partie saine de la partie malade (ce fait a déjà été signalé par M. Cornu); en dehors de cette assise subéreuse, les cellules du tissu conjonctif deviennent génératrices et, par un cloisonnement actif, déterminent la formation d'une couche de liège *l*.

» Les altérations qui viennent d'être décrites et que représente la figure 70 s'observent d'abord sur les rameaux d'un an ou sur les pétioles. Quelquefois le manteau de subérine ou de liège peut se constituer avant que le parasite ait pu l'atteindre; la tache reste circonscrite et ne fait plus de progrès; le plus souvent, quelques filaments mycéliens s'insinuent rapidement dans les tissus et dépassent la zone de protection constituée par l'assise subéreuse, ils végètent librement et sans obstacles dans les parties saines, en augmentant l'étendue de la lésion jusqu'à ce qu'une nouvelle assise subéreuse, plus profondément située, vienne ralentir ou circonscrire leurs ravages. Il se forme ainsi plusieurs bandes de liège plus ou moins concentriques qui se développent rarement assez tôt pour arrêter complètement l'envahissement des tissus vivants.

»Pendant que le parasite pénètre ainsi plus profondément dans les tissus, les parties superficielles commencent à se dissocier.

»D'abord le revêtement de faux parenchyme constitué par les filaments mycéliens qui sert de base aux filaments conidifères est bientôt épuisé par la formation des conidies; il se désorganise et, comme les membranes cellulosiques sont dépouillées du ciment pectique qui les unissait, elles se dissocient, mettant à nu les régions profondes. Celles-ci renferment encore un mycélium vivace qui détermine bientôt à leur surface un faux parenchyme servant de substratum et de nourrice à de nouveaux filaments conidifères; puis, lorsque les matériaux nutritifs sont épuisés, ces parties se dissocient à leur tour et disparaissent, approfondissant la blessure et mettant à nu de nouvelles régions où le mycélium recommence à fructifier et ainsi de suite.

»C'est de cette manière que non seulement l'écorce, mais encore le bois et la moelle même, sont peu à peu envahis et désorganisés.

»Dans ce qui précède, nous n'avons décrit que l'altération subie par le parenchyme et le liber mou, dont la membrane est formée par l'association de la cellulose et des composés pectiques; c'est parce que le parasite digère les composés pectiques que la dissociation se produit. Les tissus lignifiés résistent plus longtemps à l'action du parasite, mais ils subissent tôt ou tard le sort du parenchyme. Dans les sarments bien aoûtés, les arcs libériens lignifiés sont respectés pendant quelque temps et forment, au fond des chancres, les cordons d'un gris clair qui tranchent sur le fond noir des tissus; mais bientôt ils sont dissociés à leur tour, par suite de la dissolution ou de la transformation de la lignine. Lorsque toute l'écorce est atteinte jusqu'au niveau de la zone génératrice, le bois secondaire est attaqué à son tour. C'est par les rayons médullaires que la désorganisation commence, la lignine qui incruste les cellules des rayons médullaires disparaît et les membranes manifestent nettement les réactions de la cellulose, puis elles se dissocient, laissant en saillie, sous l'aspect de coins ou de lames, les régions occupées par le bois secondaire qui résistent plus longtemps. Quand la moelle est atteinte, la dissociation est toujours précédée de la dissolution de la lignine qui incruste de très bonne heure les cellules du parenchyme qui la compose.

»En somme, le *Sphaceloma ampelinum* offre l'exemple d'un parasite qui se nourrit non seulement du contenu des cellules, mais qui digère les composés pectiques et la lignine qui imprègnent les membranes cellulosiques. Heureusement, l'irritation produite par les filaments mycéliens dans les tissus, assez grande avec le *Sphaceloma*, peut provoquer la formation de lames de liège ou d'assise subéreuse qui ralentissent ou qui circonscrivent ses ravages».

d. **Perpétuation de l'Anthracnose maculée.** — Le *Sphaceloma ampelinum* se perpétue certainement par le mycélium qui vit à l'état latent dans les lésions qu'il a creusées pendant la période de végétation de la vigne. Lorsqu'on met, en effet, dans un milieu chaud et humide, des sarments anthracnosés, recueillis après la chute des feuilles, on voit, au bout de trois semaines ou d'un mois, de nouvelles fructifications se former. Le mycélium peut donc subir, à l'abri des tissus dans lesquels il est plongé, toutes les rigueurs de l'hiver.

Les observations de M. de Bary prouvent aussi que les spores peuvent résister à la mauvaise saison, à cause de la couche spéciale qui les recouvre et qui les fixe sur les organes de la vigne. Elles restent fixées surtout dans les angles des bourgeons, sur les coursons, dans les chancres, dans les fissures des écorces des bras et du tronc, et au printemps, lorsque les conditions sont favorables à leur germination, elles évoluent et envahissent les jeunes rameaux dès leur sortie. C'est très probablement par les spores qu'ont lieu surtout les réinvasions annuelles d'Anthracnose maculée.

Les pycnides, dont l'existence est cependant fort problématique, seraient encore un moyen de perpétuation de l'Anthracnose maculée.

e. **Synonymie et classification.** — Les divers synonymes botaniques du *Sphaceloma ampelinum*, cause de l'Anthracnose maculée, sont les suivants :

Sphaceloma ampelinum de Bary ! (Botanische Zeitung, 1873).

RAMULARIA AMPELOPHAGA Passerini ! (La nebbia del moscatello, Parma 1876).

GLÆOSPORIUM AMPELOPHAGUM Saccardo ! (Sylloge fungorum).

TORULA MEYENI Berk. et Trev.! (d'après O. Comes, Crittogamia agraria, 1891, p. 425).

RAMULARIA MEYENI Garovaglio et Cattaneo ! (d'après O. Comes Critt. agr., 1891. p. 425).

PHOMA UVICOLA Arcangeli ! (non Berkeley-Nuovo Giornale botanico italiano, IX, 1877).

Le *Sphaceloma ampelinum* est probablement un Pyrénomycète, mais la forme conidienne, seule connue, ne permet pas de le rattacher à un groupe naturel. Il rentre dans l'ensemble des champignons indéterminés que Saccardo a réunis dans le groupe des MÉLANCONIÉES.

V. ANTHRACNOSE PONCTUÉE ET ANTHRACNOSE DÉFORMANTE

L'*Anthracnose ponctuée* et l'*Anthracnose déformante* sont des altérations très communes, la première surtout, encore totalement inconnues (1) dans leur cause, mais qui sont de nature bien différente de l'*Anthracnose maculée*. A cause de leur fréquence et de leur importance relatives dans les vignobles, nous croyons devoir donner ici une description de leurs caractères extérieurs.

(1) M. L. Mangin a fait l'étude microchimique des lésions de l'*Anthracnose ponctuée* et a observé que «si l'on examine, en coupe transversale ou longitudinale, les pustules de l'Anthracnose ponctuée, on peut s'assurer d'abord que ces lésions sont limitées aux assises extérieures de l'écorce, elles ne pénètrent jamais dans l'écorce profonde et n'atteignent pas la partie extérieure des faisceaux libériens. Chaque pustule ressemble, à première vue, à des lenticelle ; mais un examen plus attentif y fait découvrir, dans la partie extérieure, des cellules de parenchyme irrégulières, à parois fortement épaissies et remplissant parfois

a. **Anthracnose ponctuée.** — L'*Anthracnose ponctuée* ou *grandinée* se développe sur tous les cépages, mais plus spécialement sur les variétés du *V. Riparia* : Riparia, Clinton, Solonis, Taylor, et sur *V. Rupestris, Clairette, Malbec, Aramon, Carignane, Grenache*...

Fabre et Dunal rapportent la destruction complète, à Marseillan, en 1850, de vignobles plantés en Clairette et en Carignane. On a constaté des affaiblissements graves déterminés par cette forme d'Anthracnose sur des vignes entières de Riparia, Solonis, qui ont fait croire qu'elles faiblissaient sous l'action du Phylloxéra ; on a été obligé pour certaines de recourir au greffage, afin de prévenir peut-être leur mort. Les effets de l'Anthracnose ponctuée ont cependant moins de gravité que ceux de l'Anthracnose maculée ; ils se traduisent au plus par un rabougrissement intense des pieds attaqués ; ils sont insignifiants lorsque les taches sont peu nombreuses.

Les vignes fortement endommagées par cette forme paraissent brûlées et poussent en boule, par suite des ramifications secondaires et tertiaires développées en grand nombre.

Sur les rameaux. — Les lésions de l'Anthracnose ponctuée affectent la forme de petits points noirs isolés, communs sur les rameaux (Pl. VI), qui en sont parfois entièrement criblés. Les taches, vraies pustules, sont très petites, atteignant au plus la grosseur de la tête d'une épingle (1/5 à 1/3 de millim.). Elles sont tout d'abord d'un brun roussâtre, visibles seulement à la loupe ; elles se foncent en prenant une teinte noire définitive, sont le plus souvent luisantes et se détachent très bien sur le fond du sarment, lorsque celui-ci est jaune ou vineux (Pl. VI). Elles sont proéminentes sur la surface du rameau et paraissent tout d'abord coni-

---

presque toute la cavité cellulaire ; en même temps, la membrane a subi une modification chimique profonde, car, tous les épaississements plus ou moins réguliers sont formés par la callose, substance qui fait défaut dans les tissus à l'état normal. Au-dessous de ce parenchyme hypertrophié, on voit plusieurs assises cellulaires subérifiées et à contenu brun. Souvent les cellules subérifiées sont limitées à chaque pustule ; parfois, cependant, elles s'étendent sous l'écorce normale sur une distance plus ou moins grande, mais le parenchyme qui les recouvre présente toujours les épaississements de callose».

ques; mais, vers l'époque de l'aoûtement, on voit à la loupe leur centre terni et légèrement déprimé; elles ont ainsi les caractères d'une pustule de variole. Elles sont situées dans les stries ou sur les côtes du mérithalle, qu'elles noircissent par leur grand nombre, et elles amènent une chute prématurée de l'écorce (Pl. VI).

Très nombreuses, les pustules se soudent en restant toujours proéminentes dans leur ensemble; il se forme ainsi des plaques d'un noir très foncé, ternes ou luisantes, plus ou moins étendues, allongées le plus souvent et à bords irréguliers. Leur forme varie suivant le groupement originaire des points (Pl. VI). Elles atteignent jusqu'à la moitié et même toute la longueur du mérithalle (Vialla, Riparia tomenteux) et 2 à 3 millim. de largeur, ou, par la réunion de plusieurs traînées noirâtres, elles noircissent toute une face du sarment; dans leur intervalle se trouvent des pustules isolées.

Ces plaques noires se sillonnent, peu à peu, de stries irrégulières, à bords finement dilacérés, et plus creusées au centre, qui s'étendent en largeur et se réunissent par leurs lèvres. Le développement ne va pas jusqu'à ce point dans la généralité des cas, et s'arrête à la pustule ou à la tache proéminente et continue. Lorsqu'il atteint ce stade, toute la tache devient grisâtre, à pourtour sinueux et entouré d'une auréole noire. Plusieurs stries plus ou moins larges se réunissent et forment une dépression centrale unique et allongée, quand l'intensité du mal est grande. Ces dernières lésions, résultant de pustules primitivement isolées, ne sont pas rares; nous les avons observées sur des Riparias et surtout sur des Cots ou Malbecs.

Sans que les plaques étendues, d'un noir brillant, se fendillent, leur surface se recouvre parfois d'une efflorescence blanche, terne et épaisse, due à la mortification de l'épiderme et de la cuticule; elle se forme surtout à l'aoûtement au-dessus de ces taches, dont elle prend la forme. Il se pourrait que ce soient ces altérations qu'a décrites Dunal sur des échantillons d'herbier, sous le nom d'*Anthracnose de la dévastation* (1), et qu'il supposait être dues à un cham-

---

(1) *Loc. cit.*, pag. 32-33, 1853.

gnon différent, auquel il donnait provisoirement le nom de *Fungus exscidii*.

Sur les feuilles et les fruits. — L'Anthracnose ponctuée est fréquente sur les feuilles des Riparias ; elle ne se développe jamais que sur les nervures et sous-nervures, sous forme de taches d'abord d'un brun roussâtre, qui noircissent ensuite et sont moins proéminentes que celles des rameaux. Elles arrêtent la feuille dans sa croissance.

Les lésions de l'Anthracnose ponctuée sont graves surtout sur les fleurs, bien plus que sur les fruits. Elles entraînent la coulure, soit par l'ulcération directe des organes qui paraissent charbonnés, soit en forçant les pétales à s'ouvrir prématurément en étoile. Ces effets ne paraissent pas avoir été constatés sur les variétés du V. Vinifera, la Clairette exceptée ; certains pieds du V. Riparia ont toutes leurs fleurs charbonnées. Il est vrai que dans ce dernier cas le mal a une faible importance, puisqu'elles ne sont pas fertiles.

Sur la rafle et les pédicelles, les pustules, quand elles sont isolées, ont peu d'effet ; en nappe étendue, elles peuvent amener exceptionnellement le dessèchement de la grappe.

Les taches noires que l'Anthracnose ponctuée forme sur les fruits sont de forme arrondie et de consistance coriace. Nous les avons observées rarement nombreuses, et, dans tous les cas où nous les avons vues, le grain n'en ressentait aucun effet. Ces pustules petites, peu surélevées, sont assez semblables aux lenticelles qu'on rencontre sur beaucoup de grains de raisins. Leur action se limite à la partie de la peau sur laquelle elles se développent ; le reste du grain reste toujours sain. Elles sont constituées par des cellules agglomérées, brunes, très denses, subérifiées à l'extérieur ; nous n'y avons jamais décelé la trace d'un parasite.

b. **Anthracnose déformante.** — Sous le nom d'*Anthracnose déformante* ou *chiffonnée*, J.-E. Planchon (1) a séparé des altérations

---

(1) Planchon. — Quelques mots sur l'Anthracnose déformante, *in* Vigne américaine, 1882, pag. 201-208.

assez bien définies par l'aspect des lésions et les caractères généraux qu'elles impriment surtout aux feuilles. L'Anthracnose déformante est fréquente sur un cépage américain (*Pauline*, V. Æstivalis), qui est attaqué dès le début de sa végétation et sur lequel elle a été d'abord décrite. Nous l'avons observée sur *Jacquez*, *Herbemont*, *Taylor*, *Alvey*, *Carignane*..... Elle persiste sur toutes les feuilles et les rameaux de la Pauline, depuis leur naissance jusqu'aux grandes chaleurs de juillet ; les feuilles reprennent alors leur port normal

Fig. 71.— Feuille de Pauline attaquée par l'*Anthracnose déformante*.

et l'affection semble disparaître. Jusqu'à ce moment, elles sont distordues et fortement boursouflées, atrophiées et déformées (Fig. 71); néanmoins, elles conservent sur leur parenchyme gaufré leur teinte verte normale. Les jeunes feuilles, fortement altérées, présentent cependant des zones partielles roussies à la face supérieure.

C'est à la face inférieure et seulement sur les nervures, les sous-nervures et le pétiole que se forment les lésions, causes de ces déformations. Ce sont des taches d'un fauve clair, ou brunes quand elles sont plus âgées, et placées bout à bout sur les nervures, envahissant par plusieurs séries tout le pétiole qu'elles déforment. Elles sont proéminentes, jamais creusées quand elles sont isolées et relativement peu adhérentes; elles ont de 0^{mm},5 à 1 millimètre au plus de large sur 1 à 3 millimètres de long. Sous leur action, les nervures croissent inégalement et le parenchyme se boursoufle, sans jamais s'altérer; elles peuvent être entièrement roussies par ces lésions, qui se soudent alors par leurs extrémités et sillonnent toute la nervure.

Lorsque les fortes chaleurs arrivent, les nouvelles feuilles, lisses et planes, ne présentent plus ces altérations, et les « *papules* » sèchent en noircissant; elles se relèvent parfois vers les deux extrémités, comme si elles devaient se détacher. Le cep, ratatiné en boule, qui portait des rameaux rabougris, très courts et ramifiés, lance de nouveaux jets vigoureux, n'ayant parfois pas la moindre trace de lésion. Sur les jeunes rameaux (Fig. 72), les pustules rousses, allongées et proéminentes, sont très nombreuses, en séries rapprochées, noircissant tout le mérithalle herbacé dont elles peuvent amener la dessiccation; elles l'éraillent en se réunissant par leurs bords. Le rameau est, dans ce cas, déformé et distordu; il s'aplatit souvent, il a ses nœuds rapprochés et ne s'allonge pas; il porte de courtes et chétives ramifications qui sont, à leur tour, fortement éraillées.

Fig. 72.—Rameau de Pauline avec pustules d'Anthracnose déformante.

Sur les vrilles, les effets de distorsion sont très marqués. On trouve aussi de ces pustules proéminentes et allongées sur les jeunes grains verts, mais ils ne paraissent aucunement en souffrir. Quoique les altérations extérieures paraissent graves, si l'on en juge par les déformations, la Pauline ne succombe pas; des ceps atteints pendant dix années successives n'ont pas péri, leur fructification s'est seulement affaiblie.

Sur l'*Alvey*, le *Jacquez*, le *Taylor*..., les effets de déformation sont peut-être moins marqués sur les feuilles que sur celles de la Pauline, mais la végétation des pieds attaqués subit un contre-coup plus intense, à cause de la persistance et du développement de la maladie même aux fortes chaleurs. Le cep rabougri souffre beaucoup, la maturité se fait mal, le grossissement des grains et la fructification sont entravés. Dans ces conditions, les effets de l'Anthracnose déformante sont plus graves. On rencontre, pour ces cépages, les mêmes pustules non creusées sur les nervures et le pétiole, mais elles sont plus foncées et moins proéminentes.

Quant aux altérations des rameaux, elles affectent des caractères un peu différents, qui se rattachent à certains de ceux que nous avons décrits pour l'Anthracnose ponctuée. Les extrémités des très jeunes rameaux sont cependant, comme ceux de la Pauline, marbrées de pustules un peu allongées, d'un roux grisâtre, légèrement proéminentes et non creusées. Les mérithalles, raccourcis, n'atteignent parfois que 2 et 3 centim. de longueur sur tout le sarment tordu et dévié ; leur surface est sillonnée d'éraillures brunes ou d'un gris noirâtre, irrégulières, qui enveloppent tout l'entre-nœud, sans laisser une place intacte (Fig. 73). Dans des cas spéciaux (Herbémont), le sarment est comme dilacéré et creusé. Les ramifications secondaires, tertiaires et même quaternaires, sont très nombreuses ; à chaque nœud naît un nouveau rameau qui reste très court, et le cep est en boule.

Fig. 73. — Rameau de Taylor altéré par l'Anthracnose déformante.

VI. TRAITEMENTS

On a essayé pour l'Anthracnose maculée, comme pour les autres maladies, un assez grand nombre de traitements dont certains ont une efficacité réelle. En pratiquant avec soin, et en combinant les traitements directs du printemps ou d'été avec ceux faits avant le réveil de la végétation de la vigne, on peut, sinon réduire entièrement la maladie, du moins entraver et arrêter même son dévelop-

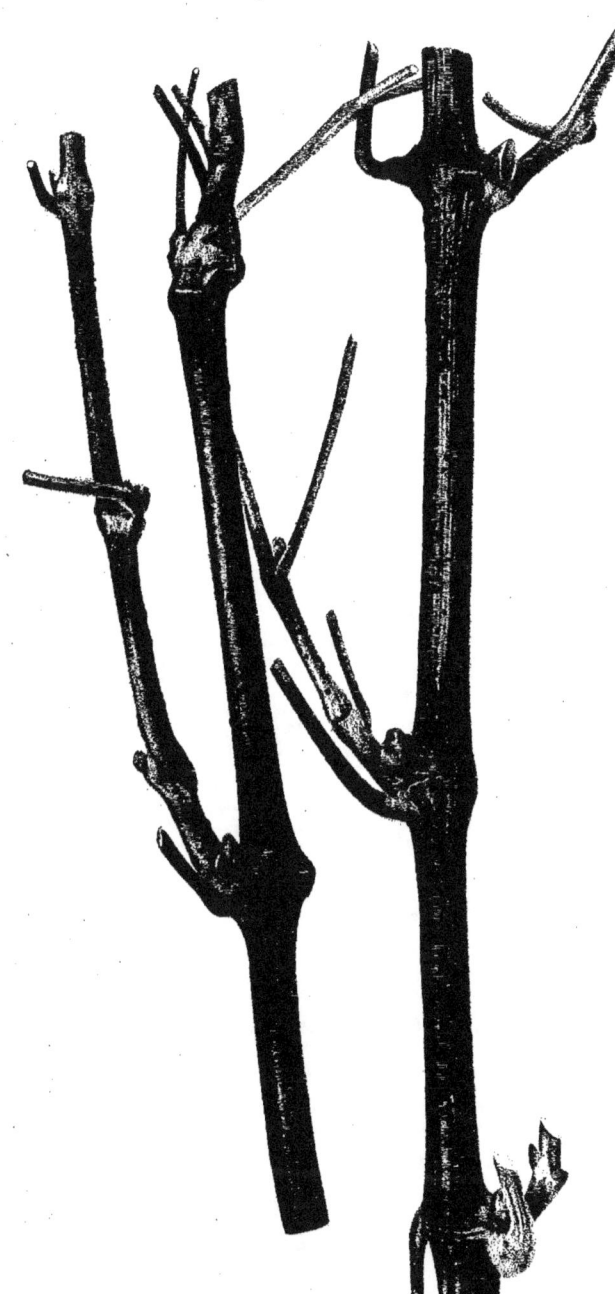

ANTHRACNOSE PONCTUÉE.

pement à un point tel que ses effets soient négligeables ; ce n'est que dans des conditions absolument exceptionnelles, et fort rares d'ailleurs, que la lutte contre le parasite n'aboutit pas.

Nous citerons, pour mémoire, parmi les moyens curatifs essayés : l'emploi de l'acide sulfureux, fourni par des mèches soufrées brûlées sous cloche, comme pour combattre la pyrale; les résultats obtenus n'ont pas été appréciables. Il en a été de même avec les poussières de sulfure de calcium (M. le Dr Monzini), de plâtre, de cendre; avec un mélange de sulfure, d'hyposulfite et de sulfite de calcium et de potassium, en poudre (MM. Rotondi et Galimberti) ; ou avec des aspersions de diverses solutions : sels de potasse dilués, eau sulfureuse, sulfures et sulfo-carbonates, benzine, etc. Il est évident que tout ce que l'on a pu mettre au pied des souches : chaux, cendres, suie, sulfure de calcium, fumures abondantes, sels de potasse, etc., est resté sans effet. On a même observé que les fumures fortement azotées, qui déterminent un accroissement rapide des organes, préparent en quelque sorte un champ plus favorable au développement du champignon. Les pincements, les incisions, les rognages et toutes les opérations de taille proposées, qui n'ont pas pour but de favoriser dans les vignes trop serrées et trop touffues une circulation plus active d'air qui s'oppose à une trop grande condensation d'eau, n'ont pas plus d'action.

a. **Moyens préventifs.** — Les traitements pratiqués au printemps, avant le réveil de la végétation, agissent, ainsi que l'ont démontré les essais nombreux faits pendant ces dernières années dans les principales régions viticoles, bien plus énergiquement contre l'Anthracnose maculée que les traitements curatifs, qui n'en sont qu'un complément. Dans certains vignobles, infestés souvent par l'Anthracnose maculée, ils sont devenus une opération courante, renouvelée chaque année. On a eu sans doute des insuccès dans quelques cas, mais ils ne semblent pas devoir être tenus en compte devant les nombreux faits de réussite que l'on a partout signalés.

M. Schnorf (**1**) a signalé le premier, en 1878, l'action des solu-

---

(1) *Un remède radical contre l'Anthracnose*, article traduit par M. Reich dans la *Vigne américaine*, 1879, pag. 100 et 101.

tions de sulfate de fer concentrées, après les avoir expérimentées pendant vingt ans avec succès. Ces expériences ont été portées à la connaissance des viticulteurs par M. Reich qui les avait tout d'abord contrôlées. Depuis lors, ces essais ont été multipliés dans tous les vignobles français et aussi à l'étranger, et partout l'on a obtenu des résultats très marqués.

Pour pratiquer le traitement préventif, on dissout, dans l'eau et à chaud, le sulfate de fer du commerce, et on emploie la solution lorsqu'elle n'est pas encore entièrement refroidie. Le plus généralement, on se sert de tampons de chiffons fixés sur un manche pour que les mains ne soient pas atteintes; on applique la solution en imbibant fortement le corps de la souche (que l'on a préalablement déchaussée et taillée), les bras, et surtout les coursons et les longs bois, sans respecter les bourgeons. On a surtout soin de largement humecter les chancres en faisant pénétrer le liquide dans leur profondeur. Il serait plus économique de se servir des pulvérisateurs ; on procèderait plus rapidement et on humecterait mieux les coursons et le corps de la souche.

On doit faire le traitement seulement quelque temps avant le bourgeonnement. Il n'est pas nécessaire d'écorcer la vigne, et, si on le fait, il faut enlever les écorces et les brûler. L'action des solutions s'exerce directement sur les spores qui sont fixées sur les bois de la souche et surtout sur les coursons. On conçoit qu'elles sont plus facilement détruites lorsqu'elles vont germer ; c'est donc au dernier moment qu'il faut pratiquer l'opération du badigeonnage.

Quelques viticulteurs ont soutenu qu'il était préférable d'agir lorsque les bourgeons étaient épanouis, car la germination des semences du champignon était plus probable à ce moment et les bourgeons tendres et délicats ne subissaient aucun dommage de la solution. On a cité à plusieurs reprises des cas d'altération des rameaux par le sulfate de fer, et il est prudent de ne faire l'opération que peu de temps avant le débourrement ; l'effet obtenu est d'ailleurs aussi parfait. Il faudrait autant que possible procéder au traitement par un jour chaud et immédiatement après une rosée ou une légère pluie ou par un temps brumeux, afin d'éviter qu'une évaporation active, par un temps sec ou par le vent, ne concentrât trop le liquide.

Le bourgeonnement des vignes ainsi traitées est retardé et la première poussée des bourgeons paraît languissante, mais la végétation reprend plus tard avec vigueur ; on a même observé que les pousses sont ensuite plus vertes et plus vigoureuses que celles des ceps non traités. Ce retard dans le débourrement n'est pas un désavantage dans les sols frais et humides, lieux d'élection de l'Anthracnose maculée, où les gelées blanches sont à craindre.

Plusieurs viticulteurs ont fait, dans les régions où l'Anthracnose maculée a une très grande intensité, deux traitements préventifs au sulfate de fer, donnés à un mois d'intervalle environ (l'un dans les premiers jours de mars, l'autre dans les derniers jours). Les expériences comparatives ont nettement démontré que ce système est réellement supérieur à celui qui consiste à ne procéder qu'une seule fois au badigeonnage. Par la seconde application on détruit les semences qui auraient été épargnées la première fois ou celles qui auraient été formées par le mycélium latent des anciennes lésions.

Sous l'action de l'air, il y a une suroxydation du fer et la souche devient bientôt brune à la surface ou jaune brun sale, teinte qui disparaît bientôt et dont il ne faut pas s'inquiéter.

Aux solutions simples, on préfère actuellement, et avec raison, les solutions au sulfate de fer acides qui ont été employées, pour la première fois en 1882, par MM. Skawinski, dans la Gironde. La formule à appliquer est la suivante :

Sulfate de fer.	50 kil.
Acide sulfurique à 53° B.	1 litre
Eau chaude.	100 litres

Il faut mettre les cristaux de sulfate de fer dans un récipient en bois, en grès ou en verre ; puis on verse l'acide sulfurique sur le sulfate de fer et on ajoute ensuite peu à peu l'eau chaude. Il faut avoir la précaution de ne pas mettre l'eau chaude avant l'acide sulfurique pour éviter toute projection. La solution est employée à chaud, car elle est plus efficace à cet état et elle reste, en outre, au degré de concentration voulue, car le sulfate de fer se dépose en partie en cristaux lorsque la solution est froide.

P. VIALA. *Les Maladies de la Vigne*, 3ᵐᵉ édition.

Ces observations sur l'action plus grande produite par les sulfates de fer acide sembleraient prouver que c'est à l'acidité que l'effet est dû. Aussi a-t-on fait, dans ces dernières années, des essais avec des solutions simples d'acide sulfurique ou d'acide chlorhydrique. Les solutions d'acide sulfurique sont faites à raison de 10 kilog. d'acide pour 100 litres d'eau. L'acide chlorhydrique a toujours été inférieur à l'acide sulfurique. Mais ce dernier corps, dans des essais comparatifs assez nombreux, a produit des effets marqués, mais qui ont été très inférieurs à ceux obtenus par le sulfate de fer acide. Les solutions de sulfate de cuivre, les badigeonnages à la bouillie bordelaise (renfermant 15 kil. de sulfate de cuivre, ou à diverses bouillies complexes), faits préventivement, ont aussi exercé une action contre l'Anthracnose maculée, mais non comparable à celle des solutions concentrées et acides de sulfate de fer.

En somme, nous croyons que dans les traitements en grand, on doit se servir de la méthode Skawinski : sulfate de fer acide en solution à 50 %, et appliqué 8 à 15 jours avant le débourrement, ou appliqué en deux fois dans les milieux très ravagés par l'Anthracnose maculée.

Il est, en outre, des moyens préventifs que l'on ne doit pas négliger de prendre dans les vignes anthracnosées ou qui sont à même de l'être. Pour les nouvelles plantations, il faudra éviter, autant que possible, de planter les cépages très sujets à l'Anthracnose maculée dans les milieux très favorables à son développement et les éliminer même au besoin des cultures, si l'on peut les remplacer par d'autres variétés qui, au point de vue des produits recherchés, sont susceptibles de rendre les mêmes services. Si l'Anthracnose maculée ne fait son apparition que dans les vignobles déjà anciens (submersions), on pourra avoir recours au greffage quand les ravages exercés seront trop considérables pour qu'on puisse espérer les arrêter par les procédés de traitement.

On devra drainer fortement les régions trop humides et faciliter l'écoulement des eaux à la surface, aérer par des tailles appropriées (à sec ou en vert) de façon à ce que l'air circule bien, effeuiller au besoin les vignes trop touffues et relever même les sarments. Il faut éviter de faire les opérations de culture, dans les vignes anthracnosées, par la rosée ou quand les feuilles sont encore mouillées, afin de ne pas favoriser la dissémination des gouttelettes d'eau qui propageraient le parasite. On a conseillé de supprimer par un temps sec les jeunes pousses vertes qui portent des traces d'Anthracnose maculée; cette opération nous paraît à tous les points de vue peu pratique. Mais on ne négligera pas, à la taille d'hiver, d'enlever le plus possible des rameaux qui portent les lésions et de les brûler; on évitera surtout de ne pas s'en servir comme boutures, parce qu'ils renferment les germes de la maladie et qu'ils sont mal aoûtés.

b. **Moyens curatifs.** — Les moyens curatifs employés sur la vigne en végétation qui ont donné des résultats sont: les soufrages répétés, l'emploi de la chaux ou mieux de mélanges de chaux et de soufre, de mélanges de plâtre et de sulfate de fer pulvérulent, et enfin les poudres sulfatées (sulfostéatite, poudres Skawinski, soufres sulfatés, etc.). Mais quoique l'action de ces procédés soit bien prouvée par de nombreuses tentatives, couronnées de succès relatifs dans divers vignobles, ils n'amènent pas une disparition complète de la maladie. Si les circonstances sont trop favorables à cette dernière, leur effet n'est pas parfait: il est cependant toujours suffisant pour qu'on doive les pratiquer, et, en les combinant aux traitements préventifs par le sulfate de fer concentré et acide, on arrive à combattre le mal avec un succès à peu près assuré, mais ce ne sont que des compléments de traitement.

Le soufre agit certainement sur l'Anthracnose, on l'a constaté à plusieurs reprises (MM. Marès, L. Vialla, Garovaglio et Cattaneo); mais c'est seulement au début de la végétation qu'il produit quelques effets. On peut, en soufrant fortement les jeunes bourgeons, entraver le début du mal, qui s'arrête si les conditions nécessaires à son développement ne sont pas excellentes. Il faut répéter les soufrages à huit jours d'intervalle et deux ou trois fois; la quantité de soufre dépensée et la main-d'œuvre ne sont pas élevées à ce moment, à cause du peu de développement qu'ont les rameaux. En pleine végétation et lorsque l'Anthracnose est déjà très avancée, outre que le soufre n'a qu'une bien faible action, son emploi serait très dispendieux. On doit toujours pratiquer une première opération avec du soufre en poudre, et une deuxième à huit jours d'intervalle, au début de la végétation de la vigne, si l'on aperçoit les premières traces d'Anthracnose sur les rameaux ou si la maladie sévissait les années précédentes et quoique l'on ait fait un traitement préventif.

Nous avons déjà exposé, à propos de l'Oïdium, les raisons qui font que le premier soufrage, fait quand les rameaux ont huit ou dix centimètres, doit être pratiqué dans n'importe quelles conditions, quand bien même on n'aurait pas à redouter de maladies. M. R. Gœthe pense que les soufrages sont surtout efficaces contre l'Anthracnose, lorsqu'on les donne avec l'humidité, après une légère pluie, par exemple, ou avec la rosée, car, à ce moment, les spores libres et germant dans l'eau sont plus facilement détériorées que par un temps sec, lorsqu'elles sont entourées d'une enveloppe durcie qui les rendrait plus insensibles à l'action du soufre. Cette supposition est probable, mais nous savons que les effets du soufre sont moins énergiques sur les ceps mouillés et que sa diffusion est moins parfaite; mieux vaut encore l'employer quand la rosée ou l'humidité ont disparu. Il est nécessaire de procéder aussitôt à l'opération, car on pourra atteindre encore les germes peu développés.

Quand le charbon est en plein développement, il faut renoncer au soufre seul : on le combat alors avec des chaux finement pulvérisées (chaux grasses et chaux du Theil), que l'on répand au moyen des mêmes instruments qui servent à projeter le soufre. Dans des expériences comparatives faites pendant plusieurs années, nous avons, comme bien d'autres, obtenu des résultats sur la forme maculée de l'Anthracnose aussi bien que sur la forme ponctuée. Il faut faire l'application sur des ceps non mouillés, par un beau temps, et quand le vent ne peut gêner la diffusion de la poudre. Les mélanges de soufre et de chaux (chaux du Theil de préférence) nous ont toujours donné de meilleurs résultats que l'emploi de la chaux seule, qui peut même avoir l'inconvénient d'altérer les jeunes rameaux herbacés et les fleurs. Le procédé de traitement à suivre est le suivant: on donne toujours le premier soufrage quand les rameaux ont huit ou dix centimètres ; si on voit apparaître et se développer les lésions, on répète les opérations de 15 en 15 jours en mélangeant avec le soufre des proportions de plus en plus fortes de chaux énergiques ; les proportions vont de 1/5 à 3/5 de chaux.

Mme Ponsot a proposé d'employer un mélange de 1/5 de sulfate de fer pulvérulent pour 4/5 de plâtre ; nous l'avons plusieurs fois essayé comparativement avec celui que nous venons d'indiquer et, quoique ayant eu une certaine action, il a été bien moins efficace.

Les procédés aux sels de cuivre, efficaces contre le Mildiou, appliqués contre l'Anthracnose en plein développement, donnent des résultats relatifs qui demandent encore à être confirmés. Il se peut en effet que les gouttelettes, qui dissolvent la couche de matière qui enveloppe les spores d'Anthracnose et dans lesquelles celles-ci germent, s'opposent à cette germination par le cuivre qu'elles tiennent en dissolution.

BIBLIOGRAPHIE

Amici.— Sulla malattia dell' uva, 1852.
De Bary.— Ueber den sogenanten Brenner (Pech) der Reben (Botanische Zeitung, 1874).
— Lettre sur l'Anthracnose. *in* Vigne américaine, 1879, p. 53.
Béranger.— Micogenesi (Coltivatore, 1852).
Bianconcini.-- L'Anthracnose en Italie (Vigne américaine, 1879, p. 126).
Comes (O.).— Crittogamia agraria. (Napoli, 1891, pp. 425-438).
Arcangeli (U.).— Sopra una malattia delle vite (Nuovo Giornale botanico italiano, n° 1, 1877).
Cornu (Max.).— Comptes rendus de l'Académie des Sciences, 1877.
— Anatomie des lésions déterminées sur la vigne par l'Anthracnose (Bull. soc. bot., 1878).
— Bulletin de la Soc. botanique, 1879, p. 320, et 1880, p. 38.
Engelmann (D^r).— *In* Bushberg catalogue, 1883, pp. 49-51.
Fabre (Esprit) et **Dunal.**— Observations sur les maladies régnantes de la vigne (Bull. soc. agri., Hérault, 1853).
Fasoli.— Sul morbo della vite (Vicenza, 1853).
Fintelmann.— *In* Gazette universelle d'horticulture de Berlin, 1839.
Frank (D^r).— Die Krankheiten der Pflanzen (tom. II, pag. 608-611, 1881).
Galimberti (A) e **Ravizza** (D.-F.).— Sull' antracnosi della vite. studi ed esperienze (Asti, 1879).
Garcin (F.).— Note sur une maladie des raisins dans le vignoble narbonnais (Compt. rend. Acad. Scienc., 1877).
Gœthe (R.).— Mittheilungen über den schwarzen Brenner und den Grind der Reben (Berlin und Leipzig, 1878, traduit par Reich (partim) *in* Vigne américaine, 1879).
Kohler (J.-M.).— Der Weinstock und der Wein, 1869.
Macagno (H.).— Comptes rendus de l'Académie des Sciences, 1877.
Magnin (D^r).— Les champignons parasites de la vigne. (Ann. Inst. ag. exp. du Rhône, p. 231).
Mangin (L.).— Observations sur l'Anthracnose maculée. (Comptes rendus de l'Académie des Sciences, 28 mars 1892).
Marès (H.).— Les vignes du midi de la France (*in* Livre de la Ferme, pp. 239, 243 et 262).
Meyen.— Pflanzenpathologie 1841.
Millardet (A.).— Instruction pratique pour le traitement du Mildiou, du Rot et de l'Anthracnose (Bordeaux, 1889).
Negri (A.-F.).— Uno nuovo malano delle viti (Giornale vinicolo 1878).
Ottavi (Ottavio).— Vigne américaine, 1882, pag. 125.
Passerini.— La nebbia del moscatello ed una nuova crittogama delle viti (Parma, 1876).
Pirotta.— Funghi parassiti dei vitigni (p. 89, 1877).
Planchon (J.-E.).— Les vignes américaines, etc. (1875, pp. 54-55).
— Articles divers *in* Vigne américaine, 1875-1883.
Portes (L.).— Comptes rendus de l'Académie des Sciences, 1877.
— De l'Anthracnose, maladie appelée vulgairement charbon de la vigne (Paris, Parent, 1879).

Prillieux (E.).— Comptes rendus de l'Académie des Sciences, 1877, p. 533.
— L'Anthracnose de la vigne observée dans le centre de la France (Bull. soc. bot., tom. XXVI, 1879).
— Sur l'Anthracnose ou maladie charbonneuse de la vigne (Journ. soc. hort., 1880, pp. 228-233).
— Quelques mots sur le Rot des vignes américaines et l'Anthracnose des vignes françaises (Bull. soc. bot., 1880, p. 34).
Pulliat (V.).— L'Anthracnose de la vigne (Journ. d'agriculture pratique, 1878).
— L'Anthracnose en 1879 (Vigne américaine, pag. 133).
Saccardo.— Il vajalo della vite, 1877.
Santo-Garovaglio.— In Arch. del lab. di Bot. crit., 1879, p. 342.
Santo-Garovaglio e Cattaneo.— Studi sul le dominante malattie dei vitigni.
Schmidt.— Ueber eine neue krankheit der Reben (Ann. der œnologie, IV, 1873).
Schnorf.— Un remède radical contre l'Anthracnose (traduit par Reich in Vigne américaine, 1879, p. 100.)
Sorauer.— Pflanzenkrankheiten (tom. II, 1886).
Southworth (E.-A.).— Ripe Rot of Grapes and Apples (Journal of mycology, 1891, p. 164).
Targioni-Tozzetti.— Annali di agric., 1878.
— Malattie delle viti, 1886.
Trevisan.— Sulla provenienza del bianco dei grappoli soppra viti malatte di Picchiola (Coltivatore, 1852).
Thümen (Von).— Die Pocken des Weinstockes (Wiener Landwirthschaftliche Zeitung, 1878).
— Die Pocken des Weinstockes (Wien, 1880).
Viala (P.).— Una nova epidemia da Vinha em Portugal (Jornal de horticol. prat., Porto, 1878).
— Note sur l'Anthracnose, etc., (Messager agricole, 1883).
Viala (P.).— Une mission viticole en Amérique (1889).
Viala (P.) et Ferrouillat (P.).— Manuel pratique pour le traitement des maladies de la vigne, 1888.
Vialla (L).— L'Anthracnose ou charbon de la vigne (Vigne américaine, 1880, p. 301).

CHAPITRE V

POURRIDIÉ

Le nom de *Pourridié* n'est pas donné à une maladie spéciale, mais au résultat de plusieurs champignons vivant, dans certains cas, en parasites aussi bien sur les racines de la vigne que sur celles d'autres plantes sauvages ou cultivées. Les effets de ces divers parasites se traduisent sur la plante par la manifestation de phénomènes semblables. On conçoit que, par les caractères extérieurs des organes altérés, l'on ait compris sous la désignation commune de *Pourridié* plusieurs maladies définies chacune dans leur essence par une cause aujourd'hui bien déterminée. Nous restreignons ce nom de *Pourridié* à l'altération des racines résultant de l'action directe de champignons parasites, sans l'étendre à des cas spéciaux de pourriture de ces organes provenant indirectement de causes purement physiologiques ou accidentelles.

Cette maladie est très répandue et très ancienne; elle porte, par suite, divers noms vulgaires. Les principaux sont:

Pourridié, *Blanc, Blanc des racines, Champignon, Champignon blanc, Grappe* (Aube), *Mortaouses et Terres bêtes* (Médoc), *Bianco, Mal bianco, Marciume, Pinguedine, Weinstockfäule, Wurzelpilz, Wurzelschimmel, Erdkrebs, Harzsticken, Harzüberfülle, Wurzerfäule, Rotfäule, Baumschwamme*.....

Le nom de Pourridié est le plus usité en France. Il a été appliqué à l'action de plusieurs champignons confondus entre eux: l'*Agaricus melleus* L., le *Dematophora necatrix* R. Hartig, le *Pilacre Friesii* (1) (V. *hypogæa* Ch. Richon et Le Monnier ou

---

(1) C'est d'après les notes que nous a communiquées obligeamment M. E. Boudier que nous adoptons ce nom. — Voir encore, pour la désignation plus ancienne de *Pilacre Friesii* qui doit être définitivement donnée à ce champignon: E. Boudier. — Note sur le vrai genre Pilacre (Journal de botanique, 16 août 1888) et Nouvelle classification des Discomycètes charnus (Société mycologique 1885, p. 111).

Rœsleria hypogæa de Thümen et Passerini, ou encore *Rœsleria pallida* de Saccardo), certaines formes mycéliennes appartenant au groupe des *Fibrillaria (Psathyrella ampelina* Foëx et Viala).

Le *P. ampelina* et le *Pilacre Friesii (V. hypogæa)* sont, ainsi que nous le verrons, sans action aucune dans la maladie du Pourridié. L'*A. melleus* a beaucoup de rapports morphologiques, par le mycélium seulement, avec le *D. necatrix*, mais il est surtout parasite des arbres forestiers et assez rarement des arbres fruitiers et des vignes.

Le *D. necatrix* est la cause la plus générale, la plus commune du Pourridié; c'est donc surtout à cette espèce que nous rapportons le nom vulgaire de Pourridié.

I. HISTORIQUE

a. **Pourridié et Agaricus melleus.** — Les horticulteurs et les viticulteurs avaient remarqué, depuis fort longtemps, que dans les milieux humides et fertiles, la mort des arbres fruitiers, des arbres forestiers ou des vignes était souvent concomitante du développement de champignons. Les plus anciens écrits agricoles et horticoles signalent ces moisissures. Mais les champignons étaient considérés comme accidentels et non comme la cause de la mort des plantes qui les portaient sur leurs racines pourries.

Les mycologistes avaient étudié, à plusieurs reprises, des formes mycéliennes qui parcourent les racines des arbres forestiers morts ou mourants, mais sans leur attribuer une cause quelconque dans la disparition de ces plantes. Tulasne avait donné le nom de *Rhizomorpha* aux cordons mycéliens, continus et ramifiés, noirs et luisants, qui rampent sur l'écorce des arbres. Roth en avait fait une espèce : *Rhizomorpha fragilis*. Persoon en distingue deux variétés; l'une extérieure aux racines, en gros cordons noirs : *Rhizomorpha fragilis* var. *subterranea*, l'autre sous-corticale, en plaques larges, étendues entre le bois et l'écorce, remarquable à cause de sa phosphorescence : *Rhizomorpha fragilis* var. *subcorticalis*. De Bary fit l'anatomie du *Rh. fragilis* en 1865.

Ce n'est qu'en 1873 et en 1874 que M. Robert Hartig démontra par des expériences directes, dans un travail resté classique, que la mort des arbres forestiers était due aux Rhizomorpha que l'on trouve sur leurs racines en décomposition, et qu'il rapporta expérimentalement ces Rhizomorpha à l'*Agaricus melleus*. Il avait vu, en effet, les pieds de l'*Ag. melleus* produits directement, en septembre et en octobre, soit par les cordons noirs du *Rh. subterranea*, soit par les nappes blanches et byssoïdes du *Rh. subcorticalis*, à travers les fissures de l'écorce, et cela sur diverses essences forestières.

Le *Rhizomorpha fragilis* avait été signalé sur la vigne et les arbres fruitiers; la phosphorescence du *Rh. subcorticalis* avait été reconnue dans certains cas, et on en déduisait, d'après les travaux de Hartig, que ces formes mycéliennes appartenaient toujours à l'*Agaricus melleus*.

La première observation de la relation directe de ces formes mycéliennes et de l'*Agaricus melleus* n'a été faite, pour la vigne, qu'en 1877, par Schnetzler, qui avait vu un *Ag. melleus* pousser sur un échalas de bois de sapin, fiché au pied de vignes qui mouraient et étaient envahies par les rhizomorphes.

M. Millardet constata, en 1879, la mort de vignes, sous l'action des rhizomorphes de l'*Agaricus melleus*, dans le Lot-et-Garonne, et obtint, en culture, la production du fruit du champignon sur des vignes mortes. Il cite le fait d'un abricotier mort des attaques de l'*Agaricus melleus*. C'est un des rares cas où l'on ait signalé le Pourridié des arbres fruitiers comme dû à l'*Ag. melleus*, et nous croyons que c'est un cas exceptionnel. A la suite de tous ces travaux, il était communément admis que le Pourridié avait toujours comme cause l'*Agaricus melleus* et ses formes mycéliennes.

Le Pourridié des arbres fruitiers n'est presque jamais causé par ce Basidiomycète, mais bien par le *Dematophora necatrix*. La vigne est plus fréquemment attaquée par l'*Agaricus melleus* que les arbres fruitiers, mais la fréquence et l'importance de ce parasite sont insignifiantes relativement à celles du *D. necatrix*. Nous avons cité les observations qui ont été faites sur l'*A. melleus* comme parasite des vignes. Nous avons plusieurs fois obtenu, en culture de souches pourridiées, les fructifications de ce champignon, mais très rarement relativement à celles du *D. necatrix*.

b. **Pourridié et Rœsleria**. — L'on a admis l'hypothèse erronée que la forme parfaite de reproduction du *Dematophora necatrix* était le périthèce du *Pilacre Friesii* ou *Vibrissea hypogæa*, plus vulgairement connu sous le nom de *Rœsleria*, de la désignation spécifique : *Rœsleria hypogæa*, que MM. Thümen et Passerini lui avaient donnée en 1877. Ces auteurs n'avaient étudié que les fruits mûrs de cette espèce, au moment où les sporidies sont isolées et les membranes des thèques résorbées, et n'avaient pu reconnaître la forme ascosporée de ce champignon.

Le *Rœsleria* a été tout d'abord trouvé par M. Rœsler sur des vignes mourantes, à Mülheim (en Brisgau). J.-E. Planchon, lors de son voyage en Amérique, en 1873, l'avait constaté à Saint-Louis (Missouri), mais n'avait pas divulgué son observation, antérieure à celle de M. Rœsler. Nous avons reconnu ce champignon sur les échantillons qu'il nous a communiqués et nous l'avons observé nous-même sur les bords du Mississippi et dans le Texas. MM. Thümen et Passerini lui ont attribué une grande importance comme cause du Pourridié des vignes.

Le *P. Friesii* ou *Rœsleria* est-il cause du Pourridié des vignes sur lesquelles il est plus commun que sur les autres plantes ? Est-ce un parasite pouvant déterminer le dépérissement des vignes sur lesquelles on le rencontre ou ne vit-il que comme saprophyte sur les racines déjà altérées ?

MM. Le Monnier, d'Arbois de Jubainville, E. Prillieux le considèrent, d'après l'observation seulement, comme parasite. M. R. Hartig croit qu'il joue exclusivement le rôle de saprophyte.

Le parasitisme du *Dematophora necatrix* et de l'*Agaricus melleus* a été démontré nettement ; il n'en est pas de même pour le *Rœsleria*. M. le Dr Jolicœur a seul rapporté une unique expérience d'inoculation du *P. Friesii* sur des vignes saines qui auraient succombé. M. R. Hartig n'a jamais pu obtenir pareil résultat. Les expériences variées que nous avons faites pendant plusieurs années pour déterminer le parasitisme du *Rœsleria* n'ont jamais réussi. Nous l'avons inoculé sans succès sur des vignes saines, sur des cerisiers, pins, marronniers, amandiers, pois, laitues, fèves, choux, tubercules de *C. incisa*. Nous avons vu en outre, dans nos cultures, le mycélium se développer et les fructifications se produire, après inoculation, sur des racines de vignes mortes. Il est cependant facile d'obtenir la germination et une abondante poussée du mycélium des spores du champignon, même dans des liquides nutritifs artificiels.

Le *Rœsleria* est surtout fréquent sur les racines détruites par le phylloxéra ou sur les cerisiers tués par le *Dematophora necatrix*. Nous n'avons constaté qu'une fois le mycélium et une fructification sur une racine de vigne qui paraissait saine à un examen superficiel et qui n'avait de zone peu profonde de tissus brunis que dans la région du pied fructifère.

Nous ne nions pas que le *P. Friesii* puisse agir comme parasite dans certains cas exceptionnels, à la façon d'autres champignons saprophytes, tels le *Botrytis cinerea*, certains *Polypores...* Mais ce que nous voulons retenir, c'est qu'il est surtout saprophyte sur les organes altérés par d'autres causes, et que son rôle comme cause du Pourridié des vignes et des arbres fruitiers est insignifiant, comparativement surtout au *Dematophora necatrix*.

M. F. von Thümen a émis l'hypothèse que les *Fibrillaria* que l'on observe sur les vignes ou sur beaucoup d'autres plantes pourraient bien être un mycélium extérieur du *Rœsleria*. Comme le *Rœsleria* est considéré par lui comme parasite, il déduit et affirme que les Fibrillaria ont une action parasitaire et produisent le Wurzelschimmel ou Pourridié.

Les *Fibrillaria* que l'on observe sur la vigne se rapportent au *Fibrillaria xylothrica* de Persoon. Ils ont été très souvent considérés par les horticulteurs et les viticulteurs comme cause du Pourridié et, bien des fois, la mort des plantes, due à d'autres causes, leur a été imputée.

Les Fibrillaria ne vivent qu'en saprophytes à la surface ou dans les fissures des péridermes mortifiés. Ils n'appartiennent pas au *P. Friesii*, mais bien, ainsi que nous l'avons démontré expérimentalement, à un Hyménomycète, le *Psathyrella ampelina* Foëx et Viala.

c. **Pourridié et Dematophora**. — Le *Dematophora necatrix* est la cause la plus commune du Pourridié des arbres fruitiers et de la vigne. L'*Agaricus melleus* est relativement rare sur ces plantes, et le *P. Friesii* ou *Rœsleria* vit presque toujours en saprophyte sur leurs racines décomposées. Le nom vulgaire de Pourridié doit donc, ainsi que nous le disions, être rapporté au *D. necatrix*.

Le Pourridié ou Blanc avait été observé depuis fort longtemps par les arboriculteurs et les viticulteurs, mais ce n'est qu'en 1883 que M. Robert Hartig publia la première étude scientifique sur ce parasite. M. Millardet avait signalé cependant, en 1882, en note de son travail sur le Pourridié, une forme spéciale de cette maladie, forme qui n'est que le *D. necatrix*, dont il avait observé seulement le mycélium floconneux qu'il croyait appartenir à une grosse espèce de champignon. MM. O. Penzig et T. Pozzi ont trouvé le *D. necatrix*, en 1885, dans les vignobles italiens. Ce sont les travaux de R. Hartig qui constituent les premières recherches sur le parasite cause du Pourridié qu'il a spécifié et dénommé *Rhizomorpha (Dematophora) necatrix*. Nous avions commencé des recherches sur ce parasite au moment où les travaux de Hartig ont paru et nous les avons continuées de 1882 à 1892. Outre le *D. necatrix*, une autre espèce, le *D. glomerata*, que nous avons signalée en 1887, produit parfois d'assez grands dégâts dans les terrains sableux.

Le Pourridié existe dans toutes les régions de l'Ancien et du Nouveau-Monde. Nous l'avons constaté dans tous les départements viticoles du midi de la France, dans le Languedoc, la Provence, le Roussillon, dans la Gironde, la Haute-Garonne, la Dordogne, les Charentes, la Vendée, la Loire-Inférieure, le Maine-et-Loire, la Seine-et-Marne, le Lot, l'Aveyron, la Champagne, la Bourgogne, le Beaujolais..., en Algérie, en Tunisie. Nous en avons reçu des échantillons d'Italie, Sicile, Corse, Espagne, Portugal, Crimée, Bessarabie, Palestine, Grèce. Il a été observé en Allemagne, Suisse, Autriche, Hongrie. Nous l'avons trouvé, aux Etats-Unis, dans la Pennsylvanie, le Missouri, les Carolines, le Texas, la Californie, et nous avons reconnu cette maladie sur des vignes rapportées de Mori, au sud de Yéso, dans le Japon.

Le Pourridié est plus fréquent sur les vignes et les arbres fruitiers que sur les autres plantes. Il attaque toutes les espèces du genre *Vitis* et leurs variétés; ainsi, le *V. Rupestris* craint plus le Pourridié que toutes les autres espèces; le *V. Rotundifolia* et le *V. Cinerea*, qui viennent naturellement dans les milieux humides en Amérique, sont rarement envahis. Parmi les cépages européens appartenant au *V. Vinifera*, le *Grenache*, le *Teinturier du Cher*, sont les plus sujets à cette maladie; la *Carignane*, les *Pinots*, sont plus résistants....

Les arbres fruitiers à racines pivotantes sont plus sensibles au Pourridié que ceux à racines traçantes; il semble aussi que les variétés précoces soient moins résistantes. Les Cerisiers, Amandiers et Pêchers sont plus attaqués lorsqu'ils sont greffés sur franc; il en est de même pour les Poiriers. Parmi ces derniers, les variétés les plus maltraitées par le Pourridié sont surtout la *Bonne-Louise d'Avranches*, puis les variétés *William, Beurré d'Amanlis, Beurré de Paris, Duchesse, Beurré Clergeau, Beurré Giffard*...

Le Pourridié, que les arboriculteurs nomment plus communément le *Blanc*, attaque d'ailleurs fréquemment les arbres fruitiers. Nous l'avons observé sur : *Cerisiers, Pommiers, Oliviers, Abricotiers, Pêchers, Poiriers, Amandiers, Pruniers, Orangers, Figuiers, Jujubiers, Rosiers*, sur des *Diospyros* (en Californie), *Cognassiers, Chênes blancs, Chênes verts*. Nous avons réussi à faire développer la maladie sur des *Pins, Sapins, Haricots, Fèves, Pois*. M. Robert Hartig l'a obtenue sur des *Pins, Sapins, Hêtres, Chênes, Érables, Pommes de terre, Haricots, Betteraves*.

II. CARACTÈRES EXTÉRIEURS DES VIGNES ATTAQUÉES PAR LE POURRIDIÉ

L'aspect extérieur qu'imprime le Pourridié aux ceps qu'il attaque n'est pas absolument spécial et ne permet aucunement de différencier cette maladie. Les caractères qu'ils présentent ont de l'analogie avec ceux qui résultent de l'effet d'autres affections et surtout de l'action du phylloxéra.

Les plantes attaquées se chargent de fruits, en quantité exceptionnelle, la première année de la maladie. Un vignoble, par exemple, est atteint par points isolés dans les milieux favorables au développement du Pourridié, et, d'année en année, aux places primitives s'en ajoutent de nouvelles qui vont s'agrandissant concentriquement.

Les rameaux se rabougrissent et des ramifications poussent souvent nombreuses à leur base. En premier lieu, les feuilles restent vertes, elles sont cependant plus petites qu'à l'état normal; profondément incisées, parfois très découpées, elles jaunissent seulement à la dernière période de la maladie. D'où la confusion que l'on fait souvent, à un simple examen superficiel, entre le Pourridié et les effets du phylloxéra ou d'autres maladies de nature physiologique et non parasitaire, telles la Chlorose et le Cottis.

Les rameaux des vignes ou des arbres fruitiers, très courts, desséchés en partie, cassants, à poils ramassés en flocons, jaunes et languissants, donnent aux plantes une forme en tête de chou. Les plantes s'arrachent et se cassent facilement quand on exerce le moindre effort. L'écorce se sépare au collet qui est altéré, brun et spongieux.

Les racines, sous l'effet de la maladie, finissent par être décomposées, elles sont spongieuses. L'altération qui les noircit les gagne bientôt entièrement et le bois prend définitivement une teinte d'un brun jaunâtre clair, zonée par le mycélium du champignon.

Si on rase les plantes au collet, on voit suinter en abondance sur la section, surtout au printemps et à l'automne, une matière noire, épaisse, donnant les réactions du sucre et ressemblant à de la gomme. Les arbres ou les vignes finissent par succomber; ceux qui sont au centre du point d'attaque sont morts, et, autour de ce point, on observe échelonnés les divers degrés de dépérissement.

Les vignes peuvent périr au bout de quinze à dix-huit mois; nous avons même déterminé la mort de jeunes souches au bout de six mois, en les plaçant dans les conditions les plus favorables au développement du Pourridié. Elles ne succombent souvent qu'après deux ou trois ans, parfois au bout de cinq et six ans. Les arbres fruitiers mettent deux ou trois ans à disparaître sous l'action du Pourridié.

L'extension du Pourridié est lente, comparativement à d'autres maladies, mais elle est d'autant plus progressive et plus rapide que les plantations sont plus serrées. C'est ce qui a lieu, par exemple, dans les pépinières. Lorsque le Pourridié les a envahies, il devient très nuisible, et l'on est obligé, dans la plupart des cas, de renoncer à cultiver, en vignes ou en arbres fruitiers, les terrains de pépinière, et cela pendant plusieurs années. L'arrachage des plantes attaquées ne suffit pas; le Pourridié, nous en verrons la cause, reparaît même sur les pépinières que l'on laisse sans cultures de plantes arbustives pendant un ou deux ans. Nous avons suivi des pépinières dans lesquelles les jeunes vignes, plantées en mars-avril, étaient foudroyées par le Pourridié dans le courant de l'été, ou étaient envahies par le parasite et succombaient l'année suivante après leur mise en place. Nous avons observé les mêmes faits dans des pépinières d'arbres fruitiers arrosées (Cerisiers et Poiriers).

III. CONDITIONS GÉNÉRALES DE DÉVELOPPEMENT DU POURRIDIÉ

Sans vouloir insister sur les conditions de milieu qui favorisent le développement du Pourridié, et sur lesquelles nous reviendrons plus loin avec détails en étudiant surtout le *Dematophora necatrix*, nous dirons que le Pourridié ne se développe rapidement que dans les terrains humides. Il existe le plus fréquemment dans les terres argileuses et marneuses où l'eau est stagnante et dans celles à sous-sol imperméable; nous avons même réussi à le faire pousser activement sous l'eau.

Dans un vignoble, on constate le Pourridié dans les poches ou cuvettes où l'eau s'accumule, tandis que les parties voisines sont indemnes. Dans les milieux perméables, tels que les coteaux cailouteux, les alluvions sableuses et sèches, les sols calcaires et granitiques, le Pourridié a une intensité moindre.

Les sols très sableux ou de sable presque pur sont généralement indemnes du *Dematophora necatrix*, mais une autre espèce, le *Dematophora glomerata*, peut, quand ils sont humides, causer aux plantes qu'ils portent autant de dégâts que le *D. necatrix*.

Dans tous les cas, les effets du Pourridié sont considérables, car il amène fatalement la mort successive de toutes les plantes dans les milieux qui sont favorables à son développement, et on ne peut l'enrayer directement par aucun procédé de traitement.

IV. ÉTUDE BOTANIQUE DU POURRIDIÉ

Le *Dematophora necatrix* et le *Dematophora glomerata* ont un développement et des séries de formes mycéliennes ou de reproduction très complexes. Nous insisterons surtout sur la première de ces espèces qui est la cause la plus commune du Pourridié des vignes. Nous étudierons ensuite l'*Agaricus melleus*, dont l'action comme cause du Pourridié des vignes est bien moins fréquente, ainsi que les champignons que l'on trouve accidentellement sur les racines de vignes pourridiées et qui peuvent donner lieu à confusion (*Rœsleria*, *Fibrillaria*, etc.)

A. — DEMATOPHORA NECATRIX

1° PHYSIOLOGIE DU DEMATOPHORA NECATRIX

Nous résumerons la morphologie complexe du *D. necatrix*, afin de pouvoir exposer les conditions si variées de ses organes de reproduction ou de son organe végétatif, le mycélium (1).

1° Le mycélium du *D. necatrix*, qui provient des conidies ou d'autres branches mycéliennes d'origines diverses, se présente sous forme de flocons blancs neigeux qui enlacent les organes attaqués de couches épaisses plus ou moins continues et facilement reconnaissables. Ils constituent ce que nous nommons le *mycélium blanc*; c'est ce mycélium que les horticulteurs désignent sous le nom de *Blanc* (Fig. 74 *a*, *a*).

2° Les flocons blancs finissent par se teinter successivement et font place à un *mycélium brun* ou gris-souris, qui conserve le même aspect floconneux.

---

(1) Pour plus de détails, voir: P. Viala. — Monographie du Pourridié des vignes et des arbres fruitiers (Thèse, avec 9 planches. Montpellier, C. Coulet, 1892).

3° Au moment où a lieu le brunissement des flocons blancs, on voit, dans leur intérieur et sur leur parcours, des parties qui se condensent en fils rhizomorphiques blancs, entourés de quelques flocons brunâtres qui relient les diverses régions des masses blanches ; ce sont les *cordons rhizoïdes* (Fig. 74 *b, b*).

4° Ces cordons rhizoïdes se condensent de plus en plus à leur centre et s'entourent d'une écorce noire, formant ainsi de vrais cordons rhizomorphiques qui ne présentent aucune différence, à la simple vue, avec les cordons homologues de l'*A. melleus* et que nous nommerons, comme ces derniers, *Rhizomorpha fragilis* var. *subterranea*, ou simplement *Rhizomorpha subterranea*, ces noms ne se rapportant pas à une espèce de champignon, mais simplement à une forme particulière de l'organe

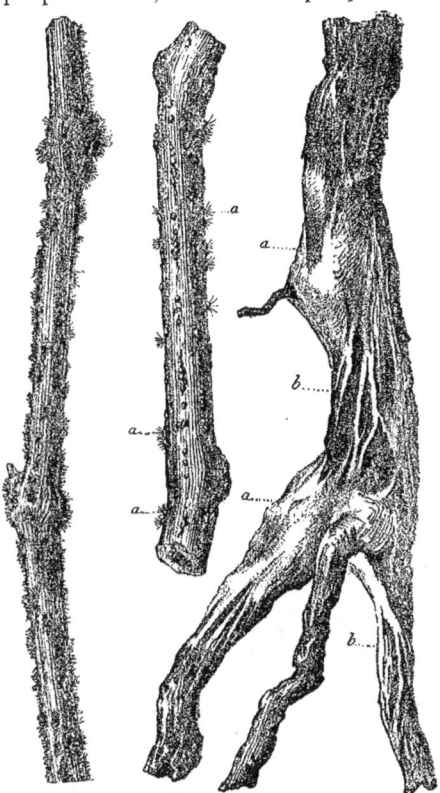

Fig. 74. — *Dematophora necatrix*. (à droite) : *a*, mycélium blanc floconneux ; *b*, cordons rhizoïdes. — (au centre) : sclérotes. — (à gauche) : conidiophores. — Grandeur nature.

végétatif de plusieurs champignons. A la façon de ceux de l'*A. melleus*, ils rampent, comme des racines, à la surface des organes attaqués et dans les couches voisines du sol (Fig. 75 *a, a*).

5° Toutes ces formes mycéliennes sont extérieures aux plantes attaquées, soit à leur surface, soit dans le sol. Des filaments déterminés pénètrent sous le liber jusqu'à la couche génératrice, s'y étalent en nappes plus ou moins étendues et plus ou moins épaisses, blanchâtres à l'intérieur, plus ou moins roussâtres à l'extérieur, et constituent, comme pour l'*A. melleus*, la forme rhizomorphique nommée *Rhizomorpha fragilis* var. *subcorticalis* ou *Rhizomorpha subcorticalis* (Fig. 75 *b*, *b*).

6° De l'extérieur ou du liber, les plus petits filaments mycéliens pénètrent la couche génératrice et le bois et envahissent en tous sens le tissu intérieur qu'ils décomposent. Quoiqu'il n'y ait pas de différence morphologique entre le mycélium intracellulaire et certaines parties des autres formes mycéliennes, nous le désignerons sous le nom de *mycélium interne*.

7° Sur le mycélium blanc ou brun, immergé dans des liquides non aérés, se manifeste une fragmentation cellulaire avec isolement, condensation du protoplasme et production de cellules homologues, des *chlamydospores* d'autres champignons et que nous désignerons sous ce nom.

8° Le mycélium interne produit parfois, à la surface des organes attaqués, des masses pseudoparenchymateuses, des *sclérotes*, qui émergent en partie des tissus de la plante hospitalière (Fig. 74).

Fig. 75. — *Dematophora necatrix. a:* Rhizomorpha fragilis *var.* subterranea; *b:* Rhiz. frag. *var.* subcorticalis. — Grandeur nature.

9° Ces sclérotes ou le mycélium floconneux donnent naissance, dans la nature, au collet de la plante, dans les couches les plus superficielles du sol, et en cultures artificielles dans toutes les régions, aux *filaments conidifères* ou *conidiophores* qui sont l'organe le plus commun de reproduction du champignon (Fig. 74).

10° Ces mêmes sclérotes se transforment aussi, dans certaines conditions de milieu, en *pycnides*.

11° Sur le collet de la plante, au milieu et dans la région des filaments conidifères, se forment, sur les organes depuis longtemps attaqués, des fruits ascosporés, des *périthèces* (Fig. 76).

a. **Influence des milieux extérieurs sur le Pourridié. Saprophytisme.** — Toutes ces formes du mycélium et des organes de reproduction appartiennent bien, ainsi que nous le verrons, au *D. necatrix*. Mais elles ne se produisent que dans des conditions de milieu déterminées et à un état physiologique spécial du champignon, lorsqu'il vit en parasite sur les tissus qu'il envahit, ou en saprophyte sur les organes des plantes qu'il a tuées. Le *D. necatrix* forme ses organes reproducteurs lorsque les conditions de vie lui sont favorables, mais il ne les forme jamais à l'état de parasite. Son organe végétatif peut même vivre et perpétuer exclusivement l'espèce sans produire d'organes reproducteurs ; il ne les forme, en tous cas, que sur les plantes mortes de son action, jamais sur des plantes hospitalières encore vivantes. Nous n'avons pu obtenir de conidiophores, de sclérotes, de pycnides, de périthèces sur les plantes en végétation attaquées naturellement ou inoculées, et cela dans les milieux les plus variés.

Fig. 76. — Tige de cerisier avec *périthèces* (*a*) du *D. necatrix*. — Réduction : 1/2.

Les organes reproducteurs ne se forment non seulement que

lorsque la plante hospitalière est morte et qu'elle ne paraît pas offrir au parasite les moyens normaux de vie active, mais il faut en outre que le milieu extérieur soit dans des conditions particulières. Lorsque ces conditions n'existent pas, les organes de reproduction ne se forment pas. Le mycélium, sous ses diverses formes, perpétue l'espèce, à distance et dans le temps, sans passage par les formes de reproduction. Comme ces conditions sont rares dans la nature, on conçoit que le Pourridié n'ait pas été rapporté de longtemps à la cause réelle qui le produit.

Nous avons pu, en maintenant un milieu uniforme dans les cultures, conserver exclusivement le mycélium blanc, le mycélium brun, les cordons rhizoïdes, le mycélium sous-cortical et le mycélium interne pendant huit années successives sur des vignes et des cerisiers qui avaient été tués par le Pourridié la première année, après les inoculations ou à l'état de nature. Nous avons, en desséchant brusquement les milieux de culture, amené la mort des mycelia extérieurs sans que les rhizomorphes sous-corticaux et le mycélium interne fussent tués ; nous avons ensuite conservé les vignes et les cerisiers pourridiés pendant un an. Remises dans des milieux favorables, ces cultures nous ont donné une production nouvelle et directe de filaments floconneux blancs et bruns et de cordons rhizoïdes blancs.

Le même résultat peut être atteint en soumettant des cultures en plein développement du mycélium extérieur, que l'on obtient aux températures de 12 à 25° C., à un abaissement graduel de température extérieure de 5 à 7° C. Le mycélium extérieur disparaît, sans formation de corps reproducteurs. Si l'on reporte graduellement ces cultures de 5 à 15 et 20°, le mycélium floconneux se reforme, aux dépens du mycélium interne et sous-cortical, sur les organes des plantes hospitalières mortes depuis plus ou moins longtemps.

Nous avons exposé des cultures à l'extérieur, en plein hiver, par des abaissements de température de 4° C. au-dessous de zéro. Le mycélium extérieur était détruit, mais le mycélium intérieur résistait, puisque les racines et les tiges arrachées, remises en culture, ont donné à nouveau du mycélium floconneux externe.

Nous avons fait des expériences inverses pour juger de la température maxima que pouvait subir le mycélium. Vers 38° C., le mycélium floconneux s'affaisse; mais, si on arrête l'expérience à ce moment et que l'on replace les vases dans les conditions normales de culture, l'on voit reparaître les flocons blancs. Si la température, dans des expériences analogues, monte à 65° C., pendant deux ou trois heures, le mycélium floconneux extérieur ne se reforme plus; les rhizomorphes sous-corticaux sont affaissés, ridés, ils paraissent morts.

Les températures de 65° et de — 4° ne se produisent jamais dans les couches du sol où vit le mycélium. Il peut donc y persister et perpétuer la maladie. Les plantes attaquées qui sont transportées dans d'autres régions, quoique desséchées extérieurement, reproduisent ensuite, par le mycélium interne qu'elles renferment, du mycélium floconneux qui propage la maladie dans des milieux qui ne sont point envahis.

Le mycélium du *D. necatrix* est très résistant. Des fragments de vigne pourridiés, mais non décomposés, ont été mis dans l'eau à l'air libre et maintenus à une température de 20 à 30° pendant un mois. Au bout de ce temps, les tissus de la vigne étaient réduits en bouillie, et les parois des filaments mycéliens étaient restées intactes; le *Bacillus amylobacter* était très abondant. Cette expérience prouve la résistance relative du mycélium du *Dematophora necatrix* et démontre que les tissus de la vigne sont moins résistants que le mycélium du champignon qui les envahit. Les substances qui détruiraient le mycélium, si toutefois, ce qui n'est pas, on parvenait à les introduire dans les tissus de la plante hospitalière, anéantiraient d'abord la plante même. Il n'y a donc pas de procédé de traitement direct contre le Pourridié.

Les expériences que nous avons rapportées prouvent aussi que le mycélium externe peut être détruit artificiellement par des procédés divers, mais que le mycélium interne, qui continue son action destructive dans les tissus, émet à nouveau, à l'extérieur, du mycélium floconneux, cause de propagation et d'intensité nouvelle du Pourridié lorsque la plante est placée dans les conditions convenables.

Le *D. necatrix*, pendant sa vie parasitaire, ne possède donc que son organe végétatif; les fructifications ne se forment que rarement et lorsqu'il vit à l'état de saprophyte. Le mycélium peut rester à l'état latent et reproduire la maladie au bout d'une période plus ou moins longue; le maintien et la perpétuation de l'espèce lui sont, à l'état naturel, dévolus presque exclusivement. Le mycélium, plus résistant que les tissus qu'il envahit, se développe activement à une température de 12 à 25° C. Le mycélium interne résiste, dans les tissus des plantes hospitalières, à une température minima extérieure de —4° C. et à une température maxima d'au moins 38°, probablement voisine de 65°.

Les expériences précédentes démontrent que le *D. necatrix* vit en saprophyte aussi bien qu'en parasite sur les organes sains ou morts. Il est facile d'obtenir un très beau développement du mycélium sur du fumier, du terreau, de la terre de bruyère..... maintenus frais ou même très humides. L'on s'explique ainsi que le Pourridié soit, dans les vignobles et les jardins fruitiers, fréquent dans les sols qui retiennent l'eau, dans les parties des parcelles de terre qui forment cuvette, dans les milieux à eau stagnante, dans les terrains frais ou trop fréquemment arrosés, dans les tranchées de plantations d'arbres fruitiers creusées dans les sols argileux, compactes, où elles forment drain et cuvette sans écoulement pour les eaux du sol voisin.

L'excès d'eau, l'eau stagnante pendant longtemps, ne tue pas le mycélium du *D. necatrix*, ne le décompose pas, comme cela a lieu pour le thalle d'autres champignons. Nous avons pu maintenir immergé pendant plus de trois mois, à une température inférieure à 15°, dans une eau stérilisée, du mycélium blanc ou des cordons rhizomorphiques sous-corticaux, qui ont été remis en culture dans un milieu frais. Le développement du mycélium se produisait au bout d'un mois. On conçoit que les vignobles submergés pendant une période de temps qui va parfois jusqu'à 90 jours en hiver puissent avoir le Pourridié et que les taches primitives s'étendent chaque année.

Le Pourridié peut se conserver pendant un an au moins dans le sol et se développer à nouveau lorsque les conditions sont convenables. L'on avait observé, dans ces dernières années, que le Pourridié se produit fréquemment dans les pépinières d'arbres et surtout de vignes. Les terres à pépinières de greffes-boutures de vignes sont des milieux riches, frais et chauds, très favorables au développement de cette maladie. On avait noté aussi que la maladie reparaissait pendant plusieurs années aux places envahies les années précédentes. Le mycélium, d'après les expériences que nous avons faites, se conserve dans ces terres durant tout l'hiver et envahit les plantes que l'on met au printemps suivant. Le Pourridié a été si désastreux dans quelques pépinières de greffes-boutures du Languedoc et de la Gironde qu'il a fallu renoncer à cultiver les mêmes terrains et les abandonner. Le mycélium du Pourridié se conserve par les détritus du sol ou les petits fragments de racines.

Les viticulteurs avaient anciennement observé que le Pourridié attaquait souvent les vignes plantées sur des défrichements de chêne, deux ou trois ans après que les défrichements avaient été pratiqués. Ce fait s'explique par suite de la conservation du mycélium du *D. necatrix* sur les débris de toutes sortes qui sont renfermés dans le sol.

Le développement du mycélium du *D. necatrix* peut être obtenu très abondant dans les cultures artificielles, quand on ajoute certaines substances nutritives, telles du sulfocarbonate de potassium à 1 % ou 1 %₀, du nitrate d'ammoniaque, de l'ammoniaque, du nitrate de soude, phosphate d'ammoniaque, azotate de potasse, etc. Le développement dans ces milieux nutritifs artificiels est beaucoup plus actif, sinon plus rapide. Ces observations ont un double intérêt. Elles fixent l'influence qu'ont certaines substances minérales sur le développement de la maladie; elles expliquent l'action des engrais, minéraux ou organiques, sur le Pourridié. Beaucoup d'horticulteurs admettent que le Pourridié n'est pas une maladie parasitaire directe, mais bien une maladie résultante. Les arbres, d'après eux, ne seraient pourridiés que parce qu'ils sont affaiblis ou surexcités dans leur végétation par un sol trop riche ou trop fumé, ou parce que les racines ne peuvent vivre dans un milieu trop humide. Nous verrons que le *D. necatrix* est bien parasite, et parasite pour les arbres dans un milieu considéré comme sain au point de vue cultural. Il est certain cependant, et nos expériences le prouvent, qu'un sol riche, humide, pourvu de matières nutritives abondantes, fortement fumé ou fumé à l'excès, est plus favorable au développement du Pourridié. Ces expériences résolvent une question très controversée par les horticulteurs.

Lorsque le *D. necatrix* vit en saprophyte sur les organes morts, il ne se développe qu'à leur surface. Le rôle de saprophyte n'est en somme qu'accidentel, car dès que le champignon trouve à sa portée des organes sains, dans des conditions de milieu convenables, il les envahit et détermine leur mort.

b. **Parasitisme.** — M. R. Hartig avait démontré le rôle parasitaire du *D. necatrix* par des inoculations directes de conidies sur des racines de plantes vivantes : vignes, érables, chênes, haricots... Nous avons reproduit ces expériences surtout sur des vignes et sur des cerisiers, pins, haricots, fèves, pois.

Dans le cas des cultures arrosées de temps en temps, on n'observait, à la première végétation qui suivait l'inoculation des vignes, qu'un affaiblissement de vigueur comparativement aux pieds témoins. Pendant l'automne et surtout à la végétation suivante, il y avait étiolement, et la mort survenait au deuxième hiver. Le mycélium floconneux était abondant pendant le deuxième été, c'est-à-dire dix-huit mois après l'inoculation. Les pieds témoins restaient très vigoureux.

Les vignes d'un an dépérissaient toujours à la deuxième année au plus tard, les vignes de 3 et 4 ans ne mouraient que deux ou trois ans après. Dans tous les cas, on observait d'abord un noircissement et une mortification des jeunes radicelles ; les racines secondaires et les grosses racines, le collet et la tige étaient envahis en dernier lieu. Le mycélium sous-cortical (*Rh. subcorticalis*) ne se formait abondamment que sur les grosses racines, il n'était pas visible à l'œil nu sur les radicelles. Dans les cultures où nous maintenions une humidité constante, la mort est survenue, sur les vignes âgées de 1 ou 2 ans, au bout de six mois après l'inoculation. Les pieds témoins, dans ces derniers cas, sont morts aussi, mais moins rapidement.

Nous avons pratiqué quelques cultures en maintenant à la surface du sol une couche d'eau de 2 ou 3 centim. Les plantes inoculées mouraient au bout de trois semaines ou d'un mois au plus. En prolongeant quelques-unes de ces cultures, nous avons vu les racines envahies par un abondant mycélium floconneux, ce qui prouve que ce mycélium avait vécu sous l'eau en envahissant les tissus des plantes inoculées.

Les diverses natures de sol, les terrains riches de pépinières exceptés, n'ont pas une influence très marquée sur le développement du Pourridié quant à leur nature chimique, mais leur nature physique est plus influente par suite de la propriété qu'ils ont de retenir plus ou moins d'eau, ainsi que nous l'avons déjà dit.

Les viticulteurs et les horticulteurs avaient cependant observé que les terrains de sable pur, les sables du cordon littoral de la Méditerranée par exemple, étaient généralement indemnes du Pourridié. Nous avons essayé de vérifier ce fait par des cultures artificielles et nous n'avons presque jamais obtenu le développement du Pourridié dans les sables culturalement purs, même dans les conditions les plus favorables. Nous savons qu'il existe une autre espèce de *Dematophora*, le *D. glomerata*, qui est spéciale aux sables et que l'on observe aussi, mais plus rarement, dans les terres sableuses de pépinières.

c. **Développement.** — Toutes les formes mycéliennes du *D. necatrix*, mycélium blanc, mycélium brun, cordons rhizoïdes, Rh. subterranea, Rh. subcorticalis, s'observent communément dans la nature et se produisent à l'état parasitaire de la vie du champignon. Les diverses formes de fructification sont exceptionnelles sur les plantes déjà mortes. On n'observe que rarement les conidiophores et les sclérotes ; nous n'avons pu constater, en dehors des cultures artificielles, les pycnides et les périthèces. Il est fort probable que les pycnides et les périthèces pourraient se produire, dans la nature, sur les plantes pourridiées sèches ; mais, comme ils mettent longtemps à se former après la mort de la plante et qu'il est indispensable, pour que leur formation ait lieu, que les plantes soient dans des conditions de milieu spéciales, on ne les a pas observés parce que les plantes mortes sont arrachées ou sacrifiées.

Mycélium. — Les mycelia floconneux, blancs et bruns, et les cordons rhizoïdes sont toujours très abondants sur les plantes vivantes attaquées par le Pourridié. Lorsque les cultures artificielles de Pourridié sont anciennes, quand elles ont trois ou quatre mois par exemple, si la température tombe à 12° ou 10° environ, si encore on découvre les vases de culture de façon à les aérer souvent, si l'on maintient les sols de culture seulement frais, dans toutes ces conditions le mycélium blanc floconneux du sol ou de l'extérieur des cultures perd son aspect nacré, il s'affaisse. Ces conditions sont constantes dans les sols où existe naturellement le Pourridié, sur les racines ou sur le collet des plantes. On voit par places des parties plus condensées sous forme de fils blancs nacrés ; ce sont les cordons rhizoïdes. Ils existent toujours au milieu du mycélium blanc sur les racines des plantes attaquées.

En même temps que les cordons rhizoïdes se forment, le mycélium floconneux prend une teinte brune qui va s'accusant de plus en plus. Le mycélium floconneux brun est par suite, dans la nature, toujours associé au mycélium blanc. Le brunissement débute dans la région des cordons rhizoïdes. Le mycélium floconneux brun provient primitivement du mycélium blanc, ainsi que nous le verrons. Il se forme rarement dans une atmosphère saturée. Il se produit, au contraire, dans l'intérieur des sols qui, sans être desséchés, ne sont pas humides. A l'état naturel, c'est surtout à l'automne qu'on l'observe abondant au collet des plantes, au-dessous de la surface du sol. Les abaissements de température activent la production du mycélium brun.

Le mycélium blanc, le mycélium brun et les cordons rhizoïdes s'étendent naturellement dans le sol à d'assez grandes distances et sont un moyen de propagation de l'espèce dans l'espace, le plus commun probablement. C'est ce qui explique que les taches de Pourridié ne s'étendent que progressivement et que la maladie ne procède jamais par invasions brusques de grandes surfaces.

Le *Rh. subcorticalis* est toujours concomitant du mycélium floconneux sur les plantes vivantes. Il ne s'accroît plus sur les plantes mortes, mais il bourgeonne vers l'extérieur en émettant des amas floconneux en forme de houppes isolées qui passent par les fissures des péridermes.

Les conditions de milieu nécessaires au *Rh. subcorticalis* sont donc celles des autres formes mycéliennes. A l'état naturel, si les racines sont d'abord pénétrées par le mycélium floconneux, celui-ci s'accroît à l'intérieur des tissus et forme les agglomérations sous-corticales, même dans des sols secs. Mais, dans ce cas, le *Rh. subcorticalis* n'émet pas, à l'extérieur des racines, des flocons blancs et il est moins épais.

Le *Rh. subterranea* n'est pas constant sur les vignes pourridiées. Il provient des cordons rhizoïdes autour desquels se condense le mycélium brun, mais ces cordons peuvent disparaître avant de s'être transformés en *Rh. subterranea*. Ils ne se forment jamais, dans les cultures aussi bien qu'à l'état naturel, à l'extérieur du sol, mais seulement dans le sol, presque toujours à la surface des racines ou sous les lanières des péridermes décomposés, à travers lesquelles ils pénètrent pour s'épanouir en nappes mycéliennes sous-corticales. On ne les observe que lorsque le mycélium floconneux (blanc et brun) a disparu à peu près entièrement. Ils mettent à se former environ un an depuis le commencement du développement du mycélium floconneux blanc.

Les vignes ou les arbres fruitiers n'ont de *Rh. subterranea* que lorsqu'ils sont à leur dernier état de vie ou morts, jamais au début de l'invasion. On les trouve surtout à la fin de l'été, en automne ou en hiver ; ils sont plus fréquents sur les vignes que sur les arbres fruitiers. Dans des vignobles attaqués par le Pourridié, nous avons suivi des cordons de *R. subterranea* des racines d'une souche aux racines des souches voisines, sur une longueur de 40 à 45 centim.

Le *Rh. subterranea* propage la maladie à distance ; il joue aussi un rôle important pour la conservation de l'espèce dans les sols où il existe par fragments ; sa vitalité est en effet très grande, plus grande que celle du mycélium floconneux ou des cordons rhizoïdes.

Lorsque le mycélium floconneux est immergé pendant un certain temps dans l'eau non aérée, il se forme des corps reproducteurs analogues aux *Chlamydospores* des Mucorinées. Leur production est rare. Nous les avons obtenues dans l'eau pure ; elles se forment plus facilement dans les cultures au nitrate de potasse, au sulfo-carbonate de potassium, aux dépens des parties immergées des flocons mycéliens qui flottent à la surface des solutions. Il se peut que, dans la nature, les chlamydospores se produisent à la fin de l'été, dans les poches du sol où l'eau est stagnante et séjourne assez longtemps. Nous ne les avons cependant jamais observées dans les vignobles ou dans les jardins fruitiers. La production des chlamydospores, dans des milieux identiques, a d'ailleurs lieu pour d'autres champignons. Les chlamydospores, si elles se formaient dans la nature, auraient la propriété de conserver le parasite dans les sols où les eaux stagnantes provoqueraient, après l'arrachage des plantes, la destruction des formes mycéliennes.

Par son mycélium seul, le *D. necatrix* peut donc se propager à distance et se conserver pendant longtemps aux mêmes points. Il n'est pas nécessaire, et c'est même rare dans la nature, ainsi que nous allons le voir, qu'il passe par les fructifications, pour se perpétuer et s'étendre à distance. C'est là un fait important au point de vue physiologique. La mort des plantes hospitalières n'amène pas forcément la formation des organes reproducteurs, mais elle provoque, en général, une organisation particulière du mycélium qui le rend propre à perpétuer l'espèce.

Conidiophores. — Les conidiophores ne s'observent que très rarement dans la nature et seulement sur les plantes déjà mortes. Ils se forment, sur le collet des plantes mortes l'année précédente, en automne, jamais en hiver, c'est-à-dire douze ou dix-huit mois après la mort de la plante. Ils sont agglomérés en une couronne de petites houppes, depuis le niveau du sol ou depuis 3 centimètres au-dessus jusqu'à 5 ou 8 centimètres au-dessous. La terre fissurée qui les entoure est toujours légèrement humide à leur pourtour. Nous ne les avons jamais observés dans les terrains desséchés ou dans l'eau stagnante.

En cultures artificielles, la production des conidiophores est un peu plus rapide; elle est facile à obtenir. Dans les cultures où les plantes en expérience sont recouvertes d'une cloche, il pousse même des conidiophores sur toutes les parties extérieures qui baignent dans une atmosphère faiblement saturée (Fig. 74, à gauche). Si l'on dessèche l'atmosphère, la formation des conidiophores cesse bientôt. On peut cependant la faire reprendre à plusieurs reprises. Lorsque la température s'abaisse à 10°, la production des conidiophores est peu abondante; à 5° ou 6° C., elle n'a plus lieu.

Les conidiophores se produisent facilement et fréquemment relativement aux autres organes de reproduction. On peut cependant les considérer comme accidentels dans la nature. Leur rôle physiologique est donc limité. Si les conidiophores poussent au niveau du sol, les conidies, très légères et très résistantes à la sécheresse, peuvent être emportées par des courants d'air ou par le vent et propager le mal à distance. Quant aux conidiophores, les plus nombreux, qui se forment en terre au collet de la plante, leurs conidies peuvent aussi être entraînées par les eaux pluviales.

Sclérotes et Pycnides. — Les sclérotes se forment de l'intérieur à l'extérieur des tissus des plantes hospitalières dans des conditions identiques à celles des conidiophores. Maintenus dans un milieu humide, ils constituent un pseudoparenchyme qui donne naissance, à sa surface, à des conidiophores. Mais, si l'on supprime l'humidité au moment où les conidiophores commencent à peine à se former, en desséchant lentement le milieu sans l'amener cependant à une dessiccation complète, si, en outre, on maintient la température, dans ces dernières conditions, entre 8 et 15° au plus, la masse pseudoparenchymateuse s'organise en pycnides fermés. Depuis le moment où les sclérotes ont pris naissance jusqu'à la formation des pycnides à leurs dépens, il s'est écoulé, dans la plupart de nos expériences, une période de temps de quatre à sept mois. En supposant une vigne qui commencerait à être attaquée par le Pourridié et qui se trouverait successivement dans les conditions voulues, il s'écoulerait une période de un an et demi à deux ans pour arriver à la formation complète des pycnides.

Périthèces. — Les périthèces se produisent encore plus lentement et plus difficilement que les pycnides sur les plantes pourridiées, tuées depuis longtemps et décomposées. C'est dans la région où poussent les conidiophores et au milieu d'eux, aux dépens surtout du mycélium floconneux et parfois des sclérotes, qu'ils se forment (Fig. 76). C'est donc au niveau du sol et jusqu'à 5 ou 6 centim. au-dessous de la surface qu'on les obtient. Il faut, depuis le moment où la plante commence à être envahie, une période de deux ans et demi pour leur complète formation; si les conditions étaient successives et convenables, il faudrait au minimum un an à un an et demi.

Les périthèces ne prennent naissance que lorsque cesse la production des conidiophores. Lorsque les plantes pourridiées ont donné des conidiophores pendant trois ou quatre mois, et mieux pendant six mois en cultures artificielles dans le sol et sous cloche, on peut amener la formation des périthèces. Il faut pour cela découvrir peu à peu les plantes et amener une dessiccation graduelle et complète du sol; on les laisse ensuite à l'air libre, à l'abri des germes étrangers et soumis aux variations de la température. Les périthèces se forment, au bout du temps que nous avons indiqué, en assez grande quantité et constituent une couronne de petites sphères entremêlées aux pieds restants des conidiophores (Fig. 76).

Pas plus que pour les pycnides, nous n'avons encore observé les périthèces dans la nature. La raison peut être due, ainsi que nous le disions plus haut, à ce que les plantes tuées par le Pourridié, arrachées et détruites, ne restent pas assez longtemps sur le sol, et aussi à ce que les conditions de milieu ne se produisent qu'accidentellement dans la succession voulue. Les périthèces que l'on considère comme l'organe ultime et le plus parfait de reproduction des Ascomycètes sont donc exceptionnels pour le *D. necatrix*. A l'état naturel, le *D. necatrix* vit et se perpétue par son mycélium aux formes diverses duquel sont dévolues les fonctions végétatives et de reproduction.

Mycélium interne, son action. — L'envahissement des plantes peut se produire par les radicelles ou par les grosses racines.

L'attaque première des radicelles est plus fréquente, surtout pour les arbres fruitiers. Les tissus de toutes les racines sont envahis, et le mycélium interne s'étend jusqu'au collet et de là jusqu'à une certaine hauteur dans la tige. Il ne parvient jamais à plus de 25 à 30 centimètres au-dessus du sol pour les arbres fruitiers et à plus de 5 ou 6 centim. pour les vignes. Le mycélium est abondant dans les tissus parenchymateux de la plante hospitalière, surtout dans les rayons médullaires et la région de la couche génératrice où il forme les amas mycéliens qui constituent le *Rh. subcorticalis*.

Sous l'action du mycélium, les cellules vivantes commencent par brunir et s'altèrent. Le brunissement s'accentue de plus en plus ; tout le contenu des cellules forme un amas plus ou moins noirâtre dans lequel on ne distingue plus les parties constituantes des éléments, car les membranes finissent par être dissoutes. Les éléments du bois et même des fibres libériennes ont leur membrane percée et corrodée par le mycélium.

Les grains d'amidon, abondants dans le tissu conjonctif de la vigne, sont d'abord surgonflés et puis dissous ; les membranes de ce tissu se gonflent légèrement, au début, au pourtour du mycélium, prennent un aspect mucilagineux et finissent par être dissoutes. Il n'est pas rare de trouver des racines dans lesquelles toute la couche génératrice et les rayons médullaires ont été résorbés et sont remplacés parfois par de vrais rhizomorphes internes.

Sous l'influence dissolvante du mycélium, il se produit, surtout dans les milieux humides et chauds, des matières noirâtres, gommeuses, qui s'écoulent et présentent les réactions du glucose. C'est ce qu'avaient constaté MM. Gayon et Millardet pour les matières analogues qui se forment sous l'action du mycélium de l'*Agaricus melleus*. M. R. Hartig dit que le dépôt brunâtre des cellules, qui va s'épaississant, devient indigeste pour le parasite. Le fait n'est pas réel, puisque le Pourridié a pu se développer pendant neuf ans sur des vignes attaquées.

De même que sous l'action de la plupart des maladies, il se produit, pour le Pourridié, de très nombreux raphides épais d'oxalate de chaux, surtout au début de l'attaque lorsque le champignon vit à l'état de parasite. Lorsque les racines sont très altérées et envahies depuis longtemps, les macles sont plus nombreuses. Les tissus sont alors peu consistants, les plantes cassent facilement et les éléments finissent par se dissocier.

2° MORPHOLOGIE DU DEMATOPHORA NECATRIX

a. **Formes mycéliennes**. — Les formes mycéliennes du *Dematophora necatrix* sont, ainsi que nous l'avons dit, de six sortes : 1° *Mycélium blanc* floconneux extérieur ; 2° *Mycélium brun* floconneux extérieur ; 3° *Cordons rhizoïdes* ; 4° *Rh. fragilis* var. *subcorticalis* ; 5° *Rh. fragilis* var. *subterranea* ; 6° *Mycélium interne*. Enfin, dans des conditions particulières de milieu, le mycélium se fragmente en spores que nous considérons comme homologues des *Chlamydospores*.

Mycélium blanc. — Le mycélium blanc floconneux provient soit d'un mycélium analogue préexistant, soit du centre médullaire des *Rh. subterranea* et *subcorticalis*, soit de la germination des conidies. Il peut être produit encore par le mycélium interne des tiges pourridiées ou, par exception, par les sclérotes non organisés en pycnides et dilacérés à leur surface.

En variant les milieux, on peut de ce mycélium blanc passer au mycélium floconneux brun, aux cordons rhizoïdes, de ceux-ci au *Rh. subterranea*. En inoculant le mycélium blanc à des plantes vivantes, on obtient le mycélium interne, le *Rh. subcorticalis*, et même, dans l'intérieur des tissus, des rhizomorphes internes intermédiaires aux *Rh. subcorticalis* et *subterranea*. L'expérimentation, reproduite souvent et dans des sens inverses, nous a démontré nettement la relation intime de ces diverses formes mycéliennes que l'on pouvait déjà établir par la comparaison de leur organisation morphologique.

Le mycélium blanc forme au début un léger flocon blanc aranéeux qui s'épaissit peu à peu et constitue de grosses masses (Fig. 74, droite *a, a*, Fig. 77 *a, a* et Fig. 78) qui enlacent les tiges et les racines d'un feutrage cotonneux, d'un blanc laiteux. Les flocons s'étendent en nappes plus ou moins épaisses, toujours peu denses, dans le sol et sur la plante, et montent, à l'état naturel, jusqu'au niveau du sol. Ils atteignent une épaisseur de 4 à 6 centim., généralement de 2 ou 3 centim. Ils ne forment jamais un tissu résistant ; lorsque l'humidité fait brusquement défaut et que la température s'abaisse, ils s'affaissent aussitôt, en rejetant les nombreuses gouttelettes d'eau et les bulles d'air qu'ils tenaient emprisonnées dans leurs mailles et qui viennent perler à la surface.

Les tiges ou les racines ne sont jamais recouvertes d'un feutrage continu, mais des cordons plus étroits, plus denses et par suite plus blancs (Fig. 74, droite b, b, et Fig. 77 b), moins épais, relient les îlots et les masses floconneuses ou aranéeuses entre elles. C'est dans ces cordons que se différencieront les cordons rhizoïdes, origine des *Rh. subterranea*. Lorsque le mycélium blanc commence à pousser activement aux dépens de racines pourridiées, les fils mycéliens paraissent, au début, rigides et parallèles comme les poils d'une brosse ou comme les poils radicaux de certaines racines.

Fig. 77. — Mycélium floconneux a, a, et cordons rhizoïdes b, b (d'après R. Hartig).

Le mycélium prend, au bout d'un certain temps, et par places irrégulières, tout en conservant son aspect floconneux, une légère teinte grisâtre qui débute à sa surface, jamais dans son intérieur, et dont l'intensité de coloration s'accuse de plus en plus en passant par le gris-souris clair et en devenant définitivement d'un brun de plus en plus foncé. Dans quelques rares cas, nous avons trouvé le mycélium extérieur des souches pourridiées avec une teinte d'un gris ferrugineux. Le mycélium blanc et le mycélium brun sont toujours entremêlés ; la teinte brune est surtout accusée dans la région des cordons rhizoïdes.

Le mycélium blanc floconneux est constitué par des filaments de diverses sortes (Fig. 79), incolores et transparents, jamais soudés sur leur parcours, et qui présentent de très grandes différences de diamètre. Certains ont un diamètre très faible (1 µ, 35) ; ils sont droits ou légèrement flexueux, cylindriques, à calibre régulier et à membrane épaisse (Fig. 79 a) ; ils ne sont jamais variqueux. Peu ramifiés, et le plus souvent parallèles et associés, ils sont disséminés et forment des cordons plus ou moins épais, parfois composés seulement de trois ou quatre filaments plus gros. Leur membrane est nacrée, très transparente, uniforme et non zonée. Leur contenu est composé d'un protoplasme homogène, très finement granuleux, sans vacuoles et sans gouttelettes réfringentes. Ils sont cloisonnés.

Certains de ces étroits filaments augmentent progressivement de diamètre à une de leurs extrémités (Fig. 79 b, e, f). Il en résulte des filaments toujours incolores et à protoplasme finement granuleux, ayant un calibre progressivement régulier qui atteint, à une extrémité, 2 et 4 fois le diamètre du plus petit bout. La membrane et les cloisons perpendiculaires, distantes, sont nettement visibles dans les parties les plus élargies ; le protoplasme y est plus granuleux, mais toujours sans gouttelettes réfringentes. Ces filaments sont peu ramifiés et s'étendent dans tous les sens, sans se souder. Ils emprisonnent parfois, en les enlaçant, un certain nombre de plus petits filaments mycéliens. Les plus gros d'entre eux présentent, au niveau des cloisons, ou des rétrécissements ou des renflements en poire très caractéristiques du *D. necatrix* (Fig. 79 f, e). Les

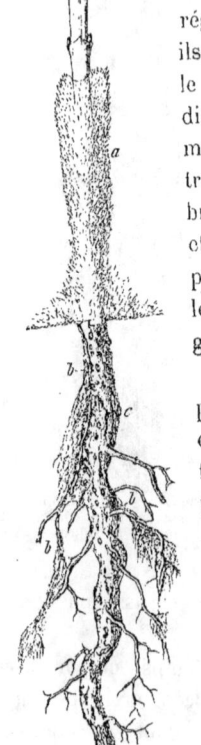

Fig. 78. — Mycélium floconneux sur jeune plant d'érable tué par le *D. necatrix* (d'après R. Hartig).

ramifications se forment vers l'extrémité des filaments ou sur une portion de la partie latérale.

Mycélium brun. — Les filaments mycéliens bruns qui constituent le mycélium floconneux brun (Fig. 80) proviennent tous du mycélium blanc. On peut suivre la teinte qui s'accentue graduellement sur les filaments qui composent ce dernier. Les filaments bruns ont une constitution caractéristique et bien particulière au *D. necatrix*. Elle permet même, ainsi que nous le verrons, de rapporter, d'après l'organisation seule, toutes les formes mycéliennes ou de reproduction à cette espèce.

Ces filaments ont un diamètre variable de 4 μ à 8 μ. Ils sont droits, presque rigides, très longs, cylindriques ou un peu aplatis en lanière, les plus gros surtout. On ne distingue quelques granulations protoplasmiques que dans l'intérieur des plus petits. Ces granulations sont surtout accusées au niveau des cloisons dans les renflements qui y existent; mais ils n'ont jamais ni vacuoles ni gouttelettes réfringentes. Le tube des filaments très foncés paraît vide.

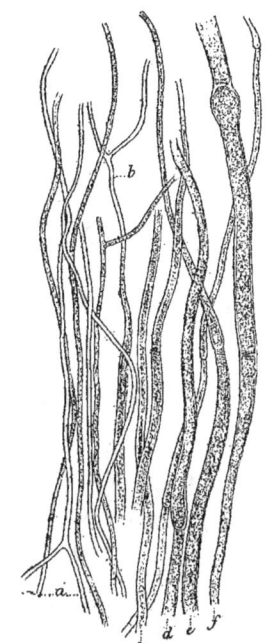

Fig. 79. — Mycélium floconneux blanc du *D. necatrix.* — Gross. : 500/1.

La membrane est très épaisse, uniforme; elle tranche par sa teinte plus claire sur le fond plus coloré du filament. Sous l'influence de la potasse bouillante, elle se gonfle un peu et présente quelques zones peu accusées. Les cloisons sont plus nombreuses et par conséquent plus rapprochées que sur les filaments bruns de diamètre moyen, de calibre très uniforme et sans renflements (Fig. 80 *b, c*). L'épaisseur des cloisons est égale à celle des membranes. Certains filaments, gros ou petits (Fig. 80 *b, c*), ont un calibre régulier sur tout leur parcours et paraissent rigides. Mais la plupart présentent (Fig. 80), au niveau des cloisons, parfois des rétrécissements prononcés ou le plus souvent des renflements en forme de poire.

Quelques renflements sont peu accusés, d'autres atteignent six et sept fois le diamètre du filament qui les porte (Fig. 80 *g*). La convexité de la poire est toujours dans le même sens; le tube paraît se continuer sur son sommet, deux ou trois tubes y étant parfois insérés. Le renflement en poire est rarement asymétrique. Les renflements en poire ne sont pas constants sur les filaments blancs ; ils sont la règle sur les filaments bruns. Ce caractère morphologique, spécial au mycélium du *D. necatrix*, se retrouve dans tous les organes, que le mycélium soit à filaments isolés comme dans le mycélium floconneux, ou à filaments soudés pour constituer des pseudoparenchymes

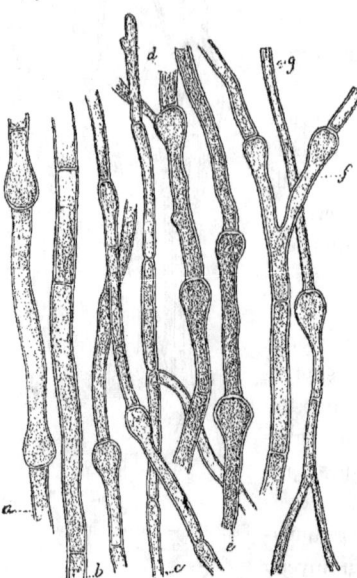

Fig. 80. — Mycélium floconneux brun du *D. necatrix*.
Gross.: 500/1.

et des membranes, comme dans les *Rh. subterranea* et *subcorticalis*, les sclérotes, les pycnides, les périthèces. Dans quelques cas, deux renflements en poire se présentent de chaque côté de la cloison et se confondent en une sphère. Ils sont d'autres fois simples, larges et très aplatis en forme de raquette.

Cordons rhizoïdes. — Les cordons rhizoïdes prennent naissance dans les cordons blancs (Fig. 74 et 77) qui réunissent les masses floconneuses blanches et qui sont plus condensés qu'elles. Le centre de ces cordons est formé des plus petits filaments mycéliens blancs

(Fig. 81 a). Ces filaments, assez distants au début, se multiplient et se ramifient beaucoup en suivant une direction à peu près parallèle. Leur protoplasme devient moins granuleux, plus homogène ; les membranes plus transparentes s'épaississent. Ils sont cylindriques et n'ont jamais l'aspect un peu aplati des gros filaments blancs ou bruns. Ils ont exceptionnellement de légers renflements en poire au niveau des cloisons qui sont très distantes. Ils sont définitivement très serrés, comme soudés, avec quelques rares anastomoses, et constituent un vrai pseudoparenchyme formé par pression et non par soudure.

Au pourtour des petits filaments se dispose une couche de filaments à diamètre plus grand, blancs au début et qui bientôt prennent une teinte légèrement brune qui va s'accusant de plus en plus. On peut les suivre d'abord sur une couche unique et, lorsque le cordon rhizoïde s'organise, les couches sont multiples.

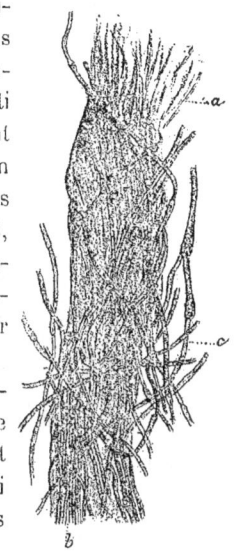

Fig. 81. — Cordon rhizoïde du *D. necatrix*. — Gross. : 150/1.

Ces filaments bruns, parallèles, serrés, finissent par se souder (Fig. 81 b) et par constituer l'enveloppe des cordons rhizomorphes. Leurs cloisons sont nombreuses et rapprochées, nettement visibles. Leur membrane est épaisse et s'épaissit de plus en plus, laissant une lumière centrale qui va diminuant au fur et à mesure que les cloisons se multiplient. Les cordons rhizoïdes sont floconneux à l'extérieur ; les flocons bruns sont constitués par des filaments renflés en poire au niveau des cloisons (Fig. 81 c). Ils dessinent, lorsqu'ils ne sont pas organisés, des traînées blanches ou brunâtres au milieu des masses floconneuses.

Rhizomorpha fragilis var. *subterranea*. — Les cordons rhizoïdes ne sont que le premier état du *Rh. subterranea* qui s'organise lentement (Fig. 75). Les cordons *Rh. subterranea* sont fréquents à l'état naturel et rampent sur les tiges et les racines des plantes pourridiées (Fig. 75 a). Ils ont une teinte noire ou noir brunâtre, luisante, et mesurent en moyenne 1 millimètre de diamètre. Ils sont cylindriques ou légèrement aplatis, peu ramifiés, toujours un peu

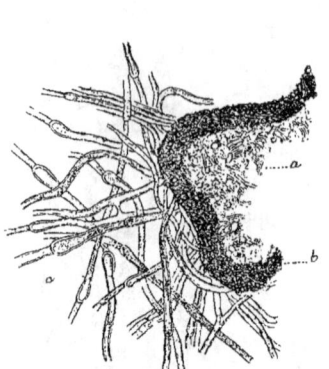

Fig. 82. — Coupe transversale du *Rh. subterranea* du *D. necatrix*. — Gross.: 150/1.

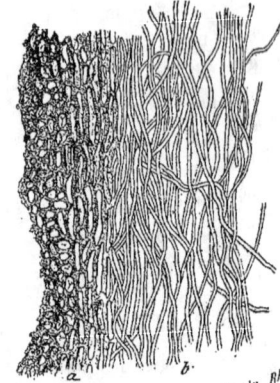

Fig. 83. — Coupe longitudinale du *Rh. subterranea* du *D. necatrix*. — Gross.: 200/1.

déprimés aux points de ramification. Ils parcourent les sillons des péridermes, pénètrent dans les fissures, s'aplatissent et s'élargissent sous eux en prenant une teinte de moins en moins foncée, et s'épanouissent en nappes byssoïdes de *Rh. subcorticalis*. Les flocons de filaments bruns qui, au début de leur formation, les enveloppent d'un lacis assez épais, disparaissent peu à peu ; mais on en trouve toujours, même sur les plus âgés (Fig. 82 c), qui sont en relation directe avec l'enveloppe des rhizomorphes et qui possèdent les renflements en poire caractéristiques qui permettent de rapporter toujours le *Rh. subterranea* au *D. necatrix*.

Les *Rh. subterranea* sont assez abondants sur les vieux arbres fruitiers ou sur les vieilles vignes tués par le Pourridié, principalement au collet, à l'insertion des grosses racines sur la tige. Lorsqu'ils sont extérieurs, on les détache facilement ; ce n'est que par leurs extrémités qu'ils pénètrent dans les tissus. On voit parfois les cordons de *Rh. subterranea* s'étendre dans le sol. Ils sont alors plus cylindriques et plus luisants et toujours enveloppés de mycélium floconneux brun plus ou moins abondant.

Ces rhizomorphes sont formés (Fig. 82 et 83) de trois parties : les flocons bruns extérieurs qui finissent par disparaître et présentent les renflements en poire caractéristiques au niveau des cloisons (Fig. 82 c), une écorce brune (Fig. 82 b et Fig. 83 a) et un centre médullaire blanc, transparent (Fig. 82 a et Fig. 83 b). Le centre médullaire ou moelle (Fig. 84 b, c) est formé par les petits filaments des cordons rhizoïdes que nous avons déjà décrits. La lumière de ces filaments est très étroite et la membrane présente, à de forts grossissements, deux zones mal délimitées. Ces filaments sont fortement comprimés les uns contre les autres ; quand on les dilacère, l'on constate quelques anastomoses, mais il n'y a jamais soudure sur tout leur parcours.

L'écorce occupe un cinquième ou au plus un tiers de l'épaisseur totale du rhizomorphe. Elle est formée par plusieurs couches de filaments qui vont grossissant de diamètre de l'intérieur à l'extérieur et dont la membrane s'épaissit et se fonce de plus en plus en brun noirâtre (Fig. 83 a) ; on en suit l'organisation surtout dans les coupes longitudinales.

Vers les filaments médullaires, se trouvent de vrais filaments bruns, à diamètre moyen, identiques à certains filaments bruns floconneux, mais à membrane plus épaisse et à cloisons plus nombreuses. Les cloisons donnent à la couche interne de l'écorce l'aspect de cellules allongées, superposées et disposées en séries parallèles. Vers l'extérieur, ces cellules plus

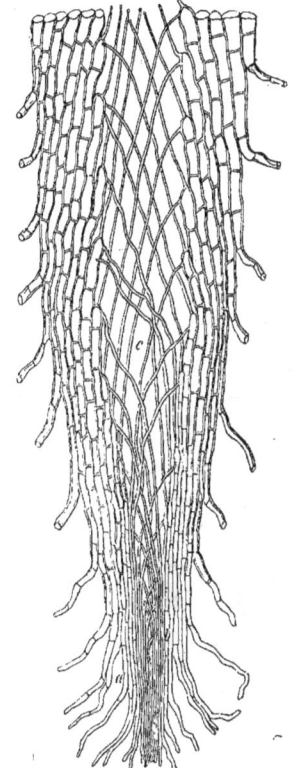

Fig. 84. — Schéma d'une coupe longitudinale de l'extrémité d'un rhizomorphe ; les filaments floconneux qui l'entourent n'ont pas été représentés. — Gross. d'environ 400/1 (d'après R. Hartig).

courtes, à cloisons plus nombreuses, finissent par avoir un diamètre transversal égal au diamètre longitudinal. La membrane épaisse est très foncée. Dans les couches les plus externes, la lumière des cellules est très étroite au sein de membranes noires, continues et soudées.

L'épaisseur des membranes des cellules de l'écorce externe protège le *Rh. subterranea* contre les variations du milieu extérieur tant au point de vue de la température qu'à celui de l'humidité. La densité des tissus donne en même temps une rigidité assez grande à ces rhizomorphes.

Rhizomorpha fragilis var. *subcorticalis*. — Les filaments des flocons blancs et les cordons rhizomorphes, en pénétrant dans le bois, forment, surtout dans la région de la couche génératrice, des amas mycéliens homologues de ceux de l'*Agaricus melleus* et que l'on nomme *Rhizomorpha subcorticalis* (Fig. 75 *b* et Fig. 85). Le *Rh. subcorticalis* du *D. necatrix* se présente sous forme de nappes blanches ou d'un blanc légèrement roux, plus ou moins étendues, à bords frangés ou continus, parfois byssoïdes ou sous forme de rayons, mais toujours interrompus (Fig. 75 *b* et Fig. 85). Il dessine dans le bois des zones qui se présentent en cordons droits ou obliques par rapport aux tissus, sur le fond noir et altéré desquels ils tranchent par leur blancheur (Fig. 85).

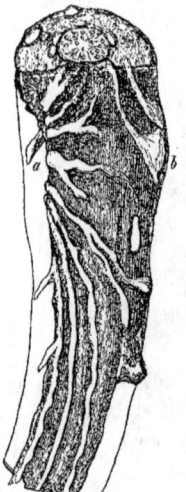

Fig. 85. — Racine de vigne tuée par le *Dematophora*, montrant la disposition du mycélium intérieur. — Gross. : 5/1 (d'après R. Hartig).

Les plaques mycéliennes sont d'épaisseur variable ; elles peuvent atteindre 1 et 2 millim. d'épaisseur. Lorsque l'altération est avancée, on trouve des masses rhizomorphiques dans l'intérieur du bois, surtout dans la région des rayons médullaires, mais elles y sont moins épaisses et plus filiformes. En coupe radiale, on suit certains cordons qui viennent émerger et former, à l'extérieur, des houppes blanches, origine des filaments blancs floconneux, ou des sclérotes, origine des conidiophores et des pycnides. En somme, le mycélium s'accumule dans toutes les régions où se trouvent des tissus parenchymateux qu'il peut résorber entièrement et qui laissent, en disparaissant, un vide assez considérable pour une multiplication active des filaments mycéliens et leur association en pseudoparenchyme. Le *Rh. subcorticalis*, qui est un mycélium interne, se forme donc partiellement à l'abri des conditions extérieures, dans tous les milieux libres où une association de filaments mycéliens peut avoir lieu.

Le *Rh. subcorticalis* possède l'organisation générale des cordons du *Rh. subterranea*. Il est formé de cordons rhizomorphes plus étendus comme surface, moins protégés par leur écorce, qui est moins épaisse. La protection est fournie par les tissus des plantes attaquées.

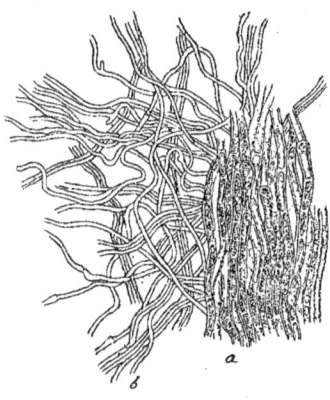

Fig. 86 — Fragment d'un rhizomorphe sous-cortical du *D. necatrix*. — Gross. : 200/1.

L'écorce du *Rh. subcorticalis* (Fig. 86 *a*) est composée seulement de trois ou quatre couches de filaments, dont l'extérieure est très cloisonnée et paraît soudée. Les couches intérieures sont moins cloisonnées et les filaments, à diamètre plus étroit, sont distincts. On rencontre assez souvent, dans les diverses couches, des renflements en poire au niveau des cloisons. Les éléments de l'écorce ont une membrane un peu plus épaisse ou égale à celle des filaments bruns, mais l'épaisseur n'est jamais comparable à celle des cellules de l'écorce du *Rh. subterranea*; elles ont une teinte rousse, jamais brune ou noire comme celle de ces dernières.

L'écorce recouvre les masses mycéliennes sous-corticales, mais elle ne les enveloppe pas complètement, excepté dans les fissures accidentelles du bois; elle ne forme qu'un revêtement extérieur. Les filaments médullaires se continuent directement dans les tissus. Ces filaments ont une constitution identique à ceux de la moelle du *Rh. subterranea*, mais leur distribution est différente. Ils ne sont pas constamment tous parallèles (Fig. 86 b), mais bien distribués dans tous les sens, entrelacés par séries plus ou moins nombreuses qui suivent une direction parallèle isolément et sinueuse dans leur ensemble.

Cette distribution irrégulière fait qu'il existe souvent des lacunes où se produisent par bourgeonnement des filaments de plus grand diamètre avec renflements en poire plus fréquents que dans les cordons du *Rh. subterranea*. Le tissu pseudoparenchymateux est par suite plus lâche, moins consistant que celui du *Rh. subterranea*. Nous noterons enfin que le *Rh. subcorticalis* du *D. necatrix* n'est pas phosphorescent.

Mycélium interne. — Le mycélium interne envahit tous les éléments des tissus de l'écorce, du liber, du bois, de la moelle; il est surtout abondant dans les tissus parenchymateux. Il ne rampe pas entre les cellules ou dans les méats, mais perce leur membrane et se répand dans leur intérieur; il perfore même la membrane des vaisseaux du bois et corrode les fibres ligneuses et les fibres libériennes qui sont néanmoins rarement détruites.

On observe, dans les tissus, les diverses formes de filaments mycéliens. Les plus minces filaments blancs sont surtout abondants dans le tissu parenchymateux, dont ils remplissent parfois entièrement la cavité des cellules. Dans les vaisseaux grillagés du liber des jeunes racines de vignes, ils forment des trames filamenteuses par suite de leur agglomération et de leur direction parallèle, de même dans les jeunes vaisseaux du bois, constituant ainsi de vrais rhizomorphes intérieurs sans écorce. Dans les thylles des vaisseaux plus âgés, fréquents pour la vigne, ils remplissent entièrement la cavité de celles-ci et des cellules productrices, et ils y forment un petit pseudoparenchyme de filaments comprimés mais non soudés. On peut suivre aussi la formation des mêmes cordons internes dans les rayons médullaires des jeunes racines que les filaments mycéliens agglomérés parcourent dans toute leur longueur, après avoir résorbé toutes les membranes.

Dans les racines pourridiées très âgées, les mêmes cordons internes se produisent, et ils viennent s'épanouir à leur surface en houppes floconneuses blanches, en sclérotes ou en amas mycéliens bruns sur lesquels sont portés les conidiophores ou les périthèces. Lorsque les racines pourridiées sont maintenues longtemps en culture dans un milieu peu humide, dans les vaisseaux, dans le liber mou détruit, dans les rayons médullaires, ces cordons internes s'entourent de filaments à plus grand diamètre, bruns, plus ou moins nombreux, parfois sur plusieurs couches; ce sont alors de vrais rhizomorphes.

Les filaments bruns de diamètre moyen, isolés, avec renflements en poire disséminés sur leur parcours, sont fréquents dans les vaisseaux et dans tous les autres éléments des divers tissus. Ils sont plus sinueux, contournent les cellules, les traversent ou se moulent sur leurs parois.

Chlamydospores. — Les chlamydospores du *D. necatrix* (Fig. 87) se forment généralement, aux dépens des renflements en poire du niveau des cloisons, sur les filaments blancs ou sur les filaments bruns qui ont encore du protoplasme. Elles sont plus fréquentes sur les filaments blancs qui, dans les milieux non aérés, prennent une teinte légèrement brune (Fig. 87 a). Les plus petits filaments ont parfois, dans ce cas, de gros renflements en poire qui atteignent jusqu'à dix fois le diamètre du filament mycélien qui les porte. Le protoplasme granuleux se concentre dans ces renflements en poire. Il se produit ensuite, vers la pointe de la poire, une cloison qui l'isole du reste des filaments et les spores ainsi formées se détachent. Les chlamydospores se produisent de la même façon sur les filaments bruns de plus grand diamètre (Fig. 87 d); par exception, il arrive que deux chlamydospores s'iso-

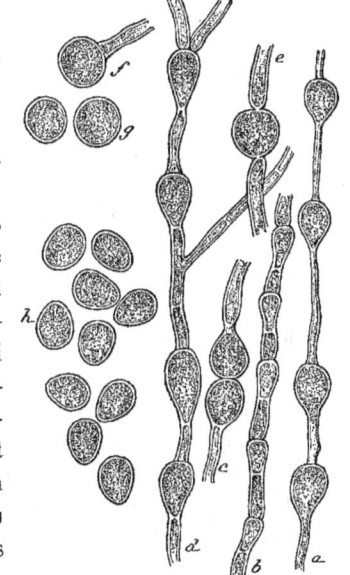

Fig. 87. — Chlamydospores du *D. necatrix*. Gross.: 400/1.

lent aux dépens de deux renflements en poire opposés sur le même filament (Fig. 87 c).

La plupart des filaments, très cloisonnés et pleins de protoplasme granuleux, ont tendance, dans les milieux non aérés, à se transformer en chlamydospores (Fig. 87 b). Ils se rétrécissent beaucoup au niveau des cloisons, et les renflements, qui n'existaient souvent pas, s'accusent. Les cloisons se dessinent toujours aux points de rétrécissement de l'extrémité de la poire. On n'a cependant jamais des séries de chlamydospores tangentes, il reste entre une chlamydospore et la suivante une portion de mycélium dépourvu de protoplasme.

Les chlamydospores, formées aux dépens des renflements en poire, sont légèrement piriformes (Fig. 87 h) ; quand elles se détachent, elles sont plus sphériques que sur le filament mycélien qui les porte. Leur membrane est très épaisse, mais on ne distingue pas nettement une double membrane ; elle est colorée légèrement en brun. Le protoplasme est très dense, très granuleux, mais à fines granulations homogènes, sans vacuoles. Leur diamètre moyen est de 15 μ.

Dans quelques rares cas, les chlamydospores, tout en ayant la constitution générale que nous venons d'indiquer, sont nettement sphériques ; elles proviennent des rares renflements sphériques que l'on trouve parfois sur les gros filaments bruns. Elles sont très isolées ; on en observe au plus une ou deux par filament. Le protoplasme se condense et s'isole entièrement dans ces renflements sphériques (Fig. 87 e, f, g).

b. **Conidiophores.** — Les conidiophores (Fig. 74 et 88) forment, dans la nature, une couronne au collet des plantes attaquées. Ils sont insérés sur les sclérotes (Fig. 74 a, a, a et Fig. 88) en nombre variable de 3 à 12. Ils proviennent aussi directement du mycélium floconneux (Fig. 89) ; on les obtient ainsi en culture sur le mycélium floconneux, et les fructifications sont parfois si nombreuses qu'elles forment un petit gazon condensé qui se renouvelle constamment. Les conidiophores sont très rarement isolés ; ils sont le plus souvent au nombre de 3 ou 4 et par plusieurs groupes sur un même substratum (Fig. 74 et 88). Visibles à l'œil nu, ils apparaissent sous forme de petits bâtons noirs, rigides et dressés, élargis à leur base et effilés à leur sommet. Ils ont une hauteur de 0^{mm},5 à 1 millim. Chaque pied fructifère est surmonté d'un petit bouton blanc en forme de houppe (Fig. 88).

La hampe est formée (Fig. 90 *a*) par l'association des filaments bruns, de diamètre moyen, rigides, lisses, à cloisons assez rapprochées, non renflés en poire, à membrane épaisse. Les filaments ne sont jamais soudés, jamais anastomosés sur leur parcours; ils suivent une direction parallèle en restant fortement accolés; on peut les dilacérer facilement. Ils s'élèvent parallèlement en groupes; l'extrémité végétative du cylindre qu'ils forment est transparente ou légèrement colorée en brun, terminée par les bouts,

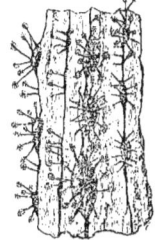

Fig. 88. — Fragment d'une racine de vigne; les sclérotes portent les pieds fructifères. — Gross. : 5/1 (d'après R. Hartig).

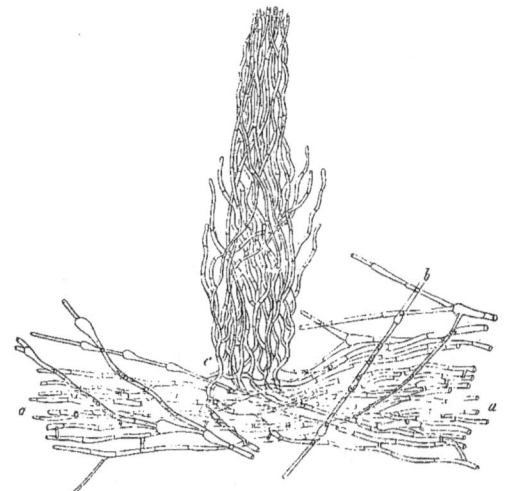

Fig. 89. — Pied fructifère *c* formé sur le mycélium filamenteux *a,a* (d'après R. Hartig).

peu effilés et situés à diverses hauteurs, des filaments qui s'accroissent (Fig. 89). Au sommet, et parfois à diverses hauteurs sur la hampe, les filaments prennent d'abord une teinte plus claire. Au niveau de la dernière cloison se produit un léger renflement en poire un peu aplati, et de ce renflement se détachent, dans diverses directions, deux, trois ou quatre branches incolores qui portent les conidies. Ces branches terminales s'étalent en panache ou panicule, très fourni par suite de leur nombre considérable (Fig. 90 b), et forment ainsi les petites houppes blanches du sommet de la hampe. C'est par suite de cette disposition de l'appareil conidifère que M. R. Hartig a dénommé ce champignon *Dematophora* (Buschelträger).

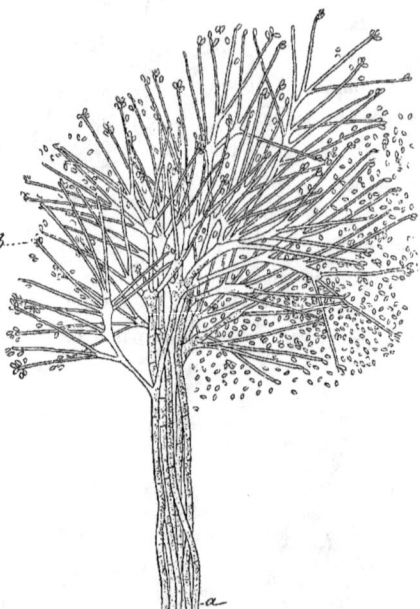

Fig. 90. — Conidiophore du *D. necatrix*. — Gross.: 300/1
(G. Rabault *del*)

Les ramifications ultimes vont en s'amincissant vers leur sommet qui est complètement incolore et transparent; elles ont une longueur de 10 à 30 μ. Elles sont composées assez souvent de groupes plus ou moins nombreux et situés à des hauteurs diverses sur le rameau principal; les groupes secondaires sont séparés par une cloison du filament qui les porte. Les filaments de la hampe, ceux du centre surtout, peuvent ainsi former plusieurs groupes de branches conidiennes.

Chaque ultime ramification conidifère se manifeste d'abord par un petit renflement inséré sur la dilatation de la branche mycélienne qui la porte. Elle s'allonge peu et forme un bourgeon conidien à son sommet terminal. Au-dessous de celui-ci et sur un côté se produit un autre bourgeon qui s'allonge en rejetant de côté le premier bourgeon. Ce bourgeon secondaire produit une conidie à son sommet, et à sa base, mais du côté opposé à celui où il s'est développé, se forme un nouveau bourgeon qui prend un accroissement plus rapide et le rejette du côté opposé au premier. Les bourgeons sporigènes sont ainsi rejetés alternativement de chaque côté, chaque fois avec déviation peu accusée de l'axe. Une conidie termine toujours l'axe.

Les conidies s'accroissent successivement, et on les observe à divers états de développement sur l'axe. L'axe sporigène porte donc des conidies alternes qui se séparent bientôt et laissent de petites bosselures, sortes d'échelons obtus et assez accusés (Fig. 91). Chaque branche conidigène produit de 15 à 20 conidies, mais il ne s'en forme jamais qu'une sur chaque extrémité terminale déjetée.

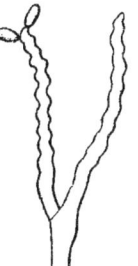

Fig. 91. — Branches conidigènes du *D. necatrix*. -- Gross.: 1000/1 (G. Rabault del).

Les conidies (Fig. 92) sont très petites; elles mesurent 2 à 3 μ de long. Elles sont incolores et transparentes, à contenu homogène, sans granulations et sans vacuoles. Leur membrane est peu accusée, et elles ont une forme ovoïde. Au moment de leur germination, elles ont quelques petites granulations plus foncées dans leur intérieur.

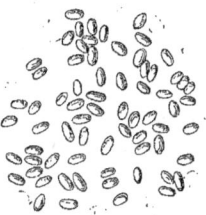

Fig. 92. — Conidies du *Dematophora necatrix*. — Gross.: 500/1.

Les conidies germent (Fig. 93) en émettant un filament mycélien le plus souvent par un de leurs bouts, parfois par un des côtés. Ces filaments, minces et hyalins, se ramifient bientôt, et les ramifications tertiaires acquièrent un plus grand diamètre que la base du tube de germination.

La germination est assez difficile à obtenir. On l'observe dans l'eau de pluie à une température de 25 à 30° C., au bout de trois ou quatre jours de culture. On peut conserver les spores dans un milieu sec pendant longtemps et les faire germer ensuite en les remettant en culture.

Fig. 93. — Germination des conidies du *D. necatrix*. — Gross : 500/1.

P. Viala. *Les Maladies de la Vigne*, 3ᵐᵉ édition.

c. **Sclérotes.** — Les sclérotes (Fig. 74, centre) prennent naissance dans diverses régions des tissus hospitaliers, mais le plus souvent vers l'extérieur des tiges ou des racines envahies par le *D. necatrix*. Ils sont toujours implantés par leur base dans les tissus ou en relation avec le mycélium interne. Ils forment de petits nodules très durs, irrégulièrement sphériques, isolés ou tangents, ayant en général 1 millim. de diamètre à l'extérieur et 1/2 millim. de hauteur à l'extérieur et autant à l'intérieur du substratum. Ils constituent parfois une masse mamelonnée de 2 à 5 millim. Ils sont disposés le plus souvent en séries émergentes et en assez grand nombre sur la tige ou les racines (Fig. 74). Sur les tiges de vigne d'un an, les séries de sclérotes suivent la direction des stries qui correspondent aux rayons médullaires.

Les sclérotes sont en effet toujours produits par le mycélium interne aux tissus, jamais par le mycélium floconneux extérieur. Ils sont en relation surtout avec les cordons rhizoïdes internes, et comme ces cordons sont surtout abondants dans les rayons médullaires, on s'explique qu'ils émergent à l'extérieur suivant des séries radiales sur toutes les faces des tiges ou des racines. La relation des sclérotes avec les masses mycéliennes internes est toujours nettement visible et ne permet pas de douter qu'ils appartiennent bien au *D. necatrix*. D'ailleurs, ainsi que nous l'avons dit, les sclérotes (Fig. 74 *a*, *a*, *a*) produisent à leur surface externe des hampes conidifères dont la base est en relation directe avec les sclérotes.

La morphologie générale des sclérotes est celle des mêmes organes des autres champignons. Lorsqu'ils sont intérieurs aux tissus, leur centre est composé d'un pseudoparenchyme incolore, résultant de la condensation, et dans ce cas de la soudure partielle, des petits filaments mycéliens blancs qui composent le centre médullaire des cordons rhizoïdes ou des rhizomorphes. Autour du centre médullaire est une écorce épaisse composée par des séries de petites cellules à membranes relativement épaisses, d'un noir très foncé. L'écorce a, dans quelques cas, deux ou trois fois l'épaisseur du centre médullaire. Elle s'épaissit plus tard, lors de la formation des pycnides (Fig. 94), et vers l'intérieur, en couches qui ont une direction radiale, perpendiculaire aux couches primitives externes, et qui sont composées de petites cellules un peu allongées (Fig. 94, *b*, *b*), à mem-

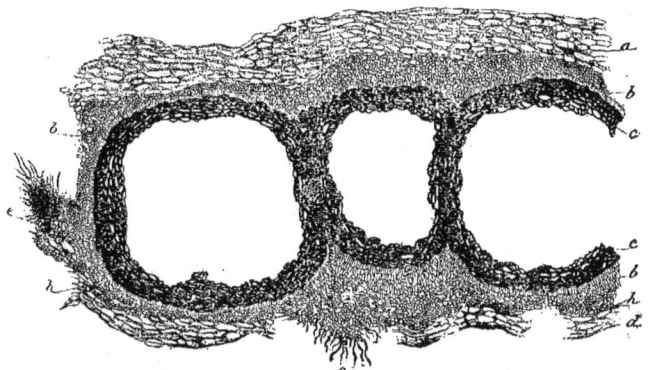

Fig. 94. — Groupe de pycnides du *D. necatrix*. — Gross. : 125/1 (G. Boyer *del*).

brane relativement mince, formant un fin et assez large réseau qui, appliqué contre l'écorce externe du sclérote, enveloppe, d'une couche continue, tout ce qui sera produit dans l'intérieur du sclérote (Fig. 94). Cette enveloppe emprisonne parfois, dans ses mailles, des fragments des cellules des tissus de la plante attaquée; les réseaux des enveloppes percent les membranes des cellules. Les couches externes de l'écorce du sclérote sont reliées directement avec des filaments mycéliens bruns qui, dans les lacunes produites par déchirure des tissus, présentent des renflements en poire au niveau des cloisons.

Quelques sclérotes n'ont pas une enveloppe entièrement close ; celle-ci est interrompue, vers les tissus, sur le tiers ou le cinquième, et le centre médullaire est en continuation directe avec les filaments mycéliens internes. Lorsque les sclérotes sont superficiels, leur surface extérieure est mamelonnée ou presque lisse. Dans quelques cas, les tissus altérés des plantes pourridiées se détruisent, et les masses sclérotiques sont alors libres sur une partie de leur enveloppe.

d. **Pycnides.** — Les pycnides (Fig. 94) s'organisent aux dépens des sclérotes. Il se forme généralement une pycnide aux dépens d'un seul sclérote. Quelquefois, quand les sclérotes sont étendus, il se forme deux, trois ou quatre pycnides dans un seul sclérote. L'enveloppe du sclérote ne sert jamais à la formation de la pycnide ; seul, le centre médullaire est employé, soit à la formation des pycnides mêmes, soit à celle du réseau membraneux qui les enclave et dont nous avons déjà parlé.

Les pycnides complètement organisées sont vaguement sphériques ou sphériques un peu allongées, le plus grand axe étant perpendiculaire à la tige ou aux racines qui les portent. Elles ont un diamètre moyen de $0^{mm},25$, variant de $0^{mm},20$ à $0^{mm},50$.

Leur enveloppe propre est d'un noir très foncé (Fig. 94) ; elle est formée par des cellules disposées sur quatre à sept couches, à membrane épaisse, mais à lumière assez grande, obovale ou irrégulière. Le réseau que forme l'enveloppe de la pycnide est plus lâche et à cellules plus grandes, quoique à membranes plus épaisses que le réseau interne membraneux du sclérote. Lorsque les pycnides sont plongées dans l'intérieur des tissus, les enveloppes propres des pycnides tangentes, très distinctes, sont recouvertes sur tout leur pourtour général par le fin et épais réseau, intérieur à l'écorce du sclérote, qui forme ainsi une enveloppe générale dans laquelle sont enfermées les pycnides. Quand les pycnides sont isolées et extérieures en partie, le réseau interne du sclérote originaire n'existe que partiellement vers la base, dans les tissus de la plante hospitalière.

Les pycnides sont complètement et toujours closes. Il ne se produit jamais d'ostiole, comme cela a lieu pour les Pyrénomycètes. C'est un caractère spécial à ces organes et important au point de vue morphologique. L'enveloppe générale, interne à la membrane primitive du sclérote, enveloppe qui recouvre les groupes de pycnides, constitue aussi un caractère très particulier et intéressant au point de vue des affinités.

Les stylospores se produisent sur tout le pourtour de la pycnide. Aux couches brunes de l'enveloppe succèdent, vers l'intérieur, quelques couches de cellules plus sphériques, à membrane plus mince, à contenu homogène, transparent ou légèrement granuleux.

Les cellules de la dernière couche sont un peu bombées et se développent en basides courtes, assez larges, au sommet desquelles sont fixées les stylospores qu'elles ont produites. Il ne se forme jamais qu'une seule stylospore par baside. Les basides sont généralement assez distantes. Beaucoup, en outre, restent à l'état de petit bourgeon et sont stériles, de sorte qu'il y a relativement très peu de stylospores par pycnide. Il est même des pycnides qui sont entièrement stériles.

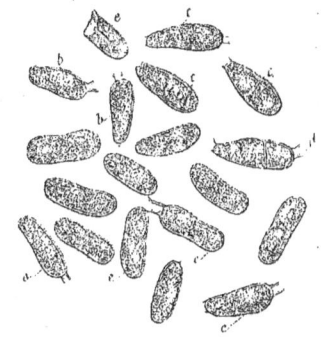

Fig. 95. — Stylospores des pycnides du *D. necatrix*. — Gross. : 400/1.

Les stylospores (Fig. 95) sont généralement monocellulaires (Fig. 95 *a*) ou bicellulaires (Fig. 95 *c*), quelquefois tricellulaires (Fig. 95 *d*). Les stylospores à une ou deux cloisons, ou simples, sont indifféremment mélangées dans la même pycnide et naissent sur des basides voisines. Elles sont relativement variables de forme ; le plus souvent cylindro-ovoïdes ou légèrement réniformes. Elles se détachent fréquemment avec un fragment de baside adhérent (Fig. 95 *a*, *b*, *c*, *d*). Les stylospores bicellulaires ou tricellulaires sont amincies vers l'extrémité opposée à l'insertion. Elles ont en moyenne 7 μ,25 de diamètre sur 25 μ de longueur.

La membrane a une teinte fuligineuse foncée, presque brune. Elle est épaisse, bosselée à la surface, rappelant par ce caractère les spores de quelques espèces d'*Hymenogaster*. Les stylospores sont presque toujours pourvues, au sommet opposé à l'insertion, d'un ornement peu accusé qui est produit par un léger renflement de la membrane, déprimé au centre. Cette membrane est très rigide et très cassante ; elle se fend facilement sous la pression (Fig. 95 *e*). Le contenu est homogène, parfois peu granuleux, pourvu assez souvent d'une grosse vacuole dans chaque cellule de la spore, parfois de deux petites vacuoles et d'une vacuole centrale plus grosse.

Les spores germent par le sommet ou par les parties latérales (spores septées) et émettent un tube mycélien blanc, très granuleux, identique aux filaments de diamètre moyen du mycélium floconneux blanc. Dans le cas de spores simples ou multiples, et à ornement terminal, le tube mycélien sort par le centre aminci de l'ornement.

e. **Périthèces.** — Les périthèces (Fig. 76) forment, par leur agglomération sur le tronc des vignes ou des arbres, une couronne de nombreuses petites sphères au niveau du sol et jusqu'à 5 et 6 centimètres au-dessous de la surface. Ils sont rarement insérés sur des sclérotes, mais le plus souvent sur des amas mycéliens bruns condensés. Leur pédicelle, filamenteux à la base, est relié directement au mycélium brun qui possède de nombreux renflements en poire au niveau des cloisons. En outre, sur la base de ce pédicelle, et au pourtour sur le mycélium brun, existent de nombreuses hampes conidifères (Fig. 96 *o, o, o*) qui ont le même substratum commun. Les pédicelles sont en outre, formés par des filaments bruns dont les extérieurs ont quelques renflements en poire au niveau des cloisons. Les périthèces appartiennent donc bien au *D. necatrix*.

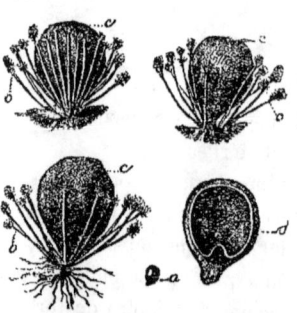

Fig. 96. — Périthèces du *D. necatrix*. — *a*, grandeur nature ; *b* et *c*, gross. : 9/1.

Les fruits (Fig. 76 et 96) sont à peu près sphériques, un peu allongés et vaguement déprimés à leur surface. Les fruits très jeunes ont une teinte d'un brun clair et luisante. Les fruits mûrs (Fig. 96) sont lisses ou peu rugueux, ternes, d'un brun foncé ou d'un brun grisâtre, tranchant peu assez souvent sur la plante altérée qui les porte. Ils sont très durs et cassants. Ils ont en moyenne 2 millim. de diamètre et sont portés par un court pédicelle de $0^{mm},15$ à $0^{mm},25$. Ils sont complètement clos; leur enveloppe ne possède ni ornements ni orifices à la surface. Le pédicelle présente vers l'intérieur de la cavité du périthèce un renflement pseudoparenchymateux très dur (Fig. 96 b). Il ne se produit jamais ni ostiole ni orifice à la surface du fruit, à n'importe quel moment de son développement.

L'enveloppe est très épaisse ; elle est composée de deux parties principales (Fig. 96 b). Elle est formée, à l'extérieur, de cellules irrégulièrement polygonales, à lumière très étroite et à membrane très épaisse ; les membranes de ces cellules, reliées entre elles sans discontinuité, ont une épaisseur trois ou quatre fois égale à celle de la lumière des cellules. La lumière des cellules s'agrandit vers l'intérieur de la cavité du périthèce ; les membranes diminuent d'épaisseur, et, vers les couches les plus internes, on distingue assez nettement un enchevêtrement de filaments bruns, superposés, très cloisonnés, à membrane épaisse. Ils présentent même parfois des renflements en poire peu marqués au niveau des cloisons.

A cette partie d'enveloppe colorée succède, vers l'intérieur, une partie relativement épaisse, formée par une couche dense de filaments blancs enchevêtrés et soudés, moins dense cependant que la couche externe. Lorsque l'intérieur du fruit est résorbé, cette couche persiste, et on la trouve collée contre l'enveloppe dure et externe du périthèce, d'où elle s'enlève comme une peau membraneuse parcheminée, blanche ou légèrement roussâtre. Cette seconde enveloppe est recouverte vers l'intérieur et sur tout le pourtour de la cavité sphérique par un tissu homogène, granuleux, composé de petits filaments hyalins et très transparents. Cette troisième couche interne se résorbe facilement et rapidement ; elle est d'abord parsemée d'une quantité considérable de petites gouttelettes réfringentes, ayant l'aspect de gouttelettes d'huile ou d'essence.

C'est de cette couche interne que provient le tissu intérieur du fruit (Fig. 97). La cavité du périthèce jeune forme un vrai pseudoparenchyme. Sur tout le pourtour de la couche homogène la plus interne partent un nombre considérable de filaments mycéliens (Fig. 97 e, e, e), minces, hyalins, en séries associées, d'abord à peu près parallèles, bientôt ramifiées, anastomosées et distribuées dans tous les sens. Ils ont la constitution des filaments mycéliens de la moelle des rhizomorphes. On distingue, à de forts grossissements, quelques cloisons distantes. Ils remplissent la cavité du fruit d'un tissu filamenteux et condensé.

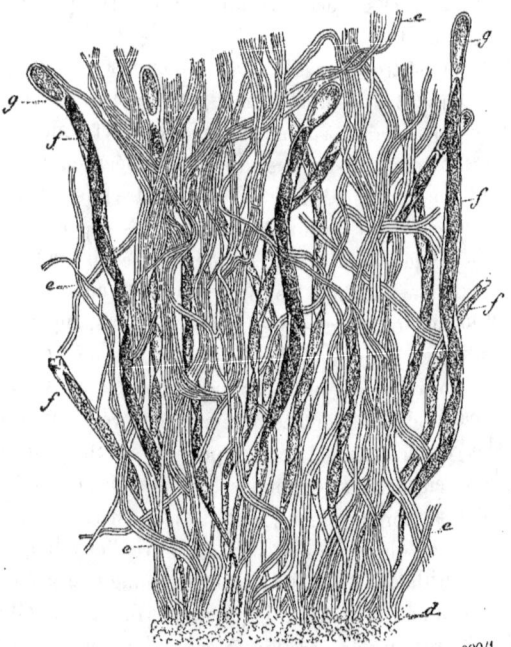

Fig. 97. — Coupe d'un périthèce du *D. necatrix*. — Gross.: 300/1.

Les asques sont plongées au milieu de ce tissu en direction rayonnante ou déjetées, enchevêtrées à travers les mailles étroites des filaments en séries, à travers lesquelles elles s'insinuent. Les asques (Fig. 97 *f, f, f*) sont filiformes, allongées et à diamètre uniforme. Leur membrane est peu épaisse, hyaline et se moule contre les sporidies qui en remplissent la cavité presque entièrement et qui en ont le diamètre. Elles s'insèrent par un long pédicelle sur la couche interne homogène qui les produit. Le pédicelle a un diamètre égal à celui des filaments internes, mais il est un peu granuleux et par suite paraît plus ombré. Il est limité, vis-à-vis de la cavité de l'asque, par une cloison nettement visible. Au début, l'asque est remplie d'un protoplasme homogène qui est employé entièrement à la formation des sporidies. Les asques sont surmontées à leur sommet libre (Fig. 97 *g, g*) d'une *chambre à air*, isolée par une cloison épaisse ; cette chambre mesure 28 à 35 μ de long sur 8 à 9 μ de diamètre. Elle forme calotte et est entourée d'une membrane plus épaisse que celle de l'asque. L'intérieur de la chambre à air est ombré et vide.

Les sporidies (Fig. 98), au nombre de huit, se développent lentement dans l'asque. Elles restent longtemps incolores, granuleuses et sont pourvues de deux à trois gouttelettes réfringentes. Quand elles sont mûres, elles sont en forme de navette arquée, assez amincie aux deux bouts et plus ou moins bombée sur une face. Leur contenu est alors le plus souvent homogène. Elles ont une double membrane lisse et d'un noir foncé, cassante sous la pression comme celle des stylospores. Leur longueur moyenne est de 40 μ, et leur diamètre moyen au centre de 7 μ.

Fig. 98. — Ascospores du *D. necatrix*. — Gross. : 500/1.

Nous avons essayé, par tous les procédés, d'obtenir la germination de ces sporidies sans jamais pouvoir y parvenir.

Le tissu interne du périthèce, au sein duquel sont plongées les thèques, présente quelques gouttes réfringentes disséminées dans l'intérieur des filaments sériés. Ces gouttelettes augmentent rapidement, surtout quand les sporidies mûrissent et deviennent très nombreuses. La membrane des filaments devient en même temps de plus en plus transparente. On ne distingue bientôt ces filaments que par les gouttelettes réfringentes disposées en série et limitées par une légère ligne hyaline à peine visible. Le tissu intérieur, la couche homogène qui le produit, la membrane des asques et la chambre à air finissent par se résorber entièrement. Au moment de leur complète résorption, la cavité du fruit est parsemée d'une quantité innombrable de gouttelettes réfringentes qui, en se réunissant, en constituent de plus grosses de nature huileuse. Les sporidies forment alors, dans la cavité du périthèce toujours clos, une poussière noire agglomérée par les gouttelettes desséchées. Les sporidies ne peuvent être mises en liberté que par la destruction ou la décomposition de l'enveloppe résistante du fruit.

f. **Affinités et Classification.** — La constitution morphologique des périthèces du *Dematophora necatrix*, caractérisée par un conceptacle *entièrement et toujours* clos, par une enveloppe épaisse et multiple ou péridium, par un contenu pseudoparenchymateux ou gléba avec asques immergées, classe ce champignon à côté des Tubéracées.

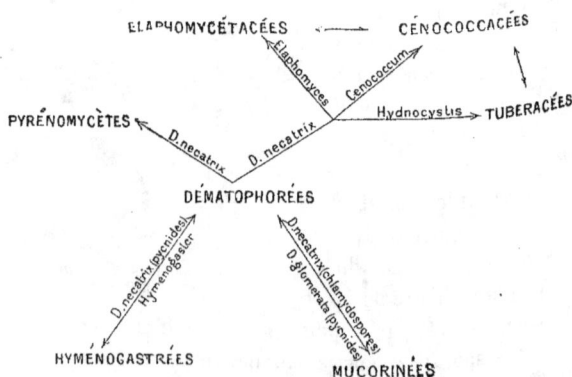

Fig. 99. — Affinités du *D. necatrix*.

Il y a les plus grands rapports morphologiques, d'une part surtout, avec les *Hydnocystis* et les *Genea*, dont la gléba est uniloculaire et constituée par des filaments ou paraphyses, et dont les asques sont linéaires; il n'en diffère que par les détails du péridium, la forme des sporidies et la pulvérulence définitive de celles-ci dans la cavité du fruit. Il a, d'autre part, les plus grandes affinités avec certains *Elaphomyces* crustacés et avec le *Cenococcum geophilum* par la constitution de la gléba et des thèques et la pulvérulence définitive des spores. Au point de vue de l'organisation anatomique et du développement, le *Dematophora necatrix* se rapproche surtout des *Hydnocystis* et de l'*Hydnocystis piligera* (1). On pourrait considérer le genre *Dematophora* comme constituant une sous-famille dans les Tubéracées vraies, avec les genres *Hydnocystis, Genea, Geopora*..., dont il ne diffère essentiellement que par la fugacité de la gléba ou la pulvérulence définitive des spores, qui le rapprochent au contraire des Elaphomycétacées et des Cénococcacées (2). Mais le développement, les formes mycéliennes, les conidiophores, les sclérotes et les pycnides font du genre Dematophora une famille naturelle, les Dématophorées, très nettement caractérisée. Dans le groupe des Tubéroïdées, les Dématophorées se classent naturellement entre les Tubéracées vraies par leurs affinités avec les *Hydnocystis*, et les Elaphomycétacées par leurs affinités avec les *Elaphomyces*.

Les Dématophorées relient plus intimement les Tubéroïdées à certains groupes de Pyrénomycètes, surtout aux *Rosellinia*, dont ils ne diffèrent que par les périthèces qui sont clos, au lieu d'être ouverts comme cela a lieu pour les *Rosellinia*.

La constitution des pycnides, immergées parfois au milieu d'un tissu général qui forme enveloppe commune à plusieurs conceptacles, la forme et le développement des stylospores et de leurs basides peuvent permettre d'établir des rapprochements, assez éloignés cependant, avec les Gastéromycètes par les *Hymenogaster*.

B.— DEMATOPHORA GLOMERATA

Le *D. necatrix* n'attaque pas généralement les vignes plantées dans les sables purs, peu riches; nous ne l'avons jamais observé, par exemple, dans les grands vignobles du cordon littoral de la Méditerranée. Mais, dans ces milieux, les vignes sont attaquées cependant par le Pourridié, qui est dû, dans ce cas, à une autre

---

(1) L. et Ch. Tulasne ; *Fungi hypogæi* (1862, pag. 117 et Pl. XIII, fig. 2).
(2) Saccardo ; *Sylloge Fungorum* (Paoletti ; *Tuberoïdeæ*, vol VIII, 1889, pag. 863).

espèce, au *Dematophora glomerata* P. Viala. Nous avons observé cette espèce pour la première fois dans les terrains sableux des bords de l'Hérault (à Saint-Guilhem-le-Désert); nous l'avons ensuite retrouvée dans les vignobles des Landes, dans certains terrains sableux du Vaucluse, dans les sables des environs de Montpellier et des Pyrénées-Orientales. Elle est relativement peu fréquente. Comme le *D. necatrix*, elle cause, dans les milieux humides, la mort des vignes qu'elle attaque, mais son action est moins intense, car elle se développe plus lentement. Le *D. glomerata* est parasite comme le *D. necatrix*, mais, comme lui, il est aussi saprophyte.

Les conditions de milieu qui sont favorables au *D. necatrix* sont aussi favorables au *D. glomerata*. Le mycélium résiste moins cependant aux abaissements de température et, dans les conditions les plus propices, il se développe moins activement à l'extérieur que celui du *D. necatrix*.

Le *D. glomerata* a un mycélium extérieur, un mycélium interne, des conidiophores, des sclérotes et des pycnides. Cette espèce produit quelques rares cordons rhizoïdes, imparfaitement organisés, mais ne possède pas de vrai *Rh. subterranea*. Le mycélium intracambial ne s'agglomère pas en masses qui constituent, pour le *D. necatrix*, le *Rh. subcorticalis*; le mycélium interne est partout uniforme, il n'y a pas de localisation et de spécialisation de formes mycéliennes dans certaines régions des tissus. En outre, le mycélium blanc floconneux n'existe que par exception; le mycélium floconneux extérieur est presque toujours brun.

Les rôles de conservation et de perpétuation de l'espèce, dévolus, pour le *D. necatrix*, surtout aux rhizomorphes et aux cordons rhizoïdes, sont, pour le *D. glomerata*, attribués en partie au mycélium floconneux et aux sclérotes qui sont extérieurs, entremêlés au mycélium floconneux, et non intérieurs aux tissus. Mais ce sont les conidies et les pycnides qui, pour cette espèce, remplissent les fonctions physiologiques qui étaient plus spéciales aux rhizomorphes du *D. necatrix*.

Les conidiophores sont en effet fréquents dans la nature. Les conidies, pourvues d'une membrane épaisse, résistent aux variations du milieu extérieur et conservent l'espèce lorsque les conditions sont défavorables. Il en est de même des sclérotes qui restent à l'état de masses sclérotiques pendant longtemps et s'organisent ensuite en pycnides peu résistantes et qui n'ont qu'une durée transitoire, mais qui peuvent être la cause de la réinvasion du Pourridié des sables. Les effets du *D. glomerata* sur les plantes attaquées sont les mêmes que ceux du *D. necatrix*.

a. **Mycélium.** — Le mycélium extérieur du *D. glomerata* (Fig. 100) se présente sous forme de flocons peu épais, légers, plutôt aranéeux, moins condensés, d'une teinte brune ou plutôt brun acajou, plus foncée que celle du mycélium externe du *D. necatrix*. Ce mycélium enlace les tiges et les racines d'une couche uniforme de teinte et d'épaisseur et rappelle assez celui des *Rosellinia*.

Les filaments mycéliens sont rigides, quoique flexueux; cette rigidité est due à leur membrane épaisse et fortement colorée (Fig. 100 *b, b, b*). Leur diamètre, de 2 µ, est assez uniforme. Ils sont peu variqueux, excepté au niveau des cloisons peu rétrécies, mais ils ne possèdent jamais les renflements en poire qui sont si caractéristiques du *D. necatrix*. Ils sont cloisonnés, et les cloisons, nettement indiquées, sont assez distantes. Le contenu des tubes mycéliens est vaguement grumeux et possède des vacuoles assez grandes. Les ramifications sont relativement peu nombreuses et s'insèrent à angle droit en se rétrécissant d'abord et en se dilatant ensuite après leur insertion (Fig. 100 *c*). Le sommet végétatif est un peu renflé et son contenu homogène. Les filaments sont distribués dans tous les sens, vaguement enchevêtrés, rare-

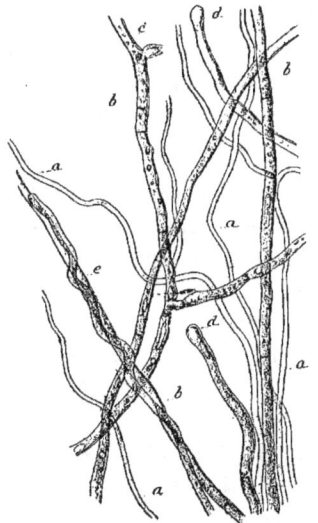

Fig. 100. — Mycélium du *D. glomerata*. Gross.: 1000/1 (G. Boyer *del*).

ment disposés en séries parallèles au nombre de trois ou quatre, contournés parfois les uns sur les autres (Fig. 100 e).

On trouve disséminés, au milieu des filaments bruns (Fig. 100 a, a, a), des filaments petits, blancs, à diamètre uniforme et à contenu homogène, homologues des filaments mycéliens à calibre étroit des cordons rhizoïdes du *D. necatrix*. Ces filaments blancs appartiennent bien au *D. glomerata*, car on suit certains filaments bruns dont l'intensité de teinte diminue et qui s'amincissent à une de leurs extrémités en filaments blancs. Ces filaments blancs sont parfois associés en séries assez nombreuses et forment de vagues cordons rhizoïdes peu épais, enlacés par quelques filaments bruns qui ne se soudent cependant pas pour former écorce. Il y a manifestation de cordons rhizoïdes, mais jamais spécialisation en vrais rhizomorphes.

Ce sont ces étroits filaments blancs qui constituent le mycélium interne aux tissus. Le mycélium interne est intracellulaire et remplit les cellules, les vaisseaux des tissus parenchymateux, libériens ou ligneux. Il est toujours uniforme de diamètre et ne s'accumule jamais par places en cordons rhizomorphes, quoique les filaments mycéliens soient parfois nombreux et à peu près parallèles dans les rayons médullaires.

b. **Sclérotes** — Les sclérotes se forment sur le mycélium floconneux extérieur et ne sont jamais implantés dans les tissus. Ils sont relativement très nombreux et existent toujours sur le mycélium qui enveloppe les racines des vignes mortes ou mourantes. Ils sont disséminés irrégulièrement, parfois isolés, le plus souvent réunis en groupes dans le réseau lâche du mycélium brun, aux dépens duquel ils se forment et sur lequel ils sont fixés. On les observe toujours à divers états de grosseur, mesurant le plus souvent de 25 μ à 35 μ.

Les sclérotes sont de petites masses très noires, épaisses, irrégulières de forme ou vaguement cylindriques, allongées. Leur surface est finement et fortement bosselée ; chaque bosselure est formée par les cellules de l'écorce sur lesquelles s'insèrent les filaments mycéliens, sur tout le pourtour du sclérote. Lorsque le mycélium s'altère, ce qui est rare, les sclérotes s'isolent et constituent de petits nodules noirs.

La constitution anatomique des sclérotes est constante et assez spéciale. L'écorce est peu épaisse, formée même parfois par une seule couche de cellules vaguement polygonales, d'autres fois par deux couches au plus. Le centre est un vrai pseudoparenchyme dans lequel on ne distingue pas les filaments mycéliens composants. Il se présente, en coupe, sous forme de petites cellules arrondies, accolées, à membrane assez peu épaisse, mais bien distincte, à contenu homogène très transparent. Si on écrase les petits nodules sous le microscope, les petites cellules arrondies qui sont au centre s'isolent sous forme de petites sphères à contour un peu vague. Les sclérotes restent très longtemps à l'état de vie latente ; nous en avons conservé pendant deux ans sans qu'ils aient subi aucune altération.

c. **Pycnides.** — Les plus gros sclérotes augmentent de dimension, s'arrondissent et se transforment en pycnides (Fig. 101).

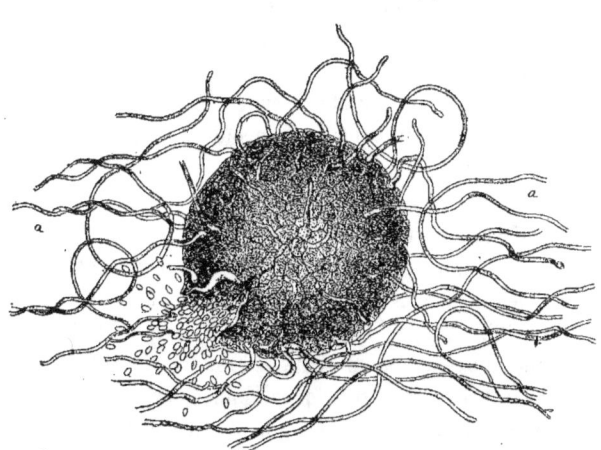

Fig. 101. — Pycnide du *D. glomerata*. — Gross.: 400/1 (G. Boyer *del*)

Les pycnides sont assez fréquentes. La transformation des sclérotes en pycnides ne se produit jamais immédiatement ; il y a toujours arrêt, vie latente primitive du sclérote. Ce n'est qu'à une température assez élevée (15° à 18° et au maximum 25° à 30°) que les plus grosses masses sclérotiques s'organisent en pycnides.

Les pycnides sont le plus souvent sphériques (Fig. 101) ou un peu allongées; elles mesurent 90 μ de diamètre. Leur écorce est extérieurement d'un noir très intense, formée par des cellules polygonales, régulières, comprimées, au centre et sur toute la surface desquelles s'implantent les filaments mycéliens bruns (Fig. 101 a, a). Cette écorce, comme celle des sclérotes, est — fait assez spécial — très peu épaisse, composée d'une à trois couches au plus de cellules. A l'intérieur existent une ou deux couches de fines cellules hyalines. La pycnide est complètement close et son intérieur est entièrement rempli de stylospores. Les stylospores ne sont émises au dehors que par la déchirure de la fine enveloppe, très cassante d'ailleurs, du conceptacle.

Nous n'avons jamais observé de basides, et les pycnides jeunes étaient toujours remplies des cellules accolées qui constituent le centre des sclérotes. Nous pensons que les stylospores s'organisent aux dépens de chacune des cellules du centre du sclérote qui se différencient ainsi directement et ne sont pas produites par bourgeonnement de basides.

Les stylospores, en quantité considérable dans chaque pycnide, sont incolores, transparentes, sub-ovoïdes, à contenu homogène non grumeux; leur longueur est de 3 μ.

d. **Conidiophores.** — Les conidiophores (Fig. 102) se produisent abondamment sur le mycélium floconneux qui entoure les racines et les tiges pourridiées. Ils sont grêles, allongés, d'une longueur de 1^{mm},5 à 2^{mm},25. Les pieds fructifères sont rarement isolés, mais le plus souvent au nombre de 3 à 8 sur le mycélium confluent. La hampe est d'un noir très foncé, mince, cylindrique, droite et rigide, composée de nombreux filaments mycéliens d'un brun très foncé, très étroits, cloisonnés, parallèles et intimement soudés.

Les conidies se forment sur le tiers de la longueur à partir du sommet (Fig. 102 et 103). Les branches conidigènes sont courtes, non subdivisées, comme chez le *D. necatrix*, en branches secondaires et tertiaires qui sont déjetées et étalées. Les branches conidigènes et les conidies sont au contraire agglomérées sur la hampe

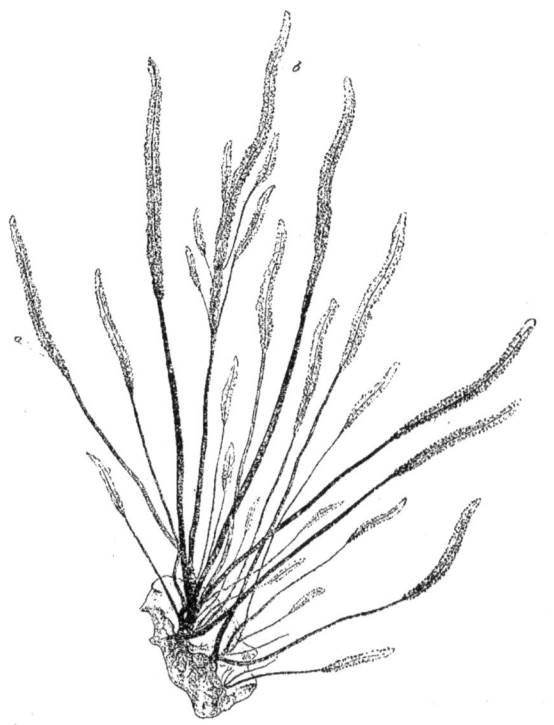

Fig. 102. — Conidiophores du *D. glomerata* — Gross.: 50/1 (G. Boyer *del*).

cylindrique; elles tapissent d'une couche épaisse et continue tout le cylindre fructifère. On ne peut mieux comparer l'ensemble du pied fructifère qu'à un fruit de Massette ou Typha (Fig. 102 *a, a*). L'arbuscule conidifère se subdivise parfois en hampes ou seulement en houppes secondaires à des hauteurs variables (Fig. 102 *b*); ces subdivisions ont les mêmes caractères que les pieds simples. La houppe conidifère qui termine chaque hampe n'a pas une teinte blanche comme celle du *D. necatrix*, elle est brune.

La teinte de la hampe, très noire, diminue d'intensité dans la

P. VIALA. *Les Maladies de la Vigne*, 3ᵐᵉ édition. 23

région des conidies (Fig. 103). Les branches conidigènes sont très nombreuses et rudimentaires, insérées directement sur les filaments agglomérés du pourtour de la hampe. Les basides sont courtes (Fig. 104 a, c), filiformes, un peu dilatées à leur base, insérées au nombre de deux le plus souvent au-dessus de la cloison supérieure qui limite chaque cellule des filaments cloisonnés de la hampe et sur un léger renflement du sommet de celle-ci. Les basides sont très amincies à leur sommet et portent chacune une conidie. Ces basides corniculées sont plus allongées, plus grosses (Fig. 104 b) au sommet extrême de chaque filament conidigène de la hampe; trois basides terminent généralement chaque filament conidigène.

Fig. 103. — Conidiophore du *D. glomerata*. — Gross.: 400/1 (G. Boyer del).

Par rapport aux branches conidigènes du *D. necatrix*, il y a réduction de celles-ci pour le *D. glomerata*. Elles sont limitées à une seule baside portant une seule conidie, et elles ne s'allongent pas à plusieurs reprises pour produire alternativement et chaque fois une conidie. Lorsque la ramification latérale, qui est la vraie baside, a produit une conidie, elle s'arrête dans son développement qui est définitif.

Les conidies prennent naissance à l'extrémité de chaque baside sous forme d'une petite ampoule sphérique (Fig. 104 b) qui va grandissant et se sépare de l'extrémité amincie de la baside. Ces conidies sont colorées faiblement en brun, ce qui fait que l'ensemble ne présente pas une coloration blanche. Elles sont sub-ovoïdes, à membrane très épaisse, plus grosses que celle du *D. necatrix*, car elles ont 4 µ de diamètre au centre sur 5 µ, 5 de longueur.

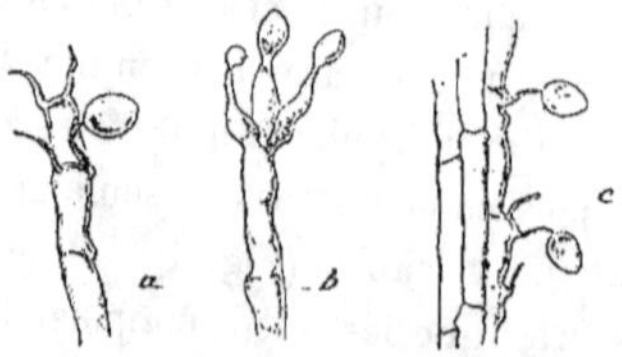

Fig. 104. — Branches conidigènes et conidies du *D. glomerata*. — Gross.: 800/1 (G. Boyer del).

Les conidies germent (Fig. 105) par leur extrémité amincie, en émettant un tube mycélien assez spécial de forme. Ce tube est flexueux et variqueux, cloisonné, à membrane épaisse, d'un brun assez foncé. Son diamètre est égal ou supérieur à celui des spores. L'extrémité du tube de germination, qui pour la plupart des champignons est plus grosse et renflée, est ici, au contraire, amincie et raide.

Les conidies germent souvent sur la houppe conidifère, sans se détacher de leur support ou arrêtées qu'elles sont par les pointes que forment les basides sur le cylindre. En outre, les basides elles-mêmes, qui sont amincies en pointe, se développent très souvent, quand on maintient les hampes fructifères dans des milieux humides, en un mycélium comparable à celui qui provient de la germination des conidies. Il en résulte alors, au sommet des pieds fructifères, un ensemble de filaments hérissés et enchevêtrés qui donnent à la houppe un aspect en tête de hérisson.

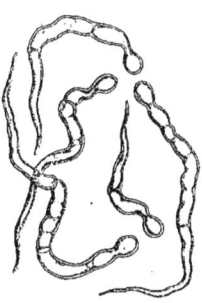

Fig. 105. — Germination des conidies du *D. glomerata*. — Gross.: 800/1 (G. Boyer *del*).

C. — AGARICUS MELLEUS

L'*Agaricus melleus* L. ou *Armillaria mellea* Quélet est rarement parasite des vignes ; mais il produit de grands dégâts sur les arbres forestiers, surtout sur les essences vertes et résineuses, dans les grandes forêts de toute l'Europe, de l'Afrique, des Etats-Unis et du Mexique. Les noms vulgaires et botaniques de ce champignon sont par suite très nombreux ; voici les principaux :

Noms vulgaires (d'après M. Ch. Richon et E. Roze) : *Grande Souchette*, *Tête de Méduse*, *Bolet d'Aulivié*, *Bolet d'Amourié*, *Bolet de Saure*, *Pivoulade*, *Piboulado*, *Souquarel*, *Perpignan*, *Saussénado*, *Cassénado*, — *Famiglia buona*, *Ciodin*, — *Hallimasch*, *Heckenschwamm*...

Noms botaniques : *Agaricus melleus* L., Armillaria mellea Quélet, Armillaria mellea Vahl, Agaricus obscurus Schœff., Agaricus annularius Bull., Agaricus stipitis Sowerb., Agaricus mutabilis Flo. Bat., Polymyces melleus Battara, Polymyces vul-

308   PARASITES VÉGÉTAUX

GATIOR Battara, HYPOPHYLLUM POLYMYCES Paulet, AGARICUS POLYMYCES Persoon.....

a. **Mycélium.** — L'*Ag. melleus* ne possède pas de mycélium floconneux externe ; mais il a des rhizomorphes souterrains et des rhizomorphes sous-corticaux. Le *Rhizomorpha fragilis* var. *subterranea* rampe dans le sol et propage le parasite à distance ; nous avons pu suivre des cordons rhizomorphes sur une longueur de 2 à 5 mètres. Ces rhizomorphes (Fig. 106 et 107) sont diversement ramifiés, lisses et d'un brun foncé à l'extérieur, jamais entourés de filaments avec renflements en poire comme ceux du *Dematophora*. Ils s'insinuent dans les premiers feuillets de l'écorce et déterminent des bosselures à sa surface ou la font éclater dans certaines parties. Ils sont plus aplatis sous l'écorce que lorsqu'ils sont extérieurs ; on les voit souvent, en effet, ramper sur les racines, en suivre les anfractuosités, s'enfoncer ensuite sous l'écorce pour reparaître plus loin au dehors après un certain parcours (Fig. 106). Ils sont facilement visibles à l'œil nu, car ils acquièrent jusqu'à 2 et 3 millimètres de diamètre (Fig. 107) ; ils se déchirent facilement à la moindre pression.

Fig. 106. — Racine de vigne pourridiée, parcourue à la surface par des cordons rhizomorphes (var. *subterranea*) de l'*Agaricus melleus*. Réd. : 1/2 (d'après M. Millardet).

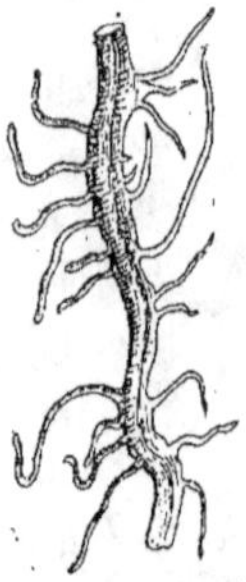

Fig. 107. — Cordon rhizomorphe, de l'*Agaricus melleus* (var. *subterranea*) (d'après M. R. Hartig).

Cette forme de mycélium (*Rh. frag.* var. *subterranea*) est constituée (Fig. 108) par une écorce d'un brun foncé ou noire, entourant une moelle blanche. L'écorce comprend deux parties ; à l'extérieur, elle est composée de cellules très serrées (Fig.

108 *a*), à membrane très épaisse et à lumière étroite ; vers l'intérieur, les cellules sont plus grandes et moins épaisses (Fig. 108 *b*). Les deux régions constituent un vrai pseudoparenchyme. La moelle est formée de filaments minces (Fig. 108) entrelacés ou parallèles et diversement ramifiés, surtout dans les cordons âgés dans lesquels se produisent des lacunes où ils se multiplient par bourgeonnement. Le sommet végétatif du rhizomorphe possède une écorce peu épaisse et est entouré d'une matière gélatineuse. Les filaments de la moelle se multiplient en certaines régions, se soudent, et le tissu qu'ils produisent est l'origine des fruits du champignon.

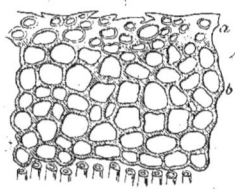

Fig. 108. — Coupe transversale de l'écorce d'un rhizomorphe (var. *subterranea* de l'*Agaricus melleus*) (d'après M. R. Hartig).

L'écorce du *Rh. subterranea* diminue d'épaisseur lorsque les cordons rentrent dans la souche ; elle est rudimentaire sur ceux qui

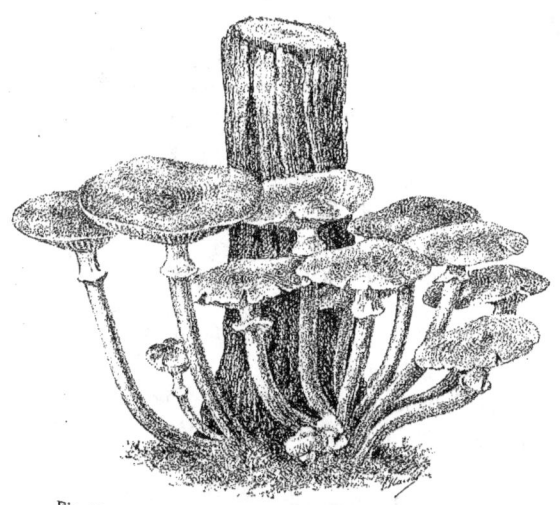

Fig. 109. — Groupe de fruits de l'*Agaricus melleus* poussant au collet d'une vigne pourridiée.

rampent dans les feuillets intérieurs du liber. Le mycélium s'étale dans ces régions en nappes continues ou en éventail, et d'une épaisseur qui atteint jusqu'à 2 et 3 millimètres dans certains arbres (Marronnier). Il a une teinte blanc roussâtre et il est phosphorescent; c'est la forme *Rhizomorpha fragilis* var. *subcorticalis*. Il est constitué par des filaments diversement entrelacés ou parallèles, à diamètre un peu plus grand que ceux qui constituent le feutrage homologue du *Dematophora*. Les filaments s'insinuent dans tous les éléments des racines où ils déterminent des phénomènes de décomposition.

b. **Fruits**. — M. R. Hartig a obtenu, en culture, les pieds fructifères de l'*Agaricus melleus* (Fig. 109), soit du *Rhizomorpha subterranea* ou des nappes mycéliennes du *Rh. subcorticalis*. Les pieds fructifères apparaissent, dans la nature, en septembre ou octobre, parfois en très grande abondance et accumulés par leur base sur la souche des arbres morts ou malades (Fig. 109). Ces réceptacles fructifères ressemblent à ceux des Agarics communs (Fig. 110); ils accomplissent leur évolution dans l'espace de deux à trois semaines. Le pied est en forme de bouteille, à renflement en bas, blanc, atteignant une hauteur de 8 à 12 centimètres; plein et épais au début, il devient fistuleux; il est garni de petites papilles velues,

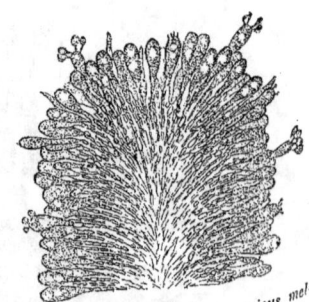

Fig. 110. — Fruit isolé de l'*A. melleus* (d'après R. Hartig).

Fig. 111. — Hyménium de l'*Agaricus melleus* (d'après R. Hartig.)

irrégulièrement disposées. Au début, le chapeau est réuni avec le pied par un voile qui se déchire bientôt, et les fragments qui coadhèrent au pied forment un collier dilacéré. Le chapeau est conique étalé, à bords légèrement frangés, ayant de 10 à 15 centimètres de diamètre; il est charnu et comestible, d'une couleur de miel (jaune brun clair), d'où le nom de cette espèce; en vieillissant il devient brunâtre. Sa surface est parsemée de petites plaques velues écailleuses et brunâtres; la face inférieure porte les lamelles fructifères ou hyménium (Fig. 111), qui sont blanches et tachetées de rouge sale; les spores (Fig. 112) qu'elles produisent sont ovoïdes, apiculées, blanches. Ce champignon appartient à la famille des AGARICINÉES (Hyménomycètes-Basidiomycètes).

Fig. 112.— Spores de l'*Agaricus melleus* (d'après R. Hartig).

D. — ROESLERIA

Le *Rœsleria* ou *Pilacre Friesii* (*Vibrissea hypogæa*), que nous considérons comme saprophyte des racines de la vigne altérées préalablement par des causes diverses, a été observé, en outre, par M. Ch. Richon sur les racines mortes de l'orme, de l'érable et de l'aulne. Nous l'avons trouvé sur des cerisiers morts du *D. necatrix* et sur des amandiers.

Le *Rœsleria* a été constaté dans presque toutes les régions de l'Europe et de l'Amérique du Nord, ainsi sur que les bords du Mississippi et dans le Texas, puis en Autriche, en Italie, en Suisse, en Allemagne, en Portugal, en Espagne et dans les départements de Meurthe-et-Moselle, Saône-et-Loire, Marne, Haute-Marne, Vosges, Doubs, Hérault, Gironde, Eure-et-Loir et en Algérie.

Le *Rœsleria* a un mycélium qui vit dans l'intérieur des tissus des racines altérées; ce mycélium forme surtout à l'extérieur des fruits ascosporés, et parfois, mais très rarement, des fruits d'aspect identiques, mais dont les thèques sont remplacées par de vraies basides avec conidies.

a. **Fruits ascosporés, Spores.**— Le mycélium qui vit uniquement dans l'intérieur des tissus forme à l'extérieur, le plus souvent en face des rayons médullaires, les fruits qui permettent de reconnaître facilement le *Rœsleria*, même à l'œil nu. On les trouve

312   PARASITES VÉGÉTAUX

surtout à l'automne, quoiqu'ils puissent se produire durant toute l'année (Fig. 113 et 114). Ce sont de petites têtes d'un blanc grisâtre, portées sur un pied plus blanc, droit ou légèrement flexueux, qui émerge à la surface des racines et a une hauteur moyenne de 5 à 6 millimètres (Fig. 113); elles restent rarement très petites, paraissant enchâssées dans le bois. Sur des racines exposées à l'air, les fruits ont une teinte plus grise ou verdâtre; on en retrouve dans la terre colorés ainsi en vert; c'est surtout le pied qui prend cette coloration, qui n'affecte jamais que les couches superficielles et qui est surtout fréquente sur les pieds à conidiophores. Ils sont rarement isolés, mais bien réunis, le plus souvent, en touffes sur toutes les faces de la racine, parfois en grand nombre, s'insérant, dans ce dernier cas, sur une masse commune de pseudoparenchyme, qui proémine faiblement.

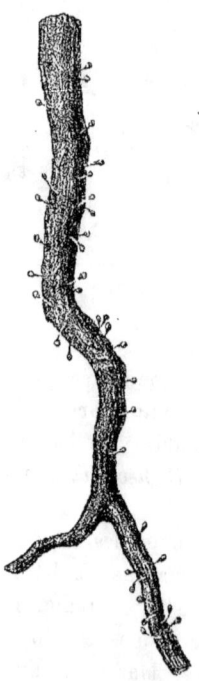

Fig. 113. — Fruits du *Rœsleria* sur une racine de vigne.

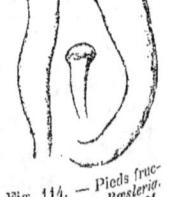

Fig. 114. — Pieds fructifères du *Rœsleria*. Gross.: 4/1 (d'après M. E. Prillieux).

La tête du fruit (Fig. 114) est constituée par un grand nombre de filaments parallèles, dressés à la surface, dans l'intérieur desquels se forment les spores. Les filaments jeunes sont en forme de petites massues, rétrécis à la base et dilatés au sommet, et remplis d'un protoplasme homogène (Fig. 115). Ils grossissent et se séparent par une cloison du tissu du pied qui leur donne naissance; leur contenu devient granuleux et se concentre presque toujours en huit masses, origines des spores.

Celles-ci commencent à se dessiner sous forme de cercles vaguement limités et un peu granuleux (Fig. 115 *d*); leur contour s'assombrit et le centre devient transparent, elles acquièrent un diamètre égal à celui du tube et deviennent tangentes. Le contour de chacun de ces fragments est dû à une membrane de cellulose. Par suite de leur grossissement, le tube, qui était lisse, se rétrécit en face des points de contact, sa membrane se moule exactement contre ces corps sphériques, qui sont des spores parfaitement constituées (Fig. 115 b). Chaque tube paraît alors formé de huit spores superposées et soudées à leurs faces de contact, supportées sur un axe plus étroit. Les thèques forment ainsi chacune huit spores, rarement six ou sept par avortement d'une ou deux; dans ce dernier cas, il reste une place vide en un point quelconque, où le tube primitif montre sa membrane. De nouvelles asques se développent à la base des premières, et elles produisent d'autres semences; les spores se séparent et s'accumulent ainsi en nombre considérable à la surface de la tête; d'après M. Prillieux, elles peuvent être superposées sur une profondeur de 20 et 30. Si on n'examine les têtes qu'à l'état de maturité parfaite, on peut croire que les spores se sont détachées de l'extrémité des filaments par tomiparité.

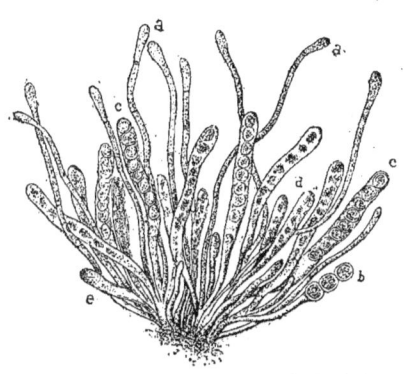

Fig. 115.— Thèques et paraphyses du *Rœsleria*.
Gross.: 600/1.

Certains filaments se dilatent fort peu au sommet et ne forment pas de spores (Fig. 115 a, a). Ces paraphyses s'allongent beaucoup plus que les asques et sont jusqu'à deux fois plus longues; leur protoplasme reste homogène et non granuleux; elles ont parfois une ou deux cloisons; elles sont dressées comme des fils en assez grand nombre à travers la poussière des spores. On avait nié l'existence de ces paraphyses et créé, d'après cette observation inexacte, le genre *Rœsleria*.

Les spores sont globuleuses (Fig. 116), certaines paraissent cependant un peu aplaties et légèrement discoïdes (Fig. 116 b); transparentes au centre et à pourtour ombré, leur contenu n'est pas granuleux; on distingue, seulement en coupe optique, la membrane assez épaisse (Fig. 116 a); leurs dimensions sont assez fixes et de 0^{mm},005 de diamètre.

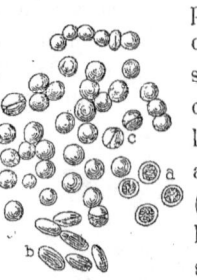

Fig. 116. — Spores du *Rœsleria*. — Gross. : 600/1.

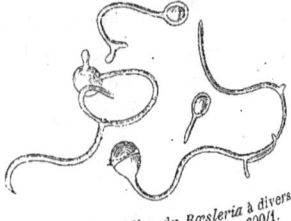

Fig. 117. — Sporidies du *Rœsleria* à divers états de germination. — Gross. : 600/1.

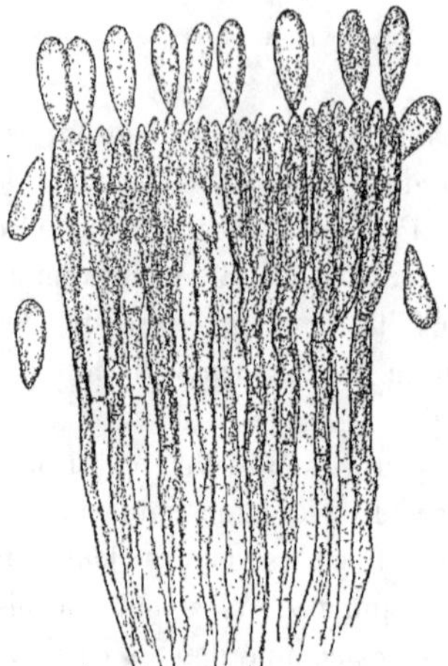

Un certain nombre d'entre elles, produites indifféremment au milieu des spores simples, présentent une cloison qui les sépare en deux et qui est très accusée par une ligne sombre (Fig. 116 c). Les spores, en s'égrenant, tombent sur les racines voisines sur lesquelles elles germent, ou sont entraînées à travers le sol par les eaux d'infiltration et vont propager le champignon à une faible distance.

Il est très facile d'en obtenir la germination (Fig. 117). Les spores germent même sur les têtes quand on les maintient dans un milieu humide, à une température de 20° C. Une spore commence par s'assombrir et montre, au bout de un à trois jours, sur un point quelconque de sa surface, une légère proéminence, origine du mycélium qui se développe activement; en même temps une vacuole, qui va s'agrandissant, se forme dans l'intérieur. Deux tubes mycéliens peuvent se produire à la fois, le plus souvent à un intervalle de temps qui peut être relativement long.

Fig. 118. — Conidiophores du *Rœsleria* (d'après M. Ch. Richon).

b. **Fruits conidiophores.** — M. Ch. Richon a signalé une forme de reproduction par conidies, qu'il a observée plusieurs mois avant la forme thécasporée, sur les racines de l'orme, de l'érable, de l'aulne et de la vigne; voici la diagnose qu'il en donne (Fig. 118): « Excipule pédiculé, terminé par un capitule. Disque hémisphérique, immarginé, grisâtre-noircissant, couvert de conidies verdâtres; pédicule court, épais, blanc ou incarnat, velu, souvent hérissé-bulbeux à la base, formé de filaments cloisonnés; filaments noirs au sommet, terminés en sporophores bifurqués et porteurs de conidies ovales-oblongues. » A l'extérieur, les fruits conidiophores ressemblent, à première vue, aux fruits ascosporés.

c. **Mycélium.** — Le tube mycélien qui provient de la germition des spores est cylindrique, flexueux; il présente de petits points réfringents à distance et surtout au niveau des cloisons qui sont espacées. Les ramifications, qui se produisent de bonne heure, partent en général très près du sommet, qui paraît même se dichotomiser. Il pénètre dans les tissus des racines, où il persiste sans jamais se développer à l'extérieur; il est très abondamment répandu dans les rayons médullaires; on l'observe dans les cellules de l'écorce, dans les vaisseaux et jusque dans la lumière des fibres. Il rampe bien rarement entre les parois.

Il est cylindrique, exceptionnellement variqueux, pourvu de cloisons un peu distancées; il bourre parfois entièrement les cellules des rayons médullaires et tapisse d'une couche épaisse les parois des vaisseaux. Sa membrane est épaisse; on la distingue bien quand, sur des coupes, le rasoir sectionne les filaments.

M. Prillieux a noté que les cloisons des fibres ligneuses s'amincissent beaucoup, phénomène que l'on peut constater d'ailleurs sur les autres éléments. Le mycélium, très abondant dans les rayons médullaires, se condense encore davantage dans les parties correspondantes de l'écorce; là, les filaments forment une masse de tissu pseudoparenchymateux d'aspect blanc, au sein duquel sont dispersées de rares cellules brunies non encore dissoutes, et qui constitue le pied des fruits.

d. **Synonymie et Classification.** — Le *Pilacre Friesii* ou *Rœsleria* appartient aux Ascomycètes — Discomycètes ; sa synonymie est la suivante :

Pilacre Friesii Weinmann ! — *Pilacre Weinmanni* Fries ! — *Pilacre subterranea* Weinmann ! — *Sphinctrina coremioïdes* Berkeley ! — *Vibrissea flavipes* Rabenhorst ! — *Rœsleria hypogæa* Thümen ! — *Coniocybe pallida* Persoon ! — *Vibrissea hypogæa* Ch. Richon et Le Monnier ! — *Calicium pallidum* Persoon ! — *Embollus pallidus* Wallr. ! — *Embollus stilbeus* Wallr. ! — *Coniocybe stilbea* Ach. ! — *Rœsleria pallida* Saccardo !

E. — CHAMPIGNONS SAPROPHYTES DU POURRIDIÉ

1° Fibrillaria (*Psathyrella ampelina*).

Nous avons dit, dans l'historique, que les viticulteurs et quelques mycologues confondaient certaines formes mycéliennes saprophytes avec les parasites qui causent le Pourridié, et lui attribuaient une action dans cette maladie. Ces formes mycéliennes, qui ne sont pas spéciales à la vigne car on les rencontre sur les racines de beaucoup d'autres plantes et sur toutes sortes de bois morts, sont exclusivement saprophytes ; elles ont quelques analogies de ressemblance extérieure avec le mycélium blanc du *D. necatrix*. Ces formes mycéliennes appartiennent au groupe des *Fibrillaria*, et, d'après M. F. von Thümen, au *Fibrillaria xylothrica* Persoon. Nous avons obtenu les fructifications de ces filaments mycéliens, qui sont l'organe végétatif du *Psathyrella ampelina* G. Foëx et P. Viala.

Nous avons observé les Fibrillaria dans toutes les régions vignobles de France, Algérie, Tunisie, États-Unis d'Amérique. Ils sont aussi abondants dans les terrains secs que dans les terrains humides. Ils sont plus fréquents sur les vignes à racines altérées, ce qui se conçoit d'ailleurs, car ils ne se développent que sur les écorces et les bois morts ou en décomposition ; on les rencontre cependant sur les péridermes exfoliés de racines parfaitement saines. Ils ne pénètrent jamais dans les tissus sains ; ils s'insinuent dans les fissures des péridermes, mais restent le plus souvent à leur surface. Ils sont peu adhérents.

a. **Mycélium**. — Les *Fibrillaria* se présentent sous divers aspects; ils forment des cordons diversement entrelacés qui sillonnent la surface des racines d'un réseau blanc, parfois très abondant (Fig. 119, droite). Leur diamètre varie de $0^{mm},2$ à $0^{mm},5$; ils sont plus épais aux points de réunion des diverses mailles où ils s'anastomosent (Fig. 119, droite, *a*, *a*). Flexueux et à peu près cylindriques, ils se détachent par leur teinte d'un blanc de lait mat sur le fond noir des tissus décomposés.

Les jeunes racines et les racines âgées peuvent être recouvertes de ces fils blancs tendus dans tous les sens. Les cordons de Fibrillaria paraissent, à un examen superficiel, fixés par de petits crampons qui ne sont que de courtes ramifications détachées des axes et qui s'insinuent dans les fissures des rhytidomes, sous les feuillets altérés desquels ils peuvent même se ramifier.

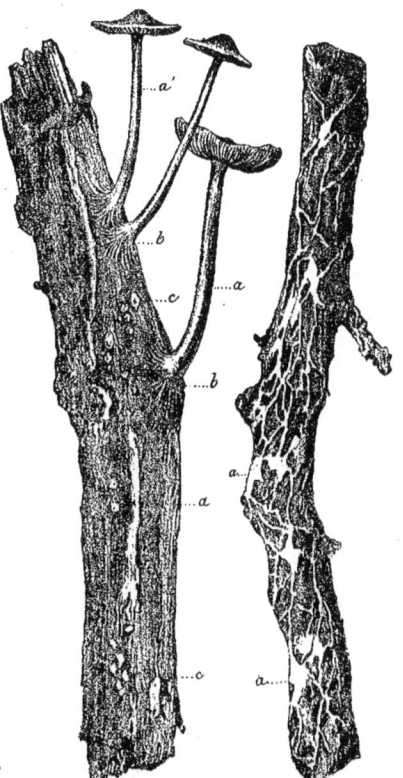

Fig. 119. — (à droite) : *Fibrillaria* ou mycélium du *Psathyrella ampelina*; — (à gauche) : *a a'*, fruits du *Psathyrella ampelina*; *d*, cordon mycélien; *c c*, sclérotes.

En se réunissant, ces cordons primitifs en forment de plus gros, ayant de 1 millim. à 2 millim. de diamètre (Fig. 119, gauche, *d*); ceux-ci sont plus aplatis et entre-croisés avec de plus étroits.

Les fils, en se soudant en grand nombre, constituent des plaques plus ou moins étendues (Fig. 119, droite, *a, a*), vaguement limitées et variables de forme. Ces plaques n'ont parfois que 4 millim. à 6 millim. d'axe et sont reliées par des cordons (Fig. 119, droite). Elles s'étendent aussi sur d'assez grandes surfaces et prennent alors une consistance granuleuse et poussiéreuse, qui les fait ressembler aux poussières adhérentes qui se produisent sur les plantes après un badigeonnage à la chaux. On retrouve ces plaques poussiéreuses sous l'écorce séchée ou sous les péridermes. Les cordons peu consistants qui ont formé ces agglomérations s'effritent facilement sous la moindre pression. Il n'y a jamais de fils, mais seulement des plaques, au collet de la plante. Tout le mycélium se réduit définitivement en poussière dans les milieux secs, phénomène que nous expliquera sa structure anatomique.

Les cordons sont constitués (Fig. 120), à l'état le plus jeune, par les filaments mycéliens, agglomérés toujours en grand nombre, pressés les uns contre les autres, parallèles ou entrelacés. Ils sont très petits (1 μ, 5), droits ou légèrement flexueux, transparents et hyalins (Fig. 120 *a, b, c, g*). Au centre se détache une légère ligne plus sombre, indiquant l'intérieur du tube mycélien, dont la membrane est très épaisse (Fig. 120 *b, c*); de loin en loin on distingue quelques rares cloisons.

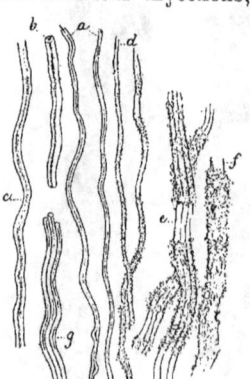

Fig. 120. — Mycélium ou *Fibrillaria* du *Psathyrella ampelina*. Gross : 650/1.

Leur calibre est assez régulier, mais ils sont faiblement variqueux par places et présentent exceptionnellement, surtout aux points de ramification, des dilatations irrégulières et asymétriques, atteignant deux ou trois fois le diamètre du tube. Ce n'est qu'aux points d'anastomose des cordons que les ramifications partent à angle droit, elles suivent d'ordinaire la même direction que les autres filaments avec lesquels elles s'entrelacent. En outre, elles se soudent, sur des points divers de leur parcours, avec le filament qui les a produites.

Ces faits sont fréquents dans les plus grands cordons, où des filaments parallèles peuvent se souder dans toute leur longueur, formant ainsi un tube double des autres; enfin la soudure affecte trois (Fig. 120 g) ou quatre filaments. Le cordon résultant paraît aplati. Les filaments qui entourent les cordons gros et petits forment presque constamment, par suite de leur soudure, une gaine vaguement délimitée qui emprisonne au centre les filaments ténus.

Tous les filaments se garnissent à leur surface, successivement de l'extérieur au centre du cordon, de petites aspérités très nombreuses et très rapprochées qui sont implantées en partie dans leur membrane (Fig. 120 d, e, f). L'acide chlorhydrique n'a pas d'action sur elles; il faut employer l'acide sulfurique pour les détacher et les faire disparaître en grande partie; elles sont probablement constituées par de l'oxalate de chaux. Les aspérités sont d'autant plus nombreuses que les filaments sont plus âgés; elles le sont surtout sur les filaments soudés (Fig. 120 e, f). Toute délimitation finit par disparaître; les granulations s'agglomèrent même en grosses masses dans certaines régions.

Dans les plaques, qui représentent un état encore plus avancé que les cordons, au milieu de plages étendues tout hérissées de granulations calcaires, se dessinent des réseaux de filaments d'autant moins distincts que les plaques paraissent plus poussiéreuses à l'extérieur. Il semblerait donc que la formation de ces sels de chaux représente un état de détérioration des filaments. Les jeunes filaments qui se multiplient n'ont pas la moindre trace de ces productions; ce sont ces derniers qui nous ont donné les fruits.

Sclérotes. — Entremêlés aux cordons et soudés avec eux ou isolés, se produisent, dans beaucoup de cas, de petits corps ronds, ou vaguement lobés, de 1 à 2^{mm} de diamètre et de hauteur (Fig. 119, gauche, *c, c, c*). Ils ont la même teinte blanc mat que les cordons et sont parfois groupés plusieurs ensemble. Ce sont des sclérotes appartenant au *P. ampelina*, car nous les avons obtenus par des ensemencements des spores du champignon à chapeau du *P. ampelina*.

De la surface d'un pseudoparenchyme, formé par des filaments soudés et dépourvus de granulations, se détache (Fig. 121) un buisson épais de cellules parallèles, assez longues, pourvues rarement d'une ou de deux cloisons et d'un diamètre moyen de 5 μ,4. Ces cellules sont droites, flexueuses vers leur point d'insertion et peu renflées en massue au sommet. Leur surface est abondamment pourvue d'aspérités de même aspect et de même nature que celle des cordons, mais un peu plus allongées.

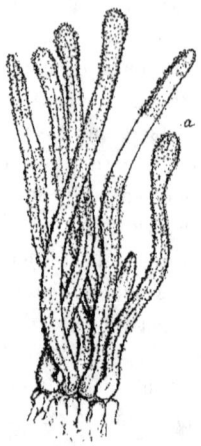

Fig. 121. — Fragment d'un sclérote du *Psathyrella ampelina*. — Gross. : 550/1.

b. **Fruits**. — Des racines de vignes, abondamment recouvertes de cordons de Fibrillaria, ont été mises en culture sous verre et maintenues dans un milieu humide. Elles ont donné naissance, au bout d'un mois et de deux mois, suivant la température, à des pieds fructifères d'un gros champignon Hyménomycète, que nous avons rapporté au genre *Psathyrella* Fries. Comme cette espèce ne nous paraît pas avoir été décrite, nous l'avons dénommée *Psathyrella ampelina* (G. Foëx et P. Viala). Nous avons retrouvé le même champignon sur des vignes et sur des échalas fichés au pied de vignes dont les racines étaient recouvertes de Fibrillaria. De l'ensemencement des spores du *P. ampelina* sont résultés des filaments qui ont formé des cordons identiques aux cordons jeunes de Fibrillaria.

Le pied du champignon (Fig. 119, gauche, *a* et *a'*) a une hauteur de 6 à 12 centim., et le chapeau mesure de 2 à 3 centim. de diamètre. Le pied est un peu renflé à son insertion, sur laquelle viennent s'implanter en grand nombre les Fibrillaria (Fig. 119, gauche, *b*, *b*); il est fistuleux, dressé, cylindrique, d'un blanc luisant, garni à la base de petites papilles villeuses et de même couleur.

Le chapeau s'insère sur un renflement. Il est d'abord campanulé (Fig. 119, gauche, a'), plus tard ses bords se replient (Fig. 119, gauche, a) et sont un peu dilacérés; il est d'un brun café clair et peu épais. Il n'est jamais déliquescent, mais lorsqu'on le maintient dans un milieu humide sous cloche, il devient gluant et semble tendre à se gélifier en se fonçant; sa surface est garnie de poils peu nombreux.

Les lamelles de l'hyménium sont d'abord d'un rose violacé tendre et prennent ensuite une teinte d'un brun cendré sale. Les plus nombreuses parcourent tout le rayon du chapeau; d'autres intercalées ne vont que jusqu'à moitié. Quand le chapeau se replie sur ses bords, les spores d'un brun noirâtre sont projetées avec peu de force.

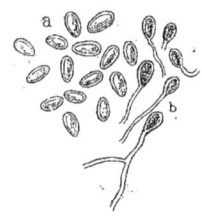

Fig. 122. — Spores du *P. ampelina* —Gross.: 450/1.

Ces spores (Fig. 122) sont ovoïdes, petites, d'un diamètre de 4 μ., 5, légèrement renflées sur une face (Fig. 122 a). Elles germent par le bout le plus effilé (Fig. 122 b).

2° Speira

Les conidiophores des *Dematophora* sont très souvent associés, dans les milieux humides sur les souches pourridiées dans le sol ou en cultures artificielles, à des saprophytes accidentels, appartenant au genre *Speira* Corda, qui s'implantent sur les hampes conidifères et paraissent faire partie d'elles-mêmes comme organes de fructification (Fig. 124). La base des *Speira* s'insinue entre les filaments mycéliens qui composent la hampe et paraissent produits par eux comme des spores.

Saccardo a indiqué neuf espèces de *Speira*, dont la plupart sont fort mal connues. Nous n'avons pu rapporter les deux espèces que nous avons observées fréquemment à celles qui sont décrites par Saccardo. L'une, le *Speira densa* P. Viala, est spéciale au *D. necatrix*, sur les hampes duquel elle s'implante depuis les houppes conidifères jusque sur le mycélium floconneux aggloméré de la base.

P. Viala. *Les Maladies de la Vigne*, 3ᵐᵉ édition.

L'autre, le *Speira Dematophoræ* P. Viala, est particulière au *D. glomerata*; elle s'insinue entre les filaments soudés du pied fructifère et parfois au milieu de la partie conidifère.

a. **Speira densa** (Fig. 123). — Le *Sp. densa* forme de petits fruits d'un brun très foncé, cylindriques, peu bosselés, constitués par la réunion de six à huit spores septées, fortement agglomérées les unes contre les autres, soudées par leur base et leur sommet. Quand elles sont mûres, elles se séparent à leur sommet, mais restent très longtemps adhérentes par leur base. Elles sont portées par un pédoncule unique (Fig. 123 *a, b*), implanté en grande partie dans la hampe du *D. necatrix*.

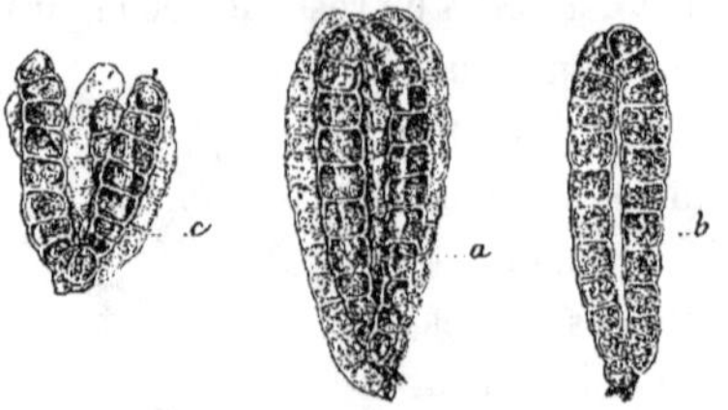

Fig. 123. — *Speira densa*. — Gros.: 600/1 (G. Boyer del.).

Chaque spore possède de neuf à douze cloisons, très nettement indiquées, avec un léger rétrécissement au niveau de chaque cloison. Le sommet de chaque spore sériée est obtus. La membrane et les cloisons sont très épaisses et se détachent en noir, et non en clair, sur le fond de la spore moins colorée. Chaque fruit du *S. densa* est généralement isolé sur la hampe conidifère du *D. necatrix*; les fruits sont le plus souvent groupés sur les amas mycéliens de cette espèce.

La longueur des spores est de 54 μ, le diamètre de chacune d'elles de 6 μ et l'épaisseur totale du fruit au centre de 18 μ.

b. **Speira Dematophoræ**, (Fig. 124). — Le *S. Dematophoræ*, est spécial au *D. glomerata*, est plus commun que l'espèce précédente et forme toujours des agglomérations, parfois très condensées.

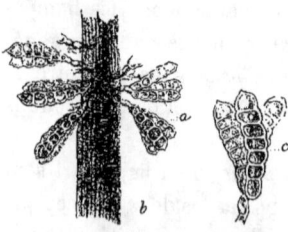

Fig. 124. — *Speira Dematophoræ*. — Gross.: 600/1 (G. Boyer del.).

POURRIDIÉ   323

Le pédicule de chaque fruit (Fig. 124 a, c) est sinueux. Les spores qui le constituent sont au nombre à peu près constant de trois. Chaque spore est toruleuse par suite de rétrécissements très accusés au niveau des cloisons; la membrane est très épaisse et légèrement colorée en brun clair. Le sommet terminal de chaque spore est apiculé. Elles sont insérées sur le même pédicule et rarement réunies par leur sommet. Les spores sont composées de 5 à 7 cellules, pourvues chacune d'une grosse vacuole sphérique très visible; elles mesurent 30 μ en longueur et 5 μ,5 en diamètre.

3° Cryptocoryneum

Cryptocoryneum aureum (Fig. 125). — Le *Cryptocoryneum aureum* P. Viala est fréquent sur les troncs de vignes ou d'arbres fruitiers tués par le *D. necatrix*, surtout dans les milieux relativement frais, mais non humides. Il pousse enchevêtré au milieu du mycélium floconneux du Pourridié et forme un petit gazon dense, de couleur brun doré, assez uniforme de hauteur. Les spores du *C. aureum* paraissent, à un examen superficiel, implantées sur le mycélium brun du *D. necatrix*, mais elles s'insinuent entre les filaments et s'insèrent sur les tissus décomposés.

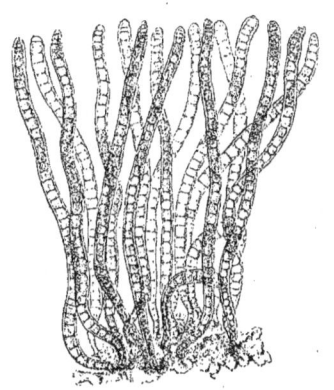

Fig. 125. — *Cryptocoryneum aureum.* — Gross. 300/1 (G. Boyer *del.*)

Le genre *Cryptocoryneum* a été créé par Fuckel, et la seule espèce qui ait été décrite, le *C. fasciculatum* Fuckel, a été rapportée par quelques auteurs au genre Speira, dont il diffère essentiellement. Le *C. aureum* est très différent du *C. fasciculatum*.

Les spores fasciculées du *C. aureum* sont minces et allongées, ressemblant vaguement à certaines Oscillaires. Elles se composent de 35 à 40 cellules superposées en une seule série, séparées par des cloisons très épaisses. La membrane générale et les cloisons sont colorées en brun doré assez peu foncé. Le sommet de chaque spore cylindrique est obtus, la base est amincie et un peu flexueuse.

Les spores sont presque droites ou faiblement incurvées dans leur course. Les cellules composantes de la spore sont plus courtes, à membrane plus épaisse vers la base et vers le sommet. Elles ne sont jamais réunies en groupes soudés par le sommet comme dans le genre Speira. Les spores du *C. aureum* ont un diamètre constant de 8 μ, une hauteur moyenne de 250 μ, variant de 200 à 350 μ. La seule espèce de Cryptocoryneum qui fût connue, le *C. fasciculatum*, possède seulement 15 cloisons à chaque spore, qui mesure 72 μ de hauteur sur 6 μ de diamètre.

V. TRAITEMENTS

La lutte par des moyens directs contre les parasites qui vivent sur les racines de la vigne est toujours très difficile. Elle l'est surtout contre les champignons dont le mycélium qui se développe à l'intérieur des tissus ne peut être détruit qu'à la condition de sacrifier les organes qu'il envahit.

Tel est le cas du Pourridié. L'organe végétatif du *D. necatrix* et du *D. glomerata* est plus résistant, ainsi que nous l'avons vu, que les tissus des plantes hospitalières dans lesquelles il vit. On ne peut songer à l'atteindre dans l'intérieur des organes par des traitements directs ou curatifs. Aussi ne peut-on espérer guérir par ces procédés des souches déjà malades. Arriverait-on, tout au plus, à empêcher la propagation du mycélium à travers le sol et à détruire les spores. Nous savons que celles-ci ne se forment que sur les souches déjà mortes ou près de succomber. Il n'y a, en somme, pour l'instant, pas de lutte possible pour sauver des plantes dont les tissus sont envahis par le Pourridié ; on peut seulement empêcher la propagation du mal ou le prévenir.

Nous avons fait de nombreuses tentatives de traitements directs dans des conditions diverses, avec des doses variées de soufre, sulfate de cuivre, sulfate de fer, sulfo-carbonate de potassium, sulfure de carbone, acide chlorhydrique et acide sulfurique. Ces substances, employées sur des plantes pourridiées, n'ont donné que des résultats insignifiants sur le mycélium floconneux extérieur. Le soufre, le sulfate de cuivre, le sulfate de fer, l'acide chlorhydrique et l'acide sulfurique ne détruisent le mycélium floconneux extérieur qu'à des doses auxquelles les radicelles sont altérées.

Le mycélium est plus sensible aux vapeurs de sulfure de carbone; les filaments mycéliens ternissent et se rident, aux doses de 30 gram. par mètre carré, auxquelles les radicelles de la vigne ne sont pas endommagées. Le *Rh. subterranea* ne subit aucune action, de même le *Rh. subcorticalis* et le mycélium interne. Lorsque les plantes ne sont pas arrachées, les masses mycéliennes sous-corticales donnent bientôt de nouveaux filaments mycéliens externes. Il faudrait donc pour empêcher la propagation de la maladie par le sulfure de carbone, qui est l'agent le plus actif, recommencer souvent le traitement; si les plantes envahies n'étaient pas arrachées, celles-ci succomberaient infailliblement. Le sulfure de carbone ne peut donc qu'aider les traitements préventifs contre le Pourridié.

Nous avons vu que c'était surtout dans les terres humides que le Pourridié se développait le plus fréquemment avec intensité. Les expériences et les observations que nous avons rapportées ont démontré que, lorsque le milieu devenait sec, le mycélium floconneux se desséchait et dépérissait. Le mycélium sous-cortical, le mycélium interne et les cordons rhizomorphes externes ne forment plus de mycélium blanc lorsque le milieu n'est pas dans des conditions d'humidité suffisantes. Il faut donc, pour empêcher la maladie de s'étendre et pour s'en prémunir dans les nouvelles plantations, drainer fortement les terres où elle existe et celles qui par leur humidité seraient favorables à son invasion. Le drainage est un excellent moyen préventif, le seul d'ailleurs efficace.

On peut ensuite, dans les vignobles et les vergers où l'on trouve quelques taches isolées de Pourridié, songer à les faire disparaître. Pour cela, dès que l'on a constaté les premières traces de la maladie, on doit arracher toutes les plantes malades. Il ne faut pas attendre surtout qu'elles soient mortes, car à ce moment les fructifications qui se formeraient seraient une source d'invasion rapide pour les pieds voisins que le mycélium aurait d'ailleurs déjà atteints. Il faut avoir bien soin d'enlever par un défoncement profond tous les fragments de racines, car, ainsi que nous l'avons dit, le champignon se développe longtemps en saprophyte sur les organes altérés; on devra brûler le tout. Il faut aussi arracher les plantes situées à 2 ou 3 mètres au pourtour de la tache, car elles peuvent être envahies, quoiqu'elles paraissent saines à première vue.

M. R. Hartig a conseillé, pour les forêts dont les essences résineuses sont gravement attaquées par l'*A. melleus*, de creuser autour de chaque tache un fossé profond et assez large et de rejeter la terre sur la région envahie. On empêcherait ainsi tout cheminement du mycélium. Cette précaution complémentaire peut être bonne quand on cherche à anéantir les taches du Pourridié dans les vergers ou dans les vignobles. Il faut cependant qu'un bon drainage ait été préalablement opéré, car l'eau, en s'accumulant dans le récipient étanche que formerait le fossé dans les sols compactes, ne serait qu'une cause aggravante pour les plantes voisines. On conçoit que ces diverses opérations exigent d'assez fortes dépenses, aussi doit-on agir dès la première constatation du Pourridié.

Le mal étant ainsi enrayé, on ne devra pas replanter aussitôt de la partie arrachée, car les jeunes plantes seraient envahies. De même, lorsqu'une pépinière est attaquée par le Pourridié, et qu'on l'a arrachée, il ne faut pas remettre immédiatement d'autres plantes ou d'autres arbres fruitiers, car ils seraient infailliblement attaqués aussitôt après leur plantation, malgré tous les soins que l'on aurait pris pour opérer le drainage et extraire tous les fragments de racines du sol.

Il faut laisser le sol des pépinières, des vignobles ou des vergers sans culture de plantes arbustives pendant deux ou trois ans. Il faut aussi éviter d'y cultiver les plantes qui peuvent être envahies par le Pourridié, telles que betteraves, haricots, pois, pommes de terre, fèves, etc. Les céréales seules peuvent permettre d'utiliser le terrain. Il sera bon, en outre, dans les terrains à pépinière surtout, de remuer fortement le sol par un labour profond aussitôt après la moisson, en été, et de donner, au commencement de l'automne, un traitement au sulfure de carbone, sur le sol nu et déjà tassé, à raison de 40 à 50 gram. au moins de sulfure par mètre carré. En agissant ainsi pendant deux ou trois années successives, on est à peu près assuré de détruire le Pourridié dans les pépinières.

Il est évident qu'on ne devra pas faire de plantation immédiate de vignes ou d'arbres fruitiers sur des défrichements de plantes qui étaient attaquées par le Pourridié.

BIBLIOGRAPHIE

Arbois de Jubainville (d'). — *In* Mém. Soc. d'Emulat. des Vosges, 1881.
Boudier. — Nouvelle classification des Discomycètes charnus. (Bulletin de la Société mycologique, 1885, N° 1, p. 111).
— Note sur le vrai genre Pilacre et la place qu'il doit occuper dans la classification. (Journal de Botanique, 1888, 16 août, t. II, p. 261).
Brefeld (O.). — *In* Botanische Zeitung. (1876, p. 646).
— Botanische Untersuchungen über Schimmelpilze. (Tom. III, 1877, p. 170).
— *In* Sitzungsberichte des Gesellsch. nat. Freund. zu Berlin, 16 mai 1876.
Briganti. — Hist. Fung. neap.
Foëx (G.) et **Viala** (P.). — Sur la maladie de la vigne connue sous le nom de Pourridié. (Académie des Sciences, décembre 1884).
Frank (B.). — Die Krankheiten der Pflanzen. (1881, p. 513).
Fuckel. — Symbolæ mycologicæ. (p. 359).
Gayon et **Millardet.** — Sur les matières sucrées des vignes phylloxérées et pourridiées. (Comptes rendus de l'Académie des Sciences, 1879, tom. II, p. 288).
Gibelli (G.). — La malatia del castagno; osservazione e esperienze. (1875-1878).
Gillot (Dr). — Note sur quelques champignons nouveaux. (Bull. Soc. bot. de France, 1880, p. 156).
Gœthe (R.). — *In* Berichte der Kon. Lehranstadt für Obst. und Weinbau zu Geisenheim, 1883.
Hartig (R.). — *In* Botanische Zeitung. (1873, p. 295).
— Wichtige Krankheiten der Waldbäume. (Berlin, 1874, pp. 12-43).
— Zersetzungserscheinungen des Holzes. (1878, pp. 59-61).
— Untersuchungen aus dem forst botanischen Institut zu München. (III, 1883, pp. 95-141).
— Der Wurzelpilz des Weinstockes. (1883).
— Traité des maladies des arbres (traduit par J. Gerschel et E. Henry, 1891).
Jolicœur (Dr) et **Richon** (Ch.). — Rapport sur la maladie de la vigne connue sous le nom vulgaire de Morille et détermination du champignon. (1881).
Le Monnier. — Sur un champignon parasite de la vigne. (Bull. Soc. des Sciences de Nancy, 1881).
Millardet. — Le Pourridié de la vigne. (Comptes rendus, Académie des Sciences, 11 août 1879).
— Pourridié et Phylloxéra. (Bordeaux, 1879).
— *In* Société des Sciences naturelles de Bordeaux, 1884.
— *In* Revue mycologique, janvier 1885.
Penzig (O.) e **Pozzi** (T.). — Il malle bianco delle viti e degli alberi da frutta.
Persoon. — Mycologia europœa. (I, p. 54).
Pirotta. — I funghi parassiti dei vitigni, (1877, p. 12).
Planchon (J.-E.). — *In* Comptes rendus de l'Académie des Sciences (22 octobre 1878 et 31 janvier 1879).
— Notes mycologiques (Bulletin de la Société botanique de France, 13 janvier 1882).

Prillieux (E.). — Le Pourridié des vignes de la Haute-Marne produit par le Rœsleria hypogæa. (Comptes rendus Ac. Scienc., 1881, pag. 802, et Ann. Ins. agron., 1882, p. 171).

Ravaz (L.) — Le Rœsleria hypogæa dans l'Isère (Sud-Est, 1884, p. 58).

Richon (Ch.) et **Roze** (E.). — Atlas des champignons comestibles et vénéneux de la France et des pays circonvoisins (Paris, Doin, 1888).

Roumeguère. — Le Pourridié de la villa Marty à Toulouse. Observations sur les mycéliums latents (Revue mycologique, 1ᵉʳ avril 1885).

Saccardo. — *In* Revue mycologique (janvier 1881).

— Sylloge Fungorum. (Vol. VIII, 1889, p. 826).

Sauvageau (C.). — Le Pourridié de la vigne et des arbres fruitiers. (Revue générale des Sciences, 15 mars 1892).

Schnetzler. — Observations faites sur une maladie de la vigne connue vulgairement sous le nom de Blanc. (Compt. rend. Acad. Scienc., 1877, pag. 1141).

— *In* Bulletin de la Société vaudoise des Sciences naturelles. (1877, tom. XV).

Seynes (de). — *In* Comptes rendus de l'Académie des Sciences (janvier, 1879).

— *In* Association française pour l'avancement des Sciences. (Montpellier, 1879).

Sorauer. — Pflanzenkrankheiten. (Tom. II, p. 266, 1886).

Tulasne. — *In* Ann. Scienc. natur., 3ᵐᵉ série, tom. IX, p. 338, 1848.

— Fungi hypogœi, 1862, p. 187.

Von Thümen. — *In* Oesterreichische botanische Zeitschrift, 1877.

— *In* Wiener Landwirthschaftliche Zeitung, 1877.

— Die Pilze des Weinstockes. (1878, p. 210).

— Ueber den Wurzelschimmel der Weinreben (aus dem lab., Klosterneuburg.; august 1882).

Viala (P.). — Sur le développement du Pourridié de la vigne et des arbres fruitiers. (Comptes rendus de l'Académie des Sciences, 20 janvier 1890).

— Monographie du Pourridié des vignes et des arbres fruitiers. (Thèse, avec 9 planches, 1892).

Vuillemin (P.). — Sur l'étiologie des maladies parasitaires; à propos de quelques épiphytes observés récemment en Lorraine. (Bulletin de la Société des Sciences de Nancy, 1887).

CHAPITRE VI

CHAMPIGNONS DIVERS

ROT BLANC

Le *Rot blanc* est dû à un champignon, le **Coniothyrium diplodiella** Saccardo, dont le développement est encore imparfaitement connu et qui a été décrit sous les divers noms de : *Phoma diplodiella* Spegazzini, *Phoma baccœ* Cattaneo, *Coniothyrium baccœ* Cattaneo, *Phoma Briosii* Baccarini. Il a été trouvé d'abord en Italie, par Spegazzini en 1878. Avec M. L. Ravaz, nous l'avons signalé, pour la première fois en France, en 1885 (1). M. Prillieux a reconnu cette maladie, en 1886, sur des raisins malades qui avaient été observés en Vendée par MM. Marsais et Vauchez, et a attribué au *Coniothyrium diplodiella* la cause de la maladie. En 1887, le Rot blanc causait de graves dégâts dans l'Hérault, le Gard, le Vaucluse, etc; il existe actuellement dans presque tous les vignobles français et en Italie, Suisse, Espagne, Bessarabie....; mais il n'a en somme occasionné de réels dommages qu'en 1887.

Le *Rot blanc* est resté inconnu en Amérique jusqu'au moment de mes explorations dans le sud-ouest du Missouri et le Territoire Indien, en 1887. Je l'ai trouvé tout d'abord sur des vignes américaines cultivées des environs de Neosho (Missouri). Nous l'avons constaté ensuite, avec M. F. L. Scribner, dans le Territoire des Indiens (tribu des Wiandottes), dans le nord du Texas, à Denison, et sur des grains de V. Monticola qui avaient été cueillis dans le comté de Bell au centre du Texas. M. F. L. Scribner l'a observé,

---

(1) Voir : P. Viala et L. Ravaz. — *Le Black Rot et le Coniothyrium diplodiella* (2me édition, 1888). — L'étude que nous faisons du Rot blanc est extraite en grande partie de ce mémoire que nous avons publié en collaboration avec M. L. Ravaz.

Les Maladies de la Vigne par P. Viala.   Pl. VII.

ROT BLANC.

plus tard, dans les vignes d'expérience du Département de l'Agriculture, à Washington..... Excepté dans le Missouri et la tribu des Wiandottes, le Rot blanc ou *Coniothyrium diplodiella* n'existait, en 1887, qu'à l'état d'exception aux Etats-Unis. M. H. Jæger, qui m'accompagnait lors de ma première découverte de ce champignon, se rappela avoir vu, depuis trois ou quatre ans, des grains présentant des altérations semblables à celles que je lui signalais, mais seulement les années de grande humidité. Des Indiens Modocs avaient observé plusieurs fois les raisins que je leur montrais et qu'ils me disaient atteints du *White Rot* par opposition au Black Rot. J'ai cru devoir maintenir à la maladie ce nom de White Rot ou Rot blanc, d'un usage plus commode que le nom scientifique de *Coniothyrium diplodiella* et plus exact que celui de *Rot livide* proposé par J.-E. Planchon, car les grains de raisin altérés par le Mildiou ont souvent une teinte livide, de même que ceux attaqués par le Black Rot et le Rot amer à certaines phases de leur développement. Je n'ai pas observé d'échantillons du champignon dans les Exsiccata des Etats-Unis. Il est certain cependant que le Rot blanc n'a pas été importé d'Europe en Amérique, car il existe dans la tribu des Wiandottes où n'ont jamais été cultivées de vignes européennes, et je l'ai trouvé sur des grains de raisin du V. Monticola qui provenaient des forêts du comté de Bell où l'importation n'a évidemment pas eu lieu. Il semblerait donc que cette maladie soit originaire d'Amérique. M. J. Dufour (1) pense au contraire que le Rot blanc est peut-être identique au *Coître*, maladie connue depuis très longtemps des vignerons suisses.

A. — CARACTÈRES EXTÉRIEURS DU ROT BLANC

Le Rot blanc (Pl. VII) attaque surtout les fruits, le pédoncule et les diverses ramifications de la rafle ; on l'observe plus rarement sur les rameaux ; il n'a jamais été trouvé sur les feuilles. Lorsque

---

(1) Jean Dufour. — *Notice sur quelques maladies de la vigne, le Black Rot, le Coître et le Mildiou des grappes.* Lausanne, 1888.

les altérations, sur ces divers organes, arrivent aux derniers stades de leur développement, il apparaît à leur surface de nombreuses pustules d'un blanc grisâtre (Pl. VII d), qui sont les pycnides du *Coniothyrium diplodiella*.

a. **Sur les rameaux**. — Les lésions du Rot blanc sur les rameaux (Pl. VII *a*) sont assez rares ; la Clairette et le Grenache les présentent plus fréquemment que les autres cépages. L'altération progresse presque toujours du pédoncule primitivement envahi ; elle gagne son point d'insertion et s'étend tout autour, tantôt en rayonnant, tantôt dans le sens longitudinal, sur une bande plus ou moins large. Dans ce dernier cas, l'affaiblissement qui en résulte pour le sarment est proportionnel à l'étendue de la zone malade.

Si les tissus détruits forment un anneau complet (Fig. 126) autour du rameau, différents cas peuvent se présenter. Ou bien cet anneau est d'une faible largeur, et alors ses effets présentent de l'analogie avec ceux de l'incision annulaire. Il se forme, en effet, au-dessus de la partie atteinte, un fort bourrelet de tissus cicatriciels qui éclate l'écorce (Pl. VII *a* et Fig. 126) en différents points et se montre plus ou moins mamelonné et de forme variée, tandis qu'au-dessous l'accroissement est nul ou insignifiant et n'arrête pas le développement de la lésion ; ou bien l'anneau présente une grande largeur. Le bourrelet formé peut encore atteindre un assez grand développement, mais le sarment meurt le plus souvent et se dessèche en prenant des caractères particuliers.

Fig. 126. — Sarment couvert des pustules du Rot blanc (L. Ravaz del.).

Il arrive aussi que la lésion se manifeste directement en un point quelconque du mérithalle sans procéder du pédoncule, en affectant des caractères identiques à ceux que nous venons d'indiquer.

La formation du bourrelet sur les lésions est très spéciale au Rot blanc. La plaie est parfois d'une coloration brune ou noire, assez foncée ; mais, le plus souvent, elle est, comme les grains, d'un blanc grisâtre. D'autres fois, la couleur des sarments aoûtés n'est pas altérée. L'écorce se détache très facilement en larges lanières (Pl. VII a) et présente à la surface de nombreuses pustules grisâtres. Ces pustules naissent dans les parties les plus extérieures de l'écorce; il est rare qu'elles se forment dans les couches plus profondes. Cependant, si l'écorce se soulève, elles peuvent prendre naissance sur les parties du bois déjà mortes (Fig. 126).

b. **Sur les grains**. — Le Rot blanc envahit tout d'abord les fruits (Pl. VII *b, c, d*). L'altération commence en un point quelconque du pédoncule, des pédicelles ou des ramifications de la rafle. Le plus souvent, c'est la partie inférieure de la grappe qui est attaquée en premier lieu, plus rarement un point plus rapproché du rameau. La lésion progresse assez rapidement et s'étend en rayonnant aux ramifications avoisinantes. Les tissus extérieurs, en voie de destruction, présentent, dès le début, une teinte brune qui s'accuse d'autant plus que la lésion est plus ancienne et qu'elle s'étend davantage aux couches plus profondes.

A partir de ce moment, la portion de la grappe ou la grappe entière située au-dessous du point attaqué cesse d'être en communication avec les parties encore saines et les grains commencent à se flétrir. Ils se dessèchent souvent assez brusquement en prenant une teinte rouge brun (Pl. VII *c*). Mais le plus souvent, leur destruction se fait d'une manière bien différente. Leur contenu devient juteux et ils pourrissent en ayant une teinte livide, d'un blanc brunâtre peu foncé (Pl. VII *b*). Puis, ils se rident et l'on voit apparaître à la surface un nombre considérable de petites pustules proéminentes de couleur généralement blanc grisâtre (Pl. VII), parfois d'un brun plus ou moins intense, qui sont les fructifications du *Coniothyrium diplodiella*. Au bout d'un temps plus ou moins long, le grain se dessèche en ayant une coloration générale d'un blanc grisâtre (Pl. VII *d*).

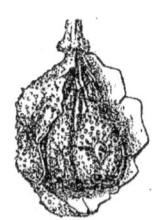

Fig. 127. — Grain de raisin avec les pépins couverts des pustules du *Con. diplodiella.*—Gross.: 4/1 (L. Ravaz *del.*)

Des tissus du grain, il ne reste plus que l'enveloppe extérieure.

Tout l'intérieur, les pépins excepté, a souvent disparu. Ceux-ci sont parfois attaqués, et il n'est pas rare de rencontrer à leur surface (Fig. 127), surtout quand il existe entre eux et l'enveloppe une cavité suffisante, les pycnides du champignon.

B. — CONDITIONS DE DÉVELOPPEMENT DU ROT BLANC

Le Rot blanc ne se développe que les années de grande humidité, sur les fruits déjà gros, et peut alors produire des dégâts assez importants qui se sont élevés parfois au tiers, au quart ou au cinquième de la récolte, et cela dans l'espace de quelques jours. On a cependant noté, d'une façon certaine, l'irrégularité constante de son développement, même pendant les années qui paraissaient les plus favorables à son action. On trouve souvent le Rot blanc sur les parties des grappes qui touchent le sol et qu'il altère, sans que les autres parties de la même grappe ou les autres grappes d'une même souche soient envahies. Nous avons vu, en Amérique, le Rot blanc abondant sur les grains détruits par des insectes, par le Mildiou, le Black Rot, les coups de soleil. M. J. Dufour admet que les grains touchés par la grêle sont plus facilement envahis, en Suisse, par le Rot blanc, que les grains sains ; le fait a été encore confirmé aux environs de Montpellier. On a remarqué que le développement du Rot blanc était surtout intense dans les vignes situées dans les plaines et les milieux humides, les années de grandes pluies au moment de la véraison, lorsque les raisins sont prédisposés à la pourriture normale.

Tous ces faits indiquent que le Rot blanc se développe surtout sur des organes dont l'altération est déjà préparée par des causes diverses. Certains faits, que nous n'avons pu encore suffisamment contrôler, nous portent même à croire qu'il est des circonstances dans lesquelles le développement du Rot blanc est préparé par l'action de bactéries parasites, qui causent des dégâts dans les milieux humides et dans les cultures forcées de raisins en serres.

Il n'est pas moins certain que le Rot blanc peut, dans certains cas, devenir parasite. Les expériences que nous avons faites avec

ROT BLANC 335

M. L. Ravaz, en 1888, sur des grains sains attenant à la souche, ont donné des résultats concluants dans ce sens. On réussit rarement, cependant, les inoculations sur des grappes saines, tandis qu'on obtient facilement le développement du champignon sur des raisins détachés des souches et en partie altérés. Le *Coniothyrium diplodiella*, quoique parasite facultatif, est donc surtout saprophyte.

C. — ÉTUDE BOTANIQUE DU ROT BLANC

a. **Mycélium.** — Le mycélium du *Coniothyrium diplodiella* est très abondant dans tous les organes envahis. Les filaments mycéliens sont cloisonnés, assez réguliers et non variqueux (Fig. 128, 129 et 130). La membrane qui les

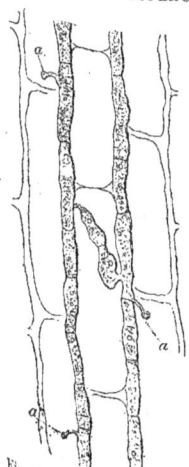

Fig. 128.— Mycélium du *Con. diplodiella* observé dans le pédoncule; *a, a* suçoirs (d'après M. Cavara).

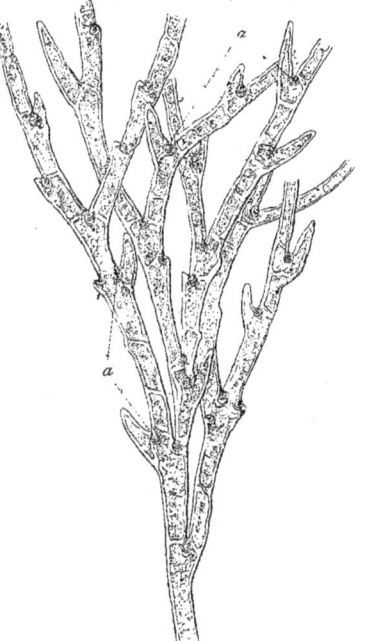

Fig. 129.— Mycélium du *Coniothyrium diplodiella* observé dans le pédoncule; *a, a* suçoirs (d'après M. Cavara).

limite est incolore, mince. Leur contenu, peu abondant, granuleux, présente de nombreuses vacuoles de forme et de dimension variables. Ils sont souvent si nombreux qu'ils occupent toute la pulpe, rampant entre les cellules qu'ils détruisent, ou les traversant. Ils se réunissent parfois en masses plus ou moins épaisses, et il n'est pas rare de les voir former une couche blanchâtre à la partie interne de la pulpe.

Mais c'est surtout sous la peau qu'ils se réunissent en masses considérables. Là, ils se ramifient abondamment, se pelotonnent en de nombreux points et forment autant de nodules de pseudoparenchyme, origine des pycnides.

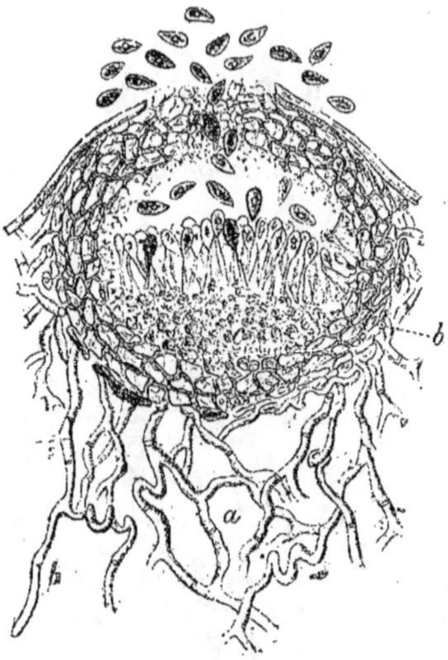

D'après M. Cavara, les ramifications du mycélium sont le plus souvent disposées en sympode. Les filaments mycéliens présenteraient, en outre, d'après cet auteur, des suçoirs de deux sortes. Les uns, qui se forment aux points des ramifications dichotomiques des divers filaments mycéliens (Fig. 129 *a*, *a*), et dans l'angle qu'elles forment sont de petites proéminences finement striées, coniques. Dans les pédoncules, on observe une autre forme de suçoirs (Fig. 128 *a*, *a*, *a*), implantés latéralement sur les filaments mycéliens et qui pénètrent dans les cellules hospitalières par un long pédoncule.

Fig. 130. — Coupe d'une pycnide et spores du *Con. diplodiella*; *a* mycélium; *b* enveloppe de la pycnide. — Gross. 300/1 (L. Ravaz del).

b. **Pycnides.** — Les pustules blanc grisâtres qui sont parsemées en grand nombre sur tous les organes de la vigne altérés par le Rot blanc sont les pycnides du *Coniothyrium diplodiella*, le seul organe de reproduction que l'on connaisse pour ce champignon.

Les pycnides (Fig. 130, 131 et 132) se forment aux dépens des amas de pseudoparenchyme; elles s'accroissent rapidement. Lorsqu'elles naissent très nombreuses et très rapprochées, elles soulèvent, toutes ensemble, la cuticule sans la déchirer. Alors elles ne sont plus visibles à l'extérieur, mais le grain présente un aspect tout particulier dû à l'interposition de l'air entre leurs intervalles et la cuticule.

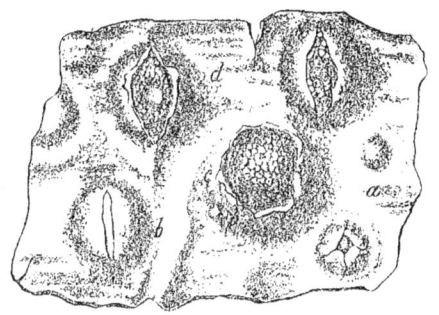

Fig. 131. — Fragment de la peau d'un grain de raisin avec les pycnides à divers degrés de développement. — Gross. : 80/1 (L. Ravaz *del*).

Arrivées au terme de leur développement, elles se montrent formées d'un tissu cellulaire dont les éléments, arrondis ou ovoïdes à l'extérieur, prennent une forme polyédrique ou irrégulièrement rectangulaire dans les couches plus profondes. Au centre, les cellules se résorbent pour faire place à une cavité dans laquelle vont naître les spores (Fig. 132). A ce moment, la partie libre et externe de la pycnide est couverte d'une épaisse couche de tissu composé de cellules nombreuses, serrées et à membrane mince (Fig. 132 *b*).

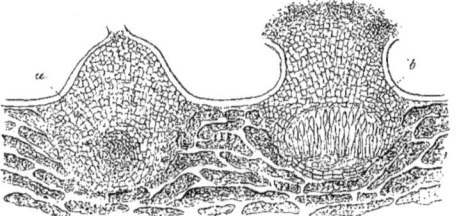

Fig. 132. — Etats de développement des pycnides du *Con. diplodiella*. (d'après M. F. Cavara).

Ces amas cellulaires, qui surmontent la pycnide à l'extérieur, diminuent peu à peu d'épaisseur, et, lorsque les stylospores sont formées, elle n'est plus entourée que par une mince membrane de couleur brune peu foncée (Fig. 130). La pycnide développée est généralement de forme ovoïde, déprimée, et mesure de $130\,\mu$ à $160\,\mu$ de longueur sur $90\,\mu$ à $120\,\mu$ de hauteur.

P. VIALA. *Les Maladies de la Vigne*, 3ᵐᵉ édition.

Les spores ou stylospores naissent sur des basides (Fig. 130 b) un peu renflées à la base et insérées sur un tissu très délicat qui occupe *seulement* le fond de la cavité pycnidienne (Fig. 130 c).

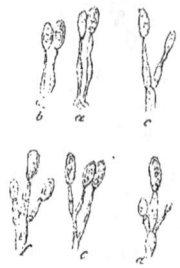

Fig. 133. — Formes des basides du *Con. diplodiella* (d'après M. F. Cavara).

Au moment où les spores se détachent, elles sont encore incolores, hyalines, mais elles prennent bientôt une teinte brune assez foncée et présentent au centre un gros point plus réfringent, isolé ou accompagné de deux autres vacuoles de dimension plus faible. Ces spores (Fig. 130 et 134) sont ovoïdes, piriformes ou sub-naviculaires; l'extrémité la plus effilée est toujours celle par laquelle elles sont fixées sur le stérigmate; leurs dimensions varient de 8 μ à 11 μ de longueur sur 5 μ, 5 de largeur. A une température de 18° à 20°, elles germent très facilement (Fig. 134), en donnant naissance à un tube germinatif cloisonné.

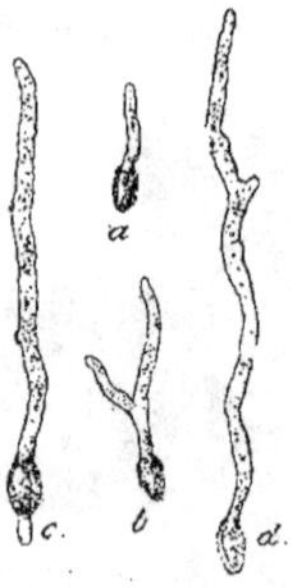

Par suite des caractères spéciaux des pycnides et des stylospores, le *Coniothyrium diplodiella* rentre dans le groupe provisoire des Sphœriodéées-Sphœropsidées de Saccardo.

Fig. 134. — Germination des stylospores du *Con. diplodiella* (d'après M. F. Cavara).

Quant aux traitements du Rot blanc, il est acquis à peu près sûrement aujourd'hui, d'après les premières observations que j'ai faites en Amérique, en 1887, et d'après les faits concordants qui ont été notés, depuis, dans les vignobles français, que les procédés aux sels de cuivre usités pour le Mildiou et le Black Rot sont efficaces contre cette maladie.

ROT AMER

Le nom de *Bitter Rot* ou *Rot amer* a été employé une seule fois par Robert Buchanan dans son traité de viticulture *(The culture of the grape and wine making)*, dont la première édition remonte à 1850. Tous les viticulteurs de l'Est et du Centre des États-Unis désignaient sous ce nom une altération des grains de raisin souvent concomitante du Black Rot. Plusieurs viticulteurs du Missouri, de la Virginie et du New-Jersey m'ont assuré, en 1887, avoir distingué cette affection depuis une dizaine d'années; si on n'a pas porté sur elle une grande attention, c'est parce qu'elle n'est fréquente que les années de grande humidité, et, comme le Black Rot produit alors des dégâts considérables, le Bitter Rot passait inaperçu. On s'explique ainsi qu'il n'ait jamais été étudié. Ce n'est que lors de mon voyage aux États-Unis que nous avons pu, avec M. F. L. Scribner, distinguer et spécifier cette maladie que nous avons fait connaître en septembre 1887 (1).

Le Bitter Rot ou Rot amer existe surtout dans les régions à la fois les plus chaudes et les plus humides des bords de l'Atlantique. Il cause le plus de dommages dans la Caroline du Sud, où nous l'avons observé pour la première fois dans les vignobles du colonel W. F. Green, à Fayetteville; mais on le trouve dans tous les États situés à l'est des Montagnes Rocheuses, généralement sur des grains épars au milieu des grappes déjà mûres ou mûrissant. M. F. L. Scribner et moi l'avons constaté dans le New-Jersey, les Carolines, le Maryland, le district de Colombie, le Missouri, le Territoire des Indiens, le Nord et le Nord-Est du Texas. Nous pensons qu'il n'a pas encore été introduit en Europe. Plusieurs auteurs ont soutenu

---

(1) Le *Grecneria fuliginea*, nouvelle forme de Rot des fruits de la vigne, observée en Amérique par MM. F. L. Scribner et Pierre Viala. *(Comptes rendus de l'Académie des Sciences,* 12 septembre 1887).

que le Rot amer n'était qu'une forme du Rot blanc; l'étude du champignon montrera combien était peu fondée cette opinion qui ne reposait sur aucun fait. Le *Tubercularia acinorum*, décrit par M. Cavara en Italie, a plus de rapports avec le Rot amer que le *Coniothyrium diplodiella*, mais en diffère spécifiquement.

A. — CARACTÈRES EXTÉRIEURS DU ROT AMER

Le Rot amer ne paraît pas attaquer les feuilles, nous ne l'y avons jamais constaté. Il se développe sur tous les autres organes extérieurs de la vigne, assez souvent sur les rameaux, mais surtout sur les pédoncules, les diverses ramifications de la rafle et les fruits.

a. **Sur les rameaux.** — Les rameaux présentent des lésions bien spéciales. Le mal débute par une décoloration livide qui se produit soit à l'insertion des pédoncules, soit sur le mérithalle en un point quelconque; elle s'étend rapidement en se fonçant en brun et en suivant une direction longitudinale, gagnant ainsi tout l'entrenœud et les tissus intérieurs. La lésion se limite parfois sur une surface du sarment, mais le plus souvent tout le bois, entre les nœuds, est altéré. Les tissus sont alors à peine affaissés; ils ne produisent jamais de bourrelets cicatriciels et la peau n'est pas excoriée comme cela a lieu pour le Rot blanc. Le sarment paraît desséché comme dans certains cas de folletage; il est définitivement d'un gris brunâtre et terne. Sa surface se recouvre, à cette dernière période, de pustules d'une couleur fuligineuse, bien proéminentes et visibles à l'œil nu, toujours moins serrées que celles du Black Rot ou du Rot blanc sur les mêmes organes. On trouve aussi des extrémités de rameaux desséchés par le Rot amer; souvent des mérithalles altérés sont séparés par des mérithalles sains ou qui paraissent tels, car ils conservent leur teinte verte. D'autres fois, les nœuds sont seuls attaqués et la lésion ne s'étend que sur 1 ou 2 centim. de chaque côté, ou bien elle n'intéresse que les rameaux secondaires au niveau de leur insertion sur le rameau principal; les pustules existent toujours.

Les rameaux, dans ces conditions qui ne se produisent que dans des milieux d'une extrême humidité, se désarticulent facilement ou cassent en plein mérithalle. Les feuilles des rameaux ainsi altérés ont un aspect languissant, puis elles jaunissent et tombent avant de s'être desséchées; elles paraissent échaudées et non flétries, mais elles ont conservé leur forme et leur grandeur normales, car l'altération se produit en quelques jours (10 jours au plus) et au plus tôt seulement au moment de la véraison. Si le Rot amer agit ainsi pendant plusieurs années sur des souches qu'affaiblit simultanément le Mildiou, elles dépérissent rapidement, mais ce développement extrême du mal est fort rare.

b. **Sur les fruits**. — Lorsque le Rot amer se développe à l'insertion du pédoncule, les mêmes phénomènes se manifestent dans l'altération et de nombreuses pustules apparaissent. Toute la grappe sèche et les fruits s'égrènent au moindre choc. Si le nœud est décomposé par le champignon, la grappe se détache ou entraîne un fragment du rameau, ce qui est assez spécial à cette maladie. Pendant que l'axe du fruit est altéré, les grains sont envahis et le parasite active leur décomposition qui se produirait d'ailleurs sans son action.

Dans des cas plus fréquents, la rafle est altérée sur certaines ramifications et une portion se dessèche et tombe; le reste de la grappe arrive à maturité régulièrement. Les pédicelles et la rafle ont le même aspect que le pédoncule, d'abord bruns, puis grisâtres et garnis de pustules. Les grains tombent au moindre mouvement et se détachent toujours sans entraîner le pédicelle; l'inverse a lieu pour le Black Rot. C'est en somme lorsque les rafles sont ainsi altérées partiellement ou rarement au pédoncule que la maladie cause le plus de dégâts, mais ce cas est encore peu commun; le plus souvent, le parasite n'attaque que les grains isolément.

Le Rot amer débute sur les fruits, toujours vérés, par un point décoloré, situé à une place quelconque, ou par une auréole plus claire au pourtour du pédicelle. La lésion s'étend par zones concentriques, nettement distinctes par leur intensité de teinte, et gagne peu à peu tout le fruit. Il est alors coloré en rose chez les variétés à fruits blancs, et en rose brun chez les variétés à fruits rouges. La baie continue à s'altérer à l'intérieur sans se rider, comme cela a lieu pour le Black Rot ou le Rot blanc; sa peau paraît surgonflée. Il s'éclaircit dans sa teinte au lieu de devenir terne; en outre, il est plus juteux qu'à l'état normal; les variétés du V. Labrusca, qui sont généralement très pulpeuses, sont moins charnues quand le Rot amer les altère que dans les conditions ordinaires.

Quand le grain est en train de s'altérer, il apparaît, suivant les cercles de décoloration, de petits points blancs qui paraissent sous-épidermiques. Ces points s'accusent rapidement et, au bout de deux ou trois jours, les pustules sont superficielles. La baie est alors d'un rouge brique ou d'un rouge brun, et la peau est toujours tendue, mais elle est terne à ce moment. Les pustules sont disposées régulièrement à la surface et, quoique très nombreuses, elles ne sont jamais tangentes. Elles sont bien visibles à l'œil nu, plus grosses que celles du Black Rot; elles ne sont pas consistantes et dures comme celles de ce parasite, elles ont une teinte fuligineuse et s'écrasent facilement sous la pression. Quand on applique le doigt sur elles et qu'elles viennent de surgir à la surface des grains de raisin, il se forme des fils couleur de suie, comme si la surface était poisseuse. Ce phénomène est dû à ce que les spores sont alors réunies par une matière agglutinante et visqueuse; mais, peu de temps après, la surface des pustules devient poussiéreuse. Cette poussière, formée par les spores qui sont en quantité innombrable, se répand sous le moindre souffle et salit le grain comme la fumagine. Celui-ci, toujours turgescent, se détache à ce moment du pédicelle; s'il est dans un milieu humide, il pourrit; dans un endroit sec, il éclate parfois ou se ride en conservant une teinte d'un brun grisâtre terne avec pustules bien visibles à sa surface.

Les pépins sont souvent recouverts à leur surface des mêmes pustules régulièrement disposées, abondantes surtout vers le micropyle. Le mycélium est tellement développé dans les fruits qu'il forme, entre la pulpe et la graine, des masses visibles à l'œil nu et agglomérées sur la pointe du pépin.

Les grains altérés ont un goût amer très prononcé, d'où le nom de *Bitter Rot* ou *Pourriture amère* donné à cette maladie ; ce goût serait surtout très marqué dans les vins, et bien plus accusé que celui que leur communique le Black Rot.

B. — CONDITIONS DE DÉVELOPPEMENT DU ROT AMER

La maladie atteint exceptionnellement le degré d'intensité que nous venons d'indiquer sur les divers organes de la vigne. Le plus souvent, elle ne détruit que quelques grains; mais, ainsi que cela s'est produit en 1887 à Fayetteville, dans la Caroline du Nord, elle peut anéantir directement la moitié ou les deux tiers de la récolte.

Ce sont les variétés à fruits blancs qui subissent le plus les effets du Rot amer, surtout le Martha et le Delaware ; les Concords sont assez sensibles à son action, nous ne l'avons constaté qu'exceptionnellement sur le Cynthiana.

Ce que cette maladie a de bien spécial et ce qui la rend redoutable dans les circonstances que nous allons examiner, c'est qu'elle ne commence à se développer que lorsque les raisins ont véré; elle progresse rapidement et produit ses effets dans la période comprise de la véraison à la maturité. C'est lorsque le Black Rot s'arrête que le Rot amer envahit les grains et détruit, les années de très grande humidité, ce que ce parasite a épargné.

Il faut, en effet, des conditions de chaleur et d'humidité exceptionnelles pour que le Rot amer se développe avec intensité. C'est le parasite qui exige au plus haut degré ces deux éléments combinés, plus que le Mildiou, plus même que le Black Rot, et nous croyons que ces conditions ne se rencontrent presque jamais dans nos vignobles français au moment où, après la véraison, le Rot amer pourrait anéantir, en quatre ou cinq jours, les fruits prêts à être récoltés. A Fayetteville, où nous avons étudié cette maladie, nous avions presque régulièrement tous les jours des pluies fines à plusieurs reprises, et des températures de 38° C. à 42° C. pendant plusieurs heures au milieu de la journée ; le matin, la rosée était toujours très abondante. Les coups de soleil (Sun scald), le grillage, la pourriture simple et le folletage sont fréquents dans les vignobles de cette région, où, par suite du développement intense de tous les parasites cryptogamiques, l'on est obligé de ne cultiver que les variétés du V. Rotundifolia, très résistantes à toutes ces maladies et aux accidents météorologiques. Le Rot amer n'est donc pas à craindre pour nos vignobles ; d'ailleurs, dans le Missouri, où l'humidité est moins intense que dans la Caroline du Nord, et surtout dans le Texas, le Rot amer n'est qu'un accident sans importance.

Le Rot amer est certainement une maladie parasitaire ; son développement, que nous avons suivi de près, ne permet pas d'en douter, quoique l'on ne puisse cependant l'affirmer en se basant sur des expériences d'inoculation, ce qui serait plus rigoureux et ce qui demande encore à être fait ; mais le champignon qui le cause agit souvent en saprophyte en hâtant la décomposition des tissus altérés par d'autres causes, et joue dans ce sens un rôle plus accusé que les autres parasites, le Mildiou et le Black Rot par exemple. Puisqu'il ne se développe que sur des fruits déjà vérés et jamais sur des fruits qui possèdent encore leur chlorophylle et sont à l'état de vie active et indépendante, il n'agit, à proprement parler, que sur des organes morts physiologiquement ; il est vrai qu'il attaque aussi les rameaux et les ramifications de la rafle. En outre, l'excès d'humidité continu, indispensable à son développement normal, indique encore une tendance du champignon au saprophytisme. Il vit, en effet, en saprophyte sur les grains altérés par le Mildiou dont il précipite l'altération ; il n'est pas rare d'observer des grains altérés par le Brown Rot, que l'on reconnaît au mycélium du *Plasmopara viticola*, couverts des pustules du Rot amer. Les souches affaiblies par les attaques successives du Mildiou, par le folletage, le Sun scald, le grillage, etc., ont souvent leurs fruits et leurs rameaux déjà altérés ou souffreteux, détruits plus rapidement par le Rot amer que les organes sains, qui sont cependant attaqués par cette maladie sans qu'aucune autre cause les ait primitivement affaiblis.

C. — ÉTUDE BOTANIQUE DU ROT AMER

Le Rot amer est dû à un champignon dont le mycélium vit dans l'intérieur des tissus ; il se développe avec une abondance extrême dans la pulpe des fruits en se moulant sur les cellules ou en les traversant et forme souvent des anastomoses. Il est très ramifié et les ramifications, qui partent le plus souvent à angle droit, sont de calibre variable, certaines filiformes ; les plus petites mesurent 0 μ,7, les plus grosses 7 μ, le diamètre moyen est de 4 μ. Le mycélium est toujours plus gros au pourtour des fructifications sous l'épiderme et flexueux, il a une teinte fuligineuse plus ou moins foncée; il est incolore sur les branches les plus minces, sa membrane est nettement accusée, la teinte fuligineuse est plus intense sous l'action de l'air. Les cloisons sont distancées sur les branches hyalines et rapprochées sur les filaments noirs, à protoplasme granuleux, qui deviennent parfois très variqueux, à cloisons très rapprochées séparant dans le mycélium des fragments courts, sphériques, comme des spores, et à membrane très épaisse (Fig. 138).

Vers les couches superficielles des grains de raisin, les branches mycéliennes se multiplient beaucoup en certains points, suivent des directions parallèles et se soudent sous l'épiderme en se condensant pour former un stroma pseudoparenchymateux (Fig. 135) qui supporte les fructifications conidifères du champignon, les seuls organes reproducteurs que nous ayons observés. Les filaments mycéliens intérieurs s'enfoncent entre les couches superficielles de l'épiderme, dont ils dissocient les cellules qui sont brunies et noyées dans la masse des filaments ; ils émettent vers la surface une quantité innombrable de fines branches parallèles qui partent du stroma et soulèvent l'épiderme ; elles forment les pustules fructifères au-dessus desquelles est tendue la cuticule.

Les filaments fructifères (Fig. 135) sont agglomérés, pressés les uns contre les autres et un peu courbes par suite de la résistance qu'offre la cuticule. Ils paraissent, dans ce cas, constituer de vraies pycnides, surtout à l'état jeune, quand certains filaments mycéliens se soudent et s'anastomosent au pourtour comme s'ils formaient une membrane à une ou deux couches de cellules irrégulières. Nous

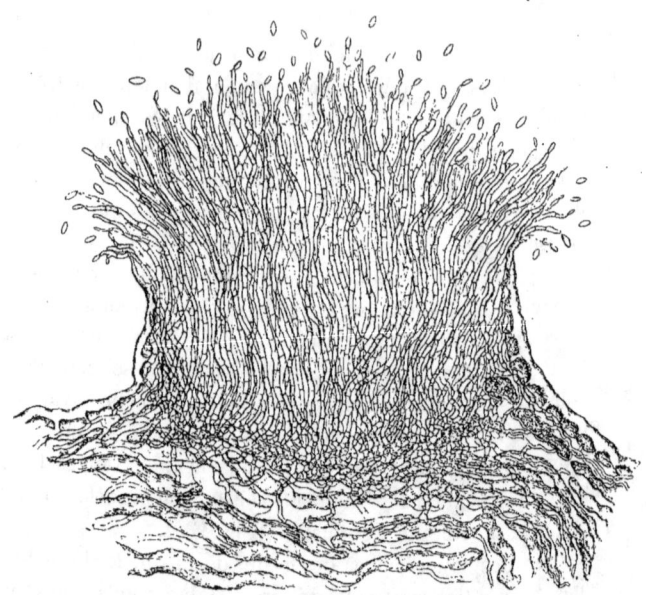

Fig. 135. — Filaments fructifères du *G. fuliginea* (G. Boyer *del.*).

avions été induit en erreur lors des premières observations que nous avons dû poursuivre rapidement dans les vignobles de la Caroline du Nord; les fructifications ne sont pas entourées d'une membrane, ainsi que l'a fait remarquer M. Cavara (1); le champignon du Rot amer ne doit pas être rattaché aux Sphœropsideæ de Saccardo, mais bien aux Melanconieæ.

---

(1) Sul fungo che è causa del Bitter Rot degli americani. — Nota dell Dot. Fridiano Cavara. (Pavia, 1888).

Les filaments fructifères, à leur complet développement, pressent la cuticule qui se déchire et ils s'étalent en faisceaux ; l'ensemble des groupes de fructifications ressemble à un plumeau ou à la houppe d'un pinceau (Fig. 135) ; elles ont une hauteur variant de 115 μ à 231 μ. Les filaments ont une teinte fuligineuse claire, ils sont très minces, simples ou ramifiés ; les ramifications se produisent

Fig. 136. — Extrémités des filaments fructifères et spores du *G. fuliginea* (G. Boyer *del.*).

sur le stroma ou à des hauteurs différentes vers le sommet (Fig. 136) ; les filaments simples sont plus nombreux. La production de ces ramifications sépare le champignon du Bitter Rot des trois genres Melanconium, Crytomela, Thyrsidium du groupe des PHŒOSPORÆ-MELANCONIEÆ, auquel il doit être rattaché, et nous conserverons par suite le nom de *Greeneria fuliginea* (Scribner et Viala) que nous lui avions primitivement attribué, et non celui de *Melanconium fuligineum* qu'avait donné M. Cavara. D'ailleurs, les Sphœropsideæ-Melanconieæ constituent des groupes artificiels très provisoires ; les diverses espèces de champignons

Fig. 137. — Spores du *G. fuliginea* (G. Boyer *del.*).

qu'ils comprennent n'y sont rapportées que momentanément jusqu'au moment où l'on connaîtra leurs formes parfaites de fructification qui les feront classer à leur place naturelle.

Le développement des masses fructifères est très rapide ; nous avons suivi, dans une expérience, des grains de raisin qui n'avaient que du mycélium dans la pulpe ; les filaments fructifères et leurs spores étaient entièrement formés dans l'espace de deux à trois jours.

Les spores (Fig. 137) sont produites à l'extrémité amincie des innombrables filaments. Elles sont ovoïdes ou naviculiformes, un peu rétrécies à leur point d'insertion et un peu aiguës à leurs deux extrémités ; elles ont une couleur fuligineuse claire si elles sont isolées, et foncée quand elles sont agglomérées ; leur protoplasme est homogène et à fines granulations, sans points réfringents ; elles varient en dimensions de 3 μ,6 à 5 μ et mesurent en moyenne 4 μ,4 de diamètre, et de 9 μ à 10 μ de longueur.

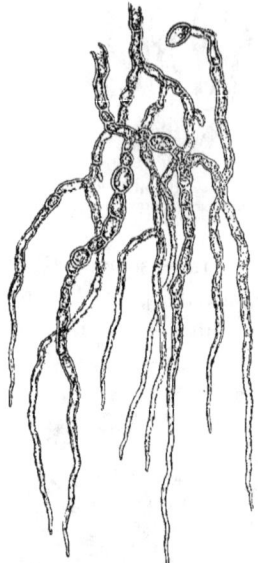

Fig. 138. — Spores du *G. fuliginea* en germination et mycélium (G. Boyer del.).

Les spores se laissent facilement mouiller par l'eau et germent (Fig. 138) rapidement dans du moût de raisin déjà véré et étendu d'eau, où le mycélium se développe avec une extrême abondance pendant longtemps en produisant, comme dans le grain, des ramifications minces et hyalines, d'autres grosses très cloisonnées et fuligineuses. Je ne connais pas de champignon, en dehors des Mucorinées, qui pousse aussi activement dans des milieux nutritifs artificiels ; en 24 ou 36 heures, les capsules où l'on pratiquait la germination étaient couvertes à la surface d'une couche épaisse et dense de mycélium qui se répandait dans l'intérieur du liquide aéré. Au moment de la germination, les spores présentent parfois un ou deux points réfringents situés vers les extrémités ; elles émettent généralement un seul tube mycélien par l'une des extrémités ou par les côtés latéraux ; certaines se divisent en deux par une cloison transversale au moment même de la germination et chaque partie de la spore développe un tube.

AUREOBASIDIUM VITIS

Les altérations des grains de raisin, dues au développement de l'*Aureobasidium vitis* P. Viala et G. Boyer, se sont produites, de 1882 à 1885, dans la Bourgogne, et ont été constatées, en 1882, dans les vignobles de Thomery. L'étude que nous en faisons est la reproduction du Mémoire que nous avons publié avec M. G. Boyer (1) sur cette affection peu importante.

La maladie s'est développée sur des vignes en treille, principalement sur le Frankenthal et les Chasselas. Elle a causé quelques dégâts en 1882; mais, depuis cette époque, elle n'a eu aucune gravité. M. J. Ricaud, qui a appelé notre attention sur elle, ne l'a observée qu'accidentellement dans ces dernières années.

Cette maladie se développe pendant les années humides, surtout aux mois de septembre et d'octobre, au moment de la véraison ou lorsque les raisins sont presque mûrs.

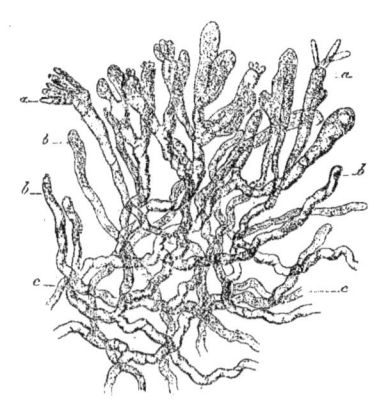

Fig. 139. — Hyménium et mycélium de l'*A. vitis*; *a, a* basides; *b, b* sommets stériles ou origine des basides; *c, c* mycélium. — Gross.: 900/1.

Les grains présentent d'abord une petite tache sombre sur un point quelconque. Cette tache s'étend et devient livide. Puis, la peau se déprime et s'affaisse sur une région égale au plus au tiers de la surface du grain de raisin, qui, mou et juteux, se ride et se dessèche. La partie creusée du raisin est parsemée, avant qu'il soit ridé, de petites pustules isolées et d'un blond doré, qui forment de petits bouquets peu consistants, veloutés, d'une hauteur de 120 μ à 200 μ.

Les petits bouquets blonds sont l'organe fructifère (Fig. 139) du champignon qui cause l'altération.

Le mycélium (Fig. 139 et 140), très abondant dans toute la pulpe jusqu'aux pépins, est très ramifié, cloisonné, à pourtour régulièrement sinueux, à contenu homogène et grumeux. Il est toujours

---

(1) P. Viala et G. Boyer. — Une maladie des raisins produite par l'*Aureobasidium vitis* (Montpellier, 1891).

filamenteux, incolore au niveau des pépins, d'un jaune clair vers la peau du raisin ; il mesure 1 μ,8 de diamètre.

Les branches mycéliennes émergent en grand nombre à l'extérieur du raisin, dans des directions réciproques, obliques ou parallèles. Elles déchirent l'épiderme et la cuticule, qui forment bordure autour des bouquets blonds ; ceux-ci constituent un hyménium filamenteux (Fig. 139).

Les basides portées, à diverses hauteurs (Fig. 139 a, a), par les nombreuses branches mycéliennes ramifiées à l'extérieur du raisin, forment un ensemble peu consistant et non un stroma dense et continu. Elles sont intercalées à quelques branches mycéliennes à sommet terminal stérile (Fig. 139 b, b).

La baside termine le filament mycélien. Un filament peut porter deux ou trois basides (Fig. 141 et 142), formées par ramification dichotomique ou alternes à diverses hauteurs, et obliques les unes par rapport aux autres.

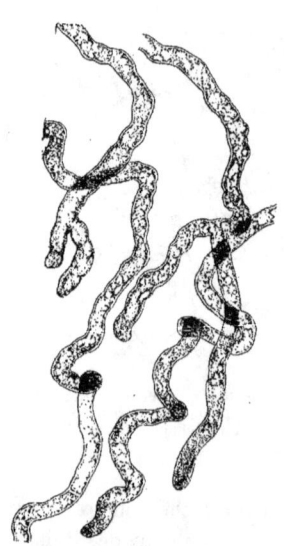

Fig. 140. — Mycélium de l'*A. vitis*.
Gross. : 1,800/1.

L'extrémité du tube mycélien, séparée par une cloison, se renfle progressivement (Fig. 141). La baside est, par suite, arrondie à son sommet, rétrécie et confondue à sa base avec le mycélium. Elle est remplie par un protoplasme grumeux et vacuolaire d'un jaune brun. Quelques rares basides sont aplaties en forme de raquette. Le diamètre moyen des basides au sommet est de 5 μ ; leur hauteur moyenne jusqu'à la première cloison est de 16 μ.

Sur la surface sphérique du sommet des basides naissent de minuscules stérigmates incolores (Fig. 141), sortes de pointes visibles à de forts grossissements.

Les spores apparaissent à leur extrémité sous forme de petits boutons blancs (Fig. 142). Elles sont au nombre assez constant de

6, parfois de 4 ou de 2 (Fig. 141), plus rarement au nombre de 7, 5, 3. Il n'y a pas fixité normale dans le nombre.

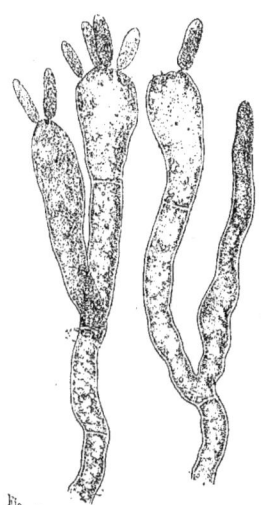

Fig. 141. — Basides avec spores et stérigmates. — Gross.: 1,800/1

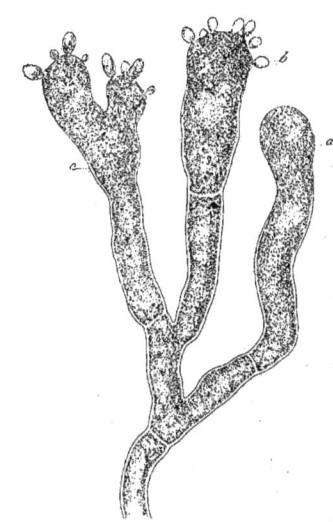

Fig. 142. — Jeunes basides avec spores en formation. — Gross.: 1,800/1.

Les spores mûres (Fig. 139, 141 et 143) sont allongées, cylindriques, arrondies à leurs extrémités. Leur face interne est faiblement curviligne, et leur base d'insertion est légèrement plus arrondie que leur sommet. Les stérigmates sont insérés un peu sur le côté de la base de la spore, non loin du centre. Les spores ont une longueur moyenne de 6 μ,25 et un diamètre de 1 μ,5. Leur membrane est lisse, leur contenu homogène est finement granuleux, leur coloration d'un blond très clair.

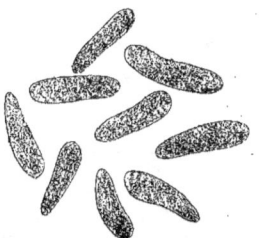

Fig. 143. — Spores de l'*A. vitis* Gross.: 2,200/1

Les caractères particuliers de l'hyménium filamenteux, de la disposition des basides, ceux de la forme, de la coloration et de la variation du nombre des spores, classent l'*Aureobasidium vitis* dans la famille des HYPOCHNÉES du groupe des BASIDIOMYCÈTES.

SCLEROTINIA FUCKELIANA

(POURRITURE NOBLE)

Le **Sclerotinia Fuckeliana** de Bary est très fréquent sur les divers organes de la vigne par sa forme conidifère (*Botrytis cinerea* ou *Polyactis cinerea*); on l'observe très souvent sur les fruits presque mûrs (*Botrytis acinorum*). Elle vit presque toujours à l'état de saprophyte sur la vigne et ne cause par conséquent aucun mal. Lorsque l'on conserve les raisins dans des fruitiers trop frais, elle se développe parfois avec abondance et peut déterminer leur pourriture. C'est le *B. cinerea* qui forme à la surface des grains des vignes blanches de Sauternes et des bords du Rhin cette épaisse couche d'un gris olivacé, dont les viticulteurs attendent le développement avant de procéder à la vendange; ils lui attribuent une action importante au point de vue de l'amélioration de la qualité des produits, d'où les noms de *Edelfaule* ou *Pourriture noble* donnés au *B. cinerea*. On admet en général que le champignon détermine un amincissement des couches de l'épiderme et facilite une action lente de l'air sur le contenu du raisin (1).

Le *Sclerotinia Fuckeliana* peut, dans quelques circonstances, devenir parasite facultatif; on l'a vu se développer dans les serres à vigne et dans les vignobles du Nord, les années humides, sur les jeunes grains verts qu'il altérait dans ce cas en produisant parfois des dégâts assez sérieux.

---

(1) Voir: H. Müller-Thurgau.— Ueber die Veranderungen.... *loc. cit.*, où sont étudiées les modifications qui se produisent dans les fruits à la suite du développement du *B. cinerea* à leur surface.— Le *Botrytis cinerea*, d'après M. H. Müller-Thurgau, pénètrerait le fruit et désagrègerait la peau, ce qui faciliterait la concentration du jus par suite d'une évaporation plus active. En outre, le champignon absorberait surtout les acides du fruit et une faible proportion du sucre; de sorte que la richesse saccharine des moûts se trouverait augmentée par cette disparition des acides, plus grande relativement que celle du sucre, et par suite aussi de la concentration du moût par évaporation. Le *Botrytis cinerea* rendrait enfin insolubles une partie des matières azotées solubles, ce qui serait une cause d'une fermentation ultérieure plus lente.

Nous avons signalé le développement des sclérotes du *Scl. Fuckeliana* sur des greffes-boutures stratifiées dans des sables trop humides (Fig. 144) (1). Les nodules sclérotiques du *Scl. Fuckeliana* qui sont rugueux, noirs, durs, irrégulièrement mamelonnés, tangents ou isolés, ont une hauteur ou une épaisseur de 2 à 4 centimètres et une longueur variable qui atteint parfois la plus grande partie de la longueur du biseau lorsque les nodules sont tangents. Les sclérotes s'engagent, par leur base amincie, entre les languettes des greffes-boutures; ils y forment des lames continues qui s'épaississent surtout dans la région de la couche génératrice, où ils s'engagent par pression sur une faible profondeur, mais sans pénétrer cependant dans l'intérieur même des tissus. Les greffes-boutures ainsi attaquées par le champignon sont inutilisables, car la soudure ne se produit pas. Elles se dessèchent dans le sable lorsque les sclérotes grossissent par points isolés entre les languettes du greffon et du sujet; il se produit, dans ce cas, des vides par séparation des surfaces de contact, malgré la ligature des greffes; l'air circule et dessèche les tissus, la cicatrisation et la soudure n'ont pas lieu. Le porte-greffe peut s'enraciner lorsque l'on met la greffe-bouture en pépinière, mais les rameaux du greffon ne poussent pas ou s'étiolent rapidement. Ce développement, plutôt accidentel que parasitaire, peut causer des pertes importantes; il est facile de l'éviter en aérant et desséchant les sables trops humides avant de les utiliser pour la stratification des greffes-boutures.

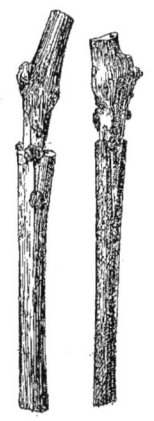

Fig. 144. — Sclérotes du *Scl. Fuckeliana* développés entre le sujet et le greffon de greffes-boutures.

Le *Sclerotinia Fuckeliana* ou *Peziza Fuckeliana* de Bary est polymorphe; c'est M. de Bary qui a, le premier, démontré que les diverses formes appartenaient à la même espèce. Il a des *fila-*

---

(1) P. Viala. — Une maladie des greffes-boutures. (Revue générale de botanique, 1891).
P. Viala. *Les Maladies de la Vigne*, 3me édition.

ments conidifères qui se produisent sur les feuilles mortes ou les rameaux (*Botrytis cinerea*) ou sur les raisins (*Botrytis acinorum*), des sclérotes (*Sclerotium echinatum*) et des périthèces (*Peziza Fuckeliana* ou *Scl. Fuckeliana*). Les fruits ascosporés proviennent toujours des sclérotes, mais ceux-ci peuvent, ainsi que l'a démontré M. Pirotta, produire des filaments conidifères; les *sclérotes* sont produits, à la fin de la végétation, le plus souvent par les filaments conidifères, mais, en culture, on les obtient aussi directement des ascospores. Les cycles de développement sont d'ailleurs divers; ainsi, en procédant tout d'abord par l'ensemencement des spores des asques, M. Pirotta a obtenu, dans une première série et successivement : 1° Sclérotes ; 2° Filaments conidifères ; 3° Filaments conidifères ; 4° Sclérotes ; 5° Périthèces. Dans une autre série, ayant même origine, il a eu : 1° Sclérotes ; 2° Périthèces ; et enfin d'une troisième série d'ascospores sont provenus : 1° Filaments conidifères; 2° Sclérotes; 3° Filaments conidifères ; 4° Filaments conidifères ; 5° Sclérotes ; 6° Périthèces (1).

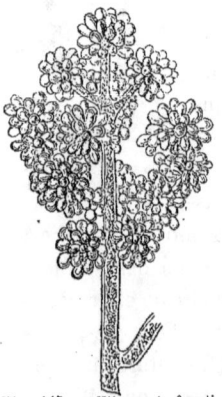

Fig. 145.— Filaments fructifères du *Sclerotinia Fuckeliana* pris sur des grains de raisin (L. Ravaz *del*).

Les *filaments conidifères* (Fig. 145) ou *Botrytis* forment une couche de moisissure abondante dont l'ensemble a une couleur gris cendré ou gris olivacé. Ils poussent en faisceaux, sont largement et diversement ramifiés, septés et rétrécis au niveau des cloisons; leur membrane est cutinisée et colorée en brun verdâtre, leur contenu est finement granuleux. Ils se renflent et sur ce renflement se produit un capitule de conidies. Le filament peut ensuite s'accroître et donner naissance, de la même façon, à d'autres conidies. Souvent, les filaments conidifères se ramifient en petit arbre dont les bran-

---

(1) Certaines de ces variations dans les séries de développement ont été constatées par M. L. Ravaz; en outre, les mêmes sclérotes ont fourni successivement, à des époques différentes, d'abord la forme conidifère et ensuite la forme à asques ; dans quelques cas, la forme Botrytis et la forme Pezize sont nées en même temps sur le même sclérote, c'est aussi ce que j'ai obtenu par la culture des sclérotes de greffes-boutures.

ches secondaires ou tertiaires portent une dilatation finale avec conidies implantées sur toute sa surface; le renflement peut aussi se produire latéralement au filament, sur son parcours. Les spores sont globuleuses-ovoïdes, plus amincies vers leur point d'insertion, sub-hyalines, à membrane épaisse.

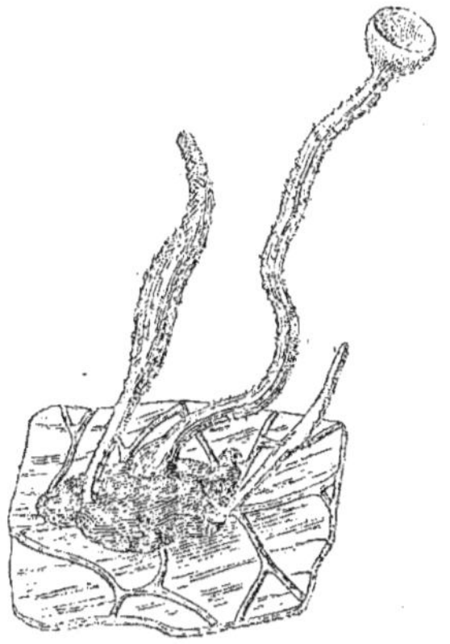

Les *sclérotes* (Fig. 144, 146 et 147), qu'on observe le plus souvent sur les feuilles tombées sur le sol, sont, dans ce cas, des masses allongées, dures, noirâtres et étirées à la surface,

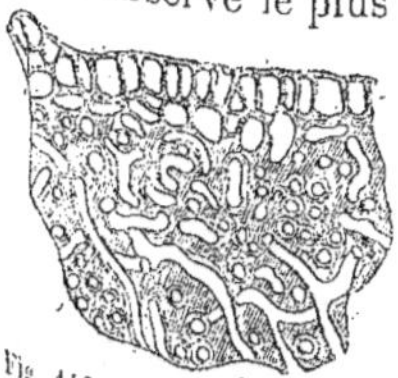

Fig. 146. — Coupe d'un sclérote du *Sclerotinia Fuckeliana*. (d'après M. de Bary).

Fig. 147. — Fruits ou *Pézizes* du *Sclerotinia Fuckeliana*, poussant sur un sclérote (L. Ravaz *del*).

de 2 à 3 millim. environ, parfois 5 millim. Ils sont formés à l'intérieur par un pseudoparenchyme d'un blanc hyalin, à cellulose abondante: l'écorce est constituée par une couche assez régulière de cellules à membrane noire et très consistante.

Les fruits (Fig. 147, 148 et 149) ou *Pezizes* (*Sclerotinia Fuckeliana*) se développent au printemps. Ils s'élèvent des sclérotes sous forme de colonne dilatée au sommet; le pied est garni sur tout son pourtour de spirales d'oxalate de chaux (Fig. 148 *p, p*); il est plein et constitué par un pseudoparenchyme. La tête, dilatée, forme une coupe ouverte. Cette coupe est formée d'un très grand nombre d'*asques* (Fig. 149) à nu et entremêlées de para-

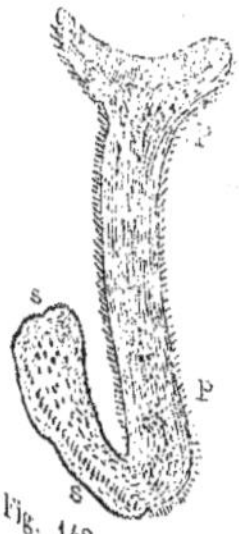

Fig. 148. — Coupe d'une Pezize insérée sur un sclérote (S S) du *Sclerotinia Fuckeliana* (d'après M. de Bary).

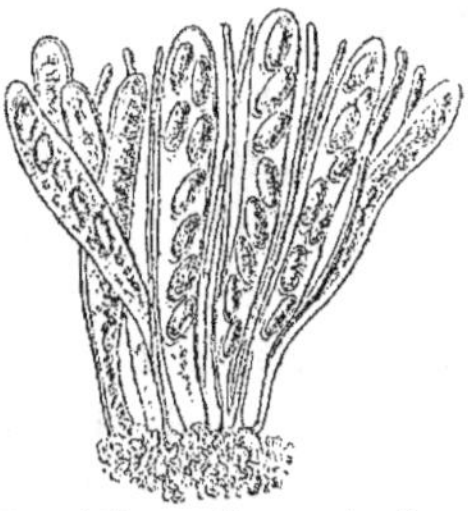

Fig. 149. — Fragment d'une coupe du fruit d'une Pezize (*Sclerotinia Fuckeliana*) montrant les asques (L. Ravaz *del*).

physes de longueur à peu près égale à celles des asques, minces, de calibre assez régulier, flexueuses et incolores. Les asques, peu dilatées, de dimensions assez constantes sur tout leur parcours, mais obtuses au sommet, sont incolores, pleines, au début, d'un protoplasme riche en granulations, au sein duquel se forment huit spores ou *sporidies*. Ces spores sont elliptiques, incolores et transparentes granuleuses.

MÉLANOSE

La Mélanose, que nous avons étudiée pour la première fois avec M. L. Ravaz, a été importée d'Amérique lors de l'introduction des porte-greffes des Etats-Unis. Elle est produite par le **Septoria ampelina** que Berkeley et Curtiss ont spécifié d'après des échantillons récoltés dans la Caroline et le Texas. Nous n'avions rapporté la Mélanose au *S. ampelina* que sur la description de ces auteurs; j'ai examiné, dans l'herbier Curtiss, un échantillon de *S. ampelina* récolté par C. Wright, en 1852, à Blanco Hills (Texas); il est identique à la Mélanose. Le *Septoria ampelina* Berkeley et Curtiss (Gretvillea, 1865) ressemble beaucoup au *Septoria vitis* Leveillé, dont j'ai vu un échantillon recueilli par Castagne à Vire. Les deux espèces diffèrent seulement par la grosseur des spores; tous les autres caractères, tant extérieurs que botaniques, du *S. vitis* sont semblables à ceux du *S. ampelina*.

La Mélanose est une maladie spéciale aux parties chaudes des Etats-Unis; je ne l'ai pas observée dans le nord, mais seulement dans le Tennessee et le Missouri sur Elvira, Taylor, Clinton; dans le sud-ouest du Missouri et le Texas, très abondante sur Riparia, Rupestris. Elle détermine rarement (Clinton, Rupestris à petites feuilles) la mortification d'une grande partie du parenchyme et la chute anticipée des feuilles. Elle existe dans les milieux secs et arides et dans les milieux frais; elle n'a, en général, que peu d'im-

MÉLANOSE.

portance, aussi bien en Amérique qu'en France, où on la trouve partout où sont cultivées les vignes sauvages d'Amérique.

Le nom de *Mélanose* a été donné par J.-E. Planchon, d'une façon accidentelle, dans divers mémoires relatifs à d'autres maladies de la vigne, à des altérations qu'il rattachait d'une façon douteuse à la forme ponctuée de l'Anthracnose. Il employait ce nom couramment dans les conversations, sans qu'il eût jamais publié de travaux spéciaux sur la nature et les caractères de ces lésions. Les recherches auxquelles nous nous sommes livrés, avec M. L. Ravaz(1), nous ont permis de reconnaître que la Mélanose était définie dans ses caractères et due à un champignon bien spécial et différent de ceux qui sont la cause de toutes les autres maladies.

A. — CARACTÈRES EXTÉRIEURS DE LA MÉLANOSE

a. **Sur les feuilles.** — La *Mélanose* paraît n'attaquer que les feuilles de la vigne; elle n'a pas été observée, jusqu'à présent, sur les rameaux herbacés ni sur les fruits. Les lésions qu'elle détermine sur le parenchyme foliaire exclusivement, — les nervures ne sont jamais atteintes, — présentent des caractères assez bien définis (Pl. VIII).

De petites taches punctiformes d'un brun fauve clair et également apparentes sur les deux faces de la feuille sont les premiers signes extérieurs de l'apparition de la Mélanose. Ces taches, de dimensions très réduites ($0^{mm},5$ à 1^{mm} de diamètre en moyenne) et à contour circulaire, sont légèrement creusées au centre; par contre, les bords sont un peu en relief. Elles sont réparties tantôt peu nombreuses, tantôt en nombre considérable sur toute la surface du parenchyme, qui, dans ce dernier cas, paraît criblé de petits points.

---

(1) L'étude de la *Mélanose* est la reproduction, dans ses parties essentielles, d'un mémoire que nous avons publié sur cette maladie en collaboration avec M. L. Ravaz (Mémoire sur la Mélanose, Montpellier, 1887, avec 3 planches); j'y ai ajouté seulement quelques observations que j'ai recueillies, en Amérique, en 1887.

Les lésions qui en résultent alors pour la feuille sont sans importance, mais l'altération ne s'arrête pas à cette phase.

A mesure que de nouvelles taches se forment, les plus anciennes prennent des caractères un peu différents. Elles s'accroissent assez rapidement, se réunissent parfois les unes aux autres et constituent des plaques de forme irrégulière dont les dimensions très variables sont le plus souvent comprises entre 5 millim. et 1 cent.; quelques-unes même occupent une surface plus considérable. A ce moment, leur coloration est différente de celle qu'elles présentaient au début; elle est généralement d'un brun roussâtre, ou d'un brun foncé, parfois même d'un noir assez intense (Pl. VIII). Au reste, une même plaque de tissus altérés peut présenter des teintes très diverses, suivant le nombre de taches qui ont contribué à sa formation et suivant aussi la coloration de ces dernières au moment où elles se sont réunies.

D'autres fois, au lieu de devenir confluentes, les taches primitives s'accroissent isolément; elles prennent successivement les diverses colorations qui viennent d'être indiquées pour les taches composées, mais leur contour est plus régulier. Limitées dans leur accroissement par les dernières ramifications des nervures, elles affectent généralement la forme d'un polygone irrégulier; elles sont tantôt allongées en rectangle, tantôt plus ou moins arrondies, et mesurent de 3 à 4 millim. de diamètre en moyenne, rarement elles dépassent 5 millim. (Pl. VIII).

Les altérations qui ont pris naissance à un âge plus avancé de la feuille n'atteignent pas des dimensions aussi considérables; elles restent toujours petites, punctiformes. On les observe sur toute la surface de la feuille, mais surtout autour des taches primitives, où elles sont parfois nombreuses et disposées sans aucun ordre apparent. Tels sont les caractères que présente la Mélanose en juillet-août.

Un peu plus tard, vers la fin de la végétation, la Mélanose a d'autres caractères (Pl. VIII). Soit que les conditions de chaleur et d'humidité ne lui permettent plus, à ce moment, de prendre une extension rapide, soit que la feuille elle-même ne lui fournisse plus un substratum aussi convenable que pendant la végétation, les altérations qu'elle occasionne ont un autre aspect. Celles qui se sont développées en premier lieu ont encore une coloration assez foncée, mais elles demeurent toujours petites autour d'elles. On voit un grand nombre de ponctuations d'un brun fauve clair, régulièrement disposées, tangentes les unes aux autres et paraissant s'irradier de la tache centrale. Ces plaques, formées ainsi d'un nombre considérable de petites ponctuations, peuvent atteindre de grandes dimensions ; il n'est pas rare d'en rencontrer qui mesurent de 1 cent. à 1 cent. 1/2 ou 2 cent. de diamètre. Elles sont le plus souvent isolées, mais elles peuvent aussi devenir confluentes ou bien se réunir les unes aux autres par d'autres petites taches disposées irrégulièrement en lignes ou en réseau.

b. **Influence du cépage.**— Cette forme de lésions se montre seule sur les variétés qui sont peu sujettes à la Mélanose (vignes européennes, asiatiques, et beaucoup de vignes américaines), mais elle apparaît aussi sur les cépages plus sensibles dont les feuilles présentent déjà les taches que nous avons décrites au début. Au reste, la diversité des caractères de la Mélanose dépend non seulement des conditions de chaleur et d'humidité dans lesquelles cette maladie s'est développée et de l'époque plus ou moins avancée à laquelle la feuille a été attaquée, mais encore de la nature du cépage qui est envahi.

Sur le *Taylor*, la Mélanose forme des taches polygonales ; sur les feuilles du *Solonis*, du *Cornucopia*, elle constitue de petites ponctuations noires, irrégulières, isolées et disséminées sur toute la surface du parenchyme, ou bien réunies par groupes en nombre considérable, mais non tangentes. Sur certains cépages, les taches atteignent de grandes dimensions ; sur d'autres, *Rupestris*, *Champin*, quelques *Riparias*, elles demeurent toujours petites. Elles sont généralement visibles sur les deux faces de la feuille, quoique leur coloration soit un peu plus foncée à la face supérieure.

Elles sont parfois entourées d'une auréole d'apparence huileuse (*Barchus*, etc.); ailleurs (quelques *Riparias*), cette auréole, diffuse, est d'un vert intense, ce qui leur donne l'aspect de la forme de Mildiou que nous avons connue sous le nom de *points de tapisserie*.

c. **Effets de la Mélanose.** — Les dégâts de la Mélanose n'ont rien de comparable à ceux des maladies que nous avons étudiées. Les feuilles qu'elle attaque pendant la végétation, en juillet-août, jaunissent parfois en certains points ou bien se dessèchent par parties, il est rare qu'elles soient entièrement détruites. Leurs fonctions peuvent être entravées dans une certaine mesure, mais le nombre des feuilles atteintes est toujours peu considérable ; il n'en résulte aucun affaiblissement pour la souche, excepté peut-être pour les quelques formes de Riparias et de Rupestris qui y sont le plus sujettes. A la fin de la végétation, son action peut hâter de quelques jours la chute des feuilles et nuire au bon aoûtement des sarments. Mais là se bornent ses ravages ; ils peuvent donc être considérés comme insignifiants.

B. — ÉTUDE BOTANIQUE DE LA MÉLANOSE

On observe à la loupe, sur les taches de *Mélanose*, de petites pustules à peine proéminentes et d'autant plus nombreuses que l'altération occupe elle-même une étendue plus grande. Elles sont réparties indifféremment sur les deux faces de la feuille, mais c'est surtout à la face inférieure qu'on les distingue le plus nettement. Dans beaucoup de cas, une poussière blanche les recouvre à leur sommet et forme sur la lésion autant de petits points blancs d'apparence crayeuse. Une coupe transversale à travers ces altérations montre, à un fort grossissement, que ces pustules ne sont autre chose que des *pycnides* du *Septoria ampelina* (Berkeley et Curtiss), dont la présence est toujours concomitante du développement de la Mélanose.

a. **Mycélium.** — Le *mycélium* (Fig. 150) vit dans les tissus de la feuille. Il est flexueux, très légèrement variqueux et de calibre assez régulier. Des cloisons, généralement assez espacées, le divisent toujours ; mince, hyalin et à contenu peu granuleux, il est assez difficile de l'observer au milieu des tissus. On peut le voir cheminer dans les méats, entre les cellules qu'il enveloppe parfois dans de nombreux replis sans jamais les traverser (Fig. 151), excepté peut-être lorsqu'elles sont à un état d'altération très avancé. Sous son action, les cellules avec lesquelles il se trouve en contact brunissent et meurent. Il en résulte, sur la feuille, les taches caractéristiques de la Mélanose.

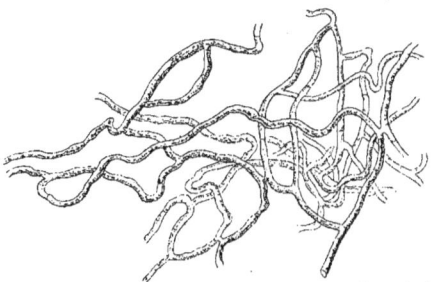

Fig. 150. — Mycélium du champignon (*S. ampelina*) de la Mélanose. — Gross. : 410/1.

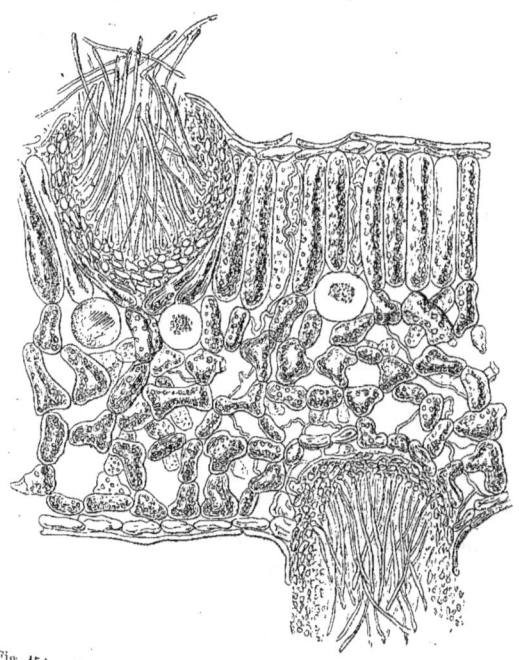

Fig. 151. — Coupe transversale d'une feuille atteinte de *Mélanose*, montrant les pycnides du *Septoria ampelina*. — Gross. : 340/1.

A mesure que l'altération progresse, les ramifications du mycélium deviennent plus nombreuses, quelques-unes d'entre elles s'anastomosent, se pelotonnent en certains points de manière à former par leur réunion des masses pseudoparenchymateuses d'où résultent des pycnides.

b. **Pycnides.** — La pycnide (Fig. 151), une fois formée, est ovoïde, plus profonde que large et presque entièrement immergée dans le tissu en palissade de la feuille ou dans le tissu spongieux, elle est entourée d'une membrane peu épaisse (Fig. 151 et 152), formée de 3 couches de cellules, 4 ou 5 au plus. Elle est d'abord entièrement close; mais, bientôt à son sommet, les cellules de la membrane paraissent subir une sorte de gélification. Il en résulte une large ouverture ou ostiole à bords non point nettement délimités (Fig. 162), mais irréguliers et entourés d'une matière muqueuse au sein de laquelle on distingue quelques débris des cellules dont elle provient. C'est par cette ouverture que les spores sont émises à l'extérieur.

Les cellules de l'enveloppe de la pycnide sont petites, irrégulières, à membrane assez épaisse et d'un brun roussi, ce qui ne permet pas de les distinguer toujours nettement au milieu des tissus altérés de la feuille. Celles qui constituent la dernière assise (Fig. 151 et 152) présentent à peu près les mêmes caractères; seulement leur membrane la plus interne est moins épaisse, incolore. C'est de cette couche que naissent les spores.

Stylospores. — Un petit bourgeon apparaît sur la membrane incolore de ces cellules (Fig. 152), étranglé à son insertion et bien pourvu de protoplasme. Il s'accroît rapidement, s'effile davantage à sa partie inférieure et forme en définitive une spore ou *stylospore* allongée, dont la base amincie semble constituer un pédicelle. Les spores naissent ainsi de toute la moitié inférieure de la pycnide, directement sur

Fig. 152. — Coupe transversale d'une pycnide montrant l'insertion et la formation des stylospores.— Gross.: 400/1.

les cellules ou basides qui forment la paroi interne. Elles s'irradient d'abord vers le centre, puis celles qui ont pris naissance sur les parois latérales se courbent vers l'ostiole, par laquelle elles sortent toutes, réunies en faisceau (Fig. 152), mais non agglomérées par une matière visqueuse. Ce sont elles qui forment au sommet de la pycnide les petits points blancs d'apparence crayeuse.

Les stylospores (Fig. 153) affectent des formes assez variables : tantôt droites ou légèrement ondulées, si elles sont nées au fond de la pycnide, tantôt en forme de faulx, si au contraire elles sont nées sur les parois latérales ; elles ont dû se recourber ainsi pour se diriger vers l'ostiole. Leur forme générale est celle d'un fuseau très allongé, dont la base s'effile peu à peu ou bien se rétrécit brusquement en une sorte de mince pédicelle.

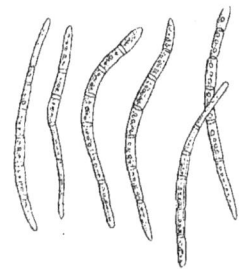

Fig. 153. — Spores ou stylospores du *Septoria ampelina*. — Gross.: 470/1.

Elles mesurent 0^{mm},002 de largeur, au point où elles sont le plus dilatées, sur 0^{mm},040 à 0^{mm},060. Elles sont cloisonnées et un peu rétrécies aux points où les cloisons (de 3 à 6) se forment. Leur contenu est incolore, granuleux, avec des points réfringents en nombre variable, la membrane est hyaline.

Dans l'eau ordinaire, ces spores germent facilement à une température de 18° à 20°. La membrane se rétrécit davantage au niveau des cloisons (Fig. 154); le contenu devient plus homogène et les points réfringents se résolvent à mesure que la spore émet des filaments germinatifs. Ceux-ci naissent en tous les points de la spore, et souvent même à chacune de ses extrémités dont ils ne paraissent être qu'un prolongement. Ils sont étroits, peu granuleux et cloisonnés.

Très souvent, la spore émet, en même temps que les tubes mycéliens, d'autres filaments bien pourvus de protoplasme, plus rigides, courts, en forme de fuseau et à cloisons très rapprochées, au nombre généralement de 4 à 6. Leur forme et leur aspect nous ont fait penser, avec M. L. Ravaz, que ce sont des spores secondaires, nées, par suite des conditions de milieu, directement sur la spore-mère

(Fig. 154). C'est un cas de production de spores secondaires assez particulier, mais qui n'est pas spécial au champignon de la Mélanose.

Le *Septoria ampelina* est bien la cause de la Mélanose. Des spores, recueillies avec toutes les précautions voulues, ont été ense-

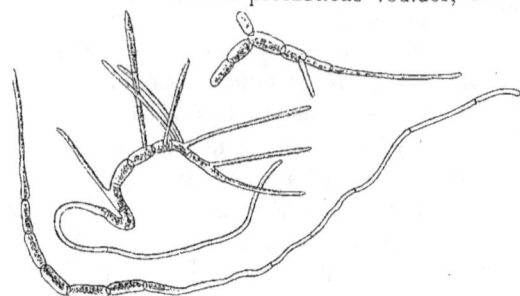

Fig. 154.— Germination des stylospores du *Septoria ampelina*.— Gross. : 470/1.

mencées sur des feuilles saines de Riparia sauvage; d'autres feuilles, placées dans les mêmes conditions, mais non inoculées, servaient de témoins. Six jours après, les taches de Mélanose commençaient à se montrer aux points inoculés, et les pycnides du *Septoria ampelina* apparaissaient quinze à vingt jours plus tard. Ces inoculations, répétées à plusieurs reprises, ont toujours donné les mêmes résultats et déterminé les mêmes altérations. Il ne reste donc pas de doute sur la nature parasitaire de cette maladie.

La pycnide est le seul organe reproducteur du *Septoria ampelina* que nous connaissions. Ses caractères le font classer provisoirement dans le groupe de champignons que Saccardo a réunis sous le nom de Sphéropsidées. Le *S. ampelina* se rattache à une subdivision de ce groupe, les Sphérioidées.

CLADOSPORIUM ET SEPTOSPORIUM

Le **Cladosporium viticolum** Cesati, le **Cladosporium Rœsleri** Cattaneo et le **Septosporium Fuckelii** Thümen, auxquels nous maintiendrons ces noms sous lesquels ils sont vulgairement connus des viticulteurs, constituent des parasites générale-

Les Maladies de la Vigne par P. Viala.

Pl. IX.

Lith. G. Severeyns, J.L. Goffart, succ.
Bruxelles.

A. CLADOSPORIUM. — B. SEPTOSPORIUM.

ment peu importants et qui ne se développent que dans des conconditions peu communes de grande humidité ; ainsi, on les observe le plus souvent sur les feuilles des rameaux inférieurs dans les vignes des plaines humides, surtout lorsqu'elles sont très touffues ; ils peuvent dans ce cas déterminer une chute anticipée des feuilles ; ils n'ont quelque gravité que lorsqu'ils envahissent les grains, fait qui n'a été signalé qu'une seule fois par M. Max. Cornu pour le *Cl. viticolum*. Ils apparaissent rarement dès le mois de mai et continuent à se développer jusqu'à la chute des feuilles ; c'est à l'arrière saison qu'on les trouve le plus fréquemment, surtout sur les cépages glabres, mais aussi sur les variétés tomenteuses.

On ne connaît que quelques cas où ces parasites aient inspiré des inquiétudes, mais ils n'ont jamais causé de dommages sérieux ; sans être rares, ils ne se rencontrent cependant en Europe qu'à l'état d'exception et le plus souvent à l'arrière-saison, après la maturité du fruit. Ce sont de vrais parasites avec lesquels on aurait à compter s'ils possédaient la faculté de se développer dans des milieux convenables avec une intensité aussi grande que celle du Mildiou, car leur partie végétative ou mycélium, vivant dans l'intérieur des tissus, amènerait des désordres du même genre que ceux qu'occasionne ce dernier.

Cladosporium viticolum Cesati. — Le *Cladosporium viticolum* Cesati (*Graphium clavisporum* Berkeley et Curtiss, *Cercospora vitis* Saccardo, *Cladosporium ampelinum* Passerini, *Cladosporium vitis* Saccardo, *Septonema vitis* Léveillé) est très répandu aux Etats-Unis et plus connu qu'en Europe, où il est cependant assez disséminé dans tous les vignobles. Il existe à peu près dans toutes les régions, excepté en Californie, aussi bien sur les vignes cultivées que, dans les forêts, sur les vignes sauvages. Je l'ai vu abondant dans le Maryland, le New-Jersey, la Caroline du Nord, le Tennessee, le Missouri, le Territoire des Indiens et le Texas ; Curtiss l'a observé dans la Caroline du Sud. Les V. Cordifolia, V. Æstivalis, V. Labrusca, V. Candicans, sont attaqués par ce parasite qui n'a, au point de vue des ravages produits, qu'une importance secondaire en Amérique, comme en Europe et en Afrique. Il ne se développe le plus souvent que sur les feuilles de la base déjà âgées, mais il est quelques rares circonstances où il produit de graves dommages. Il forme sur les feuilles jeunes aussi bien que sur les feuilles adultes (Pl. IX, A) de grandes taches de 2 à 3 centimètres de diamètre, qui altèrent leur parenchyme et les dessèchent; la récolte est indirectement compromise.

Le *Cl. viticolum* forme des taches vaguement circulaires en plein parenchyme, et longitudinales suivant les nervures, visibles sur les deux faces de la feuille, brunes, diffuses ou limitées sur leurs bords, entourées parfois d'une auréole plus ou moins large, d'un vert tranché sur le fond vert roussâtre du parenchyme partiellement desséché (Pl. IX, A); quelques feuilles sont entièrement noircies par les taches confluentes et soudées; ce dernier cas est exceptionnel. Les taches paraissent un peu plus épaisses que le limbe. Les fructifications se produisent sur les deux pages de la feuille; elles sont bien visibles à la face supérieure, même à l'œil nu, quand on les interpose entre l'œil et la lumière en incurvant la feuille; elles sont nombreuses quoique bien séparées, assez hautes (jusqu'à 1^{mm}) et se dressent perpendiculairement au limbe comme de petits fils roides.

Le *Cl. viticolum* avait été signalé en France par Léveillé, en 1848, dans le Bordelais; M. Cornu l'a trouvé à Etampes (Seine-et-Oise), dans les vignobles de Cognac et de la plaine de Montpellier; M. Perrier de la Bathie l'a observé dans des vignes de la Savoie, sur les confins du département de l'Isère. A plusieurs reprises, nous avons reçu d'Algérie des feuilles attaquées par ce parasite, que nous avons aussi constaté, comme M. Prillieux, mêlé aux filaments fructifères du Mildiou, en automne. Il a été observé en Italie par MM. Saccardo, Passerini, Pirotta, etc., dans la Prusse Rhénane par Fuckel, dans la basse Autriche par M. von Thümen etc... Il a été trouvé en Russie (Bessarabie), en Australie, au Chili, etc.

Le mycélium du *C. viticolum* vit dans les tissus; il est d'un brun clair, à cloisons assez nombreuses, parfois très rapprochées, lisse, jamais variqueux; il possède des ramifications qui se détachent nettement et sont assez distantes. Il forme dans les tissus qu'il envahit des masses condensées qui sont peut-être l'origine de corps reproducteurs. Le mycélium émet, à travers les stomates, les filaments fructifères qui donnent aux taches leur aspect, ce qui explique, comme pour le Mildiou, leur situation plus fréquente à la face inférieure. D'après M. Pirotta, il formerait, dans le vide sous-stomatique, une sorte de stroma en forme de disque ou de sphère, émergeant en partie du stomate, constitué par un grand nombre de cellules cylindriques, courtes, peu distinctes, desquelles se détachent les fructifications.

Les filaments fructifères s'élèvent en gerbe serrée, perpendiculairement à la feuille (Fig. 155); ils sont droits, lisses, d'un calibre uniforme et non ramifiés, d'une couleur brun olive foncé. Ils sont agglomérés sur presque toute leur longueur, parallèles ou légèrement entrelacés, et pourvus de quelques cloisons. Ils forment, par leur grand nombre, un vrai cylindre plein et ne se séparent en pinceau peu épanoui que vers leur tiers supérieur, où ils ont une teinte plus claire et montrent leur protoplasme légèrement granuleux; ils sont en même temps un peu flexueux. Ils ont une hauteur de $0^{mm},27$ à 1^{mm}.

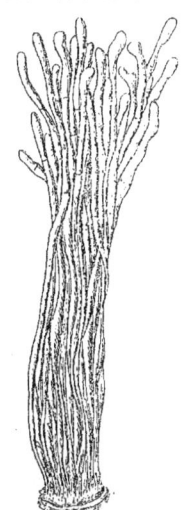

Fig. 155.—Bouquet de filaments fructifères du *Cladosporium viticolum*.— Gross.: 300/1.

On voit, même sur des échantillons secs, l'extrémité faiblement déjetée des hyphes fructifères porter de petits renflements rétrécis à leur insertion; ce sont les origines des spores qui se détachent de leur sommet. Elles s'accroissent, se cloisonnent et prennent une teinte brune de plus en plus foncée (Fig. 156). A leur état parfait elles sont allongées, d'une longueur qui varie entre $0^{mm},035$ et $0^{mm},080$. Elles possèdent jusqu'à douze et treize cloisons et sont rarement simples et très courtes; le plus grand nombre est formé de cinq à sept cellules munies chacune d'un point clair. Elles sont légè-

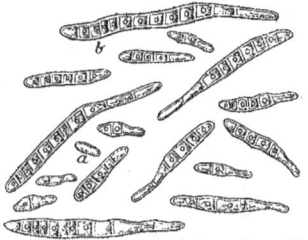

Fig. 156.— Spores du *Cladosporium viticolum*.— Gross.: 450/1.

rement obtuses au sommet, et leur base qui s'attache sur l'hyphe producteur est amincie et allongée, formant une sorte de pédicelle plus clair ; elles sont rarement dépourvues de cette partie effilée.

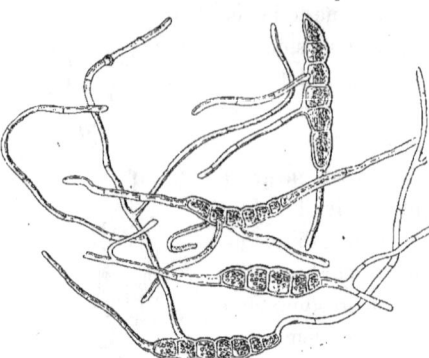

Fig. 157. — Germination des spores du *Cladosporium viticolum*. (L. Ravaz del).

Leur contour est lisse, et elles ne sont pas rétrécies au niveau des cloisons comme celles du *Septosporium*. Elles germent rapidement dans une goutte d'eau, en émettant un filament mince et délicat par le pédicelle (Fig. 157), ou par le sommet et les parties latérales sur une quelconque des cellules qui les constituent, ou bien encore elles forment plusieurs filaments par tous ces points à la fois ; le filament germinatif se cloisonne de bonne heure.

On a considéré que le Cladosporium que l'on trouve sur les feuilles aux Etats-Unis était une espèce différente du *Cl. viticolum*, ce qui ne nous paraît pas démontré.

Cladosporium Rœsleri Cattaneo. — *Cladosporium pestis* Thümen. — Le *C. Rœsleri* a été observé par M. Cattaneo en Italie et par M. von Thümen dans la basse Autriche, près de Klosterneubourg ; nous ne sachions pas qu'il ait été signalé en France. Quelques auteurs n'établissent aucune différence entre cette espèce et le *Septosporium Fuckelii*. La gerbe de filaments fructifères (Fig. 158) qui sort par les stomates est moins condensée et beaucoup moins haute ; elle s'étale à sa sortie. Les filaments sont cylindriques, lisses ou rarement contournés, pourvus de

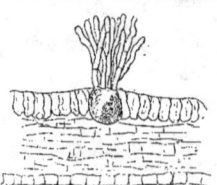

Fig. 158. — Bouquet de filaments conidifères du *Cladosporium Rœsleri* (d'après M. Pirotta).

cloisons transversales et parfois, vers leur partie supérieure, d'une ou deux ramifications ; ils sont d'un brun moins foncé que le *C. viticolum*. De leur sommet se détachent des spores (Fig. 159) simples ou pourvues au plus d'une ou deux cloisons, obtuses à leurs deux bouts et lisses ; elles ont de $0^{mm},040$ à $0^{mm},046$ de long sur $0^{mm},005$ à $0^{mm},008$ de diamètre.

Fig. 159. — Spores du *Cladosporium Rœsleri*. — Gross. : environ 250/1 (d'après M. Pirotta).

Septosporium Fuckelii Thümen. — Ce champignon a été trouvé tout d'abord par M. von Thümen dans le Nassau et dénommé *Septosporium Fuckelii* pour les fructifications conidifères ; les autres formes de reproduction sont peu connues et ont été rapportées au *Sphærella Vitis* de Fuckel. Nous avons trouvé le *S. Fuckelii* dans le sud de la Californie, où il est très abondant sur le V. Californica, dans les forêts ; nous l'avons constaté plusieurs fois dans les vignobles. Ce champignon parasite n'avait pas été signalé aux Etats-Unis ; il ne cause généralement pas de dommages en France, en Tunisie et en Algérie ; il a été trouvé en Europe, en Asie, en Tunisie et en Algérie. Il se développe accidentellement, dans les milieux humides, sur les feuilles de la base des souches touffues et mal aérées.

Les pieds sauvages du V. Californica sont fortement attaqués dans les cañons frais et chauds du comté de Los Angeles. Les feuilles (Pl. IX, B) sont parfois garnies de nombreuses taches qui deviennent confluentes, altèrent une grande partie du parenchyme et déterminent leur chute de la même façon que le Mildiou, avec lequel le Septosporium a beaucoup d'analogie dans son développement.

Son mycélium vit, comme celui du *Pl. viticola*, dans l'intérieur du limbe et émet ses fructifications par les stomates sur la face inférieure seulement, où elles ont une teinte d'un brun noirâtre ; les taches sont diffuses sur les bords (Pl. IX, B). Le parenchyme altéré présente, à la face supérieure, les mêmes phases de décoloration que sous l'effet du Mildiou ; il est d'abord jaunâtre, puis jaune brun et définitivement brun feuille morte et desséché

(Pl. IX, b). Le *S. Fuckelii* a, dans le sud de la Californie (1), une gravité que je ne lui connais pas dans les vignobles européens; il attaque les feuilles saines des pieds vigoureux, mais on l'observe aussi sur les feuilles altérées par le *Sun scald*, ce qui prouve qu'il peut vivre aussi en saprophyte sur la vigne.

Les filaments fructifères sortent en épaisse gerbe des stomates, dont ils compriment les cellules environnantes (Fig. 160). Ces filaments fructifères sont très nombreux, en bouquet légèrement épanoui dès leur sortie, à cloisons plus nombreuses que celles des deux espèces précédentes; ils sont assez courts (hauteur : 0^{mm},50 à 0^{mm},080), droits ou légèrement flexueux. De leur sommet se détachent des spores rarement simples, le plus souvent cloisonnées; le plus grand nombre a de quatre à sept cloisons (Fig. 161). Elles sont parfois un peu effilées à leur base d'insertion; elles ne possèdent pas un point nettement apparent dans chaque cellule, et sont le plus souvent rétrécies au niveau des cloisons; leur longueur varie de 0^{mm},030 à 0^{mm},060. Elles germent (Fig. 162) en émettant un tube mycélien par leurs extrémités, ou par chacune des parties qui les composent. Le mycélium est peu cloisonné et presque incolore.

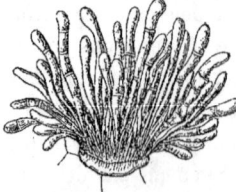

Fig. 160. — Groupe de filaments fructifères du *Septosporium Fuckelii*. — Gross.: 300/1.

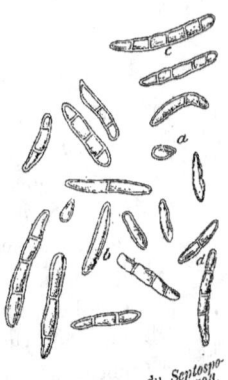

Fig. 161. — Spores du *Septosporium Fuckelii*. — Gross.: 450/1.

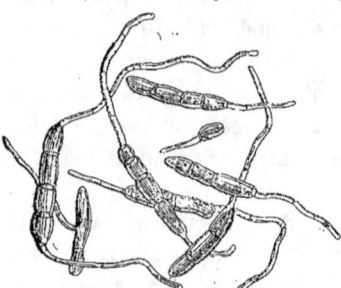

Fig. 162. — Germination des spores du *Septosporium Fuckelii* (L. Ravaz del.)

---

(1) MM. Ellis et Galloway estiment que le Septosporium qui attaque les feuilles du V. Californica est une espèce différente du *S. Fuckelii* qu'ils spécifient sous le nom de *Septosporium heterosporum* (Journal of Micology).

UREDO VIALÆ

Ce parasite, peut-être dangereux, a été observé par M. de Lagerheim, directeur du Jardin botanique de Quito (Equateur); il ne l'a trouvé qu'à la Jamaïque, où il produisait des dégâts très graves sur les feuilles de vignes cultivées. Nous ne saurions mieux faire que d'extraire du mémoire (1) de M. de Lagerheim ce qui est relatif aux caractères et à l'importance de cette Urédinée, la seule qui ait été constatée sur la vigne.

«Pendant une excursion botanique que je fis à la Jamaïque, entre Kingston et Rockfort, dit M. de Lagerheim, le propriétaire d'une villa située sur le versant de la montagne m'invita à visiter son jardin. Des vignes couvraient des vérandas; celles de ces plantes qui poussaient derrière la maison étaient très belles, garnies de grappes bien fournies de gros raisins bleus; celles, au contraire, qui tapissaient la façade du côté de la mer avaient un aspect misérable et ne portaient aucune trace de fruits. Une grande partie des feuilles étaient complètement flétries et sur presque toutes les autres feuilles se montraient des taches décolorées. Un examen superficiel à la loupe me montra aussitôt que cette maladie était causée par une Urédinée...

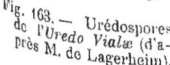

Fig. 163. — Urédospores de l'*Uredo Vialæ* (d'après M. de Lagerheim).

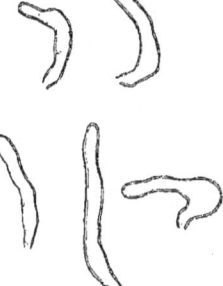

Fig. 164. — Différentes formes de paraphyses de l'*Uredo Vialæ* (d'après M. de Lagerheim).

»Le champignon n'a été observé que sous la forme *Uredo*; les

---

(1) De Lagerheim.— Note sur un nouveau parasite dangereux de la vigne, *loc. cit.*

coussinets d'Urédos se trouvent exclusivement sur la face inférieure de la feuille (Pl. X, A); ils sont ordinairement très petits, punctiformes; rarement ils atteignent les dimensions d'un millimètre carré. Ils sont souvent très rapprochés les uns des autres et couvrent une grande partie des feuilles atteintes. Les plus grands coussinets déterminent sur la face supérieure de la feuille de petites taches jaunes ou brunes (Pl. X, A). La partie de la feuille qui est envahie par les colonies d'Uredo demeure plus longtemps verte que le reste de la feuille.

» Les urédospores (Fig. 163) sont piriformes ou ovoïdes, ont de 20 à 27 μ de longueur sur 15 à 18 μ de largeur; elles sont recouvertes d'une membrane uniformément mince, incolore et toute couverte de petites pointes (Fig. 163); son contenu a une coloration rouge orangée. Une couronne de paraphyses (Fig. 164) assez longues, incolores, entoure chaque groupe d'urédospores; elles sont souvent renflées à leur base; leurs parois sont assez minces.

» ..... L'*Uredo Vialæ* Lagerheim est la première Urédinée constatée avec certitude sur un *Vitis* (1)... C'est un fait bien connu que les plus redoutables parasites de la vigne sont venus en Europe d'Amérique... Qui sait si l'*Uredo Vialæ* n'est pas un nouveau danger ? Je me suis fait un devoir d'appeler sur lui l'attention des botanistes et des agriculteurs européens..... »

FAUX RHYTISMA

Les divers champignons parasites de la vigne que nous réunissons sous ce titre général, — quoique peu exact, — de *Faux Rhytisma*, n'ont été observés qu'aux Etats-Unis d'Amérique. Nous les

---

(1) Des Urédinées ont été décrites sur d'autres Ampélidées, tels l'*Æcidium Cissi* Winter sur le *Cissus sicyifolius* (Brésil et Panama), l'*Æcidium cissigenum* Welwitsch sur un *Cissus*, l'*Uredo Cissi* Lagerheim sur le *Cissus rhombifolia* de Vahl. L'*Uredo viticida* Daille et l'*Uredo Vitis* Thümen, décrits sur les vignes européennes, ne sont pas des Urédinées ; ce sont des résultats d'altérations physiologiques des feuilles qui ont été prises à tort pour des champignons.

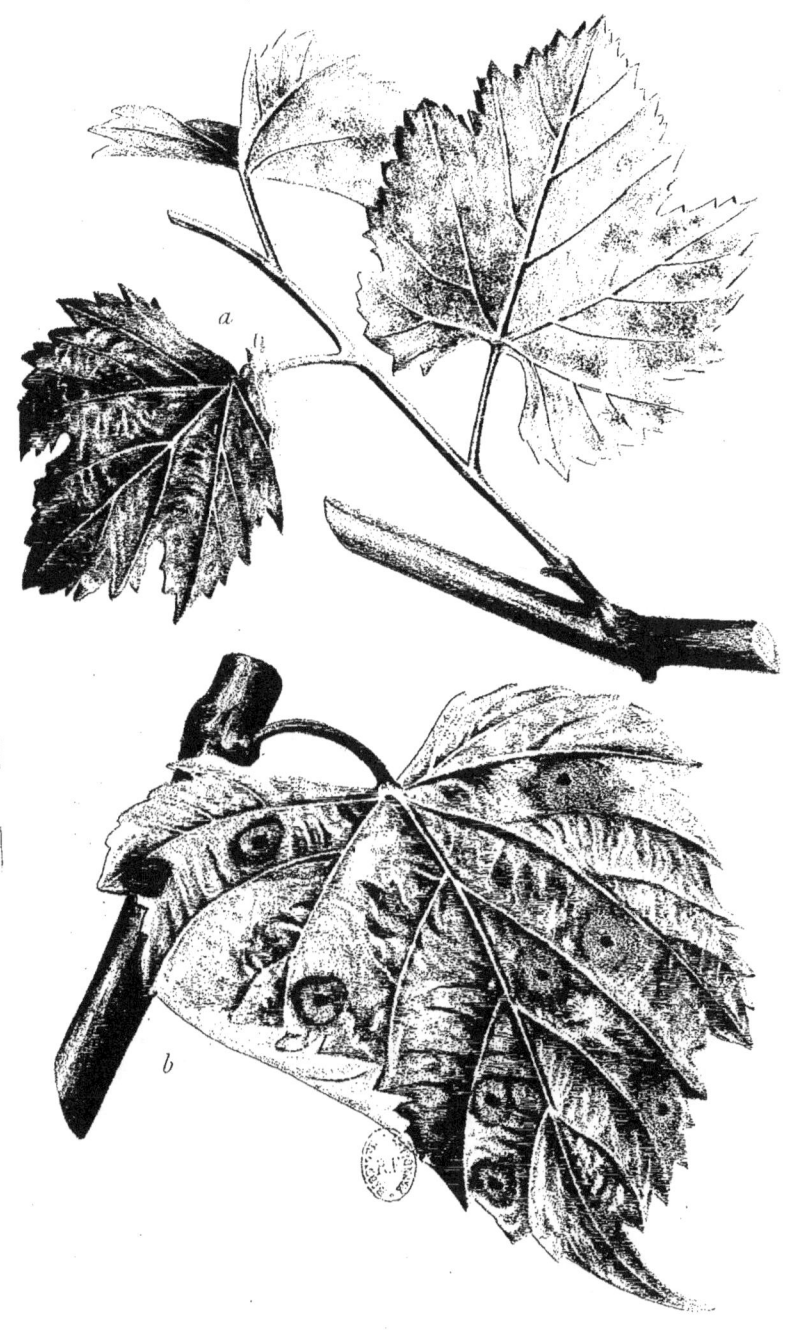

A. UREDO VIALÆ. — B. FAUX RHYTISMA.

avons étudiés en collaboration avec M. C. Sauvageau (1) et ce qui suit est un résumé du Mémoire détaillé que nous avons publié sur cette question.

Les Faux Rhytisma se développent seulement sur les feuilles de diverses espèces américaines ; nous ne les avons pas constatés sur les autres organes des vignes sauvages ou cultivées des État-Unis. Les altérations qu'ils produisent sont limitées dans leurs effets, et la maladie qui en résulte est sans importance ; elle se traduit par la destruction de zones partielles du tissu des feuilles, mais elle n'amène jamais un affaiblissement de la plante attaquée.

Les Faux Rhytisma ont été signalés, en 1851, sur le *V. Cordifolia*, par Schweinitz, qui les avait recueillis dans les Carolines et la Pennsylvanie et les avait nommés *Rhytisma Vitis*. L'examen des échantillons de Schweinitz, déposés dans l'herbier Curtiss, à Cambridge (Massachussetts), nous a permis d'identifier le *Rh. Vitis* de Schweinitz avec le *Rhytisma monogramme* de Berkeley et Curtiss ; les échantillons de cette dernière espèce ont été déposés par Curtiss dans le même herbier de Cambridge. Berkeley et Curtiss avaient créé cette espèce pour les parasites qu'ils avaient observés, en 1854, dans l'Alabama, sur des feuilles de *V. Æstivalis* et de *V. Cordifolia*.

Les altérations se présentent sur les feuilles avec des caractères identiques qui feraient croire à un seul et même parasite. Elles sont dues à quatre espèces différentes appartenant, d'après le groupement des Sphoeropsideæ-Sphoerioideæ de Saccardo, à quatre genres distincts. Ces espèces sont : **Pyrenochæta vitis, Phoma Farlowiana, Coniothyrium Berlandieri, Diplodia sclerotiorum**.

Les caractères et les conditions de production des sclérotes dans les tissus des feuilles attaquées sont très particuliers à ces quatre espèces. Ces sclérotes ont entre eux les plus grands rapports de ressemblance extérieure, de développement et de constitution interne ; les caractères extérieurs que nous donnons pour les taches

---

(1) P. Viala et C. Sauvageau.— Sur quelques champignons parasites de la vigne (Montpellier, 1891. Un mémoire avec 2 planches).

d'altération s'appliquent donc aux diverses espèces. Les variations de détail dans l'aspect des taches produites tiennent surtout à la constitution des feuilles des vignes attaquées.

Nous avons observé le *Pyrenochæta vitis* dans les forêts de l'Amérique du Nord, depuis la Nouvelle-Angleterre jusqu'au sud du Texas, surtout sur *V. Riparia*, *V. Labrusca*, *V. Cordifolia* et *V. Æstivalis*, et aussi sur *V. Berlandieri*, *V. Lincecumii*, *V. Candicans*. Le *Coniothyrium Berlandieri* est plus spécial aux régions du sud des États-Unis, dans le Tennessee, le Territoire des Indiens, le Missouri, l'Arkansas, et surtout le Texas, sur *V. Berlandieri*, *V. Cinerea*, *V. Candicans*. Le *Diplodia sclerotiorum* n'existe que sur le *V. Labrusca* dans le district de Colombie, le New-Jersey, le Delaware, le Maryland, l'État de New-York. Le *Phoma Farlowiana* s'observe, dans les mêmes régions et dans le Canada, sur *V. Labrusca* et sur *V. Riparia*.

Ces parasites ne se développent que dans des milieux secs. On les observe surtout sur les coteaux rocailleux secs, toujours loin des cours d'eau. Les *V. Berlandieri*, *V. Candicans*, *V. Cinerea*, dont certaines variétés sont spéciales aux terrains arides des collines du Texas et dont quelques formes poussent sur les rives des fleuves, ne possèdent le *Conioth. Berlandieri* que sur les variétés à feuilles petites et épaisses du premier groupe.

A. — CARACTÈRES EXTÉRIEURS DES FAUX RHYTISMA

Les caractères extérieurs (Pl. X, b) que présentent les feuilles attaquées sont identiques pour les quatre espèces. Les taches sont inégalement distribuées sur tout le parenchyme foliaire, soit vers les bords du limbe, soit entre les nervures principales, au centre de la feuille. On n'observe souvent qu'une ou deux taches sur une feuille; elles peuvent être plus nombreuses, mais le limbe n'est jamais entièrement envahi. La feuille ne subit aucune déformation dans son ensemble, et il n'en résulte aucun affaiblissement pour la plante. Il est rare d'ailleurs que la plupart des feuilles d'un même pied de vigne soient attaquées. Les taches se produisent sur les feuilles de plantes saines et vigoureuses, on les trouve aussi sur des feuilles chlorosées; nous ne les avons observées que sur des feuilles complètement formées, jamais sur des feuilles jeunes. Le développement des taches paraît être lent.

Les taches sont toujours limitées et relativement peu étendues. Elles débutent par une décoloration d'un jaune sale, diffuse; puis le parenchyme prend une teinte différente suivant sa consistance et son épaisseur. Dans le cas des vignes à feuilles minces, la tache est d'un jaune brunâtre, à bords diffus (Pl. X, B); dans le cas des vignes à feuilles épaisses et coriaces, la tache, un peu moins étendue, a une teinte feuille morte, et les tissus altérés paraissent un peu affaissés. En outre, la tache, inégalement circulaire ou vaguement carrée, comme dans le cas précédent, est délimitée par une zone plus brune (Pl. X, B).

Les taches sont peu étendues; elles ont au plus un centimètre d'axe sur les espèces de vignes à feuilles coriaces. Sur les Riparias à feuilles minces, elles s'étendent parfois sur un ou deux centimètres de largeur et sur deux ou trois centimètres de longueur dans le sens des nervures principales. Dans ce dernier cas, mais exceptionnellement, deux taches contiguës se réunissent par une bande plus étroite de tissu altéré et jaune brunâtre.

On trouve toujours, au centre des altérations, des taches particulières et caractéristiques de ces parasites (Fig. 165), analogues à celles que forment les Rhytisma, et qui sont postérieures aux premières phases de la maladie. Ces taches sont vaguement polygonales et non diffusées sur leurs bords limités; elles ont de cinq à huit millimètres de côté. Elles sont plus épaisses que le limbe de la feuille altérée,

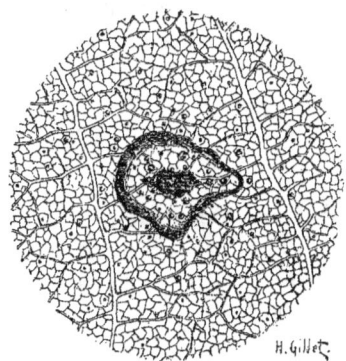

Fig. 165. — Fragment grossi d'une feuille de vigne attaquée par le *Pyrenochæta vitis*.

proéminentes sur les deux faces ou sur une seule, dures, d'un noir uniforme foncé ou d'un brun noirâtre (Pl. X, b). Elles dessinent parfois d'étroites bandes irrégulières et épaisses suivant les nervures qui forment le plus souvent le centre de l'ensemble de chacune de ces altérations. Ces taches noires, qui tranchent par leur coloration et leur épaisseur sur les tissus altérés, sont des sclérotes formés par le mycélium des parasites, interne aux tissus, et dans lesquels se développent parfois des pycnides et des spermogonies.

En examinant les altérations à la loupe, on observe de petits points noirs, faiblement proéminents, distribués en plus ou moins grand nombre, soit sur les bords des taches noires avec lesquelles ils sont tangents, soit à une petite distance sur le tissu décoloré de la feuille et assez souvent rapprochés des sous-nervures. Ils sont surtout abondants à la face supérieure des feuilles. Ces fines ponctuations noires sont des pycnides. Il existe aussi, mais en moins grand nombre, d'autres ponctuations plus petites, plus claires, qui sont des spermogonies, d'ailleurs souvent difficiles à distinguer des précédentes par un simple examen.

B. — ETUDE BOTANIQUE DES FAUX RHYTISMA

Pyrenochæta vitis Viala et Sauvageau. — La formation des sclérotes et la distribution du mycélium dans les tissus sont identiques pour les quatre espèces ; nous les indiquerons succinctement pour le *Pyren. Vitis*.

Mycélium et Sclérotes. — Au pourtour des taches noires sclérotiques, les filaments mycéliens sont répandus uniquement dans les lacunes du parenchyme lacuneux (Fig. 166 a, c). Ils sont de couleur brun jaunâtre, de section circulaire ; leur diamètre moyen est de 2 μ ; ils sont nettement cloisonnés (Fig. 167) et assez ramifiés. Ils se ramifient abondamment en certains points et forment des amas qui sont l'origine des conceptacles (Fig. 166 c). Les cellules en palissade, quand elles sont envahies (Fig. 166 b), sont remplies d'un abondant mycélium distribué dans tous les sens et enchevêtré. Les cellules de l'épiderme sont attaquées en dernier lieu, et la formation des taches noires ou sclérotes est le résultat de la multipli-

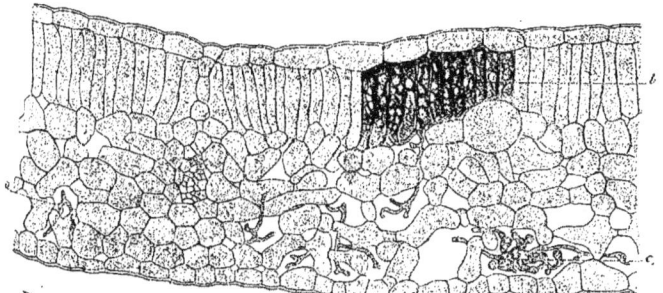

Fig. 166. — Coupe d'une feuille de vigne envahie par le *Pyrenochæta vitis*, montrant le mycélium *a*, la tache rhytismoïde *b* et l'origine d'un conceptacle *c*. — Gross.: 300/1.

cation intense des filaments mycéliens dans leur intérieur (Fig. 167 et 168), où ils affectent définitivement un aspect coralloïde (Fig. 168) et forment une masse noire, très compacte et homogène. Les filaments mycéliens communiquent de cellule à cellule à travers les ponctuations de la membrane cellulaire.

Le mycélium pénètre aussi les éléments du bois et du liber des nervures; les filaments y sont

Fig. 167. — Cellules de l'épiderme envahies par le mycélium du *P. vitis*. Gross.: 550/1.

Fig. 168. — Mycélium coralloïde des taches noires du *P. vitis*. — Gross.: 550/1.

cependant moins condensés que dans l'épiderme ou que dans les tissus spongieux et en palissade.

Pycnides et Spermogonies. — Les organes de fructification du *Pyren. Vitis* sont de deux sortes; les plus communs sont des pycnides, les spermogonies sont plus rares.

Les pycnides adultes (Fig. 169) occupent le plus souvent la totalité de l'épaisseur de la feuille et émergent au dehors vers la face supérieure où se trouve l'ouverture de ces conceptacles; elles sont à peu près sphériques, ou piriformes aplaties lorsque le col est bien développé. Elles ont un diamètre moyen de 190 μ et une hauteur moyenne de 237 μ. Leur enveloppe noire est composée de plusieurs épaisseurs de cellules irrégulièrement polygonales, à membrane très épaisse et très foncée.

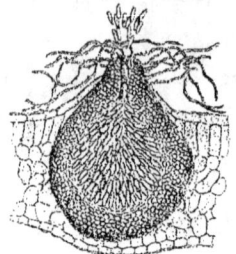

Fig. 169. — Coupe d'une pycnide du *P. vitis.*— Gross.: 130/1.

Sur tout le pourtour extérieur du col et de la pycnide qui émerge, s'insèrent un grand nombre de poils d'ornement. Lorsque les pycnides sont plongées dans les tissus et n'émergent pas au dehors, les poils font défaut. Ces poils (Fig. 169 et 170), colorés en brun, flexueux dans leur ensemble et cylindriques, sont simples, non cloisonnés et vont en s'atténuant vers leur extrémité qui est incolore.

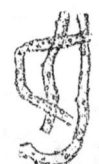

Fig. 170 — Poils externes d'une pycnide de *P. vitis.* Gross.: 550/1.

Ils peuvent avoir une longueur totale dix à douze fois supérieure au diamètre de la pycnide; leur diamètre propre est de 3 μ,7 vers la base. Ils sont déjetés à droite et à gauche du conceptacle, entrelacés dans des directions parallèles.

Les cellules de l'enveloppe de la pycnide, sur lesquelles les poils s'insèrent, sont légèrement renflées et la base des poils est elle-même un peu dilatée. La membrane plus foncée des poils est nettement visible; dans son épaisseur (Fig. 170) sont implantées un grand nombre de granulations, probablement d'oxalate de chaux, proéminentes au dehors et irrégulièrement distribuées sur tout le pourtour du poil, auquel elles donnent un aspect assez caractéristique.

A l'intérieur de l'enveloppe des pycnides, existent au plus deux ou trois couches de cellules. La couche interne est composée de cellules incolores qui se développent en basides; celles-ci sont régulièrement distribuées sur tout le pourtour de la cavité du conceptacle. Le sommet des basides porte les stylospores.

Les stylospores sont disposées, comme les basides, en files rayonnantes vers l'ostiole (Fig. 169). Elles sont plus longues que larges, atténuées assez souvent vers leurs deux extrémités, cylindriques, mais à pourtour irrégulièrement flexueux et un peu plus dilatées vers leur centre (Fig. 171). Elles sont incolores; leur membrane est mince et hyaline. Leur contenu est grumeux, avec des zones irrégulières plus claires et vaguement limitées. Elles ont une longueur moyenne de 19 μ et un diamètre moyen de 5 μ.

Fig. 171. — Stylospores du *Pyrenochæta vitis*. Gross : 550/1.

Les spermogonies sont rares relativement aux pycnides, situées le plus souvent vers la face supérieure de la feuille, plongées dans les tissus et recouvertes par la cuticule de la feuille qui est fendue au niveau de l'ouverture de chaque conceptacle. Elles sont discoïdes, aplaties dans le même sens que la feuille. Elles mesurent en largeur 93 μ et en hauteur 75 μ. Leur teinte est d'un brun clair.

L'enveloppe est composée d'une couche unique de cellules. Ces cellules sont relativement grandes, polygonales, formant une couche continue. La membrane de chacune de ces cellules est plus claire que le contenu, qui est homogène et très finement granuleux. A l'intérieur de cette couche de cellules d'enveloppe, existe une couche de très petites cellules incolores productrices des spermaties.

Les spermaties sont très petites, incolores; elles mesurent 4 μ de longueur sur 1 μ,5 de diamètre. Elles sont en forme de bâtonnets arrondis et atténuées à leurs deux extrémités. La membrane est assez épaisse; leur contenu est très finement granuleux et homogène.

Phoma Farlowiana Viala et Sauvageau. — Le mycélium, lorsqu'il est en filaments isolés, surtout dans le tissu spongieux de la feuille, est moins cloisonné, moins toruleux et à diamètre un peu plus grand que celui de l'espèce précédente.

Les pycnides sont immergées presque entièrement dans les tissus, et leur ostiole affleure au dehors à travers l'épaisse cuticule déchirée de la face supérieure. Elles sont de forme nettement ovoïde, le grand axe parallèle au plan de la feuille; elles mesurent 132 μ sur 110 μ. Leur enveloppe épaisse est d'un noir très foncé. Les basides sont très courtes et filiformes.

Fig. 172. — Stylospores du *Phoma Karlowiana*. Gross.: 550/1.

Les stylospores (Fig. 172) sont incolores, simples, allongées, subovoïdes, arrondies et fortement atténuées aux deux bouts; le pourtour de la membrane est régulièrement curviligne. La membrane est mince, hyaline. Le contenu des spores, au moment où elles se détachent de la baside, est très homogène, hyalin ou faiblement granuleux. Quand elles sortent mûres du conceptacle, on distingue des vacuoles rondes ou ovoïdes, peu réfringentes et situées irrégulièrement dans le protoplasme qui est devenu plus grumeux. Elles mesurent 21 μ de long sur 5 μ, 4 de diamètre. Quelques spores sont faiblement aplaties à une de leurs extrémités, et dans cette région la membrane est un peu plus épaisse.

Coniothyrium Berlandieri Viala et Sauvageau. — Les pycnides de cette espèce sont sphériques ou subréniformes. Elles mesurent 135 μ sur 110 μ. L'enveloppe est formée par deux ou quatre couches de cellules irrégulières, à lumière très étroite, à membrane d'un noir très foncé. Les basides sont très courtes et assez grosses, coupées à pan droit à leur sommet lorsque les spores en sont détachées; elles ne produisent probablement qu'une seule spore.

Fig. 173. — Stylospores du *Coniothyrium Berlandieri.* — Gross : 550/1.

Les stylospores (Fig. 173) sont piriformes allongées; leur partie la plus rétrécie est plane, et c'est par cette extrémité qu'elles étaient insérées sur les basides. Elles sont incolores à l'état jeune; mais, quand elles sont mûres, elles sont d'un brun assez foncé. Leur membrane est très épaisse, plus claire que le contenu qui est homogène, sans vacuoles et très finement granuleux. Leur longueur est de 16 μ et leur diamètre moyen au centre de 6 μ,3. Elles sont simples ; on trouve dans certains conceptacles quelques rares spores pourvues d'une cloison.

Le *Con. Berlandieri* possède des spermogonies. Celles-ci, situées à la face supérieure de la feuille, sont assez proéminentes; elles sont en forme de fraise et mesurent 62 μ de hauteur sur 40 μ de diamètre à la base. L'enveloppe, d'une teinte fuligineuse, est composée d'une seule couche de cellules grandes et bombées en leur centre. Les spermaties, très nombreuses, sont immergées dans une matière muqueuse; elles ont la forme de petits bâtonnets nettement ovoïdes et sont légèrement colorés en brun fuligineux. Elles mesurent 1 μ,25 de longueur.

Diplodia sclerotiorum Viala et Sauvageau. — Le *D. sclerotiorum* possède seulement des pycnides qui sont nettement sphériques; leur diamètre est de 100 μ. La partie de l'enveloppe qui est au niveau de l'ostiole est très épaisse et forme un col large qui proémine au dehors de l'épiderme de la face supérieure de la feuille envahie. Cette enveloppe, épaisse, est constituée par des cellules irrégulières, à lumière assez large, à membrane d'un noir d'encre. Les basides tapissent toute la cavité du conceptacle, comme dans le cas des espèces précédentes ; elles sont assez longues.

Fig. 174. — Stylospores du *Diplodia sclerotiorum*. Gross.: 550/1.

Les stylospores (Fig. 174) ont une forme ovoïde ramassée ; elles mesurent 12 μ de long sur 5 μ,5 de diamètre. Elles sont pourvues d'une cloison ; leur membrane et leur cloison sont nettement visibles à cause de leur épaisseur relative ; on trouve quelques rares spores simples dans certains conceptacles. Les stylospores ont une teinte définitive d'un brun fuligineux très clair. Leur contenu n'est pas vacuolaire; il est continu, avec quelques petites granulations plus foncées, disséminées irrégulièrement.

FUMAGINE

La *Fumagine* ou *Noir* de la vigne est peu connue dans sa nature et les conditions de son développement. Elle est désignée en Italie sous les noms de : *Fumaggine, Nero, Morfea*; certains auteurs y rattachent la *Melata* ou *Manna* et la *Bruciola*; en Allemagne, on la connaît sous le nom de *Russthau* (rosée noire). Les cas de communication fréquente du Noir des oliviers à la vigne nous font croire que la fumagine de ces deux plantes est de même nature.

La fumagine a été constatée dans beaucoup de vignobles: en France, Algérie, Italie, Autriche, Allemagne, Amérique; elle cause bien rarement des dommages réels et n'est aucunement comparable, comme gravité, au Noir des Oliviers et des Orangers, excepté cependant dans les serres à vigne.

La fumagine se présente sur tous les organes de la vigne (le plus souvent quand ils sont encore à l'état herbacé) sous forme d'une poussière noire, parfois très abondante et recouvrant toutes les surfaces (Pl. XI). Cette poussière est due à un champignon. Par la couche épaisse qu'elle forme, elle entrave la fonction chlorophyllienne et les fonctions de transpiration et de respiration (Pl. XI). Il en résulte indirectement une souffrance pour la plante et par suite une imparfaite maturation. Les raisins de table (Pl. XI), salis par cette couche noire assez adhérente, sont impropres à la vente; les vins qui en proviennent conservent un certain goût désagréable.

Beaucoup d'auteurs considèrent le champignon comme accidentel et ne lui attribuent aucun rôle dans l'origine de la maladie. D'autres pensent que lorsque le champignon s'est implanté par suite de causes étrangères, il peut se développer, celles-ci venant à disparaître, et agir, alors, dans les milieux humides et peu aérés (serres à vigne), comme parasite, en vivant à la surface des organes qu'il ne pénètre jamais. L'origine de la maladie est généralement due, en effet, à la présence d'une ou de plusieurs espèces de Cochenilles parasites qui lancent des brouillards de déjections sirupeuses sur lesquelles germent les spores du champignon ; il est

FUMAGINE.

rare que l'on ne constate pas la présence simultanée de la cochenille et du champignon.

M. Comes (1) affirme que la fumagine se manifeste aussi, en l'absence de cochenille et d'une façon accidentelle, dans le cas où à la suite de phénomènes physiologiques, dont la cause principale réside surtout dans les conditions de température ou d'état hygrométrique des surfaces de transpiration extérieures et des organes d'absorption dans le sol, il se produit une transsudation de matières sucrées sur les organes verts et surtout sur la face supérieure des feuilles (miellée). Sur cette matière sucrée, le champignon se développerait comme sur les excréments de la cochenille.

On admet parfois que le champignon qui forme la couche noire est le *Fumago vagans* Persoon (*Cladosporium Fumago* Link, *Fumago salicina* Tulasne, etc..), qui est la forme conidifère d'un Pyrénomycète du genre *Capnodium* (*Capnodium salicinum* Montagne).

Si l'on admet l'identité, probable mais non démontrée, de la Fumagine de la vigne et de celle de l'Olivier, le champignon qui la cause serait le **Meliola Penzigi** Saccardo var. **Oleæ** (*Fumago oleæ* Tulasne, *Torula oleæ* Castagne, *Antennaria elæophila* Montagne, etc...). Les *Meliola* sont, comme les *Capnodium*, des Pyrénomycètes-Périsporiacées qui sont très polymorphes. Outre la forme conidifère, qui est l'organe de reproduction le plus commun, ils ont des pycnides et des périthèces très particuliers. Nous ne sachions pas que ces deux organes aient été constatés sur la Fumagine de la vigne, dont l'étude est encore à faire au point de vue cryptogamique, ou dont l'identification avec la Fumagine de l'Olivier demande à être prouvée scientifiquement.

Sur les organes de la vigne envahis par la Fumagine (Pl. XI), le mycélium est très abondant ; il est constitué par des branches qui rampent à la surface des organes. Elles sont isolées ou vaguement ramifiées ; d'autres fois réunies en faisceau et prenant leur origine sur des renflements communs; elles sont cloisonnées, variqueuses, d'un noir fauve. Les filaments fructifères sont dressés sur le mycélium, courts, subdivisés plusieurs fois au sommet en rameaux qui

---

(1) O. Comes.— *Sulla melata o manna e sul modo di combatterla*. Portici, mars 1885.

constituent une sorte de corymbe et portent à leur extrémité les conidies. Celles-ci sont allongées, obtuses aux deux bouts, mais plus dilatées vers le sommet ; elles sont le plus souvent divisées en deux, rarement continues et fortement rétrécies au niveau de la cloison ; leur couleur est d'un noir fauve comme celle du mycélium ; elles mesurent $0^{mm},015$ de long et ont, en diamètre, $0^{mm},005$.

Septocylindrium dessiliens Saccardo. — *Torula dessiliens* Duby. — Ce parasite fut observé en 1834 par Duby et de Candolle dans la vallée du lac Léman, où son développement exceptionnel amena une chute anticipée des feuilles et une imparfaite maturation des raisins. Depuis lors, on n'a jamais signalé nulle part qu'il ait causé le moindre dommage. M. A. de Candolle pense que ce champignon avait déjà été vu par Vaucher vers 1796 ; MM. Passerini et Saccardo l'on retrouvé en Italie.

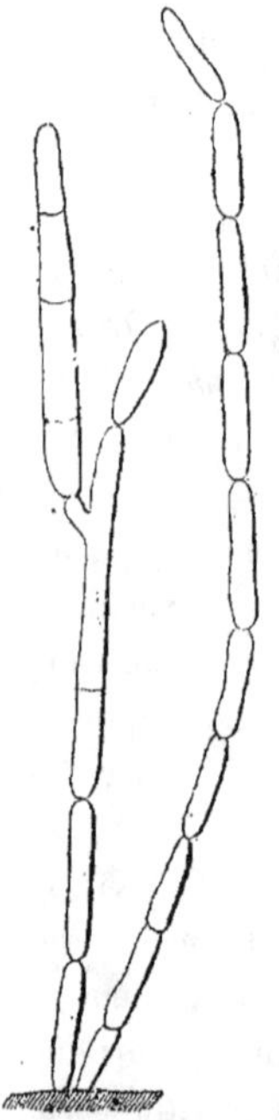

Les filaments fructifères du *S. dessiliens* (Fig. 175), dont le mycélium vit dans les tissus de la feuille, apparaissent disséminés sur tous les points du parenchyme ; ils sont dressés, simples, ou peu ramifiés à leur sommet, parfois entrelacés et composés, comme l'Oïdium, d'articles superposés dont le nombre varie de cinq à dix. Ils se séparent en spores (Fig. 176), qui présentent de une à trois cloisons ; elles ont une longueur qui varie de $0^{mm},050$ à $0^{mm},070$ et un diamètre de $0^{mm},005$ à $0^{mm},006$.

Fig. 175. — Filaments conidifères du *Septocylindrium dessiliens* (d'après M. Pirotta).

Fig. 176. — Spores du *Septocylindrium dessiliens* (d'après M. Pirotta).

Spicularia icterus Fuckel. — Fuckel a trouvé ce champignon dans le Nassau ; il le considère comme parasite et, à tort, comme cause du *Gelbsucht* (jaunisse, ictère); il n'a pas été signalé, à notre connaissance, par d'autres observateurs. Il forme sur les feuilles des taches qui s'agrandissent rapidement et se dessèchent. Les organes reproducteurs du champignon sont des filaments conidifères (Fig. 177), dressés, hauts de 2 millimètres environ, cloisonnés, d'un brun fauve; l'arbre fructifère se dichotomise à son sommet plus ou moins régulièrement en une série de rayons dont les extrémités portent des conidies simples, incolores, ovales ou oblongues et pourvues d'un très petit pédicelle (Fig. 178); elles ont $0^{mm},014$ de long sur $0^{mm},008$ de diamètre.

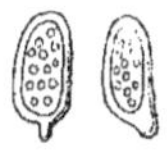

Fig. 178. — Conidies, très grossies, du *Spicularia icterus* (d'après M. Pirotta).

Fig. 177. — Arbre conidifère du *Spicularia icterus*. Gross.: 100/1 (d'après M. Pirotta).

Fusarium Zavianum Saccardo. — Champignon parasite qui n'aurait été observé qu'à Vittorio, près Trévise (Italie), sur la Salamanna. Il a été étudié pour la première fois par Saccardo. Le *F. Zavianum* se développe sur les jeunes rameaux, les pétioles, les pédoncules et les vrilles, qu'il dessèche en formant des taches fauves, qui s'accroissent assez rapidement. Il vivrait dans l'intérieur des tissus et émettrait ses organes fructifères (Fig. 179) au dehors, en perçant l'épiderme. Ceux-ci sont dressés, peu rameux, non cloisonnés, à protoplasme grumeux; ils sont blancs tout d'abord et deviennent ensuite d'un roux rosé. Le filament fructifère se dichotomise bientôt et plusieurs fois, jusqu'à son sommet, en ramifications secondaires ou tertiaires qui portent les spores. Ces conidies (Fig. 180) sont fusiformes, ayant en général trois cloisons,

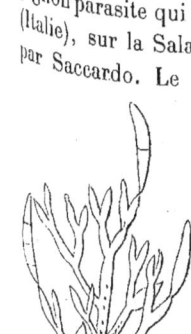

Fig. 179. — Arbre fructifère du *Fusarium Zavianum* Saccardo (d'après Pirotta).

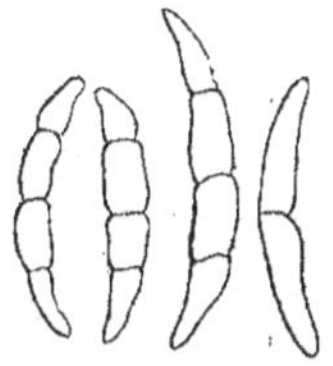

Fig. 180. — Spores grossies du *Fusarium Zavianum* (d'après Saccardo).

P. VIALA. *Les Maladies de la Vigne*, 3ᵐᵉ édition.

et rétrécies au niveau de chaque segment ; elles sont aiguës à leurs sommets, et d'hyalines elles deviennent rosées ; elles ont en longueur $0^{mm},040$ et de $0^{mm},005$ à $0^{mm},0055$ de diamètre.

Phyllosticta Vitis Saccardo. — Le *Phyllosticta Vitis*, observé par M. Saccardo en Italie (à Casale-Monferrato et à Selva), et par M. Spegazzini à Conegliano, est différent du *Phyllosticta* du Black Rot. On le considère comme parasite et comme cause de certaines dessiccations partielles des feuilles. Il forme, à leur face supérieure, des taches non limitées, sinueuses, entourées le plus souvent d'une bordure fuligineuse ; sur le centre desséché de la tache se montrent un grand nombre de petits points noirs, qui sont les pycnides du champignon.

Ces conceptacles sont aplatis, lenticulaires, pourvus d'une ostiole à leur sommet ; ils ont en diamètre de $0^{mm},80$ à $0^{mm},100$. Les stylospores qui sont formées à l'intérieur sont oblongues-ovoïdes, hyalines, avec points réfringents, et mesurent $0^{mm},006$ à $0^{mm},007$ sur $0^{mm},003$.

Phoma flaccida Viala et Ravaz. — Nous avons observé le *Ph. flaccida*, avec M. L. Ravaz, dans les Pyrénées-Orientales, à Argelès-sur-Mer, dans une vigne plantée dans un terrain d'alluvion, fertile et frais. Elle s'était développée sur des grappes de raisins entièrement mûres, oubliées après la vendange. Aucun dégât n'avait été remarqué lors de la récolte ; cette observation isolée nous porte à croire que cette espèce est exclusivement saprophyte. Elle a été trouvée en Italie par M. Cavara qui la rapporte à un genre voisin du genre Phoma, sous le nom de *Macrophoma flaccida*.

Les grains atteints présentent, à la surface, de petites pustules noirâtres, assez nombreuses et un peu surélevées. La peau et la pulpe sont ridées et collées contre les pépins, mais leur dessiccation n'est jamais complète ; elles demeurent toujours un peu molles et plastiques. Les pustules sont constituées par deux sortes de conceptacles, des pycnides et des spermogonies. Les premiers (Fig. 181), formés d'une enveloppe de couleur brune foncée (Fig. 181 *b*), contiennent des stylospores en forme de fuseau raccourci, à protoplasme homogène (Fig. 181 *e*), et mesurant de

$0^{mm},016$ à $0^{mm},019$ de longueur sur $0^{mm},006$ de diamètre. Elles naissent au sommet de fines basides qui tapissent toute la paroi

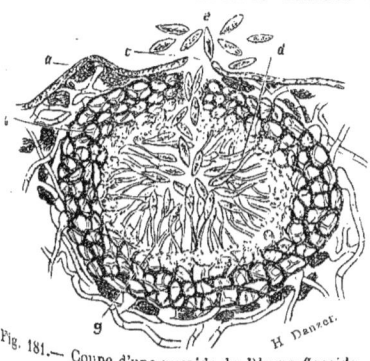

Fig. 181. — Coupe d'une pycnide du *Phoma flaccida*.

Fig. 182. — Germination des spores.

interne de la pycnide (Fig. 181 d). Arrivées à maturité, elles se détachent de leur support et sortent à l'extérieur par l'ostiole percée sur la partie du conceptacle qui fait le plus saillie au dehors (Fig. 181 c). Si elles rencontrent un milieu favorable, elles germent aussitôt en émettant (Fig. 182) tantôt à l'une de leurs extrémités seulement, tantôt à toutes les deux, un tube très fin et cloisonné. On peut obtenir très facilement leur germination dans une goutte d'eau, à une température comprise entre 18° et 20°.

L'enveloppe des spermogonies présente la même structure que celle des pycnides (Fig. 183). Les basides portent des *spermaties* très petites (Fig. 183 l), en forme

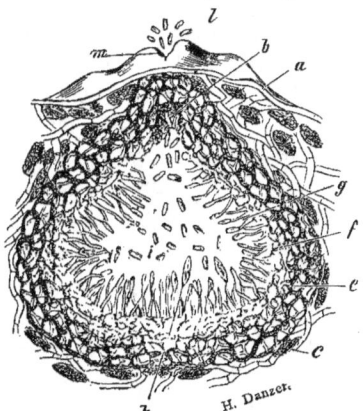

Fig. 183. — Coupe d'une spermogonie du *Phoma flaccida*.

de courts bâtonnets obtus et dont les dimensions ne dépassent pas $0^{mm},001$ de longueur sur $0^{mm},007$ de largeur. Certains conceptacles renferment à la fois des stylospores et des spermaties (Fig. 183 h).

Le mycélium est très abondant dans tous les tissus du grain attaqué; parfois même il forme une couche d'un blanc laiteux entre la pulpe et la graine.

Phoma reniformis Viala et Ravaz. — Cette forme a été observée par M. Ravaz et par moi dans l'Hérault, sur des grains de Chasselas déjà cueillis. La pulpe et la peau n'avaient pas changé de constitution ni de couleur. A la surface se montraient disséminées, mais assez nombreuses, des pustules d'un brun noirâtre, un peu plus grandes que celles qui ont été décrites jusqu'ici. M. Cavara l'a retrouvée en Italie; il range aussi cette espèce dans le genre Macrophoma (*Macrophoma reniformis*).

Les pycnides émergent à peine de la surface de la baie; elles sont allongées, surbaissées, un peu déprimées vers la partie où est creusée l'ostiole et mesurent $0^{mm},360$ de longueur sur $0^{mm},250$ de hauteur; leur membrane est d'un roux clair. Les spores apparaissent au sommet de basides droites et très nombreuses. Elles sont allongées, à contour un peu ondulé, obtuses à chaque extrémité et renflées au centre. Elles mesurent $0^{mm},022$ de longueur sur $0^{mm},006$ de largeur (Fig. 184).

Fig. 184. — Spores ou stylospores du *Phoma reniformis*. Gross.: 340/1.

Le mycélium est très ramifié, flexueux, mais non variqueux, cloisonné de loin en loin, blanchâtre et de dimensions variables (Diamètre: $0^{mm},0015$ à $0^{mm},0045$).

Ce champignon est saprophyte au même titre que le précédent. Ses caractères le rapprochent du *Phoma longispora* Thümen, qui vit sur les sarments, et du *Phoma rimiseda* Saccardo, que l'on rencontre sur les vrilles; il en est pourtant différent.

Phoma Negriana Thümen. — Le *Ph. Negriana* a été dénommé et décrit par M. Thümen sur des feuilles qu'il avait reçues de Casale-Monferrato (Italie) et qu'on lui disait attaquées par ce que les Italiens nomment le *Giallume* ou *Ferza* et qui a été étudié par Negri. Or, d'après beaucoup d'auteurs italiens, le Giallume serait la Chlorose, maladie de nature physiologique; le *Ph. Negriana*, auquel M. Thümen attribue un rôle parasite, serait donc saprophyte. Les conceptacles sont petits, très peu saillants, enfoncés sous l'épiderme des feuilles, très rapprochés et disposés sans ordre, d'une couleur fauve, et en rapport avec des taches d'un gris blanchâtre sur la feuille. Les stylospores sont cylindriques-ellipsoïdes, légèrement obtuses aux deux extrémités, hyalines, le plus souvent à contenu homogène, pourvues rarement d'un ou de deux points réfringents; elles ont une largeur de $0^{mm},003$ à $0^{mm},006$ et $0^{mm},0035$ de diamètre.

Phoma Vitis Bonorden. — Cette espèce vit surtout sur les jeunes rameaux de la vigne; mais ce que l'on en dit ne permet pas de conclure si elle est parasite ou saprophyte, car on l'a constatée sur des sarments herbacés et sur des rameaux déjà desséchés. Bonorden l'a observée en Allemagne, Plowribtg en Anglerre, Passerini en Italie, et Thümen en Autriche. Les conceptacles forment sur les sarments de petits points épars d'un noir luisant, ronds et déprimés, qui percent l'épiderme; ils sont pourvus d'une ostiole conique et d'une enveloppe à cellules d'un brun foncé. Les basides, insérées sur tout le pourtour de la pycnide, s'irradient vers le centre; elles sont renflées à leur insertion, amincies vers leur sommet; les stylospores sont très petites ($0^{mm},003$ de long sur $0^{mm},0015$ de diamètre), ovales-elliptiques et hyalines.

Diplodia viticola Desmazières. — Le *D. viticola* vit exclusivement en saprophyte sur les sarments, lorsqu'ils sont déjà secs; on l'observe aussi, parfois, sur des rameaux vivants, sur les altérations déterminées par diverses causes et surtout par l'Anthracnose maculée ou ponctuée. Nous en parlons parce que l'on peut, principalement dans ce dernier cas, le croire parasite et faire des confusions. Cette espèce a été observée dans toutes les régions viticoles : en France, en Italie, en Angleterre, en Belgique, en Allemagne, en Amérique (Caroline et New-England). Ses pycnides forment des petites pustules d'un noir foncé, disposées en séries plus ou

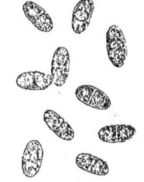

Fig. 185.— Spores du *Diplodia viticola*.

moins linéaires, situées sous l'écorce qu'elles déchirent. Leur sommet se perce d'une ouverture circulaire proéminente. Les basides sont simples, incolores et légèrement renflées à leur sommet; les spores sont oblonges, ou ovoïdes-elliptiques, d'abord simples, puis divisées en deux par une cloison (Fig. 185); elles sont d'un brun pâle uniforme et pourvues de deux points réfringents; elles mesurent de $0^{mm},020$ à $0^{mm},022$ sur $0^{mm},010$ à $0^{mm},012$.

Briosia ampelophaga Cavara. — M. F. Cavara a observé sur les fruits de la vigne, en Italie (Stradella), un Hyphomycète très particulier pour lequel il a créé le genre *Briosia*. Le *B. ampelophaga* forme des verrues brunes sur les régions de grains de raisin qui avoisinent les pédicelles; ces verrues brunes, qui sont l'organe conidifère du champignon, sont portées sur une hampe d'une couleur blanc cendré et d'une hauteur de $0^{mm},3$ à $0^{mm},4$ (Fig. 186). La coloration brune du sommet est due aux spores qui se forment, par cloisonnement et en assez grand nombre, sur chacun des filaments conidifères, incolores, cylindriques et accolés les uns aux autres (Fig. 187). Les spores sont globuleuses, brunes et mesurent $0^{mm},004$ à $0^{mm},005$.

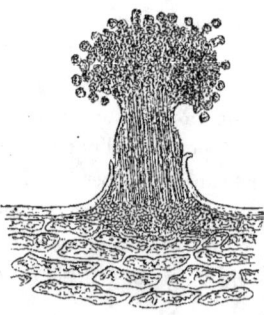

Fig. 186. — Fructifications du *Briosia ampelophaga* (d'après M. F. Cavara).

Fig. 187. — Filaments conidifères du *Briosia ampelophaga* (d'après M. Cavara).

Tubercularia acinorum Cavara. — Ce champignon, qui a quelques ressemblances avec celui du Rot amer, n'a été trouvé qu'en Italie par M. F. Cavara, qui le considère comme parasite des fruits. Il forme des taches brunes criblées de ponctuations grisâtres, qui s'étendent définitivement sur tout le grain et le dessèchent.

Les taches grisâtres sont les fructifications (Fig. 188) du *Tuber-*

cularia acinorum qui sont réunies en groupes globuleux ou cylindriques, à filaments conidifères fortement agglomérés, dont chacun d'eux produit une spore à son sommet. Les groupes de filaments conidifères ont des hauteurs variables, mais uniformes dans chaque ensemble; lorsqu'ils sont très hauts, il se forme parfois à la base un conceptacle sporigène secondaire (Fig. 188 *a*) avec production de conidies analogues à celles

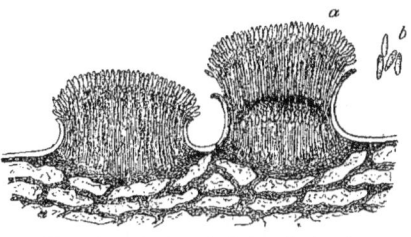

Fig. 188. — Fructifications du *Tubercularia acinorum;* b: conidies (d'après M. F. Cavara)

du sommet. Les conidies sont cylindriques, arrondies à leurs extrémités, hyalines; elles mesurent 12 à 15 μ de longueur sur 3 à 5 μ de diamètre.

Une autre espèce, le *Tubercularia sarmentorum* Fr., vit exclusivement en saprophyte sur les sarments aoûtés; elle forme de petites ponctuations surélevées que l'on prend presque toujours pour des pustules de l'Anthracnose ponctuée. Il en est de même pour l'*Helotium sarmentorum* de Not., qui est un saprophyte sans importance, confondu avec les pustules de l'Anthracnose ponctuée.

Hendersonia. — Plusieurs espèces d'*Hendersonia* (1) s'observent fréquemment sur les sarments de vigne, soit dans le courant de la végétation, soit surtout à l'automne. Elles forment de petites pustules noires ou brunes, parfois très nombreuses, qui sont souvent prises pour de l'Anthracnose ponctuée. Ces espèces ne sont pas parasites et se développent seulement sur les écorces des rameaux annuels, lorsque celles-ci ne sont plus à l'état de vie active normale, ce qui a toujours lieu dès le premier début de l'aoûtement.

Fig. 189. — Spores de l'*Hendersonia sarmentorum.*

---

(1) Saccardo. — Sylloge fungorum (Vol. III, p. 420-423, 1884).

Les espèces d'*Hendersonia* que l'on observe dans ces conditions sont :

Hendersonia sarmentorum West. (Fig. 189) : espèce commune à plusieurs plantes. Elle forme, d'après Saccardo, des pustules distinctes, nombreuses, brunâtres, déprimées ; dans chaque large poche, percée à son sommet d'une ouverture, sont des spores ellipsoïdes, brunes, triseptées et qui mesurent de 10 à 12 μ de long sur 4 à 5 μ de diamètre.

Hendersonia vitis Saccardo : les pustules ou conceptacles sont grands, noirs, cupuliformes ; les spores sont oblongues, obtuses à leur sommet, le plus souvent formées de cinq parties, d'un brun clair, elles mesurent de 22 à 28 μ de long sur 6 à 8 μ de diamètre. L'*Hendersonia vitis* ou *Cheilaria vitis* Schulzer a été observé seulement en Hongrie, d'après Saccardo.

Hendersonia vitis-sylvaticæ Cattaneo : les conceptacles sont ronds ou ovoïdes, noirs, sous-épidermiques, pourvus d'une ostiole conique ; les spores sont ovoïdes et biseptées.

Hendersonia ampelina Thümen : les conceptacles noirs, discoïdes, renferment des spores triseptées ou quadriseptées, d'un brun clair, mesurant de 14 à 16 μ de long sur 6 à 7 μ de diamètre. Cette espèce serait particulière à l'Amérique septentrionale.

Pestalozzia viticola Cavara. — Le *Pestalozzia viticola* a été décrit par M. F. Cavara, qui l'a trouvé en Italie sur les fruits du V. Vinifera ; nous l'avons observé sur des sarments de vignes de l'Hérault (Ganges) et sur des feuilles de Bessarabie (Russie), de Smyrne (Turquie d'Asie) ; dans ces deux derniers cas, ce champignon paraissait s'être développé en parasite. Sur les fruits aussi bien que sur les feuilles et les sarments, il forme des taches surélevées, de dimensions variables et d'une coloration brunâtre. Les fructifications sous-épidermiques (Fig. 190) sont constituées par

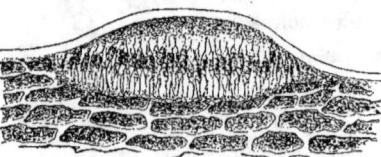

Fig. 190. — Touffe fructifère du *Pestalozzia viticola* (d'après M. F. Cavara).

les spores parallèles portées par des basides filiformes (Fig. 191). Ces spores sont ovales-elliptiques ou cylindriques, cloisonnées, et pourvues généralement de 4 à 5 cloisons ; les deux fragments extrêmes de chaque spore sont incolores, ceux du centre sont brunâtres ou d'une couleur olivacée ; le sommet opposé à la baside filiforme est pourvu d'un cil hyalin qui a une longueur de 10 à 12 μ ; les spores mesurent 14 à 20 μ de long sur 5 à 6 μ de diamètre. — Le *Pestalozzia uvicola* Spegazzini, que l'on trouve assez fréquemment sur les fruits, se distingue surtout du *Pestalozzia viticola* par les 3 cils dont sont pourvues toutes les spores à leur sommet terminal.

Fig. 191. — Spores du *Pestalozzia viticola* (d'après M. F. Cavara).

Alternaria vitis Cavara. — Outre le *Pleospora herbarum*, qui est un champignon saprophyte vivant sur tous les organes de toutes les plantes et de la vigne, M. F. Cavara décrit une espèce, l'*Alternaria vitis*, très semblable, par ses organes conidifères, au *Pl. herbarum*, qu'il a observée sur les feuilles, à la face supérieure. M. F. Cavara considère l'*Alternaria vitis* comme parasite, ce qui nous paraît douteux.

L'*Alternaria vitis* forme, le long des nervures, d'après M. Cavara, des taches cendrées, irrégulières, parsemées de points bruns dus aux filaments conidifères du champignon. Ceux-ci sont dressés (Fig. 192), simples ou rameux, pourvus de deux ou trois cloisons d'une longueur de 80 à 120 μ, d'un diamètre de 8 à 10 μ. Ils portent à leur sommet des spores épaisses (Fig. 193), cloisonnées longitudinalement et transversalement, vaguement piriformes et acuminées, superposées en

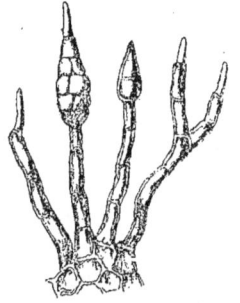

Fig. 192. — Filaments fructifères de l'*Alternaria vitis* (d'après M. F. Cavara).

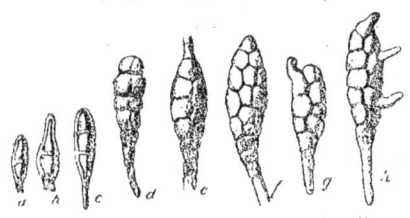

Fig. 193. — Conidies de l'*Alternaria vitis* à divers degrés de développement (d'après M. F. Cavara).

chaîne et en nombre variable sur un même filament producteur, la base d'une spore insérée par sa partie élargie sur le sommet effilé de la spore inférieure. Ces spores mesurent 40 à 60 μ de longueur sur 12 à 14 μ de diamètre; elles germent (Fig. 194) facilement en émettant, sur divers points à la fois, des tubes mycéliens cloisonnés.

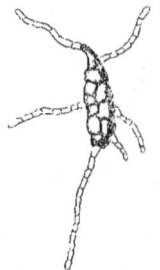

Fig. 194. — Conidie de l'*Alternaria vitis* en germination (d'après M. F. Cavara).

Endoconidium ampelophilum Patouillard. — Ce champignon a été trouvé par M. G. de Lagerheim, à Ambato (Equateur), sur des raisins mûrs. Voici la diagnose qu'en donnent MM. Patouillard et G. de Lagerheim (1) : « Taches circulaires, un peu saillantes, larges de 5-6ᵐᵐ, paraissant à peine ponctuées à la loupe. Tubercules convexes, dimidiés, 40-100 μ de diam., d'abord sous-épidermiques, puis libres, composés de files de conidies incolores ou un peu jaunâtres. Chaque file comprend un filament cylindrique atténué à la base en un stipe très court et largement ouvert à son sommet, renfermant 4-7 conidies libres; celles-ci sont rondes ou ovoïdes et mesurent 4-5 μ. Les filaments conidifères sont simples et se séparent difficilement les uns des autres. » MM. Prillieux et Delacroix, qui ont créé le genre *Endoconidium* pour une espèce qui vit sur le seigle (*End. temulentum*), ont reconnu que cette dernière était la forme conidifère d'une Pezize du genre *Phialea* (2).

Robillarda vitis Prillieux et Delacroix (3). — MM. Prillieux et Delacroix ont observé cette Sphœropsidée sur des feuilles de vignes qui provenaient de Margaux (Gironde); ils la considèrent

---

(1) N. Patouillard et G. de Lagerheim.— Champignons de l'Equateur (Bulletin de la Société mycologique de France. 1891, vol. VII, p. 183. Pl. XI, fig. 5).

(2) Prillieux et Delacroix.— *Phialea temulenta* nov. spec. état ascospore d'*Endoconidium temulentum*, champignon donnant au seigle des propriétés vénéneuses (Bull. soc. myc. 1892, vol. VIII, p. 22).

(3) Prillieux et Delacroix.— Note sur quelques champignons parasites nouveaux ou peu connus (Bullet. soc. myc., 1890, vol. V, p. 124).

comme parasite. Les conceptacles, d'apres la diagnose qu'ils en donnent, sont immergés dans des macules subcirculaires et renferment des spores en forme de fuseau, légèrement fuligineuses et pourvues à leur sommet de 3 cils hyalins, elles mesurent de 10 à 11 μ de long et 4 μ de diamètre ; les cils ont de 8 à 15 μ de long et 1 μ de large.

BIBLIOGRAPHIE

1° ROT BLANC

Baccarini (P.).— Intorno ad una malattia dei grappoli dell'uva. Phoma Briosii. (Inst. bot. Univers. di Pavia. Milano, 1886).

Cavara (F.). — Sulla vera causa della malatti sviluppatasi nei vigneti di Ovada. (Milano, settembre 1887).

— Intorno al disseccamento dei grappoli della vite. (Inst. bot. Univers. Pavia. Milano, 1888).

Comes (O.). — Crittogamia agraria. (Napoli, 1891, p. 470).

Dufour (J.). — Notice sur quelques maladies de la vigne, le Black Rot, le Coître et le Mildiou des grappes. (Lausanne, 1888).

Foëx (G.) et **Ravaz** (L.). — Mémoire sur le Coniothyrium diplodiella ou Rot blanc. (Annales de l'Ecole nationale d'agriculture de Montpellier, t. III, 1887, p. 304).

Marchese (G.). — Un nuovo malanno delle uve. (Giornale vinicolo italiano, 1887).

Micheli (M.). — Beobachtungen über *Coniothyrium diplodiella* (Verhandl. der Schweizerichen not. gesell. in Solothurn. August., 1888, p. 54).

Pastre (J.). — Black Rot et Coniothyrium diplodiella. (Rapport, Béziers, 1887).

Pirotta (R.). — Sulla malattia dei grappoli. (Le Viti americane. Agosto, 1887).

Prillieux (E.). — Raisins malades dans les vignes de la Vendée. (Comptes rendus, Académie des Sciences, 11 octobre 1886).

— Rapport sur une maladie des raisins observée en Vendée. (Bulletin du Ministère de l'Agriculture, mars 1887).

Planchon (J.-E.). — Articles divers, *in* Vigne américaine, 1887.

Rathay (E.). — Der White-Rot (Weichfäule) und sein Austreten in Oesterreich (Wien, 1892).

— Eine neue Krankheit der Weinrebe. (Weinlaube, 1886, N° 49).

Ravaz (L.). — *In* Progrès agricole (7 août 1887).

Roumeguère.— Le Coniothyrium des grains de raisin. (Revue mycologique, 1887, p. 176).

Saccardo. — Sylloge Fungorum (vol. III, p. 310).

Scribner. — White-Rot of grapes. (Colmann's Rural World, 1887).

Spegazzini. — Ampelomiceti italici. (Rivista di viticoltura ed enologia italiana, 1878, p. 339).

Thümen (F.). — Die Pilze und Pocken auf Wein und Obst (Wien., 1885).

Viala (P.). — Le White Rot ou Rot blanc (Coniothyrium diplodiella) aux États-Unis d'Amérique. (Comptes rendus, Acad. Scienc., 10 octobre 1887).

— Une Mission viticole en Amérique. (1889, pp. 258-261).

Viala (P.) et **Ferrouillat** (P.). — Manuel pratique pour le traitement des maladies de la vigne. (1888, pp. 47-51).

Viala (P.) et **Ravaz** (L.).— Nouvelles espèces de Phoma se développant sur les fruits de la vigne. (Bull. Soc. bot. France, 1886).

— Recherches expérimentales sur les maladies de la vigne. (Comptes rendus, Acad. Scienc., 18 juin 1888).

— Le Black Rot et le Coniothyrium diplodiella. (1re et 2e éditions, 1886 et 1888).

2° DIVERS

Bary (de). — Morphologie und Physiologie der Pilze.
Berkeley. — Notices of north american fungi. (Grevillea, vol. III, p. 9, N° 44).
Berkeley et Curtiss. — North american Fungi.
Candolle (A. de). — Note additionnelle sur les maladies de la vigne. (Soc. phys. et hist. nat. de Genève, 1835).
Cavara (F.). — Sul fungo che e causa del Bitter Rot degli americani. (Pavia, 1888).
— Intorno al dissecamento dei grappoli della vite. (Milano, 1888).
Cattaneo. — Bollet. del Comizio agrario Vogherese. (1876).
— Due nuovo miceti parassiti delle vite. (Pavie, 1877).
Comes (O.). — Crittogamia agraria. (Milano, 1891).
Cornu (M.). — Note sur l'Anthracnose et le Cladosporium viticolum (Bull. Soc. Bot. France, 1877, p. 153).
Duby. — Note sur une maladie des feuilles de la vigne et sur une nouvelle espèce de Mucédinée. (Soc. phys. et hist. nat. de Genève, 1834).
Frank (Dr D.). — Die Krankheiten der Pflanzen, 1881.
Lagerheim (de). — Note sur un nouveau parasite dangereux de la vigne (*Uredo Vialæ* spec. nov.) in (Comptes rendus, Académie des Sciences, 1890, et Revue générale de botanique, 1890, t. II, p. 385).
Léveillé. — Recherches sur les maladies de la vigne. (Revue horticole, 1851, p. 228.)
Ludwig. — Ueber die Ursachen der ausschliesslich natürlichen sporen Bildung von Botrytis cinerea. (Botanische Zeitung, 1885, p. 6).
Müller-Turgau (H.).— *In* Landwirthschaftlichen Jahrbüchern von H. Thiel, 1888, pp. 83-160.
— Ueber die Veränderungen, welche die Edelfäule an den Trauben verursacht und über den Werth dieser Erscheinung für die Weinproduction. (Mainz, 1888).
Perrier de la Bathie. — Une nouvelle maladie de la vigne. (Vigne américaine, 1886, p. 245).
Pirotta. — I funghi parassiti dei vitigni, 1877.
Planchon (J.-E.).— Quelques mots sur l'Anthracnose déformante. (Vigne américaine, 1882, p. 207).
Prillieux (E.). — Le Peronospora de la vigne. (Ann. Institut agronomique, 1881, p. 16).
Prillieux et Delacroix. — Divers *in* Bulletin de la Société mycologique. (1891 et 1892).
Saccardo. — Nuovo giornale botanico italiano. (Divers).
— Sylloge Fungorum.
Schweinitz. — Synon. am. bor., N° 2037.
Spegazzini. — Ampelomiceti italici. (Rivista di viticoltura ed enologia italiana, 1878).
Scribner (F.-L.). — Fungus diseases of the grapes and other plants, and their treatment. (Little Silver, 1890).
Thümen (von). — Die Pilze der Weinstockes, 1878.
— Die Pilze der Weinreben. Namentlische aufzählung aller bisher auf den Arten der Gattung vitis beobachter Pilze. (Wien. 1891).
Viala (P.) — Une Mission viticole en Amérique. (Montpellier, 1889.)
— Une maladie des greffes-boutures. (Revue générale de botanique, 1891, t. III, p. 145).
Viala (P.) **et Boyer** (G.). — Sur un Basidiomycète inférieur, parasite des grains de raisin. (Comptes rendus, Acad. Sciences, 19 mai 1891).
— Une maladie des raisins produite par l'*Aureobasidium vitis*. (Revue générale de botanique et Annales de l'Ecole nationale d'agriculture de Montpellier, 1891).

Viala (P.) et **Ravaz** (L.). — Sur la Mélanose, maladie de la vigne. (Comptes rendus, Académie des Sciences, 18 octobre 1886).

— Mémoire sur la Mélanose. (Montpellier, 1887, avec 3 planches).

Viala (P.) et **Sauvageau** (C.). — Sur quelques champignons parasites de la vigne. (1891, Journal de botanique et mémoire, avec 2 planches).

Viala (P.) et **Scribner** (L.). — Le *Greeneria fuliginea*, nouvelle forme de Rot des fruits de la vigne observée en Amérique. (Comptes rendus, Acad Sciences, 12 septembre 1887).

CHAPITRE VII

MYXOMYCÈTES

Deux maladies de la vigne, la *Brunissure* et la *Maladie de Californie*, sont dues au développement de champignons myxomycètes dans les tissus; la Brunissure est produite par le **Plasmodiophora Vitis** (Viala et Sauvageau) et la Maladie de Californie par le **Plasmodiophora californica** (Viala et Sauvageau). Nous avons étudié récemment ces deux affections en collaboration avec M. C. Sauvageau, et ce que nous en disons est la reproduction du premier Mémoire (1) que nous avons publié ensemble sur ces parasites. On trouvera, dans ce travail, des détails scientifiques sur la famille peu nombreuse à laquelle appartiennent ces curieux parasites.

Leur développement ne nous est pas encore complètement connu; il est par suite fort difficile d'indiquer quels sont les procédés de traitement qui pourraient permettre de combattre la Brunissure et surtout la Maladie de Californie, dont la gravité en Californie, où elle est encore localisée, a inspiré aux viticulteurs français de sérieuses craintes pour l'avenir de leurs vignobles. Les tentatives de traitement qui ont été faites en France contre la Brunissure, et dans le comté de Los Angeles contre la Maladie de Californie, au moyen du soufre, des composés cupriques, etc., n'ont pas donné de résultats. Ces résultats négatifs ne doivent cependant pas être considérés comme absolus. Nous verrons que la Brunissure n'existe que sur les feuilles (peut-être aussi sur les rameaux) et que la Ma-

---

(1) P. Viala et C. Sauvageau.— La Brunissure et la Maladie de Californie, maladies de la vigne causées par les *Plasmodiophora Vitis* et *Plasmodiophora californica* (in Journal de Botanique, septembre 1892, et tirage à part avec 3 planches, extrait des Annales de l'École nationale d'agriculture de Montpellier. Tome VII, 1892).

ladie de Californie débute par l'envahissement des organes extérieurs, feuilles et rameaux. La transmission et l'extension des deux maladies paraissent donc avoir lieu par ces organes extérieurs. Il est fort probable que si l'on parvient à préciser exactement le mode et l'époque du premier envahissement du *Pl. californica*, aussi bien que du *Pl. Vitis*, il sera possible de combattre ces deux affections par les traitements préventifs, les seuls applicables, qui donnent des résultats certains contre les autres maladies de la vigne.

Les mesures administratives prises pour empêcher l'importation des boutures de vignes, de Californie en France, sont, en tous cas, justifiées, car, outre que le *Pl. californica*, cause de la Maladie de Californie, pourrait être importé par des fragments de feuilles malades adhérents aux boutures, il est certain que le parasite se développe dans les rameaux.

BRUNISSURE

Les premières indications relatives à la *Brunissure* nous ont été fournies, en 1882 et 1884, par Jaussan, ancien président du Comice agricole de Béziers, et par M. de Malafosse. Depuis 1882, nous avons constaté cette maladie dans l'Hérault, l'Aude, la Haute-Garonne, la Loire-Inférieure, les Charentes, le Maine-et-Loire, la Côte-d'Or, le Gard, le Jura, la Seine, la Gironde, le Gers, le Var, etc., etc. Nous avons reçu d'Ismaïl (Bessarabie-Russie), d'Espagne et de Palestine des feuilles attaquées par cette maladie, et je l'ai retrouvée, en 1887, aux Etats-Unis, dans le Maryland, les Carolines, la Virginie et le Texas.

Nous n'avons aucune donnée précise sur l'origine de la Brunissure; nous ne croyons cependant pas qu'elle soit d'importation américaine. Les vignes américaines sont exceptionnellement attaquées par la Brunissure, tandis que les vignes européennes, souvent dans les mêmes vignobles, sont fortement envahies. L'attention n'avait pas été attirée sur ces altérations jusqu'au moment où elles

Les Maladies de la Vigne par P. Viala.   Pl. XII.

BRUNISSURE.

furent notées, pour la première fois, par Jaussan et M. de Malafosse. Les viticulteurs ont cependant distingué, dans l'Hérault, en 1891 et surtout en 1892, certaines altérations de feuilles, rouges ou rouge-brunâtres, sous le nom de *Rougeole* et de *Roussi*. La *Rougeole* ou le *Roussi* sont des états de développement très intense de la Brunissure, dus au même parasite, au *Plasmodiophora Vitis*. Nous croyons que ces cas spéciaux de Rougeole ou de Roussi, noms synonymes de Brunissure, ont été constatés de tout temps dans les vignobles français et qu'on les confondait avec le Rougeot, maladie de nature non parasitaire et bien différente.

M. Jules Pastre, qui a poursuivi l'étude de la Brunissure de 1885 à 1891, a donné, le premier, la description très exacte des caractères extérieurs (1); il a pensé, à tort, que le noircissement et la couleur rougeâtre de la face supérieure des feuilles étaient dus à l'action d'une cochenille qu'il a décrite sans la spécifier. La coloration des feuilles était le résultat du développement d'une *laque* spéciale. On s'expliquera facilement l'erreur de M. J. Pastre par suite des difficultés techniques que présente l'étude du parasite qui cause la Brunissure.

Depuis 1882, la *Brunissure* s'est développée en France d'une façon fort irrégulière; elle a pris le caractère de maladie grave en 1889, 1890 et 1892 dans l'Aude et surtout aux environs de Montpellier et de Béziers. Certaines parcelles de vignes, des terrains bas et humides aussi bien que des coteaux secs, avaient perdu la plus grande partie de leurs feuilles par le seul effet de cette maladie et malgré les traitements aux sels de cuivre donnés contre le Mildiou; les raisins n'avaient pas mûri, ils étaient petits, vert-rougeâtres, et, dans quelques cas, ridés et desséchés. La perte pouvait être estimée au tiers ou aux deux tiers de la récolte; le vin produit par ces fruits mal mûris fut sans valeur.

---

(1) Jules Pastre. — *La Brunissure de la Vigne*. Observations sur une nouvelle maladie des feuilles de la vigne provoquée par les piqûres d'une cochenille (*Progrès agricole et viticole*, 1891). C'est dans ce mémoire que le nom de Brunissure a été appliqué pour la première fois à cette maladie qui avait été signalée précédemment dans le *Progrès agricole* sous le nom de *Maladie noire*, désignation qui pouvait prêter à confusion avec celle de *Mélanose*. — Voir aussi : F. Sahut. — *In* Progrès agricole, 1891, p. 241.

P. Viala. *Les Maladies de la Vigne*, 3ᵐᵉ édition.

Chaque année, la *Brunissure* est disséminée soit d'une façon générale dans quelques parcelles de vignes, soit seulement sur quelques feuilles ou sur quelques souches d'un même vignoble. C'est aux mois d'août, septembre et octobre qu'elle se développe avec le plus d'intensité; généralement, on ne commence à l'observer qu'en juillet.

La Brunissure n'attaque généralement que les feuilles (Pl. XII). Les premières lésions se présentent, sur leur face supérieure, comme des taches irrégulièrement carrées ou étoilées, de quelques millimètres, d'une couleur brun clair, et bien délimitées sur leurs bords; elles sont groupées entre les nervures. Ces taches s'agrandissent, forment peu à peu de larges plaques brunes qui s'étendent de plus en plus, et bientôt la couleur verte normale des feuilles saines n'existe plus qu'au pourtour du limbe et le long des nervures; la teinte brune est surtout accusée dans la région du pétiole (Pl. XII).

Cette teinte brune passe, sur certains cépages ou sous l'influence de conditions de milieu non encore précisées, à une coloration brun rougeâtre, puis jaune rougeâtre ou rouge sale; de loin, l'ensemble des feuilles d'un cep attaqué paraît comme roussi. Cette coloration rougeâtre se manifeste aussi, mais avec moins d'intensité, sur la face inférieure. Les nervures, même dans leurs ramifications les plus ultimes, restent jaunes ou vertes et impriment à la feuille rougie un caractère tout particulier. C'est à cet état de la maladie que s'applique surtout le nom de *Rougeole* et celui de *Roussi*. La Brunissure ou Rougeole, dans ce dernier cas, est plus grave que lorsque les feuilles prennent seulement une teinte brune; elle paraît être une affection différenciée par les caractères extérieurs, mais le parasite est le même. On observe d'ailleurs, sur la même souche, tous les passages de la teinte brune à la coloration rouge. L'observation, dans un vignoble, de l'extension de la *Brunissure-Rougeole*, qui procède par taches qui s'étendent concentriquement, permet de conclure *à priori* que la maladie est de nature parasitaire.

Dans le cas des feuilles simplement brunies, l'altération de la face supérieure ne se manifeste par aucune lésion sur la face inférieure qui paraît longtemps comme absolument saine. Mais aux dernières périodes du développement de la maladie, la face supérieure prend une teinte foncée brun grisâtre et terne (Pl. XII); les nervures jaunes sont marquées de brun de loin en loin, signe de leur altération partielle. Le limbe présente alors, sur les deux faces et entre les nervures, des taches d'un brun acajou, comme celles qui résultent de la brûlure.

Rien ne montre extérieurement, dans aucun cas, quelle peut être la cause de la maladie. L'arrêt dans le développement et la maturité des fruits, l'aspect souffreteux et languissant des souches, sont le résultat indirect de l'altération des feuilles.

Les différents cépages ne sont pas également sensibles aux attaques de la Brunissure; l'Aramon, le Pinot, le Grenache, l'Alicante-Bouschet, etc., sont ceux sur lesquels on observe le plus souvent les altérations; les vignes américaines, ainsi que nous l'avons dit, sont rarement attaquées, surtout les formes sauvages telles que les V. Riparia, V. Rupestris, V. Cordifolia, etc., qui ne présentent jamais que la coloration brune.

Le parasite de la Brunissure est un champignon myxomycète; il se rapproche de celui que M. Woronine a reconnu être la cause de la grave maladie de la *Hernie du chou*, et qu'il a décrit sous le nom de *Plasmodiophora Brassicæ* (1). Mais le champignon de la Brunissure ne détermine pas la déformation des parties attaquées; il envahit les cellules des feuilles, se substitue à leur contenu sans les déformer. A la suite de nos recherches avec M. C. Sauvageau, nous l'avons classé dans le genre *Plasmodiophora*, sous le nom de *Plasmodiophora Vitis*.

Pendant les premières phases de la maladie, le parasite (Fig.

---

(1) M. Woronin.— *Plasmodiophora Brassicæ*. Urheber der Kohlpflanzen-Hernie (Jahrbücher für wissenschaftliche Botanik von Pringsheim. (Leipzig, 1878, vol. XI, pag. 548 à 574, pl. XXIX à XXXIV). — Dans nos premières recherches avec M. C. Sauvageau, nous avons dû nous limiter à étudier la Brunissure, comme la Maladie de Californie, sur des feuilles séchées depuis deux et trois ans, conservées en herbier. Ces feuilles, bien qu'elles eussent été recueillies dans des localités et sur des cépages variés, et à des moments différents, nous ont offert uniquement l'état végétatif du champignon.

195, 196, 197 et 198) se développe surtout dans les cellules en palissade; il envahit plus tard les éléments du tissu lacuneux, mais n'existe qu'exceptionnellement dans l'épiderme (1). Sur les jeunes lésions et sur une même coupe, les cellules indemnes peuvent ren-

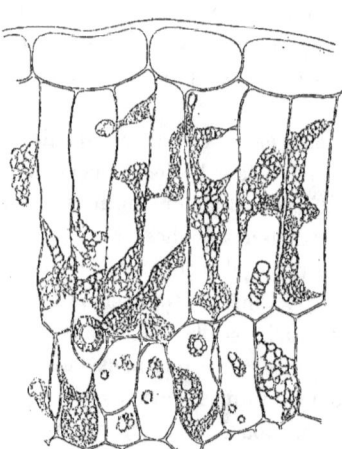

Fig. 195. — Coupe d'une feuille de vigne envahie par le *Plasm. Vitis*, avec plasmode sous forme de lames minces, figurant un réseau à larges mailles. — Gross.: 750/1.

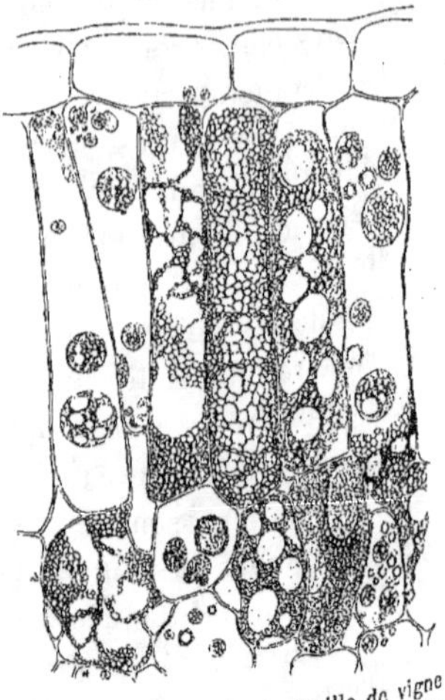

Fig. 196 — Coupe d'une feuille de vigne attaquée par la Brunissure. Le plasmode du *Pl. Vitis* tapisse la plupart des cellules avec l'aspect d'un réseau plus ou moins régulier. — Gross.: 750/1.

fermer de l'amidon en assez grande abondance, tandis que les cellules qui commencent à être attaquées en possèdent beaucoup moins. Plus tard, lorsque le parasite aura envahi la cellule, l'ami-

---

(1) Le procédé technique qui donne les meilleurs résultats pour l'étude délicate des *Pl. Vitis* et *Pl. californica* est le suivant : Les coupes minces pratiquées dans les parties malades des feuilles ramollies sont mises à macérer dans de l'eau de javelle très étendue; le meilleur résultat s'obtient lorsque la dilution est telle que la coloration brune, qui disparaîtrait presque instantanément dans le réactif concentré, diminue très lentement, puis disparaît; les coupes deviennent incolores et transparentes; on les laisse plusieurs heures dans le réactif. Le protoplasme cellulaire est totalement dissous, le plasmode au contraire, plus résistant, reste inattaqué, se distend; on le retrouve tapissant parfois complètement les cellules, particulièrement les cellules en palissade, etc.; il y a tout lieu de croire que l'état sous lequel il apparaît représente celui qu'il affectait dans les cellules vivantes. L'on colore ensuite le parasite par le vert d'iode et les parois cellulaires de la vigne par le carmin aluné. Les solutions iodées, en colorant en jaune le plasmode, facilitent beaucoup l'étude de sa structure. Lorsqu'il est en masse assez dense, il est préférable de ne pas le colorer pour ne pas diminuer sa transparence.

don aura complètement disparu ; le *Plasmodiophora Vitis* se nourrit donc, dans les cellules, non seulement aux dépens du protoplasme auquel il se substitue peu à peu, mais aussi aux dépens de l'amidon qu'il y rencontre. M. Woronine a signalé le même fait pour le *Plasmodiophora* du chou.

Tous les points de la feuille qui ont pris la couleur brune sont attaqués ; on n'y trouve que peu ou point de solutions de continuité de cellules indemnes. Sur les coupes dans les parties encore peu altérées, le parenchyme en palissade peut être uniformément

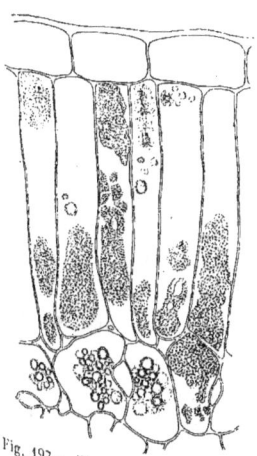
Fig. 197. — Plasmodes denses et finement vacuolaires du *Pl. Vitis*. — Gross. : 750/1.

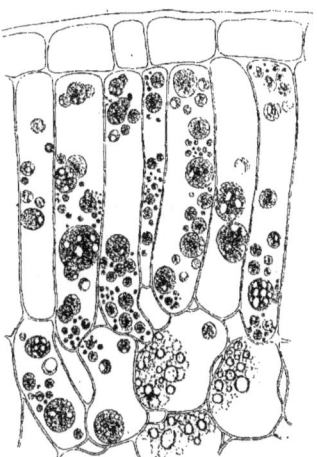
Fig. 198. — Les cellules du parenchyme de la vigne attaquée par le *Pl. Vitis* sont remplies de globules qui représentent une fragmentation du plasmode du parasite. — Gross. : 750/1.

envahi, tandis que le parenchyme spongieux a conservé son état normal ; sur les points qui paraissent les plus atteints, au contraire, l'envahissement est général, tous les éléments du parenchyme sont remplis par le champignon. Cet envahissement progressif se fait sans destruction et même sans modification des parois cellulaires ; il est évident que la contagion s'établit par les ponctuations des parois, mais on le constate beaucoup moins souvent que l'on pourrait s'y attendre, et la minceur des parois du tissu des feuilles de la vigne est loin de faciliter la recherche de ces communications.

On voit parfois, dans le parenchyme en palissade, des tractus protoplasmiques passer d'une cellule à l'autre en reliant deux plasmodes voisins. D'autres fois, comme le représente la figure 195, c'est sous la forme d'une véritable lame plasmique que la communication s'établit entre deux cellules contiguës ; dans ce cas, les ponctuations n'ont sûrement pas suffi au passage et la paroi a dû être traversée.

Le parasite ne semble pas occuper les espaces intercellulaires ; il n'utilise pas non plus les vaisseaux des nervures pour se répandre d'un point à un autre ; les cellules parenchymateuses, allongées transversalement, qui accompagnent les fines nervures d'anostomose, sont généralement moins attaquées que leurs voisines.

Le plasmode affecte dans les cellules des formes très diverses (Fig. 195 à 198). Tantôt il se substitue entièrement au contenu et occupe toute la lumière de la cellule ; c'est alors une masse assez dense, non transparente et très granuleuse ; mais, à un fort grossissement, ces granulations se résolvent en fines vacuoles ; on peut comparer cette masse à une éponge. Tantôt il tapisse seulement les parois cellulaires, soit sur toute leur étendue, soit sur une portion ; cette couche pariétale est un réseau à mailles plus ou moins étroites, que l'on pourrait comparer à une fine dentelle ; des tractus protoplasmiques réunissent parfois les parties opposées du réseau et peuvent s'anastomoser entre eux d'une manière plus ou moins complexe.

Dans d'autres cellules, il présente seulement des plages vacuolaires reliées les unes aux autres par de fins tractus protoplasmiques. D'autres fois encore (Fig. 195 et 196), la masse du plasmode, dans chaque cellule, renferme un grand nombre de vacuoles, très proches l'une de l'autre, assez régulièrement sphériques, entourées chacune d'une couche seulement très mince de protoplasme, qui, à un fort grossissement, se résout elle-même en vacuoles extrêmement fines. Cet état ressemble assurément à celui que M. Woronine a figuré comme le début de la formation des spores ; mais, comme nous n'avons pas observé les états ultérieurs représentés par l'auteur, rien ne nous autorise à faire cette assimilation. Il n'est pas rare non plus que le plasmode, très finement vacuolaire, se con-

MALADIE DE CALIFORNIE

dense dans une région de la cellule, le plus souvent vers le sommet ou vers la base, en une masse irrégulière dont le pourtour est hyalin et le centre grumeux (Fig. 197).

Dans bien des cas enfin, et surtout dans les lésions les plus avancées, le plasmode se fragmente en masses assez régulièrement sphériques, de nombre et de dimensions variables, isolées et indépendantes les unes des autres, parfois si abondantes que les cellules en sont littéralement gorgées (Fig. 198). Parmi ces sphères, les unes sont complètement homogènes, réfringentes, ont l'apparence d'une gouttelette d'huile; mais le réactif de Millon, l'action du sucre et de l'acide sulfurique prouvent leur nature protoplasmique ; d'autres sont pourvues d'une large vacuole centrale ou plus ou moins excentrique; d'autres enfin sont très finement vacuolaires et constituées par une sorte de masse protoplasmique spongieuse. On trouve toutes les formes de passage entre ces différents états. Quoique les sphérules homogènes soient privées de membranes, on serait tenté de les comparer à des kystes qui joueraient peut-être un rôle dans la dissémination du parasite.

MALADIE DE CALIFORNIE

Les viticulteurs du sud de la Californie avaient observé, vers 1882 et 1884, dans le comté de Los Angeles, surtout dans les vignobles de Santa-Ana et d'Anaheim, la disparition brusque, sous l'influence de causes inconnues, d'un assez grand nombre de ceps de vignes. En 1885, le mal s'étendait et il prenait une très grande importance en 1886 et 1887 ; sa progression a été constante quoique moins rapide pendant ces dernières années ; presque tous les vignobles du comté de Los Angeles, San-Diego et San-Bernardino ont été envahis. C'est surtout aux environs d'Orange, d'Anaheim, Santa-Ana, Modena, Tustin, Santa-Barbara... que la maladie a été le plus intense ; mais elle n'a pas encore dépassé le sud de la Californie. Quelques indices du mal semblent avoir été reconnus cependant dans le nord de la Californie, surtout dans les comtés viticoles de Napa et de Sonoma.

La maladie n'existe pas heureusement en Europe. Après l'avoir étudiée dans le comté de Los Angeles, en 1887 (1), j'avais insisté, à plusieurs reprises, sur son importance, et je l'avais décrite sous le nom qui lui a été conservé de *Maladie de Californie*. Un arrêté ministériel a pris, en 1892, des mesures prohibitives énergiques pour éviter que le vignoble français ne soit envahi, et l'importation des boutures de vignes a été interdite de Californie en France.

La *Maladie de Californie* est une affection dont les effets désastreux ont été comparés à ceux du phylloxéra; elle détermine non seulement des pertes importantes de récolte, comme le font le Mildiou, l'Oïdium, le Black Rot, mais elle amène souvent, dans l'espace d'un ou de deux printemps, la mort brusque des vignes. En 1886, au moment où les viticulteurs de la Californie commençaient à avoir de grandes craintes pour l'avenir de leurs vignobles, les pertes de récoltes étaient évaluées, pour le comté de Los Angeles, à un tiers de la production totale. En 1887, on estimait que ce comté produirait 250,000 boîtes de raisins secs; la récolte fut seulement de 75,000 boîtes. Des exploitations entières, certaines de dix et de cinquantes hectares, ont été détruites dans l'espace de deux années; quelques parcelles ont été foudroyées pendant le printemps de 1887; des vignobles de 150 et de 200 hectares, des environs de Tustin et d'Anaheim, ont été décimés de 1885 à 1889, dans la plupart de leurs parties. M. Ethelbert Dowlen (2) estimait que de 1885 à 1889, il y avait eu plus de 2,000 acres (800 hectares) d'anéantis par la Maladie de Californie. M. Newton B. Pierce (3) dit que, depuis l'origine de la maladie, 25,000 acres (10,000 hectares) ont

---

(1) Pierre Viala. — Une Mission viticole en Amérique (Montpellier, 1889, pag. 292-295, avec une planche). — *Id.*, Conférences viticoles de Montpellier, Béziers, Saintes, Nîmes (1888).

(2) Ethelbert Dowlen. — Lettres à M. P. Viala (inédites, 1889) et Bulletin du Board of state viticultural commissioners (San-Francisco, 1889 et 1890).

(3) Newton B. Pierce. — The Californica vine disease (U. S. Department of agriculture. Division of vegetable Pathology. Bulletin n° 2, un volum. 215 pag. avec 27 planches, 1892).

été détruits pour le comté de Los Angeles, dans les régions d'Anaheim, Santa-Ana, Los Angeles, Pomona, etc. (1).

Depuis 1884, le Département de l'Agriculture de Washington et le Board of state viticultural commissioners de San-Francisco ont fait étudier sur les lieux et sans discontinuité la Maladie de Californie. M. F. W. Morse, qui a le premier publié un mémoire sur cette affection, en 1886 (2), attribuait la Maladie de Californie à « des particularités locales, plus ou moins accidentelles, du climat, du sol, des conditions d'humidité ». En 1887, j'ai étudié la maladie dans les vignobles des environs d'Orange, j'en ai donné la description et j'ai émis l'opinion que l'affection, à cause des caractères spéciaux de son développement, était due à un parasite; j'ai signalé en outre le fait important qu'elle était transmissible par les boutures (3). Depuis, aucun fait n'a été apporté et l'on n'a pas trouvé, malgré d'intéressantes recherches, quelle était la vraie nature de la Maladie de Californie. M. Ethelbert Dowlen et surtout M. Newton B. Pierce, dans divers rapports et dans une étude très détaillée et récente, ont donné l'historique complet et les caractères extérieurs de la Maladie de Californie. M. Newton B. Pierce, qui, depuis 1889, a été chargé par le Département de l'Agriculture de Washington d'étudier la Maladie de Californie dans les comtés de Los Angeles, de San-Bernardino et de San-Diego, a réuni un ensemble d'observations intéressantes sur les conditions dans lesquelles elle se développe dans les vignobles, mais il n'a pu en déterminer

---

(1) M. Newton B. Pierce signale, dans son rapport, que la valeur d'un hectare qui, avant la maladie, était à Orange de 6,500 fr., est actuellement, pour les mêmes terres, de 750 fr. Il dit que les vignes de San-Gabriel, âgées de 78 ans, et certains ceps de Los Angeles, âgés de 80 ans, ont été complètement détruits. La variété la plus anciennement cultivée en Californie, le *Mission's grape*, a été, d'après M. N. B. Pierce, introduite au Mexique en 1642, et en 1769 à San-Diego, dans la Californie. Jusqu'à ces dernières années, aucun cas de mortalité, comparable à ceux que l'on constate actuellement, n'avait été observé par les anciens vignerons californiens. C'est là un fait curieux qui semblerait indiquer une invasion récente du vignoble de la Californie; il resterait à savoir d'où le parasite est originaire.

(2) F. W. Morse.— Report of an examination into the phenomena and causes of a supposed vine disease in Los Angeles County (Report of the viticultural work. University of California, 1886, pag. 176-184).

(3) P. Viala.— Une Mission viticole en Amérique (1889, pag. 292).

la cause. Quelques observations isolées l'induisent cependant à penser qu'elle pourrait être de nature microbienne.

Les recherches préalables que nous avons faites avec M. C. Sauvageau sur le *Plasmodiophora Vitis* nous ont permis de nettement spécifier que la Maladie de Californie était causée par un *Plasmodiophora* que nous avons séparé de celui de la Brunissure, sous le nom de *Plasmodiophora californica*, par suite des caractères bien spéciaux qu'il imprime aux plantes attaquées et de ses effets autrement graves sur les vignes.

La Maladie de Californie se développe dans les vignobles âgés aussi bien que dans les jeunes plantations, dans toutes les natures de sol et dans toutes les situations, sur les vignes sauvages (*V. californica*) en pleines forêts, aussi bien que sur les vignes cultivées. J'ai observé la maladie en plaine, en coteaux, dans les milieux arrosés ou secs, dans les terrains profonds, riches et meubles, dans les terrains caillouteux et secs, et même, aux environs d'Anaheim, dans des terrains sableux et profonds, identiques à ceux du cordon littoral de la Méditerranée.

Les premières taches dans un vignoble forment généralement des bandes longitudinales de souches mortes ou mourantes autour desquelles la maladie s'étend rapidement. Les indices du mal se manifestent dès le premier printemps et commencent par l'extrémité des pousses ; la maladie gagne peu à peu vers la base des rameaux ; on constate ensuite les altérations dans les bras, le tronc et, en dernier lieu, sur les racines.

Les jeunes rameaux des souches malades partent avec beaucoup de retard et poussent mal ; ils sont plus ramifiés qu'à l'état normal, courts, à nœuds rapprochés, et ils présentent des caractères extérieurs d'altération comparables à ceux des feuilles. A l'automne, les sarments desséchés, parfois partiellement aoûtés, d'une couleur cannelle foncée à l'extérieur, ont des zones brunes et noirâtres dans le bois ; la tige est zonée de brun et de noir comme les rameaux. Les sarments, pris comme boutures sur des souches attaquées, transmettent la maladie aux ceps qui en proviennent. Les radicelles des pieds atteints sont peu nombreuses; l'écorce noirâtre des racines se sépare facilement; le bois est spongieux, noir et juteux.

Sur les feuilles (Pl. XIII), il se produit d'abord une décoloration du parenchyme par plaques irrégulières disposées entre les nervures et sur le pourtour du limbe; elles sont jaunâtres et se décolorent de plus en plus. Elles deviennent définitivement rouges ou rouge brun, parfois d'un rouge noirâtre, d'où le nom de *Black Measles* (rougeole noire) donné par quelques viticulteurs californiens à cet état de la maladie. Ces taches sont entourées de zones plus claires et se rejoignent parfois en formant des bandes longitudinales qui occupent presque tout le parenchyme. Les nervures non altérées sont toujours entourées d'une bordure verte. Les feuilles sont définitivement bariolées (Pl. XIII) et elles sèchent en se retournant sur les bords. Elles tombent souvent pendant le printemps ou au commencement de l'été; les nouvelles feuilles qui poussent alors sur de nouveaux rameaux secondaires sont altérées à leur tour. Les fruits sèchent sur la plante et tombent.

M. N. B. Pierce a indiqué les différences de résistance que présentent divers cépages à la Maladie de Californie; voici comment il les classe à ce point de vue :

Cépages les moins résistants : *Mission's grape, Sultana.*

Cépages de résistance moyenne : *Muscat d'Alexandrie, Malaga, Zinfandel, Chasselas doré, Traminer, Riesling, Mataro, Catawba, Concord, Ives Seedling, Isabelle, Delaware*, etc.

Cépages les plus résistants : *Tokay, Malvoisie noire, Jacquez, V. californica, Mustang*, etc.

L'étude que nous avons faite avec M. C. Sauvageau de la *Brunissure* de la vigne nous a conduits à déterminer la cause de la *Maladie de Californie* qui est due aussi à un Myxomycète que nous avons rapporté au genre *Plasmodiophora* (1).

---

(1) Nous avons été contraints de limiter l'étude que nous avons faite de la Maladie de Californie avec M. C. Sauvageau à quelques feuilles sèches, cueillies en 1887, seuls organes altérés que nous avions à notre disposition. Par mesure de précaution, et pour éviter l'importation de la maladie en France, ces feuilles, après avoir été séchées, avaient été soumises sur place (à Orange) à l'action des vapeurs confinées du sulfure de carbone.

Les coupes dans le limbe des feuilles attaquées montrent que les cellules du parenchyme en palissade et du parenchyme lacuneux sont envahies par le parasite, comme dans le cas du *Pl. Vitis*; ce que nous avons dit précédemment du champignon de la Brunissure pourrait s'appliquer à celui de la Maladie de Californie.

Il y a cependant quelques légères différences; l'envahissement du parasite est presque toujours moins uniforme que dans le cas du *Pl. Vitis*; ainsi, une section pratiquée dans un point attaqué en apparence uniformément montre fréquemment des solutions de continuité, formées par des cellules saines, gorgées d'amidon, qui peuvent être aussi larges que les parties malades. Sur des coupes débarrassées du protoplasme cellulaire, puis traitées par une solution iodée, et observées à un faible grossissement, on voit souvent une alternance irrégulière de bandes jaunâtres et de bandes noirâtres; les premières correspondent aux parties envahies par le parasite, où il n'existe plus d'amidon; les secondes, au contraire, indiquent des parties restées saines et qui ont conservé leur amidon.

Souvent aussi, le plasmode est plus dissocié que dans le cas du *Pl. Vitis*; les cellules, au lieu d'être envahies dans la presque totalité de leur cavité par un réseau unique ou par des masses plus ou moins volumineuses, montrent plutôt de petites masses spongieuses. Autrement dit, et d'une manière générale, le parasite nous a paru moins abondant, plus grêle que dans le cas de la Brunissure.

La Maladie de Californie, étudiée uniquement sur des sections de feuilles, et comparativement à la Brunissure, semblerait donc moins importante que celle-ci. Mais, la première étant beaucoup plus meurtrière que la seconde, c'est donc que ses effets sur les racines et surtout sur les tiges doivent causer de graves dommages aux individus attaqués. Nous n'avons pas eu de matériaux nous permettant de les apprécier. Nous n'avons pas observé non plus la formation de spores. Cependant, le parasite de la maladie de Californie différant de celui de la Brunissure par son mode d'envahissement des feuilles et par ses effets sur les plantes attaquées, nous l'en avons séparé, dans notre travail avec M. C. Sauvageau, sous le nom de *Plasmodiophora californica*.

BIBLIOGRAPHIE

Dowlen (Ethelbert).— Lettres à M. P. Viala (inédites, 1889).
— *In* Board of state viticultural commissioners. (San-Francisco, 1889 et 1890).
Morse (F. W).— Report of an examination into the phenomena and causes of a supposed vine disease in Los Angeles County (Report of the viticultural work. University of California, 1886, pp. 176-184).
Pastre (Jules) — La Brunissure de la vigne. Observations sur une nouvelle maladie des feuilles de la vigne provoquée par les piqûres d'une cochenille (Progrès agricole et viticole, 1891).
Pierce (Newton B.) — The California vine disease (U. S. Department of agriculture. Division of vegetable Pathology. Bulletin N° 2, un volume de 215 pages avec 27 planches, 1892).
Pierce (Newton B) and Galloway — Report of the secretary of agriculture (Washington, 1889. The California vine disease, pp. 423-429, avec une lettre sur le même sujet de W. A. Henry. — 1890: The California vine disease, pp. 405-406. — 1891 : pag. 49 et pp. 371-372).
Sahut (F.).— *In* Progrès agricole et viticole, 1891, p. 241.
Viala (Pierre).— Une Mission viticole en Amérique (Montpellier, 1889, pp. 292-295, avec une planche).
— Conférences viticoles de Montpellier, Béziers, Saintes, Nimes (1888).
Viala (P) et Sauvageau (C).— Sur la Brunissure, maladie de la vigne causée par le *Plasmodiophora Vitis* (Comptes rendus de l'Académie des Sciences, 27 juin 1892).
— Sur la Maladie de Californie, maladie de la vigne causée par le *Plasmodiophora californica* (Comptes rendus de l'Académie des Sciences, 4 juillet 1892).
— La Brunissure et la maladie de Californie, maladies de la vignes causées par les *Plasmodiophora Vitis* et *Plasmodiophora californica* (Mémoire avec trois planches et *in* Journal de Botanique, septembre 1892, et Annales de l'Ecole nationale d'agriculture de Montpellier. Tom VII, 1892).
Woronin.— *Plasmodiophora Brassicæ*. Urheber der Kohlpflanzen-Hernie (Jahrbücher für wissenschaftliche Botanik von Pringsheim. (Leipzig, 1878, vol. xi, pp. 548 à 574, planches XXIX à XXXIV).

CHAPITRE VIII

BACTÉRIES

Les maladies de la vigne qui sont dues à des Bactéries sont peu nombreuses ; elles sont encore fort mal connues aussi bien dans leur cause que dans leur développement.

M. Savastano (1) a attribué certains cas de pourriture des fruits à une Bactérie qu'il nomme *Bactérie du pourridié des grappes*. Il affirme avoir cultivé cette bactérie et l'avoir inoculée sur des raisins qui ont pourri sous son action. Il aurait retrouvé cette même bactérie dans des taches jaunes de feuilles qui se sont ensuite desséchées ; recueillie et inoculée sur des grains, elle en aurait provoqué la pourriture. Cette pourriture des fruits a été constatée par M. Savastano au moment de leur maturité ; la pourriture peut se produire, dans ce cas, sans l'intervention d'aucun parasite et, à notre connaissance, l'observation de M. Savastano n'a pas été vérifiée.

Il est deux maladies, localisées sur les fruits de la vigne, qui paraissent bien être dues à des Bactéries ; ce sont la *Pourriture des grappes* et la *Maladie du coup de pouce*.

POURRITURE DES GRAPPES

M. Delacroix, qui a étudié la *Pourriture des grappes* dans les serres à vignes du nord de la France, a bien voulu, sur ma demande, me fournir les renseignements suivants, qui ne sont que

---

(1) Savastano. — Il batterio del marciume dell' uva (Malpighia. Fasc. IV, 1886).

les premiers résultats des recherches qu'il a entreprises sur cette maladie.

La *Pourriture des grappes* est une maladie importante par les pertes de récolte qu'elle détermine dans les cultures forcées de raisins de primeurs qui ont pris, ces dernières années, une grande extension dans les régions du nord de la France et en Belgique. On a noté les premières atteintes du mal il y a trois ou quatre ans, mais c'est surtout en 1892 que les dégâts ont été sérieux. Les milieux chauds et humides dans lesquels on force les vignes sont très favorables au développement des maladies, mais, par suite de la perfection des soins que l'on donne dans les serres à vignes, l'action des parasites est généralement enrayée. Cependant, les quelques essais de traitement qui ont été faits contre la *Pourriture des grappes* avec divers procédés (soufres, sels de cuivre, etc.) n'ont pas donné de résultats; ces expériences sont à reprendre.

La *Pourriture des grappes* n'attaque que les rafles et les raisins; elle n'a pas été observée sur les autres organes. Elle se manifeste dès que les fruits approchent de la véraison et se continue pendant la maturation. Des fragments de grappes ou des raisins entiers sont altérés et décomposés; les grappes attaquées ont une forme et un aspect qui les rendent impropres à la vente, même lorsque tous les grains ne sont pas détruits.

« La maladie, nous écrit M. Delacroix, sévit surtout sur le Frankenthal. Elle débute par une petite tache d'un fauve clair, le plus souvent sur la rafle; la couleur s'accentue bientôt jusqu'à prendre une teinte ochracée foncée. Les raisins sont envahis de la même manière; la tache, d'abord très petite, s'élargit progressivement jusqu'à occuper une notable partie du grain. Sur la rafle ou les pédoncules secondaires, elle peut s'étendre à toute la périphérie et même, dans certains cas où les raisins ne sont pas encore mûrs, la rafle a pris une couleur brunâtre et se trouve entièrement desséchée, comme cela a lieu pour une grappe mûre, cueillie et conservée depuis un certain temps. Dans ce dernier cas, les tissus étant nécrosés dans une étendue considérable, la partie de la grappe qui se trouve au-dessous de l'altération se dessèche et pourrit.

»Lorsqu'on examine les tissus attaqués, on voit que, dans la partie malade, le plasma cellulaire perd peu à peu, à mesure que l'on s'approche du centre de la tache, les propriétés physiques du plasma vivant et normal; il est coloré en jaune plus ou moins brunâtre. Dans les cellules atteintes se meuvent des bacilles ovales, très mobiles et dont la plus grande dimension varie entre $1\mu,25$ et $0\mu,75$. Les bacilles deviennent d'autant plus rares qu'on s'éloigne de la tache, mais on en trouve dans les cellules où le plasma, parfaitement hyalin, est encore vivant.

»Il se produit exceptionnellement une sorte de guérison spontanée sur quelques taches peu étendues, par suite de la formation d'une couche de liège dans les cellules du parenchyme cortical de la rafle.»

MALADIE DU COUP DE POUCE

Plusieurs viticulteurs ont noté, dans ces dernières années, et surtout en 1891 et 1892, des altérations très particulières des grains de raisin qui avaient été certainement confondues jusqu'alors avec le Rot brun; elles ont été distinguées sous le nom de *Coup de pouce* ou *Maladie du coup de pouce*.

Nous avions, avec M. L. Ravaz, suivi le développement de cette maladie dans les vignobles dès 1890, mais nous n'avons pu en connaître la nature que tout récemment ; elle est due, croyons-nous, à une bactérie sphérique que l'on trouve abondamment répandue dans tous les grains attaqués, surtout dans les cellules de la baie qui sont encore saines au pourtour de l'altération. Nous ne pouvons donner ici des indications détaillées sur le parasite, les recherches que nous poursuivons actuellement n'étant pas assez avancées ni suffisamment contrôlées. Nous nous contenterons de préciser les caractères extérieurs de la maladie qui n'a d'ailleurs que fort peu d'importance par ses effets ; nous n'avons observé que quelques cas relativement graves en 1892.

La *Maladie du coup de pouce* existe dans toutes les régions vignobles de la France, en Algérie, en Espagne, etc. On la trouve, chaque année, à peu près sur tous les cépages. Les raisins altérés sont disséminés irrégulièrement dans les grappes d'une ou de plusieurs souches ; ils peuvent être plus ou moins nombreux, mais toute une grappe est rarement détruite ; cependant, comme tout grain attaqué est un grain perdu, la diminution de la récolte peut être assez grande dans quelques cas. La Maladie du coup de pouce est rarement étendue en surface dans un même vignoble ; c'est seulement un mois avant la véraison et jusqu'à la maturité qu'elle se développe assez rapidement.

La Maladie du coup de pouce n'attaque que les grains ; elle débute par un point décoloré peu distinct par sa teinte jaunâtre sur le fond vert clair de la baie. L'altération commence sur une partie quelconque du grain, généralement dans la région comprise entre le pédicelle et l'ombilic. Le point s'agrandit peu à peu et assez lentement en formant une tache d'abord livide, puis d'un brun violacé. Alors, la peau s'affaisse sur toute la partie altérée qui occupe le plus souvent la moitié du volume de la baie ; il semble que les tissus ont été fortement comprimés avec le doigt. La partie non affaissée du grain reste intacte. Dans le creux, la teinte devient plus foncée et terne, et la peau se plisse. L'altération reste très longtemps stationnaire à cet état, puis elle gagne le pédicelle et, en dernier lieu, la région opposée au creux primitif. Le grain devient d'un brun violacé foncé, avec la peau déprimée et irrégulièrement plissée, il sèche définitivement et tombe ; il ressemble, à ce dernier état, aux grains atteints du Grillage ou du Rot brun.

CHAPITRE IX

PHANÉROGAMES PARASITES

CUSCUTE

La Cuscute (le *Cuscuta monogyna* et le *Cuscuta major*) a été observée, à plusieurs reprises, sur la vigne. Elle a été signalée par Ch. des Moulins en 1853 et par Petit-Laffitte en 1865. Le Maoût et Decaisne disent qu'elle envahit les pédoncules des raisins et qu'elle les entoure de ses tiges filamenteuses, ce qui leur a fait donner le nom de *Raisins barbus*. Nous l'avons constatée sur des rameaux et des fruits, en Camargue.

La Cuscute implante ses racines modifiées ou suçoirs sur les rameaux ainsi que sur les ramifications de la rafle. Là, ses tiges filamenteuses forment des touffes qui peuvent atteindre un assez grand développement. M. A. Petit-Laffitte cite des raisins qui portaient des touffes de 35 centim. de long. La Cuscute peut être considérée plutôt comme un accident que comme un parasite pouvant produire des dégâts. Sa présence est exceptionnelle ; on ne la trouve jamais dans les vignes bien cultivées ; elle peut seulement atteindre les rangées de vignes formant bordure. Les graines de Cuscute qui ont germé et n'ont pas été détruites par les labours implantent les suçoirs de leurs tiges sur les rameaux qui traînent sur le sol, et s'élèvent peu à peu jusqu'aux grappes. Pour s'en débarrasser, il suffit d'enlever les tiges en les arrachant.

OSYRIS ALBA

L'*Osyris alba* a encore moins d'importance que la Cuscute. Elle n'a été signalée qu'une seule fois par J.-E. Planchon comme ayant passé d'une haie sur les racines de quelques pieds de vigne voisins. Elle formait « de singuliers tubercules coniques implantés par une large base sur les racines de la vigne. » D'ailleurs, l'*Osyris alba* se développe indifféremment sur les racines de toutes les plantes et peut même vivre d'une vie indépendante. C'est donc un parasite insignifiant; de simples labours suffiraient pour détruire les quelques plantes qui auraient pu atteindre les racines de la vigne.

« L'*Osyris alba*, dit J.-E. Planchon, abonde dans les haies, les bordures des chemins, les taillis clairs du Midi méditerranéen.... » C'est « un tout petit arbrisseau à apparence de genêt non épineux, dont les fleurs mâles, d'un jaune un peu verdâtre, exhalent, au printemps, une délicieuse odeur de miel, tandis que les pieds femelles, à fleurs verdâtres et moins nombreuses, donnent naissance, à l'automne, à de petites baies rouges ».

L'*Osyris alba* appartient à la famille des Santalacées, dont la plupart des espèces sont parasites soit sur les branches des arbres, soit sur les racines des plantes les plus diverses.

LATHRÆA SQUAMARIA

M. V. Perusset a observé, en Suisse, sur les confins du département de la Haute-Savoie, une Orobanchée, le *Lathræa squamaria*, parasite sur les racines de la vigne. Cette plante vit cependant le plus souvent en saprophyte sur diverses matières décomposées. D'après M. V. Perusset, elle a déterminé, dans quelques parcelles de vignes, la mort des souches qui dépérissaient, sous son action, comme si elles avaient été attaquées par le phylloxéra; il a aussi observé des cas où des vignes plantées sur des défrichements de noyers qui avaient le *Lathræa squamaria* sur leurs racines ont été ensuite envahies par cette Orobanche. Ce parasitisme accidentel du *L. squamaria* est rare et nous ne connaissons pas d'autre observation que celle que nous a communiquée M. V. Perusset.

DEUXIÈME PARTIE

MALADIES NON PARASITAIRES

CHAPITRE X

RONCET ET MAL NERO

Nous étudions, dans ce chapitre, deux maladies, le *Roncet* et le *Mal nero*, fort mal connues dans leurs caractères généraux et inconnues dans leur cause. Nous croyons cependant que ce sont deux maladies bien spéciales, et les quelques observations que nous avons recueillies sur leur nature et leur développement nous portent à croire qu'elles sont de nature parasitaire. Les rares échantillons de *Roncet* que nous avons pu avoir à notre disposition paraissaient attaqués par des Bactéries ; quant au *Mal nero*, les caractères des altérations qu'il détermine semblent indiquer l'action d'un Myxomycète du même groupe que ceux qui produisent la Brunissure et la Maladie de Californie. Mais ce sont là de pures hypothèses et nous devons nous borner à décrire les vagues caractères généraux de ces deux maladies.

RONCET

Nous adoptons, pour cette maladie, le nom bourguignon de *Roncet* ou *Roncé* qui répond, d'une façon générale, à une maladie assez bien définie, quoique, dans la Bourgogne même, on comprenne parfois, mais rarement, sous cette désignation, des cas de Pourridié. Les noms de *Ronçay* (Bourgogne), de *Mûregement* ou *Morragement* (arrondissement de Semur), d'*Aubernage* (Yonne), ceux de *Jauberdat* (Aude, traduction languedocienne du mot persillé), *Vigne persillée, Persillé, Pousse en ortille, Friset, Court noué* ou *Bourré sarrat*...., nous paraissent s'appliquer à des altérations de même nature, indépendantes des parasites qui causent le Pourridié, et bien différentes du Cottis qui, ainsi que nous le verrons, n'est qu'un état extrême de la Chlorose.

C'est dans les départements de l'Yonne, de la Côte-d'Or, de l'Aube, du Cher, du Doubs, etc., que le Roncet est surtout fréquent. On constate cependant des altérations, qui paraissent comparables, dans la plupart des vignobles français ; tel le *Court noué* ou le *Jauberdat* des régions méridionales.

Toutes ces altérations se manifestent par un rabougrissement lent mais intense de tous les organes extérieurs (Pl. XIV), sans chlorose, et indépendamment de la nature du sol, de sa fertilité, de son humidité. Les souches sont attaquées le plus souvent isolément dans les parcelles ; elles forment cependant parfois des zones de plantes rabougries, qui finissent par succomber sans que l'on puisse constater sur leurs organes (racines surtout) aucun des parasites que nous avons étudiés.

Le Roncet ne provoque la mort des ceps qu'au bout d'une période relativement longue, parfois seulement au bout de huit ou dix ans. Plusieurs vignerons ont observé que lorsqu'on plantait de nouveaux ceps aux places où d'autres avaient succombé du Roncet, ils étaient attaqués de la même affection et finissaient par disparaître à leur tour ; on a noté aussi que la maladie était transmissible par boutures.

RONCET.

Les Gamays sont, dans l'Est, plus souvent attaqués par le Roncet que les Pinots; dans le Languedoc, c'est l'Aramon qui est le plus sujet au *Court noué*. Dans l'Aude, c'est sur la Carignane et l'Alicante que l'on constate le plus souvent le *Jauberdat*; on le trouve, mais moins fréquemment, sur l'Aramon; on aurait noté, en outre, qu'il envahirait, dans tous les cas, un point d'un vignoble et qu'il progresserait ensuite très lentement sur les souches voisines. Ce fait, ainsi que ceux de la transmissibilité du Roncet par boutures et de sa réapparition sur les places où il existait précédemment, semblent bien se rapporter à une maladie de nature parasitaire.

Les caractères du Roncet (Pl. XIV) sont surtout accusés, à première vue du moins, sur les organes extérieurs. Les rameaux restent courts et les nœuds sont très rapprochés; ils donnent un grand nombre de ramifications secondaires et tertiaires; le cep, en tête de chou, prend un aspect buissonnant. Les sarments ne sont jamais tortueux, ils restent toujours droits; la coulure et le millerandage sont constants, mais la teinte verte normale persiste sur les rameaux. Le rabougrissement va en s'accusant chaque année de plus en plus et les souches, au bout d'un certain nombre d'années, succombent pendant l'hiver et ne repoussent plus au printemps. Il est vrai que tous ces caractères ont de l'analogie avec ceux qui résultent de l'action du Phylloxéra ou du Pourridié dans les terrains non calcaires, mais, nous le répétons, aucun des parasites connus n'existe sur les racines pas plus que sur les rameaux et les feuilles.

Les bras des souches et les tiges présentent des zones d'altération brunâtres ou noirâtres, les racines deviennent plus filiformes et moins nombreuses que sur les souches saines.

Les feuilles (Pl. XIV) restent petites et sont à lobes et à dentelures plus profonds, d'où les noms de persillé, friset, jauberdat; elles conservent toujours leur teinte verte et paraissent plus épaisses que les feuilles normales.

MAL NERO

Le *Mal nero* (mal noir) n'a été observé et étudié qu'en Italie, où on le désigne encore sous le nom de *Morbo nero*, *Mali niuru* (Sicile) ; pour beaucoup d'auteurs italiens, le *Mal dello spacco* (mal de la fente), la *Gommose*, le *Mal rosso* (mal roux), le *Verde secco* de la Pouille ne sont que le Mal nero.

Il est certain que l'on a souvent désigné et étudié en Italie, sous le nom de Mal nero, les effets indirects de diverses maladies cryptogamiques, surtout du Pourridié et de l'Anthracnose, et de quelques affections d'ordre physiologique, telle que la Chlorose. Mais, comme des auteurs italiens (MM. R. Pirotta, O. Penzig, A. Targioni-Tozzetti, Cugini, Comes), dont l'opinion a beaucoup de crédit, affirment que le Mal nero doit être considéré comme une maladie à caractères particuliers, nous chercherons à dégager ce que ces particularités ont de constant.

C'est en 1863, d'après M. G. Cugini, que le *Mal nero* a été reconnu pour la première fois en Sicile, dans les provinces de Syracuse, Cattane et Messine ; on l'a constaté plus tard dans les provinces de Naples, Toscane, Bologne, Modène, Ischia... M. Cuboni affirme qu'il n'y a pas de *Mal nero* en Lombardie et en Vénétie, la mort des ceps qu'on lui a montrés était due à diverses causes et surtout à la Chlorose. M. A. Targioni-Tozzetti aurait, au contraire, observé le *Mal nero* dans ces deux régions. C'est en Sicile et dans la province de Naples que la maladie serait le plus étendue ; dans ces contrées, on lui attribue même une assez grande gravité.

Certains des caractères généraux que l'on a indiqués pour les ceps atteints du *Mal nero* ne lui sont aucunement spéciaux. Ainsi, on observe l'atrophie de la plupart des bourgeons et le dessèchement de ceux qui évoluent ; les vrilles et les fleurs sèchent et tombent ; les mérithalles sont raccourcis et aplatis, au lieu d'être cylindriques ; le cep se rabougrit et finit par périr au bout de trois à cinq ans.

Quelques auteurs disent que le cep est chlorosé; d'après certains, les feuilles sont, au contraire, luisantes et fortement entaillées (M. Calè Fiorini), et c'est d'après ce caractère que MM. Garovaglio et Cattaneo pensaient qu'on devait rapporter au *Mal nero* une maladie décrite en 1777, par Prudent de Faucogney (1), et qu'on peut tout aussi bien rattacher au Roncet ou à l'Anthracnose pontuée.

MM. Calè Fiorini et Gino Cugini ont insité sur ce que, sous l'influence du Mal nero, il se produisait des cas d'anomalie dans la constitution de la fleur et par suite une coulure subséquente; mais ces phénomènes s'observent dans beaucoup de circonstances, indépendamment de toute maladie. L'on a rapporté aussi que les rameaux étaient éraillés, à l'extérieur, de taches longitudinales noires.

M. Comes soutient que, sous l'influence exclusive du Mal nero, il se produit, à l'extérieur des divers organes et surtout des sarments, une transsudation de matière gommeuse. D'après MM. A. Targioni-Tozzetti, Pirotta, Cugini, cette émission de gomme a lieu dans bien d'autres circonstances, même sur des vignes saines. M. Pirotta, et beaucoup d'autres avec lui, admettent qu'il se forme souvent sur les rameaux, les bras ou le tronc des souches attaquées par le Mal nero des fentes longitudinales, — d'où le nom de *Mal dello spacco* —, peu larges au début et qui s'agrandissent au fur et à mesure que l'organe se dessèche; elles sont béantes, parfois très profondes et produites comme par éclatement. M. A. Targioni-Tozzetti dit que ces fentes, dues parfois au Mal nero, peuvent résulter aussi d'autres causes. Enfin, on a observé des cas de ramollissements du bois, qui devient spongieux.

Mais les caractères particuliers au *Mal nero* résideraient dans les tissus des rameaux et surtout du tronc. On admet généralement que l'altération progresse successivement de haut en bas, de la partie aérienne vers les parties souterraines. Les tissus des rameaux et du tronc se dessèchent et présentent des lésions

---

(1) R.-P. Prudent de Faucogney.— Quels sont les caractères et les causes d'une maladie qui commence à attaquer plusieurs vignobles de la Franche-Comté, et quels sont les moyens pour la prévenir et la guérir? (1777. Mémoire couronné par l'Académie de Besançon).

qui se manifestent, à première vue, par une teinte brune partielle, qui gagne définitivement tout l'organe, en se fonçant en noir. Sur une section transversale de la tige, on voit le bois maculé de brun ou de noir, et c'est ce qui caractériserait le mieux le Mal nero. L'écorce est très peu adhérente et même détachée, peu consistante et brune. Dans le bois, se dessinent, en brun ou en noir, d'étroits cordons ou des lignes en zigzag ; mais, le plus souvent, ce sont des zones de forme triangulaire, dont le sommet est situé du côté de la moelle et la base vers l'écorce. Ces zones passent successivement du brun rougeâtre au brun et puis au noir; elles parcourent la tige ou les rameaux dans toute leur longueur. Tout le bois est définitivement altéré et n'a plus sa consistance normale. Les racines ne poussent au collet que sur les parties saines et jamais en face des régions mortifiées. Les rayons médullaires sont altérés avant le bois et se dessinent par des lignes brunes. La moelle est brune à la périphérie, peu adhérente, molle, d'un blanc terne au centre. Les racines paraissent encore saines lorsque les rameaux et la tige sont déjà fortement altérés.

A l'examen microscopique, on observe que dans les cellules altérées, qui contenaient normalement de l'amidon, celui-ci a disparu ou est rongé et bruni, et se colore difficilement par l'iode. Les membranes des tissus cellulaires sont brunies et ne se colorent plus en violet sous l'action du chloroiodure de zinc; celles des vaisseaux et même des fibres sont jaunes. Dans l'intérieur des vaisseaux existent, plus nombreuses qu'à l'état normal, des *thylles*, qui remplissent parfois la lumière des vaisseaux. Toutes les cellules sont gorgées d'une matière abondante, dense et brune; cette substance, résultat et non cause de l'altération, serait du *tannin solide* d'après MM. Cugini et Pirotta, un *acide humique* d'après M. Coppola, de la *gomme* d'après M. Comes. On y constaterait parfois la présence de bactéries, mais on ne peut considérer ce fait comme particulier, car on trouve des bactéries dans tout organe altéré ou se décomposant. MM. Pirotta et G. Cugini rejettent absolument l'opinion de M. Comes sur la nature de ce dépôt. M. Comes attribue une très grande importance à cette *Dégénérescence gommeuse* des tissus qui serait la cause plutôt que l'effet du *Mal nero*, et cette *Gommose* serait le résultat direct des variations excessives de température. MM. Casoria et Savastano, tout en admettant que la substance des zones noirâtres des bois est du tannin oxydé, ne voient pas là un caractère spécifique d'une maladie; nous sommes de leur avis, mais cela n'implique pas, comme ils l'admettent, que le *Mal nero* n'est pas une maladie bien déterminée.

Le *Mal nero* se déclarerait dans toutes les natures de sol, dans les terres sèches, mais surtout dans les terrains humides; il se produirait, dans ces derniers milieux, principalement sous l'influence des abaissements brusques et alternatifs de température, plutôt que sous l'action de froids continus. Ces variations de température sont considérées par la plupart des auteurs comme la cause du Mal nero, qui ne serait pas par conséquent une maladie parasitaire.

M. Gino Cugini avait tout d'abord attribué le *Mal nero* à deux champignons : *Sphæropsis Peckiana* (Thüm) et *Phoma vitis* (Bon.); il a reconnu plus tard que ces deux espèces vivaient accidentellement en saprophytes sur les rameaux de vignes altérés par le Mal nero.

M. Pirotta pense que le *Mal nero* pourrait bien être de nature parasitaire. Il a observé dans les crevasses de l'écorce, adhérents à l'intérieur, et en regard de la partie du bois altérée, de petits cordons noirs, sortes de «*rhizomorphes*», qui envoient des ramifications dans le bois, surtout à travers les rayons médullaires. Ces cordons sont de petits cylindres, obtus à leur extrémité végétative, noirs à l'extérieur et blancs au centre. Leur écorce noire serait formée par de petites cellules polygonales ou ovales, soudées entre elles; la partie médullaire serait composée de cellules ovales cylindriques, plus étroites, flexueuses. Du rhizomorphe se détachent des filaments mycéliens cylindriques, flexueux, cloisonnés, incolores ou légèrement bruns, qui pénètrent les cellules et les vaisseaux, et se développent activement de façon à obstruer parfois entièrement la lumière de ces derniers. C'est dans les régions où ces filaments mycéliens sont nombreux que se produisent abondamment les dépôts noirâtres de *tannin solide*. M. Pirotta a encore observé, dans certaines cellules des rayons médullaires, des «spores ou conidies» rondes, brunes, à membrane épaisse, disposées en série ou isolées, et en rapport avec des filaments mycéliens analogues à ceux qui proviennent des rhizomorphes. M. Pirotta est le seul qui ait noté ces productions.

Nous avons réservé un caractère du *Mal nero* sur lequel la plupart des auteurs ont généralement peu insisté et qui a été tout d'abord signalé, croyons-nous, par M. Gregori et confirmé tout récemment par M. Aloi et par l'étude qu'a faite M. N. B. Pierce du Mal nero en Italie. D'après MM. Gregori, Aloi et M. N. B. Pierce, les feuilles des ceps atteints du Mal nero bien caractérisé présentent des taches d'abord jaune-rougeâtres, puis rouges ou brun-rougeâtres qui s'étendent de plus en plus en respectant les nervures pendant les premières phases de la maladie. Les caractères de ces altérations des feuilles ont, d'après les descriptions de ces auteurs, beaucoup d'analogie avec ceux que nous avons donnés pour la forme de *Brunissure* que nous avons nommée *Rougeole* ou *Brunissure-Rougeole*.

La concordance ou la ressemblance de ces caractères et de ceux du développement nous font croire que la cause du Mal nero pourrait bien être de même nature que celle de la Brunissure et de la Maladie de Californie.

BIBLIOGRAPHIE

Aloi (A). — Nuove ricerche sul Mal nero delle viti. (L'agricoltore calabro-siculo, 1891).
— Una rivendicazione di priorita sulla origine del Mal nero della vite. (Catania, Ag. Cal. Siculo. Num. 12, 1884).
Casoria et Savastano. — Il Mal nero e la tannificazione della quercc. (Roma, 1889).
Coppola. — Sul Mal nero della vite. (Cagliari, 1883).
Cuboni. — Mal nero della vite. (Roma, 1889).
Cugini. — Ricerche sul Mal nero della vite. (Bologna, 1881).
— Nuovo indicagini sul Mal nero. (Gio. Agr. A. xix. Bologna, 1882).
— Il Mal nero della vite. (Fireuze, 1883).
— Intorno ad una malattia delle viti detta *Mal nero*, siviluppatasi in Toscana. (Agric. pratica. Firenze, 1886, p. 283).
Comes. — Il Mal nero della vite. (Portici, 1882).
— Primi resultati degli sperimenti fatti per la cura della Gommosi o Mal nero della vite. (Portici, 1882).
— Sul preteso tanuino scoperto nelle viti affete da Mal nero (1882).
— Le Mal nero ou la Gommose dans la vigne et dans n'importe quelle autre plante ligneuse et les variations excessives de température. (Traduit par A. Picaud. Montpellier, C. Coulet, 1889).
Divers. — *In* Congrès de Florence, 1886.
Fiorini. — Atti della Soc. di acclim. et di agricolt. in Sicilia. (T. III, 1863).
Garovaglio. — La vite ed i suoi nemici nel 1881 (Milano 1882).
Garovaglio et Cattaneo. — Studii sulle dominante malattie dei vitigni. Il. Mal nero (Milano, 1878).
Gregori. — *In* Ann. della R. Scuola sup. di agric. (Portici, 1885).
Luxardo et Gregori. — *In* Rivista di. Viticoltura ed Enologia. (Vol. I, 1877).
Mori (A.). — Sopra una malattia delle viti. (Agricoltura italiana, vol. III, p. 455).
Pierce (N.-B.). — The California vine disease. (U. S. Dep. of agric. Washington, 1892, pp. 182 à 198).
Pirotta. — Primi studii sul Mal nero o Mal dello spacco nelle viti. (Alba, 1882).
Rotondi et Galimberti. — *In* Rivista di viticoltura ed enologia. (1878, p. 353).
Sommer. — Eine neue Krankheit des Weinstocks (1863).
Sorauer. — Pflanzenkraukheiten. (Vol. I, 1886, p. 881).
Targioni-Tozzetti (A.). — Malattie delle viti (1879-1885, Firenze).
Thümen (F, Von). — Einwanderung schädlichen Pilze. (OEsterreich. Land. Vochenblatt, 1883).
Trevisan. — Il Mal nero et la Filossera a Valmadrera. (R. J. lomb., vol. XIII. Milano, 1880).
Turrisi-Scamaca. — *In* Relazione intorn. ai lav. della R. Staz. Entom. di Firenze, 1884.
Viglietto. — *In* Rivista vit. Enol. Conegliano, 1883, p. 604.

CHAPITRE XI

MALADIES PHYSIOLOGIQUES

CHLOROSE

L'étude de la *Chlorose* est intimement liée à celle de la culture des vignes américaines, à leur ADAPTATION. Nous avons publié, avec M. L. Ravaz (1), un travail détaillé sur cette question et nous ne pouvons donner ici que des indications rapides sur les caractères de cette affection. L'examen des nombreuses questions culturales qui se rattachent à la Chlorose nous entraînerait trop loin, hors du cadre que nous nous sommes tracé pour l'exposé des diverses maladies. Nous renverrons donc au travail plus complet que nous avons publié avec M. L. Ravaz et nous nous contenterons d'extraire simplement de ce livre, en les résumant, les faits pathologiques relatifs à cette importante maladie.

La *Chlorose (Jaunisse, Anémie, Ictère, Gelbsucht, Clorosi......)* est aujourd'hui bien déterminée dans ses caractères et dans ses causes générales, sinon dans sa cause intime. Ce n'est pas une maladie nouvelle. De tout temps, et avant la crise phylloxérique, les vignerons charentais et champenois avaient noté le jaunissement des vignes françaises dans les terrains les plus calcaires, surtout lors des années à printemps pluvieux. Mais les vignes françaises sont relativement résistantes à l'excès de calcaire, cause de la Chlorose, et l'on avait rarement noté le dépérissement des vignes dans les terres les plus riches en calcaire.

---

(1) Pierre Viala et L. Ravaz.— Les vignes américaines : Adaptation, culture, greffage et pépinières (1 vol. de 321 pag. avec 53 fig. dans le texte. Montpellier, Coulet, 1892).

CHLOROSE.

Avec l'importation et la culture des vignes américaines greffées, il en a été tout autrement. La plupart des vignes américaines, une surtout exceptée, le *V. Berlandieri*, sont très sensibles à la Chlorose et d'autant plus qu'elles sont greffées ; elles végètent d'ailleurs, à l'état sauvage en Amérique, dans des terrains anciens qui manquent de chaux (1). Ces vignes cultivées, en France, dans des sols très calcaires, ont dépéri rapidement de la Chlorose. Cette maladie qui, avant la crise phylloxérique, était un accident insignifiant, est devenue, avec la culture des vignes américaines greffées, un obstacle à la reconstitution de nombreux vignobles dans les diverses régions viticoles de la France, obstacle que l'on a considéré pendant longtemps comme insurmontable.

Il est acquis aujourd'hui que dans quelques cas, dans les terrains relativement peu calcaires, la Chlorose peut être combattue surtout par des solutions de sulfate de fer mises, au printemps, au pied des souches chlorosées, et parfois par des aspersions, dans le courant de la végétation, de solutions de sulfate de fer sur les feuilles, ou encore par des cristaux de ce sel mis dans le sol pendant l'hiver. Mais, dans les sols riches en calcaire, ces moyens ne sont pas suffisants.

La question de la lutte contre la Chlorose, ou plutôt de la reconstitution par les vignes américaines de tous les terrains calcaires, est, pour M. L. Ravaz et pour moi, actuellement résolue. Mes observations en Amérique et les expériences comparatives si bien conduites par M. L. Ravaz dans les terres crayeuses de Cognac, ont démontré que les variétés vigoureuses ou les hybrides résistants du *V. Berlandieri*, espèce américaine la plus réfractaire à la Chlorose, permettraient de reconstituer sûrement tous les terrains calcaires.

C'est surtout pour la connaissance complète de ces moyens de lutte directe ou indirecte contre la Chlorose que nous renvoyons au livre que nous avons publié avec M. L. Ravaz ; nous en reproduisons (2) ce qui suit sur les caractères et la cause de cette maladie.

---

(1) P. Viala.— Une Mission viticole en Amérique (1 vol. de 387 pages. Montpellier, Coulet, 1889).

(2) P. Viala et L. Ravaz.— Adaptation, *loc. cit.*, pp. 20 à 50.

«*a*. **Caractères de la Chlorose.**— Les feuilles de vigne chlorosées (Pl. XV) offrent d'abord une diminution dans l'intensité de leur teinte, soit d'une façon générale sur tout l'ensemble du parenchyme, soit seulement par régions. Puis elles deviennent d'un vert jaunâtre et définitivement jaunes. La feuille se décolore presque entièrement et passe du jaune vif à une coloration blanchâtre. Les tissus roussissent sur le pourtour du limbe, et cette mortification envahit le parenchyme par bandes longitudinales entre les nervures; finalement, la feuille se dessèche. Les jeunes rameaux jaunissent tout comme les feuilles; et souvent aussi, lorsque la Chlorose a une grande intensité, leurs extrémités se dessèchent et tombent.

Tout en étant très jaunes, les tiges continuent à s'accroître, mais plus lentement, et à produire de nouvelles feuilles. Mais, comme les surfaces vertes qui, seules, élaborent les matériaux nécessaires à la nutrition des divers organes de la plante, sont altérées, les jeunes feuilles qui naissent restent toujours petites et jaunes. De nombreux petits rameaux qui sont toujours très courts, grêles, avec des rudiments de feuilles, naissent des bourgeons situés à l'aisselle des feuilles principales; et la souche a alors un aspect buissonneux, rabougri. Sous cette forme, la Chlorose est désignée sous le nom de *Cottis*.

Si la maladie se manifeste avant la floraison, elle amène la coulure des fleurs, un retard dans le développement des grains qui restent petits, millerandés, jaunâtres avec quelques plaques rousses; plus tard, ils se dessèchent.

Les racines ont un développement presque normal ou plutôt faible; mais elles ne présentent aucune altération extérieure; rien n'indique qu'elles appartiennent à un cep malade, et une coupe à travers leurs tissus ne montre aucune lésion interne. Cependant, elles sont plus molles et plus flexibles que les racines des vignes non malades, elles ploient sous la main comme du caoutchouc, elles sont moins lignifiées. Elles contiennent peu ou point de matières de réserve, sauf peut-être les plus grosses d'entre elles; point de dépôt d'amidon dans leurs cellules après l'aoûtement du bois. Les régions qui sont à l'état de vie active (couche génératrice, etc.) ont un contenu pauvre en protoplasme; les vaisseaux grillagés et les cellules du liber sont presque vides ; en un mot, il y a pénurie de matières azotées et de matières hydrocarbonées. Dans les tiges, absence des mêmes matériaux ainsi que dans les feuilles et dans tous les organes herbacés.

Dans les feuilles, non seulement la chlorophylle a disparu, mais encore son substratum, le grain chlorophyllien. Cependant, dans les rameaux chlorosés, la chlorophylle ne disparaît pas si tôt que dans les feuilles; il en existe encore, mais en petite quantité, même lorsque le cep est très malade. Par contre, dans tous les tissus, il y a abondance de cristaux de sels de chaux, oxalate, tartrate, etc. ; les raphides sont très abondants, ainsi que les macles, etc., et souvent de petits cristaux prismatiques sont en si grand nombre qu'ils obscurcissent les coupes sous le microscope.

En somme, la Chlorose a pour résultat d'amener l'appauvrissement de tous les tissus de la plante en matières utiles à la vie des organes, et dès lors les cellules actives appauvries, mal constituées, souffrent et fonctionnent mal. La mort du cep peut en être la conséquence, s'il appartient à une vigne très sensible à cette affection (Rupestris, Vialla, Cordifolia-Rupestris, etc.).

Une même variété de vigne n'est pas également sujette à la Chlorose à tous les âges. Dans les terres où le sol et le sous-sol sont à la fois très calcaires, un pied de vigne commence à jaunir généralement l'année même de la plantation, en août, septembre ou octobre; jusqu'à ce moment il reste vert. Au printemps suivant, ses premières pousses sont jaunes, et ce jaunissement est en quelque sorte la continuation de celui de l'année précédente ; aussi s'accentue-t-il de plus en plus, jusqu'en juin ou juillet. A partir de ce moment, les feuilles reverdissent, et souvent, à la fin de l'automne, elles sont devenues complètement vertes. Puis, à la troisième année, la Chlorose se montre un peu plus tard: les premières pousses sont vertes, et ce n'est qu'en mai qu'elles se chlorosent de nouveau, mais moins qu'à la deuxième année. Elles reverdissent également plus tôt, et il n'est pas rare de les voir totalement vertes dès le mois d'août ou au plus tard en septembre. Les années suivantes, la Chlorose ne se montre que pendant peu de temps,

P. VIALA. *Les Maladies de la Vigne*, 3ᵐᵉ édition.

toujours fin mai ou juin et justement pendant les années très pluvieuses, et sans jamais entraîner avec elle de conséquences graves pour la végétation de la vigne. Ainsi les choses se passent-elles toujours avec les vignes françaises et même, mais avec quelques différences, avec les vignes américaines les moins sujettes à la Chlorose, telles que V. Berlandieri et hybrides franco-américains de Berlandieri, de Riparia, de Rupestris, etc.

A la deuxième année, la Chlorose a pu être si intense sur certaines variétés, — et ce sont celles qui ont jauni le plus tôt la première année de la plantation, — que le reverdissement ne se produit pas ou presque pas. Celles-là meurent à la troisième feuille, quelquefois même à la deuxième (Vialla, Noah, Rupestris-Cordifolia, Rupestris-Cinerea, etc.)

Enfin, certaines variétés ne jaunissent pas la première année, mais seulement à la deuxième année, et, dans ce cas, non pas dès le début de la végétation, mais plus tard, fin mai ou juin. Elles reverdissent aussi beaucoup plus tôt et plus complètement ; telles les meilleures formes de V. Berlandieri et leurs hybrides avec le V. Vinifera.

Dans les terres dont le sol est peu calcaire, tandis que le sous-sol l'est beaucoup, les mêmes phénomènes se produisent, mais ils sont retardés. La première et même la deuxième année, la Chlorose peut ne pas se montrer, tant que les racines sont dans la couche supérieure peu calcaire ; mais, dès qu'elles vivent dans le sous-sol, elle se déclare et présente les phénomènes que nous avons décrits.

Telles sont les variations d'intensité que la Chlorose peut présenter avec l'âge de la plantation et la nature des terrains. Ces caractères sont propres à cette maladie ; et si on les trouve sur des vignes mourantes du Phylloxéra, du Pourridié, etc., c'est toujours dans les terrains calcaires ; jamais une vigne saine ou malade ne jaunit dans les terrains argileux ou siliceux.

»*b*. **Causes de la Chlorose**. — Les opinions qui ont été émises pour expliquer le jaunissement de la vigne et le rabougrissement qui en est souvent la conséquence sont nombreuses.

On a tour à tour attribué la Chlorose à l'humidité, à la sécheresse ou à des alternatives de sécheresse et d'humidité, au climat, au manque de fer dans le sol, au défaut de coloration et par suite d'échauffement du sol, au greffage, au carbonate de chaux, etc.

»*Chlorose et Humidité*. — L'humidité exagérée du sol a une influence sur la végétation de la vigne, mais peut-elle amener la Chlorose ? Il suffit d'examiner les vignes plantées dans des terrains très humides, mais non calcaires, pour s'assurer qu'il n'en est rien. Dans les Charentes, les vignes du Pays-Bas, où l'eau séjourne pendant tout l'hiver et une bonne partie du printemps, ne jaunissent jamais ; ou si, en certains points, quelques taches de Chlorose se manifestent, c'est toujours au sommet de petits mamelons qui s'égouttent bien, tout en n'étant jamais secs à l'excès. Il en est de même dans le Saumurois, où les vignes plantées sur les coteaux crétacés des rives de la Loire, toujours secs, sont fréquemment jaunes, tandis que celles de la plaine, qui est très humide, ne le deviennent jamais. En Bourgogne, les vignes des coteaux deviennent, en certains points, jaunes tous les ans ; les vignobles de la plaine établis dans un sol argileux, compacte et retenant l'eau, sont toujours entièrement verts. Dans la Gironde, dans le Languedoc, etc..., de tels exemples abondent. Les vignes plantées sur les bords des cours d'eau, dans d'anciens marais mal desséchés...., où l'eau est souvent à $0^m,30$ ou $0^m,40$ de la surface, ne présentent jamais trace de Chlorose. L'excès d'humidité seul n'a donc aucune action dans le jaunissement de la vigne. Et pourtant, dans certains terrains (terrains calcaires), c'est au printemps et après des pluies très fréquentes que la vigne jaunit le plus ; sans doute, l'eau agit ici ; nous examinerons comment.

La sécheresse ne fait pas davantage jaunir la vigne. Des vignes cultivées dans des pots ont été privées d'eau pendant plusieurs semaines, leurs feuilles se sont flétries, desséchées et séparées du sarment, mais n'ont jamais eu de Chlorose. En 1890 et 1891, les vignes de beaucoup de régions de la France, des Charentes, de la Bourgogne, des bords de la Méditerranée et du Rhône, etc., ont assez souffert de la sécheresse au point de perdre leurs feuilles, mais sans Chlorose. Cependant, un climat très sec peut provoquer la Chlorose qui n'apparaîtrait pas sous un climat plus frais et dans une même terre; il en est ainsi très souvent dans le midi de la France. C'est que, dans ce cas, la sécheresse oblige les racines à vivre plus profondément et dans une couche de terre calcaire; mais seule, la sécheresse n'est point une cause de Chlorose; elle peut seulement l'aggraver comme dans le cas que nous venons de citer. Elle peut aussi, et plus souvent, la diminuer. La sécheresse et l'humidité, agissant alternativement, ne peuvent être sérieusement invoquées non plus.

» *Chlorose et Fer*.— Ainsi que nous l'avons dit, la Chlorose est caractérisée par la disparition de la chlorophylle des feuilles et de tous les organes herbacés. Sachs avait montré que le fer joue un rôle utile dans la formation de la chlorophylle. Cependant, les recherches de M. A. Gautier et de M. Hoppe Seyler sur la chlorophylle n'avaient révélé aucune trace de fer dans sa composition, contrairement à ce qu'on avait admis précédemment. De là à conclure, d'après les idées de Sachs, que la disparition de la chlorophylle des tissus était due au manque de fer, il n'y avait qu'un pas. Les premiers travaux de M. B. Chauzit et ceux de M. Foëx montrent cependant que les terres où cette affection se déclare avec intensité contiennent souvent autant et même plus de fer que les terres où les vignes restent toujours vertes (1).

Il est vrai que dans beaucoup de ces terres, le fer ne s'y trouve peut-être pas au même état d'oxydation et par suite d'assimilabilité. Mais il est d'observation courante que les terres de *groies* des Charentes, de *grèves* de la Bourgogne, et de beaucoup de points de l'Hérault, où les vignes jaunissent, sont justement très colorées en rouge par du sesquioxyde de fer qui est, dit-on, plus apte à être assimilé sous cette forme. En outre, des terres très siliceuses, presque entièrement blanches et par suite pauvres en fer assimilable, ne portent jamais de vignes jaunes. Il faut en conclure que le fer, quel que soit l'état sous lequel il se trouve dans le sol, ne

---

(1) B. Chauzit.— *In* Une Mission viticole par P. Viala. (Appendice, 1889).

peut en rien arrêter la Chlorose et que son absence n'est en aucune façon un obstacle à la bonne venue des vignes américaines.

Cependant, il est un fait absolument indéniable, c'est l'efficacité très nette du sulfate de fer sur le reverdissement de la vigne et de toutes les plantes. De nombreuses expériences le prouvent. Eusèbe Gris, en 1840, et plus tard son fils Arthur Gris, en 1857, ont nettement démontré l'action qu'avait le sulfate de fer mis au pied des plantes chlorosées ou sur les feuilles pour provoquer leur verdissement. Ces faits ont été affirmés d'une façon indiscutable dans ces dernières années et surtout en 1892 (1).

Le sulfate de fer agit surtout en solution, mis au printemps, au pied des vignes. Les doses qui ont donné les meilleurs résultats sont celles de 2,500 à 4,000 kil. par hectare suivant les terrains; les solutions sont faites à raison de 0 kil. 500 à 1 kil. pour 10 litres d'eau, ce qui fait environ 400 hectolitres d'eau par hectare.

En cristaux, il est bien moins efficace. Cependant, dans le midi de la France, on a obtenu de bons résultats, surtout après plusieurs années d'application, en l'employant sous cette forme, mais par grandes quantités ; il en faut alors au moins 1 kilog. et plus par cep et encore n'obtient-on pas toujours une amélioration très sensible.

Enfin, employé en aspersion sur les feuilles dans la proportion de 1 pour cent d'eau, le sulfate de fer amène aussi la disparition de la Chlorose. Eusèbe Gris et Arthur Gris sont les premiers qui l'aient établi d'une façon précise. Plusieurs horticulteurs et botanistes ont attribué ce reverdissement au fait que la feuille renferme du tannin, qui, en s'unissant au fer, forme du tannate de fer de couleur vert noirâtre. Cette explication n'est guère plausible ; il suffit d'examiner au microscope une feuille traitée pour s'assurer que les choses ne se passent pas ainsi et que le reverdissement est dû à l'apparition de la chlorophylle. Arthur Gris l'a d'ailleurs montré depuis longtemps (2), en suivant attentivement le développement et la multiplication des grains chlorophylliens et leur coloration.

---

(1) P. Viala et L. Ravaz.— Adaptation, loc. cit., p. 30-33. — Voir aussi les travaux, cités à la Bibliographie de ce chapitre, de MM. Tord, A. Bernard, Paul Narbonne, etc.
(2) A. Gris.— In Ann. scienc. nat., 1857, 4ᵐᵉ série, tom. VII, p. 179, pl. V à X.

Mais comment agit le sulfate de fer sur la chlorophylle? Eusèbe Gris et Arthur Gris ont constaté, sur des plantes étiolées, le phénomène du développement et du verdissement des grains de chlorophylle sous l'action directe et intime du sulfate de fer, mais sans en donner d'explication. Sachs attribue la formation des nouveaux grains de chlorophylle au fer lui-même. Nous avons, croyons-nous, suffisamment démontré que la Chlorose se manifestait souvent avec une très grande intensité dans des sols riches en fer assimilable pour qu'on puisse dénier à ce corps toute action de ce genre. D'après M. Max Tord, le sulfate de fer versé en solution au pied des ceps précipiterait, sous forme de sulfate de chaux, le carbonate de chaux dissous dans l'eau du sol chargé d'acide carbonique. Cette explication paraît, pour l'instant, la meilleure de toutes celles qui ont été données. Peut-être aussi agit-il directement sur la plante, après avoir été absorbé soit par les racines, soit par les feuilles.

Mis en cristaux finement moulus, il ne donne plus des résultats aussi complets. Est-ce parce qu'il est décomposé à la surface par les calcaires insolubles, avant qu'il ait pénétré jusqu'aux racines? Le sulfate de fer agit-il indirectement dans le sol ou directement après son absorption par la plante, en détruisant ou diminuant l'alcalinité des matières solubles qui, puisées par les racines dans le sol, arrivent dans les cellules où le suc cellulaire est et doit être acide et le protoplasme légèrement alcalin pour leur bon fonctionnement à l'état de vie active? Les acides devraient, dans ce cas, avoir la même action que le sulfate de fer, et quelques essais, qui demandent à être repris, semblent l'indiquer.

Quoi qu'il en soit, l'action du sulfate de fer est certaine. Mais elle est, en somme, insuffisante dans beaucoup de cas ; dans les terres crayeuses, où la Chlorose se manifeste avec une très grande intensité, elle ne peut que ralentir la mort de la vigne.

»*Chlorose, Lumière et Chaleur.* — L'absence comme aussi l'excès de lumière peuvent amener la disparition de la chlorophylle. Boussingault et Arthur Gris ont, les premiers, indiqué ce phénomène. Il suffit de rappeler quelle teinte claire présentent les plantes élevées à l'obscurité, et aussi les organes trop éclairés. Mais, dans les vignobles, rien de semblable ne se produit.

La Chlorose se manifeste avec tout autant d'intensité dans le Midi de la France, où la lumière ne fait jamais défaut, que dans le Sud-Ouest ou le Centre, où le temps est plus fréquemment couvert. La réverbération des rayons lumineux par la couleur blanche de la surface ne peut être invoquée ici, puisque les vignes jaunissent également dans les terres les plus noires (terres crayeuses des Charentes, du Saumurois, du Poitou, etc.) et les plus blanches (terres calcaires de la Dordogne, du Blayais, etc.).

M. G. Foëx a montré que l'Herbemont jaunissait surtout dans les terres froides au printemps. Les expériences qu'il a faites montrent bien que la plus ou moins grande facilité d'échauffement du sol peut aggraver ou atténuer la Chlorose. M. Millardet et d'autres observateurs sont arrivés à des conclusions sensiblement identiques. Nous ferons remarquer que les terres rouges ou ocreuses de *groies* des Charentes, de *grèves* de la Bourgogne, sont toutes colorées en brun ou même en noir ou en rouge plus ou moins foncé ; elles sont légères, très perméables, et elles s'échauffent facilement. Les premières notamment, pendant l'été, après quelques jours de soleil, sont brûlantes au point qu'on éprouve quelque fatigue à marcher dessus ; et c'est dans ces terres que les vignes jaunissent le plus. Par contre, beaucoup de terres blanches compactes et froides ne portent jamais de vignes jaunes. Il faut donc en conclure que la froideur du sol ne peut provoquer la Chlorose, mais elle l'aggrave par suite de l'humidité plus grande au printemps des terrains froids, et c'est dans ces terres que MM. Millardet et Foëx ont constaté des cas de Chlorose.

Chlorose et Climat. — Le dépérissement des vignes américaines dans beaucoup de terrains et leur Chlorose ont été aussi attribués au climat. Les vignes d'Amérique ne se seraient pas encore acclimatées en France. Cette explication a-t-elle la moindre valeur ? Les mêmes plantes, les mêmes cultures prospèrent dans les deux pays, et s'il y a une différence, elle est bien plutôt en faveur du nôtre. En Amérique, la température atteint souvent des extrêmes considérables (de —30° à +43°) ; les pluies tombent par périodes alternant avec des sécheresses très longues et très intenses, au point que beaucoup de plantes ne peuvent atteindre leur complet développement..., toutes conditions qui sont bien moins favorables à la végétation de la vigne que notre climat plutôt tempéré, où les pluies n'alternent presque jamais avec de longues sécheresses et dont les températures extrêmes sont peu écartées.

Les vignes américaines sont bien moins sensibles aux froids que les vignes européennes. Dans la vallée du Rhône, au-dessus de Lyon, la température s'est abaissée, en 1891, à —30° ; les vignes de pays de tout âge ont été entièrement gelées ; il a fallu les receper à quelques centimètres de terre. Les vignes américaines, au contraire, ont bien résisté ; elles n'ont pas souffert du froid. Il suffit d'ailleurs d'examiner ce qui se passe en France pour se convaincre que plus le climat est doux, tempéré, moins brûlant, plus il est favorable à la végétation des vignes américaines.

»*Chlorose et Carbonate de chaux.* — Enfin on a attribué la Chlorose à l'influence du carbonate de chaux contenu dans le sol. Ce qui est certain et absolument constant, c'est que cette maladie ne se déclare jamais que dans les sols calcaires, et elle est d'autant plus intense que la proportion de cet élément est plus élevée. Jamais, pour notre part, nous n'avons vu jaunir la vigne ailleurs que dans les sols calcaires, et cette observation s'étend à toutes les plantes: pêcher, aubépine, cognassier, poirier, etc. Une vigne peut être dans le plus mauvais état, rabougrie, atteinte de n'importe quelle maladie, dans une terre non calcaire elle ne jaunira jamais; sans doute elle n'aura pas la teinte vert foncé d'une vigne très vigoureuse, mais ses feuilles ne présenteront jamais les caractères que nous avons décrits et qui sont propres à la Chlorose. C'est là un point sur lequel nous insistons et qui limite bien les conditions dans lesquelles cette affection se produit toujours (1).

Il est d'ailleurs très facile de se rendre compte que c'est bien le carbonate de chaux qui fait jaunir les vignes. Il suffit, pour s'en

---

(1) Voir les analyses de M. B. Chauzit, *in* Une Mission viticole par P. Viala, *loc. cit.*

convaincre, de déposer au pied des cépages sensibles à cette affection, de la marne ou de la craie, des débris de démolitions, des boues de ville empierrées avec des matériaux calcaires, etc., et l'on peut, en opérant ainsi, obtenir à volonté tous les degrés de jaunissement.

Comment agit le carbonate de chaux? Le carbonate de chaux agit directement sur la plante; il lui est d'autant plus nuisible qu'il est absorbé en plus grande quantité, ou, ce qui revient au même, qu'il se présente sous une forme plus assimilable. Les fragments de calcaires durs, mis au pied d'une vigne, ne la font point jaunir, tandis que des fragments semblables, friables et, par suite, facilement attaquables tant par la pluie que par les gelées, etc., engendrent la Chlorose. En faisant végéter des pieds de vigne dans l'eau de chaux, on fait aussi jaunir leurs feuilles, qui restent toujours vertes dans l'eau ordinaire.

C'est donc après avoir été absorbé que le carbonate de chaux nuit à la vigne. Son action intime dans les cellules n'a pas été encore suffisamment étudiée pour que l'on puisse en donner une démonstration précise. Nous pensons qu'il précipite les acides organiques et que, par suite de cette précipitation, son absorption est continue; l'acidité normale du suc cellulaire serait diminuée, et la faible alcalinité, normale aussi, du protoplasme, serait par contre augmentée. De là une gêne dans le fonctionnement des cellules qui s'appauvrissent en matières azotées et hydrocarbonées. La chlorophylle disparaît d'abord et il ne se forme plus de nouveaux grains chlorophylliens; partant, les matériaux absorbés par les racines ne sont plus élaborés par la matière verte disparue, ou le sont imparfaitement par une quantité insuffisante de matière verte mal développée. Si le carbonate de chaux agissait ainsi en diminuant l'acidité du suc cellulaire, on s'expliquerait, ainsi que nous le disions plus haut, l'efficacité des solutions de sulfate de fer sur les feuilles. Quoi qu'il en soit, et bien que cette question ne soit pas suffisamment élucidée, le carbonate de chaux est bien la vraie cause de la Chlorose (1).

---

(1) «Parmi les terrains blancs, d'aspect extérieur identiques aux terrains crayeux, qui

Mais, de ce qui précède, il ne faut pas conclure que l'analyse physique, avec les indications qu'elle fournit par les procédés généralement suivis, donnera toujours la mesure des effets du carbonate de chaux sur la vigne (1). Son action peut être modifiée par diverses circonstances, augmentée ou diminuée d'une manière peu sensible, il est vrai, mais néanmoins réelle. Elle est, en effet, liée non seulement à la quantité de carbonate de chaux contenu dans le sol, mais encore à la répartition de ce corps par rapport aux autres éléments, sable, argile, etc.; et deux sols *également* calcaires peuvent présenter, à ce point de vue, des différences assez sensibles. Si, dans l'un, le carbonate de chaux est disposé autour des grains de sable siliceux (grès, calcaire, sable tertiaire des environs de Montpellier, etc.), la vigne jaunira beaucoup plus que dans un autre où il existerait en grains plus ou moins fins mélangé aux grains de silice ou enveloppé par l'argile. Dans le premier, malgré une

---

pourraient avoir peut-être une action comme cause de la Chlorose, sont les terrains dolomitiques (à carbonate de magnésie) et les terrains gypseux (à sulfate de chaux).

»Les vignes américaines ont été cultivées dans les terrains dolomitiques du Gard (bajocien, bathonien et infralias), et on a constaté que dans des terres qui renferment jusqu'à 42 p. 100 de carbonate de magnésie (MM. Chauzit, Jeanjean et Desjardins), les vignes américaines, même les Riparias, prospèrent

»Quant à l'action du plâtre, elle est fort mal connue encore. Nous avons fait une enquête sur ce sujet dans l'Aude (à Portel et Fitou), dans les environs de Paris, dans le Jura, et les renseignements que l'on nous a fournis ont été souvent contradictoires. On a constaté le jaunissement des Riparias à Portel dans des terres gypseuses blanches qui sont aussi très chargées de carbonate de chaux; dans d'autres terres gypseuses, à Portel et à Fitou, la plupart des vignes américaines prospèrent et ne jaunissent pas. Les viticulteurs des environs de Montmorency n'ont jamais noté le jaunissement des vignes françaises dans les terrains gypseux. M. U. Gayon a planté des Cabernet-Sauvignon en terres variant comme teneur en sulfate de chaux. Dans ses expériences, la première pousse est restée parfaitement verte, la seconde pousse a jauni très sensiblement à partir de 10 p. 100 de plâtre dans les sols, tandis que les plants témoins, en terre végétale pure, sont restés tout à fait verts».

Tout récemment, M. B. Chauzit, en analysant les terres que nous avions réunies pendant notre enquête, a vu qu'il n'y avait Chlorose dans les terrains gypseux que lorsque ceux-ci étaient riches en carbonate de chaux; lorsque ce dernier corps fait défaut, même avec la présence de fortes doses de plâtre, la Chlorose ne se produit pas. Ces faits avaient d'ailleurs été vaguement notés dans la Bourgogne.

(1) L'analyse est cependant une donnée que l'on ne doit pas négliger et qui, dans certains cas, est suffisante pour le choix des plants américains à mettre dans un terrain calcaire. Les nombreuses analyses de M. B. Chauzit ont démontré, par exemple, qu'au delà de 30 p. 100 de calcaire, les porte-greffes les plus employés (Riparia, Rupestris) ne prospéreraient pas; ces faits ont été ensuite confirmés par d'autres recherches, par celles de M. Lagatu, M. A. Bernard, etc.

haute teneur en silice, toute la racine est en contact immédiat avec le carbonate de chaux ; dans le second, le contact n'existe plus qu'en certains points plus ou moins nombreux ; et l'argile, dans quelques cas, en englobant les petits grains calcaires, les isole encore de la racine et en diminue l'effet nuisible ; car, si c'est dissous dans l'eau du sol qu'il est absorbé le plus fréquemment par les racines, elles-mêmes peuvent aussi le rendre soluble et l'absorber. Cette influence amélioratrice de l'argile a été signalée par plusieurs observateurs, notamment par M. G. Cazeaux-Cazalet.

Par contre, d'autres causes viennent augmenter l'action du carbonate de chaux sur la vigne. Tous les vignerons du midi de la France, du Saumurois, de la Bourgogne, de la Champagne, etc., ont remarqué que les vignes jaunissaient au printemps des années très humides et qu'elles restaient jaunes jusqu'au retour des grandes chaleurs. Depuis que nous étudions la Chlorose dans les diverses régions de la France, nous avons toujours vu les mêmes phénomènes se reproduire : jaunisse intense pendant les printemps pluvieux, légère, au contraire, pendant les printemps secs et qui, dans les deux cas, disparaît toujours en juin ou juillet. Avec les vignes américaines, les mêmes phénomènes se produisent ; mais, comme la Chlorose est en général plus intense, le reverdissement est aussi moins complet ; quelquefois même, chez certaines variétés, il ne se produit pas. Ici donc, la Chlorose paraît liée à l'humidité, et cependant nous avons montré que l'humidité seule n'avait aucune action de ce genre.

Comment concilier ces deux faits en apparence contradictoires ? Ainsi que nous l'avons dit, le carbonate de chaux est d'autant plus nuisible à la plante qu'il est dissous en plus grande quantité dans les eaux du sol. Les eaux de pluie, les infiltrations, toujours chargées d'acide carbonique, en sont l'agent de dissolution le plus actif, et plus elles seront abondantes, plus il y aura de carbonate de chaux mis, en dissolution et sous forme de bicarbonate, à la disposition de la plante, et par suite plus la Chlorose sera intense. En juin ou juillet, avec le retour des chaleurs, la quantité d'eau contenue dans le sol diminue ; une grande quantité de carbonate de chaux redevient insoluble, et la Chlorose disparaît.

Aussi s'explique-t-on facilement les différences que peuvent présenter, dans leur verdeur, des vignes plantées dans des sols contenant la même dose de calcaire et sous le même état. C'est évidemment là où, pour une cause quelconque, l'eau séjourne que les vignes seront le plus jaunes. Cela explique les bons effets du drainage, des défoncements et de toutes les opérations qui ont pour but d'enlever l'excès d'eau des terrains calcaires.

Comment se fait-il que l'influence du calcaire sur le jeune plant ne se manifeste pas à l'extérieur dès le printemps de la première année de la plantation? C'est que, dès le début, le plant, bouture ou raciné, vit en grande partie aux dépens des matières accumulées dans les tissus, et ses cellules vivantes, encore presque normalement constituées, résistent plus longtemps à l'action progressive du carbonate de chaux. Mais celui-ci finit par l'emporter et, en septembre, les feuilles deviennent jaunes, et, fonctionnant mal, elles n'accumulent dans les tissus de la tige ou de la racine qu'une faible quantité de matières de réserve. Au printemps suivant, le premier développement se fait avec l'aide de cette petite quantité de matières de réserve : d'où jaunisse encore peu intense, qui est comme la suite de celle de l'année précédente. Le calcaire ayant à ce moment, pour les raisons que nous avons fait connaître, une action très grande, le jaunissement s'accentue davantage. Puis le beau temps qui survient en juin ou juillet, la disparition de l'humidité du sol, placent le plant dans de meilleures conditions de végétation. La quantité de calcaire dissous devenant moindre, le reverdissement se produit; les feuilles, revenues dans des conditions normales, assimilent et élaborent des matières de réserve. Au printemps de l'année suivante, les cellules actives, bien constituées, grâce à ces réserves qui sont plus considérables que l'année précédente, résistent plus longtemps aux effets du carbonate de chaux. Aussi la Chlorose, à cette troisième année, est-elle moins intense qu'à la seconde et de moins longue durée. La nutrition se produit dès lors dans de meilleures conditions et pendant plus longtemps; aussi, à la quatrième année, et pour les mêmes raisons que nous venons de donner, la jaunisse est-elle encore moins marquée, si elle n'a pas complètement disparu.

Il en résulte que toutes les causes qui font obstacle au fonctionnement normal des cellules entravent la formation et l'accumulation des matières de réserve, et, du même coup, le développement ultérieur de la vigne. L'aggravation de la Chlorose en est la conséquence. Le Mildiou, en faisant prématurément tomber les feuilles, agit dans ce sens; et on l'a bien vu en 1883, 1885, 1886, années où la Chlorose a eu une très grande intensité et le Mildiou, non encore combattu par les sels de cuivre, une gravité exceptionnelle.

Le phylloxéra agit de même. Par les lésions qu'il détermine sur les racines, il entrave la croissance de la vigne. Un affaiblissement très marqué en est bientôt la conséquence, et, dans ces conditions, elle est moins résistante aux effets du carbonate de chaux. Chacun a pu voir les vignes phylloxérées fortement jaunir dans les terrains calcaires, jamais ailleurs, quelque temps avant de succomber. Le phylloxéra, en affaiblissant la vigne, la rend donc plus sensible au carbonate de chaux; leurs effets, d'ailleurs, s'ajoutent, et c'est un peu pour cela que la vigne résiste moins longtemps dans les terrains plus ou moins calcaires que dans les terrains argilo-siliceux.

Le greffage, amenant une diminution relative de la vigueur de la vigne, en même temps que de sa résistance au phylloxéra, en provoque aussi le jaunissement. Mais cet affaiblissement ne se produit jamais que lorsque les espèces ou variétés greffées sont différentes l'une de l'autre. Dans les terrains très calcaires, la Folle-Blanche greffée sur elle-même ne jaunit pas plus que franche de pied, tandis que greffée sur Riparia, Vialla, Solonis, Rupestris, etc., elle se rabougrit et meurt bientôt. De même les divers porte-greffes, Riparia, Rupestris, Solonis, Jacquez, etc., peuvent rester presque verts et se développer à peu près normalement tant qu'ils sont francs de pied ; greffés, ils ne tardent pas à succomber. »

COULURE

Sous les noms de *Coulure*, *Stérilité*, *Vignes folles*, *Coulards*, *Avalidouïres*, *Déflourairés*, *Chloranthie*, *Bastardume*, *Millerandage*, *Millerand*, *Milleran*, etc., on réunit le résultat de plusieurs maladies physiologiques ou de nature météorique dont l'effet final est l'avortement des fruits qui a lieu depuis la sortie des bourgeons floraux jusqu'au moment où les baies ont atteint leur grosseur normale. Les grains peuvent nouer en effet, mais ne pas grossir ensuite, quoique les pépins se forment parfois ; on a donné plus spécialement à ce dernier cas le nom de *Millerandage* ou *Millerand*. Les viticulteurs regardent surtout comme Coulure la non formation ou le développement incomplet des fruits. Or, la pulpe peut se développer sans qu'il y ait fécondation ; ce fait, exceptionnel sans doute, est constant chez plusieurs cépages (Corinthe, Sultanich...) ; au point de vue physiologique, il y a coulure pour la plante dans ce cas, puisque les pépins ne se forment pas.

Avec M. C. de Follenay (1), qui a publié un bon travail pratique sur la Coulure, nous distinguerons la *Coulure constitutionnelle* qui est de nature physiologique, et la *Coulure accidentelle* qui est le résultat d'accidents météoriques, et, quoique leur cause soit différente, nous les étudierons ensemble.

a. **Coulure constitutionnelle**. — La Coulure peut être inhérente au cépage; elle est due à une constitution anormale des fleurs qui est parfois spécifique. Les fleurs normales de vigne (Fig. 199) sont petites, verdâtres, avec cinq parties aux divers verticilles qui sont alternes les uns par rapport aux autres, excepté le cycle des étamines qui est opposé à celui des pétales. Dans les fleurs normales, les cinq pétales de la corolle restent toujours soudés à

---

(1) Comte de Follenay.— La Coulure du raisin et l'Incision annulaire (Montpellier, 1892, 1 vol.).

leur sommet; ils se séparent seulement par leur base d'insertion sur le réceptacle et forment, lors du commencement de la floraison (Fig. 199 et 200), capuchon au-dessus de la fleur.

M. Millardet a cité quelques cas rares de fleurs spéciales qu'il nomme *fleurs encapuchonnées* (Malbec), chez lesquelles la corolle ne tombe pas soit par suite d'un caractère fixé, soit à cause de conditions atmosphériques particulières; dans ces cas, la Coulure a lieu assez souvent; elle n'est cependant pas constante, car l'autofécondation, rare dans la vigne, peut se produire dans ces conditions. M. Rathay, M. Ravaz et moi, avons observé des phénomènes semblables.

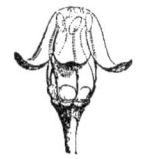

Fig. 199. — Fleur normale de vigne (d'après M. H. Marès).

La fécondation de la vigne est presque toujours croisée, ainsi que l'ont démontré les études de M. Millardet (1). On a admis longtemps qu'au moment de la floraison, qui commence à 15° C. et qui a lieu surtout entre 15° et 20° C., lorsque la corolle se détache, le ca-

Fig. 200. — Épanouissement de la fleur du *Chasselas* suivant l'ordre des lettres (d'après M. Millardet).

puchon était rabaissé vers le pistil et appliquait sur lui les étamines; la déhiscence des anthères se produisait à ce moment et le pollen se déposait sur le stigmate. Toute action du pollen étranger à la fleur aurait été ainsi empêché. Dans cette interprétation du phénomène antérieur à la fécondation, il serait difficile d'expliquer comment il peut exister des hybrides spontanés dans les forêts d'Amérique où ils sont cependant très nombreux (2).

Les phénomènes se passent autrement dans la plupart des cas (Fig. 200). La déhiscence de la corolle est provoquée par le redres-

---

(1) A. Millardet. — Essai sur l'hybridation de la vigne (1891).
(2) Voir : P. Viala. — Une Mission viticole en Amérique (Montpellier, C. Coulet, 1889).

sement des cinq étamines qui soulèvent le capuchon. Ces étamines sont légèrement plus longues que l'ovaire et appartiennent aux vignes que MM. Millardet et Rathay nomment vignes à *fleurs à étamines longues* (Fig. 200 et 201) et dont la constitution est la plus parfaite ; on n'observe jamais la Coulure constitutionnelle sur ces fleurs. Dans le processus de la floraison, et avec une température convenable, les étamines longues finissent par séparer la corolle qui tombe (Fig. 200 b). Les étamines sont alors dressées contre le pistil (Fig. 200 c) ; mais dès que la corolle est tombée, elles s'écartent du pistil et se disposent obliquement par rapport à lui (Fig. 200 d); au bout de cinq à dix minutes « les anthères oscillent sur leur point d'attache de manière à tourner en dehors la face qui était primitivement accolée au stigmate et sur laquelle se produisent les fentes qui donnent issue au pollen » (Fig. 200 e). Le pollen ne tombe en poussière que lorsque les anthères ont subi ce mouvement de rotation et il tombe par suite en dehors de l'organe femelle de la même fleur. L'autofécondation de la vigne est donc prévenue par une disposition physiologique des organes floraux. Le pollen est transporté, par l'action du vent ou par les insectes, d'une fleur à une autre fleur du même cépage ou sur des individus différents ; il est déposé sur le stigmate, humecté à ce moment par un liquide spécial sur lequel il émet les tubes polliniques qui parcourent le style et vont féconder les ovules.

Fig. 201. — Fleur de *Chasselas* à étamines longues (d'après M. Millardet).

Il faut donc qu'il y ait transport du pollen d'une fleur à l'autre, sans cela la Coulure se produit ; elle a lieu forcément si le pollen est entraîné, par des causes accidentelles, en dehors des stigmates, c'est ce qui se produit, ainsi que nous le verrons, dans le cas de Coulure accidentelle.

Les phénomènes de floraison et de fécondation sont les mêmes, d'après M. Millardet, pour les vignes cultivées et pour les vignes sauvages à fleurs hermaphrodites qui ont des étamines longues ; sur les vignes sauvages, l'écartement des étamines et le mouvement de rotation des anthères sur le pistil est seulement plus accusé. Mais

COULURE 449

chez certaines vignes, il existe une autre sorte de fleurs. Ce sont les *fleurs à étamines courtes*; dans celles-ci (Fig. 202, 203, 204), les étamines, plus courtes que le pistil, ont leurs anthères appli-

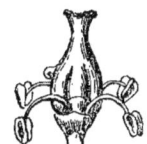

Fig. 202.   Fig. 203.   Fig. 204.

Fig. 202 : Fleur stérile (d'après M. E. Rathay). — Fig. 203 : Fleur d'*Albanillo bianco* à étamines courtes (d'après M. Millardet). — Fig. 204 : Fleur de *Rupestris-Cinerea* à étamines courtes (d'après M. Millardet).

quées sous la couronne du stigmate. Quand la floraison a lieu, ces fleurs à étamines courtes recourbent entièrement leur filet et rejettent leur anthère sous la base du pistil. D'après M. E. Rathay, le pollen des fleurs à étamines courtes diffère morphologiquement de celui des fleurs à étamines longues et n'est pas susceptible de germination ; il faudrait par suite que les fleurs à étamines courtes, dont l'ovaire est normalement constitué, soient fécondées par le pollen des fleurs à étamines longues ou par le pollen de fleurs mâles, sans cela il y aurait Coulure. M. E. Rathay (1) a signalé un certain nombre de cépages qui ont toujours et normalement des étamines courtes et qui coulent constamment, à moins qu'ils ne soient intercalés, dans les plantations, à d'autres cépages à étamines longues dont le vent transporte le pollen fertile sur leurs ovaires.

Le pollen des *fleurs mâles* (Fig. 205 et 206) est fertile comme celui des fleurs à étamines longues ; mais, dans ces fleurs mâles, l'organe femelle est avorté ou réduit et par suite non susceptible de développement ; ces fleurs coulent toujours et rien ne peut faire développer l'ovaire. Les fleurs mâles sont la règle constante chez beaucoup d'espèces sauvages ; beaucoup d'individus de Rupestris, de Riparia, de Berlandieri, par exemple, ont exclusivement des fleurs mâles ; ce fait est rare pour les vignes cultivées. Le pistil des

---

(1) Emerich Rathay. — Die Geschlechtsverhältnisse der Reben, *loc. cit.*

P. VIALA. *Les Maladies de la Vigne*, 3ᵐᵉ édition.   32

fleurs mâles est avorté et réduit à un petit mamelon autour duquel sont dressés les longs filets — beaucoup plus longs que ceux des fleurs hermaphrodites à étamines longues — des étamines qui restent droits après la floraison, et dont les anthères s'ouvrent aussi en dehors, offrant ainsi une action très grande et directe au vent qui entraîne leur poussière pollinique.

Dans les *fleurs femelles*, les étamines existent toujours à l'état rudimentaire, avec leur filet et leurs anthères, à la base de l'ovaire ;

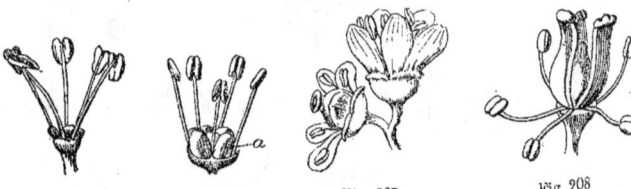

Fig. 205   Fig. 206   Fig. 207   Fig. 208

Fig. 205 : Fleur mâle de *Rupestris* (d'après M. Millardet). — Fig. 206 : Fleur mâle (d'après M. H. Marès). — Fig. 207 : Fleurs ouvertes en étoile (d'après M. H. Marès). — Fig. 208 : Fleur de vigne dont le pistil est développé en feuilles carpellaires (d'après M. H. Marès).

celui-ci est le plus souvent normalement constitué et susceptible de pouvoir être fécondé par du pollen fertile d'autres fleurs ; la Coulure n'est donc pas constante pour ces fleurs.

On considère comme un fait général qu'il n'y a pas fécondation, et par suite qu'il y a Coulure, si la corolle des fleurs normalement constituées s'ouvre en étoile (Fig. 207) au lieu de s'ouvrir en capuchon, les pétales se séparant par leur sommet et non par leur insertion. Ce cas de *fleurs en étoile*, normal pour la plupart des Ampélidées autres que celles du genre Vitis, n'est pas forcément une cause de Coulure, car la fécondation croisée pourrait fort bien se produire si les ovaires et les étamines étaient bien organisés. Cette déhiscence anormale de la corolle indique une constitution défectueuse dans l'organisation de la fleur, sinon extérieure du moins intime ; et en effet, lorsque les cépages cultivés (V. Vinifera) ont leurs fleurs qui s'ouvrent en étoile, la Coulure est la règle à peu près constante. Cette ouverture des fleurs en étoile peut être constitutionnelle (espèces américaines) ou accidentelle, de même que les cas de *Chloranthie*.

On donne le nom de Chloranthie à des cas tératologiques (1) de transformation (ou de retour) des divers organes floraux en feuilles florales. Cette modification se produit sur tous les verticilles de la fleur, étamines, disque, carpelle (Fig. 208 à 212). Les étamines

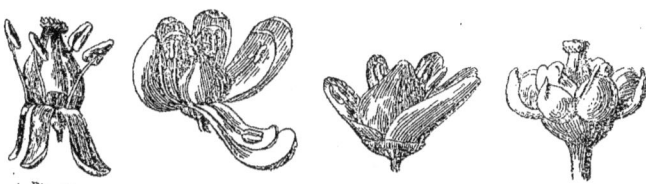

Fig. 209   Fig. 210   Fig. 211   Fig. 212
Fig. 209 : Cas de chloranthie de l'ovaire, avec pétales ouverts en croix (d'après M. Portele).
— Fig. 210 : Fleur avec chloranthie de l'ovaire et des étamines (d'après M. Portele). —
Fig. 211 : Fleur anormale avec ovaire transformé en feuilles florales (d'après M. Portele).
— Fig. 212 : Fleur anormale avec pétales et étamines transformés en feuilles florales
(d'après M. E. Rathay).

présentent ces phénomènes plus souvent que les autres parties de la fleur ; ils ne sont pas rares pour le carpelle ; nous avons suivi, comme M. Portele, tous les intermédiaires depuis les étamines ou les ovaires normalement constitués jusqu'à leur complète transformation en feuille pétaloïde. Dans les étamines, c'est d'abord le filet qui s'élargit ; il devient ensuite ailé et forme une lame au sommet de laquelle se trouvent les deux anthères confondues et réduites ; cette lame foliacée présente une nervure centrale, indication du filet ; puis les anthères disparaissent, après avoir été marquées seulement par une ligne jaunâtre. La feuille staminale, sans anthères, affecte alors des formes très variées ; elle est, ce qui est le plus fréquent, semblable aux pétales, qui s'ouvrent en croix dans tous ces cas de Chloranthie, ou gonflée et plus ou moins repliée sur les bords (Fig. 212). L'ovaire montre d'abord une dilatation à sa base et une moindre épaisseur des parois ; les diverses parties qui le composent se dessinent par une dépression (Fig. 209 et 210) ; enfin le style et le stigmate disparaissent (Fig. 211) et définitivement les diverses parties de l'ovaire se séparent sous forme de feuilles pétaloïdes. Les mêmes modifications se produisent dans quelques cas sur le disque. Le deuxième cycle d'étamines, normalement avorté dans toutes les fleurs, se développe aussi

---

(1) On constate des cas tératologiques non seulement sur les fleurs, mais aussi sur les fruits, les rameaux (*fasciation*), les vrilles, la rafle, etc.

parfois, de sorte que l'on trouve dix étamines plus ou moins transformées en feuilles staminales. Lorsque tous les cycles de ces fleurs sont ainsi transformés en feuilles pétaloïdes, on a ce que l'on nomme les cépages à *fleurs doubles*. Ce caractère est constitutionnel et fixé, il peut se transmettre par le bouturage ; tel est le cas, par exemple, pour le *Gamay à fleurs doubles*, que l'on a fixé par sélection et qui a toujours tous les organes de ses fleurs transformés en feuilles florales. Toutes les fleurs ou tous les cépages qui présentent constitutionnellement des cas de Chloranthie avortent, et la Coulure est la règle constante.

b. **Coulure accidentelle.** — Mais la Chloranthie peut se produire accidentellement sur certains cépages. On a observé souvent que les cépages vigoureux (Clairette...) plantés dans des terrains riches avaient un développement exagéré en bois et que la plupart de leurs fleurs transformaient alors leurs étamines et leur ovaire en feuilles pétaloïdes, d'où Coulure. Pour certains pieds d'un même cépage, pour la Clairette par exemple, cette Coulure accidentelle pouvait devenir constitutionnelle par le bouturage des pieds qui présentaient ce phénomène. L'excès de vigueur en est la cause et l'on donne assez souvent à ces vignes le nom de *Vignes folles*.

Cet excès de vigueur peut se traduire différemment et être une cause de Coulure, comme cela a lieu pour divers cépages qui ont une propension à la Coulure, et surtout pour l'Alicante-Bouschet. Les fleurs paraissent normalement développées, quoique plus petites, et, au moment de la floraison, le capuchon ne se détache pas, les fleurs sèchent sans être fécondées. On peut remédier à cet excès de vigueur par l'augmentation du nombre de coursons ou par leur élongation, par le pincement, le rognage et surtout par l'incision annulaire.

Inversement, la Coulure peut tenir à une faiblesse excessive de la plante, causée par l'infertilité du sol, des soudures incomplètes, par l'action indirecte des diverses maladies (Pourridié, Phylloxéra, Hanneton, Gribouri...). Les fleurs ne se développent pas ou sèchent dès leur sortie du bourgeon.

Le *Millerand* (Fig. 213) dépendrait le plus souvent de la faiblesse des ceps; il peut aussi être provoqué par les intempéries ou par d'autres maladies. Les raisins millerandés sont lâches et entremêlés d'un grand nombre de grains, stationnaires à divers états de développement; certains ne sont pas plus gros que la tête d'une épingle et restent verts, d'autres atteignent la moitié de la grosseur normale, mais n'arrivent qu'à une maturité imparfaite.

La Coulure est souvent le résultat de mauvaises conditions atmosphériques au moment de la floraison. La chaleur n'est pas suffisante pour l'acte de la fécondation, soit qu'il y ait un abaissement général de la température, soit qu'il se produise des vents froids et des pluies froides. Les vents secs amènent parfois la Coulure en desséchant le stigmate. Les brouillards ou les pluies sont une des causes les plus fréquentes de la Coulure accidentelle; outre l'abaissement de température qui en résulte, les pluies ou les rosées entraînent les grains de pollen en dehors du stigmate, ou encore elles lavent trop ce dernier.

Fig. 213.— Raisin millerandé.

c. **Traitements.** — Il n'y a pas de moyen direct qui permette d'éviter la Coulure constitutionnelle sur les cépages qui l'ont naturellement. On peut cependant arriver à la réduire successivement et à la supprimer même par une sélection sériée des boutures. En prenant les bois de multiplication sur les parties des sarments qui ont les fleurs les mieux organisées et les plus fructifères, et en répétant ainsi l'opération pendant plusieurs années sur les nouveaux ceps originaires des multiplications précédentes, on arrive à un résultat dans le cas surtout des vignes qui présentent des phénomènes de Chloranthie.

Quant à la Coulure accidentelle, nous avons déjà dit, à propos de l'Oïdium, que les soufrages étaient un des meilleurs moyens de la combattre. On y porte aussi remède, suivant les cas, par l'augmentation du nombre des coursons et par leur élongation, par l'écimage et le rognage (Coulure par excès de vigueur), et surtout par l'*incision annulaire* (1). Ce dernier procédé (Fig. 214) est applicable dans les régions qui ne sont pas exposées à de forts vents et où les vignes sont conduites sur échalas; il consiste à séparer avec des instruments spéciaux, surtout sur les longs bois et immédiatement au-dessous du dernier raisin, une lanière d'écorce de quelques millimètres de largeur et qui, en profondeur, va jusqu'au bois. On intercepte ainsi la communication des vaisseaux grillagés du liber qui font cheminer les matières élaborées par les feuilles, que l'on force par suite à se concentrer en plus grande quantité dans les fruits. La vigueur des rameaux est aussi diminuée, ce qui est une cause d'un développement plus certain et meilleur des fruits. L'incision annulaire empêche non seulement la Coulure, mais elle hâte la maturité des fruits et, d'après certains viticulteurs, elle augmente leur richesse saccharine et par conséquent leur degré alcoolique; elle aurait encore pour effet de déterminer un plus fort grossissement des fruits de certaines variétés (Malbec, Gamay, Pinot...).

L'incision annulaire est, elle-même, une maladie par traumatisme. Les rameaux incisés subissent des effets pathologiques qui

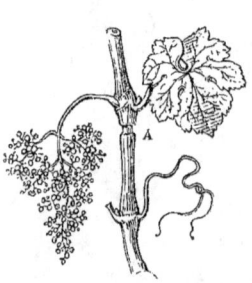

Fig. 214. — Incision annulaire (sur rameau de l'année).

Fig. 215. — Incision annulaire au début de la cicatrisation.

---

(1) Voir pour les détails techniques de l'Incision annulaire les bons travaux de M. le Comte de Folienay (*loc. cit.*) et de M. Cazeaux-Cazalet (*loc. cit.*). — Pour les phénomènes de cicatrisation, voir: Sorauer. — Pflanzenkrankheiten (vol. I, p. 545, pl. VIII), et ce que nous disons plus loin de la GREFFE.

se traduisent, au point de vue de la fructification, par les résultats que nous avons indiqués. Mais, sous l'influence de l'incision annulaire, les feuilles des rameaux prennent, plus tôt que celles des rameaux non incisés, une couleur rougeâtre qui se produit même sur les feuilles des cépages incisés qui n'ont pas normalement cette teinte à l'automne. La lésion faite par les instruments (pince-sève, coupe-sève, inciseurs) sur les rameaux herbacés a tendance à la cicatrisation (Fig. 215, 216 et 217). Cette cicatrisation commence et est toujours plus accusée au-dessus de la région incisée; elle se manifeste d'abord par un plus fort grossissement, puis les tissus cicatriciels ou *callus* se forment successivement, de même que dans toute lésion traumatique sur les organes vivants, comme dans le cas de la greffe. Mais cette cicatrisation est lente et, à cause de la formation assez rapide, à l'air libre, de couches de liège dans les parties externes des tissus cicatriciels, l'union ne se produit pas si l'incision est bien faite et assez large; les deux bourrelets opposés peuvent venir s'accoler (Fig. 217), mais ils ne se soudent pas.

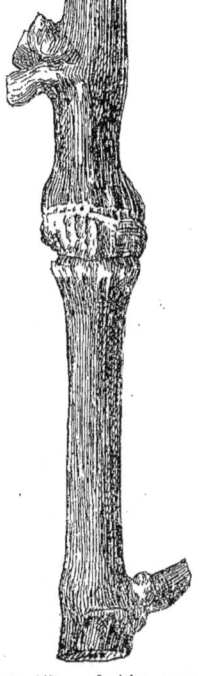

Fig. 216. — Incision annulaire avec formation des bourrelets de cicatrisation.

Fig. 217. — Incision annulaire complètement cicatrisée.

GOMME

On n'a jamais signalé, dans les vignobles français, des cas de Gomme analogues à ceux que j'ai vus aux Etats-Unis. La *Gomme* se produit sous l'influence de phénomènes physiologiques et de conditions météorologiques anormales, ou elle est le résultat indirect de l'action de certains parasites, mais elle n'est pas provoquée par le développement de Bactéries, ainsi que l'ont indiqué quelques auteurs italiens pour la *Gommose*.

Des souches plantées, dans la Caroline du Nord, dans des terrains mouilleux et sous un climat chaud et humide, fortement attaquées par le Mildiou, avaient perdu la plupart de leurs feuilles et succombaient; les troncs exsudaient, par des fentes longitudinales, une quantité considérable de sève sirupeuse qui se condensait en formant de gros amas de Gomme plastique, noirâtre, terne, qui durcissait en séchant.

Fig. 218. — Gomme sur tige de V. Candicans (Mustang) des forêts d'Amérique.

J'ai trouvé, dans les forêts de Dallas, sur diverses espèces sauvages, et surtout sur des troncs de Mustangs très vigoureux, des productions de Gomme comparables à celle des arbres fruitiers, des cerisiers surtout. La Gomme (Fig. 218) s'extravasait à travers l'écorce en assez grande abondance et formait des fils entortillés, solides, bruns ou jaunâtres, cristallins et cassants; les plantes ne paraissaient pas souffreteuses.

RÉSORPTION

J'avais observé sur le Triumph, en France, en 1885 et 1886, des cas de déformation des feuilles que j'ai retrouvés assez fréquemment aux Etats-Unis, en 1887, sur Labruscas, Triumph, Othello, Noah, Elvira.... Cette affection n'avait pas été signalée et je l'ai nommée *Résorption;* elle n'a qu'une importance fort secondaire, car elle est relativement rare et ne cause jamais de dommages réels; elle se rattache à la Chlorose, mais en diffère cependant. La Résorption me paraît due soit à des phénomènes physiologiques inhérents à la plante, soit à un excès de lumière; elle est plus commune, aux Etats-Unis, sur les feuilles des vignes des Graperies qui sont soumises à un éclairage intense; elle est due encore à des coups de soleil ardent sur les feuilles jeunes et délicates, mais non suffisants pour provoquer la Brûlure ou Sun scald. Les jeunes feuilles sont plus attaquées que les feuilles adultes; rarement, toutes les feuilles d'un même rameau sont altérées et sont la cause du rabougrissement de la plante.

Les altérations se présentent sur le parenchyme, entre les nervures, sous forme de taches d'un jaune citron très transparentes à travers la lumière; les dernières ramifications des sous-nervures jaunâtres se détachent sur ce fond clair. Le parenchyme paraît plus mince. Les taches qui occupent définitivement toute la longueur de la feuille suivant les nervures principales se boursouflent rarement; le plus souvent, au contraire, elles se rétrécissent; il y a étirement des tissus qui paraissent résorbés. Le rétrécissement du parenchyme se produit soit sur un seul côté du limbe, soit irrégulièrement sur toutes les parties; le limbe est déformé; les nervures secondaires deviennent tangentes dans quelques cas et sont décolorées; les feuilles sèchent souvent.

La chlorophylle des cellules de la feuille, aussi bien celle du tissu en palissade que celle du tissu lacuneux, est entièrement résorbée dans les parties altérées. Dans le tissu lacuneux, les lacunes sont plus grandes qu'à l'état normal, les cellules sont étirées ; les cellules de bordure des stomates sont plus proéminentes ; toutes sont gorgées de grains d'amidon qui persistent aussi bien à la lumière qu'à l'obscurité. Ces grains sont sphériques, surgonflés, beaucoup plus gros que les grains normaux.

GREFFE

L'association qui résulte du *Greffage* d'une vigne sur une autre vigne constitue un phénomène pathologique. Une vigne greffée ne se trouve pas dans des conditions de vie normale, et, suivant que les plantes unies ont des dissemblances physiologiques plus ou moins accusées, l'état pathologique dû au greffage se manifeste à des degrés divers. M. L. Ravaz a étudié cette question avec soin et nous l'avons traitée, avec lui, dans un travail spécial (1) ; nous en reproduisons ce qui est essentiel pour l'étude pathologique de la *Greffe* en elle-même ou des accidents qui se produisent sur les plants greffés.

« Sur toutes les sections des rameaux (greffon, porte-greffes, boutures...), placés dans des conditions de chaleur et d'humidité convenables, apparaissent des protubérances de tissus cicatriciels (Fig. 219, 220, 221, 222), connues sous le nom de *callus*, qui recouvrent les lésions et mettent à l'abri des agents extérieurs, par une enveloppe de liège dont elles s'entourent, les parties vivantes des rameaux ; nous avons vu que le même fait se produit sur les bourrelets non soudés de l'incision annulaire. Dans le cas de la greffe, la juxtaposition des deux sections vient modifier la destination des deux amas de tissu cicatriciel du greffon et du sujet, en s'opposant surtout à la formation de cette couche de liège protectrice.

---

(1) P. Viala et L. Ravaz.— Adaptation, *loc. cit.* pp. 230-240.

Le bois n'est pour rien dans la formation du tissu cicatriciel : il reste toujours tel quel et ne subit aucune différenciation. Son rôle dans la production de ce tissu est par suite nul. Mais toutes les régions de l'écoce (liber) du sarment contribuent à sa formation : les cellules qui unissent les rayons médullaires aux faisceaux libériens, les assises des rayons médullaires libériens, les cellules qui accompagnent les tubes criblés du liber, les tubes criblés eux-mêmes et l'assise génératrice (les fibres libériennes et la couche extérieure de liège exceptées). Mais le rôle principal dans la formation du callus est dévolu à l'assise génératrice, et le mécanisme de cette formation est le suivant. Les cellules qui sont en contact immédiat avec la surface de la section, et qui appartiennent aux régions que nous venons d'indiquer, deviennent plus actives ; elles se divisent, se multiplient et s'allongent perpendiculairement, ou à peu près, à la surface de la coupe. Les cellules libériennes et le liber mou se transforment en cellules plus molles à parois minces et non lignifiées ; elles se divisent et se multiplient, et, réunies à celles qui sont issues de l'activité de la couche génératrice, elles constituent les bourrelets de tissu cicatriciel. Bientôt les cellules extérieures, c'est-à-dire les plus âgées, se subérifient et, en une ou plusieurs assises, elles forment l'enveloppe protectrice de liège plus ou moins résistante qui entoure complètement chaque protubérance et qui se relie parfois à l'enveloppe de liège du sarment.

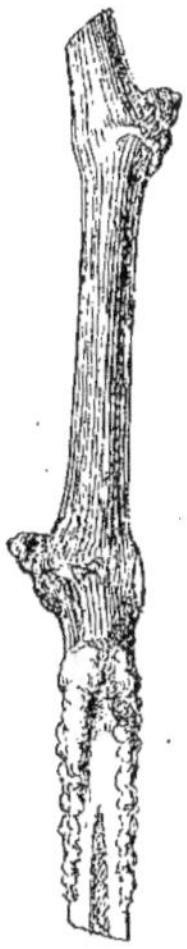

Fig 219 — Callus sur greffon.

Sur la section supérieure du porte-greffe, les mêmes phénomènes se passent ; mais ils apparaissent moins nettement et beaucoup plus tard. C'est que le sarment (comme aussi la plante tout entière) n'a, si nous pouvons dire, aucune tendance à recouvrir les plaies situées à son extrémité supérieure (Fig. 220 et 221). La section terminale d'un sarment attenant à la souche ne se recouvre jamais de callus : la surface de la coupe se dessèche sur une longueur variable, ses canaux se bouchent par de la gomme, etc..., mais jamais les cellules vivantes ne se cloisonnent pour produire

460   MALADIES NON PARASITAIRES

soit du liège, soit tout autre tissu (1). Chacun a vu, d'ailleurs, que les boutures stratifiées dans du sable frais ou dans la terre ne forment de bourrelet qu'à leur base; leur extrémité supérieure n'en porte jamais. Ce n'est que lorsqu'on la met en contact avec une autre section que le tissu cicatriciel se forme, encore n'atteint-il jamais un très grand développement. En tous cas, il se produit de

Fig. 220. — Callus sur section terminale d'un rameau.

la même manière que sur le greffon ou qu'à la base d'une bouture, et aux dépens des mêmes régions de tissus. Si l'on pratique une entaille le long du sarment (Fig. 222), le tissu cicatriciel se forme d'abord vers le haut de la section, puis latéralement et, en dernier lieu, à la partie inférieure; en somme, il se forme surtout sur les sections de l'écorce tournées vers le bas, puis sur les bords latéraux, plus tard et difficilement sur les bords de la section tournés vers le haut. Ce sont les protubérances de tissu cicatriciel qui, mises en contact les unes avec les autres par la juxtaposition de la section du greffon à celle du sujet, se soudent. Plus elles sont jeunes au moment où elles se réunissent, c'est-à-dire moins leurs cellules externes sont subérifiées, mieux la soudure se

fait. Les cellules qui dérivent directement de l'activité de la couche génératrice se soudent: une de leurs assises se transforme, devient

---

(1) Les mêmes faits se produisent dans les cas de sections pratiquées au moment de la TAILLE; les sections de taille se recouvrent mal ou pas pour les raisons que nous venons d'indiquer et le dessèchement des tissus mis à nu est plus ou moins grand suivant que l'humidité atmosphérique ou celle du sol sont plus grandes.

On a attribué, dans ces dernières années, une importance que nous croyons exagérée aux effets pathologiques qui peuvent résulter des sections de taille sur bois vivant. Pour certains viticulteurs, ces sections déterminent une altération (nécrose) des tissus qui gagne lentement en profondeur et est la cause directe d'une mortification des bras de la souche et d'une diminution progressive de vigueur de la plante. Pour obvier à cet affaiblissement, il faudrait éviter les grosses sections sur bois vivant et ne faire de suppression de coursons ou de bras que sur bois préalablement secs (voir : Dezeimeris: D'une cause de dépérissement... loc. cit.). Je ne crois pas, d'après les faits que j'ai observés, que l'altération des tissus audessous des sections de taille soit constante et, en tous cas, assez profonde pour amener une diminution réelle de vigueur. Il est certain cependant que toute section qui met des tissus vivants à nu se traduit, pour la plante, par un effet pathologique, mais cet effet est insignifiant dans la plupart des cas, excepté peut-être pour de larges sections de tissus vivants, pratiquées dans les régions froides et humides.

génératrice et raccorde l'assise génératrice du sujet à celle du greffon. A partir de ce moment, le plant greffé s'accroît normalement; au point de soudure, comme plus haut et plus bas, il se produit, à la manière ordinaire, du bois en dedans, du liber en dehors. Les cellules qui proviennent des autres régions du liber ou de l'écorce se soudent aussi les unes avec les autres, puis se transforment de manière à reconstituer les tissus dont elles sont dérivées. Si les bourrelets ne se mettent en contact que quand ils sont plus âgés, la soudure se fait moins bien; elle se produit cependant, et comme il a été dit, mais après que les assises extérieures, devenues dures et subéreuses, se sont rajeunies et transformées.

Dès que les tissus sont en contact et soudés les uns aux autres, ils se différencient donc de manière à constituer les uns une assise génératrice, les autres les faisceaux libéro-ligneux, les rayons médullaires, etc., qui se relient à l'assise génératrice, aux faisceaux libéro-ligneux, aux rayons médullaires, etc., correspondants du greffon et du sujet. Toutefois, comme le nombre des faisceaux libéro-ligneux n'est pas toujours le même chez le sujet et le greffon, il se produit des anastomoses plus ou moins nombreuses disposées en manière de réseau. Les canaux du bois et du liber, formés au point de soudure, sont par suite en communication directe avec ceux du greffon et du sujet qu'ils raccordent, et, dès lors, la circulation des liquides séveux se fait comme si la plante n'était pas greffée.

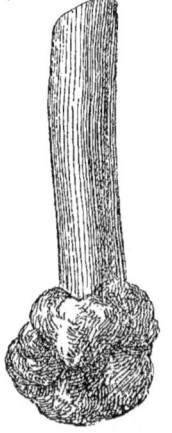

Fig. 221. — Gros bourrelet de callus développé à la base d'un sarment.

Si des régions de l'écorce autres que l'assise génératrice interviennent dans la constitution de la soudure, son rôle à elle n'en est pas moins le plus considérable; il est toujours nécessaire qu'elle existe dans les tissus de soudure, afin de former à l'intérieur le bois qui est la partie résistante de la tige, à l'extérieur le liber. Les soudures par le liber seul n'ont jamais qu'une durée très restreinte si les cellules dérivant directement de l'assise génératrice ne se soudent pas. On sait, en effet, que, chaque année, le liber de l'année précédente est toujours exfolié et qu'il se détache du cep en lanières plus ou moins épaisses qui constituent ce que les vignerons appellent l'écorce.

Le tissu cicatriciel ou de soudure ne se forme pas également bien chez toutes les variétés de vignes, qu'elles soient employées comme greffon ou comme porte-greffe. Chez les unes, — et ce sont celles-là qui donnent le plus de reprises à la greffe, — production facile et abondante de callus (Berlandieri, Cinerea, Vialla, Cabernet-Sauvignon) ; chez les autres (Solonis, Folle blanche), production lente et toujours faible du même tissu ; ces dernières, évidemment, se soudent moins bien.

Fig. 222. — Callus sur une section latérale d'un mérithalle.

Mais, indépendamment de la nature de chaque variété, la formation du tissu de soudure est encore soumise à l'influence de certaines circonstances extérieures. D'après M. Millardet, c'est à la température de 20° qu'il se produit le plus rapidement. Dans nos essais, le Berlandieri, le Cinerea, l'Aramon, ont donné le callus le plus volumineux entre 18° et 20° ; il apparaît aussi à une température bien inférieure ; ce qui lui est nécessaire, surtout pour s'accroître, c'est une chaleur douce et toujours égale. Le degré d'humidité du sol a aussi une influence très grande. Que l'on mette dans l'eau, plongeant par leur partie inférieure, des boutures ou même des greffons, il ne se produira jamais de tissu cicatriciel. Par contre, l'aération en active considérablement le développement. Les cellules en voie de croissance très rapide respirent abondamment ; il leur faut donc un milieu très aéré et riche en oxygène.

Les tissus du sujet communiquant librement avec ceux du greffon, que se passe-t-il à partir de ce moment ? Quels sont les phénomènes pathologiques qui résultent, pour le greffon, d'être porté sur des racines qui ne sont pas les siennes, et pour le sujet d'avoir d'autres tiges, d'autres branches, d'autres feuilles ?...

Ce que l'on constate dans la grande généralité des cas (excepté toutefois lorsque les variétés greffées sont identiques), c'est un affaiblissement à peu près constant du cep greffé ; c'est aussi, et surtout chez les cépages où cet affaiblissement est le plus marqué, une surfructification, une naissance plus nombreuse de grappes, qui sont plus nourries, à grains plus gros, plus juteux et aussi fréquemment plus sucrés, une maturation plus hâtive, pas ou presque pas de coulure ; c'est une diminution dans la vigueur du système radiculaire et une plus grande sensibilité au phylloxéra, à la Chlorose ; c'est enfin, fréquemment, l'apparition d'un bourrelet plus ou moins volumineux au point de soudure (Fig. 223 et 224).

Tout cela est assez semblable aux effets de l'incision annulaire. Mais l'incision annulaire agit, ainsi que nous l'avons dit, tant que les tissus qui la bordent ne se sont pas soudés ; elle n'augmente la fertilité qu'autant que la communication des tissus de l'écorce de la branche et de l'arbre est interrompue. Mais dès que les tissus se sont rejoints et soudés, dès que le liber du dessus communique avec le liber du dessous, tout cela disparaît ; l'arbre ou la branche cessent d'être plus fertiles, de donner plus hâtivement des fruits plus sucrés... ; à partir de ce moment, ils fonctionnent normalement. Avec la Greffe, rien de semblable, excepté peut-être la première ou la deuxième année du greffage. Tant que la soudure n'est pas complète, elle peut, en effet, être comparée à une incision annulaire partielle, ou mieux à une blessure quelconque. Mais dès que la soudure est complète, que tous les tissus du greffon sont en communication avec ceux du sujet, il n'y a plus rien de commun entre l'incision et la greffe.

Fig. 223. — Bourrelet de tissus cicatriciels aux points de soudure d'une greffe d'un an.

Les effets du Greffage ne sont pas la résultante d'une action mécanique, ils ne sont pas dus à l'opération de la greffe elle-même ; mais ils sont la conséquence des conditions nouvelles dans lesquelles se développe désormais la plante greffée, et, par suite, leur cause est plutôt d'ordre physiologique. Il y a, en effet, si nous pouvons nous exprimer ainsi, une harmonie parfaite entre les divers organes d'une même plante. Chacun d'eux contribue à l'accroissement des autres dans les meilleures conditions possibles. La greffe rompt cette harmonie. La nouvelle tige fonctionne différemment de celle à laquelle elle a été substituée; les matières qu'elle élabore ne sont plus celles qui conviennent au sujet; et ce dernier, placé désormais dans de moins bonnes conditions, se développe moins, souffre et s'affaiblit. Les matières non utilisées par le sujet s'accumulent dans la tige et en déterminent le grossissement exagéré (Fig. 224), elles amènent un développement plus considérable des fruits, une coulure moindre, un aoûtement meilleur, mais, par contre, une diminution de la vigueur du système radiculaire et de tout le sujet. Les troubles qui se manifestent après le greffage sont la conséquence des différences internes ou externes ou, si l'on préfère, des différences physiologiques individuelles qui existent entre le sujet et le greffon. Ils ne doivent donc se produire qu'entre variétés différentes les unes des autres, jamais dans le cas d'une variété greffée sur elle-même. La Folle blanche, par exemple, greffée sur elle-même dans les terrains où son adaptation est la plus difficile, se comporte abso-

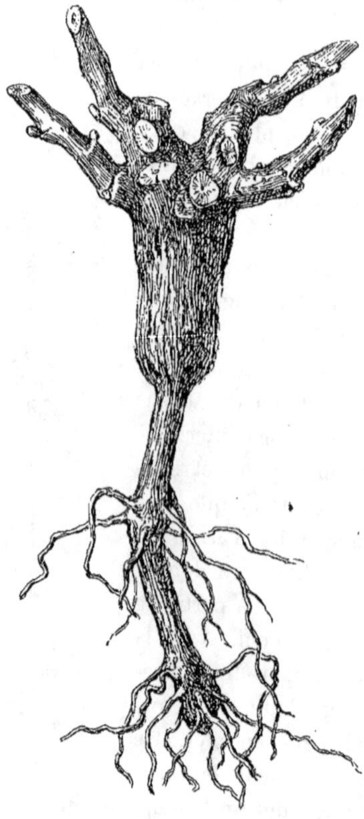

Fig. 224. — Greffe de cinq ans avec grossissement exagéré du greffon et formation d'un gros bourrelet.

lument comme si elle était franche de pied. Donc, plus deux vignes greffées offriront de l'analogie dans leurs fonctions et leur mode de vivre, moins les effets pathologiques du greffage seront marqués. Par contre, plus leurs différences seront grandes, plus ces effets seront considérables. La greffe de nos vignes françaises réussit sur les variétés et espèces de la section Muscadinia; mais le greffon se nourrit mal et meurt au bout de peu de temps; de même sur les Ampelopsis, Cissus, etc.... Sur le Riparia, etc..., dont les fonctions physiologiques sont encore si différentes de celles de nos vignes qu'il porte, les phénomènes que nous avons signalés sont encore très marqués; ils sont beaucoup moindres sur d'autres porte-greffes qui se rapprochent plus de nos vignes françaises. »

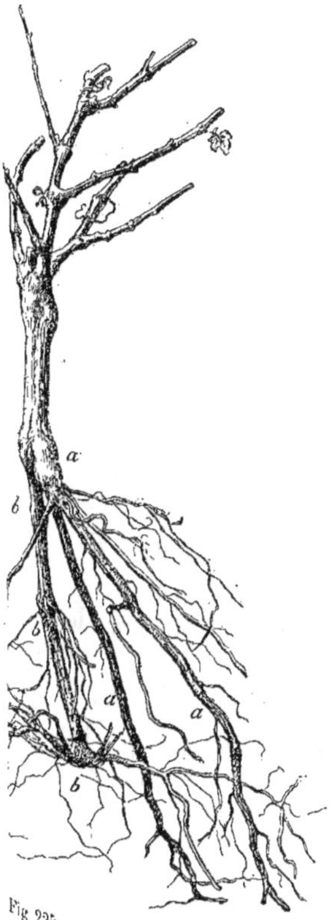

Fig. 225. — Souche affranchie; les racines du greffon *a*, *a*. sont devenues très fortes, tandis que celles du sujet *b*, *b*, sont devenues grêles

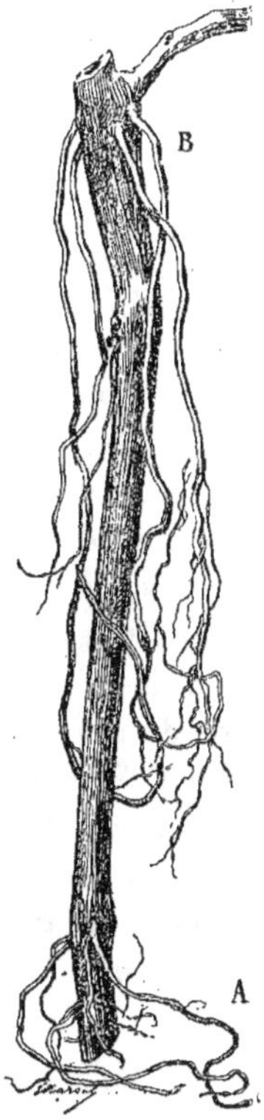

Fig. 226. — Greffe-bouture. A : Racines grêles du sujet; — B : Racines fortes du greffon.

Nous avons cité, dans notre travail avec M. L. Ravaz (1), de

---

(1) P. Viala et L. Ravaz. — *Adaptation*, loc. cit., pp. 240-246.

nombreux exemples de plus ou moins grande affinité entre les divers cépages. Mais, lorsque l'affinité entre le sujet et le greffon est assez grande, — ce qui est le cas général avec les variétés françaises ou américaines employées dans la culture, — la plante greffée vit comme si elle ne l'était pas sans qu'il se manifeste aucun phénomène pathologique qui puisse compromettre l'avenir de la plante greffée.

Il faut cependant pour cela que le greffon reste toujours intimement soudé au sujet. Si, pour des causes quelconques, il vient à vivre d'une vie plus ou moins indépendante, l'avenir de la greffe est compromis ; c'est ce qui a lieu dans le cas d'affranchissement du greffon (Fig. 225 et 226), lorsque ce dernier émet, au-dessus du point de soudure, des racines au moyen desquelles il finit par se nourrir exclusivement. Lorsque le greffon est ainsi alimenté partie avec les racines du sujet, partie avec celles qui sont nées à sa base, le sujet, ne jouant plus qu'un rôle restreint dans la végétation de la plante et ne recevant que peu de matières élaborées par les feuilles du greffon, se développe peu ; ses racines et sa tige restent petites et grêles ; il s'atrophie d'autant plus que les racines du greffon, végétant dans de bien meilleures conditions de sol et de situation, prennent un très rapide développement. Le sujet cesse d'être utile au greffon qui s'affranchit. Aussi est-il nécessaire de faire la suppression des racines le plus tôt possible pour que le sujet seul fournisse à la plante entière les matériaux qui lui sont nécessaires. Si le sevrage des racines est trop tardif, l'appareil radiculaire atrophié du sujet ne suffit plus à nourrir la greffe qui souffre et meurt.

BIBLIOGRAPHIE

1° Chlorose

Audoynaud. — Adaptation au sol des cépages américains. (Journal de l'Agriculture, 1881, tom. II, p. 302).
— A propos de la Chlorose. (Progrès agricole, 20 mars 1892).
Bernard (A.).— Rôle du fer en sol calcaire. (Progrès agricole, 1892).
— Mesure et rôle du calcaire dans les terres arables. (Vigne américaine, 1892).
— Le calcaire, sa détermination et son rôle (1 vol. 1892).
Bringuier. — In journal «l'Agriculteur». (Béziers, anno?).
Cazeaux-Cazalet. — Divers in Bulletin du Comice de Cadillac (1886-1891).
Chauzit (B.). — Recherches chimiques sur quelques terrains où l'on a planté la vigne américaine. (Messager agricole, 25 septembre 1880).
— Etude sur l'adaptation au sol des vignes américaines. (In Une Mission viticole par P. Viala, 1889).
— La vigne américaine en terrain gypseux. (Annales agronomiques, 1892).
Couderc (G.). — Conférences de Beaune (1891), de Chambéry (1890), de Mâcon (1887). (In Progrès agricole, 1888, 1890, 1891).
Coutagne (Georges). — De l'influence du calcaire sur les vignes américaines. (Progrès agricole, 7 février 1892).
— Le sulfate de fer et la Chlorose. (Progrès agricole, 29 mai 1892).
— Sur la Chlorose ou l'infécondité des vignes calcifuges plantées en terrain calcaire. (Progrès agricole, 10 avril 1892).
— In Association française pour l'avancement des sciences, 1891.
Foëx (G.).— Sur les causes de la Chlorose chez l'Herbemont. (Ann. de l'Ecole nat. agric. de Montpellier, 1882 à 1891).
— Note relative aux circonstances météorologiques qui ont influé sur la marche de la Chlorose, à l'Ecole nationale d'agriculture de Montpellier, pendant les années 1884, 1885, 1886, 1887, 1888, 1889 et 1890. (Ann. Ecole nat. agric. Montpellier, tom. V. 1890).
Gris (Arthur). — Recherches microscopiques sur la Chlorophylle. (Annales des sciences naturelles, 4ᵉ série, tom. VII, 1857, p. 179).
Jeanjean (A.). — La géologie agricole appliquée à la culture de la vigne dans le département du Gard. (Montpellier, C. Coulet, 1887).
Joulie. — Sur la Chlorose de la vigne. (Journal d'agriculture pratique, 1889).
— Divers in Bulletin de la Société d'agriculture de Vaucluse (1887-1890).
Marguerite-Delachardonnay (P.). — Le fer dans la végétation. (Journal d'agriculture pratique, 1890).
Millardet. — Note sur les vignes américaines ; de l'adaptation au sol et au climat. (Journal d'agriculture pratique, tom. I, pp. 81, 157, 400, 531).
Narbonne (Paul).— La Chlorose de la vigne, préservation et traitement. (Narbonne, 1888).
Petiot. — Les vignes américaines dans la côte châlonnaise. (Congrès de Beaune, 1891).
Petit (Emile). — La Chlorose, recherche de ses causes et de ses remèdes. (Bordeaux, 1888).

Planchon (J.-E.). — Le Cottis ou pousse en ortille, maladie des sarments de la vigne. (Vigne américaine, 1882, p. 232).
Ravaz (L.). — Rapports à M. le Président du Comité de viticulture de l'arrondissement de Cognac. (Cognac, 1889, 1890, 1891, 1892).
Sachs (J.). — Sur le traitement des plantes chloroliques. (Arbeiten des bot. Instituts zu Würzburg, III, 430 ; — Wolny's Forschungen, XII, 130).
Sahut (Félix). — De l'adaptation des vignes américaines au sol et au climat. (Montpellier et Toulouse, 1888).
— La jaunisse ou chlorose des vignes. (Montpellier, Coulet, 1890);
Tord (Max). — Recherches sur le traitement des vignes chlorotiques. (Bulletin du Comité de la Charente-Inférieure, 1889).
Viala (P.). — Une Mission viticole en Amérique. (Montpellier, C. Coulet, 1889).
— Mission viticole pour la reconstitution des vignobles du département de Maine-et-Loire. (Angers, Hudon, 1890).
— La reconstitution des vignobles de la Côte-d'Or. (Beaune, 1891).
— La reconstitution des vignobles de la Loire-Inférieure. (Nantes, 1891).
Viala (P.) et **Ravaz** (L.). — Les vignes américaines, adaptation, culture, greffage et pépinières. (Montpellier, Coulet, 1889, 1 vol. de 320 pages, avec 53 figures dans le texte).
Vialla (Louis). — Des vignes américaines et des terrains qui leur conviennent (Messager agricole, 10 octobre 1878).

2º Divers

Baltet (Charles) — Rapport de la Commission de viticulture sur la question de l'incision annulaire. (Paris, Masson, 1870).
— La Coulure des raisins. (Troyes, 1887).
Cazeaux-Cazalet. — De l'Incision annulaire. (Comice agricole de Cadillac, 1888).
Cornu (Max.). — Cours inédit du Muséum (greffage).
Couderc (G.). — Étude sur l'hybridation artificielle de la vigne. (Montpellier, 1887).
Daniel (L.). — Sur la greffe des parties souterraines des plantes. (Comptes rendus, Académie des Sciences, 1891-1892).
Davin (G.). — Hybridation des vignes. (Provence horticole, mars 1888).
Decaisne. — Amateur des jardins et Jardin fruitier du Muséum (greffes).
Delpino (F.) e **Ottavi**. — Dicogamia e omogamia nelle vite. (Rivista bot. dell'anno 1880; Milano, 1881, p. 40).
Dezeimeris. — D'une cause de dépérissement de la vigne et des moyens d'y remédier. (Bordeaux, 1891).
Foëx (G.). — Cours complet de viticulture. (Montpellier, C. Coulet, 1891).
Follenay (Comte de). — La Coulure du raisin et l'Incision annulaire. (Montpellier, 1892).
Frank. — Die Krankheiten der Pflanzen (1881, tom. I).
Ganzin. — De l'hybridation artificielle. (Revue scientifique, 1881, p. 143).
Gœthe (Hermann). — Ueber das Veredeln der Reben. (Ampelographische Berichte, mai 1880).
Malafosse (L. de). — Le Millerand. (Vigne américaine, 1885).
Marès (H.). — Sur la floraison de la vigne. (Messager agricole, 1868, p. 45).
Millardet. — De l'hybridation entre diverses espèces de vignes américaines à l'état sauvage. (Journal d'agriculture pratique, 1882, tom. II, p. 470).
— Essai sur l'hybridation de la vigne. (Revue des Pyrénées, tom. III, 1891, pp. 471-499).
Müller-Thurgau. — Ueber Bastardirung von Rebensorten. (Weinbau, VIII, 1882).

Müller-Thurgau. — Ueber das Abfallen der Rebenblüthen und die Entsehung kernloser Traubenbeeren. (Weinbau, 1883).

Planchon (J.-E.). — Conférence sur le greffage. (Bull. Soc. d'agr. de l'Hérault, 1879).

Portele. — Studien über die Entwickelung der Traubenbeere. (Mittheilungen aus dem Laboratorium der landwirthschaftlichen Landesanstalt in St-Michele, Tyrol).

Pulliat (V.). — Le Millerand. (Vigne américaine, 1884).

Rathay (Emerich). — Die Geschlechtsverhältnisse der Reben und ihre Bedeutung für den Weinbau. (Wien. 1888 et 1889).

Ravaz (L.). — *In* Journal du Syndicat de la Charente-Inférieure. (Articles *Greffage*, 1891).

Sahut (F.). — Les vignes américaines, leur greffage et leur taille. (Montpellier, C. Coulet, 1887).

— De la coulure des fleurs de vigne. (Vigne française, 1887).

Sorauer. — Pflanzenkrankheiten. (Berlin, 1886, vol. I. Nicht parasitäre krankheiten. — Veredlung, pp. 672 à 695, pl. XIV).

Stoll (R.). — Ueber die Bildung des Kallus bei Stecklingen. (Botanische Zeitung, 1874).

Viala (P.). — Les Hybrides Bouschet, monographie des vignes à jus rouge. (Introduction. Montpellier, C. Coulet, 1886).

— Une Mission viticole en Amérique. (Montpellier, C. Coulet, 1889, pp. 294-296).

Viala (P.) et **Ravaz** (L.). — Les vignes américaines, adaptation, culture, greffage et pépinières. (Quatrième partie : Greffage et Pépinières, pp. 230 à 237 et pp. 128 à 147).

Wœchting (H.). — De la transplantation sur le corps de la plante. (Botanische Zeitung, 1890, 296).

CHAPITRE XII

ACCIDENTS MÉTÉORIQUES

COUP DE SOLEIL

(sun scald)

Le *Sun scald* ou *Coup de soleil, Brûlure, Grillage des feuilles...* (Pl. XVI) est un accident météorique fréquent, mais rarement assez intense pour causer des dégâts ; il est plus commun aux États-Unis qu'en France, car les printemps et les étés chauds et humides des bords de l'Atlantique et du sud de la Californie sont favorables à l'altération du parenchyme délicat des feuilles de certaines espèces sous l'action de l'élévation brusque de la température. Le V. californica dans le Sud, le V. labrusca dans les Carolines, ont parfois leurs feuilles fortement grillées dans les milieux humides. Les cas de Coup de soleil ont été notés assez souvent dans les régions méridionales, en Algérie et en Tunisie; ils ont même eu une certaine gravité, en 1892, sur les vignes jeunes. Lorsque le Grillage intéresse une grande partie du lymbe de toutes les feuilles d'un cep, il se confond avec le *Folletage*.

Le Coup de soleil ou Sun scald forme des plaques irrégulières, couleur feuille morte (Pl. XVI), un peu déprimées sur le limbe entre les nervures et de dimensions variables. Les altérations débutent parfois sur le pourtour de la feuille et se diffusent vers le pétiole en desséchant une partie très étendue du parenchyme qui prend une teinte jaune sale ou brun clair (Pl. XVI) ; d'autres fois ce sont des zones continues et sinueuses entre les nervures, depuis le pétiole jusqu'aux dents terminales. Les poils des variétés tomenteuses sont secs sur la face inférieure des parties altérées, ils sont blanchâtres

SUN SCALD
(COUP DE SOLEIL)

et agglomérés, ce qui fait parfois confondre ces altérations avec celles du Mildiou. Dans quelques cas, les feuilles sont criblées de petites taches plus ou moins jaune-brunâtres (Pl. XVI), qui paraissent produites par des gouttelettes surchauffées par le soleil et qui ont quelque analogie avec les taches du Black Rot.

Lorsque les altérations du Coup de soleil débutent au niveau du pétiole, les feuilles sèchent et tombent. Il est rare que la plupart des feuilles d'un même cep soient détruites ; nous avons cependant observé ces cas en France ainsi que dans les ravins humides et chauds du sud de la Californie.

Si un grand nombre de feuilles d'un même cep sont brûlées par le Coup de soleil, ce qui est l'exception, les fruits mûrissent mal et restent rougeâtres, ils sont peu juteux et donnent des vins de mauvaise qualité.

FOLLETAGE

On observe parfois en pleine végétation, surtout en juillet-août, des ceps qui meurent instantanément au milieu d'une plantation. Les feuilles se fanent, ternissent et sèchent, les rameaux et même les bras subissent le même sort. Les vignes peuvent périr en quelques minutes. Il est bien rare qu'elles repoussent quand on les recèpe ou qu'elles reprennent, l'année suivante, malgré tous les soins de culture qu'on peut leur donner, une vigueur suffisante qui leur permette de se relever. Ce ne sont que des ceps isolés, exceptionnellement nombreux dans une vigne, qui sont atteints par cet accident qu'on nomme *Folletage* ou *Apoplexie*, *Escalda*, *Llampa*, etc. ; il ne se manifeste jamais sur une surface continue. Des rameaux entiers ou même des bras isolés sont détruits quelquefois sur un pied, sans que les autres bras ou rameaux soient altérés.

Les cas de Folletage auraient été constatés plus souvent, dans ces dernières années, sur les vignes greffées. Le Folletage se produit dans tous les milieux, mais plus fréquemment dans les sols profonds, frais et humides; ainsi dans les sables humides, dans les alluvions fertiles du bord des rivières. La présence d'une couche d'eau dans le sous-sol serait une cause prédisposante à cet accident. C'est à la suite de fortes pluies et pendant les grandes chaleurs, lorsque dans les années humides soufflent des vents chauds, qu'on a à le redouter. En Algérie, le *Siroco* amène parfois une dessiccation brusque et totale des organes extérieurs.

Sur les jeunes greffes, le Folletage peut résulter, sous l'action de vents violents, d'une torsion au point de soudure qui sépare les couches de tissus cicatriciels; il n'est pas rare, lorsque ces vignes se sont seulement flétries, de les voir revenir peu à peu. Mais, le plus souvent, le Folletage tiendrait à d'autres causes. Il semble, quoiqu'on n'ait aucune expérience bien concluante, que cette mort brusque tient à une rupture d'équilibre entre la transpiration par les feuilles et l'absorption par les racines (1). L'eau étant trop abondante dans le sol, les feuilles ne pourraient pas transpirer, dans une atmosphère humide, l'excès apporté dans les feuilles sous l'influence des fortes chaleurs. Mais, plus souvent, le Folletage serait dû à ce que les racines ne peuvent fournir aux feuilles les quantités d'eau que celles-ci évaporent. Ces deux causes inverses se traduiraient par le même effet.

Rougeot. — Les feuilles de la vigne prennent parfois brusquement une teinte rosée ou rouge, diffuse et générale, surtout en plein été, au moment des fortes chaleurs, lorsque soufflent avec violence des vents secs ou qu'il se produit des abaissements subits de température. Leur parenchyme est coriace et cassant; sa teinte, normalement couleur feuille morte à l'automne, est d'un rouge clair, presque rosé, d'autres fois d'un rouge vineux; puis la coloration devient terne et la feuille peut sécher. Les rameaux se dessèchent à partir de leur base. Mais le cep n'est pas mortellement frappé comme dans les cas de Folletage; il repousse des rameaux verts dans le courant de la même année, et la maladie ne se manifeste l'année suivante que par un léger affaiblissement. On a considéré cette affection comme spéciale et on l'a dénommée *Rougeot* ou *Rougeau*.

---

(1) Voir : Leclerc (1878) et Saint-André (1882) *in Journal de l'Agriculture.*

On a cru, à tort, qu'elle était transmissible et peut-être de nature parasitaire. Elle se produit dans les mêmes conditions que le Folletage, dont elle n'est qu'un cas particulier, de moindre intensité. Ce rougissement des feuilles, normal à l'automne pour certaines variétés, peut avoir lieu d'ailleurs dans des circonstances fort diverses: ainsi sous l'influence de l'Oïdium, du Mildiou, du Pourridié, du Phylloxéra, dans le cas de greffes mal soudées, etc.

Nous croyons qu'on peut rattacher à des phénomènes de même ordre que ceux qui produisent le Folletage et le Rougeot, les faits de DESSICCATION *partielle* ou *totale*, successive ou brusque, qu'on a signalés sur les rameaux ou les coursons et que les Italiens nomment SECCUME OU CANCRENA. — Les VENTS VIOLENTS, les VENTS HUMIDES persistants sont la cause d'accidents, à manifestations variées, qui se traduisent le plus souvent par le dessèchement partiel ou total, la désarticulation des jeunes sarments, des feuilles, des fruits, la coulure, la pourriture, etc. — Les VENTS MARINS, en déposant sur les feuilles de vignes plantées sur les bords de la mer des gouttelettes d'eau chargées de chlorure de sodium, déterminent le roussissement du limbe par points isolés ou par régions étendues. — Lorsque la sécheresse est intense après la véraison, la maturité a lieu lentement et difficilement; on dit alors, en Bourgogne, que le raisin est ENFERRÉ OU ERCI.

ECHAUDAGE

Les grains de raisin sont parfois altérés, sous l'influence des fortes chaleurs, sans que les autres organes de la vigne soient lésés. On donne à cet accident les noms d'*Echaudage*, *Echaudure*, *Brouissure*, *Echaubouillure*, *Scottatura*.

Les grains peuvent être détruits lorsqu'ils sont brusquement frappés par les rayons d'un soleil ardent, sans qu'aucun parasite vienne agir sur eux. Le grillage se produit surtout aux mois de juillet et d'août, par un temps sec; les grains sont cependant échaudés quelquefois durant toute la période de leur développement. Les fruits qui ne sont pas protégés par les feuilles, ou ceux qui étaient couverts et sont, par suite des opérations de culture, soumis accidentellement à l'action du soleil, sont plus facilement altérés; le choc des instruments sur les grains au moment des fortes chaleurs, surtout lorsqu'ils sont encore imprégnés de rosée, provoque leur échaudage.

Lorsque les grains sont grillés à l'état vert, ils ternissent, se flétrissent et sèchent; de même leurs pédicelles et la rafle. Mais, le plus souvent, les raisins ne sont échaudés qu'à l'époque de la véraison ou peu après et surtout au soleil couchant. Le grain prend alors une teinte plus sombre, la peau paraît se boursoufler, la pulpe est plus consistante; puis la peau se ride, la coloration est rouge sombre, et enfin rouge brun; ensuite il se dessèche. Les pédicelles se rident, parfois avant que le grain n'ait commencé à être altéré. Ces caractères sont assez comparables, à première vue, à ceux que nous avons décrits pour le Rot brun, ainsi qu'aux premières phases d'altération du Black Rot ou du Rot blanc.

POURRITURE

Les racines de la vigne aussi bien que les fruits peuvent être atteints de *Pourriture*, sans qu'il y ait action d'aucun parasite. Lorsque, *pendant la végétation*, les racines sont plongées dans un terrain imperméable, dans des terrains humides et salés, dans une eau stagnante qui persiste longtemps, elles cessent de fonctionner, la respiration ne se produit plus et les cellules vivantes de ces organes finissent par périr. La mort atteint d'abord les poils absorbants des radicelles, puis celles-ci; en même temps, les organes foliacés extérieurs perdent leur turgescence, ils sont languissants et finissent par se dessécher. Dans l'intérieur des radicelles, des racines et même du tronc, se produisent des zones noirâtres; les tissus brunissent en effet, et des dépôts noirs se forment dans les cellules des rayons médullaires; sur des sections faites à ce moment, on voit des transsudations de matières gommeuses. Suivant que l'excès d'eau est plus ou moins persistant, suivant que le chlorure de sodium est plus ou moins entraîné par évaporation dans la région des racines, il y a des arrêts partiels ou complets de végétation. Dans les terrains assez perméables, où l'eau est néanmoins abondante, on a rarement occasion de constater de réels dégâts.

Cette *Pourriture des racines* est donc due à un accident et n'est pas en relation avec un parasite, comme cela a lieu pour le Pourridié. La Pourriture peut tenir à des causes diverses. D'après quelques auteurs, lorsque pendant le cours de la végétation, et surtout au début, arrivent de grands froids qui arrêtent tout développement des organes extérieurs, pendant le fonctionnement des racines, celles-ci pourrissent indirectement. Si, pendant l'hiver, de grands froids ont détruit le corps de la souche jusqu'au collet, les racines fonctionnent au printemps, mais ne tardent pas à pourrir. Il est certain que l'action extrême de certains parasites sur les feuilles (Mildiou, Oïdium, Anthracnose, Maladie de Californie) peut provoquer la Pourriture des racines, sans que celles-ci soient attaquées directement.

Des auteurs italiens ont voulu voir dans la Pourriture des racines un phénomène toujours concomitant de l'action de bactéries qui activeraient leur décomposition avec une intensité telle qu'on pourrait les considérer comme cause efficiente de l'altération. Ces bactéries, inoculées sur des racines placées dans des conditions d'humidité mauvaises, mais non suffisantes pour déterminer leur mort, agiraient alors et joueraient le rôle principal dans la décomposition. Ce sont là des faits qui sont loin d'être prouvés, car ils ne sont basés que sur des observations sans précision. Il est certain, en tous cas, que la Pourriture des racines peut se produire dans les conditions que nous avons indiquées, indépendamment de toute action de microbes et de champignons. De forts drainages et l'ameublissement constant des sols tassés et humides doivent être pratiqués pour éviter l'*asphyxie des racines* et leur pourriture.

La Pourriture se produit rarement sur les racines; elle est plus commune sur les fruits. Lorsque, peu avant la maturité ou au moment de la vendange, les raisins à peau peu épaisse et juteux sont dans une atmosphère chaude et très humide, ils se gonflent, éclatent et pourrissent. La *Pourriture des fruits* peut aussi avoir lieu, sans qu'il y ait éclatement; elle est plus fréquente dans les sols bas et humides, sur les vignes basses dont l'épais feuillage s'oppose à une aération active des fruits. Les raisins pourrissent dans les vignobles septentrionaux lorsque les petites pluies sont continuelles lors de la vendange. L'aération du fruit peut seule porter remède à la Pourriture. Il est bon d'élever par la taille les bras des vignes basses, de façon à les tenir assez hautes dans les milieux humides; d'autant plus que l'on se met ainsi, en partie, à l'abri des gelées blanches. En outre, au moment de la maturité du fruit, on doit relever les sarments qui traînent sur le sol, afin de faciliter la circulation de l'air. On effeuillera au besoin; l'effeuillage consiste à supprimer les feuilles des plants trop touffus, l'air parvient ainsi aux fruits; on doit éviter d'exposer les fruits directement à l'action du soleil, qui pourrait les griller. Comme l'effeuillage détermine un ralentissement dans la végétation, on le pratique en plusieurs fois, et on enlève surtout les feuilles situées au-dessus des fruits.

Sur les raisins qui pourrissent dans un milieu humide (sans s'éclater ou après éclatement résultant de leur gonflement ou de l'action de certains parasites tels que l'Oïdium, l'Anthracnose), il se développe à leur surface ou dans la pulpe sucrée, mise à nu, un grand nombre de végétations accidentelles, surtout des *Mucor*, des *Bactéries*, des *Penicillium*, des *Saccharomyces*, le *Botrytis cinerea*, le *Plæospora herbarum*..... qui activent leur décomposition; mais elles n'en sont aucunement la cause immédiate.

GELÉES

Les abaissements de température sont la cause de graves accidents pour la vigne, surtout lorsqu'ils se produisent au début de la végétation. On classe communément les Gelées en *Gelées d'automne*, *Gelées d'hiver* et *Gelées de printemps*; ces dernières comprennent les *Gelées à glace* ou *Gelées noires* et les *Gelées blanches*.

a. **Gelées d'automne.** — Les froids précoces d'automne sont rarement à redouter, excepté dans les régions de l'extrême limite de la culture de la vigne. Ils peuvent provoquer une chute anticipée des feuilles et, sur les variétés de vignes qui s'aoûtent tardivement ou qui sont affaiblies par des parasites, ils déterminent le dessèchement des sarments sur une assez grande longueur.

Lorsque les froids surviennent avant la vendange, ainsi que cela a lieu parfois dans le nord et le centre de la France, les raisins sont altérés; ceux des variétés rouges prennent une teinte rouge ou gris sale qui résulte d'une modification de la matière colorante. Les vins qui proviennent de ces *Raisins bouillis* sont généralement inférieurs et moins alcooliques. Les fruits des variétés blanches souffrent moins des Gelées d'automne; pour certains auteurs, ils sont même améliorés.

b. **Gelées d'hiver.** — Ce n'est guère que dans les régions du Nord que les Gelées d'hiver produisent de réels dégâts; c'est surtout dans les bas-fonds humides et lorsque la température descend au-dessous de — 15° C. que les souches sont plus ou moins gelées. Si la vigne est gelée jusqu'aux racines, le mal est irrémédiable; il faut arracher. Si les coursons seuls périssent, en taillant au-dessous des derniers points lésés, la vigne repousse; de même dans le cas où les bras sont atteints, mais il vaut mieux le plus souvent greffer le cep que de le receper.

Sur les greffes, les Gelées d'hiver sont encore plus à craindre ; les points de soudure sont très sensibles quand elles sont encore jeunes. Si le greffon est gelé jusqu'au porte-greffe, il faut regreffer ; si la mortification n'intéresse qu'une partie du greffon, il faut le ravaler jusqu'à la partie saine.

L'effet de la Gelée se traduit par la mort des tissus qui prennent une teinte brune ; sur des coupes de la tige, on voit sur le fond brun des zones irrégulières longitudinales ou transversales. Cette nécrose des tissus, si on ne les supprime pas, se communique aux tissus sains jusqu'aux racines.

Le séjour, pendant les grands froids, des vignes sous l'eau, dans le cas des submersions, est un excellent moyen préventif contre les Gelées d'hiver. Un autre procédé, suivi dans les pays où les Gelées d'hiver sont fréquemment à craindre (El Paso dans le Texas et Paso del Norte dans le Mexique, bords du Rhin, Tokay, Crimée), consiste à enfouir entièrement la souche sous terre pendant l'hiver.

c. **Gelées de printemps.** — Ce sont les Gelées de printemps qui causent les plus grands dégâts. Elles sont dues soit au rayonnement nocturne (Gelées blanches), soit à un abaissement général de la température de l'atmosphère (Gelées noires ou Gelées à glace). Ces dernières peuvent se produire avant ou peu avant le débourrement ; les bourgeons sont en effet tués parfois au moment où ils commencent à grossir ; dans ce cas, il pousse sur la souche des rejets assez nombreux, ceux des coursons ou des longs bois n'évoluant pas. Il n'est pas rare de trouver sur une souche un ou plusieurs bras qui n'émettent aucun rameau ; on donne assez souvent à cet accident le nom de *Retour de sève*. La production des *Broussins* (Fig. 227 à 232) est surtout fréquente dans ce cas.

Les *Gelées blanches* peuvent se produire depuis le débourrement, c'est-à-dire depuis le 15 mars environ, jusqu'au 20 mai. Les jeunes rameaux sont mortifiés, ils sèchent en prenant une teinte brune comme s'ils étaient échaudés.

M. F. Houdaille a étudié avec soin les Gelées de printemps et a parfaitement résumé (1) les moyens employés pour en préserver les vignobles ; nous reproduisons de son Mémoire ce qui est relatif à cette question :

« Le gel du bourgeon et de la jeune pousse de la vigne est entraîné par deux causes distinctes : refroidissement général de la masse d'air qui circule autour du sarment et refroidissement local du bourgeon ou du rameau soumis au rayonnement. Les méthodes de protection proposées jusqu'à ce jour agissent soit sur l'une, soit sur l'autre de ces causes, soit sur toutes les deux à la fois.

» La période la plus meurtrière des Gelées de printemps paraît être celle qui surprend le bourgeon de la vigne dans la première phase de son évolution. Le procédé de protection le plus parfait, dans ce cas, serait évidemment de retarder assez l'époque du débourrement, pour la reporter au delà de la première période critique des Gelées de printemps. La méthode de taille en deux temps, qui consiste à laisser subsister jusqu'au départ de la végétation les principaux sarments nécessaires à l'établissement de la taille définitive, tend essentiellement à ce résultat. L'activité de la végétation, distribuée sur un plus grand nombre d'yeux, semble ralentie à son départ, et l'on peut retarder ainsi de plusieurs jours l'époque du débourrement. La pratique de la submersion des vignes, en abaissant la température du sol et celle de l'air et en retardant leur échauffement, peut aussi différer de quelques jours le départ de la végétation et contribuer ainsi à éviter, dans certains cas, les effets désastreux des Gelées précoces. On a remarqué aussi que les badigeonnages faits avec des dissolutions de sulfate de fer, en vue de prévenir le développement de l'Anthracnose ou de diverses affections cryptogamiques, retardaient notablement l'époque du bourgeonnement. Enfin, le choix de cépages à débourrement tardif est évidemment tout indiqué pour les vignobles établis dans des régions ou sur des expositions où les Gelées de printemps se produisent fréquemment et présentent leur plus grande nocuité à l'époque du départ de la végétation.

---

(1) F. Houdaille. — Les gelées de printemps (*Progrès agricole* 1887). — *Id* : La protection des vignobles contre les gelées de printemps (*Progrès agricole* 1891).

» Le refroidissement des bourgeons est sous la dépendance directe du pouvoir émissif de leur enveloppe. On a par suite conseillé d'enduire leur surface d'une substance qui se prêtât moins à l'activité du rayonnement nocturne. M. de Gasparin a proposé, dans ce but, d'enduire les ceps, à la fin de l'hiver, avec un lait de chaux. En Italie, le Dr Giotti saupoudre abondamment, à l'aide d'un mélange de deux portions de cendre tamisée et de une de soufre, les jeunes bourgeons à peine sortis de leur duvet. Il semble que l'adoption d'une substance donnant un enduit plus uni que les deux précédentes devrait produire des résultats plus satisfaisants (1).

» Les Gelées de printemps peuvent, en général, bien que les deux actions soient toujours associées, être divisées en deux catégories : les unes dues au refroidissement général de l'air, *Gelées à glace*; les autres dues aux effets locaux du rayonnement nocturne, *Gelées blanches*. Les premières peuvent être combattues par des abris qui protègent les ceps isolés ou le vignoble tout entier contre l'action des vents froids déterminant les minima de température. Les enclos fermés de murs élevés jouissent parfois d'un bénéfice de température qui peut atteindre plusieurs degrés et prévenir le gel des bourgeons au moment où les autres vignobles sont atteints par des Gelées à glace. L'influence de la plantation des échalas à la fin de l'hiver, qui paraît, en Champagne, protéger les vignobles contre les Gelées, peut s'expliquer surtout par l'obstacle apporté dans le vignoble à la libre circulation de l'air. Le nombre considérable d'échalas à l'hectare, qui peut s'élever à 50,000 et 60,000, doit produire évidemment le même résultat qu'une enceinte murée établie autour du vignoble.

» Les Gelées blanches déterminées par l'exagération du rayonnement nocturne ne sauraient être conjurées par ces divers procédés. Il faut avant tout agir sur la cause du phénomène, et l'emploi d'écrans protecteurs supprimant le rayonnement paraît tout indiqué. Le Dr Guyot a proposé, dans ce but, l'emploi de paillassons,

---

(1) On a saupoudré ainsi les jeunes bourgeons, avec un certain succès, au moyen de poudres de chaux, de sulfate de chaux, de sulfostéatite, etc.....

supportés d'une part par un billon établi parallèlement aux lignes de ceps et, d'autre part, par les échalas plantés au pied de chaque souche. Dans ces dernières années, on a proposé diverses formes d'écran : feuilles ou cornet de carton imperméable, de bois mince ou de papier bituminé, se fixant soit directement sur la souche, soit sur l'échalas qui lui sert de tuteur. Ces divers écrans demandent, en général, à être remplacés assez fréquemment ; ils offrent, de plus, assez de prise au vent qui peut les emporter ou abattre les échalas qui les supportent. Il paraît plus économique de remplacer, en divers cas, ces différents systèmes d'écrans, par des fascines de bruyère, des balais de genêt ou des fagots de sarments attachés à l'échalas au-dessus de la souche ou sur le fil de fer supérieur des vignes palissées, soit encore simplement déposés sur les coursons du cep à protéger. Les matières premières ainsi utilisées n'ont qu'une faible valeur et leurs qualités de combustibles ne sont pas sensiblement altérées par une exposition de deux ou trois mois dans le vignoble. On peut donc les remplacer chaque année sans autres frais que ceux de main-d'œuvre. Il est utile de faire remarquer qu'il n'y a pas un grand intérêt à exagérer les dimensions de l'écran protecteur. Un abri, même fort réduit, placé directement au-dessus des bourgeons à protéger, peut réaliser parfaitement une protection efficace. L'avantage des écrans un peu larges est de réfléchir vers le sol et par suite vers le cep une plus grande quantité des rayons calorifiques qu'il émet et d'empêcher ainsi, avec le refroidissement rapide du sol, l'abaissement de température du cep qui le suit d'assez près.

Fig. 227. — Broussin sur un rameau de deux ans.

P. VIALA. *Les Maladies de la Vigne*, 3ᵐᵉ édition.

»Enfin, on peut encore signaler comme procédés de protection les précautions culturales que l'on peut observer en vue de diminuer dans les vignobles l'intensité du rayonnement du sol qui entraîne le refroidissement général de la nappe d'air voisine et favorise l'abaissement exagéré de la température des corps qui y sont plongés. Une terre récemment labourée rayonne plus activement qu'une terre depuis longtemps rassise. La présence d'herbes ou de cultures intercalaires augmente de même la valeur du rayonnement nocturne.

» Le procédé de défense dit des *nuages artificiels*, qui s'est beaucoup développé depuis quelques années, paraît se prêter à une application plus économique et par suite plus générale que les autres procédés. Déduit très vraisemblablement de cette observation, fort juste, que les Gelées de printemps ne se produisent jamais lorsque le ciel est couvert de nuages naturels qui suppriment le rayonnement, le procédé des nuages artificiels a été appliqué dès une époque fort reculée. Les Carthaginois, les Grecs, les Péruviens, l'ont employé tout à tour et pour diverses cultures. Remis en honneur par M. Boussingault, ce procédé était appliqué, dès 1864, par M. Gaston Bazille. Le but des nuages artificiels est à la fois de diminuer le rayonnement du sol et des bourgeons de la vigne qui détermine les Gelées de printemps et aussi et peut-être même surtout d'empêcher l'arrivée trop rapide des rayons de soleil sur les organes congelés.

» Les conditions à remplir par les foyers qui donnent naissance aux nuages artificiels sont essentiellement de fournir une fumée intense et la plus opaque possible, qui arrête soit le rayonnement du sol, soit les radiations du soleil. Un grand nombre de procédés ont été proposés et appliqués pour produire des fumées abondantes. Les Indiens faisaient brûler du fumier ; on a essayé des tas d'herbes, de broussailles ou de balles de paille arrosés de goudron de houille. Puis, comme ces matières étaient parfois difficiles à protéger de la pluie, rebelles à l'allumage et d'un transport difficile dans le vignoble, on leur a bientôt substitué des foyers spéciaux de dimensions plus réduites et plus facilement transportables.

» M. Gaston Bazille employait, en 1864, des écuelles de terre de

0 fr. 10 la pièce, pleines d'huile lourde de goudron de houille à 6 fr. les 100 kil., que l'on allumait avec des torches de résine. On a employé dans le même but, et notamment dans les Charentes, des marmites en fonte à couvercle d'une contenance de 4 litres, remplies d'huile lourde que l'on allumait en y déposant un torchon de paille enflammé et préalablement trempé dans l'huile lourde. Le couvercle a l'avantage de protéger les foyers de la pluie et de permettre leur extinction rapide pour les transporter sur un autre point du vignoble ou bien encore pour mettre fin à la production des nuages artificiels. On s'est servi dans les Landes, la Gironde et les Charentes, de caisses en bois remplies de résines impures. Ces caisses peuvent s'éteindre assez facilement en les renversant sur le sol, et l'imperméabilité de la résine à la pluie assure la conservation de leur inflammabilité. Enfin on a cherché à régulariser la combustion des résines ou des huiles lourdes en les incorporant dans des substances poreuses : tourbe, balles de blé que l'on moule en blocs cubiques ou coniques analogues à des agglomérés. Leur combustion est en général plus régulière et l'on évite les inconvénients des foyers de résine pure qui peuvent crever, se répandre, en brûlant trop vite, sur le sol et en réduisant la durée de leur production efficace.

Fig. 228. — Broussin sur long bois d'un an.

» La vapeur d'eau condensée exerce une absorption très intense sur la chaleur rayonnante, et la production de nuages de vapeur donnerait une protection parfaitement comparable à celle des nuages de fumée. Il est néanmoins nécessaire de faire observer que la sécheresse de l'air, qui coïncide assez souvent avec les Gelées de printemps, dissiperait assez rapidement le nuage de vapeur à peu de distance de son point de formation. Toutefois, la combinaison des deux absorbants, vapeur d'eau et particules de noir de fumée, ne peut donner que des résultats avantageux et peut-être convient-il de lui attribuer la supériorité de classement obtenue dans une expérience comparative faite vers 1874 à Sainte-Estève (Gironde), où les fumées les plus abondantes et les plus opaques furent fournies par des tas de broussailles ou de balles de blé (toujours humides), arrosés d'huile lourde de goudron de houille. On ne peut donc qu'approuver la tendance actuelle des viticulteurs de notre région, qui renoncent aux foyers préparés par l'industrie pour recourir au procédé plus économique que nous venons d'indiquer. Les inconvénients des foyers créés sur place sont l'encombrement qu'ils peuvent occasionner, la difficulté de leur extinction au cours de leur combustion, celle de leur allumage quand ils ont été mouillés par une pluie récente. Il est aussi utile de faire remarquer que tous les foyers en général permettent de produire simultanément un nuage de vapeur et de fumée. Il suffit de les asperger d'eau avec précaution pendant leur combustion.

» La disposition à adopter pour la répartition des foyers dans le vignoble varie essentiellement avec le régime des vents de la région. S'il n'y a pas de vents dominants et si l'on peut compter indifféremment, au lever du soleil, sur un vent du nord ou du sud, de l'ouest ou de l'est, il convient d'entourer le vignoble d'un cordon de foyers suffisamment rapprochés à 10 ou 20 mètres d'intervalle et de recouper ensuite l'intérieur du vignoble par une série de lignes de foyers beaucoup plus espacés. On pourrait, par exemple, espacer les lignes intérieures à 100 mètres et espacer les foyers à 40 ou 50 mètres sur les lignes. Au moment de l'allumage, on vérifiera, par l'orientation de la fumée d'un premier foyer allumé, quelle est la direction du vent, et l'on allumera d'abord les deux rangées du périmètre du vignoble, dont les fumées poussées par le vent pourront bientôt recouvrir toute la surface. Si le vignoble est, par exemple, un rectangle orienté nord-sud et que le vent souffle du nord-ouest, on allumera les deux rangées du périmètre correspondant aux côtés qui font face à l'ouest et au nord. L'allumage des deux rangées opposées serait évidemment inutile. Si le déplacement des fumées est trop lent par un vent trop faible, ce qui se produit assez souvent dans les régions où n'existe pas un vent dominant, on allumera les foyers intérieurs. Si enfin le vent saute et souffle brusquement en sens inverse, on éteindra les premières rangées allumées pour enflammer les deux autres lignes de foyers sur les bords opposés du vignoble. On voit que, dans les conditions les plus défavorables, la défense d'un hectare de vigne demandera de 20 à 30 foyers. Ce nombre peut être considérablement réduit lorsque les conditions de défense sont plus favorables.

»On peut, en effet, remarquer que les Gelées de printemps se produisent surtout par des matinées calmes, où aucun courant d'air emprunté à des régions éloignées ne vient modifier la direction des courants d'air locaux. Dans ces conditions, le faible courant d'air dont on constate alors l'existence revêt en général la direction du vent dominant de la région. Sur les côtes de l'Océan, dans les Charentes et la Gironde, ce sera le vent d'ouest ; dans la région méditerranéenne, ce seront les vents du nord. Quant à la direction exacte du courant, elle pourra être en général assez bien prévue par la configuration topographique de la localité. Ces faibles courants d'air se canalisent en effet le plus souvent dans l'axe des vallées dont ils éprouvent très sensiblement la direction. Si le vignoble est installé dans une vallée courant du nord-est au sud-ouest, alors que le vent dominant de la région souffle du nord-nord-ouest (région de Montpellier), la direction de la faible brise qui soufflera sur le vignoble vers le lever du soleil sera très sensiblement celle du nord-est ou du nord-nord-est.

Fig. 229.— Broussin formé à la base d'un courson sur le bras.

»Il faut encore tenir compte, pour la détermination du vent qui prédomine à l'époque des Gelées de printemps, du phénomène bien connu de la brise de terre. Pendant la nuit, l'air de la terre se refroidit plus vite que l'air de la mer ; un courant d'air froid s'écoule par suite depuis les premières heures de la journée, au niveau du sol, dans la direction du littoral. Ce phénomène peut s'étendre à une assez grande distance des côtes, surtout lorsque le courant peut s'encaisser dans une vallée perpendiculaire au littoral. Dans la région méditerranéenne, le sens du courant de la brise de terre coïncide avec le vent dominant et en assure la fixité. Dans la Gironde, au contraire, il est de sens contraire au vent dominant et prédomine en général tout au moins dans les vallées courant de l'ouest à l'est et à proximité des côtes. Aussi, les viticulteurs de ces régions comptent-ils surtout sur la brise venant de l'est et disposent leurs foyers en conséquence.

Fig. 230. — Broussin sur un bras de souche.

»On peut donc, d'après la statistique des vents dominants, la configuration topographique de la région, la proximité du littoral, déterminer assez exactement, dans un grand nombre de cas, la direction du vent qui entraînera le nuage de fumée sur le vignoble. On se contentera alors de disposer les foyers sur deux bords seulement du vignoble à protéger de manière à ce que les traînées de fumée le recouvrent complètement. On pourra même disposer les foyers sur les bords des vignobles à des distances inégales pour chacune des deux rangées, mais déterminées de manière à ce que les traînées de fumée parallèles de chaque foyer soient équidistantes sur toute la surface du vignoble.

»Il est inutile d'ajouter que, dans le cas d'une organisation de défense par syndicat, la plus parfaite pour préserver contre les Gelées blanches les vignobles d'une région, les frais de protection sont assez réduits pour qu'on entoure le vignoble d'une rangée de foyers sur toutes ses faces, afin de prévenir les brusques sautes de vent. On peut aussi recommander, dans ce cas, l'emploi de foyers facilement transportables, afin de pouvoir modifier à volonté, au cours de l'allumage, les lignes de défense et la répartition des foyers sur ces lignes.

»Les foyers étant convenablement disposés, il semble que le succès de l'opération soit assuré par leur allumage en temps utile, c'est-à-dire lorsque la température du bourgeon de la vigne s'abaisse vers zéro. J'ai montré quelle difficulté présentait l'estimation de cette température, par ce fait que l'on ne pouvait exactement déduire la température d'un bourgeon de vigne de celle indiquée par le réservoir d'un thermomètre. Il semble toutefois que l'on approche assez de la température à déterminer par l'observation d'un thermomètre à alcool, dont le réservoir serait exposé librement au rayonnement à la hauteur des bourgeons de la vigne. Mais on ne peut guère confier à un ouvrier le soin de lire chaque jour la température du thermomètre avant le lever du soleil. On a employé néanmoins ce procédé avec succès aux environs de Cognac, dans la Gironde et dans l'Hérault. Chaque matin, pendant les mois d'avril et mai, un domestique se lève à 3 heures. Il va voir le thermomètre à alcool, portant, à 2 degrés au-dessus de zéro, un trait rouge bien apparent. Si l'alcool est descendu au trait rouge, avec tendance à baisser encore, on allume aussitôt, en procédant de la manière suivante : Un homme tenant à la main une lanterne et un bidon d'essence de pétrole verse quelques gouttes d'essence sur chaque foyer. Un autre homme le suit avec une torche de résine et met le

Fig 231. — Broussin sur rameau de trois ans, avec racines aériennes.

feu à l'essence. L'opération est ainsi très rapidement conduite; quatre hommes un peu exercés allument cent cinquante foyers en quinze minutes.

»Pour éviter cette surveillance de chaque jour, au cours de laquelle un seul oubli peut compromettre une récolte, on a songé à confier à des appareils automatiques le soin d'avertir le propriétaire de l'approche de la gelée ou même d'allumer en son absence les foyers protecteurs. De là, deux procédés applicables à l'allumage des nuages artificiels : les thermomètres avertisseurs de la gelée et les allumeurs automatiques (1). »

Un autre procédé pour préserver les vignes des Gelées blanches, certainement le plus parfait lorsqu'il est applicable, est celui de l'irrigation. Il est actuellement employé, chaque année, dans tous les vignobles soumis à la submersion et dans tous ceux où l'irrigation est possible. On avait observé anciennement que dans les vignes de plaine (Charentes, Maine-et-Loire......), où l'eau séjournait encore au printemps, il n'y avait jamais de Gelées blanches, tandis que, dans les mêmes régions, les vignes de coteaux, où le terrain était sec, étaient détruites. Dans ces dernières années, MM. P. Causse et Trouchaud-Verdier ont eu l'idée de pratiquer l'irrigation, à Saint-Laurent-d'Aigouze, dans leurs vignobles submergés, durant la période pendant laquelle les Gelées blanches sont à redouter et ont ainsi toujours préservé leur vignoble. Le procédé a été ensuite suivi dans tous les milieux où l'irrigation pouvait être faite, de sorte qu'actuellement les plaines submersibles, où les Gelées blanches étaient le plus fréquentes et le plus redoutées, sont celles où on les évite le plus sûrement et le plus facilement. Il suffit de maintenir au-dessus du sol une couche d'eau de quelques centimètres, pendant la nuit et jusqu'après le lever du soleil.

---

(1) Nous ne pouvons donner ici la description des divers thermomètres avertisseurs et des allumeurs automatiques ; nous renvoyons aux Mémoires de M. F. Houdaille. Les divers allumeurs automatiques imaginés jusqu'à ce jour ne sont pas suffisamment parfaits pour que l'on puisse avoir une confiance absolue en eux, et le mieux est encore de faire allumer les feux par des ouvriers. (Voir : F. Houdaille. — Le Soleil et l'Agriculteur. Montpellier, C. Coulet, 1893).

d. **Broussins**. — Sous l'action des Gelées d'hiver, des Gelées d'automne et surtout des Gelées de printemps, il se forme sur les racines, le collet, les bras, les coursons ou les longs bois de la vigne des proliférations de tissus (Fig. 227 à 232) auxquelles on a donné les noms de *Broussins, Exostoses, Exostoses fongoïdes, Fongosités, Grind, Raude, Krebs, Kopf, Schorf, Ausschlag, Mauke, Hanab, Rogna, Tubercoli, Malattia dei tubercoli*, etc.

Il se développe sur les racines des nodules gros comme un pois, plus rarement comme un œuf; ces nodules, mous et comme spongieux lorsqu'ils sont à l'humidité, deviennent consistants et durs quand ils sont secs.

Ils sont mamelonnés à leur surface, formés de nodules plus petits, de grosseur irrégulière, et confluents vers leur base, qui fait corps avec la racine.

Au collet, à l'insertion des grosses racines sur la tige, il se produit parfois une prolifération de tissus comparable aux Broussins des racines, mais qui, dans certaines circonstances, peut être due à d'autres causes

Fig. 232. — Broussin formé au collet d'une souche.

qu'aux froids hâtifs. Ces masses spongieuses (Fig. 232), plus dures et moins mamelonnées que celles des racines, atteignent parfois de très grandes proportions; nous en avons vu qui avaient 8 centimètres de rayon.

Sur les greffes, les tissus générateurs des couches en contact se multiplient quelquefois d'une façon exagérée et donnent des bourrelets spongieux de la forme des Broussins.

Mais c'est surtout sur les jeunes branches (Fig. 227 et 228) et sur les bras (Fig. 229 et 230) que ces formations sont fréquentes. Les Broussins se produisent plus souvent à l'insertion des coursons sur les bras (Fig. 229), mais on les voit aussi sur tout le parcours du mérithalle (Fig. 227 et 228) ; ils occupent parfois la longueur de plusieurs mérithalles qu'ils déforment entièrement de façons fort diverses. Ils forment des agglomérations d'excroissances irrégulières, composées d'un très grand nombre de nodules informes, plus ou moins tangents. Les bois garnis ainsi de ces tubérosités ont jusqu'à quatre et cinq fois leur épaisseur normale. L'écorce, éclatée et dilacérée, est souvent tendue en lanières (Fig. 227 et 228) au-dessus de ces nodules irrégulièrement groupés. Les Broussins sont mous, spongieux et durcissent fortement lorsqu'ils sèchent. Il n'est pas rare d'observer sur les Broussins très développés une production abondante de racines aériennes.

Ces déformations n'ont été qu'imparfaitement étudiées au point de vue de leur constitution anatomique. On paraît admettre, d'une façon générale, que le froid a détruit la couche génératrice en certains points et qu'en regard ou sur les côtés, l'écorce et les cellules du cambium, non altérées, se multiplient d'une façon anormale et produisent alors les déformations tubéreuses qui constituent les Broussins. On croit aussi que les bourgeons latents, qui sont très nombreux à l'insertion des coursons sur le vieux bois ou des racines sur le collet, peuvent en évoluant tous à la fois, par suite de phénomènes du même ordre, donner lieu à de semblables excroissances. M. Von Thümen a voulu voir dans les Broussins l'action d'un champignon parasite, dont il n'aurait pu suivre tout le développement, mais qu'il rapporte au genre *Fusisporium* ; c'est le seul auteur qui ait émis cette opinion, qui nous paraît erronée.

Les rameaux et les bras altérés par les Broussins doivent être taillés jusqu'aux parties saines ; c'est le seul moyen d'arrêter la mortification des tissus. On doit raser avec soin à la serpette les Broussins qui se produisent au collet ou sur le tronc, principalement au niveau du point de soudure des greffes.

GRÊLE

Parmi les divers accidents météoriques qui frappent la vigne aussi bien que les autres végétaux au cours de leur végétation, la grêle est un des plus à redouter, à cause des désastres qu'elle produit à tous les instants. Il est impossible de s'en prémunir, car les moyens dont on dispose ne sont pas d'un usage pratique pour la culture ; on peut seulement, dans certaines circonstances, chercher à en atténuer les effets après coup.

La chute de la grêle se produit à toutes les époques. Lorsqu'elle a lieu pendant que la vigne est en repos, l'action des grêlons est insignifiante, à moins qu'ils ne soient très volumineux, auquel cas ils détachent quelques bourgeons ; mais les sous-bourgeons ou bourgeons latents évoluent, et le mal n'est pas appréciable. Les effets sont le plus considérables lorsque les rameaux sont encore herbacés ; or, c'est en mai, juin et juillet qu'ont lieu le plus souvent les orages de grêle, non mêlés de pluie, qui sont redoutables dans les régions exposées à ces accidents. Il est bien observé, en effet, que certaines régions, dans une même contrée, sont plus sujettes à la grêle. A cette époque, les jeunes rameaux, très tendres, peuvent être cassés et déchiquetés par le choc des

Fig 233.— Rameau de vigne transpercé par la grêle.

grêlons ; on connaît bien des cas où il ne restait presque rien sur les souches ; les effets sont alors irrémédiables. Souvent les extrémités seules des rameaux sont désarticulées au niveau des nœuds ; mais il se produit sur le reste des sarments des lésions spéciales, variables suivant leur grosseur et la force de chute de la grêle, qui est parfois augmentée par des vents violents et sans pluie.

Le sarment peut être transpercé par un grêlon, soit sur le mérithalle, soit sur les nœuds ; une portion plus ou moins grande des tissus est enlevée comme à l'emporte-pièce ; les parois de la lésion sont dilacérées intérieurement. Ce cas est rare et n'a lieu que sur les pousses très vigoureuses. D'autres fois, le rameau n'est pas percé, mais le grêlon a creusé des blessures profondes qui atteignent jusqu'aux trois quarts de l'épaisseur du mérithalle ou du nœud (Fig. 233) ; la blessure est comme fouillée et tapissée dans l'intérieur par des fragments dilacérés des tissus en grande partie disparus. Il arrive que la lésion est plus profonde que large ; elle a toujours un point central plus creusé. Au lieu d'être normale au sarment, elle s'étend sur une certaine longueur, en diminuant de profondeur à partir du point d'origine, comme si l'action du grêlon s'était produite obliquement. Quelques lésions sont plus creusées dans l'intérieur qu'à la surface du rameau, l'ouverture étroite étant encore tapissée par les tissus déchirés. Ces faits sont plus fréquents au niveau des nœuds. Sur le mérithalle, ces profondes lésions sont plus allongées et occupent jusqu'à la moitié et aux trois quarts de sa longueur. Les rameaux cassent sous l'action des moindres vents ; il est rare qu'il se produise assez tôt une cicatrisation suffisante qui leur permette de résister.

Les lésions se présentent, le plus communément, aussitôt après la chute de la grêle, sous forme de meurtrissures d'étendue variable, à contours irréguliers, déchirées à la surface, mais sur une faible profondeur, les fibres libériennes restant tendues et desséchées au-dessus de la plaie. Dans beaucoup de cas, le choc du grêlon ne se manifeste, tout d'abord, que par un brunissement comparable à celui qu'aurait produit la compression du sarment sur cette partie ; cette mortification superficielle des tissus paraît alors très peu étendue. Ces lésions s'observent sur une seule face du sarment, dans la direction de chute de la grêle.

Lorsque les rameaux sont ainsi atteints à l'état herbacé, il se produit une cicatrisation des plaies par formation de bourrelets. Les tissus ne sont pas seulement altérés à la surface, l'altération gagne l'intérieur du sarment, qui présente sur une plus ou moins grande étendue une coloration brune, dont la section est demi-circulaire, avec convexité du côté des tissus vivants. La couche génératrice est détruite dans ces régions, mais elle prolifère au pourtour jusqu'à l'aoûtement du bois et produit des bourrelets cicatriciels; il s'ensuit que les lésions cicatrisées sont toujours plus étendues que les blessures primitives. Elles ont des caractères particuliers.

Certaines lésions cicatrisées s'étendent sur toute la longueur du mérithalle. Celui-ci présente, d'un nœud à l'autre, une rainure limitée par les deux bourrelets qui recouvrent en partie le plafond lisse et desséché de la plaie (Fig. 235). Il est certain qu'un seul grêlon a déterminé une pareille lésion; la zone génératrice a donc été atteinte sur une surface bien plus développée que celle du contact même du grêlon, pour si gros que ce dernier ait pu être. Les bourrelets cicatriciels sont lisses comme le fond de la blessure, ce qui différencie bien cette dernière des chancres de l'Anthracnose maculée, dilacérés dans toute leur profondeur.

Bien souvent, les lésions cicatrisées sont moins étendues (Fig. 234) et en nombre plus ou moins grand sur un même mérithalle. Les lèvres de la plaie n'adhèrent pas non plus avec le plafond de celle-ci. L'écorce

Fig. 234. — Sarment avec nombreuses lésions de grêle cicatrisées.

Fig 235. — Lésion cicatrisée, produite par la grêle.

et les fibres du liber sont souvent tendues en lanières irrégulières au-dessus de ces lésions, qu'elles peuvent recouvrir entièrement. Les bourrelets cicatriciels peuvent être soudés et former une surface continue, recouverte par l'écorce desséchée; mais même dans ce cas, si on soulève un tissu cicatriciel, on voit en dessous le plafond de la plaie lisse et desséché. Il est quelques cas où rien ne trahit au dehors la moindre altération, l'écorce paraît intacte, et cependant il existe des bourrelets cicatriciels plus ou moins étendus. Enfin la cicatrisation peut être exagérée; le bourrelet unique éclate l'écorce et proémine au dehors en formant parfois des nodules comparables à ceux des broussins, mais moins prononcés. Il est curieux que, sur des sarments profondément meurtris par la grêle, les bourgeons soient toujours intacts.

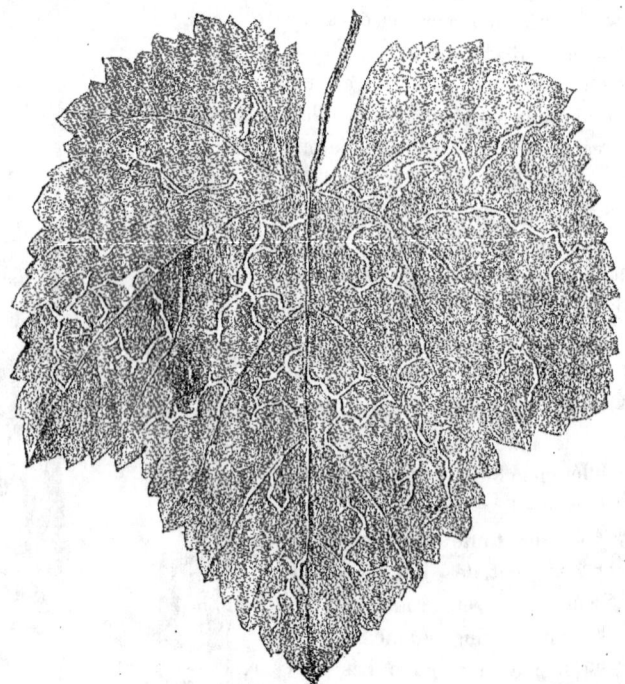

Fig. 236. — Feuille percée par la grêle.

Lorsque la grêle frappe les rameaux lignifiés ou au moment de leur aoûtement, ils sont rarement cassés ou broyés; elle ne produit que quelques meurtrissures qui intéressent au plus le liber et dessèchent l'écorce par régions limitées.

Les grains peuvent être déchirés par la grêle; si les grêlons ne les touchent que partiellement avant la véraison, il peut se former des bourrelets cicatriciels comparables à ceux que nous avons signalés pour l'Oïdium ou l'Anthracnose. Quand les fruits sont atteints sur le pédicelle ou la rafle, les grains sèchent et tombent. Certains grains, non entamés par le grêlon, brunissent, se ratatinent et ressemblent aux grains échaudés. Au moment de la vendange, — et c'est l'époque où les orages de grêle sont fréquents dans certaines régions,—les grains sont détachés facilement ou éclatés, ils sèchent ou pourrissent si le milieu est humide. Il faut procéder immédiatement à la cueillette de ceux qui ont pu être préservés, mais on n'obtient jamais qu'un fort mauvais vin.

Les jeunes feuilles sont déchirées en fragments par la grêle. Lorsque le grêlon arrive tangentiellement à la surface du limbe, il se produit seulement une frisure à sa surface par dessèchement de l'épiderme. Lorsque le parenchyme est consistant, il est percé par les grêlons qui tombent normalement; il en résulte des déchirures (Fig. 236) de formes variables; ces découpures sont ramifiées dans divers sens, plus ou moins étendues. Les tissus sont rarement enlevés et ne produisent jamais de bourrelet cicatriciel.

Lorsque la grêle tombe de bonne heure, les ceps fortement atteints restent rabougris, leur végétation est chétive et languissante; si la chute a lieu avant le mois de juillet, il faut tailler en vert les sarments déchiquetés, sur deux yeux à partir de leur insertion; la récolte est perdue, mais il repousse de nouveaux rameaux qui fourniront à la souche une nutrition suffisante pour que l'année suivante elle puisse se développer normalement. Il sera bon d'activer alors la végétation par des fumures abondantes et de nombreux soins de culture et de traitements contre les parasites des feuilles, surtout contre le Mildiou.

BIBLIOGRAPHIE

Debray (F.). — L'apoplexie de la vigne. (Algérie agricole, 1891).
Foëx (G.). — Cours complet de viticulture (1891).
Frank (B.), — Die Krankheiten der Pflanzen (Tom. I, 1881).
Gœthe (R.). — Mittheilungen uber den schwarzen Brenner und den Grind der Reben, 1878.
Grimaldi (Clemente). — Sopra una forma particolare di Seccume nella vite. (Bollet. della Soc: di natural. Napoli, 1888).
Guyot (Jules). — Etude des vignobles de France. (Paris, 1876).
Houdaille (F.).— Les gelées de printemps et les nuages artificiels. (Progrès agricole, 1887).
— La protection des vignobles contre les gelées. (Progrès agricole, 1891).
— Le Soleil et l'Agriculteur. (Montpellier, Coulet, 1893).
Kœnig (Ch.). — Rapport sur les appareils dénommés pyromoteurs et allume-feux de MM. Schaall et Œschlin. (Colmar, 1888).
Ladrey (C.). — Traité de viticulture et d'œnologie. (Paris, Savy, 1873).
Macchiati (L.) — Seccume *in* Nuova Rassegna di viticoltura ed enologia. (Conegliano, 1890).
Marès (H.). — Les vignes du Midi de la France (*in* Livre de la Ferme, 1883).
Ottavi (Ottavio). — Viticoltura theorico-pratica. (Casale, 1885).
Petit-Laffite. — La Vigne dans le Bordelais. (Paris, Rothschild, 1868).
Planchon (J.-E.). — Les exostoses fongoïdes de la vigne connues sous le nom de Broussins. (Vigne américaine, 1882, p. 110).
Portes (L.) et **Ruyssen** (F.). — Traité de la vigne et de ses produits. (Tom. III, 1889).
Rathay (Ej.— Ueber eine merkwürdige durch den Blitz an Vitis vinifera hervorgerufene Erscheinung (Wien, 1891).
Saint-André. — *In* Journal de l'Agriculture, 1882.
Seillan. — Le Broussin ou Exostose. (Vigne américaine, 1882, p. 117).
Sheppard (J.). — Grapes cracking and scalding. (Gardener's Chronicle, 1891).
Sorauer. — Pflanzenkrankheiten (vol. I Nicht parasitäre Krankheiten. 1886).
Thiébaut de Berneaud. — Nouveau Manuel complet du vigneron francais (Manuels Roret).
Thümen (F. von). — Der Pilzgrind der Weinreben. (Klosterneuburg, 15 avril 1884).
Trecul (A.). — Mémoire sur le développement des Loupes et des Broussins. (Ann. Sc. nat. Botanique, 5ᵉ série, tom. XX).
Viala (P.). — Une Mission viticole en Amérique (1889, pp. 296-299).

TROISIÈME PARTIE

PARASITES ANIMAUX

Nous étudions, dans cette troisième partie, les principaux *Parasites animaux* de la vigne, mais notre but n'est pas de faire une monographie complète de chacun d'eux; nous voulons seulement en donner les caractères généraux pour différencier les altérations qu'ils produisent de celles qui sont dues aux *Parasites végétaux* et aux *Maladies non parasitaires*. Cette étude sera donc très résumée.

Les maladies qui sont causées par les Parasites animaux et surtout par les Insectes ont cependant une très grande importance; le Phylloxéra est la maladie la plus grave qui ait jamais été constatée sur la vigne; la Pyrale, la Cochylis, l'Altise, la Noctuelle, le Gribouri... sont des parasites dangereux. Les traitements des Parasites animaux sont, en outre, d'une efficacité bien moins certaine que les traitements des Parasites végétaux; la lutte contre le Phylloxéra, la Pyrale, la Cochylis, l'Altise... n'amène jamais les résultats absolus que l'on obtient contre le Mildiou, l'Oïdium, le Black Rot...

On trouvera des détails, plus complets que ceux que nous donnons ici, dans les traités spéciaux et surtout, pour le Phylloxéra, dans les beaux travaux de M. Balbiani et de M. Max. Cornu, et, pour les autres insectes, dans le travail classique de V. Audouin (Histoire des Insectes nuisibles à la vigne et particulièrement de la Pyrale, 1842) ou dans le livre complet de M. Valéry Mayet (Les Insectes de la Vigne, 1890).

CHAPITRE XIII

PHYLLOXÉRA

Comme le Mildiou, le Black Rot et le Rot blanc, le *Phylloxéra* a été introduit des États-Unis d'Amérique en Europe à la suite de l'importation des vignes américaines. Les premières constatations de la maladie en France semblent avoir été faites, dès 1863, dans le Gard ; mais ce n'est qu'au mois de juillet 1868 que J.-E. Planchon, MM. Gaston Bazille et F. Sahut observèrent les insectes sur les racines de la vigne et reconnurent la cause du dépérissement, qui avait été très intense, en 1867, dans les Bouches-du-Rhône, le Gard et le Vaucluse. J.-E. Planchon étudia et détermina l'insecte qu'il dénomma ensuite **Phylloxera vastatrix** (1) ; c'est à lui que revient le mérite des premières études du parasite, de même que celui d'avoir démontré et affirmé plus tard la résistance des vignes américaines.

Les premières taches phylloxériques nettement constatées sont celles de Roquemaure (Gard, 1865) et des environs de Bordeaux (1867), dans des plantations de vignes américaines. De ces deux points, le Phylloxéra s'est étendu rapidement et a envahi tout le vignoble français. Mais c'est surtout de 1873 à 1879 que la mor-

---

(1) Le Phylloxéra a été observé d'abord aux États-Unis par Asa Fitsch, puis par H. Shimer, en 1867. Westwood le trouvait dans les serres d'Hammersmith, près Londres, en 1863. Mais des galles phylloxériques ont été signalées par J.-E. Planchon sur des vignes cueillies en 1834 et conservées dans les herbiers américains ; j'en ai trouvé dans les herbiers de Cambridge, sur des feuilles de V. Labrusca et V. Arizonica, qui avaient été cueillies en 1836, 1848 et 1851. — La synonymie du Phylloxéra est la suivante : PHYLLOXERA VASTATRIX Planchon ! — *Pemphigus vitifolii* Asa Fitsch ! — *Rhizaphis vastatrix* Planchon ! — *Perilymbia vitisana* Westwood ! — *Dactylosphæra vitifolii* Shimer !

talité des vignes a été rapide ; les vignobles du Languedoc et des Charentes, par exemple, ont été anéantis en trois ou quatre années. Actuellement, le Phylloxéra existe dans presque tous les vignobles du monde entier ; l'Espagne, l'Italie, l'Allemagne, l'Autriche-Hongrie, la Suisse, le Portugal, la Crimée, l'Australie, le Cap de Bonne-Espérance, une partie de l'Algérie, la Californie (indemne jusqu'en 1875) ont été envahis. Toutes les vignes plantées en variétés du *V. vinifera* sont appelées à disparaître tôt ou tard.

La nocuité du Phylloxéra n'a aucunement diminué d'intensité ; sa progression dans les mêmes milieux et lorsque les conditions sont favorables à son développement est actuellement aussi rapide qu'elle l'était au début de l'invasion. Deux causes peuvent cependant l'atténuer. Dans les régions où les vignobles sont distancés et interrompus sur de grandes étendues (Algérie, Corse, Crimée...), la marche du Phylloxéra est plus lente. Son action est aussi moins intense et moins rapide dans les contrées froides que dans les pays chauds. Les vignes sont plus lentement détruites dans le nord que dans le sud de la France ; certaines vignes américaines, qui ne résisteraient pas au Phylloxéra dans les sols secs et chauds du Midi, ne subissent que peu d'action dans les vignobles septentrionaux et peuvent y être utilisées. Des faits semblables peuvent d'ailleurs être notés aux États-Unis ; quelques variétés du *V. Labrusca* sont plantées avec succès dans les terrains argilo-siliceux des États de Massachussetts, New-York, Delaware ; les mêmes vignes, cultivées dans des terrains analogues du Texas, des Carolines et de la Géorgie, finissent par succomber sous les attaques de l'insecte.

Les pertes qu'a occasionnées le Phylloxéra en Europe et surtout en France ne peuvent être évaluées exactement. Sur les 2,500,000 hectares de vignes qui, d'après les documents officiels, existaient en France en 1875, près de 1,500,000 hectares ont été détruits. La production des vins atteignait, en 1875, le chiffre de 83,632,000 hectolitres ; elle est descendue, en 1889, à 23,000,000 d'hectolitres. Les importations de vins s'élevaient de 8,000,000 de francs, en 1875, à 545,000,000 de francs en 1887 ; celles des raisins secs passaient, aux mêmes époques, de 5,000,000 à 98,000,000 de francs.

M. Lalande estimait, en 1888, que les pertes dues au Phylloxéra étaient au minimum de 10 milliards de francs. Il nous suffira d'ajouter que, dans le Languedoc et les Charentes, les vignes qui valaient, en pleine production, de 8,000 à 16,000 fr. l'hectare, se sont vendues ensuite, comme terres à céréales ou à fourrages, 300, 600 ou 1000 fr. l'hectare. Les salaires sont descendus de 3 et 4 fr. à 1 fr. 50 et 2 fr. La population a émigré, dans certains centres, dans les proportions du quart et du tiers.

Aucune crise agricole n'a été aussi désastreuse que celle qui a été causée par le Phylloxéra ; mais on peut affirmer que l'énergie dans la lutte n'a jamais été aussi grande. Le succès est définitif aujourd'hui. La crise phylloxérique a même eu pour effet de susciter des améliorations et des perfectionnements de toutes sortes qui font actuellement de la culture de la vigne une des cultures les plus intensives et qui exige le plus d'attention et de soins raisonnés.

I. BIOLOGIE DU PHYLLOXÉRA

La biologie du *Phylloxera vastatrix* (1) est assez complexe; dans le cycle de son développement, cet insecte se présente sous plusieurs formes successives qui sont : 1° les Sexués, 2° les Gallicoles, 3° les Radicicoles, 4° les Ailés.

a. **Sexués et Œuf d'hiver**. — Les Sexués dérivent des œufs pondus par les Ailés soit entre les nervures sur la face inférieure des feuilles, soit plus rarement sur les écorces de la vigne. Ces œufs

---

(1) Le *Phylloxera vastatrix* est un insecte de l'ordre des HÉMIPTÈRES, de la famille des PHYLLOXÉRIENS, du groupe des APHIDIENS OU PUCERONS.—Pour les détails relatifs à l'organisation spéciale et aux caractères des divers groupes d'insectes, détails dans lesquels nous ne pouvons entrer, voir les traités généraux d'entomologie ou de zoologie. On trouvera aussi des indications générales sur les familles auxquelles appartiennent les divers insectes de la vigne dans : Valéry Mayet, *Les Insectes de la vigne, loc. cit.*

sont de dimensions différentes (0^{mm},40 sur 0^{mm},20 et 0^{mm},30 sur 0^{mm},15). Les plus petits (Fig. 238) donnent naissance aux mâles, les autres (Fig. 237) aux femelles, et l'éclosion a lieu généralement en août et septembre. Les femelles (Fig. 239) ont 0^{mm},45 à 0^{mm},50 de long sur 0^{mm},20 à 0^{mm},22 de diamètre ; les mâles (Fig.

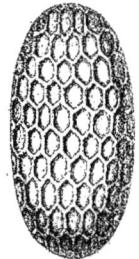
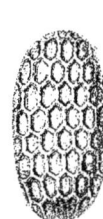
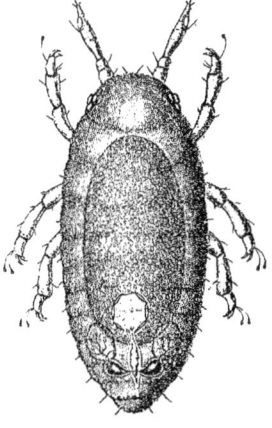

Fig. 237. — Œuf pondu par le Phylloxéra ailé, origine de la femelle du Phylloxéra sexué. — Gross.: 110/1 (d'après M. G. Balbiani.)

Fig. 238. — Œuf pondu par le Phylloxéra ailé, origine du mâle du Phylloxéra sexué. — Gross.: 110/1 (d'après M. G. Balbiani.)

Fig. 239. — Phylloxéra sexué femelle à son complet développement, vu par la face dorsale ; on voit par transparence un gros œuf mûr et près d'être pondu. — Gross.: 110/1 (d'après M. G. Balbiani.)

240) mesurent, d'après M. Balbiani, 0^{mm},26 à 0^{mm},28 de long sur 0^{mm},12 à 0^{mm},14 de diamètre. La coloration du mâle est d'un jaune

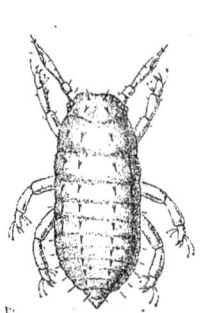

Fig. 240. — Phylloxéra sexué mâle, vu par la face dorsale. — Gross.: 110/1 (d'après M. G. Balbiani).

Fig. 241. — Antenne droite de la femelle du Phylloxéra sexué. — Gross : 380/1 (d'après M. G. Balbiani).

Fig. 242. — Œuf d'hiver. — Gross.: 110/1 (d'après M. G. Balbiani).

plus vif que celle de la femelle ; en outre, l'article terminal des antennes de cette dernière est plus effilé et pourvu d'un seul stigmate olfactif (Fig. 241). Les Sexués sont aptères et n'ont aucun organe digestif, car ils ne se nourrissent pas ; ils s'accouplent, et la femelle pond un seul œuf ou œuf d'hiver qui occupe presque toute la cavité de son corps et qu'elle dépose dans les fissures des écorces, par conséquent sur les bois de l'année précédente ou plus âgés. Le mâle, après l'accouplement, et la femelle, après la ponte, meurent bientôt.

L'*œuf d'hiver* (Fig. 242), au moment de l'éclosion, mesure $0^{mm},37$ sur $0^{mm},16$; il a, au moment de la ponte, $0^{mm},27$ à $0^{mm},30$ sur $0^{mm},10$ à $0^{mm},12$. D'après M. Balbiani, « l'œuf d'hiver a une forme plus cylindrique et plus élancée que les autres œufs du Phylloxéra ; il se distingue encore de ceux-ci par l'appendice en forme de crochet de son pôle postérieur qui sert à le fixer solidement au moment de la ponte ». Il est d'abord d'un jaune vif, sa surface est lisse et brillante ; puis, pendant l'hiver, il a une nuance bronzée et présente une réticulation en relief.

b. **Gallicoles**. — Au printemps, l'œuf d'hiver éclot et le jeune

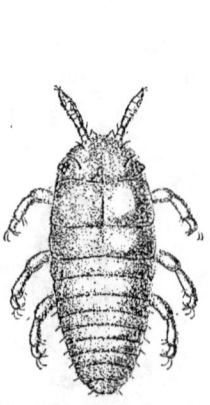

Fig. 243. — Phylloxéra printanier issu de l'œuf d'hiver. Gross. : 110/1 (d'après M. G. Balbiani).

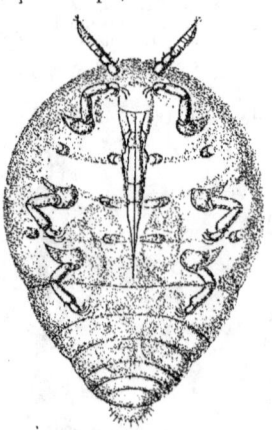

Fig. 244. — Phylloxéra gallicole, vu par la face ventrale. — Gross. : 50/1 (d'après M. G. Balbiani).

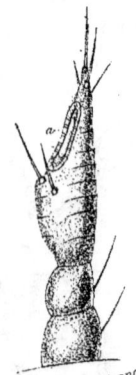

Fig. 245. — Antenne des Phylloxéras gallicoles adultes et des Phylloxéras radicicoles. — Grossissement : 380/1 (d'après M. G. Balbiani).

Phylloxéra monte sur les jeunes feuilles qu'il pique à la face supérieure ; sous l'effet de la piqûre se forment des galles dont nous étudierons les caractères.

Ce jeune *Phylloxéra printanier* (Fig. 243), comme l'appelle M. Balbiani, a une taille de 0^{mm},42 sur 0^{mm},18 ; il est allongé et il a des antennes en forme de fuseau. Les générations nombreuses et successives des Gallicoles (Fig. 244 et 246) qui proviennent de ce Phylloxéra printanier sont plus arrondies, d'un jaune verdâtre ; ces gallicoles mesurent, d'après M. Valéry Mayet, 1^{mm},25 sur 1^{mm} ; ils sont dépourvus des tubercules qui caractérisent le radicicole. Le troisième article des antennes se renfle dans sa partie moyenne et est taillé en bec de sifflet comme chez les radicicoles (Fig. 245). Les gallicoles aptères et fixés dans l'intérieur des galles se reproduisent par parthénogénèse ; leurs gaines ovifères sont au nombre de 40 à 50, d'après M. Balbiani, et ils produisent, après avoir

Fig. 246. — Phylloxéra gallicole adulte, vu par la face dorsale (d'après M. Max. Cornu).

subi trois mues, des œufs au nombre de 500 à 600 (le nombre d'œufs pondus va en diminuant avec les générations successives, il n'est à la fin que de 100 à 200). D'après cet auteur, les radicicoles peuvent devenir gallicoles et réciproquement. Les œufs des gallicoles sont longs de 0^{mm},30 ; ils sont d'abord d'un jaune très vif, puis ils prennent une teinte rougeâtre qui devient définitivement brune (Fig. 250).

c. **Radicicoles.** — Les Phylloxéras qui vivent sur les racines, et qui seuls causent la mort de la vigne, sont issus, à l'origine, des

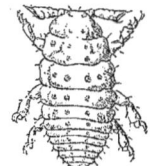 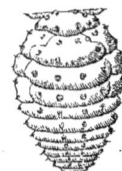 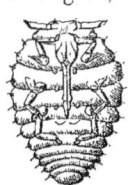

Fig. 247   Fig. 248   Fig. 249

Fig. 247 : Phylloxéra radicicole, après l'éclosion (d'après M. Max. Cornu).—Fig. 248 : Phylloxéra radicicole vu par la face dorsale (d'après M. Max. Cornu).— Fig. 249 : Phylloxéra radicicole vu par la face ventrale (d'après M. Max. Cornu).

gallicoles qui ont émigré dans le sol, surtout à l'automne ; mais ils proviennent aussi, d'une année à l'autre, de Phylloxéras radicicoles. Cette forme radicicole (Fig. 247, 248 et 249), aptère et agame, qui présente peu de différence, par ses caractères morphologiques, avec la forme gallicole, n'existe pas chez les autres espèces de la même famille, qui vivent assez souvent sur des plantes à feuilles persistantes. « Le Phylloxéra de la vigne, dit M. Balbiani, n'est devenu radicicole que par nécessité, c'est-à-dire pour échapper aux causes de destruction par le froid et l'absence de nourriture, et cet instinct s'est perpétué et fortifié par transmission héréditaire de génération en génération jusqu'à nos Phylloxéras actuels ».

Fig. 250. — Œuf pondu par le Phylloxéra radicicole. — Gross.: 110/1 (d'après M. G. Balbiani).

Les Radicicoles piquent les racines de la vigne et produisent des *nodosités* et des *tubérosités* qui, ainsi que nous le verrons, peuvent se décomposer (vignes non résistantes) et entraîner la mort de la plante. « Le Phylloxéra radicicole, dit M. Valéry Mayet, diffère du Gallicole par sa taille moindre chez l'adulte (1^{mm} au plus), la présence de tubercules bruns, saillants sur le dos, au nombre de 70, les antennes toujours fortement entaillées extérieurement en bec de sifflet. Comme le Gallicole, il subit trois mues ». Les radicicoles pondent au maximum 100 œufs. Nous reviendrons sur ce fait en étudiant la perpétuation du Phylloxéra. Les œufs des radicicoles ne diffèrent pas essentiellement de ceux des gallicoles (Fig. 250).

Les radicicoles se reproduisent à la surface des nodosités et des tubérosités. Lorsque surviennent les froids et que la végétation des racines cesse, ils se mettent dans les fissures des grosses racines ou des racines exfoliées de l'année et ils y passent l'hiver à l'état d'*hibernants* ; ils ont une teinte brune plus foncée et sont un peu moins renflés. Au retour des chaleurs, généralement dans la deuxième quinzaine d'avril, ils muent à nouveau et se portent sur les jeunes radicelles où ils recommencent à se multiplier et à produire, par leurs piqûres, des nodosités et des tubérosités.

d. **Ailés.** — Les ailés proviennent des radicicoles. Au moment des fortes chaleurs, surtout pendant le mois de juillet, certains Phylloxéras des racines, plus grêles et plus allongés (Fig. 251), d'une teinte plus claire, subissent un plus grand nombre de mues,

Ils se dirigent vers l'extérieur du sol et présentent sur les côtés deux moignons brunâtres qui sont l'origine des ailes. Ces *nymphes* (Fig. 252) sortent du sol et se transforment, là ou sur le tronc des souches, en *ailés*. Un grand nombre de Phylloxéras radicicoles peuvent devenir ailés, surtout les années chaudes et sèches. Mais les Radicicoles ordinaires remontent aussi parfois, dans ces conditions, à l'extérieur, à travers les fissures des terres sèches, sans subir aucune transformation.

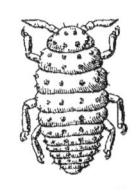
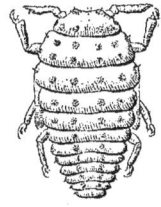

Fig. 251. — Phylloxéra radicicole, origine de la nymphe (d'après M. Max. Cornu).

Fig. 252. — Nymphe (d'après M. Max. Cornu).

« L'ailé, dit M. Max. Cornu, ressemble à une petite mouche jaune d'or ou fauve, à corselet noir et à ailes horizontales grises (Fig. 253). Les antennes sont spéciales : le troisième article est très long, muni de deux chatons, un de plus que chez les aptères ; les pattes ont trois poils de plus que chez les aptères. Les yeux sont multiples. Les ailes de la première paire ont quatre nervures et une tache jaune près du bord, à leur extrémité. Les ailes de la deuxième paire portent chacune deux petits crochets ».

Les Phylloxéras ailés étalent leurs longues ailes et prennent leur vol au milieu de la journée. Ils émigrent plus ou moins loin, suivant que le vent aide leur dissémination, et ils peuvent aller fonder ainsi de nouvelles colonies à de grandes distances ; ils sont surtout la cause des nouvelles invasions. Ils se fixent le plus souvent sur les feuilles et pondent, sans accouplement, à la face inférieure et entre les nervures, de un à huit œufs, origines des sexués.

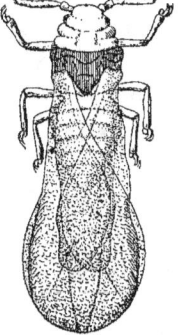

Fig. 253. — Phylloxéra ailé (d'après M. Max. Cornu).

e. **Perpétuation du Phylloxéra.** — La dissémination de l'insecte à de grandes distances a lieu, ainsi que nous venons de le dire, par la forme ailée. Elle se produit successivement, à travers le sol, par les radicicoles. Mais ceux-ci, dans les sols fissurés, remontent parfois à la surface, d'où ils peuvent être entraînés assez loin par les vents; enfin, les gallicoles émigrent sur les rameaux, d'une feuille à l'autre, et sont accidentellement emportés par les vents.

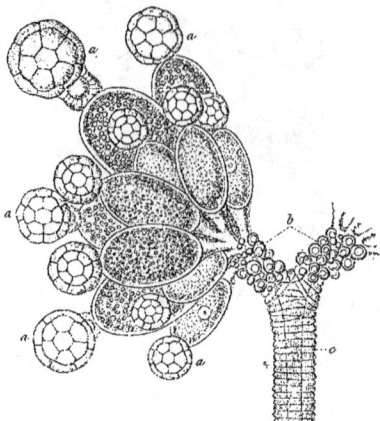

Fig. 254. — L'un des deux ovaires d'un Phylloxéra radicicole des premières générations; *a, a, a*: chambres germinatives; *b*: trompes avec petites gaines ovariques bourgeonnant à leur surface; *c*: oviducte (d'après M. G. Balbiani).

Toutes les formes du Phylloxéra, les sexués exceptés, sont agames et se reproduisent sans accouplement.

M. Balbiani a fait de remarquables études sur la reproduction des diverses formes et en a tiré des conséquences qui demandent à être discutées. Il a noté qu'en suivant la série successive des formes, dans le cycle du développement complet, on observait que la puissance prolifique du Phylloxéra allait en diminuant. Les premiers gallicoles pondent de 500 à 600 œufs, les dernières générations ne produisent que 100 à 200 œufs. Les radicicoles, issus des gallicoles, donnent souvent 100 œufs; mais le nombre d'œufs pondus par les générations ultérieures va en diminuant. Les ailés ne donnent que de 1 à 8 œufs, et enfin les sexués pondent un seul œuf.

M. Balbiani a vu en outre que l'appareil femelle subissait une dégénération progressive chez les diverses formes, depuis le gallicole jusqu'au sexué. Et cette dégénération progressive a lieu non seulement d'une forme à celle qui en dérive, mais aussi chez les séries successives des gallicoles (Fig. 254 et 255), et surtout des radicicoles (Fig. 256 et 257). Si on observe les générations qui descendent d'un même individu radicicole, on voit que le nombre d'œufs pondus finit par diminuer progressivement. Les ovaires subissent aussi une dégénération ; le nombre de gaines ovariques va en diminuant depuis le Gallicole printanier issu de l'œuf d'hiver (40 à 50 gaines ovariques) jusqu'à la femelle sexuée (une seule gaine ovarique avec un seul œuf). Dans les générations dérivées d'un même Gallicole ou d'un même Radicicole, les gaines ovariques diminueraient de nombre, par dégénérescence graduelle.

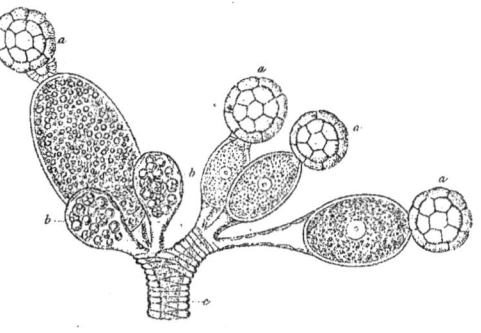

Fig. 255. — Les deux ovaires d'un Phylloxéra radicicole des dernières générations ; *a, a, a :* chambres germinatives au sommet des tubes ovariques ; *b, b :* corps jaunes, résultat de la dégénérescence des tubes ovariques ; *c :* oviducte (d'après M. G. Balbiani).

En comparant ces faits à ceux qu'il a observés chez le Phylloxéra du chêne, M. Balbiani en a déduit que la puissance prolifique du Phylloxéra de la vigne, si sa perpétuation n'avait lieu que par les formes agames et surtout par les radicicoles, irait en s'affaiblissant de plus en plus et que l'insecte finirait par disparaître. Mais le retour à la forme sexuée et à l'œuf d'hiver renouvelle la puissance de reproduction. Le passage par l'œuf d'hiver serait donc forcé. De là, la conclusion qu'en détruisant l'œuf d'hiver on finirait par anéantir le Phylloxéra.

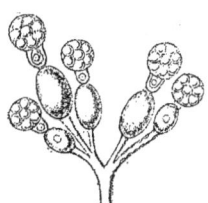

Fig. 256. — Tubes ovariques d'un Phylloxéra radicicole, montrant la diminution survenue dans leur nombre (d'après M. G. Balbiani).

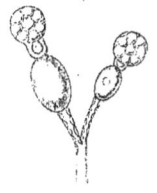

Fig. 257. — Tubes ovariques, avec une seule gaine, d'un Phylloxéra radicicole à la fin de l'année (d'après M. G. Balbiani).

Outre que la destruction de tous les œufs d'hiver pourrait être difficilement réalisée, — et un seul œuf suffirait pour revivifier l'espèce, — les conclusions de M. Balbiani, quoique basées sur des observations indiscutables, ont été infirmées par d'autres faits. On a réussi à élever, à plusieurs reprises, pendant quatre années successives, plusieurs générations de radicicoles issues d'un même individu. M. Boiteau a élevé, pendant six années, des radicicoles et il a obtenu vingt-six générations d'individus toujours très prolifiques. Enfin la production accidentelle, quoique rare, des sexués sur les racines, pourrait venir renouveler la puissance de reproduction de l'insecte.

II. CARACTÈRES DES LÉSIONS PHYLLOXÉRIQUES

a. **Sur les feuilles, les vrilles et les rameaux.** — Les Phylloxéras gallicoles en piquant les feuilles, les vrilles, les rameaux, les pétioles et parfois les pédoncules des grappes de fleurs, déterminent la formation de galles (Pl. XVII, *a*). Ces galles sont fréquentes sur les feuilles, mais rares sur les autres organes. Elles sont surtout abondantes les années chaudes et sèches et beaucoup plus communes sur les vignes sauvages d'Amérique que sur les cépages européens, où on les rencontre par exception. D'une façon générale, les galles sont plus abondantes sur les feuilles des espèces résistantes que sur celles des variétés qui sont peu résistantes; elles sont aussi plus nombreuses dans le Sud que dans le Nord; ainsi, aux Etats-Unis, dans le Texas, les feuilles des Cordifolias et des Rupestris sont parfois criblées de galles phylloxériques à un point tel que les ceps se rabougrissent. Le développement exceptionnel des galles se produit dans le sud de la France (1892); mais elles sont, en tous cas, rarement la cause d'un affaiblissement de la plante; elles n'ont au point de vue de l'action qu'elles exercent sur sa vigueur qu'une importance très secondaire. Si le Phylloxéra ne vivait que sur les feuilles, ce serait un parasite bien peu dangereux.

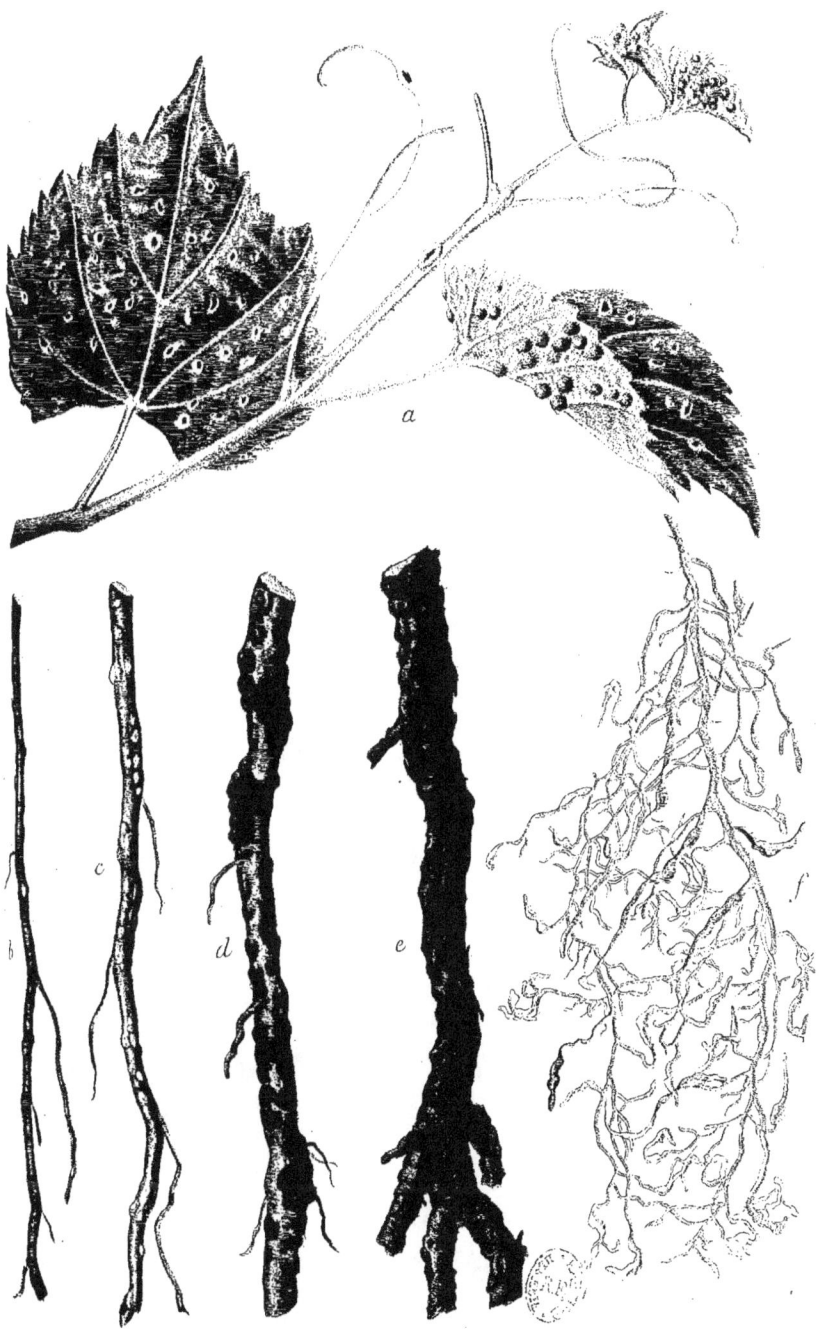

PHYLLOXÉRA.

Les galles phylloxériques (Pl. XVII, *a*) se produisent exclusivement sur les organes en voie d'accroissement. Sur les jeunes feuilles, la piqûre de l'insecte à la face supérieure détermine une prolification active du tissu en palissade et du tissu lacuneux; les cellules se multiplient en tous sens et sont irrégulièrement hexagonales dans la galle formée. Les galles des feuilles sont proéminentes à la face inférieure, d'un vert plus clair que le parenchyme, mamelonnées et d'un diamètre irrégulier, de 2 à 4 millimètres. Leur surface est garnie de poils courts, raides et disséminés. La galle, fermée sur la face inférieure, s'ouvre à la face supérieure au niveau du limbe, sans y proéminer; cette ouverture circulaire ou en boutonnière, suivant l'âge de la galle, est régulièrement garnie sur tout son pourtour de poils droits, cloisonnés, à direction oblique permettant la sortie, vers l'extérieur, des insectes qui tapissent les parois intérieures. Lorsque la feuille s'accroît, surtout si les jeunes feuilles ont été piquées de bonne heure, l'ouverture de la galle est allongée; à la fin de la végétation, les poils de l'ouverture sèchent et le tissu parenchymateux de la partie de la galle située à la face inférieure brunit. Il arrive parfois que la galle, normalement sessile, devient pédonculée, surtout sur les espèces à feuilles épaisses et coriaces.

Sur les autres organes (vrilles, rameaux, pétioles, pédoncules des grappes de fleurs), les galles affectent une forme plus allongée, moins sphérique (Pl. XVII, *a*); elles proéminent comme une verrue allongée (rameaux) ou sont ovoïdes (vrilles); l'ouverture est toujours grande et plus béante que celle des galles des feuilles, ses bords sont parallèles à l'axe de l'organe attaqué. Parfois, les galles sur ces organes sont nombreuses et tangentes, avec ouvertures situées sur les diverses faces; elles déterminent alors des torsions des organes en tous sens. M. Max. Cornu a observé que le tissu central seul des rameaux et des vrilles prenait part, par la prolifération de ses cellules, à la formation des galles. « Le cylindre central n'est modifié que lorsque deux insectes se sont fixés en deux points différents à la même hauteur, l'un près de l'autre. »

b. **Sur les racines.** — Les altérations des racines (Pl. XVII, *b*, *c*, *d*, *e*, *f*), qui sont la cause exclusive de la mort des plantes phylloxérées, sont produites par les piqûres des Phylloxéras radicicoles. Ces altérations se manifestent sur les organes extérieurs par des phénomènes de dépression de la végétation qui, quoique non exclusifs au Phylloxéra, sont assez caractéristiques; nous rappellerons seulement qu'ils ont lieu dans le cas du Pourridié, du Gribouri, etc. Les vignes attaquées par le Phylloxéra restent vertes, excepté dans les terres à calcaire soluble; elles présentent d'abord un affaiblissement de la végétation sur tous les rameaux. Cette dépression a lieu sur quelques souches, qui sont le point d'origine de l'invasion de l'insecte; les rameaux sont moins allongés, les feuilles plus petites. Puis, la tache s'étend peu à peu sur le pourtour en s'irradiant comme une *tache d'huile;* les souches situées sur le pourtour de la tache primitive se rabougrissent peu à peu et le mal s'accroît successivement sur les vignes voisines. Les rameaux présentent des ramifications secondaires plus ou moins nombreuses; les mérithalles se raccourcissent; les feuilles sont plus petites, d'un vert clair. Peu à peu, le rabougrissement s'accuse et la plante finit par périr au bout de trois ou quatre années d'attaques. La première année, elle se charge généralement de fruits, plus nombreux qu'ils ne seraient dans les conditions normales; à la deuxième année, la production est moins abondante; en outre, les raisins sont millerandés, ils mûrissent mal et restent rougeâtres; à la troisième ou à la quatrième année, toutes les fleurs coulent et la vigne meurt à la fin de l'été.

Mais ces phénomènes extérieurs, résultats de l'altération des racines, ne sont pas toujours visibles—ils le sont même rarement—aux premiers débuts de l'invasion de l'insecte. Le Phylloxéra peut exister sur les racines depuis quelque temps sans que la dépression des organes extérieurs se produise. Les insectes attaquent en premier lieu, dans toutes les circonstances, les radicelles en voie d'accroissement et déterminent une prolification abondante des tissus, à laquelle on a donné le nom de *nodosités* (Pl. XVII, *f*). Ces nodosités ont été étudiées avec beaucoup de soin par M. Max. Cornu. Elles affectent des formes et des dimensions excessivement variées suivant les cépages et selon qu'un ou plusieurs insectes piquent les radicelles sur des points éloignés ou rapprochés. C'est surtout à l'extrémité des racines, au niveau du point végétatif et au-dessous de la coiffe que les nodosités se forment abondamment. Dans ce cas, le sommet des radicelles se renfle fortement et se recourbe en affectant une forme en tête d'oiseau ; la partie déprimée de la courbure est le point où le Phylloxéra a piqué et où il se trouve généralement.

« La nodosité, dit M. Max. Cornu (1), d'abord jaune pâle, devient jaune d'or, puis brune. Si elle est formée par un Phylloxéra unique elle se recourbe en crochet ; si deux insectes sont placés côte à côte, les effets s'ajoutent et la forme est à peu près semblable ; s'ils sont fixés de côtés opposés, ils se font équilibre et la nodosité reste droite. Chaque insecte produit une sorte de courbure autour de lui et une dépression se forme ainsi sous lui, correspondant à une dilatation de la partie opposée. Dans des cas plus compliqués, les formes sont plus complexes. Les radicelles renflées n'ont perdu la faculté ni de s'accroître ni d'émettre des radicelles nouvelles. La destruction normale des radicelles arrive à la fin de l'été, la sécheresse paraît être une des causes déterminantes; les radicelles une fois mortes, le brunissement du tissu se continue de proche en proche et le chevelu peut périr entièrement. L'action de l'insecte peut être rapportée à trois causes : la piqûre, le liquide irritant dégorgé en ce point, la succion du liquide cellulaire des racines piquées. C'est à la succion du liquide qu'il faut attribuer les effets.

» Si on examine, sur sa coupe transversale, un renflement produit par un Phylloxéra unique, on voit que le contour n'est plus circulaire, mais réniforme ; la dépression correspond à la place de l'insecte. La structure est restée très semblable à celle de la radicelle saine, mais les éléments sont plus petits dans la dépression, plus dilatés dans la partie renflée que dans la radicelle saine. Il y a eu arrêt de développement près de l'insecte, dilatation des éléments dans les points opposés. Les cellules de la périphérie sont d'abord remplies d'un liquide jaune, puis se dessèchent, brunissent et sont exfoliées. Il y a un abondant dépôt d'amidon dans les points où, par l'arrêt de développement, l'afflux des matières nutritives n'est pas utilisé, c'est-à-dire sous l'insecte. Le point végétatif de la radi-

---

(1) Max. Cornu.— Etudes sur le Phylloxera vastatrix (Paris, 1878, pp. 178-188).

celle et la couche rhizogène n'ont point subi de modification dans leur structure fondamentale ».

Lorsque les Phylloxéras piquent les grosses radicelles non à leur sommet végétatif, mais vers leur base d'insertion, ou peu au-dessous, il se produit des dilatations (Pl. XVII, *f*) sub-cylindriques, souvent en forme de chapelet, lorsque plusieurs insectes piquent successivement sur des points peu éloignés. Ces dilatations ont un peu plus d'importance que les nodosités, nous les distinguerons sous le nom de *renflements* pour ce que nous avons à dire sur la résistance des vignes au Phylloxéra.

Les jeunes radicelles ne sont pas seules attaquées par le Phylloxéra. Si l'action de l'insecte était exclusivement bornée à la production des nodosités et même des renflements, la vigne affaiblie disparaîtrait rarement, excepté peut-être dans les mauvais terrains très secs et dans les régions très chaudes, où le chevelu serait détruit au fur et à mesure de sa formation. Mais les Phylloxéras attaquent aussi les racines et produisent des altérations qui sont la cause principale de la mort de la plante; ces altérations ont par suite une très grande importance, ainsi que nous le verrons, au point de vue de la valeur de la résistance des divers cépages; elles ont été signalées pour la première fois et étudiées avec beaucoup de soin par M. Millardet (1), qui les a décrites sous le nom de *tubérosités* (Pl. XVII, *b*, *c*, *d*, *e*).

« J'ai désigné sous ce nom, dit M. Millardet, des lésions qui se forment sous l'influence de la piqûre de l'insecte sur les racines qui ont cessé de s'accroître en longueur et qui s'accroissent en épaisseur, quels que soient du reste l'âge et le diamètre de ces dernières. Les tubérosités ont typiquement une forme sub-hémisphérique. Au centre se voit habituellement un méplat ou même une dépression où se tient l'insecte. Il se forme d'autres tubérosités contre la première, ou bien celle-ci, sous l'influence de nouvelles piqûres, produit à sa

---

(1) Millardet. — Comptes rendus de l'Académie des Sciences 1878 et *Pourridié et Phylloxéra* (1882, pp. 24 à 34). — M. Millardet a admis que la décomposition définitive des nodosités, des renflements et des tubérosités était le résultat du développement ultérieur, dans ces lésions, de champignons; mais son opinion n'a été aucunement confirmée par d'autres observateurs.

surface des tubérosités secondaires, plus petites, et devient par suite composée. Par suite des diverses variations dans l'action des insectes, les tubérosités peuvent se montrer isolées ou confluentes. Dans ce dernier cas, elles forment presque toujours des groupes allongés suivant l'axe de la racine (1). Tandis que les nodosités se forment d'avril à septembre, les tubérosités ne commencent guère à se développer avant le mois d'août, au moins dans les premières années de la maladie. Tandis que les nodosités sur notre vigne européenne atteignent rarement le mois d'octobre ou novembre sans se décomposer, c'est tout au plus si la moitié des tubérosités sont pourries en décembre. Les autres traversent l'hiver pour ne succomber que plus ou moins tardivement dans le courant de l'année suivante.

» La plante réussit quelquefois à opposer une barrière à la pourriture (décomposition) des tubérosités, de manière à préserver plus ou moins longtemps (parfois complètement) de la contagion le bois de la racine. Cette barrière consiste dans une ou plusieurs plaques de liège qui, à certaines époques, se produisent dans l'épaisseur de l'écorce au-dessous des tubérosités. Le trajet de ces plaques de liège est toujours plus ou moins irrégulier et en rapport avec la disposition des tubérosités. A l'état normal, ces formations subéreuses sont infiniment moins fréquentes, et, de plus, au lieu d'être irrégulières, interrompues et disposées uniquement au-dessous des tubérosités, elles forment autour de la racine un manteau cylindrique, continu et régulier ».

Cette production des plaques de liège qui isolent les tubérosités du cylindre central (bois) de la racine (cépages résistants), avait été signalée par plusieurs observateurs; elles se produisent d'ailleurs dans le cas d'autres parasites. Elles ont une très grande importance, car si elles ne se forment pas (cépages non résistants), la tubérosité qui s'est développée exclusivement aux dépens de l'écorce ou parfois du liber se décompose et la décomposition gagne peu à peu, par les rayons médullaires, la couche génératrice et le cylindre central. La racine, âgée d'un, de deux ou de trois ans,

---

(1) Voir : Pl. XVII, d, c.

P. VIALA. Les Maladies de la Vigne, 3ᵐᵉ édition.

succombe définitivement. C'est cette formation et cette décomposition des tubérosités pénétrantes qui sont la cause principale de la mort des vignes attaquées par le Phylloxéra.

c. **Echelles de résistance**. — Les divers cépages sont, comme on le sait, inégalement sensibles à l'action du Phylloxéra; tandis que toutes les vignes européennes sont infailliblement tuées par l'insecte, les vignes américaines présentent, au contraire, une sensibilité plus ou moins grande à ses attaques, souvent une résistance absolue. M. Millardet, — et avec lui d'autres observateurs, — a montré que cette résistance des vignes américaines ou la non-résistance des vignes européennes était en relation directe avec le nombre et l'état successif des nodosités, des renflements et des tubérosités. M. Millardet a eu, le premier, l'idée de traduire cet état et ce nombre des tubérosités et des nodosités par des coefficients qui indiquent en même temps la valeur de la résistance des diverses vignes au Phylloxéra. Ces coefficients constituent ce que nous nommons, avec M. Millardet, des *échelles de résistance* (1). Les échelles de résistance donnent des indications relatives, sinon absolues, et en tous cas comparatives pour les diverses variétés de vigne, étudiées dans un même milieu et dans des conditions identiques. C'est en appliquant les premières données de M. Millardet que nous avons, avec M. L. Ravaz (2), dressé provisoirement l'échelle de résistance qui suit :

V. Rotundifolia	20.00	*V. Berlandieri*	18.00
V. Labrusca (forme sauvage)	5.00	Berlandieri Millardet	19.00
Concord	3.00	Berlandieri Planchon	19.00
Isabelle	5.00	Berlandieri Viala	19.00
Ives Seedling	4.00	Berlandieri de Grasset	19.00
V. Californica	4.00	Berlandieri Ecole	
V. Candicans (Mustang)	13.00	*V. Cordifolia*	19.50
V. Lincecumii	14.00	*V. Cinerea*	14.00
V. Æstivalis (forme sauvage)	16.00	*V. Rupestris* Rupestris Mission	19.50

(1) Millardet. — Nouvelles recherches sur la résistance et l'immunité phylloxériques. Echelle de résistance (*Journal d'Agriculture pratique*, 1892).
(2) P. Viala et L. Ravaz. — Adaptation, *loc. cit.*, pp. 212 à 214.

Rupestris phénomène ou du Lot(ou Rupestris Richter, Reich, Saint-Georges, Sizas)	19.50	Cynthiana	14.00
		Hermann	10.00
		Pauline	12.00
Rupestris Ganzin	19.50	Taylor	11.00
Rupestris Martin	19.50	Noah	13.00
Rupestris à pousses violacées	19.00	Elvira	8.00
Rupestris à feuilles métalliques	19.50	Clinton	8.00
		Vialla	12.00
Rupestris Ecole	18.50	Black Pearl	12.00
Rupestris de Fortworth	19.50	Bacchus	8.00
Rupestris du Kansas (Jæger)	19.00	Oporto	12.00
Rupestris N° 62 —	18.50	Blue Dyer	9.00
Rupestris Arkansas —	19.00	Uhland	9.00
Rupestris de Cleburne —	19.00	Marion	16.00
Rupestris N° 66 —	19.00	Catawba	4.00
Rupestris du Texas —	19.00	Diana	4.00
Rupestris N° 64 —	19.00	Huntingdon	10.00
Rupestris N° 66 —	18.50		
Rupestris α (Couderc)	19.00	Berlandieri-Candicans N° 1.	15.00
Rupestris Y —	19.00	— N° 2.	15.00
		— N° 3.	15.00
V. Monticola	19.50	Barnes	15.00
V. Arizonica	18.00	Berlandieri Bouisset	16.00
V. Riparia		Champin glabre	14.00
Riparia Gloire de Montpellier	19.00	Champin tomenteux	12.00
Riparia Grand Glabre	19.00	Belton	16.00
Riparia Scuppernon	19.00	Candicans-Monticola (N° 32 Ecole)	17.00
Riparia Baron-Perrier	19.00		
Riparia tomenteux géant	19.00	Candicans-Riparia	15.00
Riparia Ramond	19.00	Solonis	15.00
Riparia Martineau	19.00	Solonis à feuilles lobées	14.00
V. Rubra	19.50	Hutchison	16.00
V. Coignetiæ	3.00	Mobeetie	17.00
V. Amurensis	2.00	Doaniana	13.00
V. Thunbergi	1.00	Rupestris-Taylor	16.00
		Rupestris de Lézignan	19.50
V. Vinifera			
Aramon	0.00	Azémar	17.00
Pineau	0.00		
Chasselas	0.00	Berlandieri-Rupestris N° 1.	12.00
Grenache	0.00	— N° 2.	17.00
Etraire de la Dhui	1.00		
Colombeau	1.00	Berlandieri-Monticola N° 1.	15.00
Psalmodi	1.00	— N° 6.	15.00
Ugni blanc	1.00	— N° 8.	10.00
Cabernet Sauvignon, etc	0.00		
		Cordifolia-Rupestris de Grasset N° 1	19.00
Hybrides divers			
York Madeira	11.00	Cinerea-Rupestris (Munson)	18.00

Triumph	4.00	Jacquez d'Aurelle N° 1	9.00
Senasqua	5.00	Jacquez à gros grains	11.00
Black Defiance	5.00	Herbemont	12.00
Agawam	6.00	Harwood	10.00
Irwing	5.00	Herbemonts d'Aurelle	3.00
Black Eagle	3.00	Herbemont Touzan	14.00
Eumelan	3.00	Black July	11.00
Delaware blanc	3.00	Blue Favorite	9.00
Delaware gris	3.00	Cunningham	12.00
Croton	3.00	Rulander	2.00
Duchess	2.00		
Beauty	3.00	Othello	6.00
		Canada	4.00
Alvey	7.00	Brandt	4.00
		Cornucopia	4.00
Jacquez	13.00	Secretary	2.00
Saint-Sauveur	3.00	Autuchon	7.00

Cette échelle provisoire de résistance comprend des coefficients qui vont de 0 à 20 ; le chiffre 20 correspond à l'immunité absolue, c'est-à-dire à l'absence complète de nodosités, de renflements et de tubérosités. Le *V. rotundifolia*, ou Scuppernong, est seul dans ce cas. Les autres vignes américaines les plus résistantes, telles les meilleures variétés de *Riparia* et de *Rupestris*, peuvent présenter quelques rares nodosités, pas de renflements ; — nous avons dit que les nodosités seules n'avaient qu'une importance secondaire au point de vue des effets subis par la plante attaquée ; — dans ce cas, la résistance est presque absolue et peut être exprimée par le coefficient 19 ou 19,50. Lorsque les nodosités sont un peu plus abondantes et qu'il y a en outre des renflements peu nombreux (Pl. XVII, *f*, à gauche), sans aucune tubérosité, nous indiquons la valeur de la résistance par 18.

Avec de petites tubérosités très rares et non pénétrantes, jaunâtres et limitées bientôt par une couche de liège qui les exfolie de bonne heure (Pl. XVII, *b*), la résistance devient 17 ; si les tubérosités sont plus grosses, quoique réduites encore et disposées en séries peu nombreuses, si elles restent jaunâtres et se détachent facilement sans se décomposer (Pl. XVII, *c*), nous exprimons la résistance par 16. Les tubérosités deviennent sériées, parfois confluentes sur certaines parties des racines (Pl. XVII, *d*), subsphériques, proéminentes, d'un brun noirâtre sur leur pourtour ; elles se décomposent, mais la décomposition s'arrête généralement à leur insertion et ne pénètre pas le corps de la racine ou se traduit seulement à son niveau par une zone noirâtre superficielle ; la résistance est alors représentée par 15.

Lorsque les tubérosités deviennent grosses, confluentes et se soudent, lorsqu'elles se décomposent et qu'au niveau d'un certain nombre d'entre elles la décomposition gagne partiellement, en quelques points et quoique d'une façon restreinte, la partie superficielle du corps de la racine sans le pénétrer profondément, la résistance peut être indiquée par 13 (Pl. XVII, *e*). La valeur de la résistance, exprimée par les coefficients de plus en plus faibles, va en diminuant successivement avec l'abondance des tubérosités confluentes et la pénétration plus ou moins profonde de la décomposition dans l'intérieur des racines d'une, de deux ou trois années, jusqu'à être nulle, comme dans le cas des variétés pures du V. *Vinifera*.

Cette appréciation de la valeur de la résistance, pour être exacte et comparative, doit être faite évidemment dans des milieux où le Phylloxéra existe en abondance. Elle doit, en outre, avoir lieu dans des sols qui, par leur nature ou leur situation dans des milieux frais et meubles ou très riches, ne viennent pas s'opposer à l'action ou à la multiplication de l'insecte. Il faut encore que les observations soient poursuivies pendant plusieurs années successives, surtout pour les cépages nouveaux, et complétées autant que possible dans des sols et des régions différents (régions chaudes et sèches surtout) et comparativement avec des cépages dont la valeur de résistance a pu être appréciée depuis longtemps (Solonis, Rupestris, Riparia, Jacquez, Othello). Nous estimons que toutes ces précautions sont nécessaires et qu'il n'est pas trop de cinq ou six années d'observations suivies pour apprécier nettement la valeur de résistance des vignes nouvelles, surtout des hybrides du V. Vinifera. Nous pourrions citer des cas d'hybrides de ce groupe qui ont paru d'abord d'une résistance absolue et se sont montrés d'une résistance inférieure au bout de quelques années ou dans des milieux différents de ceux où on les avait observés en premier lieu. La même difficulté d'appréciation n'a pas lieu pour les variétés américaines dérivées d'espèces pures, car, d'une façon générale, les caractères de résistance y sont plus fixés et, par suite, les erreurs sont moins à craindre.

Les échelles de résistance donnent seulement la valeur de la résistance absolue au Phylloxéra; mais celle-ci peut être modifiée, dans le cas seulement des cépages à résistance relative, par des causes diverses qui agissent soit sur le Phylloxéra, soit sur la plante elle-même. Les modifications n'ont pas lieu pour les cépages très résistants; si on se rapporte aux coefficients comparatifs que nous avons donnés, elles n'ont lieu que pour les vignes dont ce coefficient est au plus égal ou inférieur à 15. Pour les autres, la fertilité du sol, son état d'humidité, peuvent augmenter la vigueur de la plante et lui permettre de donner un abondant chevelu qui la rend d'une résistance relative plus grande; de même les sols meubles et frais ou humides peuvent atténuer le développement de l'insecte. Certains cépages, d'une résistance absolue de 15, 14, 13 et même 12 et 11, peuvent être cultivés sans aucune crainte dans ces milieux, tandis qu'ils ne résisteraient pas dans des terrains infertiles et secs. Ainsi le Jacquez, quoique n'ayant qu'une résistance absolue exprimée par 13, ne dépérit pas du Phylloxéra dans les sols qui lui conviennent et qui sont assez fertiles; mais dans les milieux infertiles et très secs, surtout dans les sols de cette nature et très calcaires, le Phylloxéra le déprime partiellement. Il faut que les cépages qui ont une résistance de 15 ou au-dessous de 15 soient très bien adaptés aux sols où on les cultive; il est, en outre, nécessaire que ces sols soient assez fertiles. L'adaptation si importante pour les cépages américains doit être surtout parfaite pour ces cépages, car dans les milieux qui ne leur conviennent pas, le Phylloxéra a beaucoup plus de prise sur eux.

Ce que nous disons au point de vue de la sécheresse et de la nature des milieux est vrai aussi pour le climat. Nous avons déjà dit que le Phylloxéra se développait avec plus d'intensité dans les régions chaudes que dans les pays froids; un cépage qui ne se maintiendrait pas dans les plus mauvais terrains secs de l'extrême midi de la France résistera dans le centre et dans le nord; tel est le cas du Jacquez, du Noah, du Vialla et même du York Madeira.

Il ne faut donc pas tenir, pour le choix d'un cépage, un compte exclusif de la valeur absolue de la résistance dans aucun sens; nous en avons donné des exemples avec M. L. Ravaz (1). Il est cependant certain que lorsque le choix peut être fait entre plusieurs cépages ayant les mêmes propriétés recherchées, il faut avoir recours au plus résistant; mieux vaudrait même, si c'était possible, ne prendre, pour la reconstitution par les porte-greffes, que des vignes d'une résistance très élevée ou qui fût égale ou supérieure à 16 ou à 17 dans l'échelle comparative que nous avons adoptée avec M. L. Ravaz.

III. TRAITEMENTS

Les questions si nombreuses et si complexes qu'a soulevées la lutte contre le Phylloxéra ont été longuement exposées dans des travaux spéciaux (2) que nous ne pouvons songer à résumer ici. Nous nous contenterons d'en donner les conclusions générales et d'indiquer surtout la voie à suivre.

On est actuellement bien fixé sur le rôle et la valeur des divers procédés de lutte directe ou indirecte contre le Phylloxéra. Ces procédés comprennent, d'une part, la *plantation dans les sables* et les *vignes américaines* et, d'autre part, les *traitements insecticides*: submersions, sulfure de carbone et sulfocarbonate de potassium, auxquels il faut ajouter les traitements d'extinction sur lesquels nous reviendrons. Le Phylloxéra ne peut pas se développer dans certains terrains sableux; les vignes européennes y sont toujours indemnes. Lorsque les terrains sableux que l'on a à planter présentent ces conditions d'immunité, il n'y a pas d'hésitation à avoir pour la création du vignoble; il faut évidemment les planter en cépages européens, c'est le cas le plus simple avec le résultat le plus certain.

Les autres procédés, vignes américaines, insecticides et submer-

---

(1) P. Viala et L. Ravaz. — Adaptation, *loc. cit.*, pp. 10 à 12.
(2) Voir les principaux travaux indiqués à la Bibliographie de ce chapitre.

sions doivent être examinés, au point de vue de leur valeur relative, dans deux cas différents. Les submersions et les insecticides ont pour but et pour résultat de détruire directement les insectes qui vivent sur les vignes européennes, soit par asphyxie (submersions), soit par leurs vapeurs toxiques (insecticides); ils doivent être appliqués annuellement. Les vignes américaines, par suite de leur résistance au Phylloxéra, une fois le vignoble constitué et greffé en cépages européens, n'occasionnent aucun frais annuel supplémentaire. A notre avis, ces procédés se complètent et ne s'excluent pas.

Les vignobles phylloxérés sont détruits ou déprimés par l'insecte au point de ne pouvoir être relevés par les traitements, ou bien ils sont aux premières périodes d'invasion et encore assez vigoureux. Les submersions et les insecticides doivent être employés dans ce dernier cas. Les submersions nécessitent, pour être efficaces, de grandes quantités d'eau et des situations peu communes ; elles ne peuvent donc être appliquées qu'exceptionnellement, mais les résultats obtenus sont toujours certains et constants, excepté dans les terrains d'une très grande perméabilité. Les insecticides, sulfure de carbone et sulfocarbonate de potassium, quoique d'une efficacité moins constante, sont cependant d'un emploi plus général. Ils permettent, dans les terrains qui sont très favorables à leur action, de maintenir longtemps, parfois indéfiniment, les vignobles contre les attaques du Phylloxéra, surtout, nous y insistons, lorsque l'on traite des vignes qui sont au début de l'invasion et qui ont conservé assez de vigueur. On ne saurait trop affirmer leur efficacité et la possibilité, lorsqu'ils sont judicieusement pratiqués, d'arriver à un résultat certain. Les exemples du succès des traitements insecticides sont nombreux en France, dans le Médoc, l'Ermitage, la Bourgogne....
Les submersions et les insecticides ont un grand avantage, celui de permettre de conserver un capital accumulé et de maintenir de vieilles vignes qui donnent les vins de haute qualité ; cet avantage a surtout de l'importance pour les vignobles à grands vins. Les insecticides, pour être d'une efficacité continue, exigent des terrains meubles, assez profonds, frais ; dans les terres très compactes, humides, dans les sols peu profonds, peu fertiles et très secs, les résultats obtenus sont inégaux et la dépression progressive des vignes

phylloxérées est difficilement arrêtée. Les submersions et les traitements insecticides doivent être renouvelés chaque année ; ils occasionnent une dépense annuelle qui peut être estimée à 200 ou 300 fr. par hectare suivant les cas ; malgré ce surcroît de frais et lorsque les terrains sont favorables à leur action, on doit faire les submersions ou traiter par les insecticides dans les vignobles constitués et ne pas attendre que le Phylloxéra les ait anéantis pour les reconstituer.

Mais lorsqu'un vignoble est à créer, lorsqu'une vigne est entièrement détruite ou qu'il n'y a plus moyen de lutter, faut-il replanter en cépages européens que l'on soumettra à des traitements annuels, ou est-il plus pratique et aussi sûr à tous les points de vue de reconstituer en cépages américains ? La décision à prendre ne nous paraît pas douteuse dans ce cas ; la reconstitution par les cépages américains s'impose pour tout vignoble à créer ou à refaire dans tous les milieux, même dans ceux où submersions et insecticides donneraient les résultats les plus parfaits. Les dépenses de création d'un vignoble au moyen des cépages européens peuvent être estimées à 1,500 fr. ou 1,800 fr. par hectare, tous frais compris jusqu'aux premières récoltes. Les vignes américaines, par suite du greffage et de quelques soins supplémentaires, augmentent, une seule fois, ces frais de 500 fr. à 700 fr. par hectare au maximum. Par la submersion ou les traitements insecticides, les frais de 200 fr. et 300 fr. par hectare se renouvelleraient annuellement et les bénéfices obtenus seraient souvent inférieurs et plus aléatoires.

Cette conclusion est d'ailleurs un fait indiscuté aujourd'hui. Tandis que la surface des vignes traitées est très inférieure à celle des vignes reconstituées par les cépages américains et qu'elle est allée, si on la rapporte aux surfaces annuellement envahies, en augmentant très lentement, celle des vignobles plantés en cépages résistants a suivi, par rapport aux surfaces détruites, une marche plus rapidement croissante. Les chiffres suivants en font foi. Voici quelle a été, d'après les rapports de M. Tisserand, la progression des vignes submergées ou traitées, en France, par les insecticides, de 1880 à 1889.

	Submersions	Sulfure de carbone	Sulfocarbonate de potassium
1880	8.093 hectares	5 547 hectares	1 472 hectares
1881	8.195 —	15.933 —	2.809 —
1882	12.543 —	17.121 —	3.033 —
1883	17.792 —	23.226 —	3 097 —
1884	23.303 —	33 446 —	6 286 —
1885	24.339 —	40 585 —	5.227 —
1886	24.500 —	47.215 —	4.459 —
1888	33.455 —	66.705 —	8 089 —
1889	30.336 —	57.887 —	8.841 —
1890	32.738 —	62.208 —	9 377 —

La progression dans la plantation des vignes américaines a été, dans la même période, d'après le rapport de M. Tisserand, en :

1880	6.441 hectares pour	17 départements
1881	8.904 —	17 —
1882	17.096 —	22 —
1883	28.012 —	28 —
1884	52.777 —	34 —
1885	75 292 —	34 —
1886	110.787 —	37 —
1887	165.517 —	38 —
1888	214.727 —	43 —
1889	299.801 —	44 —
1890	436.018 —	? —

Actuellement (1892), la surface totale reconstituée en France par les vignes américaines s'élève à 500,000 hectares au moins.

Dans le département de l'Hérault, où les plantations de cépages américains sont les plus anciennes, la progression dans la reconstitution a été très rapide, ainsi qu'on peut en juger par les chiffres suivants qui nous ont été communiqués par M. E. Durand.

	Surface totale plantée	Surface annuelle plantée		Surface totale plantée	Surface annuelle plantée
1880	2.624	»	1886	61.799	17.145
1881	5.162	2.538	1887	76.971	15.172
1882	10.918	5.756	1888	92.941	15.970
1883	17.425	6.507	1889	110.867	17.926
1884	29.689	12.264	1890	126.264	15.397
1885	44.654	14.965	1891	142.103	15.839

a. **Vignes américaines.** — Cette progression rapide et continue dans la reconstitution du vignoble français par les cépages américains est l'indice de la confiance qu'ont les viticulteurs dans la résistance de ces vignes au Phylloxéra. Les preuves de cette résistance sont aujourd'hui bien acquises; nous avons déjà parlé des différences qui existaient à ce point de vue entre les diverses vignes américaines, nous n'y reviendrons pas. Quant aux preuves mêmes de cette résistance, nous n'en donnerons que quelques-unes (1).

(1) On a accusé longtemps les vignes américaines d'être une cause exclusive de dissémination intense du Phylloxéra. Il est certain que, dans la plupart des cas, ce sont les vignes américaines qui ont été la cause des invasions phylloxériques et que l'on ne peut qu'approuver l'interdiction de l'importation des vignes américaines des pays phylloxérés dans les régions indemnes. Il est indiscutable aussi que les vignes américaines ne font pas le Phylloxéra et ne sont pas la cause d'une multiplication plus intense du parasite dans les milieux phylloxérés, surtout quand elles sont greffées; leurs racines ont toujours moins d'insectes que celles des vignes européennes non résistantes et le danger de l'exportation du parasite est bien plus à craindre avec ces dernières. L'importation du Phylloxéra dans les vignobles indemnes, éloignés des régions contaminées, a presque toujours eu lieu par l'introduction de plants racinés, européens aussi bien qu'américains, et parfois par l'apport de boutures. L'œuf d'hiver peut se trouver sur les boutures à crossette qui ont, adhérant à leur base, un fragment de bois de l'année précédente; mais ces sortes de boutures sont rarement exportées. Les Phylloxéras gallicoles attardés, ou les radicicoles qui ont été, les années sèches, soulevés par le vent, peuvent adhérer aux boutures ordinaires au moment de la taille et être ainsi, si les boutures sont transportées dans d'autres vignobles, la cause d'invasions nouvelles. Il est vrai que cette présence de Phylloxéras sur les boutures est une exception, mais elle peut se produire. Divers essais variés ont prouvé que lorsqu'on immergeait, pendant 5 minutes, des boutures, taillées en hiver, dans des solutions de sulfate de cuivre ou de verdet à 1 % ou dans des solutions de sulfocarbonate à 5 ‰, les Phylloxéras étaient détruits et les yeux des boutures non altérés. Le même résultat est obtenu, ainsi que l'ont montré M. Balbiani et MM. Henneguy, Couanon et Salomon, lorsqu'on immerge les boutures pendant 5 ou 10 minutes dans de l'eau à 50° C. Les boutures ainsi traitées par les solutions de verdet, de sulfate de cuivre ou de sulfocarbonate de potassium, au départ des régions contaminées et traitées de même à nouveau au moment de l'arrivée dans les régions indemnes, ne peuvent pas, à notre avis, être la cause de l'importation et de la dissémination du Phylloxéra dans les pays non phylloxérés.

Nous avons trouvé, en Amérique et en pleines forêts vierges, le Phylloxéra très abondant sur les vignes sauvages qui existent partout en très grand nombre, et cela aussi bien sur les feuilles que sur les racines ; jamais nous n'avons constaté de dépérissement de ces vignes sauvages dans leur station naturelle. Au contraire, les vignes peu résistantes des terrains sableux et riches des États du Nord, transportées dans les terrains chauds et secs du Texas, succombent aux attaques de l'insecte ; l'on est obligé pour les cultiver de les greffer sur vignes plus résistantes.

Les tentatives de culture des vignes européennes qui ont été poursuivies à plusieurs reprises dans le Tennessee et le Texas ont toujours échoué à cause du Phylloxéra (et aussi du Black Rot) ; telles sont celles des colonies suisses et italiennes, faites à Nashville (Tennessee) et à Denison (Texas), celles des Fourriéristes à Dallas, de Lakanal dans l'Ohio, le Kentucky, etc. Les vignes européennes cultivées dans le nord de la Californie ont été détruites par le Phylloxéra qui n'y a été importé qu'assez récemment, il en a été de même pour les vignes sauvages (V. Californica) de cet État.

Ainsi, les vignes européennes meurent du Phylloxéra en Amérique comme en France, pendant que les vignes sauvages ne subissent, à l'état naturel et dans les mêmes régions, aucun dommage. L'insecte a évidemment existé de tout temps aux États-Unis ; nous avons cité les documents les plus anciens, relatifs à sa présence sur les vignes, et qui remontent à 1834.

Ces faits de résistance se sont confirmés en France. Il existe actuellement des vignes américaines qui ont un âge relativement avancé, et leur résistance et leur vigueur se maintiennent toujours égales. Les vignes américaines qui ont été la cause première de l'invasion phylloxérique ont plus de 25 ans. Il est des vignes greffées de 18 à 16 ans, d'autres de 14, beaucoup de 12, 10 et 8 ans, qui, les porte-greffes étant bien adaptés, ne montrent aucun signe d'affaiblissement. Les vignes américaines résistent donc, greffées ou non greffées, pendant une période que les faits actuels nous permettraient de considérer comme indéfinie, comme fixée et indépendante du climat. Je ne vois aucune raison pour admettre que cette résistance irait en s'atténuant, puisqu'elles n'ont montré, depuis 20 et 25 ans, aucun signe d'affaiblissement résultant de l'insecte, quand elles étaient bien adaptées.

Mais quelle est la cause intime de cette résistance des vignes américaines au Phylloxéra ? On l'a attribuée à une vigueur plus grande des cépages des Etats-Unis et à une composition chimiquement différente de leurs tissus ; ces deux hypothèses sont facilement contredites par les faits d'observation et d'analyse, nous ne les discuterons pas. M. G. Foëx (1) a noté une relation entre l'organisation anatomique des tissus des diverses vignes et l'action plus ou moins intense qu'exercent sur leurs racines les piqûres du Phylloxéra ; il y aurait, d'après lui, une constitution élémentaire spéciale dans les rayons médullaires des vignes résistantes.

La propriété qu'ont les vignes américaines de résister au Phylloxéra est certainement un résultat direct de la sélection naturelle. Cette résistance s'est fixée successivement, à la suite d'une longue série de générations, sur certains individus, pendant que d'autres, originairement peu ou pas résistants, étaient éliminés par l'insecte. La résistance primitivement faible s'est transmise et s'est accrue par hérédité. La même cause, l'action de l'insecte, persistant toujours, cette propriété de résistance s'est accentuée par suite de l'élimination constante des individus les moins bien doués et elle s'est fixée, en s'augmentant toujours, indépendamment du milieu et du climat. On peut donc la considérer comme acquise et comme immuable chez les individus qui la possèdent spécifiquement.

Nous avons exposé dans d'autres travaux (2), auxquels nous renvoyons, les questions spéciales qui sont relatives à la reconstitution des vignobles par les cépages américains résistants et que nous ne pouvons songer à examiner ici.

b. **Traitements d'extinction.** — Les traitements d'extinction ont pour but de purger entièrement le sol des insectes en sacrifiant les vignes qui portent le Phylloxéra. Ils sont appliqués, dans les régions qui étaient indemnes et éloignées de tout point phyl-

---

(1) Voir pour plus de détails : G. Foëx. — Cours complet de viticulture, *loc. cit.*
(2) P. Viala et L. Ravaz.— Les vignes américaines, adaptation, culture, greffage et pépinières, *loc. cit.*— P. Viala.— Une Mission viticole en Amérique, *loc. cit.*

loxéré, lorsque l'on constate la première tache due à l'invasion récente du parasite. Ces traitements d'extinction consistent, une fois que la tache a été reconnue et délimitée exactement, à tuer et à arracher immédiatement toutes les souches sur les racines desquelles on observe l'insecte et aussi celles qui entourent la tache d'invasion sur un rayon de dix ou vingt souches au moins. Le procédé qui donne les meilleurs résultats paraît être celui d'injecter d'abord, sur toute la surface qui doit être sacrifiée, du sulfure de carbone à raison de 200 grammes par mètre carré; les souches sont tuées à cette haute dose. On les arrache en expurgeant le sol des racines aussi bien que possible et en brûlant souches, sarments et racines sur le lieu même. On donne ensuite, à 15 jours d'intervalle, deux nouveaux traitements au sulfure de carbone, en employant chaque fois 100 ou 150 grammes de sulfure par mètre carré. Le sulfure de carbone a été remplacé parfois, dans les mêmes conditions d'emploi, par du pétrole à la dose de cinq litres par mètre carré. La surface détruite ne doit pas être cultivée en vignes de quelques années.

Comme complément à ces traitements d'extinction, il est nécessaire, à notre avis, de donner ensuite, chaque année, des traitements ordinaires au sulfure de carbone ou au sulfure dissous, suivant les terrains, à raison de 300 kilogrammes par hectare, employés sur toutes les vignes de la parcelle contaminée, en une ou mieux en deux fois. Il faut encore combiner ce traitement d'extinction et ces traitements ordinaires avec des badigeonnages annuels faits pour détruire l'œuf d'hiver et que l'on pratique sur toute la parcelle ou mieux sur tout le vignoble (sur une surface d'environ 30 hectares au moins) dans lequel le Phylloxéra a été constaté. Les badigeonnages n'ont une utilité réellement pratique, croyons-nous, que dans ce cas. Ils ont été proposés par M. Balbiani pour détruire l'œuf d'hiver et diminuer par suite la puissance prolifique de l'insecte. La formule de traitement qu'a indiquée M. Balbiani est la suivante :

Huile lourde de houille	20 parties.
Naphtaline brute	60 —
Chaux vive	120 —
Eau	400 —

La naphtaline est dissoute dans l'huile lourde. On fait fuser de la chaux grasse dans un récipient et on verse sur la chaux fumante la naphtaline dissoute ; on ajoute ensuite l'eau en versant peu à peu et en brassant le mélange. Les badigeonnages sont faits après la taille, en ayant soin de bien humecter les bras, le tronc et les coursons à leur base d'insertion. Les badigeonnages ont une très réelle efficacité pour détruire l'œuf d'hiver, car on ne trouve pas de galles, au printemps, sur les vignes ainsi traitées et qui avaient des galles les années précédentes. Nous avons dit que les gallicoles provenaient de l'œuf d'hiver, et c'est sur les souches où les galles sont le plus abondantes que les œufs d'hiver sont aussi le plus fréquents. Les badigeonnages, pratiqués seuls comme procédé de lutte directe contre le Phylloxéra, n'ont donné que des résultats inégaux et très incomplets ; mais, comme moyen complémentaire des traitements d'extinction, ils sont à employer.

Les traitements d'extinction ont été pratiqués avec succès surtout en Suisse, en Crimée, en Algérie...., et tout récemment en Champagne ; mais il ne faut pas se faire d'illusion, ce succès n'a jamais été absolu. Ils permettent cependant, avec des grandes dépenses sans doute, d'enrayer la marche du Phylloxéra et de conserver les vignobles d'une région limitée et contaminée en quelques rares points, pendant une très longue période, parfois pendant 5, 10 ou 15 ans. C'est évidemment là un avantage précieux et qui justifie les sacrifices qui ont été ou qui sont faits dans les régions isolées et nouvellement envahies. Mais il faut aussi être bien convaincu du fait qu'à un moment, pour si tardif qu'il soit, l'insecte finit par avoir le dessus et que la lutte par extinction devient impossible. Mais si les traitements annuels et les badigeonnages, combinés aux traitements d'extinction, ont été faits avec soin sur les vignes voisines des parties sacrifiées, la lutte par les traitements annuels est plus facile et plus certaine.

c. **Insecticides**. — De tous ces traitements annuels, c'est le sulfure de carbone qui, lorsqu'il est employé dans des milieux qui sont favorables à son action, donne les résultats les plus parfaits avec le moins de dépenses. Les mélanges que l'on a proposé de faire tout récemment avec le sulfure de carbone (vaseline, pétrole...) se sont presque toujours montrés inférieurs au sulfure pur. Le sulfure dissous et le sulfocarbonate de potassium ne peuvent être employés que lorsque l'on a beaucoup d'eau à portée, leur application revient à 400 fr. par hectare environ ; ce sont des traitements qui ne sont pratiques que dans les vignobles à frais culturaux et à bénéfices nets élevés ; ils sont employés avec beaucoup de succès dans les grands vignobles de la Gironde, mais on les abandonne ou on les a abandonnés peu à peu dans les autres régions. Le sulfure dissous paraît même, depuis quelques années, devoir se substituer au sulfocarbonate de potassium pour les terrains où le sulfure de carbone pur ne peut pas être employé.

Les traitements au sulfure de carbone pur reviennent à 200 fr. par hectare, parfois à 300 fr. et 350 fr (Bourgogne) ; car, outre la matière première et les frais de main-d'œuvre, ils nécessitent, tout comme le sulfure dissous et le sulfocarbonate, un surcroît de fumures. Ces insecticides agissent, en effet, par les vapeurs qui tuent les insectes dans le sol, mais qui nuisent aussi partiellement aux racines, et il est nécessaire, dans bien des cas, de relever la végétation des plantes traitées et de favoriser la production du chevelu par une augmentation de fertilité du sol.

Le sulfure de carbone, qui a été proposé, pour la première fois, par le baron Thénard en 1872, n'agit d'une façon réellement efficace, et son emploi n'est pratique, que dans certains sols. Il faut que la diffusion des vapeurs puisse se produire facilement et d'une façon homogène pour que toute l'atmosphère du sol où se trouvent les racines et les insectes en soit imprégnée. Cet insecticide donne le maximum d'effet dans les sols meubles, profonds, riches et frais. Dans les terrains humides, la vaporisation du sulfure de carbone se produit incomplètement ; il reste souvent à l'état liquide et altère alors les racines lorsqu'il vient à les toucher. Aussi est-il absolument nécessaire de faire les traitements dans des sols bien ressuyés. Dans les sols argileux, compactes, humides ou secs, ou dans les terrains à sous-sols compactes, peu profonds, la diffusion ne se produit qu'imparfaitement et d'une façon inégale ; les effets obtenus sont trop faibles ou trop inégaux pour que l'on puisse espérer maintenir les vignes pendant longtemps, même par les traitements les mieux faits. Il en est de même dans les sols peu fertiles, secs et fendillés, dans les terres très caillouteuses ou siliceuses et légères, où le sulfure de carbone se vaporise rapidement et se répand bientôt à l'extérieur. Dans tous ces milieux, où le sulfure de carbone pur ne réussit pas, le sulfure dissous et le sulfocarbonate donnent de meilleurs résultats, mais ils ne peuvent non plus être appliqués dans les terres argileuses, très compactes.

Sulfure de carbone. — Les modes d'emploi du sulfure de carbone pur sont soumis, en outre, à des conditions qui ont été fort bien indiquées (1) par MM. Marion, Gastine et Couanon, et que nous résumerons. « On ne devra jamais traiter après un piochage ou un labour, car, lorsque le sol est soulevé, les vapeurs de sulfure de carbone tendent à s'échapper vers l'atmosphère sans produire tout leur effet utile. Pour le même motif, il faudra toujours attendre une quinzaine de jours après que le traitement aura été effectué avant de donner aucune façon culturale à la terre. Les conditions les plus favorables pour les traitements qui assurent le mieux la bonne répartition des vapeurs du sulfure de carbone et leur persistance dans la terre sont celles que présente un terrain légèrement humide, perméable dans sa couche arable, mais raffermi à la surface et formant croûte à la suite de l'action des pluies ou du tassement naturel.

»Dans les terres légères, perméables, les traitements peuvent être effectués pour ainsi dire à toute époque : en automne, en hiver, au printemps, en été. Dans les vignobles méridionaux, l'extrême sécheresse du sol et le grand développement des rameaux qui couvrent le sol dès le commencement de l'été mettent obstacle aux opérations durant cette période; dans ce cas, les traitements d'automne, d'hiver et de printemps offrent à la fois plus de facilité et d'efficacité. Par contre, dans la plupart des autres régions viticoles, les pluies d'automne et d'hiver empêchent fréquemment l'exécution des travaux, tandis que les opérations sont plus aisées

---

(1) Marion, Gastine et Couanon.— Traitements par le sulfure de carbone. Instructions pratiques. (Compte rendu des travaux du service du Phylloxéra, 1891, pp. 91 à 96).

P. VIALA. *Les Maladies de la Vigne*, 3ᵐᵉ édition.

au printemps et en été. Les traitements d'été, au lieu d'être exécutés en une seule fois, peuvent comprendre deux applications (1) se succédant à quelques jours d'intervalle ; dans chacune de ces opérations, on emploie au moins la moitié de la dose que l'on aurait injectée en une seule fois dans le traitement simple.

»Les quantités de sulfure de carbone qu'on doit employer par hectare peuvent varier suivant la profondeur et l'état de perméabilité du sol, mais il est indispensable que toute la masse du sol soit imprégnée d'une manière aussi complète, aussi uniforme et aussi rapide que possible d'une quantité de vapeurs de sulfure de carbone suffisante pour rendre l'atmosphère souterraine irrespirable pour l'insecte. Le minimum de sulfure à employer est de 20 gr. par mètre carré, soit 200 kilogr. par hectare. Au-dessous de cette quantité, alors même que les conditions du terrain sont des plus favorables, l'action toxique du traitement n'est plus assurée. Il y a même avantage, dans les sols de profondeur moyenne, à porter cette dose de 240 à 250 kilogr. C'est là le dosage qui convient le mieux à la majorité des vignobles. Pour les terrains profonds de plus de 80 centimètres, on ne doit pas hésiter à atteindre la dose de 300 kilogr.

»Il est nécessaire d'injecter uniformément le sulfure de carbone dans tout le terrain. Les dosages doivent être calculés proportionnellement à la surface entière du sol du vignoble. Le nombre de trous d'injection, quand on se sert des pals, ne doit jamais être inférieur à deux par mètre carré. Lorsque le terrain est peu profond, il est indispensable d'augmenter le nombre de trous pour compenser la déperdition des vapeurs vers l'atmosphère. La même augmentation s'impose pour les sols peu perméables qui opposent une certaine résistance à la pénétration des vapeurs. En général, une moyenne de trois ou quatre trous par mètre carré représente la disposition la plus convenable. La profondeur des trous d'injection

---

(1) Dans les beaux vignobles du Dr Chanut, dans la Côte-d'Or, qui présentent le plus bel exemple de défense par le sulfure de carbone, les traitements sont faits en deux fois, en mai et juillet, à raison de 200 kilos de sulfure par hectare à chaque opération, soit en tout 400 kilos par hectare et par an. Lorsque, par suite de pluies continues, on est dans l'obligation de ne faire qu'un seul traitement, on le pratique en juillet et à la dose de 200 kilos par hectare.

(pratiqués à 0m,20 au moins du pied des souches) doit atteindre 25 à 30 centimètres. Les trous doivent être soigneusement bouchés par un tassage énergique. Dans le cas des appareils à traction (charrues sulfureuses), les lignes de répartition ne doivent pas être distantes de plus d'un mètre l'une de l'autre. Il n'est pas possible de descendre, avec ces charrues, au-dessous de 15 à 18 centimètres. Il est donc nécessaire de compenser la déperdition plus rapide des vapeurs par une augmentation de dosage d'environ 25 à 30 °/₀ sur les quantités qui ont été indiquées. »

Sulfure dissous. — Le sulfure de carbone est soluble dans l'eau à la dose de 2 gr. par litre à la température de 34° C. (1), mais la dissolution que l'on obtient pratiquement, même sous pression, n'est guère que de 1 gr. 2. Les solutions de sulfure de carbone ont été proposées successivement par M. Cauvy (1875), M. Rommier (1882) et M. Peligot; mais leur application comme traitement anti-phylloxérique n'a été rendue pratique que grâce aux appareils de MM. Fafeur et C. Benoist. La dissolution est obtenue mécaniquement sous pression et le sulfure dissous est distribué par les appareils dans les vignobles. Pour que le sulfure dissous produise de réels effets, il faut distribuer une quantité d'eau qui renferme environ une dose de 180 kilogr. de sulfure de carbone par hectare. Comme les solutions sont au titre de 1 gr. à 1 gr. 2 par litre, cela représente une quantité d'eau d'environ 1800 à 2000 hectolitres par hectare. Le sulfure dissous, au sortir des appareils, est distribué dans des cuvettes que l'on creuse au pied des souches à une faible profondeur; la quantité d'eau à mettre par cuvette est proportionnelle au nombre de souches; les traitements peuvent être pratiqués du mois d'octobre au mois d'août. Les traitements au sulfure de carbone dissous ne sont donc praticables que lorsqu'on a facilement de l'eau à portée; ils entraînent, par suite du matériel employé et de la main-d'œuvre, d'assez fortes dépenses.

Sulfocarbonate de potassium. — Il en est de même avec le sulfocarbonate de potassium. L'application a lieu de la même façon et aux mêmes époques, mais de préférence en hiver, en creusant des

---

(1) Chancel et Parmentier. — Comptes rendus de l'Académie des Sciences, 1884.

cuvettes au pied des souches. On amène l'eau et on verse le sulfocarbonate dans l'eau de la cuvette ; lorsque l'eau tenant en dissolution le sulfocarbonate a filtré dans le sol, on ferme la cuvette. Il faudrait environ de 500 à 600 kilogr. de sulfocarbonate par hectare et de 2 à 3000 hectolitres d'eau. Les traitements au sulfocarbonate reviennent au moins à 400 fr. par hectare et par an.

Le sulfocarbonate de potassium a été proposé par J.-B. Dumas, en 1874, et les conditions de son application ont été déterminées par M. Mouillefert. Sous l'influence de l'acide carbonique et de l'humidité du sol, le sulfocarbonate donne du carbonate de potasse, du sulfure de carbone et de l'hydrogène sulfuré ; ces deux derniers corps agissent comme insecticides sur le Phylloxéra.

d. **Submersions**. — Nous avons donné les conclusions relatives aux conditions dans lesquelles devaient être pratiquées les submersions ; nous n'y reviendrons pas. Les submersions ont été appliquées pour la première fois par M. le Dr Seigle, en 1868 ; M. L. Faucon, en 1870 et plus tard, étudia ce système de traitement et traça la voie à suivre. Les grands vignobles submergés sont surtout situés sur les bords du Vidourle (Gard et Hérault), de l'Hérault, de l'Orb, de l'Aude, de la Gironde, de la Dordogne et de la Garonne... La submersion consiste à mettre au-dessus du sol et à maintenir pendant un temps assez long (20 à 60 jours) une grande quantité d'eau qui pénètre le sol et en chasse l'air ; le Phylloxéra meurt par asphyxie et par excès d'humidité. MM. B. Chauzit et L. Trouchaud-Verdier (1) ont publié sur les submersions un excellent travail pratique auquel nous emprunterons les indications essentielles.

Toutes les eaux peuvent être utilisées pour la submersion, mais il est nécessaire qu'elles soient distribuées en très grande abondance. Les quantités employées varient de 10,000 à 90,000 mètres cubes par hectare, suivant la nature du terrain et sa pente ; il faut que la hauteur d'eau au-dessus du sol soit de 20 centimètres au moins ; on va souvent à 40 et 50 centimètres. Cette hauteur d'eau doit être maintenue uniforme pendant toute la durée de la submersion ; il

---

(1) B. Chauzit et L. Trouchaud-Verdier. — La submersion des vignes. (Montpellier, 1888).

faut donc amener de l'eau constamment pour remplacer les pertes qui résultent surtout des infiltrations. La durée des submersions, en rapport avec la perméabilité des terrains, est donnée par le tableau suivant, dressé par MM. B. Chauzit et Trouchaud-Verdier ; les pertes d'eau sont indiquées en hauteur et par jour ; une perte d'eau de 1 centimètre de hauteur correspond à 100 mètres cubes par hectare.

	DURÉE DE LA SUBMERSION		PERTE D'EAU
	Automne	Hiver	
Terrains peu perméables..	50 à 55 jours	55 à 60 jours	1 centimètre
Terrains moyennement perméables........	55 à 60 —	60 à 65 —	1 à 4 centim.
Terrains perméables....	65 à 70 —	70 à 75 —	4 à 7 —
Terrains très perméables..	90 —	90 —	8 à 9 —

Ces chiffres se rapportent au midi de la France ; dans le Nord, la durée des submersions peut être réduite, dans ces divers cas, de 20 jours ; on peut même avoir des résultats satisfaisants avec des submersions de 20 ou 30 jours. Lorsque la perte d'eau dépasse 10 centimètres de hauteur par jour, la submersion n'est plus pratique. Les submersions sont faites pendant la période du repos de la végétation de la vigne, du 1er novembre au 15 février ; les submersions précoces d'automne donnent les meilleurs résultats. L'effet le plus parfait est aussi obtenu dans les terrains argilo-calcaires qui ne sont pas trop perméables et surtout dans les terrains d'alluvion, reposant sur un sous-sol argileux situé à 40 ou 50 centimètres. Dans les terrains très perméables, outre qu'il faudrait une quantité énorme d'eau pour suppléer aux pertes par infiltration, il y aurait entraînement d'air et le Phylloxéra ne serait pas détruit ; il faut, d'après MM. Chauzit et Trouchand-Verdier, que la nappe d'eau baisse au maximum de 2 centimètres de hauteur par 24 heures. Les submersions ne peuvent encore être pratiquement établies que dans des terrains où la pente n'excède pas 3 centimètres par mètre.

Le terrain à submerger est divisé en planches parfaitement nivelées ; on se trouve dans les meilleures conditions lorsque la différence de niveau dans la nappe d'eau n'excède pas, aux deux extrémités, 10 centimètres. Les dimensions des planches, dans ces conditions, doivent être aussi grandes que possible ; cependant elles ne doivent pas dépasser 20 hectares ; au-dessous de 1 hectare ou d'un demi-hectare, les frais d'installation deviennent très coûteux. Les planches sont séparées par des bourrelets, solidement établis surtout quand elles ont de grandes dimensions, et ayant une hauteur, avec les planches de dimensions moyennes (3 à 5 hectares), de 80 centimètres à 1 mètre. Les bourrelets sont percés de vannes et solidement fixés par des plantes diverses ; on doit éviter de mettre des rangs de souches sur les bords des bourrelets, car les racines qui se glisseraient dans leur intérieur seraient un refuge pour les insectes au moment de la submersion. Lorsque la submersion est terminée, les eaux doivent être enlevées rapidement et il est nécessaire d'avoir des fossés d'écoulement nombreux et bien disposés.

Nous ne pouvons parler ici des travaux d'art pour l'établissement des submersions ou des machines qui servent à amener les eaux. Quant aux soins de culture spéciaux à donner aux vignobles submergés, ils ne diffèrent pas essentiellement de ceux pratiqués dans les autres vignes ; il est cependant utile de donner d'abondantes fumures et des labours assez profonds et répétés. La taille peut être pratiquée avant ou après les submersions, mais mieux vaut ne la faire qu'après. Les traitements des maladies cryptogamiques qui sévissent avec intensité dans les vignobles submergés doivent être exécutés avec la plus grande perfection.

Les arrosages ordinaires d'été n'ont pas l'efficacité que possèdent les submersions comme traitement du Phylloxéra ; ils aident cependant, dans quelques circonstances, l'action des submersions dans les vignes qui ont été mal opérées en hiver ou dans celles où il se produit d'abondants essaimages d'insectes. MM. P. Causse, Chauzit et Trouchaud-Verdier ont étudié tout récemment l'emploi de submersions partielles d'été comme moyen destiné à suppléer et même à remplacer les longues submersions d'automne et d'hiver. Ils ont reconnu que des submersions de quelques jours, faites avec une faible nappe d'eau et répétées plusieurs fois au printemps et en été, permettaient de combattre le Phylloxéra avec assez de certitude. Mais ce procédé n'a été encore que peu appliqué.

e. **Sables.** — La plantation des vignes dans les sables est une des innovations culturales les plus marquantes qu'ait amenées la crise phylloxérique ; comme procédé de lutte indirecte contre le Phylloxéra, c'est le plus simple et le plus sûr. L'immunité des sables au Phylloxéra n'a été reconnue qu'en 1872 par M. Bayle, et c'est à sa première initiative qu'est due la création des vignobles dans les sables du cordon littoral de la Méditerranée. Là où se trouvaient, avant l'invasion phylloxérique, des terres incultes que l'on estimait à 100 fr. par hectare, existent aujourd'hui de magnifiques vignobles qui produisent parfois 120 ou 150 hectolitres et qui valent de 5,000 à 8,000 fr. par hectare. Des créations importantes de vignobles ont été faites aussi, mais avec des succès moins constants, dans les terrains sableux des Landes de Gascogne, où le développement des Broussins, par suite des gelées ou d'autres causes non déterminées, rendent parfois la culture de la vigne très aléatoire ; quelques auteurs admettent que la couche, souvent imperméable, d'alios et l'humidité stagnante qu'elle peut provoquer sont l'origine des insuccès obtenus.

Les sables, pour être indemnes, doivent être presque purs ; M. G. Foëx admet qu'ils doivent renfermer un minimum de 60 % de silice. Il faut, en outre, qu'ils soient à grains fins et non mélangés à de l'argile ; ils peuvent renfermer jusqu'à 30 % de sable calcaire sans perdre leur propriété ; les sables qui ont plus de 50 % de calcaire sont généralement mauvais. La cause de l'immunité des terrains sableux est encore douteuse ; on l'attribue à une action insecticide du sable (M. Marion), à la finesse de ses particules qui empêche les Phylloxéras adultes de cheminer. D'après M. Vanuccini, cette immunité, en relation avec la finesse des particules, serait due à ce que les sables se laissent pénétrer facilement par l'eau qui est toujours à une faible profondeur (cordon littoral de la Méditerranée) et qui agit sur le Phylloxéra.

Les plantations faites dans les sables doivent être établies sur des terrains parfaitement défoncés et nivelés, dans les régions surtout où la nappe d'eau inférieure du sous-sol est salée. Comme les sables sont mobiles et facilement soulevés par le vent, il est indispensable de les fixer; on pratique pour cela l'enjoncage, qui consiste à répandre sur le sol des plantes sèches que l'on enfonce en partie dans le sable par divers instruments. C'est la seule opération supplémentaire que nécessite la culture de la vigne dans les terrains sableux.

BIBLIOGRAPHIE

1° BIOLOGIE

Balbiani (G.). — Le Phylloxéra du chêne et le Phylloxéra de la vigne (Paris, Gauthier-Villars, 1884).
Boiteau. — Divers *In* Comptes rendus de l'Académie des Sciences, 1876-1886.
Cornu (Maxime). — Études sur le Phylloxera vastatrix (Paris, 1878).
Delamotte (E.). — Monographie du Phylloxéra (Alger, 1885).
Faucon. — Les réinvasions d'été et le transport des Phylloxéras par le vent. (Comptes rendus, Académie des Sciences, 1879).
Foëx (G.). — Lésions produites sur les racines de la vigne par le Phylloxéra (Comptes rendus, Académie des Sciences, 1879).
Graells. — Sur l'œuf d'hiver du Phylloxéra. (Journal de l'agriculture, 1880).
Lichtenstein (J.). — Les Pucerons, 1re partie (Montpellier, 1885).
Marion. — Sur les réinvasions estivales du Phylloxéra. (Comptes rendus, Académie des Sciences, 1879).
Millardet (A.). — Pourridié et Phylloxéra (Bordeaux, 1881).
Planchon (J.-E.). — Nouvelles observations sur le Phylloxéra, découverte de la forme ailée. (Comptes rendus, Académie des Sciences, 14 septembre 1868).
— Nouvelles observations sur le puceron de la vigne (Montpellier, 1868).
— Le Phylloxéra en Europe et en Amérique. (Revue des Deux-Mondes, 1874 et 1876).
Planchon (J.-E), **Bazille** (G.) et **Sahut** (F.). — Sur une maladie de la vigne actuellement régnante en Provence. (Comptes rendus, Académie des Sciences, 3 août 1868).
Planchon (J.-E.) et **Lichtenstein** (J.). — Identité des Phylloxéras gallicole et radicicole, appuyée sur l'expérience. (Comptes rendus, Académie des Sciences, 15 août 1870).
— Le Phylloxéra, faits acquis et Revue bibliographique (Montpellier, 1872).
Signoret. — Le Phylloxera vastatrix. (Ann. Soc. entomol., 1869).
Valéry-Mayet. — Les insectes de la vigne (Montpellier, 1890, avec une Bibliographie complète sur la biologie du Phylloxéra).
Etc., etc.

2° TRAITEMENTS

Benoist (C.). — Reconstitution des vignes phylloxérées par le sulfure de carbone dissous dans l'eau (Bordeaux, Féret, 1887).
Catta. — Action de l'eau dans les applications de sulfure de carbone. (Comptes rendus, Académie des Sciences, 1880).
Chancel et **Parmentier.** — Solubilité du sulfure de carbone dans l'eau. (Comptes rendus, Académie des Sciences, 1884).
Crolas. — Traitements au sulfure de carbone. (Rapport à M. le Ministre de l'agriculture, Lyon, 1881).
Crolas et **Audoynaud.** — Phénomènes accompagnant l'introduction et la diffusion des vapeurs de sulfure de carbone dans le sol (Montpellier, 1876).
Crolas et **Vermorel.** — Guide du vigneron pour l'emploi du sulfure de carbone contre le Phylloxéra (Paris, 1884).

Divers. — *In* Comptes rendus des travaux du service du Phylloxéra, 1875-1892.

Duclaux. — Les sulfocarbonates en Beaujolais. (Comptes rendus, Académie des Sciences, 1875).

Dumas. — Sur les moyens de combattre le Phylloxéra. (Comptes rendus, Académie des Sciences, 1874).

— Études sur le Phylloxéra et les sulfocarbonates (Paris, 1876).

Gastine (G.) et **Couanon** (G.). — Emploi du sulfure de carbone contre le Phylloxéra (Paris, Masson, 1884).

Henneguy (L.-F.). — Sur la destruction de l'œuf d'hiver du Phylloxéra. (Comptes rendus des travaux du service du Phylloxéra, 1890, p. 87).

Jaussan (L.). — De l'emploi rationnel du sulfure de carbone (Béziers, 1878).

— Après sept ans de lutte, observations sur les effets du sulfure de carbone (Béziers, 1885).

Laffite (P. de). — Essai sur la destruction de l'œuf d'hiver (Agen, 1879).

— Essai sur une bonne conduite des traitements au sulfure de carbone (Bordeaux, 1882).

— Quatre ans de luttes pour nos vignes (Paris, 1883).

Marion. — Les expériences de la Compagnie P.-L.-M. pour combattre le Phylloxéra par le sulfure de carbone et les sulfocarbonates. (Comptes rendus, Académie des Sciences, 1876).

— Application du sulfure de carbone au traitement des vignes phylloxérées (Paris, 1879).

Marion, Couanon et Gastine. — Traitements par le sulfure de carbone. — Instructions pratiques. (Comptes rendus des travaux du service du Phylloxéra, 1893, p. 91).

Mouillefert. — Le Phylloxéra, moyens proposés pour le combattre (Paris, 1875).

— Conservation des vignes françaises, application des sulfocarbonates à la guérison des vignes (Paris, 1878).

— Traitement des vignes phylloxérées par le sulfocarbonate de potassium (Paris, 1879).

Oliver (Paul). — Le sulfure de carbone (Perpignan, 1880).

Thénard (baron P.). — Essai de traitement de la vigne par le sulfure de carbone. (Bull. de la Société des agriculteurs de France, 1870).

Vassilière (F.). — Rapport sur le sulfure de carbone (Bordeaux, Féret, 1886).

Etc., etc.

3° SUBMERSIONS ET SABLES

Ambroy. — Les submersions des vignes (Montpellier, 1883).

Audoynaud (A.). — Sur la résistance des vignes dans les terres sableuses. (Annales agronomiques, 1883).

Barral (J.-A.). — Influence de l'humidité souterraine et de la capillarité du sol sur la végétation des vignes. (Comptes rendus, Académie des Sciences, 1883).

— La lutte contre le Phylloxéra (Paris, 1883).

Boucau (Yves). — Culture de la vigne dans les sables des Landes (Bordeaux, 1888).

Chauzit (B.) et **Trouchaud-Verdier.** — La submersion des vignes (Montpellier, 1887).

Convert (F.). — La reconstitution des vignobles, les submersions et les plantations dans les sables. (Journal d'agriculture pratique, Paris, 1882).

Faucon (L.). — Submersion des vignes comme moyen de destruction du Phylloxéra. (Comptes rendus, Académie des Sciences, 1874).

— De la Submersion (Montpellier, 1874).

— Nouvelles et importantes observations sur la submersion des vignes (Avignon, 1879).

Foëx (G.). — Cours complet de viticulture (Montpellier, 1891).

Perraud (J.). — Les plantations de vignes dans les sables d'Aiguesmortes (Progrès agricole et viticole, 1890).
Saint-André. — Recherches sur les causes de la résistance des vignes au Phylloxéra dans les sols sableux (Montpellier, 1881).
— La viticulture dans les Landes de Gascogne (Journal de l'agriculture, 1882).
Vanuccini. — Étude des terres où la vigne indigène résiste au Phylloxéra. (Messager agricole, 1881).
Etc., etc.

4° VIGNES AMÉRICAINES

Bazille (G.). — Immunité des vignes dérivant du type Æstivalis. (Messager agricole du Midi, 1870).
Bush and son and Meissner. — Illustrated descriptive Catalogue of american grape vines (1883, traduction française par L. Bazille et J.-E. Planchon).
Champin (A.). — Culture théorique et pratique des cépages résistant au Phylloxéra (Montpellier, Coulet, 1878).
Chauzit (B.). — État actuel de la question du Phylloxéra en France (Montpellier, Coulet, 1885).
Degrully (L.) et **Viala** (P.). — Les vignes américaines à l'École nationale d'agriculture de Montpellier (Montpellier, 1884).
Despetis. — Traité pratique de la culture des vignes américaines (Montpellier, Coulet, 1889).
Fitz-James (Mme la duchesse de) — La viticulture franco-américaine (Montpellier, Coulet, 1889).
Foëx (G.). — Notes relatives aux effets produits sur les racines de divers cépages américains et indigènes. (Comptes rendus, Académie des Sciences, 1876 et 1877).
— Rapport à M. le Directeur de l'École d'agriculture de Montpellier sur les expériences de viticulture (Montpellier, Coulet, 1879).
— Cours complet de viticulture (Montpellier, Coulet, 1891).
Foëx (G.) et **Viala** (P.). — Ampélographie américaine (Montpellier, Coulet, 1883).
Laliman. — Lettre sur l'immunité de certains cépages américains dérivant du V. Æstivalis. (Bulletin Soc. agric. Hérault, 1871).
Lespiault (M.). — Notes et observations sur les vignes américaines (Nérac, 1882).
Millardet. — Notes sur les vignes américaines (résistance au Phylloxéra.... Journal d'agriculture pratique, 1881).
— Histoire des principales variétés et espèces de vignes d'origine américaine qui résistent au Phylloxéra (Paris, Masson, 1885).
— Notes sur les vignes américaines (séries I, II, III, 1885 à 1888, Bordeaux, Féret).
— Nouvelles recherches sur la résistance et l'immunité phylloxériques. (Journal d'agriculture pratique, 1892).
Planchon (J.-E.). — Les vignes américaines, leur culture, etc. (Montpellier, Coulet, 1875).
Ponsot (Mme V^e). — Les vignes américaines (Bordeaux, Féret, 1880).
Ravaz (L.). — Rapports à M. le Président du Comité de viticulture de l'arrondissement de Cognac (Cognac, 1889, 1890, 1891, 1892).
— Divers *In* Journal du Syndicat de la Charente-Inférieure (1891 et 1892).
Rougier (L.). — Instructions pratiques sur la reconstitution des vignobles par les cépages américains (Montpellier, Coulet, 1890).
Sahut (F.). — Les vignes américaines, leur greffage et leur taille (Montpellier, 1887).
Viala (P.). — Une Mission viticole en Amérique (Montpellier, 1889).

Viala (P.).— Mission viticole pour la reconstitution des vignobles du département de Maine-et-Loire (Angers, 1890).
— Mission viticole pour la reconstitution des vignobles de la Côte-d'Or (Beaune, 1891).
— Mission viticole pour la reconstitution des vignobles du département de la Loire-Inférieure (Nantes, 1891).

Viala (P.) et **Ravaz** (L.).— Les Vignes américaines. Adaptation, Culture, Greffage, Pépinières (Montpellier, 1892).

Etc., etc.

A. ALTISE.— B. CIGARIER.— C. CECIDOMIE.
D. GRIBOURI.— E. COCHYLIS.

CHAPITRE XIV

INSECTES

ALTISE

L'Altise (1) ou **Altica ampelophaga** Guérin-Méneville (2) produit de grands ravages dans les pays chauds; c'est surtout en Algérie que les dégâts sont importants, ils se traduisent parfois par des pertes qui vont jusqu'à la moitié de la récolte. Elle serait, d'après V. Audouin, originaire de l'Espagne.

«Ce petit insecte, dit V. Audouin, long de 5 millim., est entièrement d'un vert foncé ou bleuâtre, lisse et brillant (Fig. 258); les antennes sont brunes avec leurs trois premiers articles verts; le prothorax offre, assez près de sa base, un sillon transversal, très prononcé; l'écusson est petit et arrondi; les élytres paraissent lisses; les pattes sont de la couleur générale du corps avec les tarses bleuâtres. Les œufs des Altises sont allongés et d'un jaune clair. Les larves commencent par être jaunes; elles deviennent ensuite grisâtres et enfin tout à fait noires après plusieurs mues successives; elles ont alors 7 à 8 millim. de longueur. Leur corps est allongé et un peu atténué aux deux extrémités; la tête est lisse; les six pattes sont

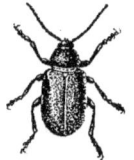

Fig. 258. — Altise de la vigne. — Gross.: 3/1 environ (d'après V. Audouin).

---

(1) Nous n'étudions dans ce chapitre que les insectes qui ont une certaine importance par les dégâts qu'ils produisent sur la vigne, en résumant très succinctement leurs principaux caractères et ceux des altérations qu'ils déterminent; nous ne faisons aussi qu'énoncer les traitements à leur appliquer. On trouvera des détails plus circonstanciés surtout dans l'ouvrage de M. Valéry Mayet (Les Insectes de la vigne) auquel nous renvoyons.

(2) L'Altise appartient à l'ordre des *Coléoptères* et à la famille des *Chrysomélines*; sa synonymie, d'après M. Valéry Mayet, est la suivante: ALTICA AMPELOPHAGA, Guérin-Méneville, *Altica oleracea* Geoffroy, *Chrysomela oleracea* Linné, *Altica consobrina* Dufstsmidt. — Altise, Puce, Puce de la vigne, Pucerotte, Babo, Pulgon, Pulce.

terminées en crochet ; les anneaux du corps, mous et légèrement plissés, portent chacun une série transversale de petits tubercules d'un noir brillant. Ces larves, au bout d'une vingtaine de jours, se métamorphosent en nymphes ; celles-ci sont d'abord d'un jaune assez vif ; mais elles noircissent bientôt, et, au bout de huit à dix jours, l'éclosion de l'insecte parfait a lieu. »

D'après M. Valéry Mayet, la métamorphose des nymphes peut avoir lieu hors du sol et celles-ci sont alors jaunes ; mais elle se produit aussi dans une loge souterraine, creusée à environ 10 centim., et elles sont, dans ce cas, blanchâtres. Le cycle complet du développement de l'Altise exigerait, de l'œuf à l'insecte parfait, de 40 à 45 jours, et il y aurait, en Europe, trois ou quatre générations. Un insecte pondant en moyenne 30 œufs, la descendance d'une seule famille hivernante serait, pour trois générations, de 27,000 individus.

L'Altise hiverne, à l'état d'insecte parfait, en s'abritant soit sous les écorces des vignes, soit dans les broussailles, les haies vives, etc. Elle sort au printemps et se porte sur les jeunes bourgeons de la vigne ; elle s'accouple et les jeunes larves se nourrissent des feuilles ; ce sont elles qui produisent surtout les dégâts. Elles mangent le parenchyme des feuilles (Pl. XVIII, A) en respectant les nervures, de sorte que les feuilles sont finement dentelées et ont un aspect très caractérisque. L'insecte parfait se nourrit peu et perce les feuilles de trous irréguliers plus grands.

M. A. Barbier nous a fourni, sur le traitement de l'Altise en Algérie, les indications suivantes (1) : « Comme les Altises hivernent, dès le mois de septembre, dans les broussailles, on peut faire, après les vendanges, des abris artificiels dans les vignes, sous lesquels elles se réfugient en partie. On brûle ces abris en hiver ou mieux on les arrose avec une émulsion d'huile lourde et de soude du commerce à 20 %. Dès que les bourgeons apparaissent, les insectes parfaits sortent de leur retraite d'hiver et se portent sur les vignes, mais ils se cantonnent pendant une vingtaine de jours en quelques points voisins des broussailles ou des haies. Le ramassage

---

(1) Lettre de M. A. Barbier (3 octobre 1892).

doit être fait avec une très grande activité, avant que les Altises ne se soient dispersées dans tout le vignoble. On le pratique, aux heures les moins chaudes de la journée et surtout le matin, avec l'entonnoir à altises ou avec un simple sac fendu sur une certaine longueur à son ouverture et maintenu ouvert par deux baguettes de bois fixées au bord supérieur. On se sert encore d'une simple pelle circulaire échancrée ou de l'entonnoir simple, sans récipient en toile ; dans ce cas, la surface de la pelle ou de l'entonnoir est engluée de coaltar sur lequel les Altises projetées viendront adhérer ; lorsque la surface des appareils sera recouverte d'insectes, on raclera et l'on remettra une nouvelle couche de la matière. Les divers appareils sont engagés, par leur ouverture, sous les branches des ceps que l'on secoue fortement ; les Altises tombent, on agite les feuilles au besoin pour les projeter. Quand on les ramasse sans coaltar sur l'entonnoir, il faut, en les sortant des petits sacs où on les réunit, les échauder ou mieux les arroser avec l'émulsion d'huile lourde. Cette opération du ramassage peut être singulièrement facilitée par une précaution complémentaire qui permet de cantonner les premiers insectes parfaits plus sûrement et pendant plus longtemps. En effet, ceux-ci se portent de préférence sur les pieds non soufrés ; il n'y a donc qu'à retarder le soufrage des parties du vignoble où ils commencent à apparaître et à soufrer les autres parties.

»Les pontes des premiers insectes ont lieu fin avril et l'éclosion vers le 15 mai. C'est le moment de l'effeuillage. Les œufs se trouvent sous les feuilles inférieures et si on reconnaît, à ce moment, que les pontes sont très nombreuses et que l'invasion sera forte, le mieux est de faire ramasser indistinctement toutes les feuilles qui sont situées au-dessous du premier raisin vers l'insertion du rameau. On continue le ramassage du 10 mai au 10 juin environ, en supprimant les feuilles qui portent de nombreuses larves noires. Tant que les larves n'ont pas le quart de leur grosseur normale, on peut se contenter de jeter à terre les feuilles ramassées ; mais quand elles ont cette taille, elles remontent sur les ceps, il faut sortir les feuilles du vignoble et les brûler. A ce moment, l'opération du ramassage (vers le 10 ou le 15 juin) devient très dispendieuse ; mais, si les opérations que nous avons énumérées sont faites avec soin et activité, on est à peu près certain de mettre le vignoble à l'abri des dégâts.

»Avec de fortes invasions, les traitements aux poudres, — complémentaires du premier ramassage des insectes et de l'effeuillage qui sont les opérations les plus efficaces, — sont surtout nécessaires; ils sont aussi à appliquer les années ordinaires, surtout pour les Petit-Bouschet, Mourvèdre et Clairette, sur lesquels les larves viennent à la face supérieure des feuilles; sur les autres cépages, elles restent sur le revers des feuilles et l'application des poudres est difficile à exécuter. Si les ramassages des insectes et les effeuillages sont bien faits, il suffit d'employer, au troisième soufrage et en très grande abondance, le soufre d'Apt ou un mélange de soufre et de plâtre, de soufre et de cendres... Lorsque les invasions sont très fortes en juin, on peut employer avec quelques succès, mais non sans dépenses et difficultés, des poudres plus toxiques, telles: un mélange de poudre de pyrèthre et de soufre (6 à 7 kilogr. de pyrèthre pour 93 à 94 de soufre), un mélange de poudres de tabac et de soufre (12 à 15 kilogr. de poudre de tabac pour 88 à 85 kilogr. de soufre)... Toutes ces poudres n'agissent que sur les larves et ne produisent aucun effet sur les insectes parfaits. Les frais de traitement contre les Altises reviennent, en Algérie, à 25, 50, parfois 100 et 150 fr. par hectare. »

Une espèce d'Altise, l'*Altica chalybea* Ill. (Flea beetle), ou Altise bleu d'acier, est particulière à la vigne aux États-Unis d'Amérique, mais elle y produit moins de ravages que l'*Altica ampelophaga* en Algérie; M. C.-V. Riley a signalé une autre espèce sur la vigne, l'*Altica ignita* Ill.

GRIBOURI

Le Gribouri ou Écrivain n'a pas autant d'importance que l'Altise; mais, quand il se développe avec intensité, il produit des dégâts assez importants. L'insecte parfait, **Adoxus vitis** Fourcroy [1],

---

[1] L'*Adoxus vitis* est un *Coléoptère* de la famille des Chrysomélines; sa synonymie, d'après M. Valéry Mayet, est: ADOXUS VITIS Fourcroy, *Cryptocephalus niger* Geoffroy,

vit sur les feuilles, les rameaux et les fruits; il creuse des sillons (Pl. XVIII, D) droits ou anguleux, nettement découpés, de 1/2 à 2 centimètres de long et d'une largeur régulière de 1/2 millimètre, qui percent le parenchyme des feuilles ou entament les tissus des rameaux herbacés et des fruits. Ils sont disséminés irrégulièrement et ont été comparés à des caractères d'écriture, d'où le nom d'Écrivain. Ces altérations des rameaux et des feuilles sont insignifiantes, mais celles des fruits déterminent parfois leur desséchement ou leur éclatement. La larve est souterraine et se nourrit des racines, sur lesquelles elle produit des altérations, de forme semblables à celles des organes externes, qui sont la cause de l'affaiblissement ou de la mort de la plante et qui se manifestent par des phénomènes extérieurs de rabougrissement comparables à ceux causés par le Phylloxéra. Les traitements au sulfure de carbone contre la larve, et le ramassage des insectes parfaits, fait comme pour l'Altise, permettent de combattre sûrement le Gribouri.

L'*Adoxus vitis* (Fig. 259), d'après V. Audouin, « est long de six millimètres, noir et revêtu d'une pubescence grisâtre; la tête et le thorax sont très finement ponctués, les antennes sont noires avec leurs quatre premiers articles rougeâtres, l'écusson est noir; les élytres, d'un rouge brique, sont finement ponctuées et couvertes d'une légère pubescence d'un gris fauve; les pattes sont noires avec les jambes de la couleur des élytres. » La larve, qui est dans le sol, est blanchâtre, courbée en croissant; en avril, elle se transforme en nymphe dans une loge; elle devient insecte parfait en juin.

Fig. 259. — Gribouri (d'après V. Audouin).

Cantharis octava Aldrovandi, *Cryptocephalus vitis* Fourcroy, *Eumolpus vitis* Kugellan, *Bromius vitis* Chevrolat.— Les noms vulgaires sont: Gribouri, Ecrivain, Eumolpe, Bête à café, Diablotin, Bête à la forge, Gripevin, Grippe-bourre, — En Amérique: le *Fidia viticida* ou le *Fidia longipes* Melsh. (Rose bug) produisent les mêmes dégâts que le Gribouri.

ATTELABE

L'*Attelabe* ou *Cigarier* est rarement très dangereux sur les vignes; on peut d'ailleurs le combattre facilement. L'insecte parfait ou **Rhynchites Betuleti** Fabricius (1) produit, en se nourrissant des feuilles, de légères frisures sans importance; mais au moment de la ponte, la femelle se porte sur le pétiole et produit d'abord une entaille sur la face interne ; la feuille commence à se flétrir. Il l'enroule alors (Pl. XVIII, B) sous forme de *Cigare* et pond ses œufs, au nombre de 1 à 8, entre les feuillets alternes qu'il a réunis. La larve se nourrit du parenchyme des feuilles et, au bout d'une quinzaine de jours, elle sort et se laisse tomber sur le sol où elle se creuse, à une profondeur de 25 à 30 centimètres, une loge dans laquelle elle se transforme en nymphe. Le ramassage des insectes parfaits, comme celui de l'Altise, et surtout la cueillette des cigares, faite dès qu'il sont formés et à plusieurs reprises, permet d'éviter facilement les dégâts de l'Attelabe.

Fig. 260. — Attelabe (d'après V. Audouin).

Le *Rhynchites Betuleti* (Fig. 260) est un petit charançon de 5 à 6 millimètres de long. «Le corps, d'après V. Audouin, est glabre et d'un vert brillant en dessus, le bec est bronzé et très peu inégal ; le prothorax, ponctué, est muni latéralement d'une épine ; les élytres sont criblées de points enfoncés ; les pattes sont d'un vert bronzé, ainsi que l'abdomen».

---

(1) Le *Rhynchites Betuleti* est un *Coléoptère* de la famille des *Charançons*, dont la synonymie et les noms vulgaires sont, d'après M. Valéry Mayet : Rhynchites Betuleti Fabricius, *Curculio Betulæ* Linné, *Rhinomacer violaceus* Scopoli, *Rhinomacer viridis* Fourcroy, *Attelabus Betuleti* Fabricius, *Involvulus Betuleti* Schrank, *Byctiscus Betuleti* Thomson, *Byctiscus Betulæ* Bedel. — Attelabe, Rhynchite, Coigneau, Instrumentier, Formion, Bêche, Becmare vert, Velours vert, Rouleur, Cigarier, Cigareur, Bec mord, Urbec, Diableau, Grimaud, Becan, Cunche; Rebenstecher, Punteruolo, Sigaraio, Gorgaglione, Pampanella, Pizzetto, etc.

VESPERUS XATARTI

Les larves du **Vesperus Xatarti** Mulsant, que l'on nomme, dans les Pyrénées, *Menge-Mallots* ou *Boutou*, et, en Espagne, *Vildas*, s'attaquent aux racines et au pivot des jeunes vignes pendant le printemps et l'automne ; elles causent parfois dans ces régions, où

 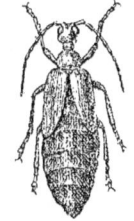 

Fig. 261   Fig. 262   Fig. 263

Fig. 261 : Vesperus Xatarti mâle. Grandeur nature (d'après M. Valéry Mayet). —
Fig. 262 : Vesperus Xatarti femelle. Grandeur nature (d'après M. Valéry Mayet). —
Fig. 263 : Œufs de Vesperus Xatarti sous écorce de vigne. Grandeur nature (d'après M. Valéry Mayet).

l'insecte est cantonné, des dégâts aussi grands que ceux du Gribouri ou du Hanneton commun ; leurs lésions sont circulaires sur les racines ou le pivot. Les traitements au sulfure de carbone permettent de s'en débarrasser avec assez de facilité.

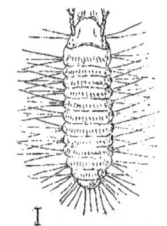

Fig. 264. — Larve du Vesperus Xatarti à l'éclosion (d'après M. Valéry Mayet).

Le *Vesperus Xatarti* est un Coléoptère-Longicorne. « Le mâle, dit M. Valéry Mayet, est un Longicorne normalement conformé (Fig. 261). Ses antennes dépassent la longueur du corps et ses élytres planes, recouvrant entièrement l'abdomen, abritent des ailes inférieures organisées pour le vol. Chez les femelles (Fig. 262), les antennes dépassent à peine la moitié de la longueur du corps ; les ailes inférieures sont nulles ou avortées, toujours impropres au vol, et les élytres déhiscentes, plus courtes que l'abdomen généralement gonflé d'œufs, font ressembler l'insecte aux Coléoptères de la famille des Vésicants. Le corps, long de 18 à 22 millimètres chez le mâle, de 20 à 30 millimètres chez la femelle, est d'un gris tirant tantôt sur le brun, tantôt sur le livide clair, toujours plus foncé sur la tête et le prothorax, ceux-ci densement recouverts de poils livides. Les téguments sont toujours plus ou moins mous. Les œufs (Fig. 263) sont blancs, très allongés, ayant 3 millimètres de long sur à peine 1 millimètre de large, assez souvent serrés les uns contre les autres en larges plaques adhérentes à l'écorce. La petite larve (Fig. 264) qui en sort du 15 au 30 avril a à peu près les mêmes dimensions; elle diffère notablement de la larve adulte en ce qu'elle est allongée; les segments, dans leur partie latérale, sont garnis de poils très longs, groupés par trois. Elle tombe dans le sol aussitôt sortie de l'œuf, et se transforme en larve adulte (Fig. 265) qui mange les racines. Cette larve adulte est aveugle, courte, couverte de poils courts et blonds ; elle mesure 25 millimètres de long sur 13 millimètres de large. Cette larve subit plusieurs mues sous terre et passe trois ans avant de se transformer en nymphe (Fig. 266) qui rappelle les formes de l'insecte parfait. »

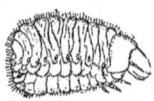

Fig. 265. — Larve adulte du Vesperus Xatarti. — Grandeur nature (d'après M. Valéry Mayet).

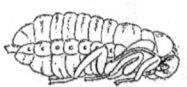

Fig. 266. — Nymphe du Vesperus Xatarti. — Grandeur nature (d'après M. Valéry Mayet).

ANOMALA VITIS

L'**Anomala vitis** vit sur beaucoup de plantes et aussi sur la vigne, principalement dans les terrains sableux. L'insecte parfait mange le parenchyme des feuilles qu'il perce de larges trous irréguliers et déchiquetés sur leurs bords, en respectant seulement les nervures principales; il se cantonne généralement sur quelques souches qu'il peut dépouiller de leurs feuilles, mais le simple ramassage, avec les appareils à altises, permet de se débarrasser très facilement des Anomala. Sa larve, qui vit en terre, mange parfois quelques racines, mais ses effets sont sans importance.

L'*Anomala vitis* Fabricius (*Euchlora vitis* Audouin, *Melolontha vitis* Fabricius, *Anomala holosericea* Illiger, — Euchlore, Hanneton vert) est un Coléoptère-Lamellicorne, «de 15 à 20 millim. de long. Il est d'un beau vert métallique très brillant (Fig. 267). Les antennes et les parties de la bouche sont brunes. La tête et le prothorax sont criblés d'une ponctuation fine et très serrée ; ce dernier offre une bordure latérale d'un jaune verdâtre qui se confond avec la couleur verte. L'écusson est arrondi et ponctué. Les pattes sont vertes avec des reflets cuivreux et des poils et des épines brunâtres. Tout le dessous du corps est d'un vert cuivreux.» V. Audouin cite encore l'*Euchlora Julii* Mulsant ou *Anomala ænea* de Geer comme attaquant les vignes, mais elle est sans importance.

Fig. 267. — Anomala vitis — Grandeur nature (d'après V. Audouin).

A côté de l'Anomala, nous citerons le Hanneton commun ou **Melolontha vulgaris** Fabricius, dont les effets sont si désastreux sur toutes les plantes, surtout dans les régions septentrionales. Le Hanneton commun est aussi à redouter dans les jeunes vignes et les pépinières du nord et du centre de la France, de même dans les terres meubles, profondes et fraîches du midi. La larve ronge l'écorce des jeunes souches au collet qu'elle cerne d'une rainure circulaire ; la plante meurt quelques jours après. L'efficacité des procédés de lutte par les moisissures (Botrytis tenella) n'est pas encore pratiquement démontrée ; les traitements au sulfure de carbone donnent des résultats imparfaits et inégaux. Le mieux est de ne pas planter de jeunes vignes les années où la larve peut les attaquer. Dès que les vignes ont deux ou trois ans, le *ver blanc* du Hanneton ne les attaque plus.

PERITELUS GRISEUS

Plusieurs espèces de *Peritelus* (Coléoptères-Charançons) vivent sur la vigne, ce sont : *Peritelus griseus* Olivier (*P. spheroïdes* Germar), *Peritelus subdepressus* Mulsant, *Peritelus senex* Bohemann, *Peritelus familiaris* Bohemann.

Le **Peritelus griseus** (Fig. 268) est le plus fréquent, mais il produit rarement des dommages très sérieux dans les terrains sablonneux ; cet insecte s'attaque, comme les autres espèces, aux jeunes bourgeons, au moment du débourrement ou peu après, surtout dans les pépinières et les jeunes plantiers ; il mange le cœur du bourgeon et pénètre même parfois les jeunes rameaux. Des soufrages répétés et à haute dose donnent des résultats, incomplets cependant. « Le *Peritelus griseus* a, d'après M. Valéry Mayet, 4 à 7 millim. de long. Sa couleur est d'ordinaire d'un gris assez foncé sur la partie dorsale, toujours taché de gris clair ; les antennes sont déliées, avec le dernier article moins large que le premier. Le prothorax est renflé en arrière, atténué en avant. Les élytres sont en ovale allongé, toujours convexes. »

Fig. 268. — Peritelus griseus, grossi.

OTIORHYNQUES

Les Otiorhynques appartiennent au même groupe que les Peritelus. Un grand nombre d'espèces ont été signalées sur la vigne comme sur d'autres plantes ; les plus communes et les plus importantes sont : *Otiorhynchus sulcatus* Fabricius, *Otiorhynchus Ligustici* Linné, *Otiorhynchus raucus* Fabricius, *Otiorhynchus picipes*. On leur donne en Bourgogne, d'après M. E. André, le nom de *Gros écrivain*. L'*Otiorhynchus sulcatus* et l'*Otiorhynchus Ligustici* sont les deux espèces les plus fréquentes. Comme le Peritelus, ils vivent aux dépens des bourgeons, d'où leur nom de *coupe-bourgeons*; leurs larves souterraines paraissent se nourrir des racines et pourraient, d'après M. E. André, être combattues par le sulfure de carbone. Les soufrages contre les insectes parfaits ont encore moins d'efficacité que contre les Peritelus; mais on peut avoir recours au ramassage, les années de grande invasion, en y procédant pendant la nuit ou le matin de bonne heure, car ces charançons, comme le *P. griseus*, sont nocturnes et se cachent au lever du soleil.

L'**Otiorhynchus sulcatus** (Fig. 269) est « un insecte, dit V. Audouin, long de dix à douze millimètres, entièrement noir, tant en dessus qu'en dessous; la tête, qui offre deux petites carènes longitudinales, est ponctuée et revêtue de petits poils fauves. Les antennes sont fauves avec une pubescence de la même couleur; le corselet ou prothorax est gibbeux et couvert de petits tubercules arrondis très serrés, qui le rendent tout granuleux; les élytres ovalaires, qui présentent chacune onze stries longitudinales fortement crénelées, sont parsemées de petites taches fauves formées par des poils très courts et très serrés; les pattes sont entièrement noires avec les cuisses très renflées et une légère pubescence rougeâtre à l'extrémité des jambes ».

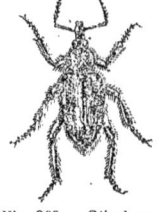

Fig. 269 — Otiorhynchus sulcatus (d'après V. Audouin).

L'**Otiorhynchus Ligustici** « a, d'après M. Valéry Mayet, une longueur de 11 à 13^{mm}50. Corps relativement large et bombé, noir, garni de poils et de squamules grises. Prothorax plus large que long, convexe, garni de petits granules arrondis, entre lesquels sont de nombreux poils gris. Elytres convexes, fortement dilatées, rétrécies en pointe arrondie par derrière, marquées en dessus de trois côtes peu saillantes, densement couvertes de petits granules saillants, et, dans l'intervalle, de poils et de squamules grises, disposées en forme de moucheture. »

Dans les terrains sablonneux, le **Cneorhinus geminatus** Fabricius (Fig. 270) produit des dégâts du même genre que les Peritelus et les Otiorhynchus, mais moins importants. Le ramassage des insectes, qui, comme ces derniers, sont nocturnes et se nourrissent des jeunes bourgeons et des feuilles, permet de se débarrasser facilement de ce parasite peu dangereux.

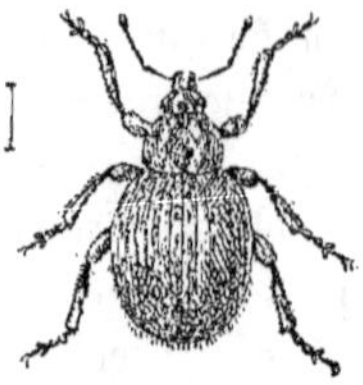

Fig. 270. — Cneorhinus geminatus (d'après M. Valéry Mayet).

Parmi les autres Coléoptères qui ont, en certaines circonstances, quelque importance comme parasites, nous citerons : *Opatrum sabulosum* Linné, *Pentodon punctatus* Villers, *Lethrus cephalotes* Pallas.

Le **Lethrus cephalotes** (Fig. 271) se nourrit, comme les insectes que nous venons d'étudier, aux dépens des jeunes bourgeons ou des jeunes rameaux. « Le Lethrus, dit M. Valéry Mayet, habite dans un trou profond comme tous les Géotrupides. Il s'établit de préférence dans les vignes, parce que les bourgeons succulents y abondent. Le soir et le matin, il sort, grimpe sur les ceps, et taille les jeunes pousses qui bientôt jonchent le sol. Après cela, il redescend et transporte à reculons, un à un, tous les bourgeons coupés dans son repaire, où ils serviront à la nourriture des larves. »

Fig. 271. — Lethrus cephalotes. — Grandeur nature (d'après M. Valéry Mayet).

On peut ramasser les insectes à la main ou injecter du sulfure de carbone dans leur terrier.

L'**Opatrum sabulosum** mange les jeunes pousses des greffes qui sortent des buttes et produit parfois d'assez grands ravages.

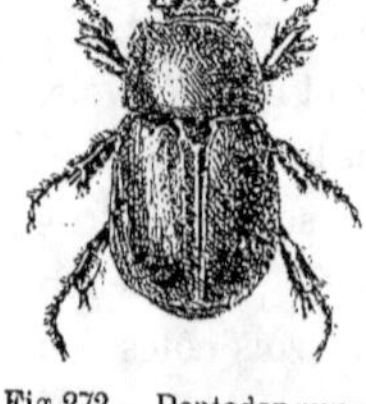

La larve souterraine du **Pentodon punctatus** (Fig. 272) mange les tissus cicatriciels du point de soudure, pendant leur formation, surtout lorsque les ligatures peu solides sont forcées de bonne heure par les bourrelets de cicatrisation. S'il se produit une invasion assez forte de ces larves soit dans les pépinières, soit dans les jeunes plantiers, il suffit de donner un traitement au sulfure de carbone pour s'en débarrasser.

Fig. 272. — Pentodon punctatus. — Grandeur naturere (d'après M. Valéry Mayet).

PYRALE

La Pyrale est, après le Phylloxéra, l'insecte le plus dangereux pour les vignes. La chenille du **Tortrix Pilleriana** Schiffermuller (1) se nourrit des feuilles et des grappes de fleurs ; elle enroule (Pl. XIX), avec de nombreux fils, des fragments de feuilles, des feuilles entières, parfois plusieurs feuilles et des grappes de fleurs. Lorsqu'une ou plusieurs chenilles ont ainsi fixé ces organes par leurs fils serrés et entre-croisés, elles s'en nourrissent ; d'autres fois, surtout au moment où la chenille va se transformer en nymphe, elle pique le pétiole, la feuille se flétrit partiellement et ses bords sont réunis en fourreau. Une même chenille peut ainsi construire plusieurs fourreaux qu'elle abandonne successivement pour des raisons diverses (dessiccation des feuilles, fermentation du fourreau). Les grappes des fleurs agglomérées par les fils coulent entièrement ; les feuilles flétries finissent par sécher, et un cep est parfois dépouillé de presque toutes ses feuilles dès le mois de juin. On conçoit les pertes considérables qui peuvent en résulter lorsque la Pyrale se développe avec intensité. C'est surtout dans les régions abritées des vents et dans les milieux frais (plaines) qu'elle est le plus à craindre ; elle existe à peu près dans tout le vignoble français, mais son apparition est assez irrégulière ; il est rare qu'elle cause de graves dommages dans un même vignoble pendant plusieurs années successives.

La chenille de la Pyrale laisse sa retraite d'hiver vers la fin d'avril

---

(1) La Pyrale est un LÉPIDOPTÈRE-NOCTURNE, comme la Cochylis. La synonymie, d'après V. Audouin, est la suivante : TORTRIX PILLERIANA Schiffermuller, *Pyralis Pilleriana* Fabricius, *Tortrix luteolana* Hübner, *Pyralis vitis* Latreille, *Tortrix Danticana* Walcknaër, *Pyralis vitana* Fabricius, *OEnophtira Pilleriana* Duponchel, *OEnectra Pilleriana* Guénée.— Pyrale, Phalène de la vigne, Chape, Ver de la vigne, Ver à tête noire, Ver de l'été, Couque, Babota, Tordeuse. — En Amérique et surtout dans le Texas, le *Desmia maculalis* Westwood (Leaf Roller) produit des ravages de même nature que ceux de la Pyrale, mais moins importants.

ou les premiers jours de mai; c'est à ce moment qu'elle commence à attaquer les vignes. Elle se nourrit pendant 45 ou 50 jours et subit quatre mues. Vers le milieu du mois de juin, elle se met à l'abri dans les fourreaux agglutinés par les fils et en partie desséchés, et là elle se transforme en chrysalide au bout de quelques jours; quinze jours après, les papillons apparaissent, par conséquent à la fin de juin ou dès les premiers jours de juillet. Les papillons s'accouplent aussitôt et pondent, à la face supérieure des feuilles, de 30 à 100 œufs agglomérés en forme de plaques ovales ou irrégulières. Les œufs éclosent au bout d'une dizaine de jours. Les petites chenilles se laissent tomber aussitôt des feuilles, en se fixant sur les bords par un long fil soyeux et vont se réfugier dans les fissures des écorces (tronc ou bras) de la souche. Là, la chenille file un cocon de soie blanche, assez peu condensée, dans lequel elle passera l'hiver.

V. Audouin a résumé les caractères des diverses formes de la Pyrale: « Papillon (Fig. 273) jaunâtre, à reflets plus ou moins dorés; antennes jaunâtres, garnies de petites écailles noirâtres;

Fig. 273. — Papillon de la Pyrale (d'après V. Audouin).

ailes antérieures d'un jaune pâle, à reflets d'un vert doré, avec une tache près de leur base et trois bandes transversales brunes: la première surtout et la seconde obliques et sinuées, la dernière, placée au sommet, presque droite; cette tache et ces bandes très marquées dans les mâles, affaiblies ou même nulles dans les femelles; ailes postérieures de couleur grise violacée, uniforme; pattes et abdomen d'un jaune grisâtre; longueur: de 11 à 16 millimètres; envergure des ailes: de 20 à 24 millimètres. — Œufs réunis en masse et imbriqués, agglutinés sur la face supérieure des feuilles; ovales, comprimés, d'abord verts, ensuite jaune gris ou bruns et, en dernier lieu, tachetés de noir; blancs après la sortie des chenilles. — Chenille (Fig. 274) verte, plus ou moins jaunâtre, avec des bandes d'un vert jaune ou d'un vert obscur et des taches punctiformes lisses et blanchâtres, munies chacune d'un poil; la tête noire et le premier anneau brun ou noir. — Chrysalide d'un brun marron, un peu

Les Maladies de la Vigne, par P. Viala. Pl. XIX.

PYRALE.

prolongée en avant, avec des épines implantées sur les anneaux, le dernier prolongé et muni de huit petits crochets. »

Les procédés de traitement de la Pyrale, sans être absolus, permettent cependant de la combattre avec succès. L'échenillage, ou ramassage des feuilles agglomérées par les fils soyeux de la chenille, n'est pas pratique ; les feux nocturnes et la cueillette des pontes des papillons, pratiquée fin juin et en juillet, donnent des résultats ; mais ce sont les traitements préventifs, l'échaudage surtout et la sulfurisation, qui constituent les procédés les plus parfaits. Ils ont pour but de détruire les chenilles qui hibernent, dans leurs cocons, sous les écorces.

Fig. 271. — Chenille de la Pyrale.

L'échaudage a été imaginé par Raclet vers 1828. Lorsque la taille des vignes a été pratiquée, en hiver et avant le débourrement, on écorce les vignes et on brûle les écorces enlevées ; cet écorçage n'est cependant pas indispensable. Puis on verse, en les mouillant largement, sur les bras et les troncs des souches, de l'eau bouillante ou à 90° C. au moins. Des appareils spéciaux permettent de maintenir l'eau à cette température et de faire le travail économiquement dans les vignes. Il faut environ un litre d'eau par souche et un ouvrier peut traiter 1000 souches par jour. Le traitement revient à 80 fr. par hectare environ. L'eau chaude dissout la matière qui agglutine les cocons et tue les chenilles. Si les vignes sont conduites sur échalas, on doit les ébouillanter, car les chenilles hivernent aussi dans leurs fentes et sous leurs écorces. L'échaudage est supérieur à tous les autres traitements préventifs.

On a renoncé, à peu près partout aujourd'hui, à la sulfurisation qui consistait à recouvrir la souche entière, préalablement taillée, d'une grande cloche sous laquelle on brûlait du soufre ; on laissait le cep soumis aux vapeurs d'acide sulfureux pendant 10 minutes. Il faut, avec ce procédé, 20 à 25 gr. de soufre par souche, et deux ouvriers peuvent traiter 900 souches par jour. Le prix de revient par hectare est aussi élevé que celui de l'échaudage. L'opération est plus délicate et d'une efficacité moins certaine.

On a proposé tout récemment les badigeonnages au moyen de

la formule Balbiani, que nous avons déjà indiquée; enfin M. Gaston Bazille a appliqué pour la Pyrale, comme traitement préventif, un mélange de 6 kilogr. d'huile lourde de goudron pour 100 litres d'urine de vache. Ces badigeonnages préventifs ont donné quelques résultats. Le flambage seul des troncs et des bras au moyen des flambeurs et des appareils pyrophores est insuffisant, mais il complète l'échaudage et remplace l'écorçage.

COCHYLIS

La Cochylis est, dans beaucoup de régions, aussi désastreuse que la Pyrale, surtout dans les vignobles du nord et du centre de la France. La **Cochylis ambiguella** ou *Tortrix ambiguella* (1) Hübner a deux générations. Les chenilles attaquent, à la première génération, en mars, les fleurs et parfois les pédoncules dans lesquels elles tracent un sillon qui provoque le desséchement de toute la grappe de fleurs; les fleurs non épanouies sont reliées et agglomérées par des fils soyeux, et les chenilles s'en nourrissent en pénétrant, sous la corolle, dans l'ovaire. Les chenilles de la deuxième génération produisent des dégâts plus importants; elles apparaissent à la période de la véraison, fin juillet et août; elles percent alors les grains de raisin et se nourrissent de leur contenu; une seule chenille peut ainsi détruire successivement plusieurs grains qu'elle réunit les uns aux autres par des fils soyeux (Pl. XVIII, E). Tout

---

(1) Synonymie d'après V. Audouin : Cochylis ambiguella Hübner, *Tortrix ambiguella* Hübner, *Tinea ambiguella* Hübner, *Tinea Omphaciella* Faure-Biguet et Sionest, *Tinea uvæ* Menning, *Pyralis ambiguella* Forel, *Tortrix roserana* Frœlich, *Cochylis roserana* Treitschke, *Tinea uvella* Vallot, *Cochylis Omphaciella* Audouin.— Noms vulgaires: Ver rouge, Ver à tête rouge, Ver coquin, Ver de la vendange, Teigne de la vigne, Teigne de la grappe, Teigne des grains, Tignola, Bruco, Tarlo dell'uva..... — En Amérique, le *Penthina vitivorana* Packard (Grape-Berry Moth), qui ne serait, pour M. C.-V. Riley, que le *Lobesia botrana* (*Tortrix botrana*) européen, détruit les grains de raisin comme la Cochylis; ses dégâts sont importants dans le Missouri et les vignobles du nord de l'Ohio ; en attaquant les fruits, cet insecte détermine leur pourriture s'ils sont déjà vérés et les Américains donnent parfois à cette altération le nom de *Grape Rot*.

grain percé se décompose et pourrit en prenant une teinte violacée ; parfois les baies sont entièrement ridées et la peau, séchée, reste tendue ou plissée. Les pertes atteignent jusqu'aux deux tiers et aux trois quarts de la récolte, et cela dans l'espace de quinze jours ou trois semaines. Les côtes du Rhône, le Beaujolais, la Bourgogne et la Gironde sont les régions où les dégâts de la Cochylis sont le plus fréquents et les plus importants. La Cochylis se porte sur les vignes en coteaux aussi bien que dans les plaines, dans les milieux chauds et secs comme dans les sols froids et humides.

Les premiers papillons nocturnes de la Cochylis, qui proviennent des chrysalides hibernantes, apparaissent à la fin d'avril ou au commencement de mai. Après l'accouplement, la femelle pond une trentaine d'œufs très petits qu'elle dépose sur les jeunes pousses et les bourgeons floraux. Les chenilles des premières générations éclosent quinze jours après et vivent 40 ou 45 jours ; elles se retirent, à la fin juin ou pendant la première quinzaine de juillet, dans les grappes entrelacées de fils soyeux, parfois sous les écorces du tronc ou dans les fissures des échalas et se filent un cocon blanchâtre où elles se transforment en chrysalides. Celles-ci donnent un nouveau papillon 15 jours après environ. Les papillons pondent sur les raisins en véraison (fin juillet et août) des œufs de même forme que ceux des papillons du printemps ; les chenilles de deuxième génération, qui en proviennent et qui vivent aux dépens des grains, se retirent en septembre sous les écorces des ceps, dans les fissures des échalas et se filent un cocon soyeux très dense, à fils agglutinés et réunis souvent à des fragments de feuilles et de bois. La chenille se transforme en chrysalide sous cette enveloppe épaisse et résistante et passe l'hiver à cet état.

Voici quels sont, résumés d'après V. Audouin, les caractères des diverses formes de la Cochylis: Le papillon est long de 7 à 8 millimètres, quand ses ailes sont fermées ; lorsqu'elles sont étendues, il a environ 14 à 15 millimètres d'envergure. Le corps est d'un jaune pâle avec quelques reflets argentins sur la tête et le thorax. Les antennes sont d'un gris clair. Les ailes antérieures, de même couleur que le corps, présentent vers leur milieu une bande transversale brune, rétrécie vers le bord intérieur avec quelques marbrures plus pâles et des espaces ferrugineux. Les ailes postérieures sont d'un gris perle uni. Les œufs sont d'une petitesse extrême et disposés en petites plaques ; leur forme est ovalaire et leur couleur est d'un gris terne très pâle. La chenille, longue d'environ 8 millimètres, a la tête et toutes les parties de la bouche d'un brun rougeâtre foncé ; le premier anneau est de la même couleur, mais un peu plus intense avec, au milieu, une petite ligne d'un jaune pâle. Tout le reste du corps est grisâtre, lorsque la chenille est jeune ; mais il devient, à l'état adulte, d'un rose violacé tendre, très marqué surtout dans les chenilles de la seconde génération. La chrysalide, longue de six millimètres, est d'un brun uniforme, d'une nuance plus claire que celle de la Pyrale ; elle est aussi proportionnellement plus courte et surtout plus obtuse vers son extrémité.

La lutte est bien plus difficile contre la Cochylis que contre la Pyrale. Le traitement préventif par l'échaudage des ceps, préalablement écorcés, ne donne pas des résultats aussi absolus, mais il est efficace ; on le pratique en hiver ; on a conseillé de le faire aussi, sur le tronc et les bras, après la vendange, avant que la transformation en chrysalide dans le cocon ait eu lieu ou mieux de le remplacer par des badigeonnages. L'eau doit être très chaude et versée sur des ceps dont les écorces ont été enlevées et brûlées. On a conseillé tout récemment de dissoudre dans l'eau des cristaux de soude ou de potasse du commerce à la dose de 5 à 10 %. Les échalas, dans les fissures desquels un grand nombre de chrysalides hivernent, doivent être ébouillantés, ou mieux plongés pendant 24 ou 48 heures dans des solutions de sulfate de cuivre à 10 % ; on doit encore enlever et brûler tous les résidus des bois de taille et les liens d'accolage. Comme traitements curatifs, on peut capturer les papillons des deux générations par des lanternes-pièges allumées, dans les vignes, pendant la nuit ; ramasser ou tuer avec des ciseaux les chenilles et les chrysalides de la première génération, enfin enlever successivement les grains attaqués par les chenilles de deuxième génération.

Ces derniers procédés sont évidemment très coûteux. L'application des insecticides contre les chenilles serait d'un usage plus commode, mais on ne peut affirmer encore que ceux qui ont été essayés aient donné des résultats absolument concluants. M. J. Dufour a proposé tout récemment de pulvériser sur les chenilles de première génération surtout, avant ou après la floraison, et, de très bonne heure sur celles de deuxième génération, un liquide composé de la façon suivante : on fait dissoudre 3 kilos de savon mou dans 10 litres d'eau chaude, puis on les mélange avec 90 litres d'eau, dans lesquels on fait infuser 1 kil. 500 de poudre de pyrèthre, en brassant fortement le liquide. On a proposé beaucoup d'autres liquides, mais ce dernier paraît avoir donné les meilleurs résultats.

Le **Tortrix botrana** Schiffermuller ou *Eudemis botrana* serait localisé en France, d'après M. Valéry Mayet, dans les Alpes-Maritimes ; cette espèce a les mœurs de la Cochylis et produit des dégâts de même nature.

Les **Noctuelles** sont des Lépidoptères nocturnes dont les chenilles ou *Vers gris* se nourrissent de plantes très diverses et parfois des jeunes rameaux de la vigne qu'elles coupent aux mois d'avril et de mai.

M. Valéry Mayet cite comme Noctuelles attaquant plus spécialement la vigne : *Agrotis crassa* Linné, *Agrotis segetum* Schiffermuller, *Agrotis exclamationis* Linné, *Agrotis pronuba* Linné, *Noctua exigua*....

Les vers gris mangent seulement la nuit ; ils se tiennent, pendant le jour, dans les fissures du sol ou sous les mottes de terre. Les procédés employés pour s'en débarrasser consistent dans le ramassage à la lanterne, pendant la nuit, des chenilles qui sont alors sur les vignes. Pendant le jour, on cherche les chenilles à la pioche sous les mottes et on les écrase ; on fait parfois, autour des souches, quelques trous avec un pieu dans lesquels les vers gris se réunissent au lever du soleil et où on les écrase. Quand les invasions sont fréquentes ou à redouter, on peut cultiver, sur une largeur de 15 à 20 centimètres entre les souches, diverses plantes (pommes de terre, vesces...), sur lesquelles les vers gris se portent de préférence et où l'on peut les détruire facilement.

Parmi les autres principaux Lépidoptères qui attaquent la vigne, sans être cependant des parasites très dangereux, sont le *Sphinx Elpenor* Linné, l'*Ino ampelophaga* Bayle et diverses espèces de Chelonia, parmi lesquelles surtout le *Chelonia caja* Linné.

La chenille du **Sphinx elpenor** mange les rameaux et les feuilles de la vigne du mois de juin à la fin du mois d'août, mais elle ne cause jamais de dommages bien sérieux ; cette chenille est d'ailleurs très grosse et facile à ramasser.

Le Zygène de la vigne, l'**Ino ampelophaga** (*Zigæna ampelophaga* Bayle, *Procris ampelophaga* Passerini) est un Lépidoptère crépusculaire particulier aux régions méridionales de l'Europe et surtout à l'Italie ; les chenilles, qui apparaissent en mai, mangent les jeunes bourgeons et le parenchyme des feuilles pendant tout ce mois. Une seconde génération de chenilles apparaît en juillet.

Le **Chelonia caja** produit rarement des dégâts importants dans le midi de la France ; sa chenille mange, pendant le jour, les bourgeons de la vigne et il est facile de la ramasser.

COCHENILLES

Les Cochenilles sont des Hémiptères de la famille des Coccides qui sont la première cause du développement de la Fumagine, ainsi que nous l'avons déjà vu. Les espèces qui se trouvent plus particulièrement sur la vigne sont : *Pulvinaria vitis* Linné, *Aspidiotus vitis* Signoret, *Dactylopius vitis* Niedelsky.

Le **Pulvinaria vitis** (Fig. 275) ou *Coccus vitis* Linné (*Lecanium vitis* Illiger) se développe assez souvent dans les milieux bas et humides. Il apparaît primitivement, comme les autres cochenilles d'ailleurs, dès la fin de l'été, au moment de la vendange. Sur les excréments sucrés qu'elle émet, le champignon de la Fumagine se développe avec intensité et très rapidement ; les souches, rameaux, feuilles et raisins sont bientôt recouverts d'une poussière intense, d'un noir olivacé, qui tombe même sur le sol. L'année suivante, si l'on n'a pris aucune précaution, les insectes, passant l'hiver sous la dépouille de la mère, peuvent provoquer au printemps un nouveau développement de la Fumagine qui est alors nuisible à la plante dont elle entrave partiellement la fonction des feuilles et dont elle détermine la coulure des fleurs. Mais il est facile de prévenir le mal; il suffit, pour cela, de tailler les souches aussitôt après la vendange et de les badigeonner fortement avec une solution de sulfate de fer acide, comme on le ferait pour l'Anthracnose, et de répéter cette opération au printemps une quinzaine de jours avant le débourrement. L'**Aspidiotus vitis** est particulier aux régions chaudes de l'Europe (Algérie, Italie, Grèce, Alpes-Maritimes) et se rencontre assez rarement sur les vignes.

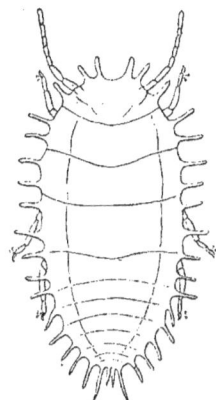

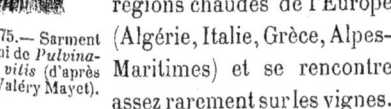

Fig. 275.— Sarment garni de *Pulvinaria vitis* (d'après M. Valéry Mayet).

Fig. 276.— *Dactylopius vitis*, très grossi (d'après M. Valéry Mayet).

Le **Dactylopius vitis** (Fig. 276) est fréquent en Orient et assez commun dans le midi de la France, où, comme le *Pulvinaria vitis*, il est aussi la première cause du développement de la Fumagine; les sulfatages permettent de prévenir le mal et, d'après M. Gennadius, les soufrages arrêteraient la multiplication de l'insecte au printemps.

CICADELLES

Les Cicadelles sont des Hémiptères; trois espèces connues vulgairement sous le nom de *Thrips*, l'une américaine, l'*Erythroneura vitis* Harriss., les deux autres européennes et particulières au sud de l'Europe et au nord de l'Afrique, le *Typhlocyba flavescens* Fabricius et le *Typhlocyba viticola* Targioni, sont surtout fréquentes sur la vigne.

L'**Erythroneura vitis** cause, certaines années, dans les parties sèches des vignobles des Etats-Unis d'Amérique, depuis l'Etat de New-York jusqu'au sud du Texas, des dommages assez sérieux lorsqu'il se multiplie avec une extrême abondance; il décolore les feuilles par les nombreuses piqûres qu'il fait à la face supérieure et la récolte en souffre indirectement, les raisins mûrissent mal. Des soufrages répétés permettent de se débarrasser facilement de cet insecte.

Le **Typhlocyba viticola** n'a été signalé que par M. Targioni-Tozzetti dans les vignobles italiens.

Le **Typhlocyba flavescens** est abondant sur les côtes méditerranéennes de l'Afrique, où il vit sur plusieurs plantes et parfois sur la vigne. Lorsque sa multiplication est très intense, il provoque, comme le Thrips américain, un affaiblissement des souches; nous croyons que l'on peut le combattre, comme ce dernier, par des soufrages répétés.

Fig. 277. — *Penthimia atra*, grossi (d'après V. Audouin).

Le **Penthimia atra** Fabricius (Fig. 277), qui appartient aussi à la famille des Cicadelles, se développe dans tous les vignobles français, mais il produit rarement des dégâts en piquant les feuilles. Des soufrages répétés et au besoin le ramassage des insectes permettraient de s'en débarrasser facilement.

LOPUS SULCATUS

Le **Lopus sulcatus** Fieber est un Hémiptère du groupe des Punaises qui attaque les vignes dans le centre de la France, où il est connu sous les noms de *Grisette* et *Margotte*. «Ce parasite est assez peu répandu jusqu'à présent, du moins comme espèce nuisible, dit M. Valéry Mayet; dans le département de l'Yonne, il n'y a de sérieusement atteint que le canton de Coulange-la-Vineuse. Dans le Centre, ce n'est guère que les deux rives du Cher qui sont maltrai-

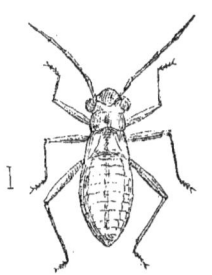

Fig. 278. — Larve du *Lopus sulcatus* (d'après M. Patrigeon)

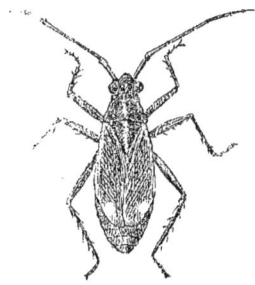

Fig. 279. — *Lopus sulcatus* femelle (d'après M. Patrigeon).

tées, de Chablis à Thézée, sur un parcours d'environ 40 kilomètres. On a également signalé l'insecte à Ouveillan (Aude). D'après le Dr Patrigeon, c'est surtout dans les terrains argileux et sur le Côt ou Malbec que s'exercent les ravages.»

La Grisette (Fig. 278, 279 et 280) se nourrit aux dépens des jeunes grappes de fleurs, en piquant soit les fleurs, soit le pédoncule des grappes ; dans ce dernier cas,

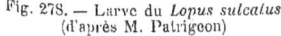

Fig. 280. — *Lopus sulcatus* mâle (d'après M. Patrigeon, *in* Valéry Mayet).

tout le raisin est perdu, et, si les insectes sont abondants, une bonne partie de la récolte peut être compromise. Le ramassage des insectes ou le badigeonnage des souches par le procédé Balbiani, fait pour détruire les œufs, permettrait de lutter facilement contre ce parasite.

Les œufs pondus en juin sous les écorces éclosent en mars ou avril. La larve (Fig. 278), aptère, est d'un rouge sombre, zoné de lignes d'un blanc sale ; elle mesure 3 millim. de long ; elle vit pendant un mois et se transforme en nymphe. Celle-ci apparaît en mai et se nourrit des fleurs ; c'est cette forme qui produit le plus de dégâts ; elle se distingue de l'insecte parfait par ses ailes qui sont rudimentaires. L'insecte parfait (Fig. 279 et 280) est entièrement développé un mois après ; il a, d'après M. Valéry Mayet, une longueur de 6 à 7 millim. sur 2 millim. de large ; son corps est brunâtre, tacheté de points et de bandes jaunes ; les antennes sont presque aussi longues que le corps et composées de quatre articles ; les pattes sont longues, brunes et teintées de jaune. La femelle (Fig. 279) est un peu plus longue que le mâle (Fig. 280) et ses ailes sont beaucoup moins développées.

EPHIPPIGER

Parmi les Orthoptères, et outre les Criquets qui causent en Algérie d'aussi grands dégâts à la vigne qu'aux autres plantes cultivées, il est plusieurs espèces d'**Ephippiger** qui, les années de grande invasion, sont sérieusement à redouter dans le midi de la France. Les Ephippiger mangent tous les organes herbacés de la

Fig. 281. — *Ephippiger Bitterensis* (d'après M. Valéry Mayet).

vigne et c'est surtout au début de la végétation qu'ils produisent le plus de dégâts. Le seul moyen efficace de s'en débarrasser est de les faire ramasser à la main. Trois espèces surtout, l'*Ephippiger vitium* Serville, l'*Ephippiger Bitterensis* Linné et le *Barbitistes Berenguieri* Mayet sont plus spéciales à la vigne.

D'après M. Valéry Mayet, les principaux caractères différentiels de ces trois espèces sont les suivants: L'*E. vitium* est ordinairement vert avec le ventre jaune ; sa taille est de 22 à 25 millimètres chez le mâle et de 25 à 30 millimètres chez la femelle. L'*E. Bitterensis* (Fig. 281) mesure de 30 à 35 millimètres ; il est plus souvent d'un vert jaunâtre avec l'abdomen d'un noir intense, le dessous du corps est jaune et les pattes fréquemment violacées ou couleur de chair. Le *B. Berenguieri* est long de 23 à 29 millimètres ; le corps est d'un noir violacé tirant sur le vineux, orné en dessus de trois bandes longitudinales d'un jaune pâle presque blanc ; les antennes sont presque noires et maculées de jaune.

CÉCIDOMIES

La Cécidomie de la vigne, ou **Cecidomya œnophila** Haimhoffen, est répandue, en Europe, à peu près dans toutes les régions viticoles ; c'est un parasite sans aucune importance. La larve de ce Diptère pique les feuilles et produit des galles (Pl. XVIII, c) que l'on confond parfois avec celles du Phylloxéra. Ces galles sont généralement peu nombreuses et ne déterminent presque jamais l'affaiblissement de la feuille attaquée, encore moins celui de la souche envahie. On trouve le plus souvent quelques feuilles envahies sur un même cep et sur ces feuilles un petit nombre de galles, 5 ou 6, par exception 15 ou 20. Ces galles sont disposées le plus souvent sur les nervures principales, quelquefois sur le parenchyme, mais leur axe est toujours formé par les sous-nervures. Elles ont une forme nettement ovoïde-lenticulaire et 3 à 5 millimètres de longueur, suivant les nervures, sur 2 à 3 millimètres de haut et de large. Elles sont bombées sur les deux faces et d'une consistance dure, d'une teinte variable suivant les cépages ;

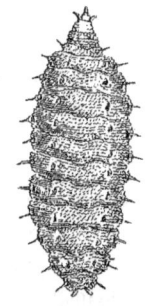

Fig. 282. — Larve de *C. œnophila*, grossie (d'après MM. Déresse et J. Perraud).

sur les hybrides Bouschet, elles prennent une couleur vert-violacée qui s'accuse surtout lorsque la larve a laissé sa demeure ; sur les autres cépages, elles sont d'un jaune verdâtre et luisantes à la face

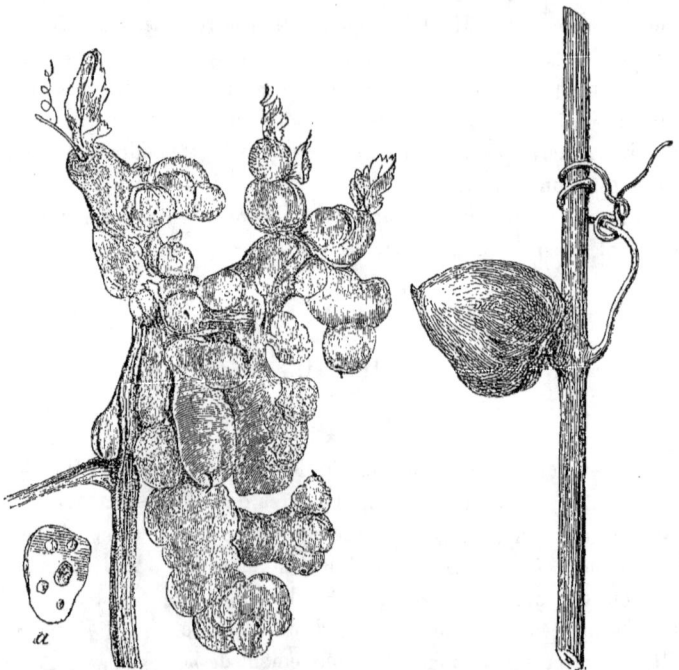

Fig. 283. — Galle de *Lasioptera vitis* ou Vitis-tomatos (d'après M. C.-V. Riley).

Fig. 284. — Pomme de Californie. Grandeur nature.

supérieure, d'un vert clair à la face inférieure. Sur cette partie de la galle se trouve une étroite ouverture, à peine visible, qui est le point originel de la piqûre de la larve et par laquelle celle-ci sortira pour se laisser tomber sur le sol, où elle se transformera en nymphe en se filant un cocon de cire blanche. Dans les galles vivent les larves (Fig. 282) qui s'y tiennent arquées ; elles ont deux millimètres de long ; d'abord d'un jaune pâle, elles prennent ensuite une teinte orangée ; le corps est composé de 14 anneaux et recouvert de petites verrues imbriquées et finement dentelées sur les bords ; elles sont apodes. « L'insecte parfait, d'après MM. Déresse et J. Perraud, a

CÉCIDOMYIES 567

des antennes effilées composées de quatorze articles placés bout à bout chez les femelles, au contraire assez fortement pédicellés chez le mâle; ces antennes sont d'un brun rougeâtre et munies de poils courts. La coloration générale du corps est couleur de chair. Les pattes sont longues, très fines, rougeâtres. Les ailes, une demi-fois plus longues que le corps, sont recouvertes à leur surface par des poils de deux sortes : les uns, très courts et droits, apparaissent sous forme de ponctuation; les autres, moins longs et moins abondants, sont disséminés sur toute la surface. »

Plusieurs Cécidomies ont été signalées aux États-Unis d'Amérique. Le *Lasioptera vitis* Osten-Saken (*Cecidomya vitis* et *Cecidomya viticola* du même auteur

Fig. 265. — Pomme de Californie ou *Vitis-pomum*; b: coupe de la galle. (d'après M. C. V. Riley)

Fig. 266. — *Vitis-coryloides* (d'après M. C. V. Riley).

ou *Cecidomya vitis-tomatos*) produit de curieuses déformations sur les rameaux herbacés (Fig. 263) et surtout sur les jeunes pousses sur lesquelles il se forme de grosses boursouflures parenchymateuses et caverneuses, irrégulières, cornalloïdes et d'un blanc transparent ou d'un blanc jaunâtre; ces déformations ont souvent de 5 à 10 centimètres de longueur et 2, 3 et 4 centimètres de diamètre; mais elles sont accidentelles et sans importance dans les vignobles du nord de l'Amérique.

D'autres déformations, non moins curieuses, sont dues aussi à des Cécidomies dont l'espèce n'a pas été déterminée et que MM. Walsh et Riley ont dénommées *Vitis-pomum* ou *Pomme de Californie* (Fig. 284 et Fig. 285) et *Vitis-coryloïdes* (Fig. 286).

La Pomme de Californie est une grosse galle piriforme (Fig. 284 et 285), insérée par sa grande base, dure et creuse, ayant jusqu'à trois et quatre centimètres de hauteur et un ou deux centimètres de diamètre; elle se développe, sous l'action de la piqûre de la larve, à la place des bourgeons, aussi bien sur les vignes sauvages que sur les vignes cultivées. Le *Vitis-coryloïdes* (Fig. 286) est une agglomération, sur les rameaux herbacés, de galles d'un jaune-blanchâtre, parenchymateuses, plus ou moins piriformes.

BIBLIOGRAPHIE

Aloï (A.). — Un nouvel insecte du genre Cecidomya nuisible à la vigne (traduit par L. Ravaz, in Progrès agricole, 1887).
André (E.). — Les parasites et les maladies de la vigne. (Beaune, 1882).
— Les métamorphoses de l'Otiorhynchus picipes. (Le Naturaliste, 1887).
Audouin (V.). — Histoire des insectes nuisibles à la vigne et particulièrement de la Pyrale. (Paris, Masson, 1842).
Barbier (A.). — Destruction de l'Altise. (Algérie agricole, 1887).
Biguet et **Sionest**. — Mémoire sur les insectes nuisibles à la vigne. (Lyon, 1802).
Déresse et **Dupont**. — La Cochylis. (Station viticole de Villefranche, 1889, avec Bibliographie spéciale à la Cochylis)
Déresse et **Perraud**. — Contribution à l'étude de la Cécidomie de la vigne. (Station viticole de Villefranche, 1891).
Dunal (F.). — Insectes qui attaquent la vigne (Bull. soc. agr. Hérault, 1832).
— Des Orthoptères ampélophages. (Bull. Soc. agr. Hérault, 1838).
Dupont (E.). — Contribution à l'étude du Gribouri. (Station viticole de Villefranche, 1889).
Foëx (G.). — Cours complet de viticulture. (Montpellier, 1891).
Jaussan. — De la Pyrale et des moyens de la combattre. (Béziers, 1882).
Kehrig. — Traitement de la Cochylis. (Bordeaux, 1890).
Kunckel d'Herculais. — Ravages de l'Otiorhynchus sulcatus. (Société entomologique de France, 1882).
Ladrey. — La Pyrale de la vigne. (Dijon, 1876).
Lecq (H.). — L'Altise de la vigne. (Alger, 1884).
Lichtenstein. — Les Coccides de la vigne. (Bull. Soc. entom. de France, 1870).
Lichtenstein et **Valéry Mayet**.— Métamorphoses du Vesperus Xatarti. (Société entomologique de France, 1873 et 1875).
— Métamorphoses de l'Eumolpus vitis. (Société des agriculteurs de France, 1878).
Mulsant et **Valéry Mayet**. — Description des métamorphoses de l'Anomala vitis. (Société linéenne de Lyon, 1866).
Oliver. — Mœurs du Vesperus Xatarti. (Société des agriculteurs de France, 1879).
Osten-Saken. — Monograph of the Diptera of North-America. (Washington, 1862).
Ottavi (Ottavio). — Viticoltura theorico-pratica. (Casale, 1885).
Patrigeon. — Sur le Lopus sulcatus ou Grisette de la vigne. (Comptes rendus de l'Académie des Sciences, 1884 et 1885).
Perraud (J.). — Contribution à l'étude des mœurs et des procédés de destruction de la Cochylis. (Station viticole de Villefranche, 1891).
Portes et **Ruyssen**. — Traité de la vigne et de ses produits. (Vol. III, Paris, 1889).
Valéry Mayet. — Les insectes de la Vigne (Montpellier, 1890), avec Bibliographie des divers insectes parasites de la vigne.
— Description d'une nouvelle espèce de Barbitistes attaquant la vigne. (Bull. Soc. ent. de France, 1888).
Vallot.— Mémoire pour servir à l'histoire des insectes ennemis de la vigne. (Dijon, 1841).
Vermorel. — Destruction de la Cochylis ou ver de la vigne. (Montpellier, 1890).
Viala (P.). — Une Mission viticole en Amérique (1889, p. 299 à 303).
Walckenaer. — Insectes nuisibles à la vigne. (Société entomologique de France, 1835).

CHAPITRE XV

ACARIENS ET ANGUILLULE

ERINOSE

L'*Erinose* (1) est une maladie répandue sur toutes les vignes de l'Europe ; elle est due aux piqûres d'un Acarien, le **Phytoptus vitis** Dujardin ou *Phytocoptes epidermis* Donnadieu. Les effets de l'Erinose ont en général peu d'importance sur la vigne ; ils se traduisent cependant par un certain rabougrissement des plantiers, lors des premières phases de la végétation, si les jeunes pousses sont fortement envahies. Des soufrages répétés, donnés peu après le débourrement, permettent, sinon de se débarrasser entièrement de l'Erinose, du moins d'arrêter le développement des parasites. On a observé aussi que les échaudages pratiqués en hiver contre la Pyrale faisaient disparaître l'Erinose sur des vignes précédemment envahies, en détruisant probablement les Phytoptus logés sous les écorces ou à la base des bourgeons ; il en serait de même des badigeonnages faits au moyen de la formule de M. Balbiani ; par contre, les badigeonnages au sulfate de fer n'auraient donné aucun résultat.

Les caractères de l'Erinose (Pl. XX) ont été résumés par M. L. Ravaz, avec qui nous avons étudié cette maladie (2) ; nous reproduisons les parties essentielles de son mémoire pour la description des altérations.

« Au printemps, dès que la vigne bourgeonne, de petites protu-

---

(1) Nous adoptons le nom d'*Erinose*, couramment employé aujourd'hui, quoique Dunal, qui a créé ce nom pour la maladie qu'il croyait due à un champignon (*Erineum vitis*), l'écrivit *Erinnose*.

(2) L. Ravaz. — L'Erinose (Progrès agricole et viticole, 1888, pp. 482-483).

ERINOSE.

bérances se présentent souvent sur les jeunes feuilles en voie d'épanouissement. Si le bourgeon est très duveteux, il est difficile de les distinguer à première vue, mais il suffit de faire disparaître, par un léger frottement avec le doigt, les longs poils qui recouvrent encore la face supérieure des feuilles pour les apercevoir nettement. Elles apparaissent alors colorées en rouge dans la majeure partie des cas, quelquefois en jaune chez un certain nombre de cépages ; elles ont rarement la même teinte que la partie saine de la feuille : leur contour est régulier, généralement circulaire, et elles mesurent 2 à 3^{mm} de diamètre. A mesure que la feuille grandit et que les poils lanugineux dont elle était entourée

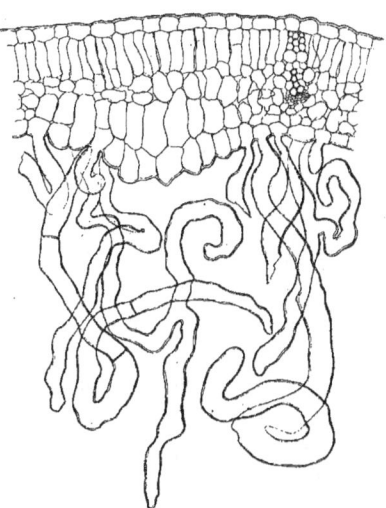

Fig. 287. — Coupe d'une feuille atteinte d'Erinose (G. Boyer, del).

disparaissent, les galles augmentent aussi en étendue et deviennent plus distinctes ; mais elles changent de couleur. Sauf chez les hybrides Bouschet et quelques autres cépages, où elles sont toujours nuancées de rouge, elles présentent la teinte verte normale des feuilles ; en quelques points cependant, elles sont d'un vert plus foncé. En même temps leur contour se modifie. Comme elles se développent à peu près exclusivement aux dépens du parenchyme, elles paraissent formées par la juxtaposition de petits mamelons qui se seraient soudés les uns aux autres par leur base et suivant les nervures et les sous-nervures ; celles-ci, par suite, sont toujours fortement dessinées en creux à la face supérieure.

» En nombre très restreint, les galles n'impriment pas d'autres caractères à la page supérieure que ceux que nous venons de décrire. Il n'en est plus de même lorsqu'elles sont très nombreuses :

elles se réunissent les unes aux autres, au point d'occuper toute la surface foliaire, et la déforment souvent considérablement. La feuille devient fortement rugueuse en dessus, dure, coriace et se brise sous la main; souvent elle replie ses bords en dessous, et ce mouvement d'involution peut même être assez marqué pour que la feuille se roule en cigare. Ces cas sont très rares; ils se présentent seulement lorsque l'Erinose se développe avec une grande intensité, et presque toujours sur les feuilles de la base des rameaux. A la fin de la végétation, les galles se décolorent plus tôt que les tissus avoisinants; souvent même elles prennent une teinte jaune très accentuée.

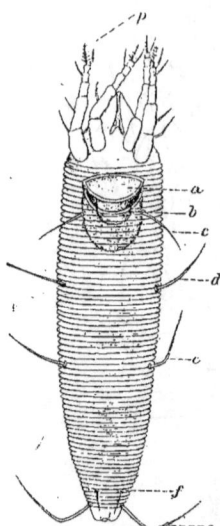

Fig. 288. — *Phytoptus vitis*; larve tétrapode vue par la face ventrale. — Gross.: 850/1 (d'après M. Briosi).

» A la face inférieure, correspondant aux excroissances de la face supérieure, se trouvent des concavités, plus ou moins profondes, tapissées par un épais feutrage de poils (Fig. 287). Au début de l'altération, ces poils sont souvent masqués par le duvet qui se trouve normalement à la face inférieure chez les cépages très tomenteux; plus tard, il est toujours facile de les distinguer nettement des poils subulés ou lanugineux auxquels ils sont mêlés; leur coloration est d'un blanc mat; mais à mesure qu'ils vieillissent, ils prennent une teinte rousse qui devient de plus en plus foncée. Lorsque les galles garnissent tout le dessus de la feuille, les poils occupent eux aussi toute la face inférieure, qui paraît alors recouverte par un épais duvet dense et serré et de couleur variant du blanc mat au roux foncé. Les poils de l'Erinose se développent aussi à la face supérieure, le plus souvent sans occasionner une saillie correspondante de la feuille en dessous; quelquefois cependant cette saillie se manifeste presque aussi nettement qu'en dessus (1).

---

(1) L'Erinose n'avait jamais été signalée en Amérique avant mes explorations en 1887 elle y est cependant fréquente aussi bien sur les vignes sauvages que sur les vignes culti-

»L'Erinose ne se développe pas seulement sur les feuilles ; elle attaque encore tous les organes herbacés de la vigne : les pétioles, les rameaux, les vrilles, les grappes de fleurs, etc. Sur tous ces organes, elle occasionne des déformations des tissus moins profondes que sur les feuilles ; toutefois, les touffes de poils existent toujours et présentent tous les caractères que nous avons décrits plus haut. Sur tous ces organes, l'Erinose fait peu de mal, excepté sur les fleurs. Toutes les parties constitutives de ces dernières peuvent être atteintes : la corolle, les étamines, les ovaires. C'est sur les pétales que l'action de l'Erinose est le plus visible. Ces corps deviennent épais ; leur coloration est rougeâtre, jamais d'un vert clair comme à leur état normal, et au lieu de se détacher en capuchon, ils s'ouvrent en étoile. Les étamines restent plus courtes ; leurs filets s'épaississent, deviennent verts et demeurent souvent soudés contre les ovaires. Les ovaires sont aussi souvent atteints, ils sont alors déformés, bosselés irrégulièrement et

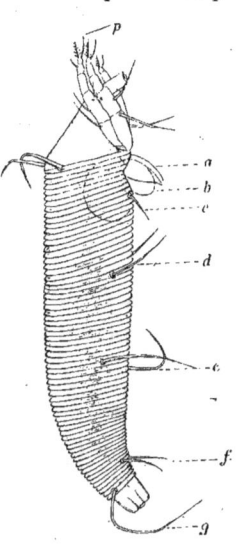

Fig. 289. — *Phytoptus vitis* vu par côté.— Gross. : 850/1 (d'après M. Briosi).

recouverts de poils nombreux. Lorsque la fleur est ainsi altérée, elle cesse de s'accroître ; elle coule presque toujours, et chez quelques cépages, dans des années défavorables, la coulure ainsi produite a causé d'assez grands dégâts. Même après la floraison, les grains de raisin peuvent être attaqués ; les touffes de poils n'entravent pas considérablement le grossissement de la baie.

»Les poils (Fig. 287) proviennent de l'allongement des cellules de

vées. Je l'ai observée, dans les forêts, sur V. Æstivalis, V. Cordifolia, V. Lincecumii, depuis la Nouvelle-Angleterre jusqu'au Texas. Elle se développe parfois avec une abondance telle que toute la face inférieure de la plupart des feuilles est tapissée de poils qui ont des colorations identiques à celles des poils de l'Erinose européenne ; l'Erinose d'Amérique en diffère probablement. Elle ne forme jamais de galles boursouflées à la face supérieure des feuilles ; les poils courts, denses, se produisent à la page inférieure, mais la feuille est toujours plane à la face supérieure qui est seulement décolorée, jaune ou brunâtre suivant l'époque.

l'épiderme ; tantôt ils sont simples, tantôt pluricellulaires et émoussés à l'extrémité ; leur contour est irrégulier, quelquefois même ils se recourbent et portent des renflements. »

La biologie du *Phytoptus vitis* n'est pas encore parfaitement connue. Cet Acarien vit surtout à l'état de larve; c'est elle qu'on observe dans les galles; en sortant de l'œuf, il possède quatre pattes (Fig. 288 et 289, *p*), situées en avant du corps qui est allongé et aplati ; la peau est striée et pourvue sur les côtés de poils raides (*c*, *d*, *e*) ; deux longues soies sont implantées à la partie postérieure (*g*). Le rostre est situé entre les quatre pieds au-dessous desquels sont placés, sur la face ventrale, les organes génitaux (*b*) recouverts par un opercule (*a*). Le *Ph. vitis* mesure $0^{mm},10$ à $0^{mm},12$ de long sur $0^{mm},03$ à $0^{mm},4$ de large. Les larves se multiplient dans les galles par œufs agames; pendant l'hiver, elles sont sous les écorces ou à la base des bourgeons, entre les écailles.

TETRANYCHUS TELARIUS

M. G. Arcangeli a signalé, en 1891 (1), le **Tetranychus telarius** Linné sur les vignes d'Italie; il avait observé cet Acarien dans plusieurs vignobles italiens, dès 1889. Le même parasite a été retrouvé par M. J. Perraud (2) dans des pépinières de Saône-et-Loire. Le *T. telarius*, qui attaque beaucoup d'autres plantes, aurait causé, d'après M. G. Arcangeli et M. J. Perraud, un affaiblissement réel des vignes. Il vit sur la face inférieure des feuilles et provoque par ses piqûres des altérations qui, d'après ces deux auteurs, sont absolument comparables aux taches circulaires, avec bordure noire, de l'Anthracnose maculée. Lorsque les Acariens sont très nombreux, les feuilles sont criblées de taches

---

(1) Giov. Arcangeli. — Comparsa di un Tetranychus sulle vite nel Pisano (Agricoltura italiana, 31 mai 1891).

(2) J. Perraud. — Un nouvel ennemi accidentel de la vigne, le Tetranychus telarius (Progrès agricole, 1er novembre 1891, et Station viticole de Villefranche. 1892).

ponctiformes et elles se dessèchent; les rameaux restent courts et la plante a un aspect rabougri. Le *T. telarius*, d'après M. G. Arcangeli, mesure 196 à 400 μ de long sur 140 à 280 μ de large.

Maladie rouge. — Un autre Tétranyque a causé, ces dernières années, une affection de la vigne que nous avons distinguée, avec M. Valéry Mayet, sous le nom de MALADIE ROUGE (1). Cet Acarien a été signalé tout d'abord par M. Valéry Mayet, dans une courte note de son livre sur les Insectes (2); M. F. Sahut l'a observé en 1891 (3). M. Valéry Mayet nous a indiqué, d'après la confirmation qui lui a été faite par M. le Dr Trouessart, que le Tétranyque de la Maladie rouge était une variété du *T. telarius*.

Ce parasite a pris un très grand développement, pendant ces trois dernières années, dans les vignobles des environs de Montpellier, et si son invasion continue à s'étendre, comme cela a eu lieu en 1892, il est à craindre qu'il ne soit dangereux. La *Maladie rouge* débute presque toujours non loin des routes poudreuses, et elle s'étend graduellement, quoique lentement, sur toutes les parcelles et les vignes voisines; nous avons vu des parcelles de deux à trois hectares, d'autres de dix à douze hectares, qui, dans la période de trois années, ont été presque entièrement envahies. La maladie ne se déclare, ou plutôt l'Acarien ne commence à se développer que vers le mois de juillet au plus tôt; c'est à la fin d'août et principalement en septembre que son action est visible et intense.

Les Tétranyques, très agiles, d'un blanc jaunâtre, vivent à la face inférieure des feuilles, en se tenant surtout le long des nervures principales ou des nervures secondaires; comme le *Tetranychus telarius*, ils piquent sur la face inférieure en de nombreux endroits et seulement sur le parenchyme; ils respectent toujours les nervures, même les plus petites. Sous l'action de leur piqûre, la feuille,

---

(1) Voir pour plus de détails : P. Viala et Valéry Mayet. — La Maladie rouge (Annales de l'Ecole nationale d'Agriculture de Montpellier, 1892, et *Progrès agricole et viticole*, 1893).

(2) Valéry Mayet. — Les Insectes de la vigne (Montpellier, 1890, p. 453, en note).

(3) F. Sahut. — Lettre au *Progrès agricole et viticole* (1891, p. 241).

en croissance, commence par se gaufrer légèrement et les poils des variétés tomenteuses sèchent et se crispent ; ces poils desséchés ont été pris parfois pour des fils tissés par les Tétranyques. Les Tétranyques produisent cependant des fils arachnoïdes ou cotonneux en petite quantité et agglomérés toujours dans les angles que forment les nervures secondaires sur les nervures principales.

Les lésions qui résultent de la piqûre des Acariens de la Maladie rouge sont bien différentes de celles signalées par MM. Arcangeli et Perraud pour le *T. telarius*. La feuille, dans les endroits attaqués, prend une teinte d'un rose carmin clair et vif, visible d'abord à la face inférieure et tranchant ensuite fortement à la face supérieure sur le fond normalement vert. Cette teinte légère s'étend sous l'effet des piqûres et finit par envahir partie ou totalité du limbe, mais les nervures restent vertes ou jaunâtres et la feuille, très attaquée, est uniformément colorée, avec les nervures et sous-nervures jaunâtres très nettement imprimées et tranchant beaucoup sur le fond carminé du parenchyme. A la fin de la végétation, la teinte carmin clair fait place à une coloration carmin violacé qui tourne, en se fonçant de plus en plus, au brun rougeâtre. Finalement, les feuilles sèchent et tombent tardivement à l'automne, mais avant leur époque normale. Quand la totalité ou la majorité des feuilles sont ainsi piquées par de nombreux Tétranyques, la végétation de la plante reste stationnaire, les rameaux ne s'allongent pas, les fruits n'atteignent pas leur grosseur normale et mûrissent mal; ils restent rougeâtres, ceux surtout de l'Aramon qui est le cépage le plus attaqué. Au printemps suivant, la plante part avec moins de vigueur, mais ne paraît cependant pas souffrir beaucoup des effets de la Maladie rouge. Si les Tétranyques se développaient de bonne heure et d'une façon intense, ce seraient des parasites dangereux.

La matière colorante des cellules de feuilles envahies par la Maladie rouge est, d'après les observations que nous avons faites avec M. C. Sauvageau, exclusivement concentrée dans les cellules en palissade, contrairement à celle des hybrides Bouschet qui, lorsqu'elle apparaît à l'automne, est uniformément répandue dans toutes les cellules du tissu lacuneux et du tissu palissadique. Cette matière colorante, comme celle des hybrides Bouschet, est soluble dans l'alcool et l'eau et insoluble dans la benzine et le chloroforme; quand elle est en solution, les acides rendent le liquide plus rose et transparent; les alcalis, au contraire, lui donnent une teinte jaune plus ou moins verdâtre. Lorsque la feuille est entièrement rosée, les Tétranyques ont disparu. Dans des expériences d'inoculation que nous avons faites avec M. Valéry Mayet, nous avons obtenu la déformation des feuilles piquées par les Tétranyques, mais la coloration rosée ou carminée ne s'est pas produite nettement. Il y a là des phénomènes d'altération qui sont à étudier à nouveau.

La Maladie rouge diffère de la Rougeole; la présence des Myxomycètes dans cette dernière ne donne aucune hésitation pour les distinguer; les caractères extérieurs de la Rougeole ont quelques ressemblances avec ceux de la Maladie rouge. Mais les feuilles, dans le cas de la Rougeole, sont brun rougeâtre et non d'un rose carminé clair; la coloration est surtout visible à la face supérieure et à peine marquée sur le revers; elle s'étend en outre du centre de la feuille vers les bords, qu'elle décolore rarement.

ANGUILLULE

L'**Anguillula radicicola** Greeff (*Heterodera radicicola* Ch. Müll.) a été trouvée sur la vigne par MM. Bellati et Saccardo, en Italie; elle a été observée ensuite, en Portugal, par M. d'Almeida y Brito, par M. L. Ravaz aux environs de Montpellier et par divers viticulteurs dans la Gironde. Ce parasite, qui est un ver de l'ordre des Nématodes, est relativement rare sur les vignes; s'il se

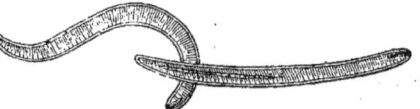

Fig. 290.— Anguillules fortement grossies (d'après MM. Bellati et Saccardo).

multipliait d'une façon intense, il serait certainement très dangereux, car les Anguillules (Fig. 290) vivent dans l'intérieur des tissus des jeunes racines où aucune substance ne pourrait avoir d'action sur elles, à moins de détruire la plante. Mais la présence des Anguillules dans quelques racines est plutôt une exception. Elles produisent sur les radicelles en voie de croissance des renflements charnus et fermes, ovoïdes ou cylindriques, lisses sur leur pourtour et à surface continue ; lorsque plusieurs renflements sont successifs sur la même racine, celle-ci paraît noueuse. Le renflement finit par se ramollir et se putréfier, et les kystes, origine du parasite, sont ainsi mis à nu par la putréfaction. L'action des Anguillules sur les racines se traduit, sur les organes extérieurs des vignes attaquées, par des caractères identiques à ceux que provoque le Phylloxéra ; les renflements des racines ont eux-mêmes d'assez grandes ressemblances avec ceux du Phylloxéra. Dans les renflements, on observe soit des kystes (anciennes femelles) avec les œufs, soit des vers filiformes (mâles), finement striés en travers, transparents ou d'un blanc jaunâtre, qui mesurent 250 μ de long et 15 à 18 μ de large.

Parmi les autres parasites de la vigne, nous signalerons le **Blanjulus guttulatus** Tabr., qui a été observé par M. Durand dans les pépinières de la Bourgogne. Ce Myriapode a causé des dégâts assez importants, en détruisant jusqu'à 40 et 50 % des plants ; il ampute et mange les jeunes pousses des boutures ou des greffes-boutures.

Il y aurait encore à indiquer, parmi les Mollusques, les nombreuses espèces d'**Hélix** qui mangent les feuilles et les pousses tendres de la vigne pendant les premières périodes de la végétation, et qui sont parfois dangereux, surtout sur les bords des vignobles établis en sols frais et humides. Lorsque les Escargots sont nombreux, il faut les ramasser ; on peut prévenir leur arrivée sur les vignes en badigeonnant les souches, avant le débourrement, avec une solution concentrée de sulfate de fer.

BIBLIOGRAPHIE

Almeida y Brito (F. de). — Le Phylloxéra et autres épiphytes de la vigne en Portugal. (Lisbonne, 1884).
Arcangeli (G). — Comparsa di un Tetranychus sulle viti nel Pisana. (Agricoltura italiana, 1891).
Bellati. — Studia sulla Anguillula radicicola. (Feltre, 1884)
Bellati e **Saccardo.** — Sopra rigonfiamenti non filloserici nelle radici delle viti europee, e cagionati invece dalla Anguillula radicicola Greeff. (Venezia, 1881).
Briosi. — Sulla Phytoptosi della vite. (Atti della staz. chimico-agraria sperim. di Palermo, 1875).
Cerletti. — Rapporto al Ministro di Agricolt. sugli ingrossamenti osservati sulle radici della viti a Como (1881).
Chatin (J.). — L'Anguillule de la Betterave (*Heterodera Schachtii*).— Bulletin du Ministère de l'Agriculture, octobre 1891.
Chauzit (R.) et **Trouchaud-Verdier** (L).— La submersion des vignes (1888, p. 51).
Donnadieu. — Note sur l'Acarus de l'Erinose de la vigne. (Bull. soc. ag. Hérault, 1871).
— Recherches pour servir à l'histoire des Tétranyques. (Lyon, 1875).
Dujardin — Annales des sciences naturelles 13e série, tom. XV, 1851).
Esprit Fabre et **Dunal.** — De l'Erinnose de la vigne. (Bull. Soc. agric. Hérault, 1853).
Keller (A.). — Sopra alcuni rigonfiamenti non filloserici sulle radici delle viti europee. (Giornale vinicolo italiano, 1881).
Lacaze-Duthiers. — Recherches pour servir à l'histoire des galles. (Annales des sciences naturelles. Botanique, 2e série, tom. XIX, 1853).
Landois (H.). — Eine Milbe (Phytoptus vitis), als Ursache der Traubenmisswachser (Zeitschrift für vissenschaftl. Zoologie von Siebold un Kolliker, tom. XIV, 1861).
— Note sur l'Erineum de la vigne et l'animal qui le produit (Revue viticole, 1884, p. 442).
Lunardoni (A.). — Gl'insetti nocivi alle vite. (Roma, 1890).
Mina-Palumbo. — Anguillula delle radici della vite (*in* L'Agricoltura italiana, 1892).
Neal (J.-C.), — The Root-Knot disease of the Peach, Orange and other plants in Florida, due to the work of Anguillula (U. S. Depart. of agric. Washington, 1889).
Ottavi (Ottavio). — Viticoltura teorico-pratica. (Casale, 1885)
Orley-Laszlo. — Az Anguillulidak Maganrajza (Monographie der Anguilluliden). (Budapest, 1880).
Patrigeon (G.). — L'Erinose de la vigne. (Journal d'agriculture pratique, 1887).
Perraud (J.). — Un nouvel ennemi accidentel de la vigne, le Tetranychus telarius. (Revue de la Station viticole de Villefranche, 1891).
Pizzini. — Acaro infesto alle viti (1887).
Ravaz (L.) — Sur l'Anguillule de la vigne. (Progrès agricole et viticole, 1886).
— L'Erinose. (Progrès agricole et viticole, 1888).
Rouzaud (H.). — Lettre sur les escargots nuisibles à la vigne. (Progrès agricole et viticole, 1889).
Sahut (F.). — *In* Progrès agricole et viticole, 1891. p. 241.
Solj (G.). — Delle Anguillule. (Italia agraria, 1892).

Soli (G.). — Delle Anguillule. (Italia agraria, 1892).
Targioni-Tozzetti. — La Erinosi della vite e suoi acari. (Bollet. della Soc. entomol. italiana, 1870).
Valéry Mayet. — Les Insectes de la vigne. (Montpellier, 1890).
Viala (P.). — Oïdium, Mildiou, Erineum. (Progrès agricole et viticole, 1884).
— Une Mission viticole en Amérique (1889, p. 298)
Viala et Valéry Mayet. — La Maladie rouge. (Annales de l'École nationale d'agriculture de Montpellier, 1892, et Progrès agricole et viticole, 1893).
Zava (C.-B.). — Anguillula radicicola delle viti. (Giorn. di Agricolt. ed industria, 1881).

LISTE SYSTÉMATIQUE

DES

CHAMPIGNONS PARASITES DE LA VIGNE

I. — MYXOMYCÈTES
Famille des **Plasmodiophorées**

Plasmodiophora vitis *Viala et Sauvageau* . . . . Brunissure.
Plasmodiophora californica *Viala et Sauvageau* . Maladie de Californie.

II. — BASIDIOMYCÈTES
Hyménomycètes
Famille des **Hypochnées**

Aureobasidium vitis *Viala et Boyer* . . . . Aureobasidium.

Famille des **Agaricinées**

Agaricus melleus *Linné* . . . .

III. — URÉDINÉES

Uredo Vialæ *de Lagerheim* . . . . Rouille

IV. — ASCOMYCÈTES
Discomycètes
Famille des **Pézizées**

Pilacre Friesii *Weinmann* . . . . Roesleria.
Sclerotinia Fuckeliana *de Bary* . . . . Pourriture noble.

Périsporiacées
Famille des **Périsporiées**

Meliola Penzigi *Saccardo* var. Oleæ ? . . . . Fumagine.

Famille des **Erysiphées**

Uncinula spiralis *Berkeley et Cooke* . . . . Oïdium.

Famille des **Dématophorées**

Dematophora necatrix *Hartig* . . . . Pourridié.
Dematophora glomerata *Viala* . . . . Pourridié.

Pyrénomycètes
Famille des **Sphœriacées**

Guignardia Bidwellii (Ellis) *Viala et Ravaz* . . . . Black Rot.
Sphœrella vitis *Fuckel* . . . . Septosporium.

V. — OOMYCÈTES
Famille des Péronosporées
Plasmopara viticola (Berk. et Curt.) *Berlese et de Toni* . . . . MILDIOU.

VI. — GROUPES IMPARFAITEMENT CONNUS
Sphæropsidées
Famille des Sphærioïdées
Phyllosticta vitis *Saccardo* . . . .
Coniothyrium diplodiella (Spegazzini) *Saccardo* . . . . . . ROT BLANC.
Coniothyrium Berlandieri *Viala et Sauvageau* . . . . FAUX RHYTISMA.
Phoma Farlowiana *Viala et Sauvageau* . . . . FAUX RHYTISMA.
Pyrenochæta vitis *Viala et Sauvageau* . . . . FAUX RHYTISMA.
Diplodia sclerotiorum *Viala et Sauvageau* . . . . . . FAUX RHYTISMA.
Septoria ampelina *Berkeley et Curtiss* . . . . MÉLANOSE.
Septoria vitis *Léveillé* . . . . MÉLANOSE.
Robillarda vitis *Prillieux et Delacroix* . . . .

Mélanconiées
Sphaceloma ampelinum *de Bary* . . . . ANTHRACNOSE MACULÉE.
Greeneria fuliginea *Viala et Scribner* . . . . ROT AMER.
Glœosporium fructigenum *Berkeley* . . . .
Pestalozzia viticola *Cavara* . . . .

Hyphomycètes
Famille des Mucédinées
Septocylindrium dessiliens *Saccardo* . . . . SEPTOCYLINDRIUM.
Spicularia icterus *Fuckel* . . . .

Famille des Dématiées
Cladosporium viticolum *Cesati* . . . . CLADOSPORIUM.
Cladosporium Rœsleri *Thümen* . . . . CLADOSPORIUM.
Septosporium heterosporum *Ellis et Galloway* . . .
Alternaria vitis *Cavara* . . . .

Famille des Stilbées
Briosia ampelophaga *Cavara* . . . .

Famille des Tuberculariées
Fusarium Zavianum *Saccardo* . . . .
Tubercularia acinorum *Cavara* . . . .

TABLE ALPHABÉTIQUE

DES

MALADIES DE LA VIGNE

ET DE LEURS SYNONYMES

A

Acariens	570
Acarus caldiorum *Linné*	16
Adaptation	430
Adoxus vitis *Fourcroy*	544
Affinité	465
Affranchissement	465
Agaricus annularius *Bull.*	307
Agaricus melleus *Linné*	307
Agaricus mutabilis *Flo. Bat.*	307
Agaricus obscurus *Schœff.*	307
Agaricus polymices *Persoon*	308
Agaricus stipitis *Sowerby*	307
Agaricus vitis *Briganti*	307
Agrotis crassa *Linné*	559
Agrotis exclamationis *Linné*	559
Agrotis pronuba *Linné*	559
Agrotis segetum *Schiffermuller*	559
Ahridh	33
Alphitomorpha Tuckeri *Amici*	35
Alternaria vitis *Cavara*	393
Altica ampelophaga *Guérin-Méneville*	541
Altica chalybea *Ill.*	544
Altica consobrina *Dufstschmidt*	541
Altica ignita *Ill.*	544
Altica oleracea *Geoffroy*	541
Altise	541
Ampelomyces quisqualis *Cesati*	21
Anémie	430
Anguillula radicicola *Greeff*	577
Anguillule	577
Anomala ænea *de Geer*	549
Anomala holosericea *Illiger*	549
Anomala vitis *Fabricius*	548
Antennaria eleœophila *Montagne*	383
Anthracnose	201
Anthracnose chiffonnée	235
Anthracnose déformante	235
Anthracnose de la dévastation	234
Anthracnose grandinée	233
Anthracnose maculée	208
Anthracnose ponctuée	232
Antracnosi	205
Anthracose	204
Apoplexie	471
Armillaria mellea *Quélet*	307
Armillaria mellea *Vahl.*	307
Ascochyta Ellisii *Thümen*	195
Ascochyta rufo-maculans *Berkeley*	225
Asphyxie des racines	475
Aspidiotus vitis *Signoret*	561
Attelabe	546
Attelabus Betuleti *Fabricius*	546
Aubernage	422
Aureobasidium vitis *Viala et Boyer*	348
Ausschlag	489
Avalidouîres	446

B

Babo	541
Babota	553
Bactérie du Pourridié des grappes	414
Bastardume	446
Barbitistes Berenguieri *Mayet*	565
Batterio del marciume dell'uva	414
Baumschwamme	248
Becan	546
Bêche	546
Becmare vert	546
Bec mord	546
Bête à café	545
Bête à la forge	555
Bianco	248
Bird's eye Rot	205
Bitter Rot	339
Black Rot	156
Blanc	248
Blanc de la vigne	55
Blanc des racines	248
Blanjulus guttulatus *Tabr.*	578
Bolet d'Amourié	307
Bolet d'Aulivié	307
Bolet de Saure	307
Bolla	205
Botrytis acinorum	352
Botrytis cana *Lk.*	57
Botrytis cinerea	352
Botrytis viticola *Berkeley et Curtiss*	57
Bourrelets	464
Bourré sarrat	422
Boutou	547
Brenner	205
Briosia ampelophaga *Cavara*	390
Bromius vitis *Chevrolat*	544

TABLE ALPHABÉTIQUE

Brouillardage	62
Brouissure	473
Broussins	489
Brown Rot	58
Bruciola	382
Bruco	556
Bruine	206
Brûleur	205
Brûleur noir	205
Brunissure	400
Brunissure-Rougeole	401
Byctiscus Betulæ *Bedel*	546
Byctiscus Betuleti *Thomson*	546
Byssocystis textilis *Riess*	24

C

Cabuchage	205
Calicium pallidum *Persoon*	316
California vine disease	408
Callus	458
Cancrena	473
Cantharis octava *Aldrovandi*	545
Capnodium salicinum *Montagne*	383
Carbo	206
Carbone	205
Carbounal	204
Carbunculus	206
Carie	205
Cassénado	307
Cécidomies	565
Cecidomya œnophila *Heimhoffen*	565
Cecidomya viticola *Osten-Saken*	567
Cecidomya vitis *Osten-Saken*	567
Cecidomya Vitis-tomatos *Walsh et Riley*	567
Cenigo	33
Cercospora vitis *Saccardo*	365
Champignon	248
Champignon blanc	248
Chape	553
Charbon	204
Chelonia caja *Linné*	560
Chloranthie	451
Chlorose	430
Chrysomela oleracea *Linné*	541
Ciadin	307
Cicadelles	561
Cicatrisation	458
Cicinnobolus Cesatii *de Bary*	23
Cicinnobolus florentinus *Ehrenberg*	24
Cicinnobolus Oïdii Tuckeri *Mohl*	24
Cigareur	546
Cigarier	546
Cinteza	33
Cladosporium	364
Cladosporium ampelinum *Passerini*	365
Cladosporium fumago *Link*	383
Cladosporium pestis *Thümen*	368
Cladosporium Rœsleri *Cattaneo*	368
Cladosporium viticolum *Cesati*	365
Cladosporium vitis *Saccardo*	365
Clorosi	430
Cneorhinus geminatus *Fabricius*	552
Coccus vitis *Linné*	560
Cochenilles	560
Cochylis	556
Cochylis ambiguella *Hübner*	556
Cochylis Omphaciella *Audouin*	556
Cochylis roserana *Treitsche*	556
Coigneau	546
Coitre	331
Common Rot	157

Coniocybe pallida *Persoon*	316
Coniocybe stilbea *Ach.*	316
Coniothyrium Berlandieri *Viala et Sauvageau*	380
Coniothyrium baccæ *Cattaneo*	330
Coniothyrium diplodiella *Saccardo*	330
Cottis	432
Coulards	446
Coulure	446
Coulure accidentelle	452
Coulure constitutionnelle	446
Coup de pouce	416
Coup de soleil	470
Coupe-bourgeons	551
Couque	553
Court noué	422
Crambos	205
Cryptocephalus niger *Geoffroy*	544
Cryptocephalus vitis *Fourcroy*	545
Cryptocoryneum aureum *Viala*	321
Cunche	546
Curculio Betulæ *Linné*	546
Cuscute	418
Cuscuta major	418
Cuscuta monogyna	418

D

Dactylopius vitis *Niedelsky*	561
Dactylosphœra vitifolii *Shimer*	498
Déflourairés	446
Dégénérescence gommeuse	426
Dematophora glomerata *Viala*	299
Dematophora necatrix *Hartig*	258
Desmia maculalis *Westwood*	553
Dessiccation	473
Dessiccation particlle	473
Dessiccation totale	473
Dévoreur noir	205
Diableau	546
Diablotin	545
Diplodia sclerotiorum *Viala et Savageau*	381
Diplodia viticola *Desmazières*	389
Downy Mildew	58
Drapeaux (Oïdium)	5
Dry Rot	157

E

Echaubouillure	473
Echaudage	473
Echaudure	473
Ecrivain	545
Edelfäule	352
Embollus pallidus *Wallr.*	316
Embollus stilbeus *Wallr.*	316
Endoconidium ampelophilum *Patouillard*	394
Endogonium vitis *Crocq*	24
Enferré	473
Ephippiger	564
Ephippiger bitterensis *Linné*	564
Ephippiger vitium *Serville*	564
Erci	473
Erdkrebs	248
Erineum vitis *Duval*	570
Erinose	570
Erinose d'Amérique	572
Erinose	570
Erysiphe communis *Fr.*	32
Erysiphe necatrix *Schweinitz*	35
Erysiphe Tuckeri *Tulasne*	16
Erythroneura vitis *Harriss*	562

TABLE ALPHABÉTIQUE 585

Escalda	471	Grapes scalding	496
Escargots	578	Grape vine Mildew	57
Euchlore	519	Graphium clavisporum *Berkeley et Curtiss*	365
Euchlora Julii *Mulsant*	549		
Euchlora vitis *Audouin*	549	Grappe	248
Eudemis botrana *Schiff*	550	Greely Rot	58
Eumolpe	545	Greeneria fuliginea *Scribner et Viala*	347
Eumolpus vitis *Kugelian*	545	Greffage	458
Exostoses	489	Greffe	458
Exostoses fongoïdes	489	Grêle	491
		Grésillement	205
F		Grey Rot	58
Falsche Mehlthau	58	Gribouri	544
Falsche Reben-Mehlthau	58	Grimaud	546
Famiglia buona	307	Grind	489
Farinedda	34	Grippe-bourre	545
Fasciation	451	Gripevin	545
Faux Oïdium	58	Grisette	562
Faux Rhytisma	372	Gros Ecrivain	551
Ferro	205	Guignardia Bidwellii *Viala et Ravaz*	157
Ferza	388		
Fibrillaria	316	**H**	
Fibrillaria xylothrica *Persoon*	252	Hallimasch	307
Fidia longipes *Melsh*	545	Hanab	489
Fidia viticida *Melsh*	545	Hanneton commun	549
Flea beetle	544	Hanneton vert	549
Fleck	20	Harzsticken	248
Fleurs à étamines courtes	449	Harzüberfütle	248
Fleurs à étamines longues	448	Heckenschwamm	307
Fleurs doubles	452	Hélix	578
Fleurs encapuchonnées	447	Helotium sarmentorum *de Not*	391
Fleurs en étoile	450	Hendersonia	391
Fleurs femelles	450	Hendersonia ampelina *Thümen*	392
Fleurs mâles	449	Hendersonia sarmentorum *West*	392
Folletage	471	Hendersonia vitis *Saccardo*	392
Fongosités	489	Hendersonia vitis-sylvaticæ *Cattaneo*	392
Formion	546	Heterodera radicicola *C. Müll.*	577
Friset	422	Hypophyllum polymyces *Paulet*	308
Fumagine	382		
Fumaggine	382	**I**	
Fumago oleæ *Tulasne*	383	Ictère	430
Fumago salicina *Tulasne*	383	Incision annulaire	454
Fumago vagans *Persoon*	383	Ino ampelophaga *Bayle*	560
Fungus exscidii *Dunal*	235	Insectes	541
Fusarium Zavianum *Saccardo*	385	Instrumentier	546
Fusisporium	490	Involvulus Betuleti *Schrank*	546
G		**J**	
Galles d'Erinose	571	Jauberdat	422
Galles phylloxériques	509	Jaunisse	430
Gelbsucht	430		
Gelées	477	**K**	
Gelées à glace	478	Kopf	489
Gelées blanches	478	Krebs	489
Gelées d'automne	477		
Gelées de printemps	478	**L**	
Gelées d'hiver	477	Læstadia Bidwellii *Viala et Ravaz*	194
Gelées noires	478	Lasioptera vitis *Osten-Saken*	567
Giallume	388	Lathræa squamaria	419
Glæosporium ampelophagum *Saccardo*	224	Leaf roller	553
Glæosporium fructigenum *Berkeley*	224	Lecanium vitis *Illiger*	560
Glæosporium læticolor *Berkeley et Curtiss*	225	Lésions phylloxériques	508
Glæosporium pestiferum *Cooke et M.*	225	Lethrus cephalotes *Pallas*	552
Glæosporium versicolor *Berkeley et Curtiss*	225	Leucostoma infestans *Castagne*	24
Gomme	456	Llampa	471
Gommose	424	Lobesia botrana	556
Gommosi	429	Lopus sulcatus *Fieber*	562
Gorgaglione	546	**M**	
Grande souchette	307	Macrophoma flaccida *Cavara*	386
Grape-Berry-Moth	556	Macrophoma reniformis *Cavara*	388
Grapes cracking	496	Maladie blanche	62

TABLE ALPHABÉTIQUE

Maladie charbonneuse	247
Maladie de Californie	407
Maladie de la vigne	2
Maladie des greffes-boutures	353
Maladie du coup de pouce	416
Maladie du raisin	55
Maladie noire	401
Maladie noire	205
Maladie rouge	575
Malattia dei tubercoli	489
Mal bianco	248
Mal de la fente	424
Mal dello spacco	424
Mal nero	424
Mal noir	424
Mal rosso	424
Mal roux	424
Mali niuru	424
Manna	382
Manna antica	205
Marciume	248
Marino nero	205
Margotte	562
Mauke	489
Mehlthau	58
Mehlthauschimmel	58
Melanconium fuligineum *Cavara*	347
Mélanose	356
Melata	382
Meliola Penzigi var. oleæ *Saccardo*	383
Melolontha vitis *Fabricius*	519
Melolontha vulgaris *Fabricius*	519
Menge-Mallols	547
Mildew	57
Mildiou	57
Mildiou duveteux	58
Mildiou poussiéreux	25
Mildiù	58
Milleran	449
Millerand	453
Millerandage	446
Moisissure	57
Moisissure des vignes	57
Morbiglione	205
Morbo nero	424
Morfea	382
Morille	328
Morragement	422
Mortaouses	248
Mucor	476
Mûregement	422

N

Næmaspora ampelicida *Engelmann*	195
Nebbia	246
Nero	382
Noctua exigua	559
Noctuelles	559
Nodosités phylloxériques	510
Noir	382

O

OEnectra Pilleriana *Guénée*	553
OEnophtira Pilleriana *Duponchel*	553
Oïdium	2
Oïdium balsamii *Montagne*	32
Oïdium Chrysanthemi *Roth*	33
Oïdium Targionianum *Giovanni*	35
Oïdium Tuckeri *Berkeley*	2
Opatrum sabulosum *Linné*	552
Orobanche	419
Osyris alba	419

Otiorhynchus Ligustici *Linné*	551
Otiorhynchus picipes	550
Otiorhynchus raucus *Fabricius*	550
Otiorhynchus sulcatus *Fabricius*	551
Otiorhynques	550

P

Pampanella	546
Pech der Reben	205
Pemphigus vitifolii *Asa Fitsch*	498
Penthimia atra *Fabricius*	562
Penthina vitivorana *Packard*	562
Pentodon punctatus *Villers*	552
Peritelus familiaris *Bohemann*	550
Peritelus griseus *Olivier*	550
Peritelus senex *Bohemann*	550
Peritelus spheroïdes *Germar*	550
Peritelus subdepressus *Mulsant*	550
Pestalozzia uvicola *Spegazzini*	393
Pestalozzia viticola *Cavara*	392
Peziza Fuckeliana	353
Penicillium	476
Peronospora	58
Peronospora des vignes	151
Peronospora viticola *de Bary*	57
Perpignan	307
Persillé	422
Petecchia	205
Petite vérole	204
Peyreyade	553
Phalène de la vigne	195
Phoma ampelopsidis *Saccardo*	330
Phoma baccæ *Cattaneo*	330
Phoma Briosii *Baccarini*	330
Phoma diplodiella *Spegazzini*	379
Phoma Farlowiana *Viala et Sauvageau*	386
Phoma flaccida *Viala et Ravaz*	388
Phoma longispora *Thümen*	388
Phoma Negriana *Thümen*	388
Phoma reniformis *Viala et Ravaz*	388
Phoma rimiseda *Saccardo*	195
Phoma ustulatum *Berkeley et Curtiss*	195
Phoma uvarum *Saccardo*	232
Phoma uvicola *Arcangeli*	194
Phoma uvicola *Berkeley et Curtiss*	194
Phoma uvicola var. Labruscæ *Thümen*	389
Phoma vitis *Bonorden*	195
Phyllosticta ampelopsidis *Ellis et Martin*	195
Phyllosticta Labruscæ *Thümen*	195
Phyllosticta viticola *Berkeley et Curtiss*	195
Phyllosticta viticola *Thümen*	386
Phyllosticta vitis *Saccardo*	498
Phylloxéra	498
Phylloxera vastatrix *J.-E. Planchon*	194
Physalospora Bidwellii *Saccardo*	194
Physalospora uva-sarmenti *Berlese et Voglino*	570
Phytocoptes epidermis *Donnadieu*	570
Phytoptus vitis *Dujardin*	307
Piboulado	205
Picchiola	204
Picoutat	316
Pilacre Friesii *Weinmann*	316
Pilacre subterranea *Weinmann*	316
Pilacre Weinmanni *Fries*	496
Pilzgrind	248
Pinguedine	307
Pivoulade	546
Pizzetto	
Plasmodiophora californica *Viala et Sauvageau*	407
Plasmodiophora vitis *Viala et Sauvageau*	401

TABLE ALPHABÉTIQUE

Plasmopara viticola *Berlese et de Toni*. 57
Pléthore 16
Phœospora herbarum 474
Points de tapisserie 67
Poken des Weinstockes 205
Polvillo 33
Polyactis cinerea 352
Polymyces melleus *Battara* 307
Polymyces vulgatior *Battara* 307
Pomme de Californie 567
Pousse en ortille 422
Pourridié 248
Pourriture 471
Pourriture amère 343
Pourriture des fruits 476
Pourriture des grappes 414
Pourriture des racines 475
Pourriture grasse 9
Pourriture humide 74
Pourriture noble 352
Pourriture noire 157
Pourriture sèche 157
Powdery Mildew 25
Procris ampelophaga *Passerini* ... 560
Psathyrella ampelina *Foëx et Viala* . 316
Puce 541
Puce de la vigne 541
Pucerotte 541
Pulce 541
Pulgon 541
Pulvinaria vitis *Linné* 560
Punteruolo 546
Pyrale 553
Pyralis ambiguella *Forel* 556
Pyralis Pilleriana *Fabricius* 553
Pyralis vitana *Fabricius* 553
Pyralis vitis *Latreille* 553
Pyrenochæta vitis *Viala et Sauvageau* . 376

Q

Querciola 245

R

Raisins bouillis 477
Raisins barbus 418
Raisin enferré 473
Raisin erci 473
Ramularia ampelophaga *Passerini* . 224
Ramularia Meyeni *Garovaglio et Cattaneo* 232
Raude 489
Rebenstecher 516
Renflements phylloxériques 512
Résorption 457
Retours de sève 478
Rhinomacer violaceus *Scopoli* ... 516
Rhinomacer viridis *Fourcroy* ... 516
Rhizaphis vastatrix *J.-E. Planchon* . 498
Rhizomorpha fragilis *Tulasne* 274
Rhizomorpha fragilis *var.* subcorticalis. 282
Rhizomorpha fragilis *var.* subterranea. 279
Rhizomorpha necatrix *Hartig* 258
Rhizomorpha subcorticalis 282
Rhizomorpha subterranea 279
Rhynchites Betuleti *Fabricius* 546
Rhynchite 546
Rhytisma monogramme *Berkeley et Curtiss* 373
Rhytisma vitis *Schweinitz* 373
Ripe-Rot 247
Robillarda vitis *Prillieux et Delacroix* . 394
Rœsleria 311

Rœsleria hypogæa *Thümen* 316
Rœsleria pallida *Saccardo* 316
Rogna 489
Roncay 422
Roncé 422
Roncet 422
Roratio 34
Rose bug 545
Rosée de farine 63
Rosée noire 382
Rot amer 339
Rot blanc 330
Rot brun 72
Rot commun 157
Rotfäule 248
Rot gris 70
Rot grisâtre 58
Rot juteux 72
Rot livide 331
Rot mou 58
Rot mûr 247
Rot noir 157
Rot œil d'oiseau 205
Rougeau 472
Rougeole 401
Rougeot 472
Rouille 371
Rouille des feuilles 58
Rouille noire 205
Rouleur 516
Roussi 401
Russthau 382

S

Saccharomyces 476
Sacidium viticolum *Cooke* 195
Saussénado 307
Schorf 489
Schwarzer Brenner 205
Schwarzer Fresser 205
Schwindpokenkrankheit 205
Sclerotinia Fuckeliana *de Bary* ... 352
Sclerotium echinatum 354
Scottatura 473
Seccume 473
Senobecca 205
Septocylindrium dessiliens *Saccardo* . 384
Septonema vitis *Léveillé* 365
Septoria ampelina *Berkeley et Curtiss* . 336
Septoria rufo-muculans *Berkeley* . 224
Septoria vitis *Léveillé* 356
Septosporium 364
Septosporium Fuckelii *Thümen* . 369
Septosporium heterosporum *Ellis et Galloway* 370
Sigaraio 546
Siroco 472
Small pox 205
Soft Rot 58
Souquarel 307
Speck 205
Speira Dematophoræ *Viala* 322
Speira densa *Viala* 322
Sphaceloma ampelinum *de Bary* . 224
Sphærella vitis *Fuckel* 369
Sphæria Bidwellii *Ellis* 191
Sphæria uvæ-sarmenti *Cooke* ... 194
Sphæria viticola *Curtiss* 195
Sphæropsis ampelopsidis *C. et Ellis* . 195
Sphæropsis Peckiana *Thümen* ... 427
Sphæropsis uvarum *Berkeley et Curtiss* . 191
Sphinctrina coremioides *Berkeley* . 316

Sphinx elpenor *Linné*	560	Uncinula spiralis *Berkeley et Cooke*	25
Spicularia icterus *Fuckel*	384	Uncinula subfusca *Berkeley et Curtiss*	35
Sporidesmium Tuckeri *Savi*	35	Uncinula Wallrothii *Léveillé*	35
Stachetta	205	Urbec	546
Stérilité	416	Uredo Vialæ *Lagerheim*	371
Sun Scald	470		

T

		Vaiulo	205
		Vajolo	205
Tacon	205	Varola	205
Taille	460	Velours vert	546
Tarlo dell'uva	556	Vents humides	473
Teigne des grains	556	Vents marins	473
Teigne de la grappe	556	Vents violents	473
Teigne de la vigne	556	Ver à tête noire	553
Tératologie	451	Ver à tête rouge	556
Terres bêtes	248	Ver blanc	549
Tête de Méduse	307	Ver coquin	556
Tetranychus telarius *Linné*	574	Ver de la vendange	556
Thrips	561	Ver de la vigne	553
Tignola	556	Ver de l'été	553
Tinea ambiguella *Hübner*	556	Verde secco	424
Tinea Omphaciella *Faure-Biguet et Sionest*	556	Vers gris	556
Tinea uvæ *Menning*	556	Ver rouge	556
Tinea uvella *Vallot*	556	Vesperus Xatarti *Mulsant*	547
Tissus cicatriciels	458	Vibrissea flavipes *Rabenhorst*	316
Tordeuse	553	Vibrissea hypogæa *Richon et Le Monnier*	316
Tortrix ambiguella *Hübner*	556	Vigne à feuilles d'ortie (anthracnose)	205
Tortrix botrana *Schiffermuller*	559	Vignes folles	452
Tortrix Danticana *Walcknaër*	553	Vigne persillée	422
Tortrix luteolana *Hübner*	553	Vidas	547
Tortrix Pilleriana *Schiffermuller*	553	Vine Mildew	32
Tortrix roserana *Frœlich*	556	Vitis-coryloides *W. et R.*	568
Torula dessiliens *Duby*	384	Vitis-pomum *W. et R.*	568
Torula Meyeni *Berk. et Trev.*	232	Vitis-tomatos *W. et R.*	567
Torula oleæ *Castagne*	383		
Traumatisme	460	**W**	
Tubercoli	489	Weinstockfäule	248
Tubercularia acinorum *Cavara*	390	White Rot	331
Tubercularia sarmentorum *Fr.*	391	Wurzelschimmel	248
Tubérosités phylloxériques	512	Wurzelfäule	248
Typhlocyba flavescens *Fabricius*	562	Wurzelpilz	248
Typhlocyba viticola *Targioni*	562		
		Z	
U			
		Zelta	205
Uncinula americana *Howe*	35	Zygæna ampelophaga *Bayle*	560
Uncinula ampelopsidis *Peck*	35	Zygène de la vigne	560

TABLE MÉTHODIQUE DES MATIÈRES

Préface . . . .

PREMIÈRE PARTIE
Parasites végétaux

Chapitre premier. — *Oïdium*	2
I. Historique	2
II. Caractères extérieurs de l'Oïdium	4
a. Sur les rameaux	4
b. Sur les feuilles	6
c. Sur les fruits	7
d. Effets de l'Oïdium	9
e. Influence du cépage	11
III. Conditions de développement de l'Oïdium	12
a. Influence de la chaleur	13
b. Influence de l'humidité	14
IV. Etude botanique de l'Oïdium	15
A. Erysiphe Tuckeri	16
a. Mycélium	17
b. Conidiophores	18
Conidies	20
Germination des conidies	21
c. Pycnides, leur signification	22
B. Uncinula spiralis	25
a. Caractères extérieurs	25
b. Conidiophores	26
c. Périthèces	27
d. Origine de l'Oïdium en Europe	30
e. Perpétuation de l'Oïdium en Europe	34
f. Synonymie et classification	35
V. Traitements	36
A. Soufre	37
a. Historique	37
b. Action du soufre sur l'Oïdium	39
c. Action du soufre sur la végétation de la vigne	43
B. Soufrage de la vigne	47
a. Epoques du soufrage	47
b. Moment du soufrage	50
c. Choix et qualités des soufres	50
d. Quantités de soufre à employer	54
Bibliographie	56
Chapitre II. — *Mildiou*	57
I. Historique	58
a. Le Mildiou en Amérique	58
b. Le Mildiou en Europe	59
c. Origine du Mildiou	62

TABLE DES MATIÈRES

- II. Caractères extérieurs du Mildiou 64
    - a. Sur les feuilles 65
    - b. Sur les rameaux. 68
    - c. Sur les fruits 70
        - Rot gris. 70
        - Rot brun. 72
    - d. Effets du Mildiou 73
    - e. Influence du cépage 75
- III. Conditions de développement du Mildiou. 77
- IV. Étude botanique du Mildiou 82
    - a. Conidiophores 83
    - b. Conidies ou spores d'été 86
        - Dissémination des conidies. 89
        - Germination des conidies 91
    - c. Mycélium. 94
    - d. Œufs ou spores d'hiver. 99
        - Germination des œufs 102
    - e. Chlamydospores 105
    - f. Perpétuation du Mildiou 106
    - g. Synonymie et classification 108
- V. Traitements. 108
    - A. Introduction. 108
        - a. Soufres acides 116
        - b. Lait de chaux. 117
    - B. Sels de cuivre. 119
        - 1° Historique 119
            - Efficacité des sels de cuivre 122
        - 2° Procédés de traitement. 125
            - a. Principe des traitements aux sels de cuivre . . 125
            - b. Sulfate de cuivre. 127
            - c. Echalas et liens sulfatés 128
            - d. Solutions simples de sulfate de cuivre 130
            - e. Bouillie bordelaise. 130
                - Formules et préparation de la Bouillie bordelaise. 132
                - Emploi de la Bouillie bordelaise. 134
                - Epoque et nombre des traitements. . . . 134
            - f. Bouillies diverses. 138
                - Bouillie sucrée. 140
                - Bouillie bourguignonne et Bouillie berrichonne . 141
            - g. Eau céleste. 142
            - h. Ammoniaque de cuivre. 143
            - i. Verdet gris. 143
            - j. Poudres cupriques. 144
            - k. Les sels de cuivre, la vinification et l'hygiène. . 146
- Bibliographie. 151
    - 1° Biologie. 151
    - 2° Traitements. 152

CHAPITRE III. — *Black Rot* 156
- I. Historique. 157
    - a. Le Black Rot en Amérique. 157
    - b. Le Black Rot en France 161
- II. Caractères extérieurs du Black Rot. 163
    - a. Sur les grains 163
    - b. Sur les rameaux. 165
    - c. Sur les feuilles. 166

TABLE DES MATIÈRES 591

d. Effets du Black Rot.	168
e. Influence du cépage	168
III. Conditions de développement du Black Rot.	170
IV. Etude botanique du Black Rot.	174
a. Mycélium.	175
Chlamydospores	177
b. Pycnides et spermogonies.	177
Pycnides et stylospores.	179
Spermogonies et spermaties	183
c. Sclérotes	185
d. Conidiophores.	186
e. Périthèces	187
f. Perpétuation du Black Rot.	191
g. Synonymie et classification.	191
V. Traitements.	196
Bibliographie.	202
CHAPITRE IV. — *Anthracnose*.	204
I. Historique.	205
II. Caractères extérieurs de l'Anthracnose maculée.	208
a. Sur les rameaux.	208
b. Sur les feuilles.	212
c. Sur les fruits	214
d. Effets de l'Anthracnose maculée.	215
e. Influence du cépage.	216
III. Conditions de développement de l'Anthracnose maculée.	216
a. Influence de l'humidité	216
b. Influence de la chaleur.	217
IV. Etude botanique de l'Anthracnose maculée.	218
a. Appareil fructifère. — Conidies	220
Conidies	222
b. Fruits d'hiver. Pycnides.	226
c. Mycélium, son action sur les tissus de la vigne.	227
d. Perpétuation de l'Anthracnose maculée	231
e. Synonymie et classification	231
V. Anthracnose ponctuée et Anthracnose déformante.	232
a. Anthracnose ponctuée.	233
Sur les rameaux.	233
Sur les feuilles et les fruits.	235
b. Anthracnose déformante.	235
VI. Traitements.	238
a. Moyens préventifs.	239
b. Moyens curatifs.	243
Bibliographie.	246
CHAPITRE V. — *Pourridié*.	248
I. Historique.	249
a. Pourridié et Agaricus melleus	249
b. Pourridié et Rœsleria	251
c. Pourridié et Dematophora	253
II. Caractères extérieurs des vignes attaquées par le Pourridié.	255
III. Conditions générales du développement du Pourridié	257
IV. Etude botanique du Pourridié.	258
A. Dematophora necatrix.	258
1° Physiologie du Dematophora necatrix.	258
a. Influence des milieux extérieurs sur le Pourridié.— Saprophytisme.	261
b. Parasitisme.	266

     c. Développement. 267
       Mycélium. 268
       Conidiophores. 270
       Sclérotes et Pycnides. 271
       Périthèces 271
       Mycélium interne, son action. 272
    2° Morphologie du Dematophora necatrix. 274
     a. Formes mycéliennes. 274
       Mycélium blanc. 274
       Mycélium brun. 277
       Cordons rhizoïdes. 278
       Rhizomorpha fragilis *var.* subterranea . . 279
       Rhizomorpha fragilis *var.* subcorticalis . 282
       Mycélium interne. 284
       Chlamydospores. 285
     b. Conidiophores. 286
     c. Sclérotes. 290
     d. Pycnides. 292
     e. Périthèces 294
     f. Affinités et classification. 298
   B. Dematophora glomerata. 299
     a. Mycélium 301
     b. Sclérotes 302
     c. Pycnides 303
     d. Conidiophores 304
   C. Agaricus melleus. 307
     a. Mycélium 308
     b. Fruits. 310
   D. Rœsleria. 311
     a. Fruits ascosporés.— Spores. 311
     b. Fruits conidiophores 315
     c. Mycélium 315
     d. Synonymie et classification. 316
   E. Champignons saprophytes du Pourridié. 316
    1° Fibrillaria (Psathyrella ampelina) 316
     a. Mycélium. 317
       Sclérotes. 319
     b. Fruits. 320
    2° Speira. 321
     a. Speira densa. 322
     b. Speira Dematophoræ. 322
    3° Cryptocoryneum. 323
     Cryptocoryneum aureum. 323
 V. Traitements. 324
 Bibliographie. 328
CHAPITRE VI. — *Champignons divers*. 330
Rot blanc 330
 A. Caractères extérieurs du Rot blanc. 331
   a. Sur les rameaux. 332
   b. Sur les grains 333
 B. Conditions de développement du Rot blanc. 334
 C. Etude botanique du Rot blanc. 335
   a. Mycélium 335
   b. Pycnides. 336

TABLE DES MATIÈRES

Rot amer. 339
   A. Caractères extérieurs du Rot amer. 340
      a. Sur les rameaux 340
      b. Sur les fruits. 341
   B. Conditions de développement du Rot amer. 343
   C. Etude botanique du Rot amer. 345
Aureobasidium vitis 348
Sclerotinia Fuckeliana (Pourriture noble). 352
Mélanose. 356
   A. Caractères extérieurs de la Mélanose. 357
      a. Sur les feuilles. 357
      b. Influence du cépage 359
      c. Effets de la Mélanose 360
   B. Étude botanique de la Mélanose. 360
      a. Mycélium 360
      b. Pycnides 362
          Stylospores 362
Cladosporium et Septosporium 364
   Cladosporium viticolum 365
   Cladospodium Rœsleri 368
   Septosporium Fuckelii. 369
Uredo Vialæ. 371
Faux Rhytisma 372
   A. Caractères extérieurs des Faux Rhytisma. 374
   B. Étude botanique des Faux Rhytisma. 376
      Pyrenochæta vitis 376
         Mycélium et sclérotes. 376
         Pycnides et spermogonies 377
      Phoma Farlowiana. 379
      Coniothyrium Berlandieri 380
      Diplodia sclerotiorum. 381
Fumagine. 382
      Septocylindrium dessiliens 384
      Fusarium Zavianum 385
      Pyllosticta vitis. 386
      Phoma flaccida. 386
      Phoma reniformis. 388
      Phoma Negriana 388
      Phoma vitis 389
      Diplodia viticola. 389
      Briosia ampelophaga. 390
      Tubercularia acinorum. 390
      Hendersonia. 391
         Hendersonia sarmentorum. 392
         Hendersonia vitis. 392
         Hendersonia vitis-sylvaticæ. 392
         Hendersonia ampelina. 392
      Pestalozzia viticola. 392
      Alternaria vitis. 393
      Endoconidium ampelophilum 394
      Robillarda vitis. 394
Bibliographie. 396
   1° Rot blanc. 396
   2° Divers. 397

Chapitre VII. — *Myxomycètes*...	399
Brunissure..	400
Maladie de Californie...	407
Bibliographie...	413
Chapitre VIII. — *Bactéries*...	414
Pourriture des grappes..	414
Maladie du coup de pouce..	416
Chapitre IX. — *Phanérogames parasites*...................................	418
Cuscute...	418
Osyris alba...	419
Lathræa squamaria...	419

DEUXIÈME PARTIE

Maladies non parasitaires

Chapitre X. — *Roncet et Mal nero*..	421
Roncet..	422
Mal nero..	424
Bibliographie...	429
Chapitre XI. — *Maladies physiologiques*..................................	430
Chlorose..	430
a. Caractères de la Chlorose....................	432
b. Causes de la Chlorose.......................	434
Chlorose et Humidité....	435
Chlorose et Fer.........	436
Chlorose, Lumière et Chaleur..	438
Chlorose et Climat......	439
Chlorose et Carbonate de chaux..	440
Coulure...	446
a. Coulure constitutionnelle....................	446
b. Coulure accidentelle........................	452
c. Traitements.................................	453
Gomme...	456
Résorption..	457
Greffe..	458
Bibliographie...	467
1° Chlorose....................................	467
2° Divers......................................	468
Chapitre XII. — *Accidents météoriques*...................................	470
Coup de soleil (Sun scald)..	470
Folletage...	471
Rougeot..................	472
Echaudage...	473
Pourriture..	474
Gelées..	475
a. Gelées d'automne.............................	477
b. Gelées d'hiver...............................	477
c. Gelées de printemps.........................	478
d. Broussins....................................	489
Grêle...	491
Bibliographie...	496

TABLE DES MATIÈRES

TROISIÈME PARTIE

Parasites animaux

- Chapitre XIII. — *Phylloxéra* 498
  - I. Biologie du Phylloxéra 500
    - a. Sexués et œuf d'hiver 500
    - b. Gallicoles 502
    - c. Radicicoles 503
    - d. Ailés 504
    - e. Perpétuation du Phylloxéra 506
  - II. Caractères des lésions phylloxériques 508
    - a. Sur les feuilles, les vrilles et les rameaux 508
    - b. Sur les racines 509
    - c. Echelles de résistance 514
  - III. Traitements 519
    - a. Vignes américaines 523
    - b. Traitements d'extinction 525
    - c. Insecticides 527
      - Sulfure de carbone 529
      - Sulfure dissous 531
      - Sulfocarbonate de potassium 531
    - d. Submersions 532
    - e. Sables 535
  - Bibliographie 537
    - 1° Biologie 537
    - 2° Traitements 537
    - 3° Submersions et sables 538
    - 4° Vignes américaines 539
- Chapitre XIV. — *Insectes* 541
  - Altise 541
  - Gribouri 544
  - Attelabe 546
  - Vesperus Xatarti 547
  - Anomala vitis 548
  - Peritelus griseus 550
  - Otiorhynques 550
  - Pyrale 553
  - Cochylis 556
  - Cochenilles 560
  - Cicadelles 561
  - Lopus sulcatus 562
  - Ephippiger 564
  - Cécidomies 565
  - Bibliographie 569
- Chapitre XV. — *Acariens et Anguillule* 570
  - Erinose 570
  - Tetranychus telarius 574
  - Maladie rouge 575
  - Anguillule 577
  - Bibliographie 579
  - Liste systématique des Champignons parasites de la vigne 581
- Table alphabétique des Maladies de la vigne 583
- Table méthodique des Matières 589

MONTPELLIER. — IMPRIMERIE SERRE ET RICOME

RENSEIGNEMENTS COMMERCIAUX

RAFFINERIES DE SOUFRE DU MÉDOC
TH. SKAWINSKI & EDM. ADDE, LESPARRE-MÉDOC
Succursale à BORDEAUX, cours d'Alsace-et-Lorraine, 30, et rue de la Rousselle, 12 et 14

POUR ÉVITER LES CONTREFAÇONS — **EXIGER** sur les sacs et les plombs la marque de fabrique ci-contre

SOUFRES ET POUDRES SKAWINSKI

SPÉCIALITÉS DE SOUFRES COMPOSÉS POUR COMBATTRE L'OIDIUM, LE MILDIOU, L'ANTHRACNOSE ET LA COULURE

Ces soufres, employés seuls, à l'exclusion de tout autre traitement, ont combattu simultanément, avec un succès éclatant, l'Oïdium et le Mildiou. — Par leur composition, ils sont plus efficaces que les soufres ordinaires contre l'Oïdium. — Les dénégations ne peuvent rien contre l'évidence des résultats.

Sans préjudice des traitements liquides, les viticulteurs ont donc tout intérêt à employer nos soufres, car sans supplément de dépenses ils doublent leurs chances de succès.

ENGRAIS CHIMIQUES POUR LA VIGNE ET AUTRES CULTURES

DÉSIGNATION ET NUMÉROS DES ENGRAIS	COMPOSITION PAR 100 KILOS					OBSERVATIONS
	Azote	Acide phosphorique	Potasse	Fer	Chaux, Magnésie, Soude, etc.	
N° 1 pour vignes à végétation normale	6 à 7	3 à 4	8 à 8,50	»	80 à 84	Dans les N°s 1 et 1 bis l'azote est sous une forme promptement assimilable.
1 bis	6 à 7	3 à 4	8 à 8,50	8 à 10	72 à 76	
2	6 à 7	3 à 4	7 à 8	»	80 à 84	Dans les N°s 2 et 2 bis l'azote est ammoniacal, végétal ou organique d'une assimilation lente.
2 bis	6 à 7	3 à 4	7 à 8	10 à 11	70 à 74	
3 traitées au sulfocarb.	6 à 7	3 à 4	»	8 à 10	80 à 82	Le sulfocarbonate renferme la potasse nécessaire à la vigne
4 peu de fruits beaucoup de bois	»	5 à 6	13 à 14	10 à 11	70 à 72	
5 assez de fruit, pas assez de bois	8 à 9	4 à 4,50	4,50 à 5	10 à 11	70 à 72	Azote promptement assimilable.
6 pour céréales	6 à 7	6 à 6,50	4,50 à 5	»	80 à 82	Azote lentement assimilable.
7	5 à 5,50	6 à 6,50	4 à 4,50	»	80 à 84	—
8	3,50 à 4	7 à 8	»	»	88 à 90	— promptement —
9	6 à 7	7 à 8	3 à 4	»	80 à 82	—
10 pour prairies	3 à 3,50	3,50 à 4	7 à 8	»	83 à 85	
10 bis — à mousse	3 à 3,50	3,50 à 4	7,50 à 8	10 à 12	74 à 76	La proportion de sulfate de fer est augmentée sur demande selon l'épaisseur de la mousse.
11 pour prairies	3 à 3,50	7 à 8	4 à 5	»	83 à 85	Azote promptement assimilable.
11 bis — à mousse	3 à 3,50	7 à 8	4 à 5	10 à 12	72 à 76	La proportion de sulfate de fer est augmentée sur demande selon l'épaisseur de la mousse.
12 pour fourrages	»	4,50 à 5	13 à 14	»	80 à 82	
13 p. pom. terre et maïs	3,50 à 4	4 à 5	12 à 13	»	78 à 80	Azote promptement assimilable.

14 pour trèfle incarnat, farouche, trèfle de Hollande.

Sulfate de cuivre garanti pur — Sulfate de fer spécialement préparé et dosé pour badigeonner la vigne contre l'Anthracnose — Soufres sublimé et trituré purs ou préparés au sulfate de cuivre et de fer — Soufre Skawinski dit précipité — Soufre Skawinski insecticide, etc.

ADRESSE TÉLÉGRAPHIQUE : **SOCIÉTÉ MÉDOCAINE, Lesparre.**

GUIDE PRATIQUE DU BOUILLEUR ET DU DISTILLATEUR

Donnant les meilleures méthodes pour la distillation du COGNAC et des EAUX-DE-VIE de :

VINS
CIDRES — POIRÉS
PIQUETTES — LIES
MARCS
FRUITS — MIELS
SUCRE
KIRSCH
RHUM — GENIÈVRE

TROIS-SIX
ESSENCES SORGHO
ASPHODÈLE
GENTIANE, etc.

Décrivant les appareils les mieux appropriés pour ces usages.

Envoyé gratis et franco par **DEROY Fils Aîné**, 75, rue du Théâtre, Grenelle-PARIS

Médailles Or et Argent, Expositions universelles de Paris 1878 et 1889 — 225 Récompenses de tous autres

Anciennes Usines LOUET, à Issoudun (Indre)

A. TAUFFLIEB & V. CHAUSSARD, Successeurs

Spécialité de palissages de vigne à pose sans scellement pour grande et petite culture

Concours spécial de palissage de Vigne, 1ᵉʳ Prix, Tours 1892

Palissages sur fils simples, fils accouplés, palissages économiques à doubles cordons et en général palissage pour toute méthode de culture, Serres à vigne, Raidisseurs, Fils d'acier galvanisés, Clôtures de vignes, de parcs, de chasses, Clôtures de chevaux, Clôtures à bœufs, Grilles et Grillages galvanisés, Ronces artificielles. — *Envoi franco du Tarif.*

Grand diplôme d'honneur — Médaille d'argent — Médaille d'or

NOUVEAU PIQUET "VENTOUILLAC"
EN FER A T POUR VIGNES

PIQUETS INTERMÉDIAIRES, BARRIÈRES, CLÔTURES, PATTES D'AMARRE, ÉCHALAS, FILS D'ACIER GALVANISÉ, RAIDISSEURS, ETC., ETC.

Système de M. J. DE BOUTTES, propʳᵉ viticulteur à Lavaur (Tarn)

L. VENTOUILLAC & Cⁱᵉ, constructeurs

A LAVAUR (Tarn) brevetés S. G. D. G.

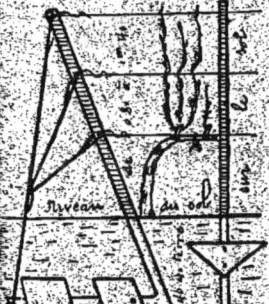

Nouvelle création de la Maison : En vue de simplifier le travail de nombreux viticulteurs qui installent leurs vignes avec piquets de force en bois, nous avons créé des « *Pattes d'amarre* » composées de une plaque de tôle acier de 200 c. m. carrés, percée à son milieu de 2 trous dans lesquels passe un gros fil d'acier, N° 19 double et tordu avec baguelette à l'extrémité. La plaque peinte au coaltar est enfoncée à 0ᵐ50 en terre et la baguelette sort de 0ᵐ10 sur le sol. Les journaliers vignerons chargés de ce travail, inutile pour eux, s'en acquittent souvent mal et y perdent beaucoup de temps même avec des fils peu résistants, 14 ou 16, faciles à tordre. Nous avons comblé cette lacune tout en employant du fil acier galvanisé 19.

NOTA. — Contre 0 fr. 15 c. adressés à l'auteur, envoi franco de brochure *Conseils techniques et mesures pratiques pour l'installation des Cordons de Vignes*, par **J. de Bouttes**, propriétaire-viticulteur à Lavaur (Tarn).

V. VERMOREL, CONSTRUCTEUR à VILLEFRANCHE (Rhône)

354 premiers Prix et Médailles, Décoration du Mérite agricole

Succursale à Marseille, Traverse St-Charles, 6

PULVÉRISATEURS A TRACTION

PULVÉRISATEURS A TRACTION POUR VIGNES — **PULVÉRISATEURS A TRACTION POUR POMMES DE TERRE**

LA "TORPILLE" — "L'ÉCLAIR"

Nouvelle hotte soufreuse pour les poudres et les soufres

Pulvérisateur à dos reconnu partout le meilleur

PALS INJECTEURS — SULFURE DE CARBONE
PRESSOIRS et FOULOIRS — POMPES A VIN
ALAMBICS nouveau système breveté
Charrues vigneronnes, Vignes américaines, Matériel de greffage
APPAREILS POUR LE CHAUFFAGE DES VINS
CATALOGUE FRANCO

VIGNES AMÉRICAINES
De toutes variétés, Boutures, Racinées et Greffées

RUPESTRIS St-GEORGES, le plus vigoureux de tous les Rupestris connus, de reprise facile au greffage

Gros bois et Racinés pour Greffages
COLLECTION D'HYBRIDES-BOUSCHET (Authenticité garantie)

Souscription aux greffes sur Rupestris, Solonis, Riparia, Jacquez

Brochure : *Reconstitution pratique des Vignobles par les Plants américains*, 6ᵐᵉ édition, par **E. COURTY**.

VINS DE SAINT-GEORGES — 1ʳᵉ Qualité de ma récolte
Etienne COURTY, propriétaire à St-Georges
PRÈS MONTPELLIER

SCHNEIDER & Cⁱᵉ

PHOSPHATES MÉTALLURGIQUES (Scories de déphosphoration)
DES ACIÉRIES DU CREUSOT

ENGRAIS PHOSPHATÉ NOUVEAU
pour céréales, prairies, betteraves, pommes de terre, vignes, etc., etc.

L'emploi de ces phosphates a été particulièrement recommandé dans ces derniers temps par les Agronomes les plus distingués.

À signaler en particulier qu'en raison de l'acide phosphorique, du fer, de la magnésie et aussi du manganèse qu'ils contiennent, ils paraissent appelés à jouer un rôle important au point de vue de la résistance des vignes françaises au phylloxera et de l'adaptation à notre sol des cépages américains.

Les phosphates métallurgiques du Creusot sont livrés finement moulus et tamisés.

Pour renseignements, s'adresser à **MM. SCHNEIDER et Comp.**, au Creusot (Saône-et-Loire).

NOUVEAU PULVÉRISATEUR A POMPE MOBILE & INDÉPENDANTE
AYANT OBTENU LES PLUS HAUTES RÉCOMPENSES

"L'EXCELSIOR" contre le Mildiou
1893 — Modèle modifié — 1893
D. GOBET, Constructeur
à Belleville-sur-Saône (Rhône)

"L'EXCELSIOR" A DÉJA OBTENU 33 PREMIERS PRIX ET MÉDAILLES

Ses principaux avantages sont :
1º Facilité du nettoyage, solidité, légèreté ;
2º Jet à grille ingorgeable, *système Gobet*, permettant l'emploi des liquides les plus épais sans engorgement ;
3º Remplissage rapide, pulvérisation *extrêmement* fine ;
4º Possibilité en cas d'accident ou d'usure de pouvoir remplacer soi-même et sans outils, les pièces détériorées de la pompe ;
5º Jet à longue portée pour l'arrosage des arbres.

Concours de Belleville, 1889, **Grand Prix d'Honneur des Agriculteurs de France**, 33 concurrents.
Premier Prix, MÉDAILLE D'OR, Concours de Villefranche, 1890, etc., etc.

15 litres — Prix : 36 francs — Envoi franco sur demande : Catalogue et Prix-Courant

PAUL JAMAIN

POUR LA DESTRUCTION DU
Phylloxera et du Ver Blanc

AINSI QUE

pour celle de la plupart des insectes
vivant en terre
qui infectent la Viticulture
l'Agriculture
l'Horticulture et l'Arboriculture

21, rue des Roses, 21
A DIJON (France)

PALOT P. JAMAIN

PALOTIN P. Jamain

25 gr.

5 Gr.   2 Gr. 1/2   1 Gr.

TARIF DES CAPSULES PAUL JAMAIN

DÉSIGNATION	CAPSULES de 25 gr. par cinq cents	CAPSULES de 2 gr. 1/2 par deux mille	CAPSULES de 5 gr. par mille	CAPSULES de 1 gr. par deux mille
Sulfure de carbone	27 50 les 500	18 les deux mille	17 le mille	17 les deux mille
Mélange	»	»	»	22 »

PALOT PAUL JAMAIN : 6 francs — *Emballage en plus :* **0 fr. 50**
PALOTIN PAUL JAMAIN : 5 francs — *Emballage en plus :* **0 fr. 50**

Notre **Palot** porte sur la pédale : **P. Jamain, Dijon**, b. s. d. g. et sur la douille graduée : **PALOT-P. J.** (déposé)

Notre **Palotin** porte : **PALOTIN-P. J.**, et sur la rondelle **P. Jamain, Dijon**, b. s. g. d. g.

Capsulage, action d'enrober à l'aide de capsules une substance quelconque, Capsulation, capsulable, capsuler, se lisant, Ex. : *Capsuler du sulfure de carbone*.
Jaminage, action de traiter une plantation quelconque avec des capsules insecticides, Jamination, jaminable, jaminer s'employant. Ex. : *Jaminer une vigne*.

ENVOI DU PROSPECTUS franco SUR DEMANDE

Des Moniteurs attachés à l'établissement sont à la disposition de toutes les personnes qui en font la demande

LE MEILLEUR
PULVÉRISATEUR

55 Premiers Prix de 1890 à 1892

F. BESNARD

INGÉNIEUR-CONSTRUCTEUR

A PARIS

28, rue Geoffroy-l'Asnier

Jets spéciaux et divers pour vignes, Pommes de terre, Arbres, etc., etc.

Cet appareil à air comprimé, de construction soignée et garantie, permet de ne pomper que le dixième du temps nécessaire à la dépense du liquide.

Concours régionaux
AJACCIO, 1891
TOULON et VANNES, 1892
Premiers Prix

Envoi franco sur demande de l'Album spécial des pulvérisateurs.

PIÈGE
A COCHYLIS
donnant
les meilleurs résultats

Le piège avec sa lampe
3 fr. 50

PULVÉRISATEURS
A GRAND TRAVAIL
Système VIGOUROUX

ÉCONOMIE de 75 p. 100 sur la main-d'œuvre; de 20 p. 100 sur le liquide employé.

ÉCONOMIE de 75 p. 100 sur la main-d'œuvre; de 20 p. 100 sur le liquide employé.

Les seuls reconnus pratiques par les grands propriétaires, viticulteurs et ayant obtenu les **Premiers Prix** et les **plus hautes Récompenses** dans tous les concours de pulvérisateurs à grand travail, à traction et à dos de mulet qui ont eu lieu :

EN 1890

Concours de la Société d'agric. de l'Hérault
1er Prix Médaille de Vermeil

Concours général agricole de Bône (Algérie)
1er Prix Médaille d'Or

Concours de la Société d'agriculture du Gard
1er Prix Médaille de Vermeil

EN 1891

Concours régional agricole d'Avignon
1er Prix Médaille d'Or

Concours du Comice agricole d'Arles
1er Prix Médaille d'Or

Concours de la Soc. d'agric. des Bouch.-du-R.
1er Prix Médaille d'Or
pour pulvérisateurs à grand travail

EN 1892

Concours régional agricole de Toulon
1er Prix Médaille d'Or
pour pulvérisateurs pour vignes échalassées
1er Prix Médaille d'Or
pour pulvérisat. pour vignes non échalassées

Concours général agricole de Mostaganem
1er Prix Médaille d'Or

Concours de la Société d'agriculture de l'Aude
Prix d'Honneur
pour appareils destinés à la moyenne culture
Médaille d'Or
pour appareils destinés à la grande culture

Concours du Comice agricole de Narbonne
1er Prix Médaille d'Or

Concours de la Société d'agric. de Toulouse
1er Prix Médaille d'Or

MÉDAILLE D'OR décernée par l'Académie nationale

J. VIGOUROUX* & FILS
Constructeurs à NIMES (Gard)

Envoi franco sur demande de la brochure illustrée

VENTE AVEC GARANTIE

Pépinières des Cévennes

MAISON FONDÉE EN 1873

Spécialement pour la culture des Vignes Américaines

ÉTABLISSEMENT HYÈRES (VAR)

280.000 mètres carrés en Pépinières

à 2 kilom. sur la route des Salins-d'Hyères

PRIX-COURANT N° 38

ANNULANT TOUS LES PRÉCÉDENTS

Vignes Américaines et Plants greffés-soudés, cultivés et vendus

PAR

Albert GOURDIN

St-HIPPOLYTE-DU-FORT (Gard)

VIGNES AMÉRICAINES
Françaises et Franco-Américaines

ALPHONSE BLANC
Chevalier du Mérite Agricole

PROPRIÉTAIRE-VITICULTEUR

Cours Gambetta, à St-HIPPOLYTE-DU-FORT (Gard)

Fournisseur des principales Écoles de viticulture et Champs d'expérience de France et de l'Étranger

---

PLANTS GREFFÉS-SOUDÉS EN ESPÈCES
POUR TOUTES RÉGIONS DE FRANCE ET ÉTRANGER

GRAND ASSORTIMENT DE PRODUCTEURS DIRECTS
POUR TOUS LES SOLS ET TOUS LES CLIMATS

PORTE-GREFFES
Les plus méritants en boutures et racinés

tels que : Riparia Gloire de Montpellier — Riparia-Martineau — Riparia grand glabre — Riparia tomenteux, etc. — Aramon-Rupestris Ganzin N°s 1 et 2 — Riparia × Rupestris et tous les hybrides Millardet — Gamai-Couderc et tous les hybrides Couderc — Rupestris-Monticola — Rupestris metallica — Rupestris Paul Giraud — Berlandieri et tous autres de premier mérite.

ENVOI DU CATALOGUE FRANCO SUR DEMANDE

Prière de mettre exactement l'adresse :

Alphonse BLANC, propriétaire-viticulteur
Cours Gambetta, à SAINT-HIPPOLYTE-DU-FORT (Gard)

La Maison se recommande par 23 années d'existence, possède les plus vastes pépinières du Midi et offre les meilleures conditions. — Renseignements gratuits.

LÉONCE GUIS
INVENTEUR-CREATEUR
de la Fabrication Industrielle
DES TOURTEAUX DE SÉSAME SULFURÉS

DOSAGES minimum garantis		DOSAGES effectifs constatés
Azote 6 %		Azote 7 %
Acide phosphorique 2,22 %		Acide phosphorique 3 %
Potasse 1,47 %		Potasse 2,23 %
SACS PLOMBÉS		SACS PLOMBÉS

Se méfier des Imitations

EXIGER LA MARQUE " LE SAC "

Nos tourteaux se conservent indéfiniment sans perdre leurs qualités fertilisantes nous en répondons même après un an de réception, pourvu que le plomb de garantie soit intact et même alors nous mettons nos clients au défi de faire constater un dosage inférieur à celui que nous garantissons.

Les Tourteaux de Sésame sulfurés de ma fabrication ont obtenu les plus hautes récompenses aux Expositions de :

PARIS 1889
Toulouse, Cette, Alger, Uzès et Arles

DÉPÔT A MONTPELLIER
DE
VÉRITABLES SERPETTES ET GREFFOIRS
KUNDE & SOHN

Outils de fabrication supérieure, recommandés aux viticulteurs par la plupart des auteurs de brochures sur le greffage.
En usage dans les principales Ecoles d'agriculture et Ecoles de greffage.

Véritable greffoir Kunde, longueur 10 cent. 1/2	3f 50
Véritable serpette Kunde — —	3 85
Prix par correspondance pour une douzaine et au-dessus.	
Excellentes pierres du Levant spéciales pour aiguiser les greffoirs et les serpettes, toutes faces polies, 1er choix	0 60
Idem	0 75
Idem	0 90
Décortiqueur Leydier	1 »

10 centimes en sus pour le port de chaque outil.

EN VENTE
PRÉPARATIONS MICROSCOPIQUES
DU PHYLLOXERA
ET DES MALADIES DE LA VIGNE

Une boîte contenant 6 préparations du phylloxera, savoir :
1° Œufs; 2° Jeunes; 3° Radicicole; 4° Gallicole; 5° Nymphe; 6° Ailé.

Prix franco : 12 francs

Adresser mandats à **G. FOURNERA**, 5, rue Dauphine, Montpellier, fournisseur de l'Ecole nationale d'Agriculture de Montpellier et de plusieurs Ecoles de greffage.

PARAIT TOUS LES DIMANCHES A MONTPELLIER

LE

PROGRÈS AGRICOLE

ET VITICOLE

DIRIGÉ PAR L. DEGRULLY

Professeur à l'Ecole nationale d'Agriculture de Montpellier
Propriétaire-Viticulteur

avec le concours de MM. les Professeurs de l'Ecole d'Agriculture de Montpellier
de Présidents de Sociétés agricoles, de Professeurs départementaux d'agriculture
et d'un grand nombre d'agriculteurs et de viticulteurs

LE PROGRÈS AGRICOLE paraît tous les dimanches en un fascicule
cousu et rogné de 20 à 24 pages in-8° raisin
et forme par an 2 volumes de 550 pages environ

Le Progrès agricole et viticole s'occupe tout spécialement des questions relatives à la défense des Vignobles français et à la reconstitution, par les plantations américaines, des Vignobles détruits.

Le PROGRÈS AGRICOLE donne en prime chaque année à ses lecteurs
des Gravures coloriées

PRIX DE L'ABONNEMENT

France : Un an, **12 fr.** — Recouvré à domicile, **12 fr. 50**
Pays de l'Union postale : Un an, **14 fr.**

On n'accepte pas d'abonnements pour moins d'un an. Les abonnements partent
du 1ᵉʳ janvier et du 1ᵉʳ juillet de chaque année

Adresser tout ce qui concerne la Rédaction, les Abonnements
et les Annonces

à M. le Directeur du Progrès agricole
rue Albisson, 1 (rue Nationale, maison Batigne), à Montpellier

BIBLIOTHÈQUE DU PROGRÈS AGRICOLE ET VITICOLE

Manuel pratique pour le traitement des maladies de la vigne, par Pierre VIALA et Paul FERROUILLAT, professeurs à l'École d'agriculture de Montpellier, avec une planche en chromo et 65 figures dans le texte. — Prix 2 fr.; *franco*............................ 2 fr. 25

Mission viticole en Amérique, par Pierre VIALA, professeur à l'École nationale d'Agriculture de Montpellier. 1 vol. in-8° avec 8 planches en chromo et une carte géologique des Etats-Unis. — Prix : 15 fr.; *franco*............................ 16 fr.

Mille variétés de vignes, descriptions et synonymies, par V. PULLIAT, professeur de viticulture à l'Institut agronomique. Montpellier, 1888, 1 volume grand in-12 de 400 pages. — Prix 4 fr.; *franco*............................ 4 fr. 50

Les vignes américaines : Adaptation, Culture, Greffage, Pépinières, par P. VIALA et L. RAVAZ. 1 vol. in-8°, avec 53 figures dans le texte. — Prix : 4 fr.; *franco*..... 4 fr. 50

Simples notions sur les engrais chimiques, guide pour l'achat et l'emploi, par VERMOREL; *franco*............................ 1 fr. 75

Traité pratique de la culture des vignes américaines, par le D' DESPETIS, *franco*. 4 fr.

Manuel de viticulture pour la reconstitution des vignobles méridionaux, par G. FOËX, directeur de l'École d'agriculture de Montpellier, *franco*............................ 4 fr.

Les vignes américaines, leur greffage et leur taille, par F. SAHUT, *franco*...... 6 fr. 90

Les Hybrides-Bouschet, par P. VIALA, avec gravures coloriées, *franco*...... 7 fr. 50

Le Congrès viticole de Mâcon en 1887, 1 vol. de 650 pages, *franco*... 7 fr. 60

Traitement du mildiou, par Pierre VIALA et Paul FERROUILLAT, professeurs à l'École d'agriculture, avec une planche en chromo et 26 figures dans le texte. Montpellier, 1887, 1 vol. in-18. — Prix : 1 fr.; *franco poste*............................ 1 fr. 15

Le black-rot et le coniothyrium diplodiella, par P. VIALA, professeur de viticulture, et L. RAVAZ, répétiteur. 2me édition, revue et considérablement augmentée, avec une planche en chromo et 15 figures dans le texte. Montpellier, 1888, 1 vol. in-18. — Prix : 3 fr.; *franco poste*............................ 3 fr. 50

Lettre sur les escargots nuisibles à la vigne, par H. ROUZAUD, chargé de cours à la Faculté des sciences de Montpellier. in-8, 1889. — Prix : 0 fr. 75 ; *franco poste*...... 0 fr. 85

Les treuils de défoncement, par P. FERROUILLAT, professeur à l'École d'agriculture de Montpellier. — Prix : 1 fr. 50 ; *franco*............................ 1 fr. 60

La question des levures de vins cultivées étudiée au triple point de vue historique, scientifique et pratique, par J. ROY-CHEVRIER, secrétaire de la Société d'agriculture et de viticulture de Châlon-sur-Saône. — Prix 1 fr. 25; *franco*............................ 1 fr. 50

Monographie du Pourridié des vignes et des arbres fruitiers, par Pierre VIALA, docteur ès sciences, professeur de viticulture à l'Institut national agronomique. 1 vol. grand in-8°, avec 7 planches gravées, Montpellier, 1891. — Prix : 8 fr.; *franco*............ 8 fr. 50

Taille de la vigne sur cordon unilatéral adaptée à tous les cépages et à toutes les natures du sol : Système de Royat à coursons et système de Royat mixte (à coursons et à flèches), par A. CARRÉ, professeur départemental d'agriculture. — Prix, 1 fr. 25; *franco*... 1 fr. 40

Le Calcaire, sa détermination et son rôle dans les terres arables, par A. BERNARD, directeur du Laboratoire départemental de Saône-et-Loire. — *Franco* par poste............ 4 fr.

Culture des primeurs dans la région du Sud-Est; rôle des engrais chimiques dans la culture maraîchère, par E. ZACHAREWICZ, professeur d'agriculture de Vaucluse. — Prix : 2 fr. *franco*............................ 2 fr. 30

Maison APPERT, fondée en 1812

L'ŒNOTANNIN
Principe naturel de Vinification et de Reconstitution des Vins
ET D'UN USAGE
AUSSI LICITE que les CLARIFIANTS

Fortifie les vins, les rend plus fermes et plus corsés, les maintient solides et de bon goût ; rend les vins nouveaux plus tôt marchands ; facilite les collages, tout en diminuant le volume des lies et empêche les vins de perdre leur couleur.

ŒNOTANNIN pour vins rouges, le kilo : 9 francs
(9 centimes par hectolitre)

Remplace avantageusement le plâtre sur la vendange

Articles spéciaux pour la clarification des vins rouges et blancs, spiritueux et vins de liqueur

Produits spéciaux pour combattre toutes les maladies des vins

Envoi franco sur demande du Prospectus

CHEVALLIER-APPERT, 30, rue de la Mare, 30
PARIS

LE PULVÉRISATEUR
A GRAND TRAVAIL
à dos de mulet pour grande et moyenne culture,
à pression continue et indéfinie (système Thomas)

Est le seul ayant répondu aux desiderata de la viticulture, soit comme fini de travail, soit économie de main-d'œuvre, 70 0/0 et 25 0/0 sur les matières à employer.

Ce pulvérisateur a obtenu les premières récompenses à tous les concours, 1890, 1891 et 1892, avec primes en argent du Ministère de l'Agriculture.

Envoi franco sur demande des notices illustrées contenant les attestations des propriétaires qui ont fait usage de cet appareil pour leurs traitements contre le Mildiou en 1890, 1891 et 1892.

F. THOMAS, construct. brev. S. G. D. G., à VERGÈZE (Gard)
Maison à NIMES, 9, rue Saint-Antoine, 9

VIENT DE PARAITRE
1893 AGENDA VERMOREL 1893
VITICOLE & AGRICOLE

Très joli carnet de poche, relié, avec pochette, 320 pages, contenant tous les renseignements utiles aux Agriculteurs, Viticulteurs, Ingénieurs, Agronomes, etc.

Prix : **2 fr. 75** *franco*

En vente aux Bureaux du Progrès agricole.

BIBLIOTHÈQUE DU *PROGRÈS AGRICOLE ET VITICOLE*
Camille COULET, Libraire-Éditeur

Bush et fils et Meissner. Catalogue illustré et descriptif des vignes américaines, par MM. Bush et fils et Meissner. Deuxième édition française, avec 149 figures intercalées dans le texte, 3 planches en chromolithographie; traduite sur la troisième édition anglaise par Louis Bazille, Vice-Président de la Société d'Horticulture et d'Histoire naturelle de l'Hérault, revue et annotée par J.-E. Planchon, Professeur à la Faculté de Médecine de Montpellier, correspondant de l'Institut, membre de la Société centrale d'Agriculture et de la Société d'Horticulture et d'Histoire naturelle de l'Hérault. Montpellier, 1885, 1 vol. grand in-8° jésus de 234 pages; prix 8 fr. Franco poste. . . 8 fr. 75

Cazalis (F.). Traité pratique de l'art de faire le vin, par le Dr Frédéric Cazalis, directeur du *Messager agricole*, Président de la Société d'Agriculture de l'Hérault. Montpellier, 1890, 1 vol. in-8° de 400 pages, avec 68 figures dans le texte; prix 7 fr. 50. Franco poste . . . . 8 fr. 25
(Honoré d'une souscription du Ministère de l'Agriculture.)

Convert (F.). La propriété, constitution, estimation, administration; par F. Convert, professeur d'économie rurale à l'Ecole nationale d'Agriculture de Montpellier, 1886. Deuxième tirage. 1 vol. in-12; prix 4 fr. Franco . . . . 4 fr. 50

— Les entreprises agricoles, organisation, direction (capital, travail et crédit), par F. Convert, professeur d'économie rurale à l'Ecole nationale d'Agriculture de Montpellier. Montpellier, 1890, 1 vol. in-12 de 480 pages; prix 4 fr. 50. Franco. . . . 5 fr.
(Honoré d'une souscription du Ministère de l'Agriculture.)

Fitz-James (Mme la duchesse de). La viticulture franco-américaine (1869-1889). Congrès viticoles. Excursions viticoles en France et en Algérie. La viticulture au point de vue financier. Bouture à l'œil; par Mme la duchesse de Fitz-James, Montpellier, 1889, 1 vol. in-12 de 680 pages, avec figures dans le texte; prix 6 fr. Franco poste. . . 6 fr. 75

Foëx (G.). Cours complet de viticulture, par G. Foëx, viticulteur, Directeur et professeur de viticulture à l'Ecole nationale d'Agriculture de Montpellier, troisième édition, revue et considérablement augmentée. Montpellier, 1891, 1 vol. in-8° cavalier de 1,000 pages, avec 6 cartes en chromo hors-texte et 546 figures dans le texte. Prix 18 fr. Franco poste. 20 fr. Recommandé . . . . 20 fr. 25

Houdaille (F.). Le Soleil et l'Agriculteur, avec un appendice sur la Lune et les influences lunaires, par F. Houdaille, professeur de physique à l'Ecole nationale d'agriculture de Montpellier. Montpellier, 1892, 1 vol. in-12 de 542 pages, avec 82 figures dans le texte. Prix 4 fr. 50. Franco. . . . . 5 fr.

Marès (Henri). Description des cépages principaux de la région méditerranéenne de la France, par Henri Marès, membre correspondant de l'Institut, membre de la Société nationale d'Agriculture de France, secrétaire perpétuel de la Société centrale d'Agriculture de l'Hérault. 1 vol. in-folio carré (44 sur 56 c.), de 30 planches en chromolithographie et de 120 pages de texte environ; prix en livraison . . . . 75 fr.
Relié toile pleine, planches montées sur onglet . . . . 85 fr.
Demi-reliure maroquin, planches montées sur onglet, non rogné . . . . . . 90 fr.

Mayet (Valéry). Les insectes de la vigne et les moyens de les combattre, par Valéry Mayet, professeur à l'Ecole nationale d'Agriculture de Montpellier, avec quatre planches, dont trois en chromolithographie et nombreuses figures dans le texte. Montpellier, 1889, 1 vol. in-8° de 350 pages; prix 10 fr. Franco poste . . . . 11 fr.

Mignot (J.-P.). Traité de comptabilité agricole, contenant un exemple de la tenue des livres pendant une année, par J.-P. Mignot, professeur de comptabilité agricole, agent de comptabilité à l'Ecole nationale d'agriculture de Montpellier. Deuxième édition, revue et corrigée. Montpellier, 1891. 1 vol. grand in-8° jésus; prix 6 fr. Franco poste. 6 fr. 75

Rougier (L.). Instructions pratiques sur la reconstitution des vignobles par les cépages américains, par L. Rougier, professeur; 3° édition revue et augmentée, avec figures dans le texte. 1891, 1 vol. in-12; prix 3 fr. Franco poste . . . . 3 fr. 50

— Manuel pratique de vinification, vins naturels, vins de sucre, piquettes, eaux-de-vie, marcs. 2me édition revue et augmentée, 1 vol. petit in-8°, avec figures dans le texte; prix 2 fr. 50. Franco poste . . . . 2 fr. 75

Rovasenda. Essai d'une ampélographie universelle, par le comte de Rovasenda; traduite, annotée et augmentée par le Dr F. Cazalis et G. Foëx, directeur et professeur et Pierre Viala, professeur de viticulture à l'Ecole nationale d'agriculture de Montpellier. 2me édition, augmentée, avec une planche en couleur. Montpellier, 1887, 1 vol. in-4°; prix 7 fr. Franco poste . . . . 7 fr. 75

Viala (P.) et Nanot (J.). — Greffage de la vigne, par MM. Pierre Viala, professeur de viticulture, et J. Nanot, maître de conférences à l'Institut national agronomique de Paris. Tableau mural de 1 mèt. 20 sur 90 cent., collé sur toile et verni. Montpellier, 1892; prix 5 fr.; postal gare, 5 fr. 60; domicile . . . . 5 fr. 85